Heinz Ulbrich, Hans-Jürgen Weidemann, Friedrich Pfeiffer

Technische Mechanik

in Formeln, Aufgaben und Lösungen

Heinz Ulbrich, Hans-Jürgen Weidemann,
Friedrich Pfeiffer

Technische Mechanik

in Formeln, Aufgaben und Lösungen

Mit 457 Abbildungen, 30 Tabellen, 171 Aufgaben und 35 Musteraufgaben

Bibliografische Information Der Deutschen Bibliothek
Die Deutsche Bibliothek verzeichnet diese Publikation in der Deutschen Nationalbibliografie; detaillierte bibliografische Daten sind im Internet über <http://dnb.d-nb.de> abrufbar.

Prof. Dr.-Ing. Dr.-Ing. habil. Heinz Ulbrich, Lehrstuhl für Angewandte Mechanik, Technische Universität München
Dr.-Ing. habil. Hans-Jürgen Weidemann, Technische Universität München
Prof. Dr.-Ing. Friedrich Pfeiffer, Technische Universität München

1. Auflage September 2006

Der B.G. Teubner Verlag ist ein Unternehmen von Springer Science+Business Media.
www.teubner.de

Umschlaggestaltung: Ulrike Weigel, www.CorporateDesignGroup.de
Druck und buchbinderische Verarbeitung: Strauss Offsetdruck, Mörlenbach
Gedruckt auf säurefreiem und chlorfrei gebleichtem Papier.

ISBN-10 3-8351-0095-5
ISBN-13 978-3-8351-0095-4

Vorwort

Das vorliegende Übungsbuch ist die Fortschreibung des Buches, das in seiner 1. Auflage im Jahre 1995 erschienen ist. In dieser nun 3. Auflage wurden einige kleinere Ergänzungen und Änderungen vorgenommen: das Kapitel Fluidstatik wurde als Folge der Umstrukturierung der Vorlesung herausgelassen und neuere im wesentlichen aus Prüfungen stammende Aufgaben wurden hinzugefügt. Das Buch dient der Begleitung der Vorlesungen in Technischer Mechanik. Es kann und will dabei den Besuch dieser Vorlesungen nicht ersetzen, vielmehr dient es als Grundlage für ergänzende Übungen auf dem Gebiet der Statik, Kinematik und Kinetik.

Aus der Erfahrung des Übungs- und Vorlesungsbetriebes der letzten Jahre stammt die Entscheidung, zu der üblichen Sammlung von Aufgaben und Lösungen als dritte und vierte Komponente jeweils die wesentlichen Grundformeln am Anfang eines Kapitels zusammenzustellen und ihren Gebrauch in einer oder mehreren Musteraufgaben ausführlich vorzustellen.

Zur optimalen Nutzung dieser Sammlung möchten wir dem Leser daher vorschlagen, in den Vorlesungen zunächst das Wesen der jeweiligen Grundformeln zu studieren, um sich anschließend anhand der Musteraufgabe deren Anwendung vor Augen zu führen. Die folgenden Aufgaben dienen dem Selbsttest. Zur effektiven Kontrolle des Verständnisses sind die Lösungen der Aufgaben relativ ausführlich gestaltet.

Die Autoren bedanken sich herzlich bei Herrn Dr.-Ing. Markus Bullinger für die Überarbeitung der ersten Auflage, insbesondere der Korrektur der Fehler. Ein besonderer Dank gilt auch Herrn Dipl.-Ing. Roland Zander für die Mühen, die er bei der Modifizierung der 2. Auflage aufgebracht hat, die im Wesentlichen in der Ergänzung um aktuelle Prüfungsaufgaben der letzten 5 Jahre des Lehrstuhles für Angewandte Mechanik der TU-München bestand. Sollten sich Fehler bei der Überarbeitung eingeschlichen haben, so sind wir Ihnen für Hinweise und Verbesserungsvorschläge jederzeit dankbar.

Garching, im August 2006

Heinz Ulbrich
Hans-Jürgen Weidemann
Friedrich Pfeiffer

Inhaltsverzeichnis

Tabellenverzeichnis

1 Stereostatik

1.1 Grundlagen

1.1.1 Vektorrechnung

Siehe auch Anhang A: Vektorrechnung.

Aufgabe 1

Man zeige mit Hilfe der Vektorrechnung, daß die Mittelpunkte der Seiten eines beliebigen Vierecks Eckpunkte eines Parallelogramms sind.

Aufgabe 2

Ein Vektor a wird auf den Vektor $\mathbf{r} = \mathbf{e}_x + \mathbf{e}_y + \mathbf{e}_z$ projiziert. Wie groß ist der Betrag p dieser Projektion ?

Aufgabe 3

Der Vektor $\mathbf{p}$ hat den Betrag $p = 5$. Man zerlege ihn in 3 aufeinander senkrechte Vektoren $\mathbf{x}, \mathbf{y}, \mathbf{z}$, so daß sich deren Beträge wie $1 : 2 : 3$ verhalten. Wie groß sind diese Beträge und welche Winkel bilden $\mathbf{x}, \mathbf{y}$ und $\mathbf{z}$ mit $\mathbf{p}$?

Aufgabe 4

Gegeben seien die Vektoren $\mathbf{a} = (3, 6, 2)$, $\mathbf{b} = (1, 2, -1)$ und $\mathbf{c} = (0, 0, 2)$. Wie groß muß man den skalaren Faktor λ wählen, wenn $\mathbf{a} + \lambda \cdot \mathbf{b}$ und $\mathbf{c}$ den Winkel $\alpha = 60^o$ einschließen sollen ?

Aufgabe 5

Die beiden Vektoren $\mathbf{a} = (1, 2, 3)$ und $\mathbf{b} = (2, 2, 5)$ gehen von Ursprung $(0, 0, 0)$ aus und spannen eine Ebene auf. Man berechne die Vektoren, die auf dieser Ebene senkrecht stehen und denselben Betrag wie der Vektor $\mathbf{e} = (1, 1, 1)$ haben.

Aufgabe 6

In einem kartesischen Koordinatensystem sind die Vektoren $\mathbf{a} = 5\mathbf{e}_x + \alpha\mathbf{e}_y + 2\mathbf{e}_z$, $\mathbf{b} = 3\mathbf{e}_x + 4\mathbf{e}_y - 1\mathbf{e}_z$ und $\mathbf{c} = 2\mathbf{e}_x - 10\mathbf{e}_y + 4\mathbf{e}_z$ gegeben. Welchen Betrag muß die Komponente $a_y = \alpha$ haben, damit die 3 Vektoren komplanar sind?

Aufgabe 7

Ein Dreieck im Raum werde durch die Vektoren $\mathbf{a} = (3, 5, 2)$ und $\mathbf{b} = (7, 1, 4)$ aufgespannt. Man berechne mit Hilfe der Vektorrechnung seine Fläche.

1.1.2 Linien und ebene Flächen

Grundformeln: Linienschwerpunkt

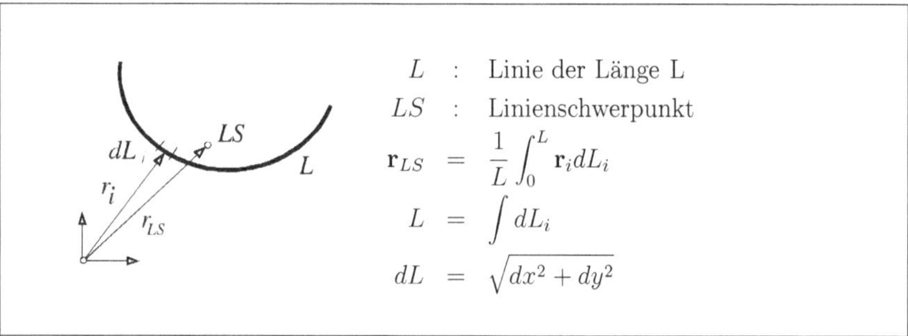

L : Linie der Länge L

LS : Linienschwerpunkt

$$\mathbf{r}_{LS} = \frac{1}{L}\int_0^L \mathbf{r}_i dL_i$$

$$L = \int dL_i$$

$$dL = \sqrt{dx^2 + dy^2}$$

Musteraufgabe 1

Ein Linienstück gehorcht der Funktion $y = \frac{x^2}{2}$. Ihre Enden liegen auf den Punkten $(-2, 2)$ und $(4, 8)$. Wie lang ist die Linie und wo liegt ihr Schwerpunkt?

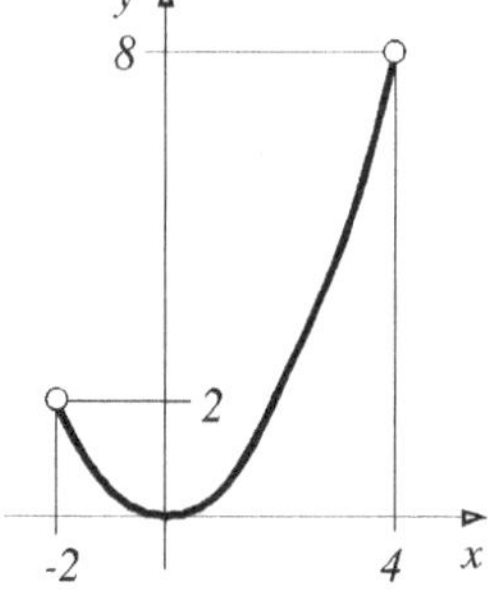

Lösung: Die Länge L bestimmen wir durch Integration über kleine Teilstücke der Länge $dL = \sqrt{dx^2 + dy^2}$. Die Steigung $y' = \frac{dy}{dx} = \tan\alpha$ entspricht der Ableitung $\frac{d}{dx}f(x) = x$, damit ist $dy = xdx$ und $dL = \sqrt{dx^2(1+x^2)} = dx\sqrt{1+x^2}$

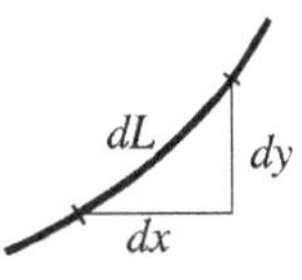

$$L = \int_A^B dL = \int_{-2}^4 \sqrt{1+x^2}dx = \frac{1}{2}\Big[x\sqrt{1+x^2} + \ln{(x+\sqrt{1+x^2})}\Big]_{-2}^4$$

Das Integral findet man in entsprechenden Tabellen. Die Auswertung ergibt

$$L = \frac{1}{2}(18,6 - (-5,916)) = 12,2515.$$

Der Vektor zu einem Teilstück dL hat die Komponenten $\mathbf{r} = (x, \frac{x^2}{2})$, der Linienschwerpunkt liegt bei $\mathbf{r}_{LS} = \frac{1}{L}\int_A^B \mathbf{r}dL$. Wir ersetzen die Grenzen des Integrales durch die x-Koordinaten, ebenso das Teilelement dL_i und werten das Integral getrennt für die x- und y-Komponente aus:

$$\begin{aligned} x_{LS} &= +\frac{1}{L}\int_A^B x_i \cdot dL = \frac{1}{12,25}\int_{-2}^4 x\cdot\sqrt{1+x^2}\,dx \\ &= \frac{1}{12,25}\Big(\frac{\sqrt{(1+x^2)^3}}{3}\Big)\Big|_{-2}^4 = 1,603 \end{aligned}$$

$$\begin{aligned} y_{LS} &= \frac{1}{L}\int_A^B y_i dL = \frac{1}{12,25}\int_{-2}^4 \frac{x^2}{2}\cdot\sqrt{1+x^2}\,dx \\ &= \frac{1}{2\cdot 12,25}\Big(\frac{x}{4}\sqrt{(1+x^2)^3} - \frac{1}{8}(x\sqrt{1+x^2} + \ln{(x+\sqrt{1+x^2})})\Big)\Big|_{-2}^4 = 2,96 \end{aligned}$$

Grundformeln: Flächenschwerpunkt

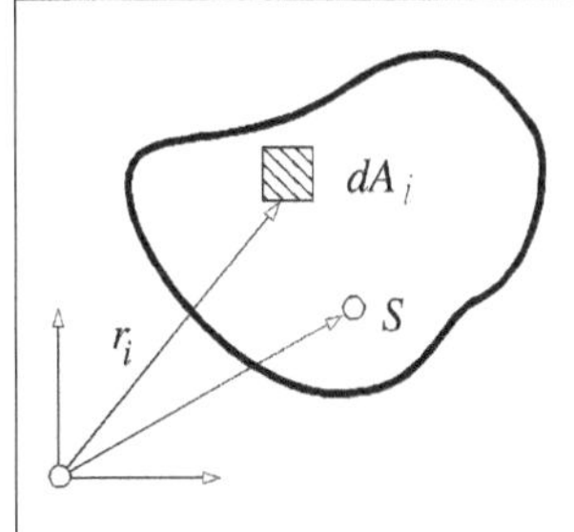

$$\mathbf{r}_s = \frac{1}{A}\int \mathbf{r}_i dA_i$$

$\mathbf{r}_s$: Ortsvektor zum Gesamtschwerpunkt

$\mathbf{r}_i$: Ortsvektor zu den Flächenelementen dA_i

Grundformeln: Schwerpunkt zusammengesetzter Flächen

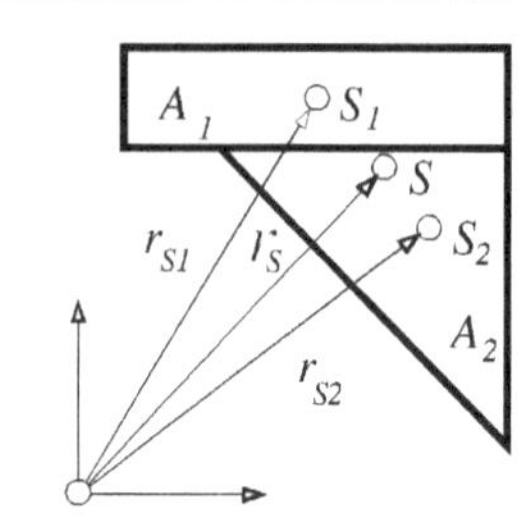

$$\mathbf{r}_s = \frac{\sum_i \mathbf{r}_{s_i} \cdot A_i}{\sum_i A_i}$$

$\mathbf{r}_{s_i}$: Ortsvektoren zu den Einzelschwerpunkten

A_i : Einzelflächen

Tabelle: Schwerpunkt einfacher Flächen

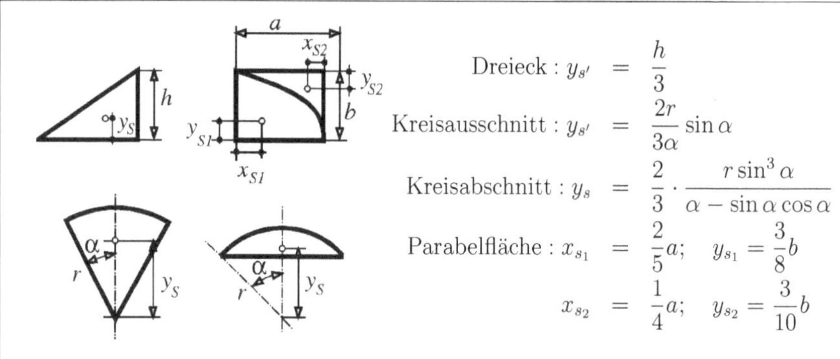

Musteraufgabe 2

Für den skizzierten Querschnitt bestimme man die Lage des Schwerpunktes.

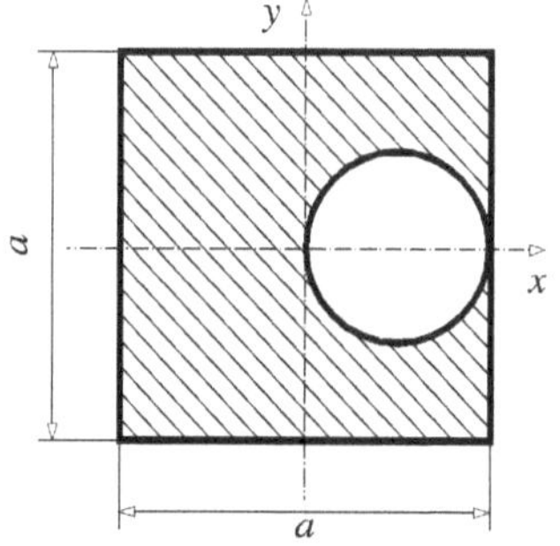

Lösung: Der Querschnitt wird in 2 Elementarflächen zerlegt, in ein Quadrat mit der Kantenlänge a und in einen Kreis mit dem Durchmesser $d = a/2$.

Der Kreis wird als 'negative' Fläche gewertet, da er aus dem Quadrat 'ausgestanzt' wird. Die Schwerpunkte der Einzelflächen liegen auf der x-Achse (und damit auch der Gesamtschwerpunkt).

$$A_\square = a^2, \qquad x_{s_\square} = 0; \qquad A_\circ = \frac{\pi d^2}{4} = \frac{\pi a^2}{16}, \qquad x_{s_\circ} = \frac{a}{4}$$

$$x_{ges} = \frac{x_{s_\square} \cdot A_\square - x_{s_\circ} \cdot A_\circ}{A_\square - A_\circ} = \frac{-\frac{a}{4} \cdot \frac{\pi a^2}{16}}{a^2(1 - \frac{\pi}{16})} = \frac{-a}{\frac{64}{\pi} - 4}$$

Musteraufgabe 3

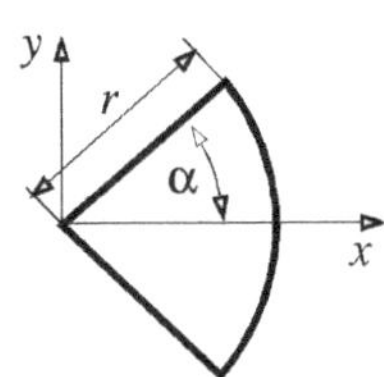

Für den dargestellten Kreisauschnitt bestimme man die Lage des Schwerpunktes.

Lösung: Für kreis- oder kreisringförmige Flächen bzw. deren Ausschnitte empfiehlt sich immer der Übergang auf Zylinderkoordinaten.
Für die Integration differentiell kleiner Teilflächen dA_i mit ihren Teilschwerpunkten x_{s_i} gemäß der Grundformel sind hier spitze Kreisausschnitte $d\varphi$ geeignet:

Für kleine Winkel $d\varphi$ kann man das Flächenelement dA_i als Dreieck annähern, im Grenzübergang $d\varphi \to 0$ gilt die Näherung exakt. Es ist dann $dA_i = r \cdot r d\varphi \cdot \frac{1}{2}$, ($d\varphi$ ist nur ein Winkel, das Umfangsstück hat die Länge $r d\varphi$) und $x_{s_i} = \frac{2}{3} r \cdot \cos\varphi$.

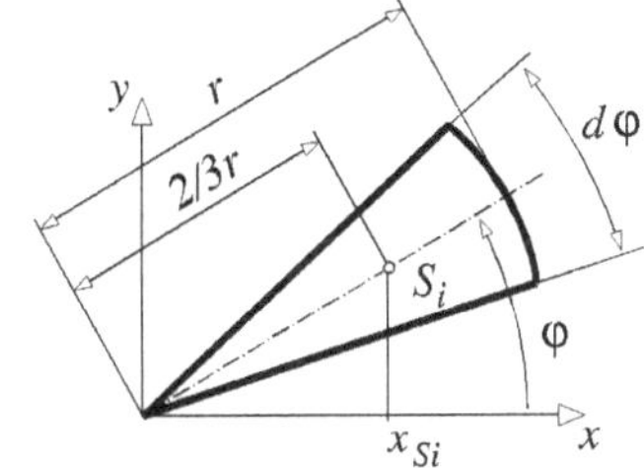

Einsetzen in die Grundformel liefert:

$$x_s = \frac{1}{A_{ges}} \cdot \int_{\varphi=-\alpha}^{\varphi=\alpha} \frac{2}{3} r \cdot \cos\varphi \cdot r \cdot \frac{1}{2} r \, d\varphi \quad .$$

Die Symmetrie der Fläche bezüglich der x -Achse wird ausgenutzt, wir integrieren zweimal von $\varphi = 0$ bis $\varphi = \alpha$, die Gesamtfläche A_{ges} ist der Anteil $\frac{2\alpha}{2\pi}$ von der Vollkreisfläche.

$$A_{ges} = \frac{\alpha}{\pi} \cdot \pi r^2 = \alpha r^2 \quad , \quad x_s = \frac{1}{\alpha r^2} \cdot 2 \int_0^\alpha \frac{r^3}{3} \cos\varphi \, d\varphi$$

Da r eine konstante Größe ist, vereinfacht sich das Integral zu

$$x_s = \frac{2r}{3\alpha} \int_0^\alpha \cos\varphi \, d\varphi = \frac{2r}{3\alpha} (\sin\alpha)\Big|_0^\alpha = \frac{2r}{3\alpha} \sin\alpha$$

Aufgabe 8

Man suche die Koordinaten des Schwerpunkts eines halben Parabelsegments (Fläche A_1) und des Schwerpunkts seiner Ergänzung zu einem Rechteck (Fläche A_2).

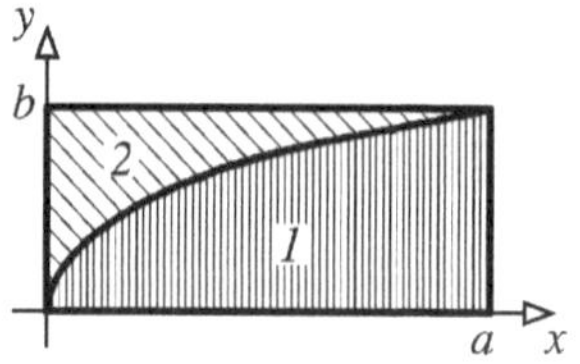

Aufgabe 9

Man bestimme den Schwerpunkt der nebenstehenden schraffierten Fläche mit $r = 10m$.

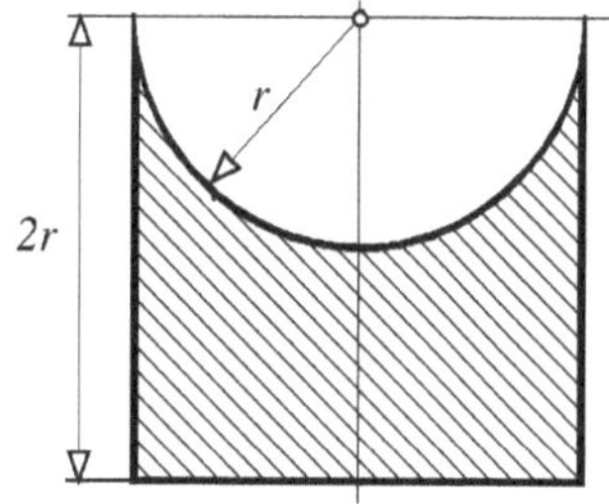

Aufgabe 10

Man bestimme den Schwerpunkt der nebenstehenden Fläche. Sie ist aus einem Dreiviertel-Kreissegment mit Radius R und einem Quadrat zusammen gesetzt.

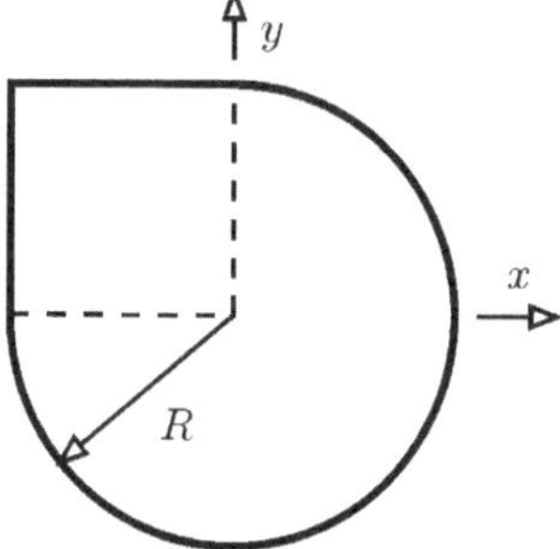

1.1.3 Guldin'sche Regeln

Grundformeln: Guldin'sche Regeln

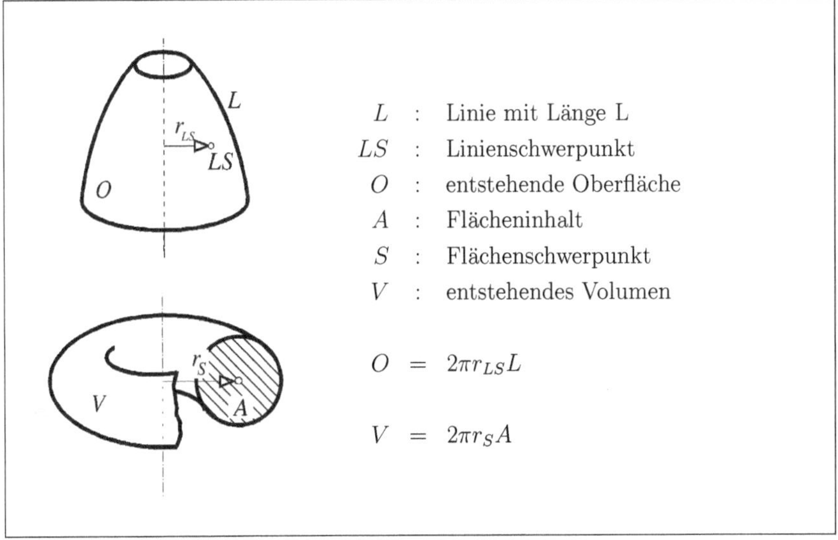

Musteraufgabe 4

Man berechne mit Hilfe der Guldin'schen Regeln das Gewicht des dargestellten Riemenscheiben- Schwungrades (Maße im mm, Grauguß $\rho = 7.300\frac{kg}{m^3}$)

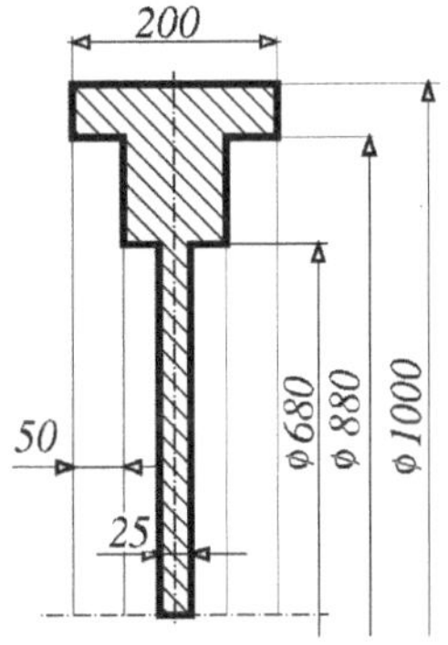

Lösung: Der Querschnitt des Kranzes wird in die einfachen Teilflächen A_1 und A_2 mit ihren Schwerpunkten S_1 bzw. S_2 zerlegt. Die Radien zu den Schwerpunkten betragen dann $r_1 = 470mm$ und $r_2 = 390mm$, die Beträge der Einzelflächen sind $A_1 = 12.000mm^2$ und $A_2 = 10.000mm^2$.

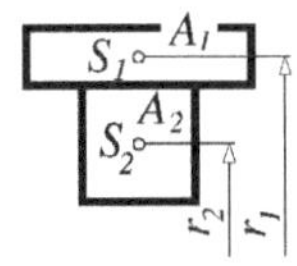

Das Volumen des äußeren Kranzes berechnet sich dann mit Hilfe der zweiten Guldin'schen Regel zu

$$V_{Kranz} = 2\pi(r_1 \cdot A_1 + r_2 \cdot A_2) = 59,94 \cdot 10^6 mm^3$$

Wir addieren noch das Volumen V_3 der inneren Kreisscheibe mit $r_3 = 340mm$.

$$V_3 = \pi \cdot r_3^2 \cdot 25mm = 9,079 \cdot 10^6 mm^3$$

Das Gesamtgewicht G des Rades beträgt damit $4942N$.

$$\begin{aligned} G = V_{ges} \cdot \rho \cdot g = (V_{Kranz} + V_3) \cdot \rho \cdot g &= \frac{69,02 \cdot 10^6 mm^3 \cdot 7300kg \cdot 9,81m}{10^9 mm^3 \cdot s^2} \\ &= 4942,3N \end{aligned}$$

Aufgabe 11

Man ermittle das Volumen des dargestellten homogenen Ringkörpers, der durch Rotation der schraffierten Fläche um die y-Achse erzeugt wird.
$a = 9cm$, $b = 6cm$, $c = 4cm$, $d = 5cm$

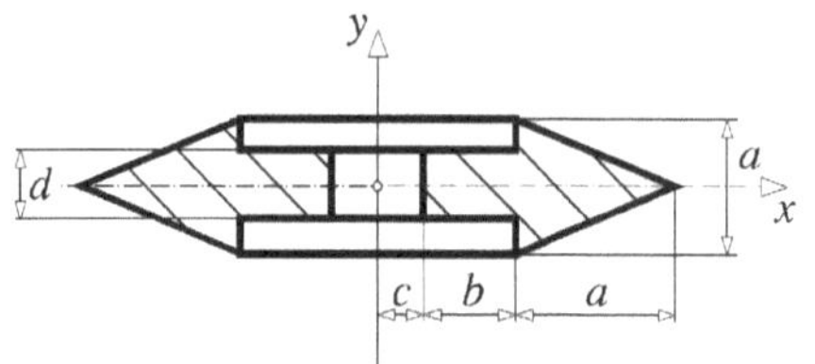

Lösungen zu Kap. 1.1 Grundlagen

Aufgabe 1

Geschlossene Vektorkette:

$$\mathbf{a} + \mathbf{b} + \mathbf{c} + \mathbf{d} = \mathbf{0}$$

Zu zeigen ist:

$$\mathbf{e} = -\mathbf{g} \qquad \text{und} \qquad \mathbf{h} = -\mathbf{f}$$

Es gilt:

$$\mathbf{e} = \frac{\mathbf{a}}{2} + \frac{\mathbf{b}}{2}; \quad \mathbf{g} = \frac{\mathbf{c}}{2} + \frac{\mathbf{d}}{2}$$

$$\mathbf{f} = \frac{\mathbf{b}}{2} + \frac{\mathbf{c}}{2}; \quad \mathbf{h} = \frac{\mathbf{d}}{2} + \frac{\mathbf{a}}{2}$$

In die Vektorkette einsetzen.

$$\frac{1}{2}\mathbf{e} = -\frac{1}{2}\mathbf{g} \quad \text{und} \quad \frac{1}{2}\mathbf{f} = -\frac{1}{2}\mathbf{h}$$

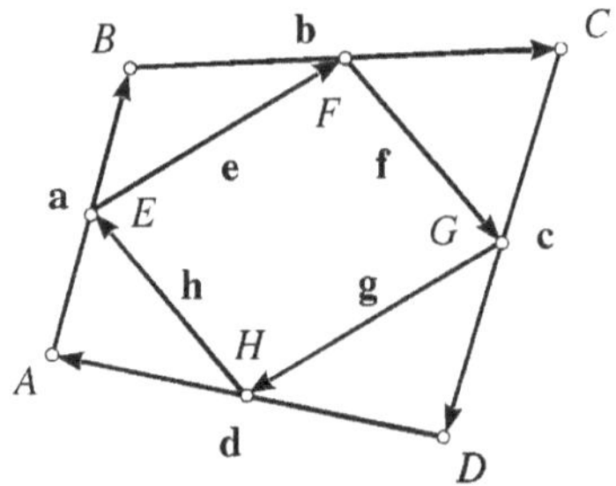

Aufgabe 2

$$\mathbf{a} = \begin{pmatrix} a_x \\ a_y \\ a_z \end{pmatrix}; \quad \mathbf{r} = \begin{pmatrix} e_x \\ e_y \\ e_z \end{pmatrix} = \begin{pmatrix} 1 \\ 1 \\ 1 \end{pmatrix}$$

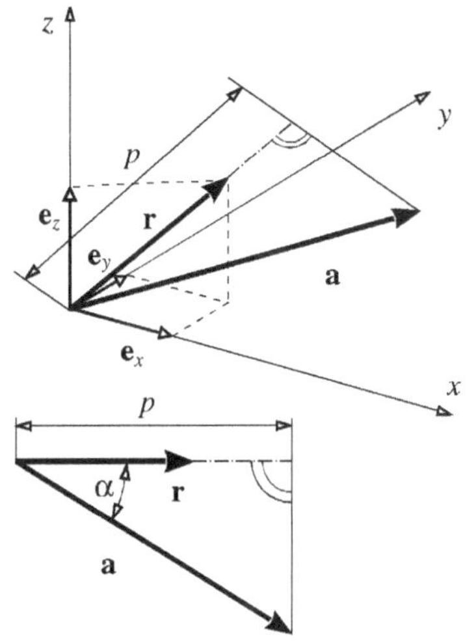

Senkrechte Projektion von $\mathbf{a}$ auf $\mathbf{r}$:

$$p = a \cdot \cos\alpha$$

Definition des Skalarproduktes:

$$\mathbf{a} \cdot \mathbf{r} = a \cdot r \cdot \cos\alpha$$

Nach $\cos\alpha$ auflösen und in die Projektion einsetzen:

$$p = a \cdot \frac{\mathbf{a} \cdot \mathbf{r}}{a \cdot r} = \frac{a_x + a_y + a_z}{\sqrt{3}}$$

Aufgabe 3

Die Vektoren $\mathbf{x}$, $\mathbf{y}$ und $\mathbf{z}$ bilden ein Rechtssystem.

$$\Rightarrow \qquad \mathbf{x} = x \cdot \mathbf{e}_x \; ; \quad \mathbf{y} = y \cdot \mathbf{e}_y \; ; \quad \mathbf{z} = z \cdot \mathbf{e}_z$$

Ihre Beträge bilden die Komponenten von $\mathbf{p}$:

$$\mathbf{p} = \begin{pmatrix} x \\ y \\ z \end{pmatrix}$$

Die Definition des Vektorbetrages ergibt für $\mathbf{p}$:

$$x^2 + y^2 + z^2 = 25$$

Die Verhältnisse der drei Vektorbeträge zueinander werden in Abhängigkeit von x angegeben:

$$x = x \; ; \quad y = 2x \; ; \quad z = 3x$$

Setzt man diese in die Definition ein, so ergibt sich:

$$x^2 + 4x^2 + 9x^2 = 25 \quad \Rightarrow \quad x^2 = \frac{25}{14}.$$

Umrechnen in die jeweiligen Vektorbeträge x, y, z:

$$\mid x \mid = \mid \mathbf{x} \mid = \frac{5}{\sqrt{14}} = 1,336$$

$$\mid \mathbf{y} \mid = 2 \cdot \mid \mathbf{x} \mid = \frac{10}{\sqrt{14}} \quad \text{und} \quad \mid \mathbf{z} \mid = 3 \cdot \mid \mathbf{x} \mid = \frac{15}{\sqrt{14}}$$

Der Winkel zwischen zwei Vektoren wird mit Hilfe des Skalarproduktes berechnet.

$\vartheta = \sphericalangle\ (\mathbf{a}, \mathbf{b})$

$\boldsymbol{a}^T \cdot \boldsymbol{b} = a \cdot b \cdot \cos\vartheta$

$\cos\vartheta = \dfrac{\boldsymbol{a}^T \cdot \boldsymbol{b}}{a \cdot b}$

$\alpha := \sphericalangle\ (\mathbf{x}, \mathbf{p});\quad \beta := \sphericalangle\ (\mathbf{y}, \mathbf{p});$

$\gamma := \sphericalangle\ (\mathbf{z}, \mathbf{p})$

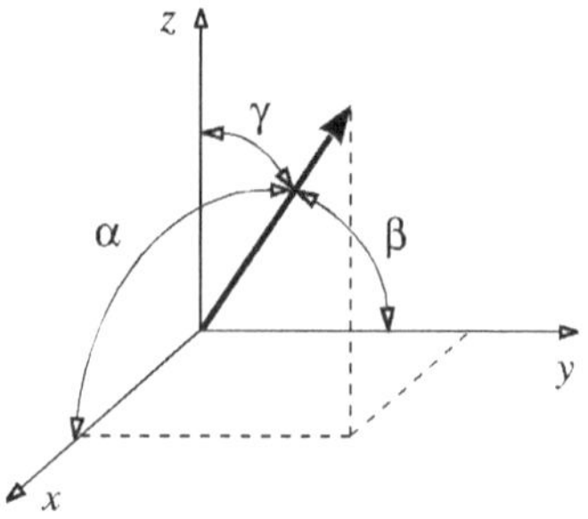

$$\rightarrow \quad \cos\alpha = \frac{\mathbf{x} \cdot \mathbf{p}}{x \cdot p} = \frac{x^2}{\mid x \mid \cdot p} = \frac{1,336}{5} \quad \rightarrow \quad \alpha = 74,5^\circ$$

analog: $\beta = 57,5^\circ$ und $\gamma = 36,7^\circ$

Aufgabe 4

Definition des Skalarproduktes zweier Vektoren $\boldsymbol{d}$ und $\boldsymbol{e}$, Zwischenwinkel α:

$$\boldsymbol{d}^T \cdot \boldsymbol{e} = d \cdot e \cdot \cos\alpha$$

Der Vektor $\boldsymbol{d}$ entspricht $(\mathbf{a} + \lambda\mathbf{b})$, der Vektor $\boldsymbol{e}$ entspricht $\mathbf{c}$. Der Winkel α soll 60° betragen.

$$(\mathbf{a} + \lambda\mathbf{b})^T \cdot \mathbf{c} = \mid \mathbf{a} + \lambda\mathbf{b} \mid\mid \mathbf{c} \mid \cos\alpha$$

In Komponentenschreibweise:

$$\begin{pmatrix} a_x + \lambda b_x \\ a_y + \lambda b_y \\ a_z + \lambda b_z \end{pmatrix}^T \cdot \begin{pmatrix} c_x \\ c_y \\ c_z \end{pmatrix} = \sqrt{(a_x + \lambda b_x)^2 + (a_y + \lambda b_y)^2 + (a_z + \lambda b_z)^2} \cdot \sqrt{c_x^2 + c_y^2 + c_z^2} \cdot \cos\alpha$$

Mit den Zahlenwerte ergibt sich eine quadratische Gleichung für λ.

$$(2 - \lambda)2 = \sqrt{(3 + \lambda)^2 + (6 + 2\lambda)^2 + (2 - \lambda)^2} \cdot \sqrt{2^2} \cdot \cos 60^\circ$$

$$\lambda^2 + 21\lambda + \frac{33}{2} = 0$$

$$\lambda_{1/2} = -\frac{21}{2} \pm \sqrt{\frac{21^2}{4} - \frac{33}{2}} \quad \rightarrow \quad \lambda_1 = -0,8175 \quad \text{und} \quad \lambda_2 = -20,18$$

Aufgabe 5

Defintion des Vektorproduktes der Vektoren **a** und **b**:

$$\mathbf{a} = \begin{pmatrix} a_x \\ a_y \\ a_z \end{pmatrix}; \quad \mathbf{b} = \begin{pmatrix} b_x \\ b_y \\ b_z \end{pmatrix}; \quad \mathbf{a} \times \mathbf{b} = \begin{pmatrix} a_y b_z - a_z b_y \\ a_z b_x - a_x b_z \\ a_x b_y - a_y b_x \end{pmatrix} = \mathbf{c}$$

Das Kreuzprodukt liefert einen Vektor **c** der auf den beiden Ausgangsvektoren senkrecht steht.

$$\mathbf{a} \times \mathbf{b} = \begin{pmatrix} 2 \cdot 5 - 2 \cdot 3 \\ 3 \cdot 2 - 1 \cdot 5 \\ 1 \cdot 2 - 2 \cdot 2 \end{pmatrix} = \begin{pmatrix} 4 \\ 1 \\ -2 \end{pmatrix} = \mathbf{c}^*$$

Anschließend wird der Betrag von $\mathbf{c}^*$ mit Hilfe eines Faktors λ dem Betrag des Vektors **e** angepaßt.

$$e = \lambda c^*; \quad \rightarrow \quad 3 = \lambda^2(4^2 + 1^2 + 2^2); \quad \rightarrow \quad \lambda = \pm\frac{1}{\sqrt{7}}$$

$$\Rightarrow \quad \mathbf{c}_1 = \frac{1}{\sqrt{7}} \begin{pmatrix} 4 \\ 1 \\ -2 \end{pmatrix}; \quad \mathbf{c}_2 = -\mathbf{c}_1$$

Aufgabe 6

Die drei gegebenen Vektoren **a**, **b**, **c** spannen einen Spat auf. Sollen die drei Vektoren komplanar sein, so muß dessen Volumen V gleich Null sein. Für V gilt:

$$\mathbf{a} \cdot (\mathbf{b} \times \mathbf{c}) = V$$

Für $V = 0$ ergibt sich mit den Zahlenwerten dann die Bestimmungsgleichung für die Unbekannte Größe α.

$$\begin{pmatrix} 5 \\ \alpha \\ 2 \end{pmatrix} \cdot \left[\begin{pmatrix} 3 \\ 4 \\ -1 \end{pmatrix} \times \begin{pmatrix} 2 \\ -10 \\ 4 \end{pmatrix} \right] = 0$$

$$\begin{pmatrix} 5 \\ \alpha \\ 2 \end{pmatrix} \cdot \begin{pmatrix} 6 \\ -14 \\ -38 \end{pmatrix} = 30 - 14\alpha - 76 = 0 \quad \rightarrow \quad \alpha = -\frac{23}{7}$$

Aufgabe 7

Der Betrag des Vektorprodukts zweier Vektoren entspricht der Fläche des Parallelogramms, welches durch die beiden Vektoren aufgespannt wird.

$$\mathbf{a} \times \mathbf{b} = \begin{pmatrix} 3 \\ 5 \\ 2 \end{pmatrix} \times \begin{pmatrix} 7 \\ 1 \\ 4 \end{pmatrix} = \begin{pmatrix} 18 \\ 2 \\ -32 \end{pmatrix} = \mathbf{c}$$

Die Fläche des Dreiecks $F_\triangle$ entspricht der Hälfte des Betrages von $\boldsymbol{c}$.

$$F_\triangle = \frac{1}{2}c = \frac{1}{2}\sqrt{18^2 + 2^2 + (-32)^2} = 18,4$$

Aufgabe 8

Zuerst bestimmt man mit Hilfe des bekannten Eckpunktes die Funktion $y(x)$ der Grenzlinie zwischen den Flächen, anschließend die Flächeninhalte A_1 und A_2.

$$y = b\sqrt{\frac{x}{a}}; \qquad A_1 = \int_0^a b\sqrt{\frac{x}{a}}\,dx = \frac{2}{3}\frac{b}{\sqrt{a}}a^{\frac{3}{2}} = \frac{2}{3}ab$$

$$A_2 = ab - A_1 = \frac{1}{3}ab$$

Schwerpunkt von A_1, Komponente in x-Richtung:

$$r_{OS_1} = x_{S_1} \qquad r_{OK} = x \qquad dA_1 = b\sqrt{\frac{x}{a}}\,dx \qquad A_1 = \frac{2}{3}ab$$

$$x_{S_1} = \frac{3b}{2ab\sqrt{a}}\int_0^a x\sqrt{x}\,dx = \frac{3}{2a\sqrt{a}} \cdot \frac{2}{5}a^2\sqrt{a} = \frac{3}{5}a$$

Die Komponente in y-Richtung erhält man über die Umkehrfunktion der Grenzlinie:

$$x = x(y) = a \cdot \left(\frac{y}{b}\right)^2 \quad \text{und} \quad y_{S_1} = \frac{1}{A_1}\int_0^b y(a - x(y))dy$$

$$y_{S_1} = \frac{3a}{2ab}\int_0^b y\left(1 - \left(\frac{y}{b}\right)^2\right)dy = \frac{3}{2b}\int_0^b \left(y - \frac{y^3}{b^2}\right)dy = \frac{3}{8}b$$

Gesamtschwerpunkt über Grundformel:

$$x_{S_{Ges}} = \frac{\sum x_{S_i}A_i}{A_{Ges}} \qquad y_{S_{Ges}} = \frac{\sum y_{S_i}A_i}{A_{Ges}}$$

Auflösen nach x_{S_2} bzw. y_{S_2}.

$$x_{S_{Ges}} = \frac{a}{2} \qquad y_{S_{Ges}} = \frac{b}{2} \qquad A_{Ges} = ab$$

$$\Rightarrow \quad x_{S_2} = \frac{1}{A_2}(A_{Ges}x_{S_{Ges}} - A_1 x_{S_1}) = \frac{3}{ab}\left(\frac{a^2b}{2} - \frac{2}{5}a^2b\right) = \frac{3}{10}a$$

$$\Rightarrow \quad y_{S_2} = \frac{1}{A_2}(A_{Ges}y_{S_{Ges}} - A_1 y_{S_1}) = \frac{3}{ab}\left(\frac{ab^2}{2} - \frac{1}{4}ab^2\right) = \frac{3}{4}b$$

Aufgabe 9

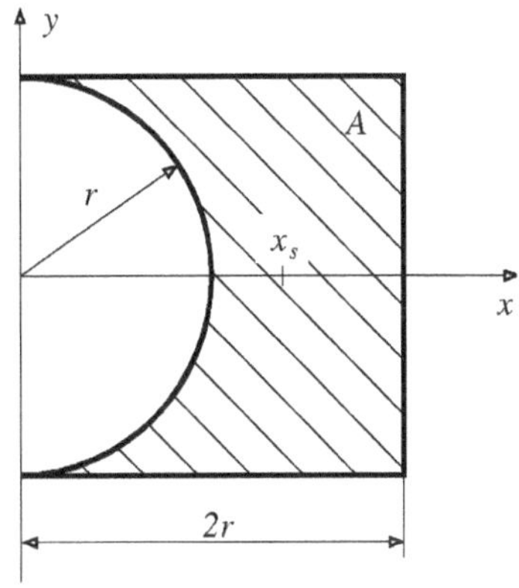

1. Lösungsweg:
Man betrachtet den Rotationskörper, der durch Rotation von A um die y-Achse gebildet wird. Mit 'Guldin II' gilt:

$$V = 2\pi x_s \cdot A$$

V ist die Differenz der Volumina von Zylinder und Kugel.

$$V = V_{Zyl} - V_{Kug} = \pi(2r)^2 \cdot 2r - \frac{4}{3}$$

$$V = r^3 \cdot \frac{20}{3}\pi$$

A ist die Differenz der Flächen von Quadrat und Halbkreis.

$$A = A_{Qua} - A_{HKr} = (2r)^2 - \frac{\pi r^2}{2} = r^2(4 - \frac{\pi}{2})$$

Auflösen der II. Guldin'sche Regel nach x_s und Einsetzen von V und A liefert

$$x_s = \frac{V}{2\pi A} = \frac{r^3 \cdot 20\pi}{3 \cdot 2 \cdot \pi r^3(4 - \frac{\pi}{2})} = 1,372 \cdot r = 13,72\,m.$$

2. Lösungsweg:
Berechnung von x_s über die Summe der Schwerpunkte von Halbkreis (Index H) und dem Quadrat (Index Q) mit der Kantenlänge $2r$.

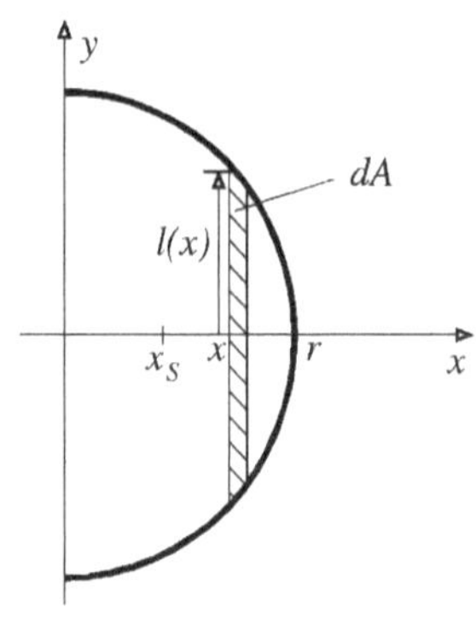

$$x_s = \frac{x_{s,Q} \cdot A_Q - x_{s,H} \cdot A_H}{A}$$

$$A = A_Q - A_H$$

$$x_{s,H} = \frac{1}{A_H} \cdot \int x \, dA_H$$

$$dA_H = 2l(x) \cdot dx \quad \text{mit} \quad l(x) = \sqrt{r^2 - x^2}$$

$$\text{und} \quad A_H = \frac{1}{2} r^2 \pi$$

$$x_{s,H} = \frac{2}{\pi r^2} \cdot \int_0^r x 2l(x) \, dx = \frac{2}{\pi r^2} \cdot \int_0^r 2x\sqrt{r^2 - x^2} \, dx$$

Das Integral wird mit Hilfe einer Formelsammlung bestimmt.

$$x_{s,H} = \frac{4}{\pi r^2}(\frac{1}{3} r^3) = \frac{4r}{3\pi} \quad ; \quad x_{s,Q} = r \quad ; \quad A_Q = 4r^2$$

$$x_s = \frac{r \cdot 4r^2 - \frac{4r}{3\pi} \cdot \frac{\pi r^2}{2}}{4r^2 - \frac{\pi r^2}{2}} = \frac{r^3(4 - \frac{2}{3})}{r^2(4 - \frac{\pi}{2})} = 1,372 \cdot r = 13,72 \, m$$

Aufgabe 10

Der Schwerpunkt S liegt auf der Symmetrielinie. Für die Berechnung wird der Körper in ein Quadrat der Fläche R^2 und ein Kreissegment der Fläche $\frac{3}{4}\pi R^2$ zerlegt (Dreiviertelkreis, halber Öffnungswinkel $\beta = \frac{3}{4}\pi$). Hiermit bestimmt sich der Abstand l zum Koordinatenursprung zu:

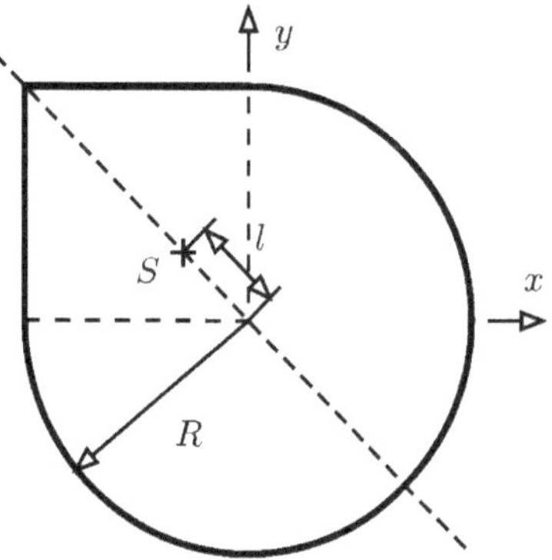

$$\begin{aligned} l &= \frac{R^2 \frac{R}{\sqrt{2}} - \frac{3}{4}\pi R^2 \frac{2}{3} R \frac{\sin\beta}{\beta}}{R^2 (1 + \frac{3}{4}\pi)} \\ &= R \frac{1 - \frac{2}{3}}{\sqrt{2}(1 + \frac{3}{4}\pi)} \end{aligned}$$

Die Lage des Schwerpunktes muß nun noch im xy-Koordinatensystem ausgedrückt werden:

$$x_S = -\cos 45° l = -\, R \frac{1 - \frac{2}{3}}{(2 + \frac{3}{2}\pi)} \qquad y_S = +\sin 45° l = +\, R \frac{1 - \frac{2}{3}}{(2 + \frac{3}{2}\pi)}$$

Aufgabe 11

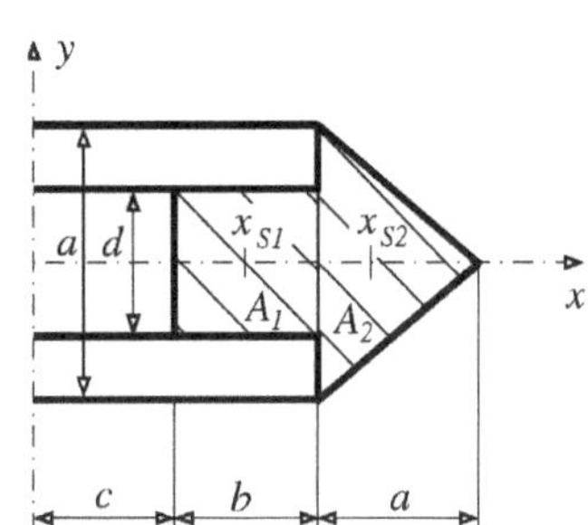

Guldin II:

$$V = 2\pi x_s \cdot A$$

Zerlegung des Gesamtvolumens:

$$V = 2\pi x_{s1} A_1 + 2\pi x_{s2} A_2$$

$$x_{s1} = c + \frac{b}{2} \quad ; \qquad x_{s2} = c + b + \frac{a}{3}$$

$$A_1 = b \cdot d \quad ; \qquad A_2 = \frac{a^2}{2}$$

Einsetzen in das Gesamtvolumen:

$$V = 2\pi \left[(c + \frac{b}{2})bd + (c + b + \frac{a}{3})\frac{a^2}{2} \right] = 2\pi \left[cbd + \frac{b^2 d}{2} + \frac{ca^2}{2} + \frac{ba^2}{2} + \frac{a^3}{6} \right]$$

$$V = 4628\, cm^3$$

1.2 Kräftegleichgewicht

1.2.1 Statische Bestimmtheit

Grundformeln: Statische Bestimmtheit (Ebener Fall)

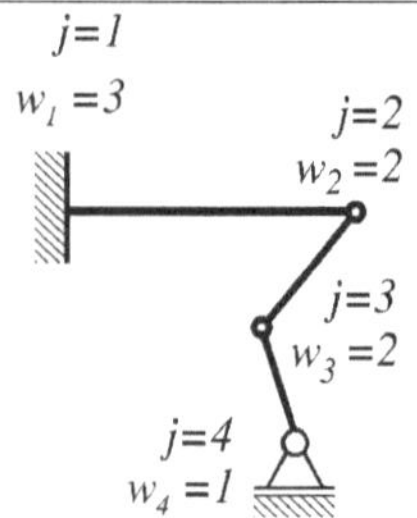

i : Anzahl der Körper (je 3 ebene Freiheitsgrade)
j : Anzahl der Bindungen (jeweils Wertigkeit w_j)

Zahl der GGW:	$3 \cdot i$ (im ebenen Fall)
Zahl der Bindungen:	$\sum_j w_j$
Differenz	$f = 3 \cdot i - \sum_j w_j$

- $f = 0$: System ist <u>statisch bestimmt</u>
- $f < 0$: System ist $|f|$–fach <u>statisch unbestimmt</u>
- $f > 0$: System ist f–fach <u>statisch unterbestimmt</u>

- im Beispiel: $f = 9 - 8 = 1$; das untere Lager kann sich verschieben
- Achtung : Ausnahmen bei speziellen Lagerkonfigurationen

- Mehrfachgelenk:
  $w = (s - 1) \cdot 2$
  $s =$ Anzahl Stäbe

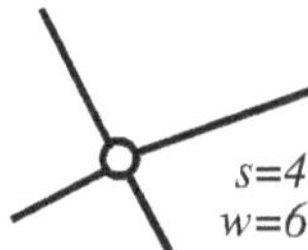

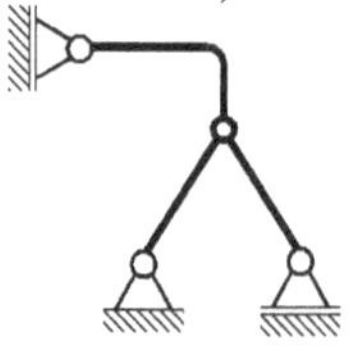

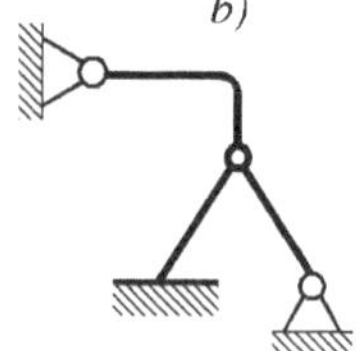

Aufgabe 1

Man bestimme für die in a) bis d) skizzierten Tragwerke jeweils den Grad der statischen Bestimmtheit !

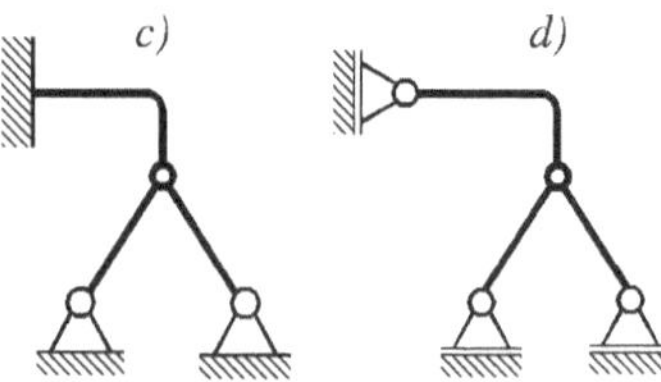

1.2.2 Ebenes Kräftegleichgewicht

Grundformeln: Ebene Lagertypen

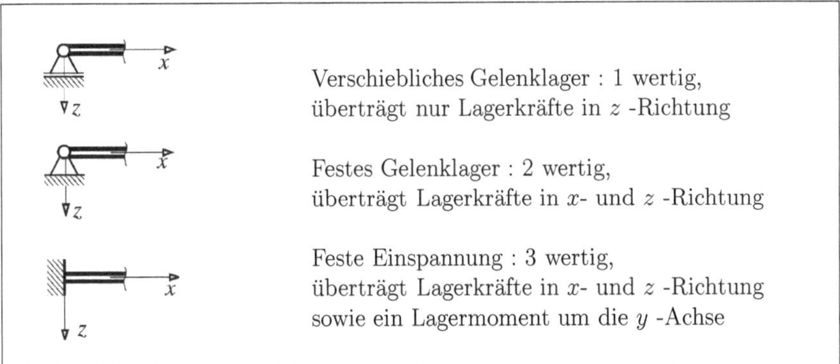

Verschiebliches Gelenklager : 1 wertig,
überträgt nur Lagerkräfte in z -Richtung

Festes Gelenklager : 2 wertig,
überträgt Lagerkräfte in x- und z -Richtung

Feste Einspannung : 3 wertig,
überträgt Lagerkräfte in x- und z -Richtung
sowie ein Lagermoment um die y -Achse

Grundformeln: Kräftegleichgewicht

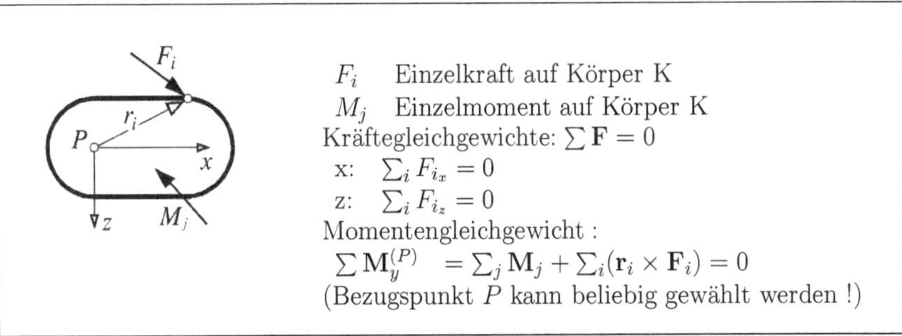

F_i Einzelkraft auf Körper K
M_j Einzelmoment auf Körper K
Kräftegleichgewichte: $\sum \mathbf{F} = 0$
x: $\sum_i F_{i_x} = 0$
z: $\sum_i F_{i_z} = 0$
Momentengleichgewicht :
$\sum \mathbf{M}_y^{(P)} = \sum_j \mathbf{M}_j + \sum_i (\mathbf{r}_i \times \mathbf{F}_i) = 0$
(Bezugspunkt P kann beliebig gewählt werden !)

Musteraufgabe

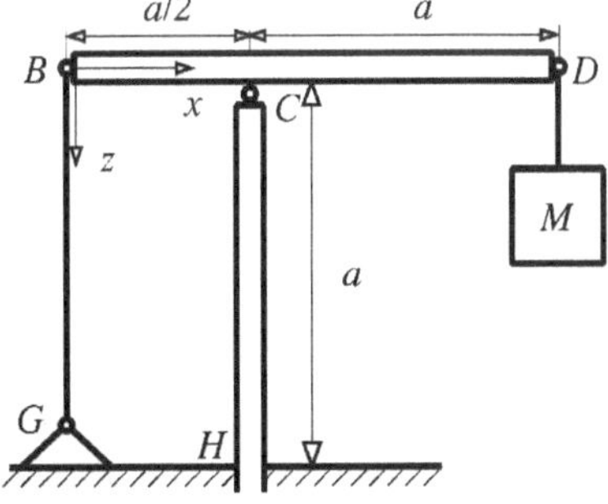

Ein Baukran, der aus dem Ausleger BCD und dem Turm CH (jeweils homogene Balken mit Querschnittsfläche A, Dichte ρ) besteht, ist in H fest im Boden eingespannt. Der Ausleger BCD ist in C gelenkig auf dem Turm gelagert und wird in B durch ein vertikales Drahtseil BG (Masse m) in seiner Lage gehalten. Der Ausleger wird neben seinem Eigengewicht durch eine in D aufgehängte Masse M belastet. Man berechne die Lagerreaktionen in G und in H !

Lösung: Das System besteht aus den Einzelkörpern Turm, Ausleger, Seil und Masse. Zur Bestimmung der zwischen ihnen wirkenden Kräfte schneiden wir in Gedanken alle Einzelkörper "frei", d.h. trennen alle Bindungen auf und ersetzen diese durch entsprechende Bindungskräfte. Bei diesem Freischneiden ist es dabei äußerst wichtig, daß wir

- jede aufgetrennte Bindung korrekt durch die Kräfte / Momente ersetzen, die diese Bindung auch übertragen kann (vgl. Ebene Lagertypen)
- auf beiden "freigeschnittenen" Seiten (" Schnittufer") die Schnittkräfte mit entgegengesetzter Wirkung einzeichnen, alle Schnittkräfte müssen sich insgesamt wieder zu Null addieren (Schnittmomente ebenso).
- Die Wahl der Orientierung einer Schnittkraft sowie deren Bezeichnung kann frei gewählt werden, darf im Laufe der Rechnung aber nicht mehr verändert werden!
- eingeprägte Kräfte, wie z.B. Eigengewicht und äußere Kräfte/ Momente nicht vergessen!

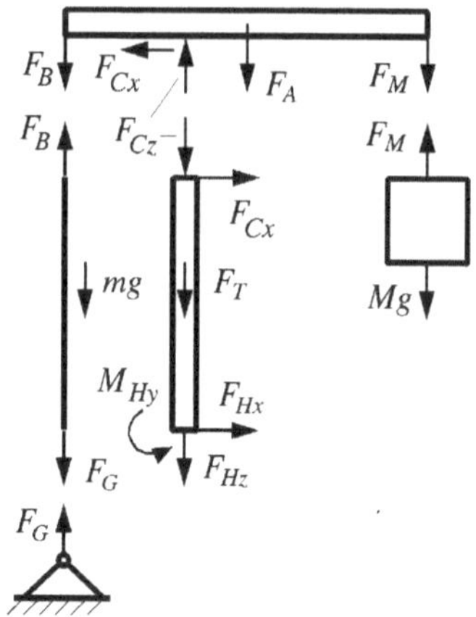

Im nächsten Schritt werten wir für jeden Einzelkörper das statische Kräftegleichgewicht aus:

Einzelmasse M:	$\sum F_z = 0 = Mg - F_M$		(1)
Ausleger BCD:	$\sum F_x = 0 = -F_{C_x} \rightarrow F_{C_x} = 0$		(2)
	$\sum F_z = 0 = F_B - F_{C_z} + F_A + F_M$		(3)
	$\sum M_y^{(B)} = 0 = F_{C_z} \cdot \frac{a}{2} - F_A \cdot \frac{3}{4}a - F_M \cdot \frac{3}{2}a$		(4)
Turm HC:	$\sum F_x = 0 = F_{C_x} + F_{H_x}$		(5)
	$\sum F_z = 0 = F_{C_z} + F_T + F_{H_z}$		(6)
	$\sum M_H = 0 = M_y^{(H)} - F_{C_x} \cdot a$		(7)
Seil BG:	$\sum F_z = 0 = mg - F_B + F_G$		(8)

Eine Schnittkraft wird in obigen Gleichungen positiv berücksichtigt, wenn sie in Richtung der entsprechenden Achse des x-, y-, z- Kooordinatensystems wirkt, im umgekehrten Fall erhält sie ein negatives Vorzeichen. In unserem Fall erhalten wir so 8 Gleichungen mit den Unbekannten F_M, F_{C_x}, F_{C_z}, F_B, F_G, F_{H_x}, F_{H_z}, M_H, das System ist statisch bestimmt. (Alle Lagerkräfte können eindeutig berechnet werden und das System ist unverrückbar gelagert.) Aus (1) erhalten wir zunächst sofort $F_M = M \cdot g$; aus dem Momentengleichgewicht (4) um B am Ausleger folgt:

$$F_{C_z} \cdot \frac{a}{2} - \frac{3}{2}a\rho Ag \cdot \frac{3}{4}a - \frac{3}{3}Mga = 0 \quad \rightarrow \quad F_{C_z} = 3Mg + \frac{9}{4}\rho a Ag$$

Einsetzen in (3) liefert:

$$\begin{aligned}
F_B = F_{C_z} - F_A - F_M &= 3Mg + \frac{a}{4}\rho a A g - \frac{6}{4} a \rho A g - Mg \\
&= 2Mg + \frac{3}{4}\rho a A g \\
(8) \to \quad F_G = F_B - mg &= g(2M - m + \frac{3}{4}\rho a A) \\
(6) \to \quad F_{H_z} = -F_{C_z} - F_T &= -g(3M + \frac{9}{4}\rho a A) - \rho a A g \\
&= -g(3M + \frac{13}{4}\rho a A) \\
(2)\,\text{und}\,(5) \quad \to \quad F_{H_x} &= F_{C_x} = 0
\end{aligned}$$

Als " Lagerreaktion " wird die Kraft/Momentenwirkung vom Lager auf den Körper verstanden, diese wird im angegebenen KOS angeschrieben.

$$\mathbf{F_G} = \begin{pmatrix} 0 \\ 0 \\ F_G \end{pmatrix} = \begin{pmatrix} 0 \\ 0 \\ g(2M - m + \frac{3}{4}\rho a A) \end{pmatrix} \quad ;$$

$$\mathbf{F_H} = \begin{pmatrix} F_{H_x} \\ 0 \\ F_{H_z} \end{pmatrix} = \begin{pmatrix} 0 \\ 0 \\ -g(3M + \frac{13}{4}\rho a A) \end{pmatrix} \quad .$$

In den Punkten G und H am Seil bzw. am Turm sind die Schnittreaktionen auch in Richtung der positiven Achsen angetragen, die Werte für F_G und F_H entsprechen damit auch den Komponenten in $\mathbf{F_G}$ und $\mathbf{F_H}$.

(Wird im umgekehrten Fall beim Freischneiden z.B. F'_{H_z} am Turm nach oben angetragen, bekommt man aus den GGW– Bedingungen entsprechend ein anderes Vorzeichen für F'_{H_z}, als Lagerreaktion $\mathbf{F_H}$ aber wieder einen identischen Vektor, da F'_{H_z} auch negativ in $\mathbf{F_H}$ eingeht.)

Aufgabe 2

Der Schlepper in nebenstehender Skizze hat ein Gewicht $G_S = 18000N$. Der angebaute Hecklader mit dem Gewicht $G_H = 4200N$ trägt eine Last F. Die eingetragenen Abmessungen sind: $a = 2,3m$, $b = 1,4m$, $c = 0,8m$, $d = 2,1m$.

a) Wie groß darf die Last F werden, damit die beiden Vorderräder gerade noch nicht abheben ?

b) Wie groß ist dabei die Kraft, die die beiden Hinterräder zusammen auf den Boden ausüben ?

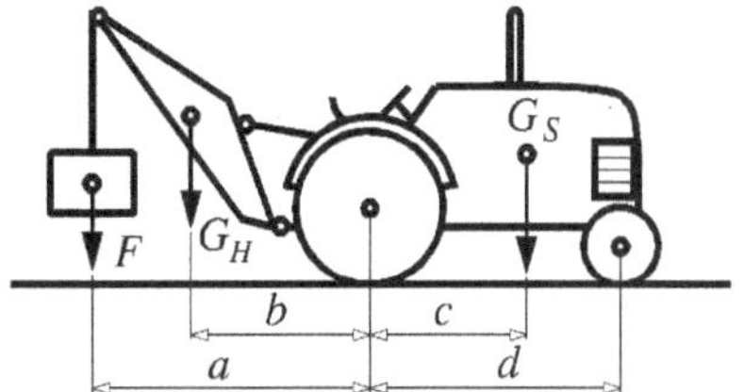

Aufgabe 3

Auf der horizontalen Platte eines Tisches vom Gewicht G_T mit dem Schwerpunkt S liegt eine Kugel von Gewicht G_1. Die vier Beine des Tisches übertragen die Kräfte $F_1 = 60N$, $F_2 = 40N$, $F_3 = 100N$, $F_4 = 100N$ auf den Boden. Jetzt wird eine weitere Kugel vom halben Gewicht der ersten Kugel aufgelegt. Danach werden die Kräfte $F_1 = 70N$, $F_2 = 60N$, $F_3 = 110N$, $F_4 = 120N$ gemessen. Die Tischbeine haben den Längenabstand $a = 1,2m$ und den Breitenabstand $b = 0,8m$.

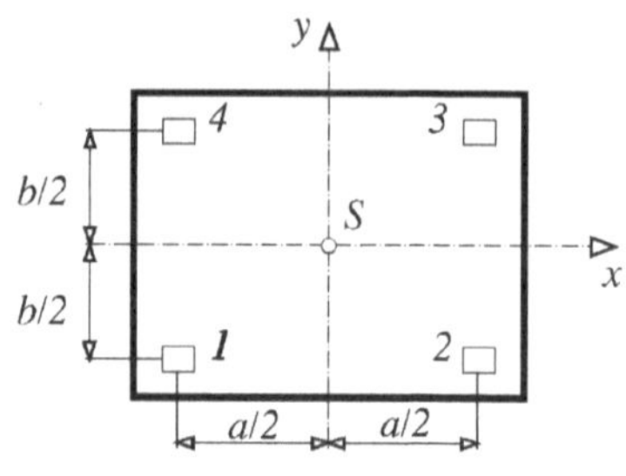

a) Wie schwer sind die Kugeln?
b) Wie schwer ist der Tisch?
c) An welchen Stellen der Tischplatte werden die Kugeln aufgelegt?
d) Warum kann man diese Aufgabe nicht umkehren, d.h. aus bekannten Gewichten und Auflagestellen die Kräfte $F_1, \ldots, F_4$ berechnen?

Aufgabe 4

Ein biegeweiches Seil trägt drei Beleuchtungskörper und wird in der gezeichneten Lage durch das Gewicht $G_Q = 1000$ N im Gleichgewicht gehalten. Man bestimme die Gewichte G_1, G_2, G_3 der Beleuchtungskörper.

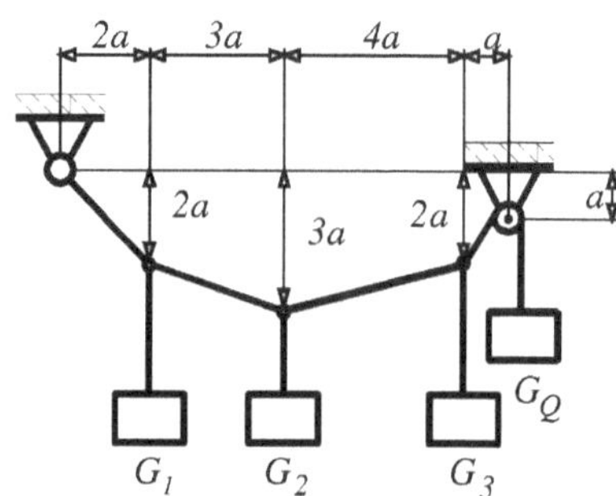

Aufgabe 5

Eine 1000 N schwere Stange berührt mit dem Ende A den glatten, horizontalen Fußboden; mit dem anderen Ende B liegt sie auf einer glatten, unter $30°$ geneigten Fläche auf. In B wird die Stange von einem Seil gehalten, welches über eine Rolle läuft und am Ende eine Last G_Q trägt. Das Seilstück BC ist parallel zur geneigten Fläche. Unter Ausschluß jeglicher Reibung sind die Last G_Q, die Kraft $\mathbf{F}_A$ auf den horizontalen Fußboden und die Kraft $\mathbf{F}_B$ auf die geneigte Fläche zu bestimmen.

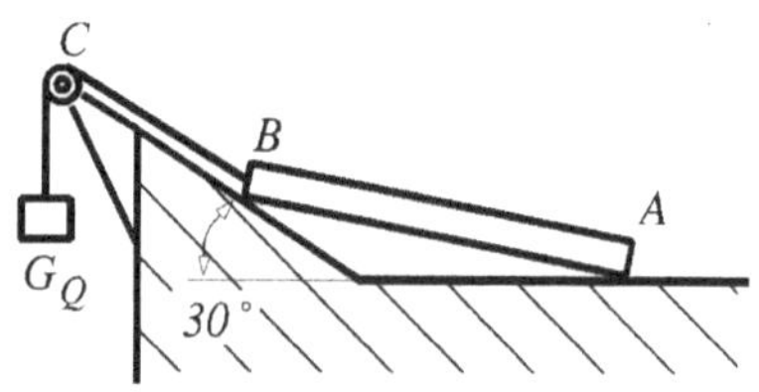

Aufgabe 6

Der homogene Balken AB vom Gewicht G_B ist am Ende B durch ein Gewicht G_Q belastet. Der Balken ist in A gelenkig gelagert und wird durch das gewichtslose Seil BC in der horizontalen Lage gehalten. Man bestimme die Lagerreaktionen in A und die Seilkraft. ($G_B = 100$ N, G_Q 20 N, $\alpha = 45°$)

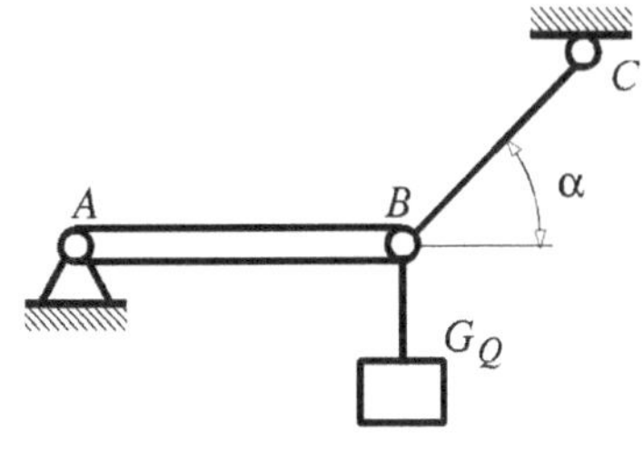

Aufgabe 7

Wie groß ist das Verhältnis der Größen h und b, wenn der Winkel α des skizzierten Systemes im Gleichgewicht 30° beträgt ?

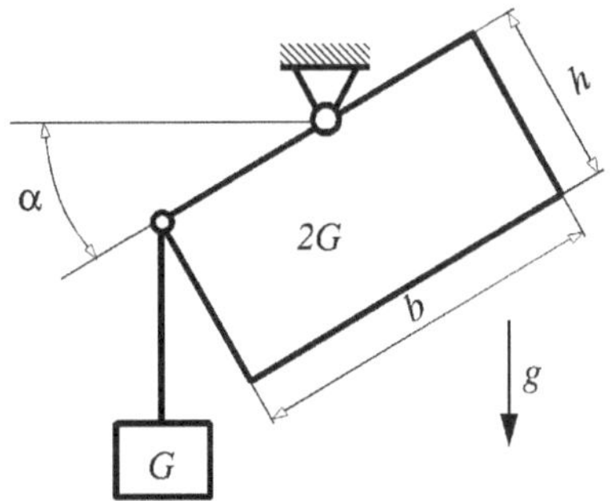

1.2.3 Räumliches Kräftegleichgewicht

Aufgabe 8

An der Spitze B eines bei A im Boden eingerammten Mastes greifen die in drei Rissen eingezeichneten Kräfte $\mathbf{F}_1, \mathbf{F}_2, \mathbf{F}_3$ an. Man bestimme Richtung und Größe der Resultierenden $\mathbf{R}$. ($F_1 = 5$ kN, $F_2 = 4$ kN, $F_3 = 3$ kN)

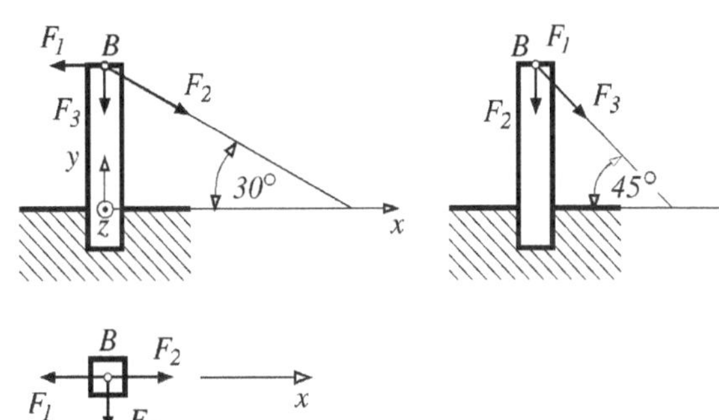

Aufgabe 9

Der skizzierte Kranarm CE ist in C senkrecht zur x–Achse gelenkig gelagert und in D durch zwei beidseitig gelenkig gelagerte Stäbe gestützt. Im gegebenen KOS besitzt E die Koordinaten $2a, 3a, 3a$. In F ist ein Seil befestigt, das reibungsfrei um eine Rolle in E geführt wird und an dessen Ende das Gewicht G hängt. Man bestimme die Lagerreaktionen in A, B, C und F. Der Rollenradius bei E ist zu vernachlässigen. Gegeben: Rasterlänge a, G.

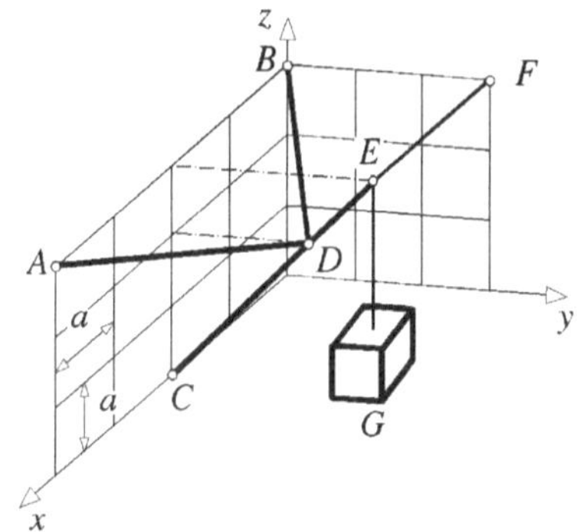

Aufgabe 10

Für das skizzierte, durch die Kräfte $\mathbf{F}$ in C und D belastete Tragwerk berechne man die Lagerreaktionen in A und B.
Gegeben: a, $F = F_1 = F_2$

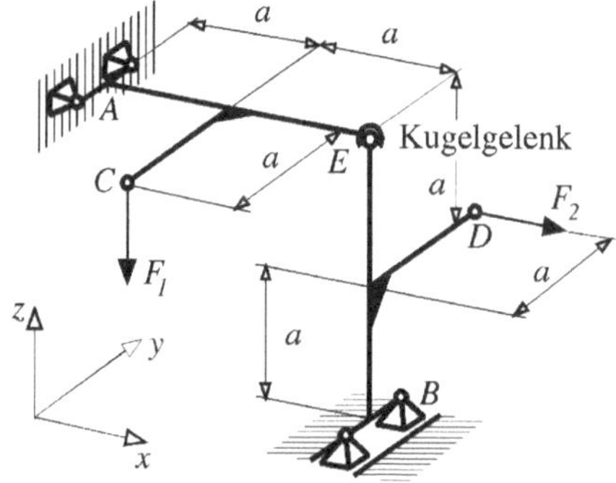

Aufgabe 11

Für das skizzierte, durch die Kraft $\mathbf{F}$ in C belastete Tragwerk berechne man die Lagerreaktionen in A und B. Das Lager in B kann dabei nur vertikale Kraftkomponenten aufnehmen.
Gegeben: a, R, F.

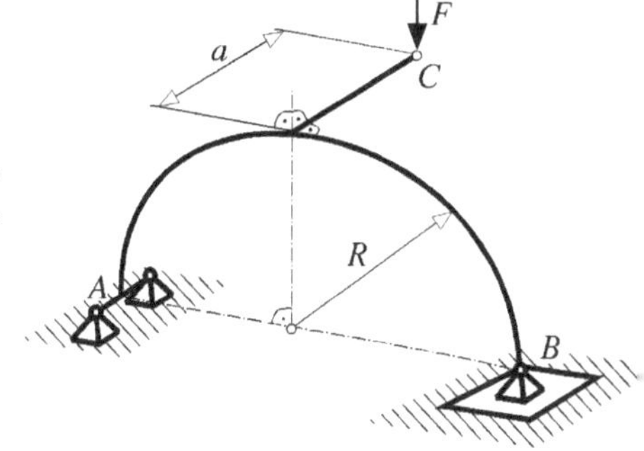

Lösungen zu Kap. 1.2 Kräftegleichgewicht

Aufgabe 1

Zuerst bestimmt man die Zahl der GGW und die Zahl der Bindungen. Aus der Differenz folgt der Grad der statischen Bestimmtheit.

a) $3i = 9 \quad ; \quad \sum_j w_j = 8 \quad \Rightarrow$ 1-fach unterbestimmt

b) $3i = 9 \quad ; \quad \sum_j w_j = 11 \Rightarrow$ 2-fach unbestimmt

c) $3i = 9 \quad ; \quad \sum_j w_j = 11 \Rightarrow$ 2-fach unbestimmt

d) $3i = 9 \quad ; \quad \sum_j w_j = 7 \quad \Rightarrow$ 2-fach unterbestimmt

Aufgabe 2

In der Ruhelage gelten drei ebene Gleichgewichtsbedingungen.

$$\sum F_x = 0$$
$$\sum F_y = 0 = F_H + F_V - F - G_H - G_S$$
$$\sum M_z^H = 0 = Fa + G_h b - G_S c + F_V d$$

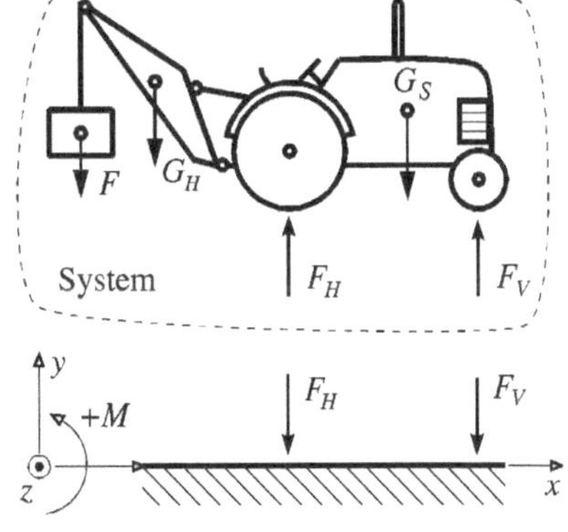

Das Vorzeichen der Kräfte und Momente richtet sich nach ihrer Richtung im Koordinatensystem.

a) Damit der Schlepper kippt, muß der Grenzfall $F_V = 0$ eintreten. Man löst das Momentengleichgewicht um die z-Achse nach F_V auf und setzt es gleich Null.

$$F_V = \frac{c \cdot G_S - a \cdot F - b \cdot G_H}{d}$$

$F_V = 0$, nach F auflösen.

$$F_{max} = \frac{c \cdot G_S - b \cdot G_H}{a}$$

Setzt man die Zahlenwerte ein, so ergibt sich für F_{max}:

$$F_{max} = \frac{0,8 \cdot 18000 - 1,4 \cdot 4200}{2,3} \; N = 3704 \; N$$

b) Auflösen der Summe aller Kräfte in y-Richtung nach F_H:

$$F_H = F + G_H + G_S - F_V \qquad \text{mit} \quad F_V = 0 \quad \text{und} \quad F = F_{max}$$

Einsetzen der Zahlenwerte:

$$F_H = (3704 + 4200 + 18000)\ N = 25904\ N$$

Aufgabe 3

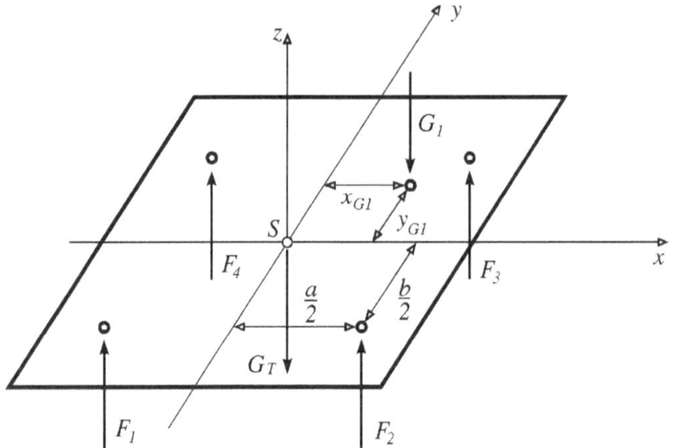

a) Aufstellen der Gleichgewichtsbedingungen der Kräfte in z-Richtung:
α) mit einer Kugel:

$$F_{1\alpha} = 60\ N \qquad F_{2\alpha} = 40\ N \qquad F_{3\alpha} = F_{4\alpha} = 100\ N$$

$$\sum F_z = 0 = F_{1\alpha} + F_{2\alpha} + F_{3\alpha} + F_{4\alpha} - G_T - G_1$$

β) mit zwei Kugeln:

$$F_{1\beta} = 70\ N \qquad F_{2\beta} = 60\ N \qquad F_{3\beta} = 110\ N \qquad F_{4\beta} = 120\ N$$

$$\sum F_z = 0 = F_{1\beta} + F_{2\beta} + F_{3\beta} + F_{4\beta} - G_T - \frac{3}{2}G_1$$

Die Kugelgewichte folgen aus der Differenz beider GGB:

$$\sum F_{i\alpha} - \sum F_{i\beta} + \frac{G_1}{2} = 0$$

Nach G_1 auflösen und Zahlenwerte einsetzen.

$$G_1 = 2(360 - 300)\ N = 120\ N \qquad \text{1. Kugel}$$

$$\frac{G_1}{2} = 60\ N \qquad \text{2. Kugel}$$

b) Löst man die erste GGB nach G_T auf und setzt G_1 aus a) ein, erhält man das Gewicht des Tisches.

$$G_T = \sum F_{i\alpha} - G_1 = 180\ N$$

c) Da der Tisch in Ruhe ist muß die Summe aller an ihm angreifenden Momente gleich Null sein. α) mit einer Kugel:

$$\sum M_x^s = 0 = (F_{3\alpha} + F_{4\alpha}) \cdot \frac{b}{2} - (F_{1\alpha} + F_{2\alpha}) \cdot \frac{b}{2} - G_1 \cdot y_{G_1}$$

Nach y_{G_1} auflösen und Zahlenwerte einsetzen:

$$y_{G_1} = \frac{0,4\ m \cdot (200 - 100)\ N}{120\ N} = 0,33\ m$$

$$\sum M_y^s = 0 = (F_{1\alpha} + F_{4\alpha}) \cdot \frac{a}{2} - (F_{2\alpha} + F_{3\alpha}) \cdot \frac{a}{2} + G_1 \cdot x_{G_1}$$

$$x_{G_1} = -\frac{a}{2G_1}(F_{1\alpha} + F_{4\alpha} - F_{2\alpha} - F_{3\alpha}) = -0,1\ m$$

Fall β: Zwei Kugeln.

$$\sum M_x^s = 0 = \frac{b}{2} \cdot (-F_{1\beta} - F_{2\beta} + F_{3\beta} + F_{4\beta}) - y_{G_1} \cdot G_1 - y_{G_2} \cdot G_2$$

Löst man nach y_{G_2} auf und setzt $G_2 = 60\ N$ sowie $y_{G_1} = 0,33\ m$, ergibt sich $y_{G_2} = 0\ m$

$$\sum M_y^s = 0 = \frac{a}{2} \cdot (F_{1\beta} - F_{2\beta} - F_{3\beta} + F_{4\beta}) + x_{G_1} \cdot G_1 + x_{G_2} \cdot G_2$$

Die Auflösung nach x_{G_2} mit $x_{G_1} = -0,1\ m$ ergibt $x_{G_2} = 0\ m$, die zweite Kugel liegt exakt in Tischmitte.

d) Nein! Das Problem ist statisch unbestimmt. Es existieren vier Beinkräfte bei nur drei unabhängigen GGW-Bedingungen, d.h. es sind beliebig viele Lösungen denkbar.

Aufgabe 4

Aus dem Momentengleichgewicht der Rolle:

$$G_Q = S_Q$$

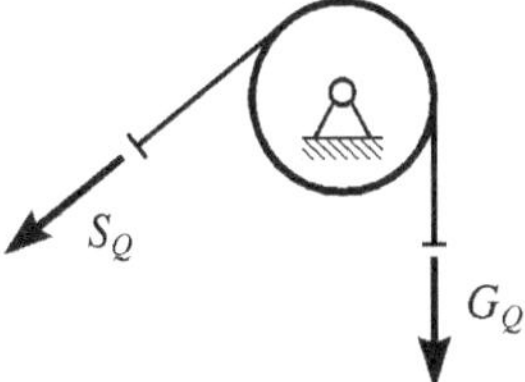

In allen drei Knoten b,c,d werden die entsprechenden Kräfte eingezeichnet und in ihre Komponenten zerlegt. Knoten d:

$$\sum F_x = 0 = -S_3 \cos\beta + S_Q \cos\alpha \quad \rightarrow \quad S_3 = S_Q \cdot \frac{\cos\alpha}{\cos\beta}$$

$$\sum F_z = 0 = S_3 \sin\beta + G_3 - S_Q \sin\alpha$$

$$G_3 = S_Q(\sin\alpha - \tan\beta\cos\alpha) = 530,3\ N$$

Für die Winkel gelten dabei die folgenden Beziehungen.

$$\tan\alpha = 1 \quad \rightarrow \quad \cos\alpha = \frac{1}{2}\sqrt{2}\,, \quad \sin\alpha = \frac{1}{2}\sqrt{2}$$

$$\tan\beta = \frac{1}{4}\,, \quad \tan\gamma = \frac{1}{3}\,, \quad \tan\delta = 1$$

Knoten c:

$$\sum F_x = 0 = -S_2 \cos\gamma + S_3 \cos\beta; \qquad S_2 = S_3 \frac{\cos\beta}{\cos\gamma} = S_Q \frac{\cos\alpha}{\cos\gamma}$$

$$\sum F_z = 0 = -S_2 \sin\gamma + G_2 - S_3 \sin\beta$$

S_3 und S_2 einsetzen und nach G_2 auflösen.

$$G_2 = S_Q(\cos\alpha\tan\beta + \cos\alpha\tan\gamma) = 412,5\ N$$

Knoten b:

$$\sum F_x = 0 = -S_1 \cos\delta + S_2 \cos\gamma; \quad S_1 = S_2 \frac{\cos\gamma}{\cos\delta} = S_3 \frac{\cos\beta}{\cos\delta} = S_Q \frac{\cos\alpha}{\cos\delta}$$

$$\sum F_z = 0 = -S_1 \sin\delta + G_1 + S_2 \sin\gamma$$

$$G_1 = S_Q(\cos\alpha\tan\delta - \cos\alpha\tan\gamma) = 471,4\ N$$

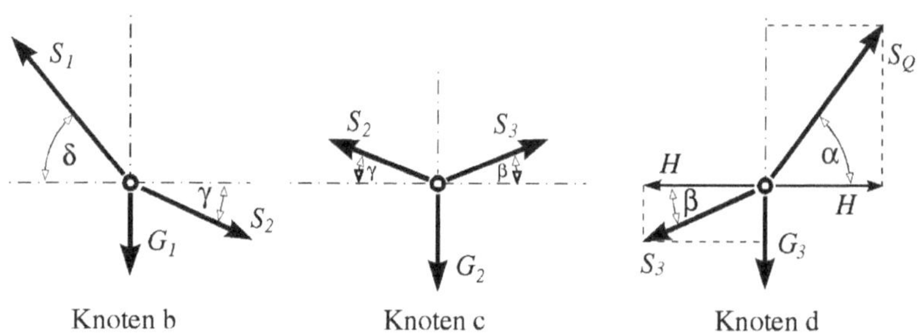

Knoten b Knoten c Knoten d

Hinweis: Da die Gewichte nur vertikal wirken, ist die Horizontalkraft im ganzen Seil identisch.

$$S_Q \cos\alpha = H = \text{const.}$$

Aufgabe 5

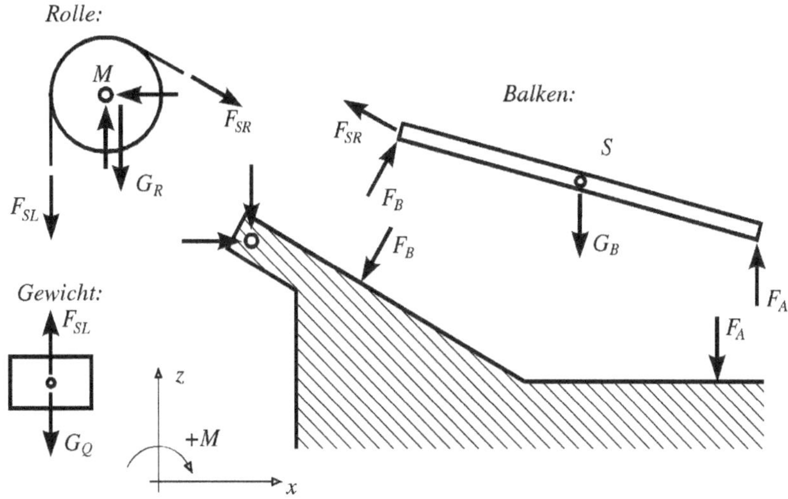

Tritt auf einer Fläche keine Reibung auf, so sind nur Normalkomponenten zulässig!

I. GGB am Gewicht:

$$G_Q = F_{SL}$$

II. GGB an der Rolle:

$$\sum M_y^M = 0 = F_{SR} \cdot R - F_{SL} \cdot R \quad \rightarrow \quad F_{SR} = F_{SL} = G_Q$$

III. GGB am Balken:

$$\begin{aligned}
\sum F_x = 0 &= -G_Q \cos 30^\circ \\
&\quad + F_B \sin 30^\circ \\
\sum F_z = 0 &= F_A - G_B \\
&\quad + F_B \cos 30^\circ \\
&\quad + G_Q \sin 30^\circ \\
\sum M_y^B = 0 &= G_B \cdot \frac{l}{2} \cos \varphi \\
&\quad - F_A \cdot l \cos \varphi
\end{aligned}$$

Aus den GGB können die gesuchten Kräfte direkt bestimmt werden.

$$F_A = \frac{1}{2} G_B; \qquad F_B = \sqrt{3} G_Q; \qquad G_Q = \frac{1}{4} G_B$$

$$F_A = \begin{pmatrix} 0 \\ 0 \\ 500 \end{pmatrix} N\,, \quad F_B = \begin{pmatrix} 216,5 \\ 0 \\ 375 \end{pmatrix} N\,, \quad G_Q = 250\ N$$

Aufgabe 6

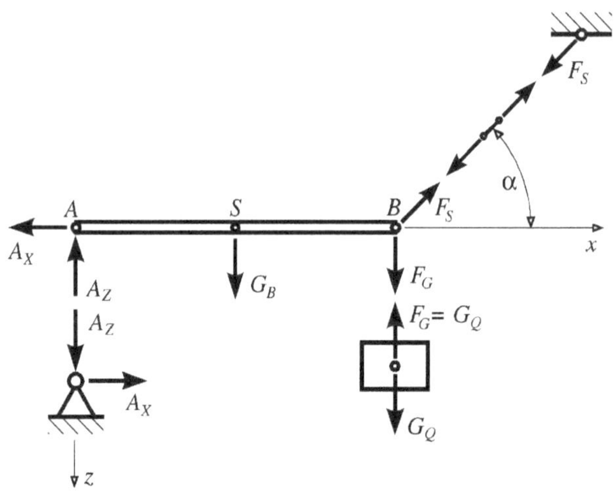

GGB am Balken:

$$\sum F_x = 0 = -A_x + F_S \cos\alpha$$

$$\sum F_z = 0 = -A_z + G_Q + G_B - F_S \sin\alpha$$

$$\sum M_y^A = 0 = -G_B \frac{l}{2} - G_Q l + F_S \sin\alpha \cdot l = -\frac{G_B}{2} - G_Q + F_S \sin\alpha$$

$$\alpha = 45^\circ \quad \rightarrow \quad \sin\alpha = \cos\alpha = \frac{1}{\sqrt{2}}$$

Momenten-GGW nach F_S auflösen, F_S dann in Kräfte-GGB einsetzen.

$$F_S = \sqrt{2}(\frac{1}{2} G_B + G_Q); \qquad A_x = \frac{G_B}{2} + G_Q; \qquad A_z = \frac{G_B}{2}$$

$$F_A = \begin{pmatrix} -A_x \\ 0 \\ -A_z \end{pmatrix} = -\begin{pmatrix} 70 \\ 0 \\ 50 \end{pmatrix} N\,, \quad F_S = \sqrt{2} \cdot 70\ N \approx 99\ N$$

Aufgabe 7

Nach dem Freischneiden zerlegt man die äußeren Kräfte in ihre jeweiligen Komponenten senkrecht zu den dazugehörigen Hebelarmen $\frac{b}{2}$ bzw. $\frac{2}{h}$. Anschließend wird das Momentengleichgewicht im Aufhängepunkt aufgestellt.

$$\sum M_y^A = 0 = \cos\alpha \cdot G \cdot \frac{b}{2} - \sin\alpha \cdot 2G \cdot \frac{h}{2}$$

Nach $\frac{h}{b}$ auflösen und $\alpha = 30°$ einsetzen.

$$\frac{h}{b} = \frac{\cos\alpha}{2\sin\alpha} = \frac{\sqrt{3}}{2}$$

Aufgabe 8

Die angreifenden Kräfte lauten in Vektordarstellung:

$$\boldsymbol{F}_1 = \begin{pmatrix} -F_1 \\ 0 \\ 0 \end{pmatrix}; \qquad \boldsymbol{F}_2 = \begin{pmatrix} \frac{\sqrt{3}}{2}F_2 \\ -\frac{F_2}{2} \\ 0 \end{pmatrix}; \qquad \boldsymbol{F}_3 = \begin{pmatrix} 0 \\ -\frac{F_3}{\sqrt{2}} \\ \frac{F_3}{\sqrt{2}} \end{pmatrix}$$

Die Resultierende entsteht durch Vektoraddition dieser Kräfte.

$$\boldsymbol{R} = \boldsymbol{F}_1 + \boldsymbol{F}_2 + \boldsymbol{F}_3 = \begin{pmatrix} -F_1 + \frac{\sqrt{3}}{2}F_2 \\ -\frac{1}{2}F_2 - \frac{\sqrt{2}}{2}F_3 \\ \frac{\sqrt{2}}{2}F_3 \end{pmatrix} \approx \begin{pmatrix} -1,54 \\ -4,12 \\ 2,12 \end{pmatrix} kN$$

Aufgabe 9

Die beiden Stäbe sind gelenkig gelagert. Sie übertragen daher nur Kräfte in Stabrichtung.

$$\mathbf{F}_A = A\begin{pmatrix} 2 \\ -2 \\ 1 \end{pmatrix}; \quad \mathbf{F}_B = B\begin{pmatrix} -2 \\ -2 \\ 1 \end{pmatrix}$$

A und B werden über ein Momentengleichgewicht um C bestimmt.

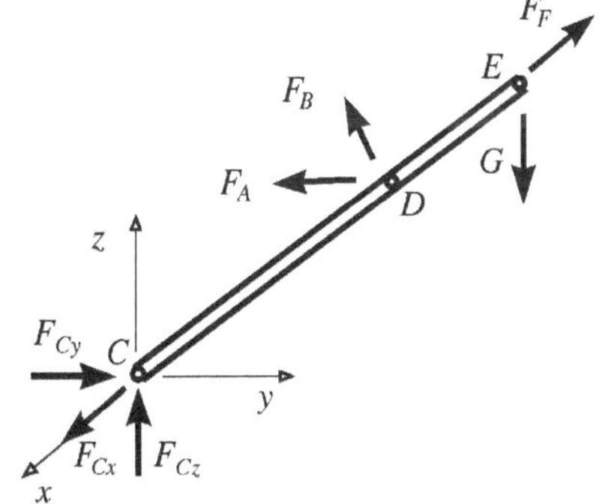

$$\sum M_C = \mathbf{r}_{CD} \times (\mathbf{F}_A + \mathbf{F}_B) + \mathbf{r}_{CE} \times (\mathbf{G} + \mathbf{F}_F) = 0$$

$$\rightarrow \quad \mathbf{r}_{CE} = \begin{pmatrix} 0 \\ 3a \\ 3a \end{pmatrix} ; \quad \mathbf{r}_{cd} = \frac{2}{3}\mathbf{r}_{CE}$$

$$\sum M_C = \mathbf{r}_{CE} \times (\mathbf{G} + \mathbf{F}_F + \frac{2}{3}(\mathbf{F}_A + \mathbf{F}_B)) = 0$$

$$\sum M_C = \begin{pmatrix} 0 \\ 3a \\ 3a \end{pmatrix} \times \begin{pmatrix} -G + \frac{4}{3}A - \frac{4}{3}B \\ -\frac{4}{3}A - \frac{4}{3}B \\ -G + \frac{2}{3}A + \frac{2}{3}B \end{pmatrix} = 0$$

$$6A + 6B - 3G = 0; \qquad 4A - 4B - 3G = 0; \qquad -4A + 4B + 3G = 0$$

$$B = -\frac{G}{8} ; \quad A = \frac{5}{8}G$$

$$\mathbf{F}_A = \frac{5}{8}G\begin{pmatrix} 2 \\ -2 \\ 1 \end{pmatrix}; \quad \mathbf{F}_B = \frac{G}{8}\begin{pmatrix} 2 \\ 2 \\ -1 \end{pmatrix} \quad \text{mit} \quad \mathbf{F}_F = G\begin{pmatrix} -1 \\ 0 \\ 0 \end{pmatrix}.$$

F_C wird über ein räumliches Kräftegleichgewicht bestimmt.

$$\sum \mathbf{F} = \mathbf{F}_C + \mathbf{F}_A + \mathbf{F}_B + \mathbf{F}_F + \mathbf{G} = 0$$

$$F_{Cx} + \frac{5}{4}G + \frac{1}{4}G - G = 0 \quad \Rightarrow \quad F_{Cx} = -\frac{G}{2}$$

$$F_{Cy} - \frac{5}{4}G + \frac{1}{4}G = 0 \quad \Rightarrow \quad F_{Cy} = G$$

$$F_{Cz} + \frac{5}{8}G - \frac{1}{8}G - G = 0 \quad \Rightarrow \quad F_{Cz} = +\frac{G}{2}$$

$$\Rightarrow \quad \mathbf{F}_C = \frac{G}{2}\begin{pmatrix} -1 \\ 2 \\ 1 \end{pmatrix}$$

Aufgabe 10

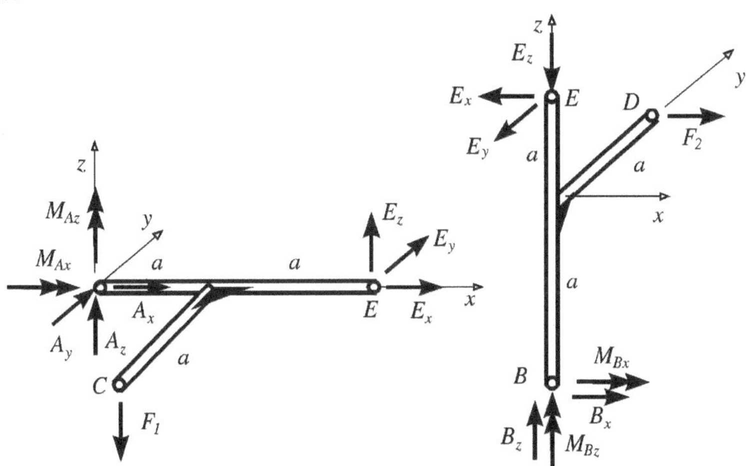

Nach dem Freischneiden wird für jeden Balken das Kräftegleichgewicht sowie das Momentengleichgewicht aufgestellt. Es existieren für jeden Balken sechs Gleichungen. Balken I:

$$\sum F_x = 0 = A_x + E_x; \qquad \sum F_y = 0 = A_y + E_y$$

$$\sum F_z = 0 = A_z - F + E_z$$

$$\sum M_x^A = 0 = F \cdot a + M_{Ax} \quad \rightarrow \quad M_{Ax} = -Fa$$

$$\sum M_y^A = 0 = F \cdot a - E_z \cdot 2a \quad \rightarrow \quad E_z = \frac{F}{2}$$

$$\sum M_z^A = 0 = M_{Az} + E_y \cdot 2a$$

GGB am Balken II:

$$\sum F_x = 0 = -E_x + F + B_x; \quad \sum F_y = 0 = E_y; \quad \sum F_z = 0 = -E_z + B_z$$

$$\sum M_x^B = 0 = M_{Bx} + E_y \cdot 2a$$

$$\sum M_y^B = 0 = F \cdot a - E_x \cdot 2a \quad \rightarrow \quad E_x = \frac{F}{2}$$

$$\sum M_z^B = 0 = M_{Bz} - F \cdot a \quad \rightarrow \quad M_{Bz} = Fa$$

Aus $E_x = \frac{F}{2}$ folgt $A_x = -\frac{F}{2}$ und $B_x = -\frac{F}{2}$
Aus $E_y = 0$ folgt $A_y = 0$ und $M_{Bx} = 0$
Aus $E_z = \frac{F}{2}$ folgt $A_z = \frac{F}{2} = B_z$

$$\Rightarrow \quad \mathbf{M}_A = \begin{pmatrix} -Fa \\ 0 \\ 0 \end{pmatrix}; \quad \mathbf{F}_A = \begin{pmatrix} -\frac{F}{2} \\ 0 \\ \frac{F}{2} \end{pmatrix}$$

$$\Rightarrow \quad \mathbf{M}_B = \begin{pmatrix} 0 \\ 0 \\ Fa \end{pmatrix}; \quad \mathbf{F}_B = \begin{pmatrix} -\frac{F}{2} \\ 0 \\ \frac{F}{2} \end{pmatrix}$$

Aufgabe 11

Nach dem Freischneiden werden die Gleichgewichtsbedingungen angeschrieben. Schnittkräfte in positive Koordinatenrichtung eintragen !

$$\sum M_y^A = 0 = F \cdot R - F_{Bz} \cdot 2R \qquad \rightarrow \qquad F_{Bz} = \frac{F}{2}$$

$$\sum F_z = 0 = F_{Az} + F_{Bz} - F \qquad \rightarrow \qquad F_{Az} = \frac{F}{2}$$

$$\sum M_x^A = 0 = M_{Ax} - F \cdot a \qquad \rightarrow \qquad M_{Ax} = +F \cdot a$$

$$\sum F_x = 0 = F_{Ax}; \qquad \sum F_y = 0 = F_{By}$$

$$\sum M_z^A = 0 = M_{Az} + F_{By} \cdot 2R \qquad \rightarrow \qquad M_{Az} = -F_{By} \cdot 2R = 0$$

In Komponentendarstellung:

$$\mathbf{F}_A = \begin{pmatrix} 0 \\ 0 \\ \frac{F}{2} \end{pmatrix}; \quad \mathbf{F}_B = \begin{pmatrix} 0 \\ 0 \\ \frac{F}{2} \end{pmatrix}; \quad \mathbf{M}_A = \begin{pmatrix} Fa \\ 0 \\ 0 \end{pmatrix}$$

1.3 Fachwerke

Grundformeln: Knotenpunktsverfahren

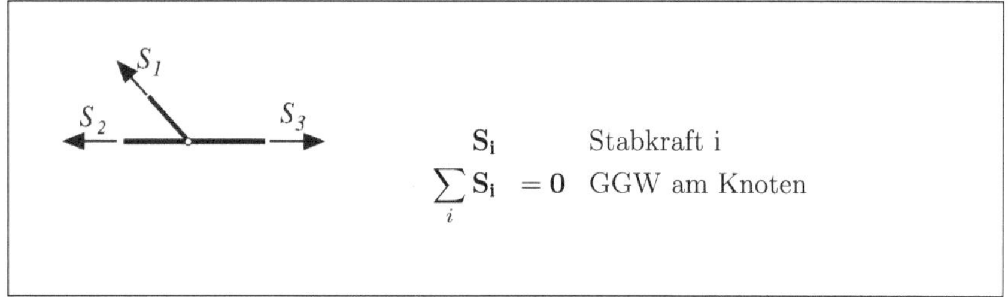

$\mathbf{S_i}$		Stabkraft i
$\sum_i \mathbf{S_i}$	$= \mathbf{0}$	GGW am Knoten

Grundformeln: Ritter- Schnitt

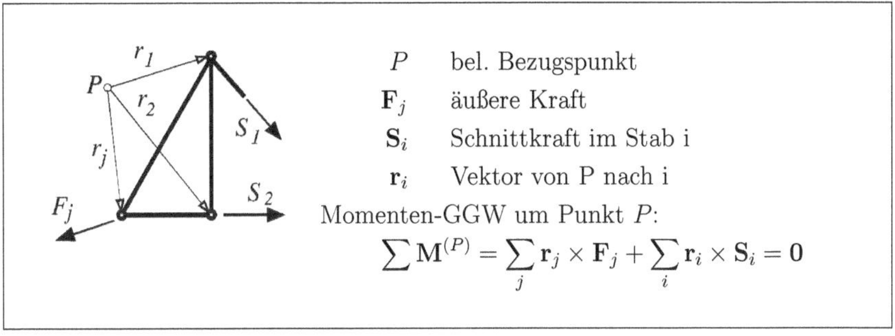

P	bel. Bezugspunkt
$\mathbf{F}_j$	äußere Kraft
$\mathbf{S}_i$	Schnittkraft im Stab i
$\mathbf{r}_i$	Vektor von P nach i

Momenten-GGW um Punkt P:

$$\sum \mathbf{M}^{(P)} = \sum_j \mathbf{r}_j \times \mathbf{F}_j + \sum_i \mathbf{r}_i \times \mathbf{S}_i = \mathbf{0}$$

Musteraufgabe

Das skizzierte Fachwerk soll untersucht werden. Man bestimme die Stabkraft S_1 im Stab 1 mittels Ritter-Schnitt sowie die Kräfte S_2 bis S_5 in den Stäben 2-5 über das Knotenpunktsverfahren.

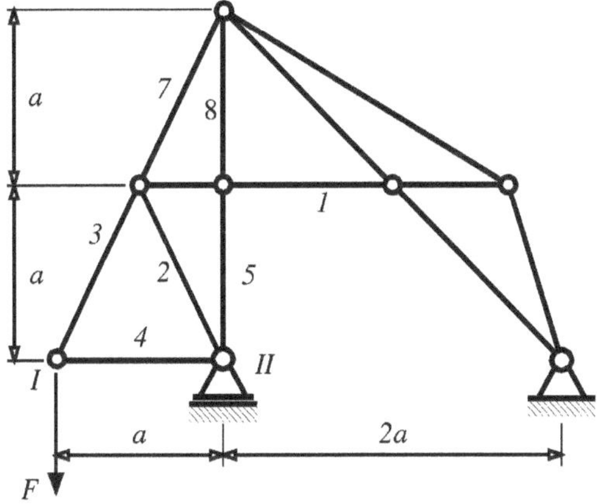

Lösung: Zunächst soll mit dem Ritter- Schnitt- Verfahren die Kraft im Stab S_1 bestimmt werden. Die Grundidee dieses Verfahrens besteht darin, das Fachwerk in Gedanken so aufzutrennen (freizuschneiden), daß es einen Punkt gibt, um den nur bekannte Kräfte (z.B. äußere Kräfte, bereits berechnete Lager- und Stabkräfte) und höchstens eine unbekannte Schnittkraft ein Moment ausüben. Im Klartext: Wir legen einen Schnitt durch die Stäbe (nicht durch die Knoten) des Fachwerks, so daß wir einen Teil komplett isolieren (freischneiden). Sind Lager im freigeschnittenen Teil enthalten, werden diese ebenfalls freigeschnitten und durch die Lagerreaktionen (Kräfte vom Lager auf das Fachwerk) im entsprechenden Knoten ersetzt. An den geschnittenen Stäben werden nun die Schnittkräfte angetragen, als feste Vereinbarung tragen wir grundsätzlich nur Zugkräfte (vom Knoten weg) an (eventuelle Druckbelastungen dieser Stäbe äußern sich dann im negativen Vorzeichen des Rechenergebnisses).

Die Kunst bei diesem Verfahren besteht nun darin, einen (beliebigen) Bezugspunkt P so zu finden, daß das Moment, welches alle am freigeschnittenen Teil wirkenden Kräfte um diesen Punkt ausüben, bis auf den Anteil einer einzigen Stabkraft bekannt ist. Da nämlich genau dieses Moment im Gleichgewicht identisch Null sein muß, hätten wir in einem solchen Fall eine Gleichung für diese eine unbekannte Stabkraft. Finden wir keinen solchen Punkt P, wählen wir einen anderen Schnitt durch das Fachwerk.

Im Beispiel: wir trennen das Fachwerk in den Stäben 1,7 und 8 auf, ersetzen das linke Auflager durch alle möglichen Lagerreaktionen, also hier nur durch eine vertikale Kraft (Vorzeichen zunächst beliebig) und suchen einen geeigneten Punkt P, um den möglichst nur die entstehende Schnittkraft S_1 ein Moment besitzt, nicht aber die weiteren Schnittkräfte S_7 und S_8.

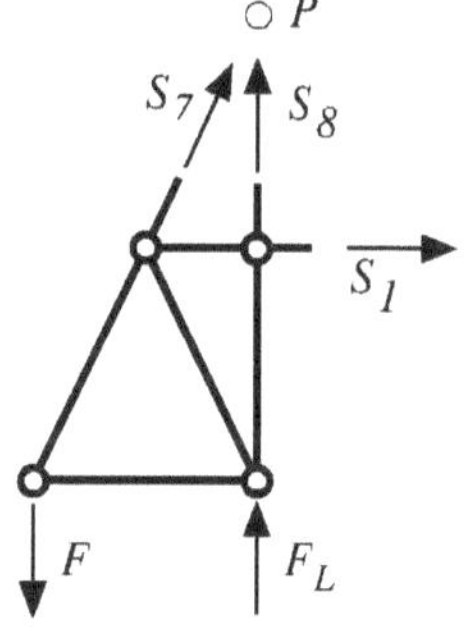

Es bietet sich hier in idealer Form ein Bezugspunkt im obersten Knoten des Fachwerkes an. Die Wirkungslinien der Lagerkraft und der Schnittkräfte S_7, S_8 verlaufen durch diesen Punkt, wodurch das Momentengleichgewicht für das linke Teilstück des Fachwerkes eine einfache Form erhält:

$$\sum M^{(P)} = 0 = F \cdot a + S_1 \cdot a$$

$$\rightarrow \qquad S_1 = -F \qquad \text{(Druckstab, wenn} \quad F > 0)$$

Das Ritter- Schnitt- Verfahren beinhaltet also die geschickte Wahl von Schnittverläufen und Bezugspunkten (die nicht immer erfolgreich sein muß), während das Knotenpunktsverfahren eher das sture Aufstellen der Gleichgewichtsbedingungen an den Knoten bedeutet. Ist ein Fachwerk statisch bestimmt, kann man mit dem Knotenpunktsverfahren in jedem Fall alle Kräfte bestimmen.

Im Beispiel betrachten wir den Knoten I links unten. An ihm greifen außer der Kraft F die Stäbe 3 und 4 an, die wir durch die Zugkräfte S_3 und S_4 ersetzen, S_3 zerlegen wir zur Vereinfachung in horizontale und vertikale Komponenten S_{3H} bzw. S_{3V}. Aus der Geometrie ist über den Strahlensatz ersichtlich, daß sich die Komponenten S_{3H} und S_{3V} wie die entsprechenden horizontalen und vertikalen Projektionen des Stabes 3 verhalten:

$$\frac{S_{3H}}{S_{3V}} = \frac{a}{0,5a} \quad \rightarrow \quad S_{3H} = 0,5 \cdot S_{3V}$$

Die Kräftegleichgewichte in horizontaler und vertikaler Richtung lauten:

$$S_{3H} + S_4 = 0 \qquad \text{bzw.} \qquad S_{3V} - F = 0$$
$$\rightarrow S_{3V} = F \qquad \text{und} \qquad S_{3H} = F/2$$
$$\rightarrow S_4 = -F/2$$

$$S_3 = \sqrt{S_{3V}^2 + S_{3H}^2} = F \cdot \sqrt{5}/2$$

Stab 3 ist ein Zugstab, Stab 4 ein Druckstab.

Am Knoten II läuft jetzt alles analog, wir müssen nur mit den Vorzeichen aufpassen: Die Schnittreaktion S_4 wird auch hier als Zugkraft angetragen (generell alle Schnittkräfte als Zugkräfte antragen !), das negative Vorzeichen wird im Rahmen der GGW- Bedingung automatisch mit erfaßt. Also:

Geometrie: $S_{2H} = 0,5 \cdot S_{2V}$
GGW vertikal: $S_5 + S_{2V} + F_L = 0$
GGW horizontal: $S_4 + S_{2H} = 0$

$$\rightarrow S_{2H} = F/2 \qquad \text{und} \qquad S_{2V} = F$$
$$\rightarrow S_5 = -F - F_L$$

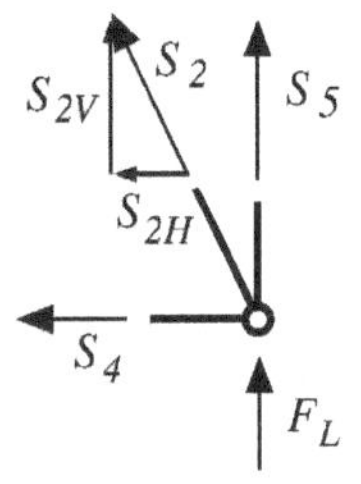

Die Lagerkraft F_L bestimmen wir durch ein globales Kräftegleichgewicht am Fachwerk und ein Momentengleichgewicht (Drehrichtung beliebig) um den Lagerpunkt II:

$$F_L + F_R - F = 0$$
$$F \cdot a + F_R \cdot 2a = 0$$
$$\rightarrow F_R = -0,5F$$
$$\rightarrow F_L = F - F_R = 1,5F$$

Die Stabkräfte S_1 bis S_5 liegen somit fest: $S_1 = -F$ (Druckstab), $S_2 = S_3 = F\sqrt{5}/2$ (Zugstab), $S_4 = -0,5F$ (Druckstab) und $S_5 = -2,5F$ (Druckstab).

Aufgabe 1

Man bestimme für den gezeichneten Stabverband die Auflagerkräfte und Stabkräfte.

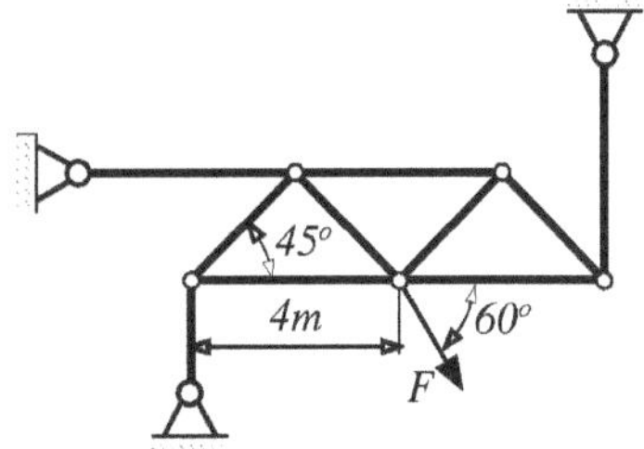

Aufgabe 2

Das skizzierte ebene Stabwerk wird durch eine horizontale Kraft F belastet. Kennzeichnen Sie alle Nullstäbe und bestimmen Sie die Kräfte in den Stäben 1, 2 und 3.

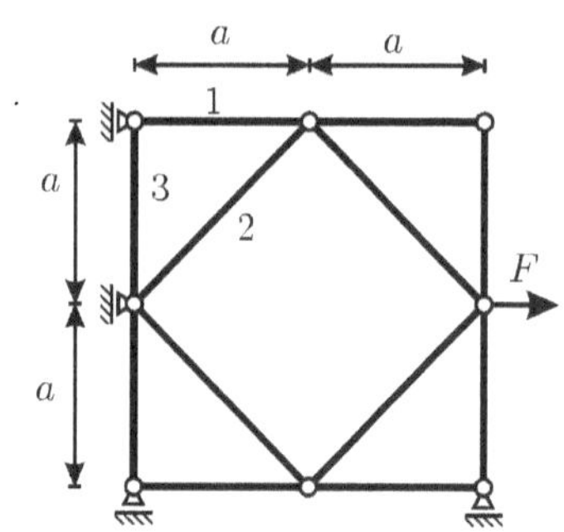

Aufgabe 3

Man bestimme mit Hilfe des Schnittverfahrens nach Ritter die Stabkräfte im angegebenen Stabverband.
$F_1 = F_2 = F$

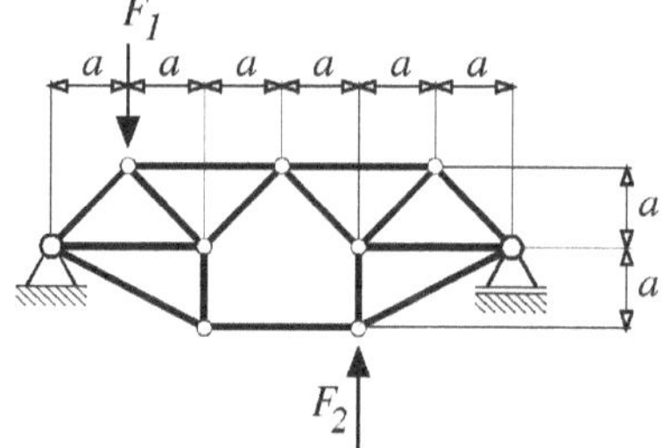

Aufgabe 4

Man bestimme für das nebenstehende, symmetrische Fachwerk die Stabkräfte.
$F_1 = 8000N$, $F_2 = F_3 = 5000N$,
Maßangaben in m.

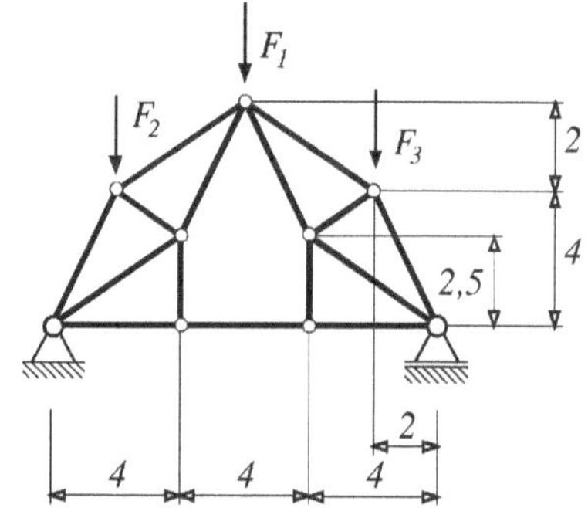

Aufgabe 5

Für das skizzierte, räumliche Fachwerk, das durch eine vertikale Kraft $\mathbf{F}$ im Punkt E belastet wird, berechne man die Stabkräfte.

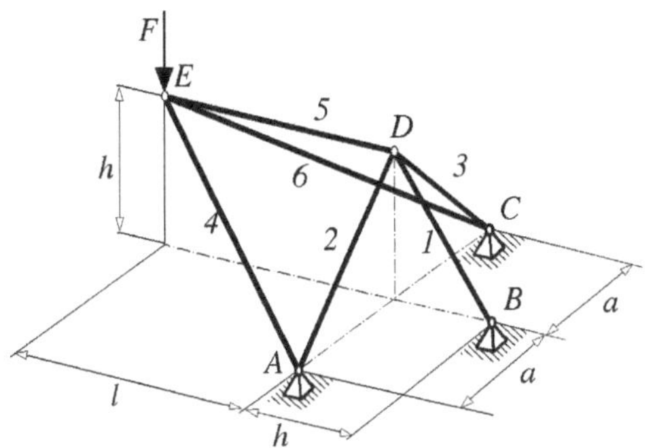

Aufgabe 6

Gegeben ist eine Brücke, die aus n gleichen Tragwerkselementen besteht. Alle Stäbe im Fachwerk, bis auf die diagonalen, haben die Länge l. An allen unteren Knoten wirkt jeweils die Kraft F. Man bestimme die Auflagerreaktionen A_z und B_z sowie die Stabkraft S_i im i-ten unteren Stab !

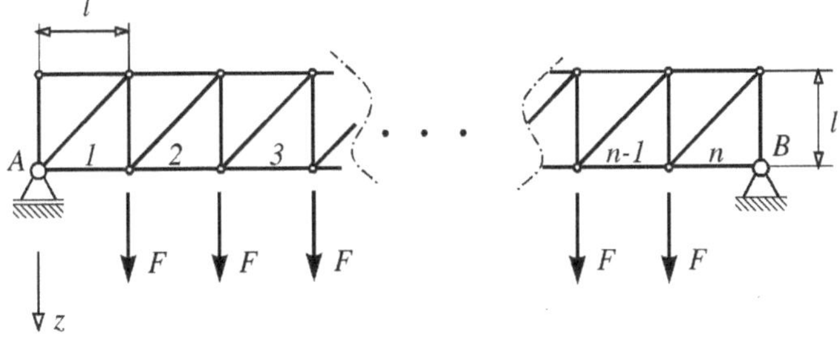

Lösungen zu Kap. 1.3 Fachwerke

Aufgabe 1

Lagerreaktionen:

$$F_A = -\frac{F}{2}$$
$$F_C = -\frac{F}{4}(\sqrt{3}+\frac{1}{2})$$
$$F_B = -\frac{F}{4}(\sqrt{3}-\frac{1}{2})$$

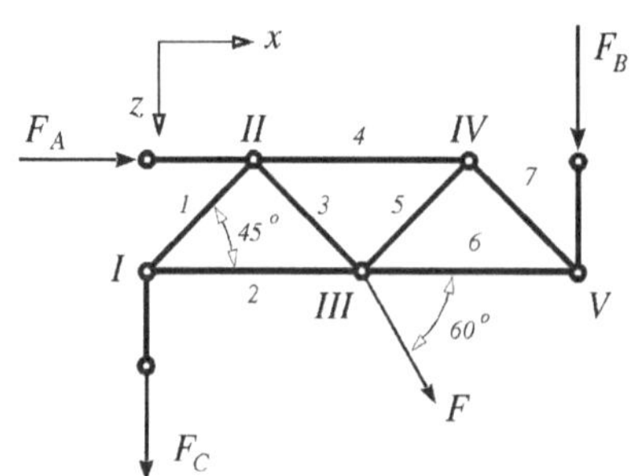

Hinweis zum Freischneiden:
Stabkräfte werden immer als Zugkräfte eingezeichnet (= vom Knoten weg)!
Kräfte-GGW am freigeschnittenen Knoten I:

$$\sum F_z = 0 = F_C - \frac{\sqrt{2}}{2}S_1 \quad \rightarrow \quad S_1 = -\frac{F}{4}(\sqrt{6}+\frac{\sqrt{2}}{2})$$

$$\sum F_x = 0 = \frac{\sqrt{2}}{2}S_1 + S_2 \quad \rightarrow \quad S_2 = \frac{F}{4}(\sqrt{3}+\frac{1}{2})$$

Kräfte-GGW am freigeschnittenen Knoten II:

$$\sum F_z = 0 = \frac{\sqrt{2}}{2}S_1 + \frac{\sqrt{2}}{2}S_3 \quad \rightarrow \quad S_3 = \frac{F}{4}(\sqrt{6}+\frac{\sqrt{2}}{2})$$

$$\sum F_x = 0 = F_A - \frac{\sqrt{2}}{2}S_1 + \frac{\sqrt{2}}{2}S_3 + S_4 \quad \rightarrow \quad S_4 = -\frac{F}{2}(\sqrt{3}-\frac{1}{2})$$

Kräfte-GGW am freigeschnittenen Knoten V:

$$\sum F_z = 0 = F_B - \frac{\sqrt{2}}{2}S_7 \quad \rightarrow \quad S_7 = -\frac{F}{4}(\sqrt{6}-\frac{\sqrt{2}}{2})$$

$$\sum F_x = 0 = -S_6 - \frac{\sqrt{2}}{2}S_7 \quad \rightarrow \quad S_6 = \frac{F}{4}(\sqrt{3}-\frac{1}{2})$$

Kräfte-GGW am freigeschnittenen Knoten III:

$$\sum F_z = 0 = -\frac{\sqrt{2}}{2}S_3 - \frac{\sqrt{2}}{2}S_5 + \frac{\sqrt{3}}{2}F \quad \rightarrow \quad S_5 = \frac{F}{4}(\sqrt{6}-\frac{\sqrt{2}}{2})$$

Aufgabe 2

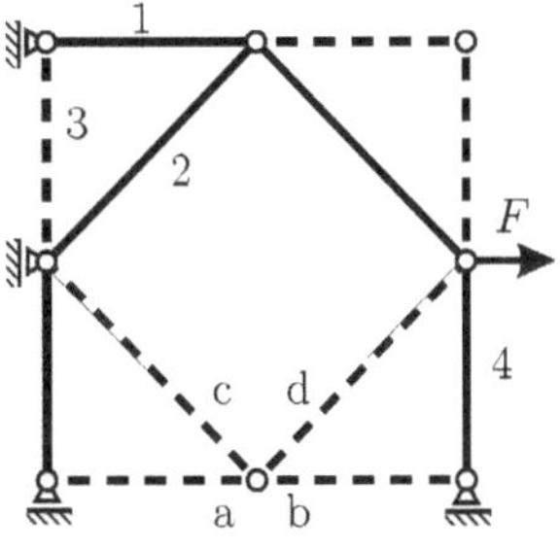

Nullstäbe (durch strichlierte Darstellung gekennzeichnet):
unbelasteter Zweischlag rechts oben;
Stab 3 aus GGW am Knoten links oben
Stäbe a, b, c und d: a und b wie Stab 3, übrig bleibt ein unbelasteter Zweischlag aus c und d

$$S_3 = 0$$

Freischnitt des Dreiecks rechts oben:

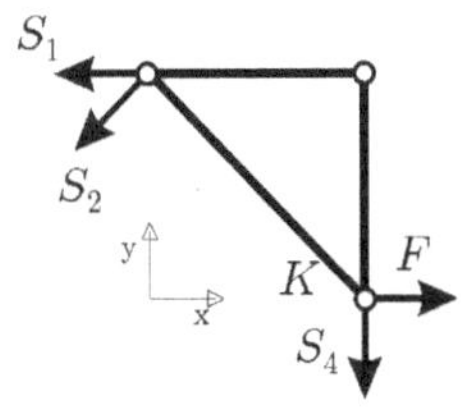

$$\sum F_x = 0 = F - S_1 - \frac{S_2}{\sqrt{2}}$$

$$\sum M^{(K)} = 0 = aS_1 + \sqrt{2}aS_2$$

$$\rightarrow S_2 = -\sqrt{2}F \qquad S_1 = 2F$$

Aufgabe 3

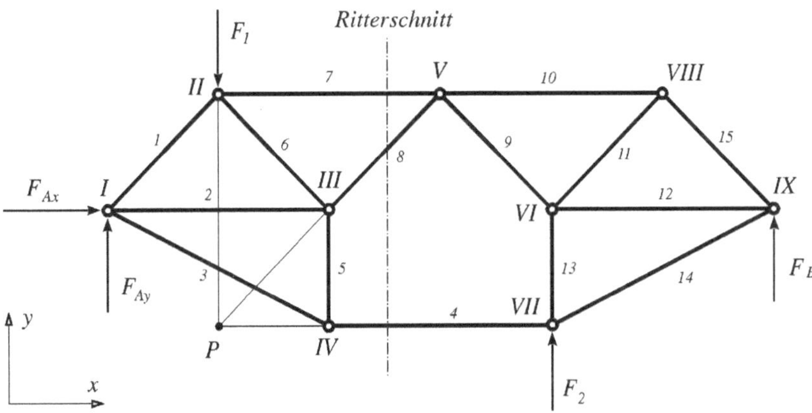

Lagerreaktionen:

$$F_{Ax} = 0 \qquad F_{Ay} = \frac{F}{2} \qquad F_B = -\frac{F}{2}$$

Hinweis zum Freischneiden: Stabkräfte werden immer als Zugkräfte eingezeichnet (= vom Knoten weg)! Kräfte- und Momenten-GGW am Ritter-Schnitt durch die Stäbe 7–8–4:

$$\sum F_y = 0 = F_{Ay} - F_1 + \frac{\sqrt{2}}{2} S_8 \quad \rightarrow \quad S_8 = \frac{F}{\sqrt{2}}$$

$$\sum M_z^P = 0 = -S_7 \cdot 2a - F_{Ay} \cdot a - F_{Ax} \cdot a \quad \rightarrow \quad S_7 = -\frac{F}{4}$$

$$\sum F_x = 0 = F_{Ax} + S_4 + S_7 + \frac{\sqrt{2}}{2} S_8 \quad \rightarrow \quad S_4 = -\frac{F}{4}$$

Kräfte-GGW am freigeschnittenen Knoten IV:

$$\sum F_x = 0 = S_4 - \frac{2}{\sqrt{5}} S_3 \quad \rightarrow \quad S_3 = -\frac{\sqrt{5}}{8} F$$

$$\sum F_y = 0 = S_5 + \frac{1}{\sqrt{5}} S_3 \quad \rightarrow \quad S_5 = \frac{F}{8}$$

Kräfte-GGW am freigeschnittenen Knoten I:

$$\sum F_y = 0 = F_{Ay} + \frac{\sqrt{2}}{2} S_1 - \frac{1}{\sqrt{5}} S_3 \quad \rightarrow \quad S_1 = -\frac{5}{8}\sqrt{2} F$$

$$\sum F_x = 0 = F_{Ax} + \frac{\sqrt{2}}{2} S_1 + S_2 + \frac{2}{\sqrt{5}} S_3 \quad \rightarrow \quad S_2 = \frac{7}{8} F$$

Kräfte-GGW am freigeschnittenen Knoten II:

$$\sum F_x = 0 = S_7 + \frac{\sqrt{2}}{2} S_6 - \frac{\sqrt{2}}{2} S_1 \quad \rightarrow \quad S_6 = -\frac{3}{8}\sqrt{2} F$$

Kräfte-GGW am freigeschnittenen Knoten V:

$$\sum F_y = 0 = -\frac{\sqrt{2}}{2} S_8 - \frac{\sqrt{2}}{2} S_9 \quad \rightarrow \quad S_9 = -\frac{F}{\sqrt{2}}$$

$$\sum F_x = 0 = S_{10} + \frac{\sqrt{2}}{2} S_9 - \frac{\sqrt{2}}{2} S_8 - S_7 \quad \rightarrow \quad S_{10} = \frac{3}{4} F$$

Kräfte-GGW am freigeschnittenen Knoten VII:

$$\sum F_x = 0 = \frac{2}{\sqrt{5}} S_{14} - S_4 \quad \rightarrow \quad S_{14} = -\frac{\sqrt{5}}{8} F$$

$$\sum F_y = 0 = F_2 + S_{13} + \frac{1}{\sqrt{5}} S_{14} \quad \rightarrow \quad S_{13} = -\frac{7}{8} F$$

Kräfte-GGW am freigeschnittenen Knoten VI:

$$\sum F_y = 0 = \frac{\sqrt{2}}{2} S_9 + \frac{\sqrt{2}}{2} S_{11} - S_{13} \quad \rightarrow \quad S_{11} = -\frac{3}{8}\sqrt{2} F$$

$$\sum F_x = 0 = S_{12} - \frac{\sqrt{2}}{2} S_9 + \frac{\sqrt{2}}{2} S_{11} \quad \rightarrow \quad S_{12} = -\frac{F}{8}$$

Kräfte-GGW am freigeschnittenen Knoten IX:

$$\sum F_y = 0 = F_B - \frac{1}{\sqrt{5}} S_{14} + \frac{\sqrt{2}}{2} S_{15} \quad \rightarrow \quad S_{15} = \frac{3}{8}\sqrt{2} F$$

Aufgabe 4

Das Fachwerk ist symmetrisch aufgebaut und belastet. Es genügt daher, die Stabkräfte der linken Hälfte zu berechnen.
Lagerreaktionen:

$$F_{Ax} = 0$$

$$F_{Ay} = F_B = \left(\frac{2F_2 + F_1}{2}\right) = 9000N$$

Nullstäbe:

$$S_5 \perp S_3, S_8 \quad \rightarrow \quad S_5 = S_{14} = 0$$
$$S_3 = S_8$$

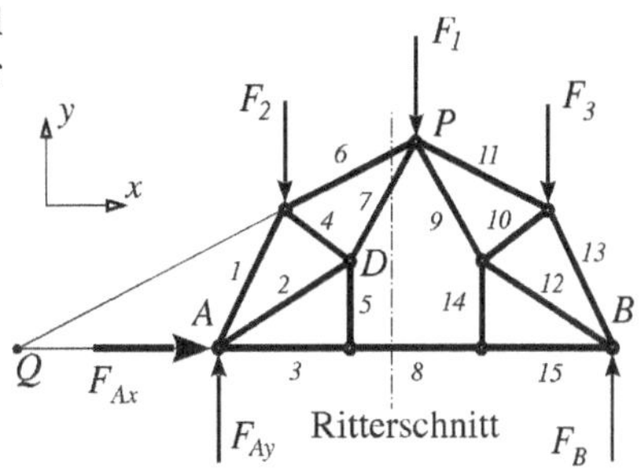

Kräfte- und Momenten-GGW am Ritter-Schnitt durch die Stäbe 6–7–8:

$$\sum M_z^P = 0 = S_8 \cdot 6 - F_{Ay} \cdot 6 + F_2 \cdot 4 + F_{Ax} \cdot 6$$

$$\rightarrow \quad S_8 = S_3 = S_{15} = F_{Ay} - \frac{2}{3} F_2 = 5667N$$

$$\sum M_z^Q = 0 = F_{Ay} \cdot 6 - F_2 \cdot 8 + \frac{7}{\sqrt{65}} S_7 \cdot 10 - \frac{4}{\sqrt{65}} S_7 \cdot 2,5$$

$$\rightarrow \quad S_7 = S_9 = \frac{\sqrt{65}(8F_2 - 6F_{Ay})}{60} = -1881N$$

$$\sum F_x = 0 = S_8 + \frac{4}{\sqrt{65}} S_7 + \frac{2}{\sqrt{5}} S_6 + F_{Ax}$$

$$\rightarrow \quad S_6 = S_{11} = -\frac{5}{\sqrt{2}} \left(S_8 + \frac{4}{\sqrt{65}} S_7 \right) = -5292N$$

Kräfte-GGW am freigeschnittenen Knoten A:

$$\sum F_x = 0 = \frac{1}{\sqrt{5}} S_1 + \frac{8}{\sqrt{89}} S_2 + S_3 + F_{Ax}$$

$$\sum F_y = 0 = \frac{2}{\sqrt{5}} S_1 + \frac{5}{\sqrt{89}} S_2 + F_{Ay}$$

$$\rightarrow \quad S_2 = S_{12} = \tfrac{\sqrt{89}}{11} (F_{Ay} - 2S_3) = -2001N$$
$$S_1 = S_{13} = \sqrt{5} \left(-\tfrac{8}{\sqrt{89}} S_2 - S_3 \right) = -8877N$$

Kräfte-GGW am freigeschnittenen Knoten D:

$$\sum F_x = 0 = \frac{4}{\sqrt{65}} S_7 - \frac{4}{5} S_4 - \frac{8}{\sqrt{89}} S_2$$

$$\rightarrow \quad S_4 = S_{10} = \frac{5}{4} \left(\frac{4}{\sqrt{65}} S_7 - \frac{8}{\sqrt{89}} S_2 \right) = 955N$$

Aufgabe 5

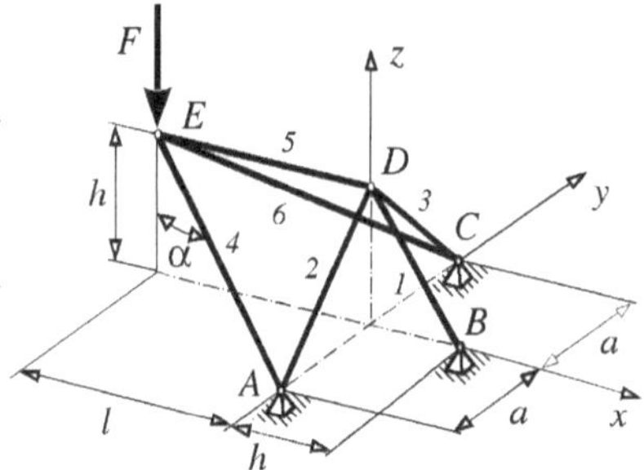

Das Fachwerk ist symmetrisch aufgebaut und auch symmetrisch belastet.

$\rightarrow \quad S_2 = S_3 \quad \text{und} \quad S_4 = S_6$

Ein Ritter-Schnitt durch den Stab 1 und ein Momenten-GGW um die y-Achse ergeben S_1.

$$\sum M_y = 0 = -F \cdot l + \frac{\sqrt{2}}{2} S_1 \cdot h \quad \rightarrow \quad S_1 = \frac{l}{h}\sqrt{2}F$$

Kräfte-GGW am freigeschnitten Knoten D:

$$\sum F_x = 0 = \frac{\sqrt{2}}{2} S_1 - S_5 \quad \rightarrow \quad S_5 = \frac{l}{h} F$$

$$\sum F_z = 0 = -\frac{\sqrt{2}}{2} S_1 - 2 \cdot \frac{h}{\sqrt{a^2+h^2}} S_2 \rightarrow \quad S_2 = S_3 = -\frac{l\sqrt{a^2+h^2}}{2h^2} F$$

Länge des Stabes 4: $\sqrt{a^2+h^2+l^2}$

Für den Winkel α zwischen Stab 4 und der Vertikalen gilt:

$$\cos\alpha = \frac{h}{\sqrt{a^2+h^2+l^2}}$$

Kräfte-GGW am freigeschnitten Knoten E:

$$\sum F_z = 0 = -F - 2 \cdot S_4 \cos\alpha \quad \rightarrow \quad S_4 = S_6 = -\frac{\sqrt{a^2+h^2+l^2}}{2h} F$$

Aufgabe 6

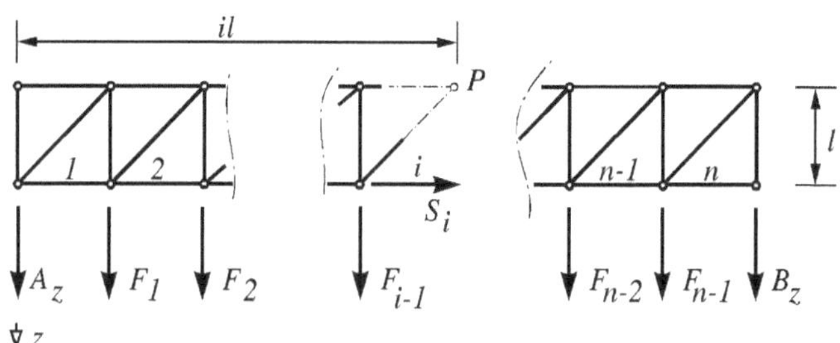

Aus der Symmetrie der Belastungen oder einem Momentengleichgewicht um die Brückenmitte folgt die Gleichheit $A_z = B_z$. Die Gesamtbelastung ist dabei $(n-1) \cdot F$.

$$\sum F_z = A_z + B_z + (n-1) \cdot F = 0 \rightarrow A_z = B_z = -\frac{1}{2}(n-1)F$$

Die Stabkraft kann mit Hilfe eines vertikalen Ritter-Schnittes und einem Momentengleichgewicht um den Punkt P errechnet werden.

$$\sum M_y^P = A_z i l + S_i l + \sum_{j=1}^{i-1} F(i-j)l = 0$$

$$S_i = -iA_z - \sum_{j=1}^{i-1}(i-j)F = F[\frac{1}{2}(n-1)i - \sum_{j=1}^{i-1}(i-j)]$$

1.4 Schnittreaktionen

Grundformeln: Schnittreaktionen im Balken

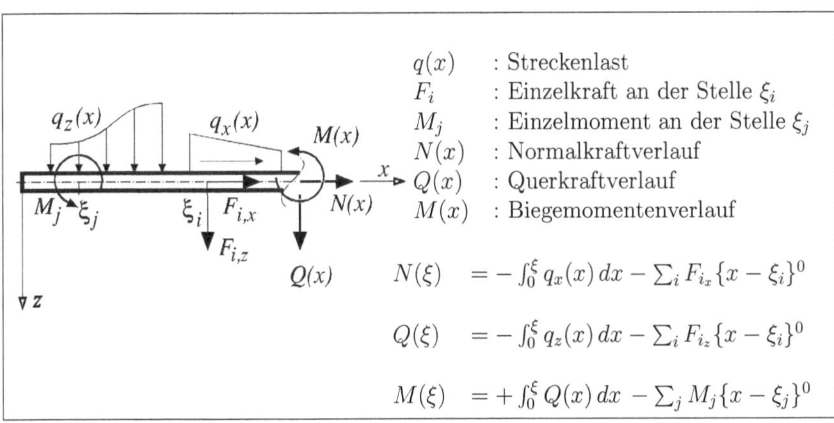

Grundformeln: Föppl - Klammern

Definition : $\{x-a\}^0 = \begin{cases} 1 & \text{für } x > a \\ 0 & \text{für } x < a \end{cases}$

$\{x-a\}^n = \begin{cases} (x-a)^n & \text{für } x > a \\ 0 & \text{für } x < a \end{cases}$

Integration $\int \{x-a\}^n = \frac{1}{n+1}\{x-a\}^{n+1} \qquad (n \neq -1)$

Musteraufgabe

Auf einen Balken wirken Streckenlasten, Kräfte und Momente in der skizzierten Weise. Man bestimme die Lagerreaktionen, den Normal-, Querkraft- und Schnittmomentenverlauf.

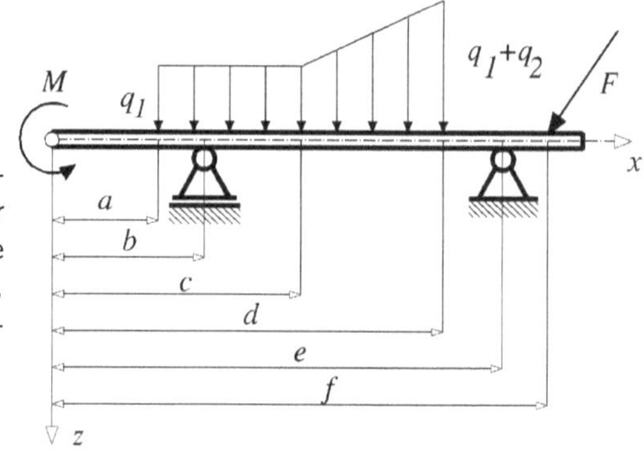

Lösung: Der Balken wird freigeschnitten und die Streckenlast wird durch resultierende Einzelkräfte ersetzt. Dazu

- teilen wir den Streckenlastverlauf in einfache Flächen auf,
- tragen in den einzelnen Flächenschwerpunkten die Einzelresultierenden ein,
- deren Beträge jeweils den Einzelflächen entsprechen: $F_{Res_{(ab)}} = \int_a^b q(x)\,dx$

in unserem relativ komplizierten Beispiel zerlegen wir den Streckenlastverlauf in die Teilflächen A_1, A_2 und A_3, d.h. in zwei Rechtecke und ein Dreieck, deren Einzelschwerpunkte ja sofort bekannt sind. Die resultierenden Ersatzkräfte F_1, F_2 und F_3 besitzen dann die Beträge der Integrale über die Streckenlast in den entsprechenden Bereichen:

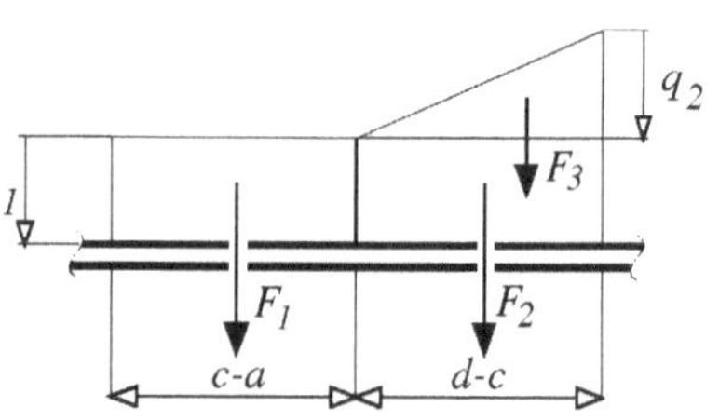

$$\begin{aligned}
F_1 &= \int_{x=a}^{x=c} q(x)\,dx = q_1 \cdot (c-a) \\
F_2 + F_3 &= \int_c^d q(x)\,dx = \int_c^d (q_1 + q_2 \frac{x-c}{d-c})\,dx \\
F_2 &= \int_c^d q_1\,dx = q_1(d-c) \\
F_3 &= \int_c^d q_2(\frac{x-c}{d-c})\,dx = \frac{q_2}{d-c}(\frac{x^2}{2} - cx)\Big|_c^d \\
&= \frac{q_2}{d-c}(\frac{d^2}{2} - cd - \frac{c^2}{2} + c^2) = \frac{q_2(d-c)}{2}
\end{aligned}$$

Diese Integrale müssen i.a. nicht so umständlich ausgewertet werden, der Betrag von F_3 entspricht der Dreiecksfläche A_3 mit 'Kantenlängen' q_2 und $(d-c)$:

$$F_3 = q_2 \cdot \frac{(d-c)}{2}$$

Sind die Streckenlasten durch Einzelkräfte ersetzt, können wir als nächstes die Lagerreaktionen in bekannter Weise durch Freischneiden und Aufstellen der Gleichgewichtsbedingungen bestimmen:

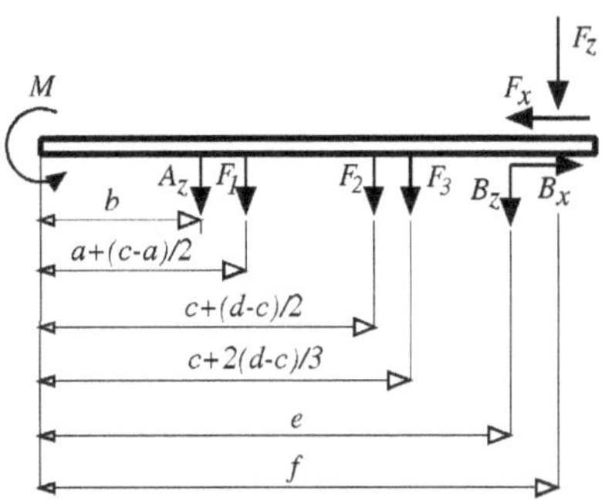

$$\begin{aligned}
\sum F_x = 0 &= B_x - F_x \\
\sum F_z = 0 &= A_z + B_z + F_1 + F_2 + F_3 + F_z \\
\sum M_y^{(x=0)} = 0 &= M - F_1(a + \frac{c-a}{2}) - A_z b - F_2(c + \frac{d-c}{2}) + \\
&\quad - F_3(c + \frac{2(d-c)}{3}) - B_z e - F_z f
\end{aligned}$$

$$\begin{aligned}
\rightarrow B_x &= F_x \\
\rightarrow B_z &= \frac{1}{e-b}[M + F_1(b - \frac{a}{2} - \frac{c}{2}) + F_2(b - \frac{c}{2} - \frac{d}{2}) \\
&\quad + F_3(b - \frac{c}{3} - \frac{2d}{3}) + F_z(b-f)] \\
\rightarrow A_z &= -B_z - F_1 - F_2 - F_3 - F_z
\end{aligned}$$

Der günstigste Bezugspunkt für das Momentengleichgewicht ist $x = 0$, da dann alle Hebelarme direkt abgelesen werden können. Für die Berechnung der Schnittreaktionen müssen wir allerdings die Streckenlast durch Föppl–Klammern angeben, einzelne Ersatzkräfte ersetzen die Streckenlasten nur für äußere Kräftegleichgewichte korrekt. Die Streckenlast wird mit Hilfe von Föppl-Klammern aus einfachen Verläufen zusammengesetzt:

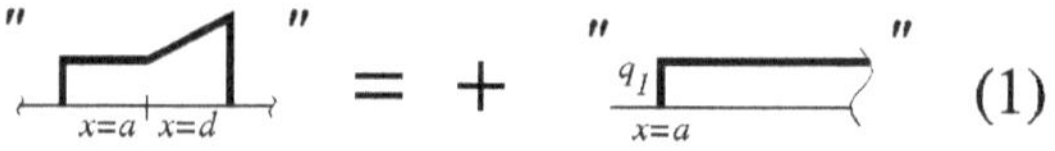

" x=a x=d " = + " q_1 x=a " (1)

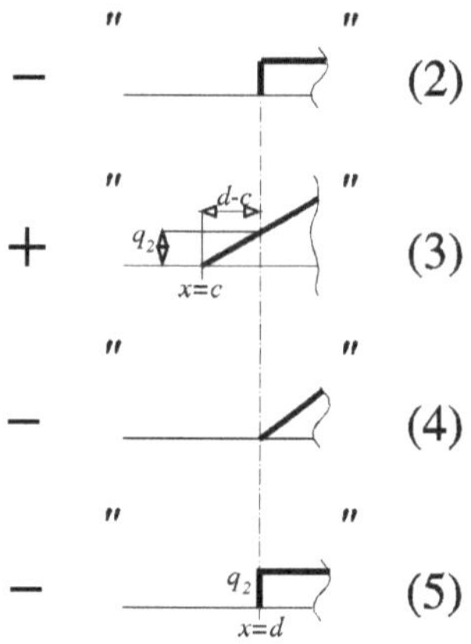

− " " (2)

+ " d-c q_2 x=c " (3)

− " " (4)

− " q_2 x=d " (5)

(1) $q_1\{x-a\}^0$

(2) $q_1\{x-d\}^0$

(3) $q_2 \cdot \frac{(x-c)}{d-c}\{x-c\}^0$
$= \frac{q_2}{d-c}\{x-c\}^1$

(4) $q_2 \cdot (\frac{x-d}{d-c})\{x-d\}^0$
$= \frac{q_2}{d-c}\{x-d\}^1$

(5) $q_2\{x-d\}^0$

$$
\begin{aligned}
q(x) = \; & + \; q_1\{x-a\}^0 - q_1\{x-d\}^0 \\
& - \; q_2\{x-d\}^0 + \frac{q_2}{d-c}\{x-c\}^1 \\
& - \; \frac{q_2}{d-c}\{x-d\}^1
\end{aligned}
$$

Haben wir den Streckenlastverlauf erst einmal korrekt mit Hilfe der Föppl–Klammern aufgestellt, ergeben sich die gesuchten Normalkraft-, Querkraft- und Schnittmomentenverläufe durch Integration (vgl. Grundformel):

$$
\begin{aligned}
q_x(x) &= 0 \\
q_z(x) &= q_1\{x-a\}^0 - q_1\{x-d\}^0 - q_2\{x-d\}^0 \\
&\quad + \frac{q_2}{d-c}\{x-c\}^1 - \frac{q_2}{d-c}\{x-d\}^1 \\
N(x) &= -B_x\{x-e\}^0 + F_x\{x-f\}^0 \\
Q(x) &= -\sum_i F_i\{x-\eta_i\} - \int_0^x q(\eta)\,d\eta \\
&= -A_z\{x-b\}^0 - B_z\{x-e\}^0 - F_z\{x-f\}^0 \\
&\quad -q_1[\{x-a\}^1 - \{x-d\}^1] \\
&\quad +q_2[\{x-d\}^1 - \frac{1}{2(d-c)}\{x-c\}^2 + \frac{1}{2(d-c)}\{x-d\}^2]
\end{aligned}
$$

$$
\begin{aligned}
M(x) &= -\sum_i M_i\{x-\eta_i\}^0 + \int_0^x Q(\eta)\,d\eta \\
M(x) &= -M - A_z\{x-b\}^1 - B_z\{x-e\}^1 - F_z\{x-f\}^1 \\
&\quad -\frac{q_1}{2}[\{x-a\}^2 - \{x-d\}^2] \\
&\quad +q_2[\frac{1}{2}\{x-d\}^2 - \frac{1}{6(d-c)}\{x-c\}^3 + \frac{1}{6(d-c)}\{x-d\}^3]
\end{aligned}
$$

Diese Verläufe kann man für bestimmte Werte von q_1, q_2 und für gegebene Längenangaben jetzt grafisch darstellen, man summiert dann alle einzelnen Terme:

- Größen mit $\pm q\{x-\eta_1\}^1$ ergeben Geraden mit Steigungen $\pm q$ ab η_1
- Größen mit $\pm\frac{q}{a}\{x-\eta_2\}^2$ ergeben quadratische Parabelstücke
- Größen mit $\frac{q}{a^2}\{x-\eta_3\}^3$ ergeben kubische Parabeln

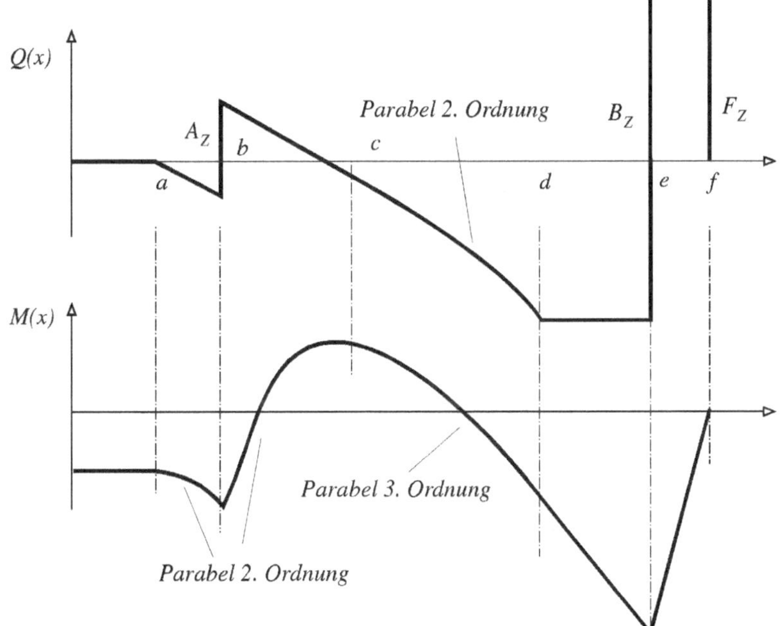

Aufgabe 1

Ein Balken ist entsprechend der nebenstehenden Skizze mit einer stetig verteilten Belastung $q(x) = q_0$ belegt. Man berechne die Lagerkräfte, den Querkraft- und Biegemomentenverlauf. Wie groß ist das maximale Biegemoment?

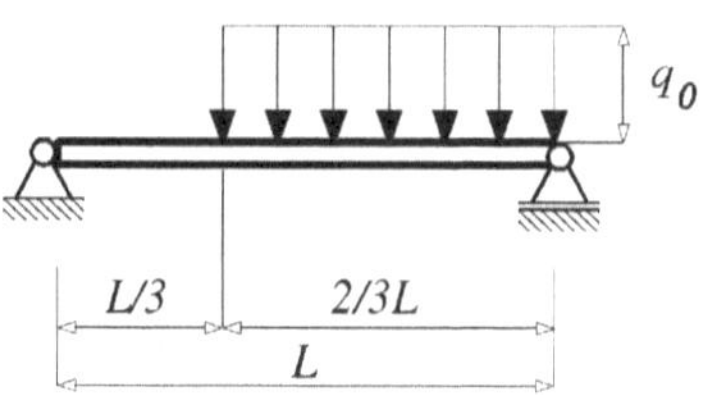

Aufgabe 2

Auf einen Balken wirkt gemäß nebenstehender Skizze eine linear anwachsende spezifische Längenbelastung $q(x)$. Man berechne die Lagerkräfte, den Querkraft- und Biegemomentenverlauf. Wie groß ist das maximale Biegemoment in der rechten Balkenhälfte ?

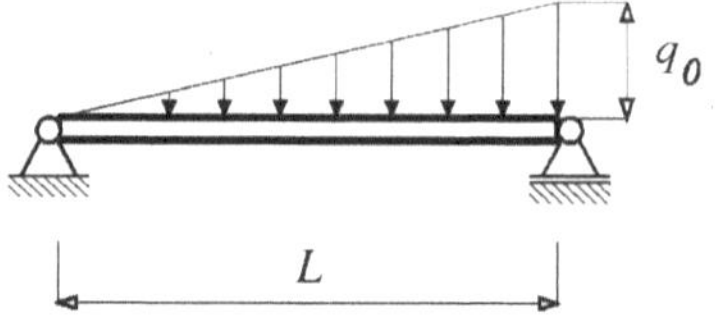

Aufgabe 3

Für den skizzierten Gelenkbalken mit stetig verteilter Belastung q_0 bestimme man den Querkraft- und Momentenverlauf. Wie groß ist das maximale Biegemoment?

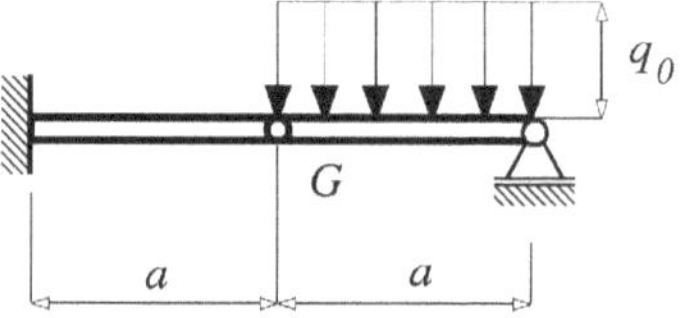

Aufgabe 4

Der nebenstehende, halbkreisförmige Balken wird durch die beiden Kräfte $\mathbf{F}$ belastet. Man bestimme die Normalkraft-, Querkraft- und Biegemomentenverteilung.

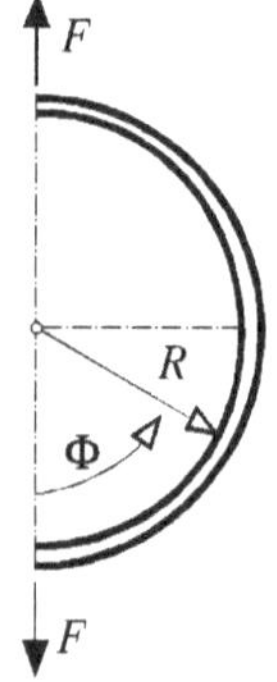

Aufgabe 5

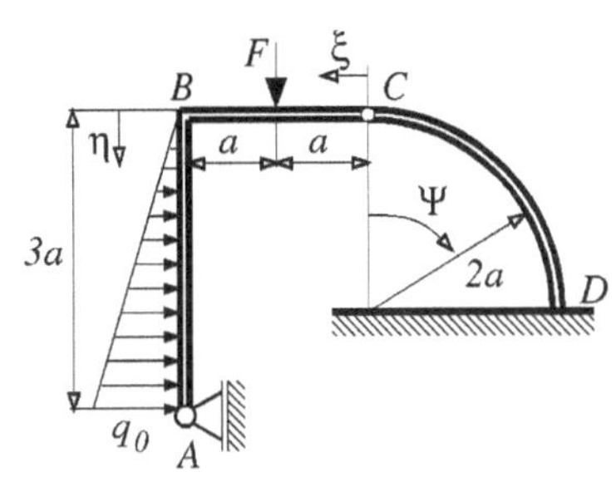

Der nebenstehend gezeichnete Träger $ABCD$ wird durch eine kontinuierlich verteilte, linear ansteigende Streckenlast q (Belastungsintensität bei A: $q = q_0 = F/a$; bei B: $q = 0$) und eine Einzelkraft $\mathbf{F}$ belastet. F, a sind gegeben. Man berechne:

a) die Lagerreaktionen in A und D,
b) die Gelenkkraft in C,
c) den Biegemomentenverlauf längs ABC als Funktion der Koordinaten ξ und η,
d) den Biegemomentenverlauf längs CD als Funktion der Koordinate ψ.

Aufgabe 6

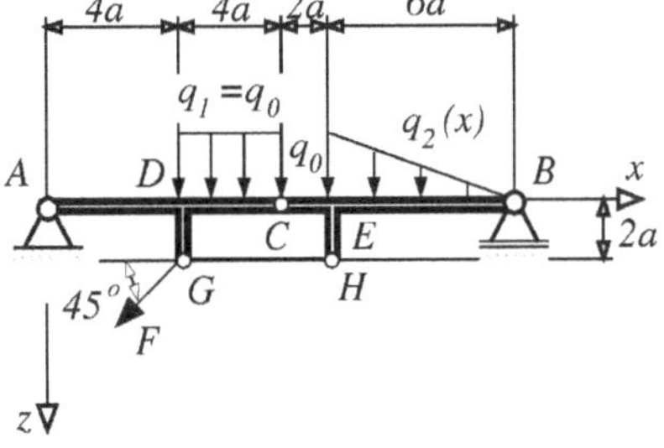

Das skizzierte Tragwerk wird durch die Streckenlasten q_1 und $q_2(x)$ und durch die Einzellasten $\mathbf{F}$ belastet.
$F = 4 \cdot \sqrt{2} \cdot 10^6 N$; $q_0 = 2 \cdot 10^6 N/m$; $a = 1m$.

a) Begründen Sie die statische Bestimmtheit des Systems.
b) Wie groß sind die Lagerreaktionen ?
c) Wie groß sind die Gelenkkräfte in C und wie groß ist die Stabkraft F_{GH}?
d) Geben Sie den Biegemomentenverlauf an.

Aufgabe 7

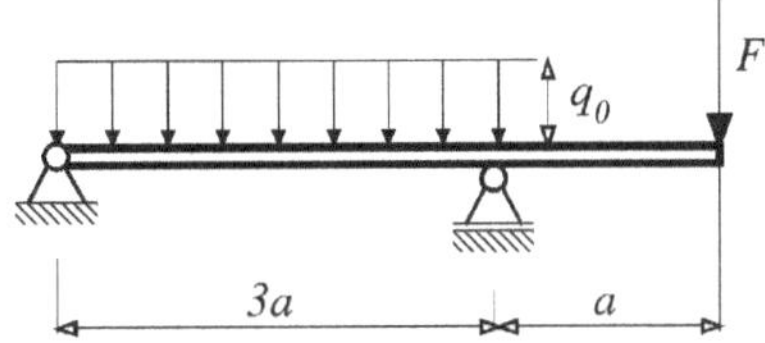

Ein Balken werde entsprechend der nebenstehenden Skizze mit einer stetig verteilten Last $q_0 = F/a$ und einer Einzelkraft $\mathbf{F}$ belastet. Man berechne die Lagerreaktionen, den Querkraft- und den Momentenverlauf.

Aufgabe 8

Ein U-förmig gebogener, horizontal liegender Balken BCDH ist bei B eingespannt und im Punkt H durch eine vertikale Kraft F belastet. Gegeben: F,l,b. Man berechne:

a) Die Lagerreaktionen in B,

b) Den Verlauf des Biege- und Torsionsmomentes längs BCDH

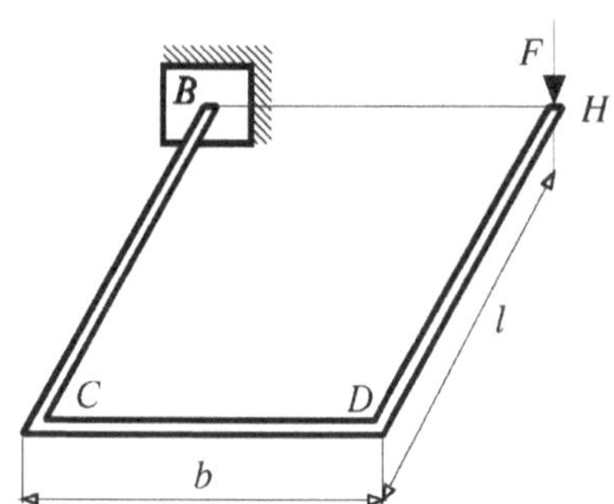

Aufgabe 9

Eine ebene, symmetrische Dachkonstruktion besteht aus den zwei als masselos angenommenen Balken ADC und CEB, die in C gelenkig miteinander verbunden sind. Sie werden durch eine Schneedecke (konstante, vertikale Streckenlast q_0) belastet. Eine ebenfalls masselose, in D und E gelenkig gelagerte Stange verbindet die Balkenmitten miteinander. Eine masselose Antenne FG ist im Punkt G starr an den linken Balken ADC angeschweißt. Auf sie wirkt die als Einzelkraft modellierte Windlast F_{Wind}.

a) Man berechne die Lagerkräfte in A und B und die Normalkraft in der Stange DE.

b) Wie lauten die Schnittreaktionen $N(x), Q(x)$ und $M(x)$ im Balken ADC ?

c) Wie lautet die Koordinate $z_N(x)$ der neutralen Faser im linken Balken, wenn er einen Rechteckquerschnitt der Fläche A mit der Biegesteifigkeit I_y besitzt ?

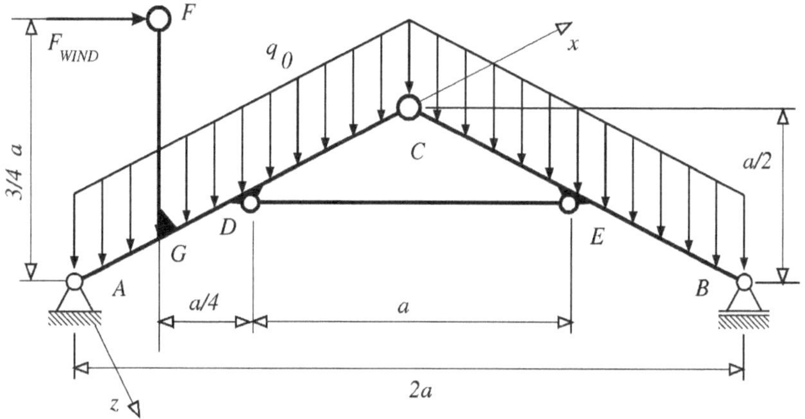

Aufgabe 10

Das skizzierte masselose Tragwerk besteht aus dem homogenen Balken ABC (Elastizitätsmodul E, axiales Flächenträgheitsmoment I), welcher in A gelenkig gelagert ist, und dem homogenen, starren Balken DB, welcher ind D verschieblich gelagert und in B fest mit dem Balken ABC verschweißt ist. In C greift die Kraft F unter dem Winkel φ zur Balkenlängsachse an. Die Längsdehnung des Balkens ABC wird vernachlässigt.

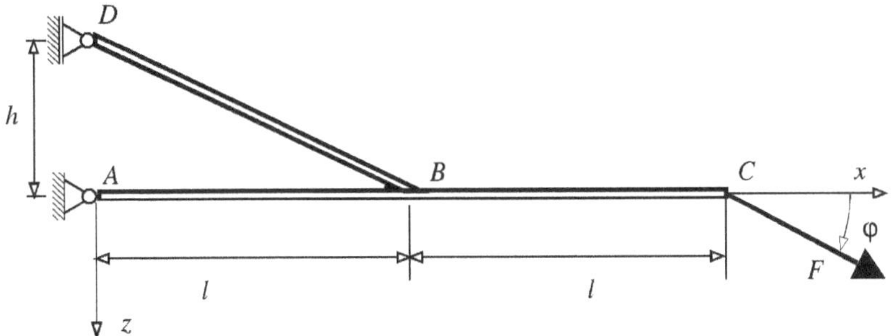

a) Wie lauten die Lagerkräfte in A und D ?
b) Für welche Winkel φ wird die Lagerreaktion in A vertikal ?
c) Wie lautet die Gleichung $w(x)$ der Biegelinie des Balkens ABC ?

Lösungen zu Kap. 1.4 Schnittreaktionen

Aufgabe 1

Die Streckenlast wird durch eine resultierende Ersatzkraft im Schwerpunkt x_s der Streckenlastfläche ersetzt.

$$F_{Res} = \frac{2}{3}q_0 L \qquad x_s = \frac{2}{3}L$$

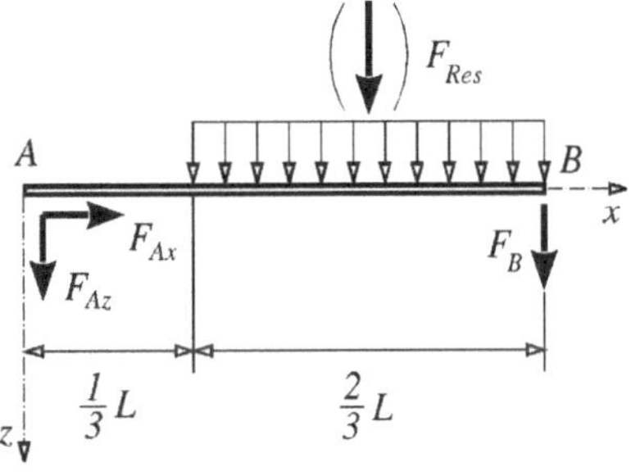

Lagerreaktionen:

$$F_{Ax} = 0; \quad F_{Az} = -\frac{2}{9}q_0 L$$

$$F_B = -\frac{4}{9}q_0 L$$

Die Streckenlast lautet:

$$q(x) = q_0\{x - \frac{L}{3}\}^0 - q_0\{x - L\}^0$$

Die Querkraft und das Schnittmoment im Balken folgen aus einem Schnitt durch einen beliebigen Punkt P mit $0 \leq x_P \leq L$. Am positiven Schnittufer gilt dann das statische GGW:

$$\sum F_z = 0 = Q(x) + F_{Az}\{x - 0\}^0 + F_B\{x - L\}^0 + \int_0^x q(\xi)\, d\xi$$

$$\rightarrow \quad Q(x) = \frac{2}{9}q_0 L + \frac{4}{9}q_0 L\{x-L\}^0 - q_0\{x-\frac{L}{3}\}^1$$

$$\sum M_y^P = 0 = M(x) + F_{Az}x + F_B\{x-L\}^1 + \int_0^x q_0\{\xi - \frac{L}{3}\}^1\, d\xi$$

$$\rightarrow \quad M(x) = \frac{2}{9}q_0 Lx + \frac{4}{9}q_0 L\{x-L\}^1 - \frac{q_0}{2}\{x-\frac{L}{3}\}^2$$

Das maximale Biegemoment ist ein Extremum von $M(x)$.

$$\frac{dM(x)}{dx} = 0 \quad \Leftrightarrow \quad Q(x) = 0 \quad \Leftrightarrow \quad x = \frac{5}{9}L$$

$$\rightarrow \quad M_{max} = M(x = \frac{5}{9}L) = q_0 L^2 \frac{8}{81}$$

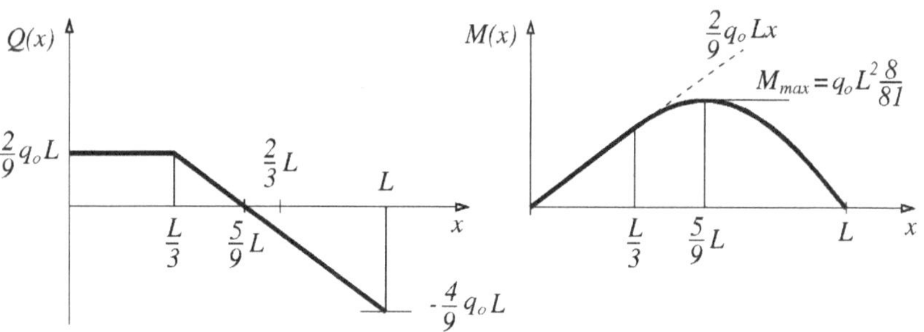

Aufgabe 2

Die Streckenlast wird durch eine resultierende Ersatzkraft im Schwerpunkt x_s der Streckenlastfläche ersetzt.

$$F_{Res} = q_0\frac{L}{2}; \qquad x_s = \frac{2}{3}L$$

Lagerreaktionen:

$$F_{Ax} = 0; \quad F_{Az} = -\frac{1}{6}q_0 L$$

$$F_B = -\frac{1}{3}q_0 L$$

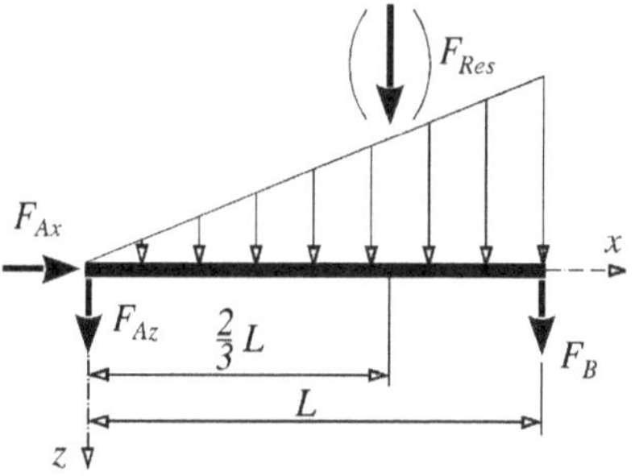

Die Schnittreaktionen folgen analog zu Aufgabe 1 aus einem Schnitt im Balken und den statischen Gleichgewichtsbedingungen. Die Streckenlast lautet:

$$q(x) = \frac{q_0}{L}x - \frac{q_0}{L}\{x-L\}^1 - q_0\{x-L\}^0$$

$$\sum F_z = 0 = Q(x) + F_{Az} + F_B\{x-L\}^0 + \int_0^x q(\xi)\, d\xi$$

$$\rightarrow \quad Q(x) = \frac{1}{6}q_0 L + \frac{1}{3}q_0 L\{x-L\}^0 - \frac{q_0}{2L}x^2$$

$$\sum M_y^P = 0 = M(x) + F_{Az}x + F_B\{x-L\}^1 + \int_0^x \frac{q_0}{2L}\xi^2\, d\xi$$

$$\rightarrow \quad M(x) = \frac{1}{6}q_0 Lx + \frac{1}{3}q_0 L\{x-L\}^1 - \frac{q_0}{6L}x^3$$

Das maximale Biegemoment wird wieder aus dem Extremum von $M(x)$ berechnet.

$$\frac{dM(x)}{dx} = 0 \quad \Leftrightarrow \quad Q(x) = 0 \quad \Leftrightarrow \quad x = \frac{L}{\sqrt{3}}$$

$$\rightarrow \quad M_{max} = M(x = \frac{L}{\sqrt{3}}) = \frac{q_0 L^2}{9\sqrt{3}}$$

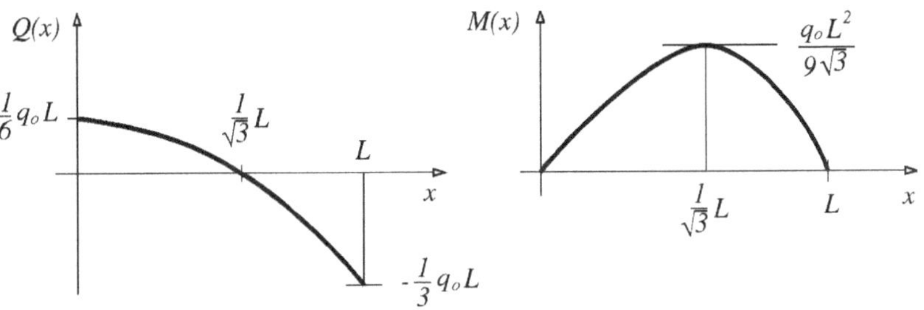

Aufgabe 3

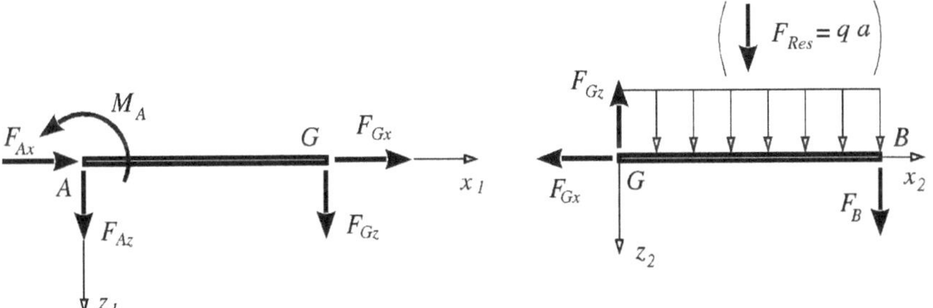

Aufteilen des Balkens in zwei Teilbalken, Schnitt im Gelenk G.

$$\begin{aligned}F_B &= -q_0\frac{a}{2}\\ F_{Gx} &= 0\\ F_{Gz} &= q_0\frac{a}{2}\\ F_{Ax} &= 0\\ F_{Az} &= -q_0\frac{a}{2}\\ M_A &= q_0\frac{a^2}{2}\end{aligned}$$

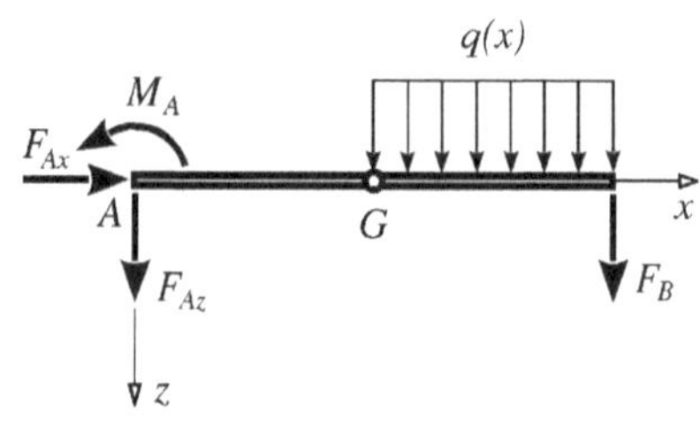

Darstellung der Streckenlast mit Hilfe der Föpplklammern:

$$q(x) = q_0\{x-a\}^0 - q_0\{x-2a\}^0$$

Schnittreaktionen durch statisches GGW am am positiven Schnittufer:

$$\sum F_z = 0 = Q(x) + F_{Az} + F_B\{x-2a\}^0 + \int_0^x q(\xi)\,d\xi$$

$$\rightarrow \quad Q(x) = q_0\frac{a}{2} + q_0\frac{a}{2}\{x-2a\}^0 - q_0\{x-a\}^1$$

$$\sum M_y^P = 0 = M(x) + M_A + F_{Az}x + F_B\{x-2a\}^1 + \int_0^x q_0\{\xi-a\}^1\,d\xi$$

$$\rightarrow \quad M(x) = -q_0\frac{a^2}{2} + q_0\frac{a}{2}x + q_0\frac{a}{2}\{x-2a\}^1 - \frac{q_0}{2}\{x-a\}^2$$

Maximales Biegemoment:

$$\frac{dM(x)}{dx} = 0 \quad \Leftrightarrow \quad Q(x) = 0 \quad \Leftrightarrow \quad x = \frac{3}{2}a$$

$$\rightarrow \quad M_{max} = M(x=\frac{3}{2}a) = \frac{q_0a^2}{8}$$

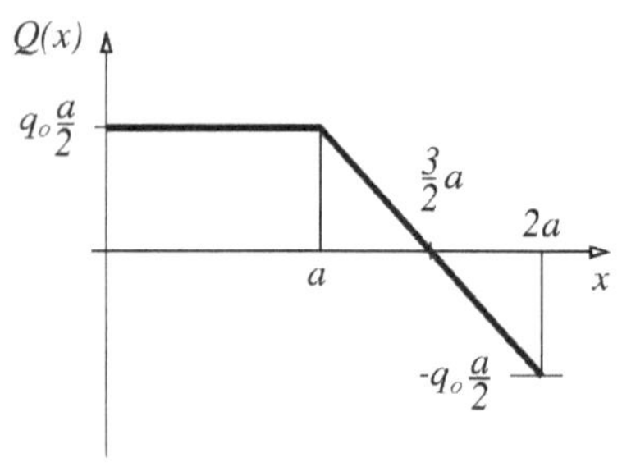

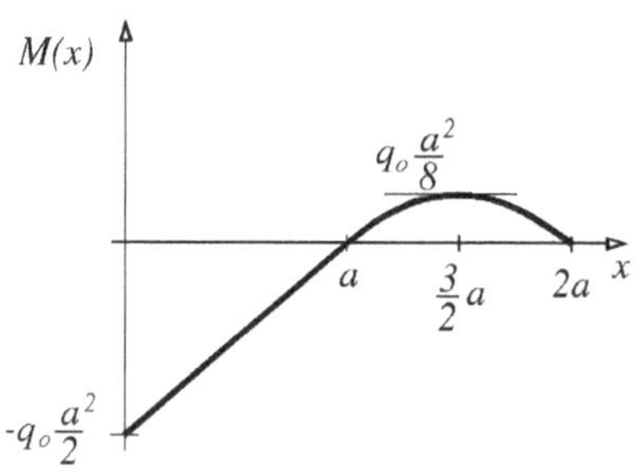

Aufgabe 4

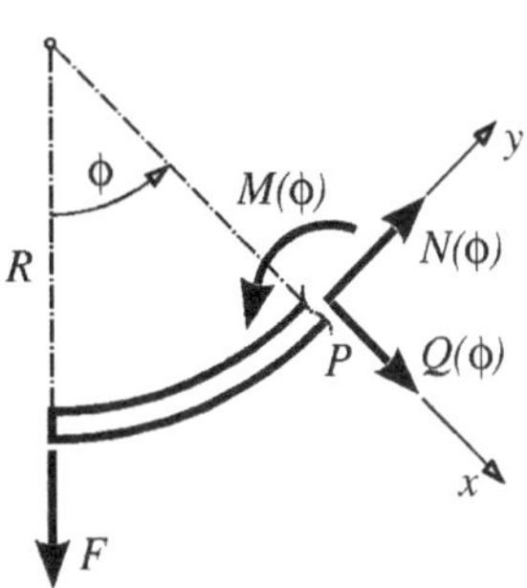

Schnitt an der Stelle P. Es wird ein Koordinatensystem eingeführt, dessen y-Achse in die tangentiale, und dessen x-Achse in die radiale Richtung des Balkens an der Stelle P zeigt. Die Kräfte- und Momenten-GGW lauten:

$$\sum F_y = 0 = N(\Phi) - F\sin\Phi \quad \rightarrow \quad N(\Phi) = F\sin\Phi$$

$$\sum F_x = 0 = Q(\Phi) + F\cos\Phi \quad \rightarrow \quad Q(\Phi) = -F\cos\Phi$$

$$\sum M_z^P = 0 = M(\Phi) + F\cdot R\sin\Phi \quad \rightarrow \quad M(\Phi) = -F\cdot R\sin\Phi$$

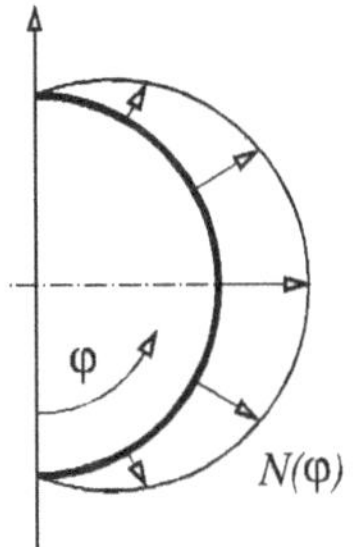

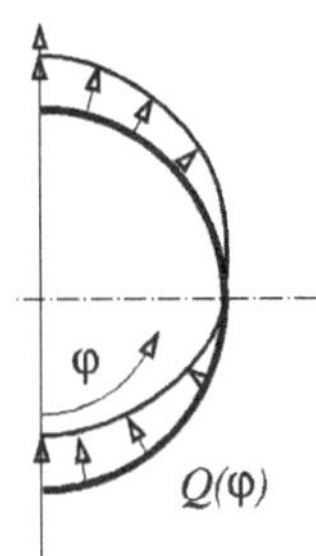

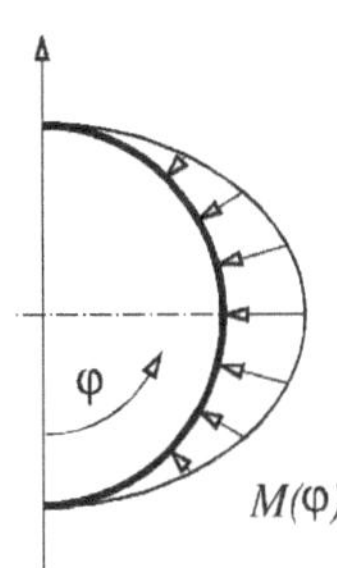

Aufgabe 5

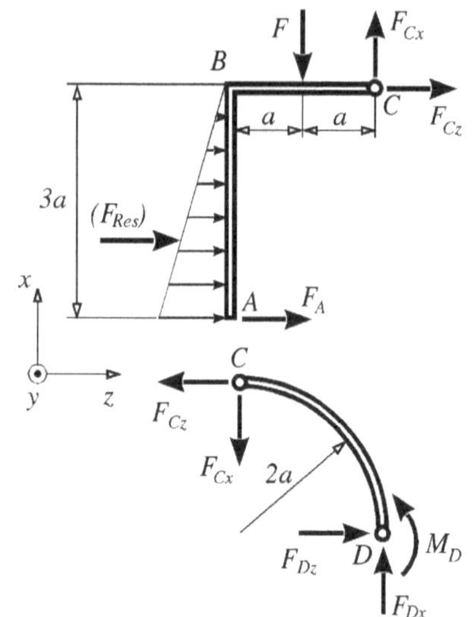

a) Resultierende der Streckenlast:

$$F_{Res} = \frac{q_0}{2} \cdot 3a = \frac{3}{2}F$$

GGB für den Winkel:

$$\sum F_x = 0 \quad \rightarrow \quad F_{Cx} = F$$

$$\sum M_y^C = 0 \quad \rightarrow \quad F_A = -\frac{4}{3}F$$

$$\sum F_z = 0 \quad \rightarrow \quad F_{Cz} = -\frac{1}{6}F$$

GGB für den Bogen:

$$\sum F_x = 0 \quad \rightarrow \quad F_{Dx} = F$$

$$\sum F_z = 0 \quad \rightarrow \quad F_{Dz} = -\frac{1}{6}F$$

$$\sum M_y^D = 0 \quad \rightarrow \quad M_D = -\frac{5}{3}F \cdot a$$

b) Die Gelenkkraft in C ist bereits bekannt:

$$F_{Cx} = F \qquad F_{Cz} = -\frac{1}{6}F$$

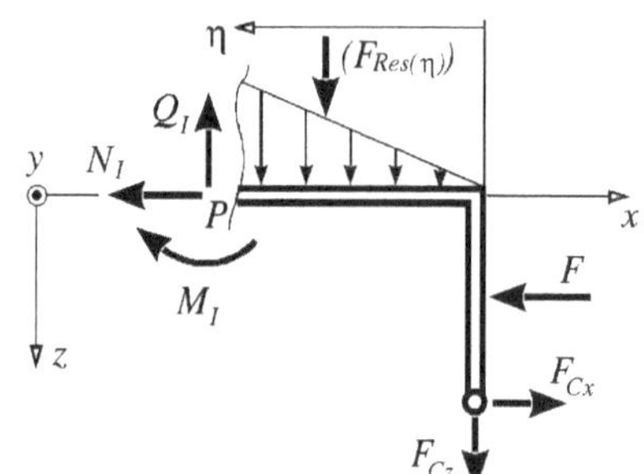

c) Für den Bereich AB wird das negative Schnittufer an der Stelle P betrachtet:

$$q(\eta) = \frac{q_0}{3a}\eta = \frac{F}{3a^2}\eta$$

$$F_{Res}(\eta) = \frac{1}{2}q(\eta) \cdot \eta = \frac{F}{6a^2}\eta^2$$

$$\sum M_y^P = 0 = -M_I(\eta) - F_{Res}(\eta) \cdot \frac{\eta}{3} - F \cdot a + F_{Cx} \cdot 2a - F_{Cz} \cdot \eta$$

$$\rightarrow \quad M_I(\eta) = -\frac{F}{18a^2}\eta^3 + \frac{F}{6}\eta + F \cdot a$$

Für den Bereich BC wird das negative Schnittufer an der Stelle S betrachtet. Der Biegemomentenverlauf wird mit Föpplklammern dargestellt.

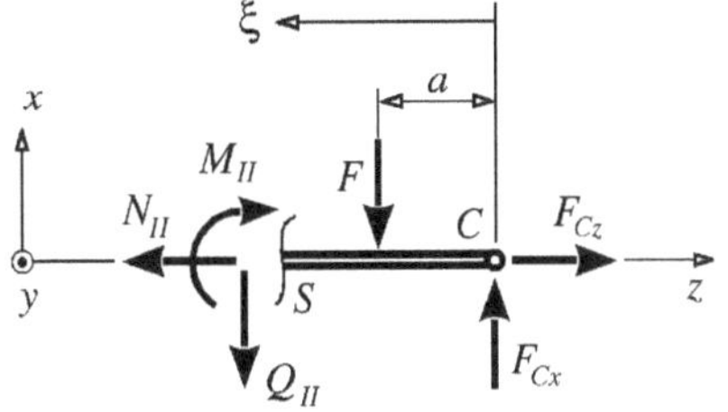

$$\sum M_y^S = 0 = -M_{II}(\xi) + F_{Cx} \cdot \xi - F\{\xi - a\}^1$$

$$\rightarrow \quad M_{II}(\xi) = F \cdot \xi - F\{\xi - a\}^1$$

d) Für den Bereich CD wird das positive Schnittufer an der Stelle T betrachtet.

$$\sum M_y^T = 0 = M_{III}(\Psi) + F_{Cx} \cdot 2a \sin \Psi + F_{Cz} \cdot 2a(1 - \cos \Psi)$$

$$\rightarrow \quad M_{III}(\Psi) = -2aF \sin \Psi + \frac{a}{3} F(1 - \cos \Psi)$$

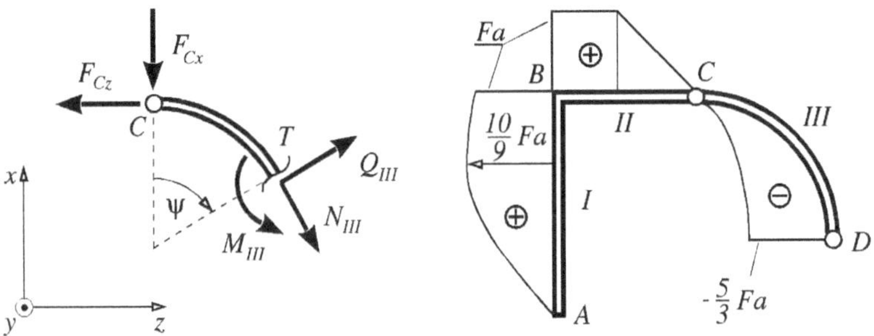

Aufgabe 6

a) Das Tragwerk wird in die zwei Teilkörper ADGC und CEBH aufgeteilt. Die Anzahl der Lagerreaktionen in den Gelenken ist in A gleich 2, in B gleich 1 und in C gleich 2. Die Seilkraft in G und in H ist eine weitere unbekannte Lagerreaktion. Die Anzahl der GGB ist am Körper ADGC gleich 3 und am Körper CEBH ebenfalls gleich 3. Aus 6 Lagerreaktionen und 6 GGB folgt dann, daß das Tragwerk ist statisch bestimmt gelagert ist.

b)

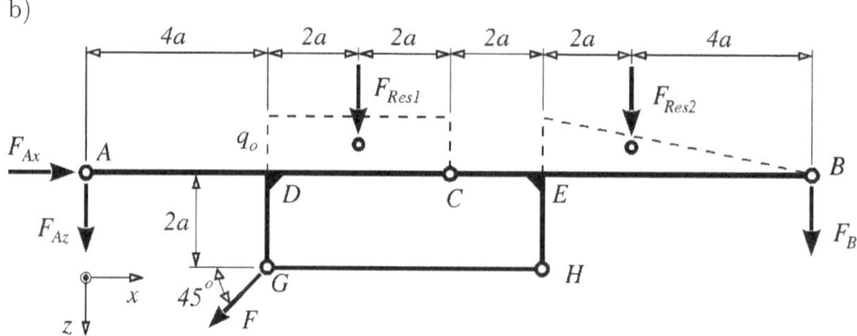

Resultierende der Streckenlasten:

$$F_{Res1} = 4aq_0 \qquad F_{Res2} = 3aq_0$$

Kräfte- und Momenten-GGW am gesamten Tragwerk:

$$\sum F_x = 0 \quad \rightarrow \quad F_{Ax} = \frac{F}{\sqrt{2}} = 4 \cdot 10^6 N$$

$$\sum M_y^A = 0 \quad \rightarrow \quad F_B = -\frac{3}{8\sqrt{2}}F - \frac{15}{4}aq_0 = -9 \cdot 10^6 N$$

$$\sum F_z = 0 \quad \rightarrow \quad F_{Az} = -\frac{5}{8\sqrt{2}} - \frac{13}{4}aq_0 = -9 \cdot 10^6 N$$

c) Kräfte- und Momenten-GGW am linken Teil des Tragwerks:

$$\sum F_z = 0 \quad \rightarrow$$

$$F_{Cz} = -\frac{3}{8\sqrt{2}}F - \frac{3}{4}aq_0 = -3 \cdot 10^6 N$$

$$\sum M_y^A = 0 \quad \rightarrow$$

$$F_{GH} = \frac{3}{2\sqrt{2}}F + 9aq_0 = 24 \cdot 10^6 N$$

$$\sum F_x = 0 \quad \rightarrow$$

$$F_{Cx} = -\frac{3}{2\sqrt{2}}F - 9aq_0 = -24 \cdot 10^6 N$$

d) Die in G und H angreifenden Kräfte werden durch statisch äquivalente Kraftwinder in D und E ersetzt.

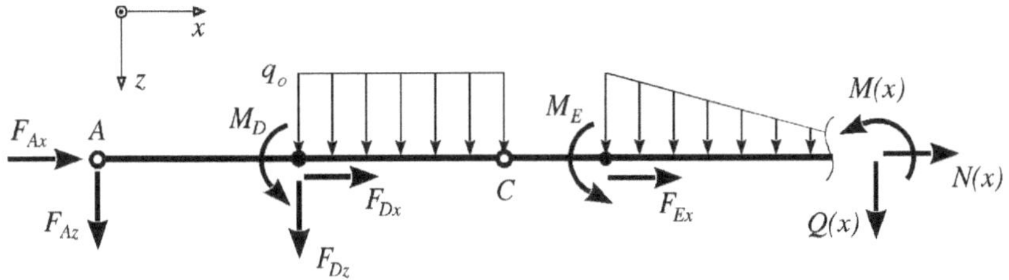

$$F_{Dz} = \frac{F}{\sqrt{2}} = 4 \cdot 10^6 N; \qquad M_D = 2a\left(\frac{F}{2\sqrt{2}} + 9aq_0\right) = 40 \cdot 10^6 Nm$$

$$M_E = -2a\left(\frac{3F}{2\sqrt{2}} + 9aq_0\right) = -48 \cdot 10^6 Nm$$

$$q(x) = q_0\{x-4a\}^0 - q_0\{x-8a\}^0 + q_0\{x-10a\}^0 - \frac{q_0}{6a}\{x-10a\}^1 + \frac{q_0}{6a}\{x-16a\}^1$$

$$\begin{aligned} Q(x) = \; & -F_{Az} - F_{Dz}\{x-4a\}^0 - q_0\{x-4a\}^1 + q_0\{x-8a\}^1 \\ & -q_0\{x-10a\}^1 + \tfrac{q_0}{12a}\{x-10a\}^2 - F_B\{x-16a\}^0 \end{aligned}$$

$$\begin{aligned} M(x) = \; & -F_{Az} \cdot x - M_D\{x-4a\}^0 - F_{Dz}\{x-4a\}^1 - \tfrac{q_0}{2}\{x-4a\}^2 + \tfrac{q_0}{2}\{x-8a\}^2 \\ & -M_E\{x-10a\}^0 - \tfrac{q_0}{2}\{x-10a\}^2 + \tfrac{q_0}{36a}\{x-10a\}^3 - F_B\{x-16a\}^1 \end{aligned}$$

$$\begin{aligned} M(x) = \; & 9 \cdot 10^6 N \cdot x - 40 \cdot 10^6 Nm\{x-4m\}^0 - 4 \cdot 10^6 N\{x-4m\}^1 \\ & -10^6 \tfrac{N}{m}\{x-4m\}^2 + 10^6 \tfrac{N}{m}\{x-8m\}^2 + 48 \cdot 10^6 Nm\{x-10m\}^0 \\ & -10^6 \tfrac{N}{m}\{x-10m\}^2 + \tfrac{1}{18} \cdot 10^6 \tfrac{N}{m}\{x-10m\}^3 \end{aligned}$$

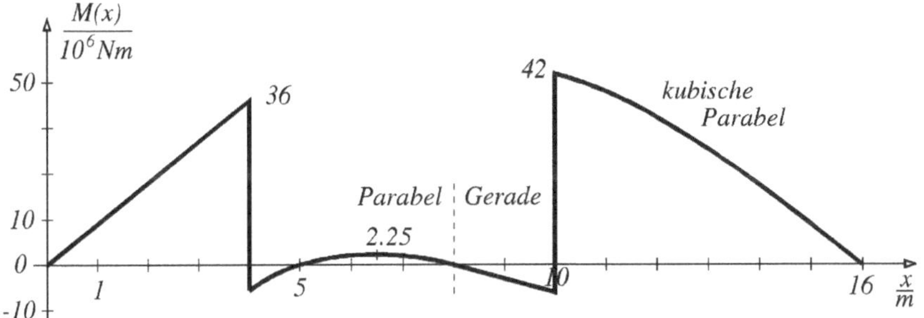

Aufgabe 7

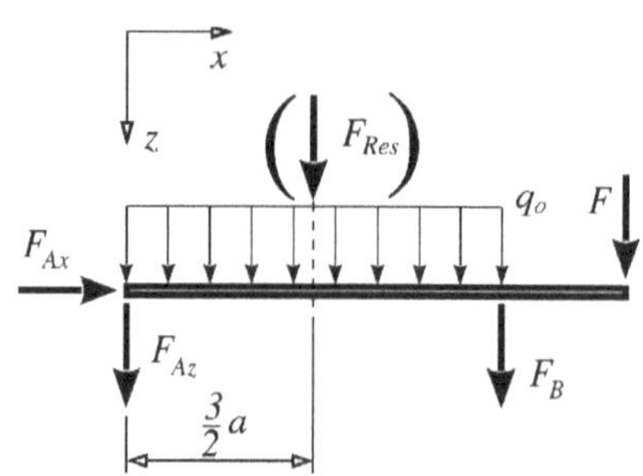

Resultierende der Streckenlast:

$$F_{Res} = 3aq_0 = 3F$$

Lagerreaktionen, Streckenlast:

$$F_{Ax} = 0; \quad F_{Az} = -\frac{7}{6}F$$

$$F_B = -\frac{17}{6}F$$

$$q(x) = q_0 - q_0\{x - 3a\}^0$$

Schnitt durch einen beliebigen Punkt im Balken, GGB.

$$\sum F_z = 0 = Q(x) + F_{Az} + F_B\{x - 3a\}^0 + F\{x - 4a\}^0 + \int_0^x q(\xi)\, d\xi$$

$$\rightarrow \quad Q(x) = \frac{7}{6}F + \frac{17}{6}F\{x - 3a\}^0 - F\{x - 4a\}^0 - q_0 x + q_0\{x - 3a\}^1$$

$$\sum M_y^P = 0 = M(x) + F_{Az}x + F_B\{x - 3a\}^1 + F\{x - 4a\}^1 + \int_0^x \left(q_0\xi - q_0\{\xi - 3a\}^1\right)$$

$$\rightarrow \quad M(x) = \frac{7}{6}Fx + \frac{17}{6}F\{x - 3a\}^1 - F\{x - 4a\}^1 - \frac{q_0}{2}x^2 + \frac{q_0}{2}\{x - 3a\}^2$$

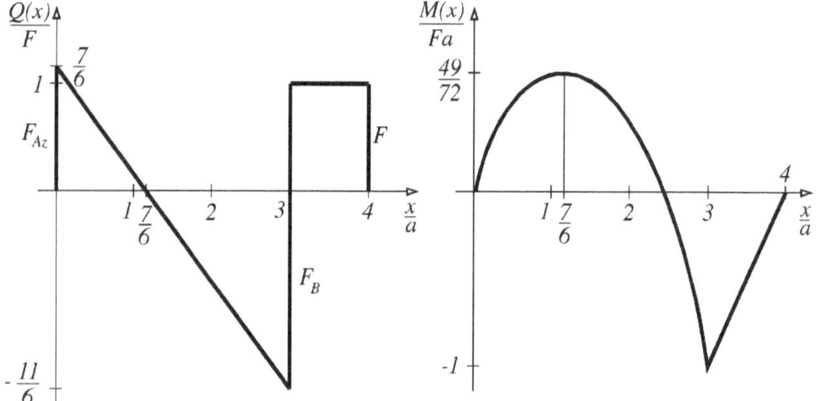

Aufgabe 8

a) Lagerreaktionen:

$$F_{Bx} = F_{By} = 0$$
$$F_{Bz} = F$$
$$M_{Bx} = F \cdot b$$
$$M_{By} = M_{Bz} = 0$$

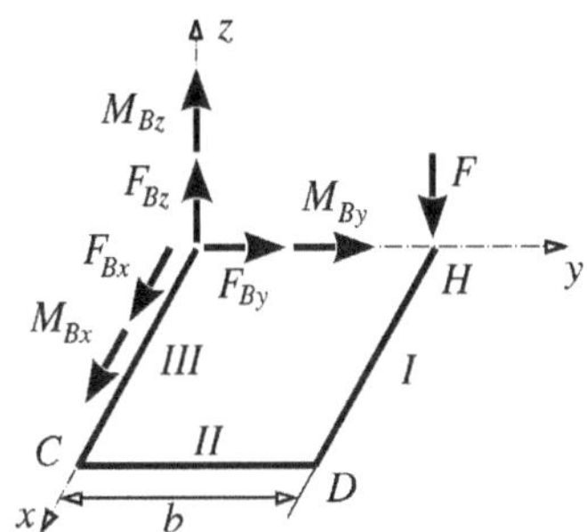

b) Der Balken wird in drei Teilbereiche aufgeteilt, der Ursprung des Koordinatensystems liege jeweils in B. Torsionsmomente werden mit M_t, Biegemomente mit M_x, M_y, M_z bezeichnet.

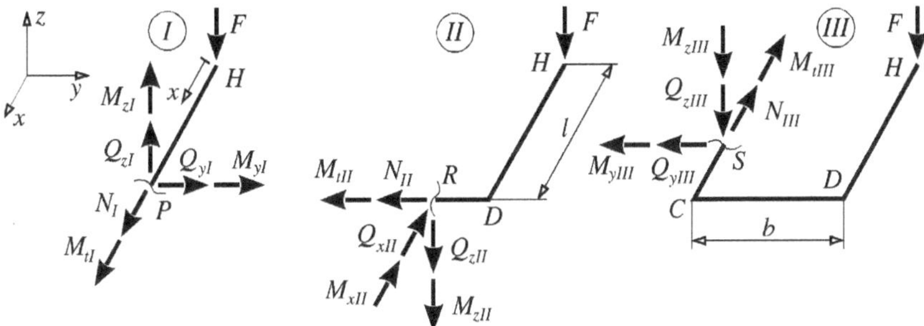

Bereich I: Schnitt in beliebigem Punkt P längs HD am positiven x-Schnittufer:

$$\sum M_x^P = 0 \quad \rightarrow \quad M_{tI} = 0$$

$$\sum M_y^P = 0 \quad \rightarrow \quad M_{yI} = F \cdot x$$

$$\sum M_z^P = 0 \quad \rightarrow \quad M_{zI} = 0$$

Bereich II: Schnitt in beliebigem Punkt R längs DC am negativen y-Schnittufer:

$$\sum M_x^R = 0 \quad \rightarrow \quad M_{xII} = -(b-y)F = (y-b)F$$

$$\sum M_y^R = 0 \quad \rightarrow \quad M_{tII} = -F \cdot l$$

$$\sum M_z^R = 0 \quad \rightarrow \quad M_{zII} = 0$$

Bereich III: Schnitt in beliebigem Punkt S längs CB am negativen x-Schnittufer:

$$\sum M_x^S = 0 \quad \rightarrow \quad M_{tIII} = -F \cdot b$$

$$\sum M_y^S = 0 \quad \rightarrow \quad M_{yIII} = -F \cdot x$$

$$\sum M_z^S = 0 \quad \rightarrow \quad M_{zIII} = 0$$

Aufgabe 9

Die Lagerreaktionen bestimmt man über ein globales Kräftegleichgewicht und ein Momentengleichgewicht um die $y-$ Achse.

$$F_{res} = \frac{\sqrt{5}}{2} q_0 a,$$

Mit einem Momentengleichgewicht um A wird dann B_V bestimmt.

$$\sum M_y = 0 = -\frac{3a}{4} F_{Wind} - 2aF_{res} - 2aB_V; \qquad B_V = -\frac{3}{8} F_{Wind} - F_{res}$$

Die Lagerkraft in A folgt aus den statischen Kräftegleichgewichten.

$$\sum F_V = 0 = -2F_{res} - A_V - B_V; \qquad A_V = \frac{3}{8} F_{Wind} - F_{res}; \qquad A_H = -F_{Wind}$$

Um die inneren Kräfte zu bestimmen werden die Komponenten des Daches freigeschnitten und alle äußeren Kräfte sowie alle Gelenkreaktionen angetragen.

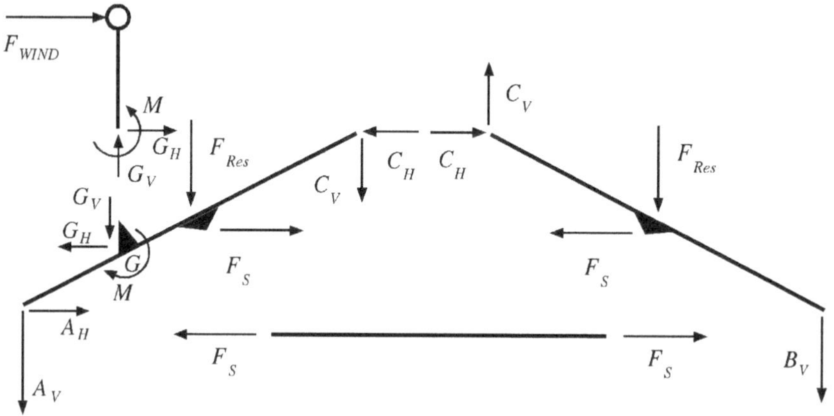

Für die Antenne und die beiden Balken lauten die statischen Gleichgewichte:

$$\begin{aligned}
&FG: && \sum F_H &&= 0 = && F_{Wind} - G_H && (1)\\
&FG: && \sum F_V &&= 0 = && G_V && (2)\\
&FG: && \sum M_y &&= 0 = && M - F_{Wind}\tfrac{5}{8}a && (3)\\
&ADC: && \sum F_H &&= 0 = && A_H + G_H + F_S - C_H && (4)\\
&ADC: && \sum F_V &&= 0 = && -A_V - G_V - F_{Res} - C_V && (5)\\
&ADC: && \sum M_y &&= 0 = && -M - \tfrac{a}{8}G_H - \tfrac{a}{4}G_V - \tfrac{a}{2}F_{res} - \tfrac{a}{4}F_S + \tfrac{a}{2}C_H - aC_V && (6)\\
&CEB: && \sum F_V &&= 0 = && C_V - F_{res} - B_V && (7)\\
&CEB: && \sum F_H &&= 0 = && C_H - F_S && (8)\\
&CEB: && \sum M_y &&= 0 = && -\tfrac{a}{2}F_{res} - aB_V - \tfrac{a}{4}F_S && (9)
\end{aligned}$$

Mit den bekannten Größen ergeben sich dann die Gelenkkraft in C und die Stangenkraft F_S zu

$$C_H = \frac{3}{2}F_{Wind} + \sqrt{5}q_0a; \qquad C_V = -\frac{3}{8}F_{Wind}; \qquad F_S = \frac{3}{2}F_{Wind} + \sqrt{5}q_0a.$$

b) Die Schnittreaktionen im linken Balken lauten:

$$\begin{aligned} N(x) &= -A_H\cos\alpha + A_V\sin\alpha - F_{Wind}\cos\alpha\{x - \frac{a}{4\cos\alpha}\}^0 \\ &\quad -F_S\cos\alpha\{x - \frac{a}{2\cos\alpha}\}^0 + q_0x\sin\alpha \\ Q(x) &= -A_H\sin\alpha - A_V\cos\alpha - F_{Wind}\sin\alpha\{x - \frac{a}{4\cos\alpha}\}^0 \\ &\quad -F_S\sin\alpha\{x - \frac{a}{2\cos\alpha}\}^0 - q_0x\cos\alpha \\ M(x) &= F_{Wind}\frac{5}{8}a\{x - \frac{a}{4\cos\alpha}\}^0 - (A_H\sin\alpha + A_V\cos\alpha)x \\ &\quad -F_{Wind}\sin\alpha\{x - \frac{a}{4\cos\alpha}\}^1 - F_S\sin\alpha\{x - \frac{a}{2\cos\alpha}\}^1 - \frac{1}{2}q_0\cos\alpha x^2 \end{aligned}$$

Zu c): In der neutralen Faser $z = z_N$ ist die Summe der Normalspannungen σ_x aus Biegung und Normalkraft identisch Null.

$$\sigma_x(z_N) = \frac{M(x)z_N}{I_y(x)} + \frac{N(x)}{A} = 0 \quad \rightarrow \quad z_N = -\frac{I_y}{A}\cdot\frac{N(x)}{M(x)}$$

Aufgabe 10

Das System wird freigeschnitten und die Lagerreaktionen angetragen.

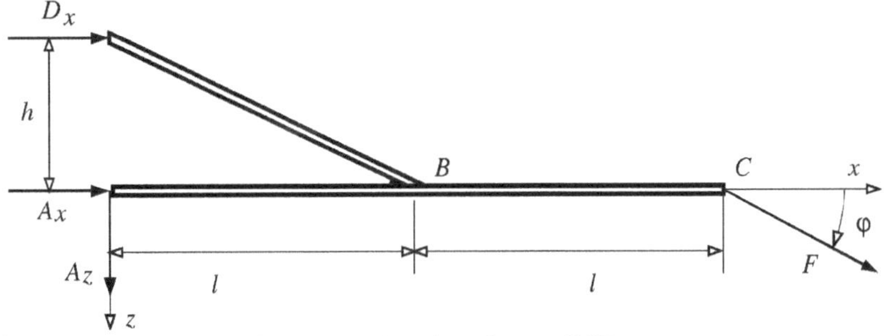

a) Die Lagerreaktionen folgen aus den drei ebenen GGB.

$$\sum F_x = 0 = A_x + D_x + F\cos\varphi$$

$$\sum F_z = 0 = A_z + F\sin\varphi$$

$$\sum M_y^A = 0 = -hD_x - 2lF\sin\varphi$$

$$\boldsymbol{F}_A = \begin{pmatrix} (\frac{2l}{h}\sin\varphi - \cos\varphi)F \\ 0 \\ -F\sin\varphi \end{pmatrix}; \qquad \boldsymbol{F}_D = \begin{pmatrix} \frac{-2l}{h}F\sin\varphi \\ 0 \\ 0 \end{pmatrix}$$

b) Die horizontale Komponente der Lagerreaktion in A entspricht der x-Komponente von $\boldsymbol{F}_A$.

$$F_{A,x} = 0 = \frac{2l}{h}\sin\varphi - \cos\varphi$$

$$\rightarrow \quad \varphi_1 = \arctan(\frac{h}{2l}); \qquad \varphi_2 = \arctan(\frac{h}{2l}) + \pi$$

c) Die Lagerkraft in D wird durch einen statisch äquivalenten Kraftwinder in B ersetzt. Es gilt dann: $M_D = -hD_x$.

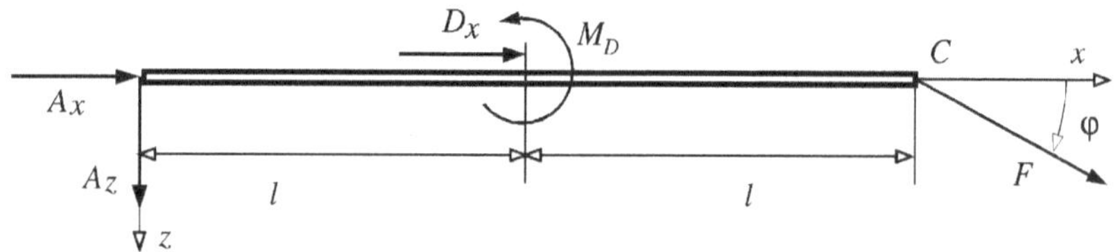

$$Q(x) = -A_z\{x\}^0 - F\sin\varphi\{x-2l\}^0 = F\sin\varphi\{x\}^0$$

$$M(x) = F\sin\varphi\{x\}^1 - 2lF\sin\varphi\{x-l\}^0 = -EIw''(x)$$

$$w'(x) = -\frac{F\sin\varphi}{EI}[\frac{1}{2}\{x\}^2 - 2l\{x-l\}^1] + C_1$$

$$w(x) = -\frac{F\sin\varphi}{EI}[\frac{1}{6}\{x\}^3 - l\{x-l\}^2] + C_1x + C_2$$

Die Randbedingungen folgen aus der Lagerung in A und der Starrheit des Verbindungsbalkens DB.

$$w(0) = 0 \quad \rightarrow \quad C_2 = 0$$

$$w'(l) = 0 \quad \rightarrow \quad C_1 = \frac{F\sin\varphi l^2}{2EI}$$

$$w(x) = \frac{-F\sin\varphi}{EI}\left[\frac{1}{6}\{x\}^3 - l\{x-l\}^2 - \frac{l^2}{2}\{x\}^1\right]$$

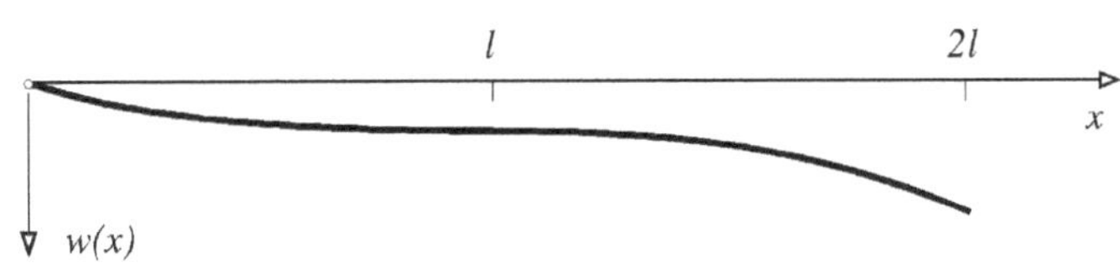

Die Biegelinie des Balkens besitzt eine waagerechte Tangente an der Stelle $x = l$. Die waagerechte Tangente wird dem Balken durch die fest angeschweißte Strebe DB aufgezwungen, die sich zwar aufgrund des Loslagers in D mit dem Balken vertikal bewegen kann, sich aber nur dann dreht, wenn die $x-$ Koordinate des Punktes B verändert wird. Der Verdrillwinkel durch Stauchung des Abschnittes AB kann hier vernachlässigt werden.

1.5 Seilstatik

Grundformeln: Ebene Seilkurve

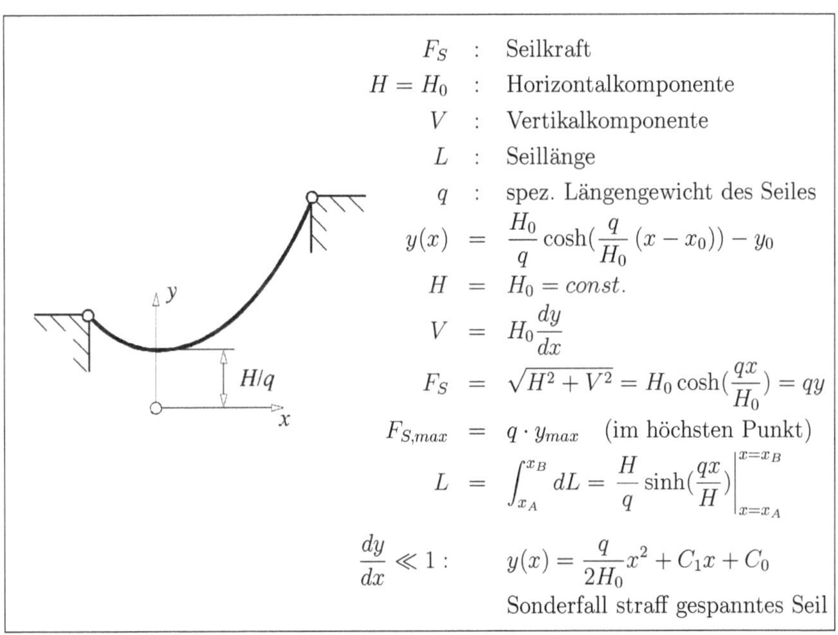

F_S : Seilkraft

$H = H_0$: Horizontalkomponente

V : Vertikalkomponente

L : Seillänge

q : spez. Längengewicht des Seiles

$$y(x) = \frac{H_0}{q} \cosh\left(\frac{q}{H_0}(x - x_0)\right) - y_0$$

$$H = H_0 = const.$$

$$V = H_0 \frac{dy}{dx}$$

$$F_S = \sqrt{H^2 + V^2} = H_0 \cosh\left(\frac{qx}{H_0}\right) = qy$$

$$F_{S,max} = q \cdot y_{max} \quad \text{(im höchsten Punkt)}$$

$$L = \int_{x_A}^{x_B} dL = \frac{H}{q} \sinh\left(\frac{qx}{H}\right)\Big|_{x=x_A}^{x=x_B}$$

$$\frac{dy}{dx} \ll 1: \quad y(x) = \frac{q}{2H_0} x^2 + C_1 x + C_0$$

Sonderfall straff gespanntes Seil

Musteraufgabe 1 (Hängebrücke)

Eine Hängebrücke, deren spezifisches Fahrbahngewicht über die gesamte Fahrbahnlänge l den konstanten Wert q_0 beträgt, wird durch ein Seil zwischen zwei Masten mit den Höhen h_1 und h_2 gehalten. Das Eigengewicht des Seiles kann gegenüber dem Fahrbahngewicht vernachlässigt werden.
Wie lang muß das Seil sein, wenn die maximale Seilkraft den Wert $F_{S,max}$ nicht überschreiten darf und wie lautet dann die Seilkurve ? Zahlenwerte: $l = 30m$, $h_1 = 25m$, $h_2 = 33m$, $q_0 = 3kN/m$, $F_{S_max} = 50kN$.

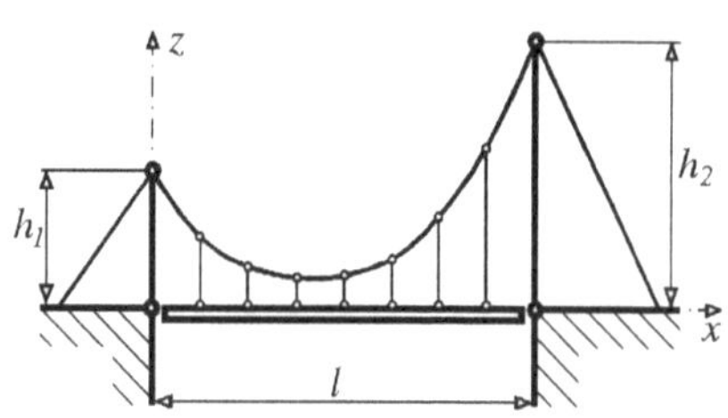

Lösung: Für ein masseloses Seil und konstanter vertikaler Streckenlast q_0 gilt:

$$V = H_0 \frac{\partial z}{\partial x} \quad \text{und} \quad q = \frac{\partial V}{\partial x} = q_0 = const \quad \rightarrow \quad \frac{\partial^2 z}{\partial x^2} = \frac{q_0}{H_0}$$

Die Seilkurve erhält man durch zweifache Integration.

$$z(x) = \frac{q_0}{2H_0} x^2 + C_1 x + C_2$$

Die Unbekannten C_1 und C_2 erhält man durch Einsetzen der Randbedingungen:

$$z(0) = h_1; \quad z(l) = h_2; \quad z(x) = \frac{q_0}{2H_0} x^2 + \left(\frac{h_2 - h_1}{l} - \frac{q_0}{2H_0} l \right) x + h_1$$

Zusätzlich gilt für die Seilkraftkomponenten die Beziehung

$$F_S = \sqrt{H^2 + V^2} \stackrel{(1)}{=} H_0 \cdot \sqrt{1 + \left(\frac{dz}{dx} \right)^2}. \tag{1}$$

Da die Horizontalkomponente konstant ist, tritt die maximale Seilkraft an der Stelle der größten Vertikalkomponente auf. Die Vertikalkraft wiederum besitzt ihr Maximum am Seilabschnitt mit der höchsten Seilneigung, hier also an der rechten Einspannung.

$$\left. \frac{dz}{dx} \right|_{x=l} = \frac{q_0}{2H_0} l + \frac{h_2 - h_1}{l}$$

Eingesetzt in (1) ergibt sich dann:

$$F_{S,max} = H_0 \sqrt{1 + \left(\frac{q_0}{2H_0} l + \frac{h_2 - h_1}{l} \right)^2}$$

Für H_0 folgt damit:

$$H_0 = \frac{-q_0(h_2-h_1)\,\left(\overset{+}{-}\right)\,\sqrt{q_0^2(h_2-h_1)^2 - 4\left[1+\left(\frac{h_2-h_1}{l}\right)^2\right]\left[\left(\frac{q_0 l}{2}\right)^2 - F_{S,max}^2\right]}}{2\left[1+\left(\frac{h_2-h_1}{l}\right)^2\right]}$$

Mit den Zahlenwerten ist $H_0 = 12650N$, die Seilkurve lautet jetzt:

$$z(x) = 0,1186x^2 - 3,2906x + 25\,[m]\,.$$

Die Länge des Seils erhält man über die Integration der dL.

$$L = \int_0^l \sqrt{1+\left(\frac{dz}{dx}\right)^2}dx; \quad \frac{dz}{dx} = \frac{q_0}{H_0}x + \frac{h_2-h_1}{l} - \frac{q_0}{2H_0}l := ax+b$$

Die Abkürzung $ax+b$ substituieren wir durch u.

$$u = ax+b, \quad dx = \frac{du}{a} \qquad u(x=0) = b \qquad u(x=l) = al+b$$

$$\rightarrow \quad L = \frac{1}{a}\int_b^{al+b}\sqrt{1+(u)^2}du = \frac{1}{2a}\left[u\sqrt{1+(u)^2} + ln(u+\sqrt{1+(u)^2})\right]_b^{al+b}$$

Einsetzen der Zahlenwerte:

$$a = 0,2372\left[\frac{1}{m}\right]; \quad b = -3,2906; \quad al+b = 3,8240; \quad \rightarrow L = 64m$$

Musteraufgabe 2 (Überlandleitung)

Zwischen zwei im Abstand l aufgestellten Masten mit den Höhen h_1 bzw. h_2 hängt ein Kabel der Länge L, dem Durchmesser d und der Dichte ρ. Wie lautet die Gleichung der Seilkurve und wie groß sind die an den Mastspitzen wirkenden Einspannkräfte ?
Zahlenwerte: $l = 10m$, $L = 12m$, $d = 1cm$, $\rho = 5\cdot 10^3 kg/m^3$, $h_1 = 5m$, $h_2 = 3m$.

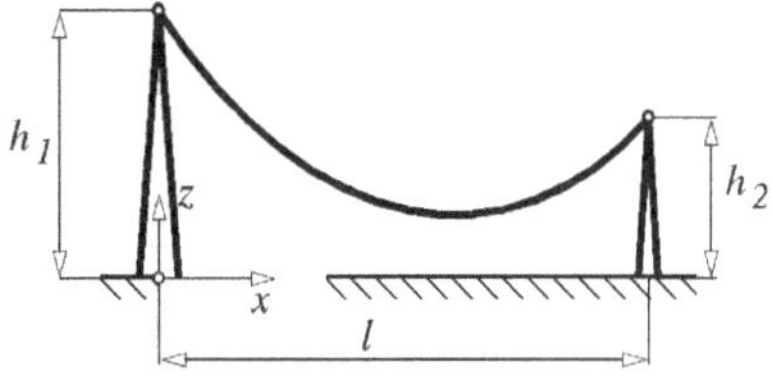

Anmerkung: Diese Aufgabenstellung (bekannte Aufhängepunkte, bekannte Länge, unbekannter Durchhang) ist weitaus schwieriger als eine Variante mit gegebenen Durchhängen und unbekannter Länge.
Sie wird daher als Musteraufgabe vorgerechnet.

Lösung: Bezogen auf ein Koordinatensystem mit Ursprung im linken Mastfuß lautet die Seilkurve zunächst allgemein:

$$z - z_0 = \frac{H}{q}\cosh\frac{q(x-x_0)}{H}$$

Der Punkt mit den Koordinaten x_0, z_0 ist dann der Ursprung desjenigen Koordinatensystems, in dem die Seilkurve symmetrisch zur $z-$ Achse ist und durch den Punkt (x=0, z=H/q) verläuft (vgl. Grundformeln). Die spezifische Längenbelastung q entspricht dem Gewicht des Kabels pro Längeneinheit, also $q = \rho\pi d^2 g/4 = 3,85N/m$. Die Koordinaten x_0, z_0 und die Horizontalkraft H sind noch unbekannt. Wir haben aber noch drei Bedingungen: Das Kabel muß durch beide Mastspitzen laufen und hat die Länge L. Die Koordinaten der Mastspitzen sind also zwei Punkte der Seilkurve und das Integral über kleine Teillängen dL der Kurve muß insgesamt wieder L ergeben:

$$h_1 - z_0 = \frac{H}{q}\cosh\frac{qx_0}{H} \tag{1}$$

$$h_2 - z_0 = \frac{H}{q}\cosh\frac{q(l-x_0)}{H} \tag{2}$$

$$L = \int_{x=0}^{l} \sqrt{1+z'^2}dx \tag{3}$$

Wir brauchen für das Integral die Ableitung dz/dx (Steigung) der Seilkurve:

$$\frac{dz}{dx} = \frac{d}{dx}\left(\frac{H}{q}\cosh\frac{q(x-x_0)}{H}\right) = \sinh\frac{q(x-x_0)}{H}$$

$$L = \int_{x=0}^{l} \sqrt{1+\sinh^2\frac{q(x-x_0)}{H}}dx = \int_0^l \cosh\frac{q(x-x_0)}{H}dx = \frac{H}{q}\sinh\frac{q(x-x_0)}{H}\Bigg|_0^l$$

$$L = \frac{H}{q}\left(\sinh\frac{q(l-x_0)}{H} + \sinh\frac{qx_0}{H}\right) \tag{3}$$

Um diese drei transzendenten Gleichungen nach den gesuchten Größen aufzulösen, sind eine Reihe von Umformungen nötig: Zunächst einmal wird (3) mittels der Additionstheoreme umgeformt in

$$L = \frac{2H}{q}\sinh\frac{ql}{2H}\cosh\frac{q(2x_0-l)}{2H} \tag{4}$$

Die beiden Gleichungen (1) und (2) werden voneinander subtrahiert und mittels dem Additionstheorem für cosh-Terme vereinfacht:

$$h_1 - h_2 = \frac{H}{q}\left(\cosh\frac{x_0 q}{H} - \cosh\frac{q(l-x_0)}{H}\right) = \frac{2H}{q}\sinh\frac{lq}{2H}\sinh\frac{q(2x_0-l)}{2H} \tag{5}$$

Sinn und Zweck dieser Rechenübung ist eine relativ einfache, lösbare Gleichung für eine der drei Unbekannten, diese erreichen wir über die bekannte Beziehung

$$\cosh^2\alpha - \sinh^2\alpha = 1 \qquad ,$$

indem wir (4) und (5) jeweils quadrieren und dann voneinander abziehen, es bleibt dann auf der rechten Seite nur der sinh- Term übrig:

$$L^2 - (h_1-h_2)^2 = 4\frac{H^2}{q^2}\sinh^2\frac{ql}{2H}$$

Um auf eine Gleichung des Typs $\sinh\alpha = f(\alpha)$ zu kommen, fassen wir das Argument $ql/2H$ zur Variablen α zusammen:

$$\sinh\alpha = \alpha \cdot \sqrt{\frac{(L^2 - (h_1 - h_2)^2}{l^2}}$$

Der Zahlenwert der Wurzel ergibt sich mit den Angaben aus der Aufgabenstellung zu 1,1832 so daß wir folgende zu lösende transzendente Gleichung erhalten:

$$\sinh\alpha = 1,1823\alpha$$

Diese Gleichung kann nur graphisch oder durch ein numerisches Verfahren gelöst werden, bei der graphischen Lösung ist der Schnittpunkt der Kurven $f_1(\alpha) = \sinh\alpha$ und $f_2(\alpha) = 1,1832\alpha$ zu bestimmen. Aus einer entsprechenden Zeichnung lesen wir $\alpha \approx 1,0195$ ab. Es ergibt sich dann als Horizontalkraft H im Seil:

$$H = \frac{ql}{2\alpha} = 18,9N$$

Wir sind noch nicht ganz am Ziel: Die Lage des Ursprungs unseres 'Norm- KOS' ist noch unbekannt. Am schnellsten bestimmen wir x_0 durch Division von (5) durch (4):

$$\frac{h_1 - h_2}{L} = \tanh\left(\frac{q(2x_0 - l)}{2H}\right)$$

$$x_0 = \frac{H}{q}\mathrm{artanh}\left(\frac{h_1 - h_2}{L}\right) + \frac{l}{2} = 5,825m$$

Mit bekannten Werten für x_0 und H bzw. q folgt dann letztendlich auch z_0 aus (1) oder (2):

$$z_0 = h_1 - \frac{H}{q}\cosh\frac{qx_0}{H} = -3,790$$

Die gesuchte Seilkurve lautet damit:

$$z = -3,79 + 4,904\cosh\frac{x - 5,825}{4,903}$$

Kontrolle: Die Höhe an der Stelle $x = 10m$ muß der Höhe des zweiten Mastes entsprechen:

$$z_{x=10} = -3,79 + 4,904\cosh\frac{4,175}{4,903} = 3,002 \approx h_2$$

Die Seilkräfte hängen direkt von der $\bar{z}$- Koordinate im verschobenen 'Normal - KOS' ab: $\bar{z} = z - z_0$ und $F_S = q \cdot \bar{z}$. Die größte Seilkraft tritt also an der höchsten Stelle, in der linken Mastspitze $z_1 = h_1$; $\quad \bar{z}_1 = h_1 + 3,79 = 8,79$ auf:

$$F_{S,max} = \bar{z}_1 \cdot q = (h_1 - z_0)q = 8,79m \cdot 3,85N/m \approx 33,84N$$

Auf die rechte Mastspitze wirkt dementsprechend

$$F_{(x=10m)} = (h_2 - z_0)q = 26,14N$$

Aufgabe 1

Ein Flugzeug fliegt mit konstanter Geschwindigkeit und schleppt an einem Seil eine Scheibe vom Gewicht $G = 5000N$. Der Luftwiderstand der Scheibe beträgt $W = 250N$. Der Luftwiderstand des Seils ist durch die Streckenlast $q_0 = 4N/m$ (Abstand in vertikaler Richtung) zu berücksichtigen. Unter Vernachlässigung der Masse des Seils bestimme man die Rücklage des unteren Einspannpunktes.

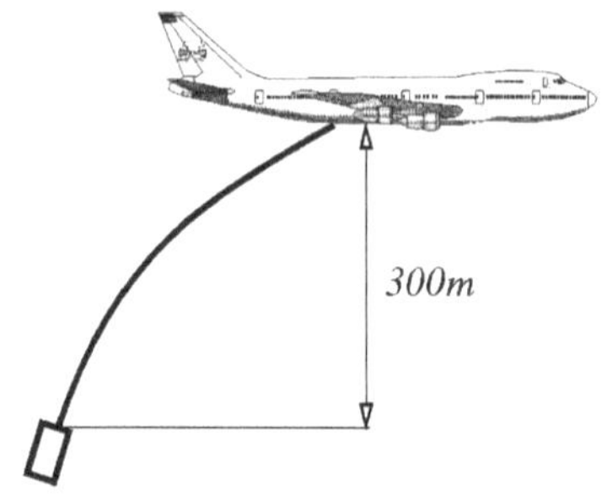

Aufgabe 2

In einem ebenen Gelände soll zwischen zwei gleichhohen, voneinander 80 m entfernten Masten eine Leitung ($Gewicht/Länge$: $q_0 = 960N/km$) so gespannt werden, daß der tiefste Punkt 6 m über dem Boden liegt und die Seilkraft an dieser Stelle 2750 N beträgt. Wie hoch müssen die Masten sein, und wie groß ist die maximale Seilkraft?

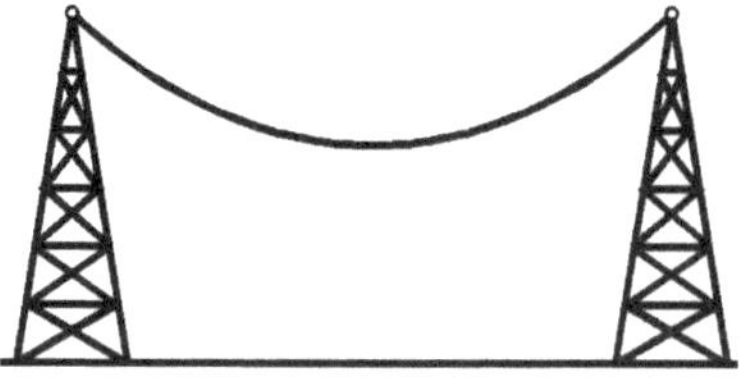

Aufgabe 3

Eine Freileitung ($Gewicht/Länge = q_0$) ist zwischen den Punkten A und B aufgespannt. Der tiefste Punkt der Leitung hat gegenüber A den Durchhang f. Wie groß ist die maximale Seilkraft? Man bestimme die Länge der Leitung im Fall $h = 0$, $l = 60m$, $f = 0,5m$, $q_0 = 1,2N/m$.

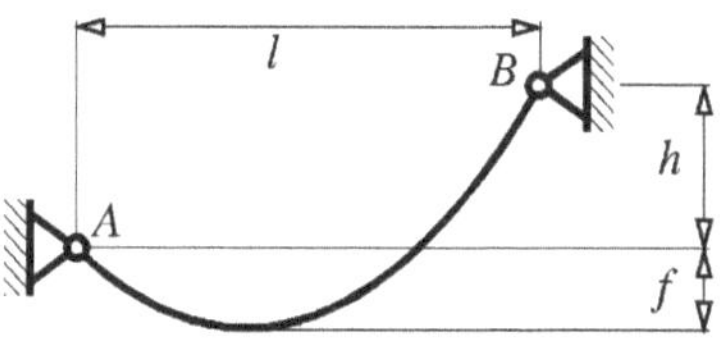

Lösungen zu Kap. 1.5 Seilstatik

Aufgabe 1

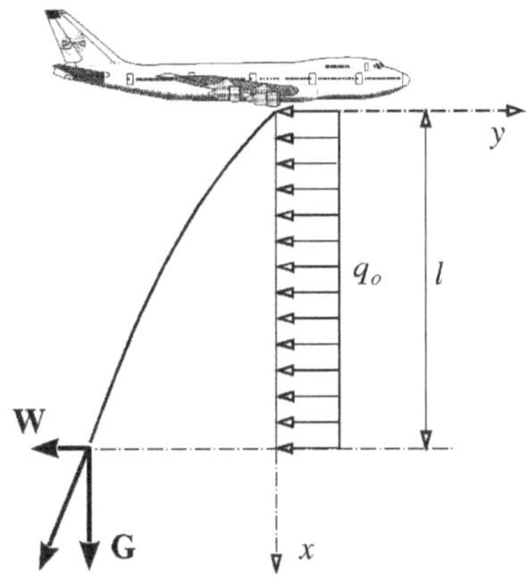

Es gilt die Formel der Hängebrückenbelastung:

$$H_0 \frac{d^2y}{dx^2} = q_0 \quad \text{mit:} \quad H_0 = G$$

Lösen der Differentialgleichung:

$$\frac{d^2y}{dx^2} = \frac{q_0}{G}$$

$$\rightarrow \quad y = \frac{q_0}{G}\frac{x^2}{2} + C_1 x + C_2$$

Die Konstanten werden aus den Randbedingungen bestimmt.

$$y(x=0) = 0 \quad \rightarrow \quad C_2 = 0$$

Bedingung für GGW ist, daß die Resultierende aus **W** und **G** gleich der dort auftretenden Seilkraft ist, d. h. Seilkraft und Seil besitzen dieselbe Neigung.

$$\frac{dy}{dx}(x=l) = -\frac{W}{G} = \frac{q_0}{G}l + C_1 \quad \rightarrow \quad C_1 = -\frac{1}{G}(W + q_0 l)$$

$$\rightarrow \quad y(x=l) = \frac{q_0}{2G}l^2 - \frac{l}{G}(W + q_0 l) = -51m$$

Aufgabe 2

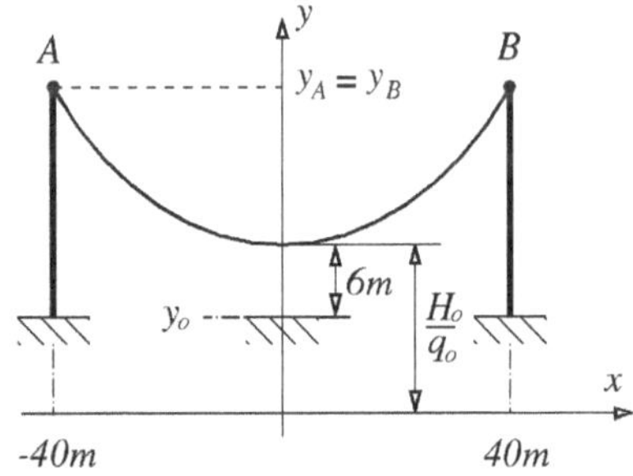

Seilkurve:

$$y(x) = \frac{H_0}{q_0}\cosh\left(\frac{q_0}{H_0}x\right) - y_0$$

$$\frac{H_0}{q_0} = \frac{2750 \cdot 10^3 N}{960\frac{N}{m}} = 2864,58\bar{3}m$$

$$y_0 = \frac{H_0}{q_0} - 6m = 2858,58\bar{3}m$$

$$\rightarrow \quad y(x = 40m) = 2864,86261m$$

Masthöhe:

$$h_M = y(40m) - y_0 = 6,279m$$

Seilkraft:

$$F_S = \sqrt{H_0^2 + V^2}$$

$$\tan\alpha = \frac{dy}{dx} = \frac{V}{H_0}$$

$$V = H_0\frac{dy}{dx} = H_0 \sinh\left(\frac{q_0}{H_0}x\right)$$

$$F_S = H_0\sqrt{1+\sinh^2\left(\frac{q_0}{H_0}x\right)}$$

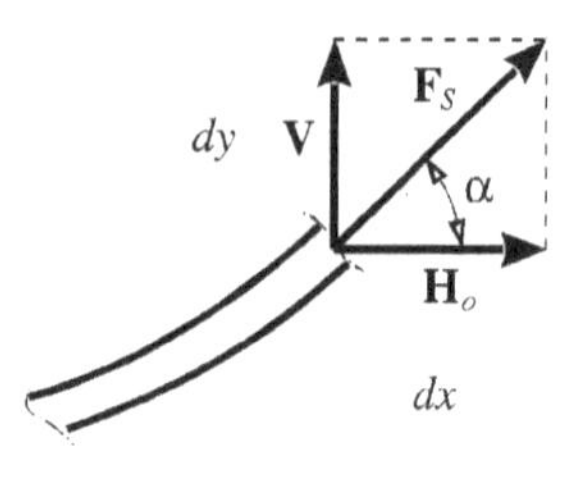

$$F_{Smax} = F_S(x = \pm 40m) = H_0 \cdot 1,000097 = 2750,3N$$

Geringer Durchhang → Näherungslösung $y' \ll 1$ wäre auch zulässig!

Aufgabe 3

Seilkurve:

$$y(x) = \frac{H_0}{q_0}\cosh\left(\frac{q_0}{H_0}x\right)$$

Berechnung der Horizontalkomponente H_0:

$$x_B - x_A = l$$

$$y_A = \frac{H_0}{q_0}\cosh\left(\frac{q_0}{H_0}x_A\right) = \frac{H_0}{q_0} + f$$

$$y_B = \frac{H_0}{q_0}\cosh\left(\frac{q_0}{H_0}x_B\right) = \frac{H_0}{q_0} + f + h$$

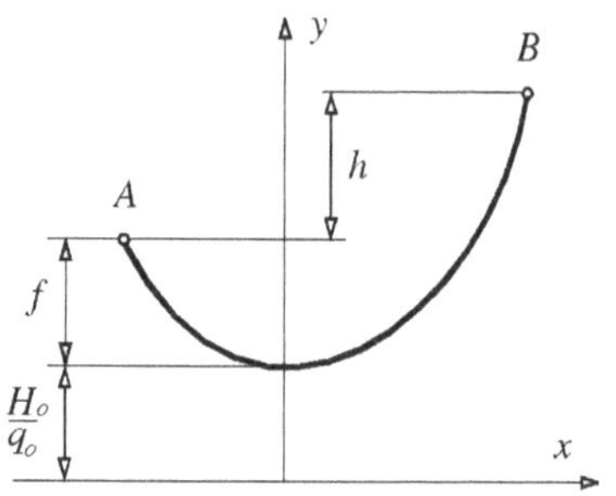

Die Lösung obiger Gleichung mit den drei Unbekannten x_A, x_B, H_0 ist im allgemeinen analytisch nicht möglich. Wir benutzen daher die Näherung für straff gespannte Seile mit $\frac{q_0}{H_0}x \ll 1$:

$$\cosh\left(\frac{q_0}{H_0}x\right) \approx 1 + \frac{1}{2}\left(\frac{q_0}{H_0}x\right)^2$$

Aus den Gleichungen für y_A und y_B wird dann:

$$\frac{1}{2}\frac{q_0}{H_0}x_A^2 \approx f; \quad \frac{1}{2}\frac{q_0}{H_0}x_B^2 \approx f + h \quad \rightarrow \quad \frac{x_A^2}{x_B^2} \approx \frac{f}{f+h}$$

$$\rightarrow \quad x_B^2 = (l + x_A)^2 = l^2 + 2lx_A + x_A^2 \approx x_A^2\frac{f+h}{f}$$

Für $h \neq 0$ erhält man

$$x_A \approx l\frac{f}{h} \overset{(+)}{-} \sqrt{l^2\frac{f^2}{h^2} + l^2\frac{f}{h}} = -l\frac{f}{h}\left(\sqrt{1+\frac{h}{f}} - 1\right)$$

$$H_0 = \frac{q_0}{2f} x_A^2 \approx \frac{q_0 l^2 f}{2h^2} \left(\sqrt{1 + \frac{h}{f}} - 1 \right)^2$$

Die maximale Seilkraft liegt für $h \geq 0$ im Punkt B vor:

$$F_{Smax} = q_0 \cdot y_B = q_0 \left(\frac{H_0}{q_0} + f + h \right) = H_0 + q_0(f + h) = 1080,6N$$

Im Sonderfall $h = 0$ gilt wegen der Symmetrie der Anordnung

$$-x_A = x_B = \frac{l}{2}.$$

Damit folgt aus den Gleichungen für y_A und y_B:

$$\frac{H_0}{q_0} \cosh \left(\frac{q_0 l}{2H_0} \right) = \frac{H_0}{q_0} + f$$

Diese transzendente Gleichung muß graphisch oder numerisch gelöst werden. Wir beschränken uns hier auf eine numerische Näherungslösung. Dazu ist es zweckmäßig, die Gleichung durch Einführung der Hilfsgröße $\alpha = q_0 \frac{l}{2H_0}$ umzuformen in:

$$\cosh \alpha - 1 = \frac{2f}{l} \alpha$$

Aufgrund von $\alpha \ll 1$ (straff gespanntes Seil) gilt die Näherung $\cosh \alpha \approx 1 + \frac{1}{2}\alpha^2$. Ein Einsetzen dieser Näherung in obige Gleichung liefert:

$$1 + \frac{1}{2}\alpha^2 - 1 \approx \frac{2f}{l}\alpha \quad \rightarrow \quad \alpha \approx \frac{4f}{l} \quad \rightarrow \quad H_0 \approx \frac{q_0 l^2}{8f} = 1080N$$

Die Seillänge s errechnet sich aus

$$s = \int_{x_A}^{x_B} ds = \int_{-\frac{l}{2}}^{+\frac{l}{2}} \sqrt{1 + y'^2}\, dx$$

$$y' = \sinh \left(\frac{q_0}{H_0} x \right) \quad \text{und} \quad \sqrt{1 + y'^2} = \cosh \left(\frac{q_0}{H_0} x \right).$$

$$\rightarrow \quad s = \int_{-\frac{l}{2}}^{+\frac{l}{2}} \cosh \left(\frac{q_0}{H_0} x \right) dx = \frac{2H_0}{q_0} \sinh \frac{q_0 l}{2H_0} = 60,011m$$

1.6 Prinzip der virtuellen Arbeit

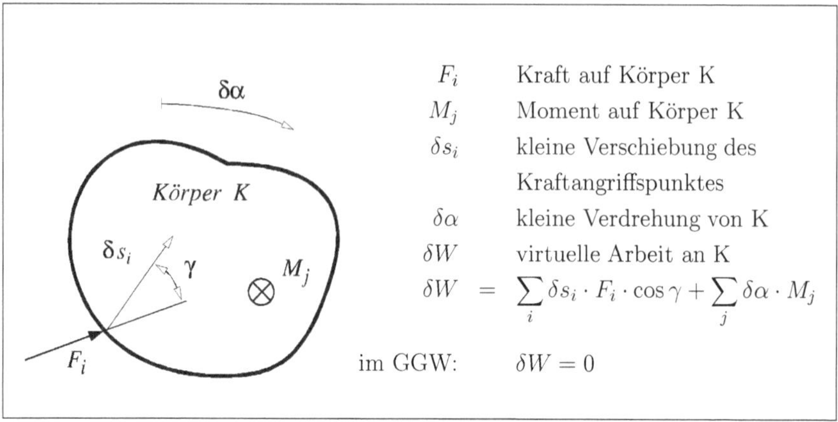

F_i		Kraft auf Körper K
M_j		Moment auf Körper K
δs_i		kleine Verschiebung des Kraftangriffspunktes
$\delta\alpha$		kleine Verdrehung von K
δW		virtuelle Arbeit an K
δW	$=$	$\sum\limits_i \delta s_i \cdot F_i \cdot \cos\gamma + \sum\limits_j \delta\alpha \cdot M_j$
im GGW:		$\delta W = 0$

Musteraufgabe

Der Antriebsmechanismus einer Senkrechtstoßmaschine besteht aus einer Koppelstange K und zwei masselosen Stäben S_1, S_2. Er wird durch die vertikale Kraft F im Punkt E, durch das Eigengewicht G der Koppelstange in deren Schwerpunkt P und durch das konstante Moment M am Gelenk A in z-Richtung belastet. Alle Gelenke sind reibungsfrei. Man berechne mittels des Prinzips der virtuellen Arbeit das Moment M, welches das System in der skizzierten Lage gerade im Gleichgewicht hält.

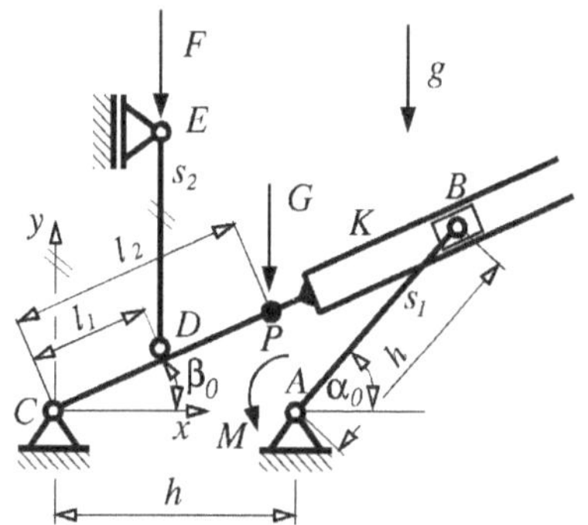

Lösung: Um die virtuellen Arbeiten der eingeprägten Kräfte G und der äußeren Kraft F sowie des äußeren Momentes M zu berechnen, benötigen wir eine Aussage über die relativen Verschiebewege, d.h. kleine gedachte aber kinematisch mögliche Verschiebungen ihrer Angriffspunkte.

So kann sich z.B. der Punkt B immer nur auf einem Kreis mit dem Radius h um den Lagerpunkt A bewegen, um eine kleine, gedachte Vergrößerung von α_0 um $\delta\alpha$ bewegt B um die Strecke $h \cdot \delta\alpha$ auf der Tangente an diesen Kreis nach B'.

Die Projektion dieser Strecke BB' auf die x,y-Koordinaten ergibt die virtuelle Verschiebung

$$\delta s_B = \begin{pmatrix} -h\delta\alpha & \sin\alpha_0 \\ +h\delta\alpha & \cos\alpha_0 \end{pmatrix}.$$

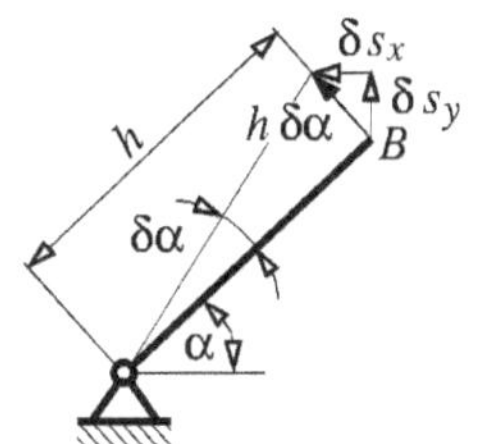

Um das Prinzip der virtuellen Arbeit effektiv auszunutzen, müssen alle Verschiebungen durch die Veränderung von möglichst wenig Koordinaten ausgedrückt werden. Das vorliegende System hat nur einen Freiheitsgrad, d.h. durch Angabe einer Koordinate (z.B. α) ist die Lage des restlichen Systems eindeutig bestimmt. Wir wollen im folgenden also die Verschiebungen der Kraftangriffspunkte E und P durch die Veränderung $\delta\alpha$ von α ausdrücken. Dazu bestimmen wir zunächst die Kopplung zwischen $\delta\beta$ und $\delta\alpha$:

Das Dreieck ABC ist gleichschenklig, also sind die Innenwinkel bei C und B gleich β und gleichgroß.

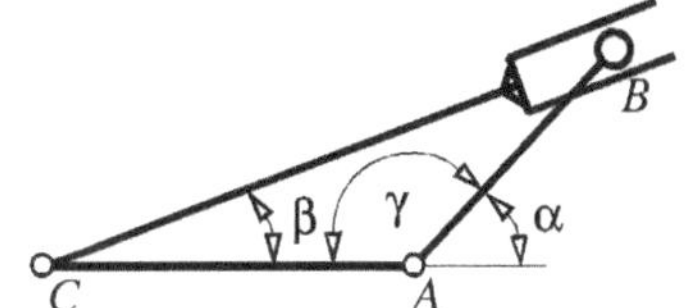

Es gilt: $\gamma+\alpha = \pi$ und $2\beta+\gamma = \pi$, damit auch $\gamma = \pi-\alpha$ und $2\beta-\alpha = 0$, bzw. $\beta = \frac{\alpha}{2}$, aber dann gilt für eine kleine Veränderung $\delta\beta$ auch $\delta\beta = \frac{\delta\alpha}{2}$. Die Verschiebung von P, δs_P bei einer Vergrößerung von β um $\delta\beta$ liegt für kleine $\delta\beta$ in erster Näherung wieder auf der Tangente am Kreis um C durch P, $|\delta s_P| = l_2 \cdot \delta\beta$, in Koordinaten ausgedrückt

$$\delta s_P = \begin{pmatrix} -l_2\delta\beta & \sin\beta_0 \\ l_2\delta\beta & \cos\beta_0 \end{pmatrix}; \qquad \delta s_D = \begin{pmatrix} -l_1\delta\beta & \sin\beta_0 \\ l_1\delta\beta & \cos\beta_0 \end{pmatrix} \text{analog.}$$

Es fehlt noch δs_E, für die vertikale Lage als Sonderfall ist δs_E aber einfach aus folgender Überlegung zu gewinnen: D wird durch $\delta\beta$ nach D' verschoben. Bliebe S_2 vertikal, wäre E^* die neue Endlage von E, E wiederum ist durch das verschiebliche Lager so gefesselt, daß E' nur oberhalb von E liegen kann, für kleine $\delta\beta$ gilt die Näherung $\delta s_E = l_1 \cdot \delta\beta \cos\beta$ (wird exakt für $\delta\beta \to 0$ erfüllt).

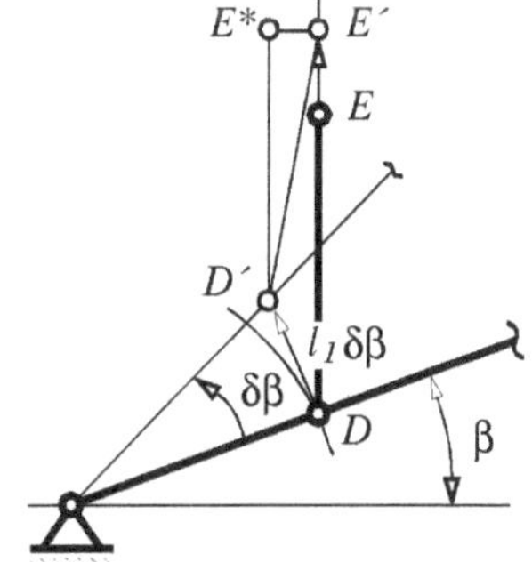

Das Prinzip der virtullen Arbeit besagt, daß das System im Gleichgewicht ist, wenn die virtuelle Arbeit $\delta W = \sum \delta s_i \cdot F_i + \sum \delta\varphi_j \cdot M_j$ durch alle Kräfte F_i an den Angriffspunkten i und alle Momenten M_j an den Angriffspunkten j für gedachte, kleine und geometrisch mögliche Verschiebungen δs_i und Verdrehungen $\delta\varphi_j$ verschwindet.

In unserem Beispiel: Im GGW muß $\delta W = M \cdot \delta\alpha - F \cdot \delta s_{E,y} - G \cdot \delta s_{P,y} = 0$ erfüllt sein. Wesentlich sind die Vorzeichen: M leistet Arbeit am System ($\delta\alpha$ und M gleichsinnig), F und G werden entgegen ihrer Wirkungslinie "gehoben", bekommen in der Bilanz deswegen eine negatives Vorzeichen. Bei δs_P ist ferner zu beachten, daß wir generell nur die Anteile der Verschiebungen in den Kraftrichtungen berücksichtigen (hier nur $\delta s_{P,y}$, da G parallel zu y ist).
Es ergibt sich als Gleichgewichtsbedingung:

$$\delta W = M \cdot \delta\alpha - G \cdot l_2 \cdot \delta\beta \cdot \cos\beta_0 - F \cdot l_1 \cdot \delta\beta \cos\beta_0 = 0\,.$$

Mit $\delta\beta = \frac{\delta\alpha}{2}$ liegt auch M fest: $M = \frac{1}{2}(G \cdot l_2 + F \cdot l_1) \cdot \cos\beta_0\,.$

Hier zeigt sich, daß es wichtig ist, möglichst alle Verschiebungen / Verdrehungen (hier $\delta\alpha$) nur durch eine Veränderung auszudrücken, die man dann aus der gesamten Gleichung kürzen kann.

Aufgabe 1

Ein homogener Stab (Masse m, Länge l) lehnt im Punkt A an einem vertikalen Pfosten und liegt im Punkt B auf einer horizontalen Ebene auf. Berechnen Sie mit Hilfe des Prinzips der virtuellen Arbeit die Kraft $F(\alpha)$, die erforderlich ist, damit der Stab nicht zu rutschen beginnt. Die Dicke der Körper sei zu vernachlässigen. Die Kontaktpunkte A und B seien reibungsfrei.

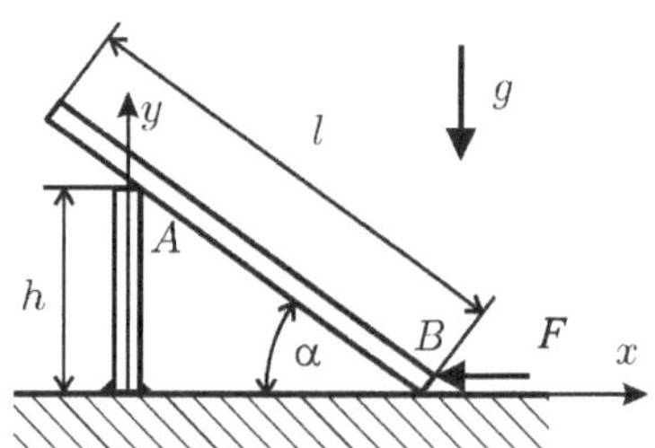

Aufgabe 2

Für den gezeichneten Kurbelmechanismus soll das am Kurbelarm r aufzubringende Moment $\mathbf{M}$ in Abhängigkeit von der Schubstangenkraft $\mathbf{F}$ berechnet werden. Hierbei soll angenommen werden, daß sich das System bei jeder Stellung des Kurbelarmes im Gleichgewicht befindet.

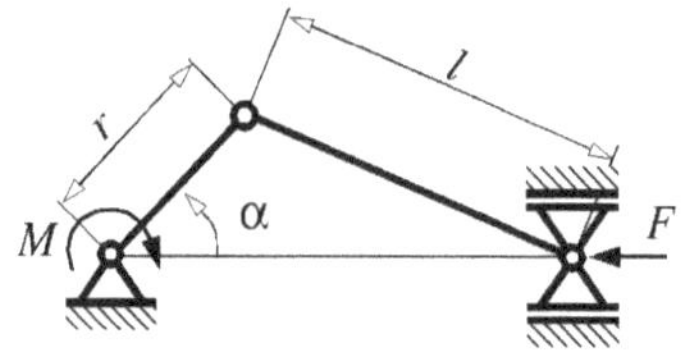

Aufgabe 3

Die horizontale Auflagekraft $\mathbf{F}_H$ des skizzierten Dreigelenkbogens soll mit Hilfe des Prinzips der virtuellen Arbeit bestimmt werden.

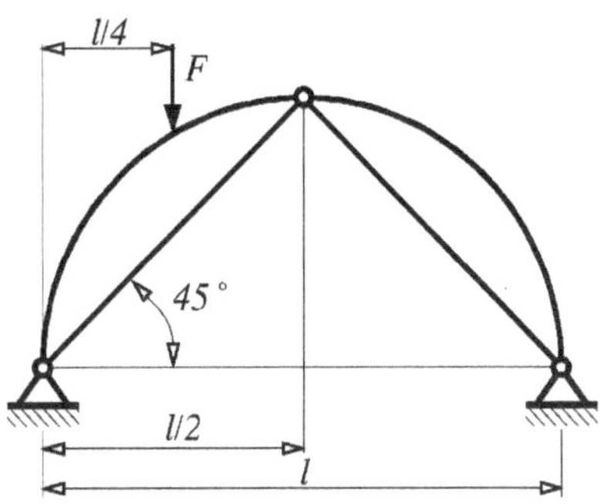

Aufgabe 4

Man gebe mit Hilfe des Prinzips der virtuellen Arbeit allgemein die Beziehung zwischen Last $\mathbf{Q}$ und Kraft $\mathbf{F}$ für den gezeichneten Differentialflaschenzug an. Die beiden Scheiben vom Radius r_1 und r_2 sind fest miteinander verbunden. Gegeben: r_1; r_2; Q

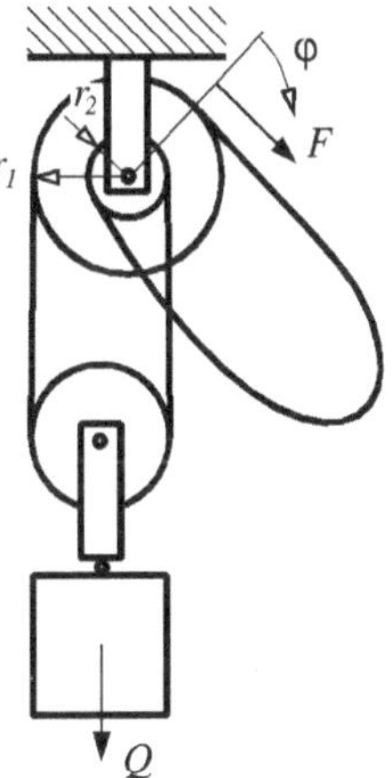

Aufgabe 5

Das dargestellte Tragwerk besteht aus drei gelenkig miteinander verbundenen Starrkörpern und ist durch die Einzelkräfte $\mathbf{F}_1$, $\mathbf{F}_2$, $\mathbf{F}_3$ und $\mathbf{F}_4$ belastet. Man bestimme mit Hilfe des Prinzips der virtuellen Arbeit die Lagerreaktion in B.

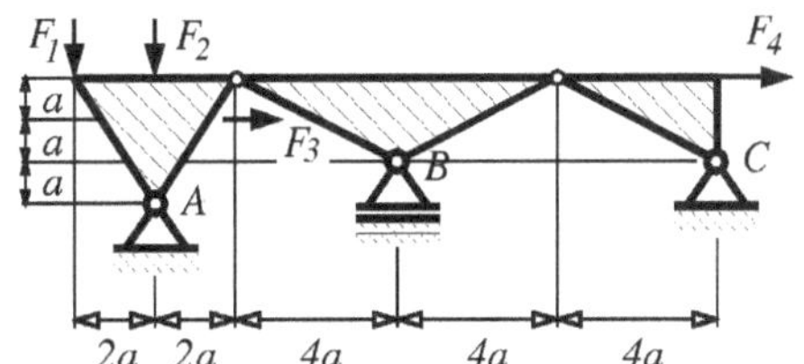

Aufgabe 6

Das mechanische Ersatzmodell einer Klappbrücke besteht aus der um den Punkt B kippbaren Fahrbahn (Balken ABC mit Masse m_1 und Schwerpunkt S_1). Ein zweiter Balken (Masse m_2, Schwerpunkt S_2) ist in D drehbar gelagert und über ein Seil so mit der Fahrbahn verbunden, daß er immer parallel zu ihr ist. Er trägt das Gegengewicht G. Beim Öffnen der Brücke wird ein in A angelenktes Seil über eine Umlenkrolle auf die Motorwinde (Radius r, Antriebsmoment M) aufgewickelt. Gesucht ist das Moment M, welches die Fahrbahn in der skizzierten Stellung (Auslenkwinkel α) im statischen Gleichgewicht hält.

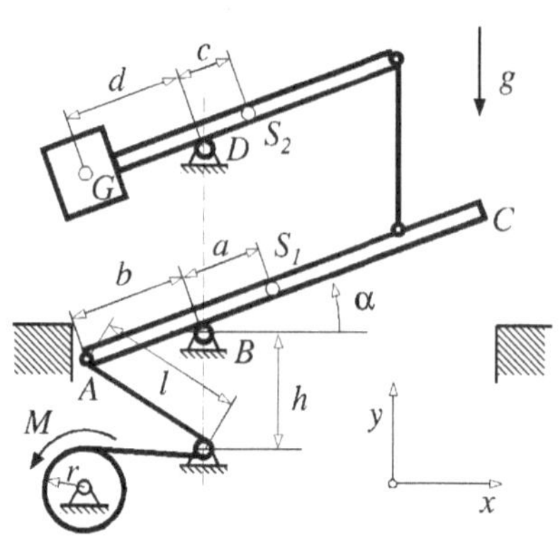

a) Wie groß sind die virtuellen Verschiebungen $\delta \boldsymbol{s}$ der Punkte S_1, S_2 und G bei einer virtuellen Verdrehung $\delta\alpha$?

b) Drücken Sie die Länge l des freien Seilstücks von A zur Umlenkrolle durch die Größen b, h, α aus (Der Radius der Umlenkrolle kann vernachlässigt werden.)!

c) Wie groß ist die Längenänderung δl dieses Seilstücks durch eine virtuelle Verdrehung $\delta\alpha$ der Fahrbahn?

d) Wie groß ist die virtuelle Arbeit δW_G, welche die Gewichtskräfte der Balken und des Gewichts durch eine virtuelle Verdrehung $\delta\alpha$ leisten?

e) Wie groß ist das Moment M, welches das System gerade im Gleichgewicht hält?

Lösungen zu Kap. 1.6 Virtuelle Arbeit

Aufgabe 1

Zur Bestimmung der virtuellen Arbeit δW in Abhängigkeit der virtuellen Verrückung $\delta\alpha$ werden die auftretenden Kräfte und zugehörigen Verschiebungen benötigt:

$$\mathbf{F} = \begin{pmatrix} -F \\ 0 \end{pmatrix} \qquad \mathbf{r}_F = \begin{pmatrix} \frac{1}{\tan(\alpha)}h \\ 0 \end{pmatrix}$$

$$\mathbf{G} = \begin{pmatrix} 0 \\ -mg \end{pmatrix} \qquad \mathbf{r}_G = \begin{pmatrix} \dots \\ \sin(\alpha)\frac{l}{2} \end{pmatrix}$$

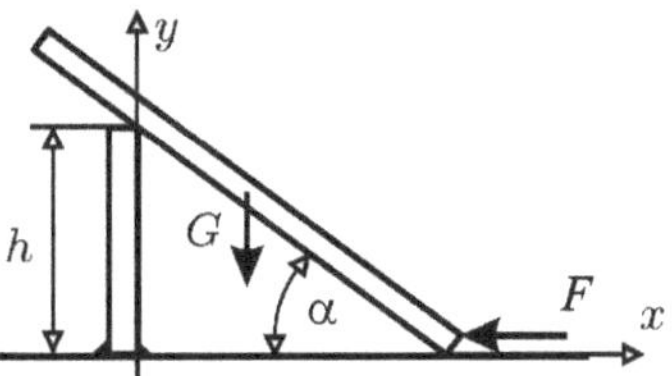

Die x-Komponente des Ortsvektores $\mathbf{r}_G$ wird nicht benötigt, da die Kraft $\mathbf{G}$ nur einen Eintrag ungleich Null in der y-Komponente aufweist.

Hiermit lassen sich die virtuellen Verschiebungen und daraus die Virtuelle Arbeit der äußeren Kräfte bestimmen:

$$\delta\mathbf{r}_F = \begin{pmatrix} -\frac{1}{\sin^2(\alpha)}h \\ 0 \end{pmatrix}\delta\alpha \qquad \delta\mathbf{r}_G = \begin{pmatrix} \dots \\ \cos(\alpha)\frac{l}{2} \end{pmatrix}\delta\alpha$$

$$\delta W = \left(F\frac{h}{\sin^2(\alpha)} - mg\cos(\alpha)\frac{l}{2}\right)\delta\alpha = 0 \quad \rightarrow \quad F = mg\cos(\alpha)\sin^2(\alpha)\frac{l}{2h}$$

Aufgabe 2

Virtuelle Arbeit der äußeren Kräfte und Momente:

$$\delta W = -M \cdot \delta\alpha + F \cdot \delta s = 0$$

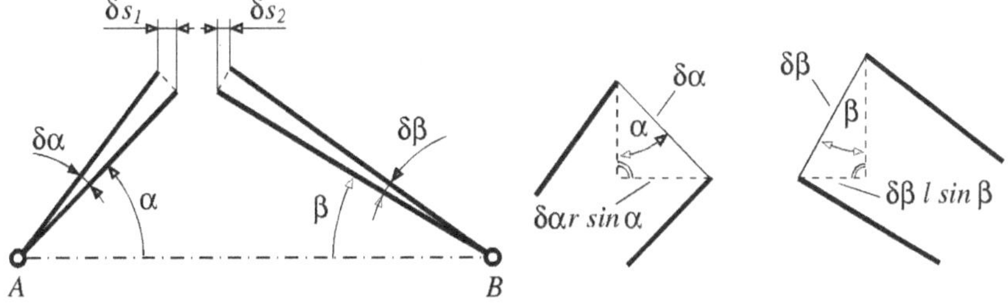

Zusammenhang zwischen virtueller Verdrehung $\delta\alpha$ und virtueller Verschiebung δs :

$$\delta s = \delta s_1 + \delta s_2 = \delta\alpha \cdot r \cdot \sin\alpha + \delta\beta \cdot l \cdot \sin\beta$$

Einarbeiten der kinematischen Zusammenhänge.

$$\delta\alpha \cdot r\cos\alpha = \delta\beta \cdot l\cos\beta; \qquad r\sin\alpha = l\sin\beta; \qquad \cos\beta = \sqrt{1-\sin^2\beta}$$

$$\delta s = \delta\alpha \cdot r\sin\alpha\left(1+\frac{\cos\alpha}{\sqrt{\left(\frac{l}{r}\right)^2-\sin^2\alpha}}\right)$$

$$\rightarrow \quad \delta W = \left[-M + F\cdot r\sin\alpha\left(1+\frac{\cos\alpha}{\sqrt{\left(\frac{l}{r}\right)^2-\sin^2\alpha}}\right)\right]\delta\alpha = 0$$

$$\rightarrow \quad M = F\cdot r\sin\alpha\left(1+\frac{\cos\alpha}{\sqrt{\left(\frac{l}{r}\right)^2-\sin^2\alpha}}\right)$$

Aufgabe 3

Kräftegleichgewicht und virtuelle Verschiebung δx des Lagers B:

$$\sum F_x = 0 = F_{Ax} + F_{Bx} \quad \rightarrow \quad F_{Ax} = -F_{Bx}$$

$$\delta r_x = \delta r_z; \qquad \frac{\delta r_x}{\delta x} = \frac{l}{4l} = \frac{1}{4}$$

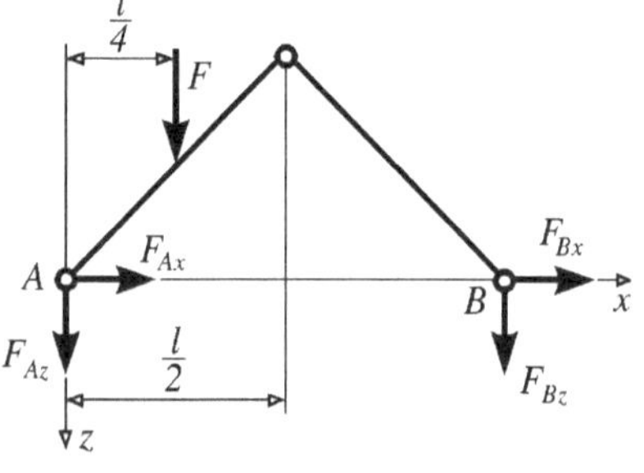

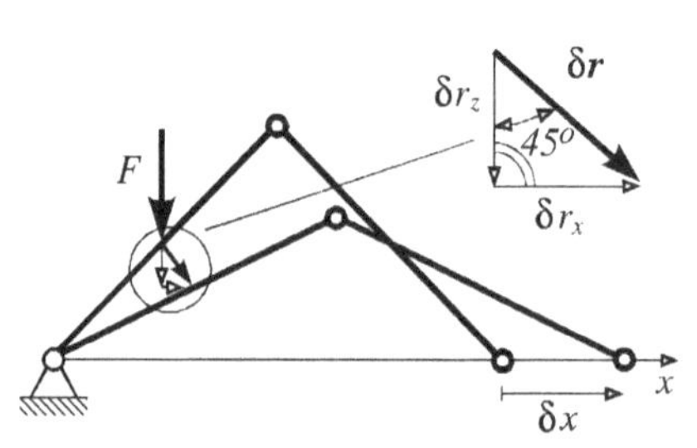

Prinzip der virtuellen Arbeit:

$$\delta W = 0 = F_{Bx}\cdot\delta x + F\cdot\delta r_z = F_{Bx}\cdot\delta x + \frac{F}{4}\delta x$$

$$\rightarrow \quad F_{Bx} = -\frac{F}{4}; \qquad F_{Ax} = \frac{F}{4}$$

Aufgabe 4

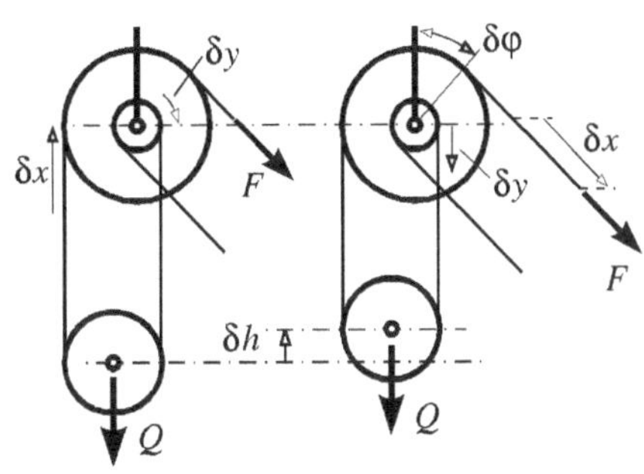

Virtuelle Verdrehung $\delta\varphi$:

$$\delta x = \delta\varphi \cdot r_1; \qquad \delta y = \delta\varphi \cdot r_2$$

$$\delta h = \frac{\delta x - \delta y}{2} = \delta\varphi \frac{r_1 - r_2}{2}$$

$$\rightarrow \quad \delta h = \delta x \frac{r_1 - r_2}{2r_1}$$

Prinzip der virtuellen Arbeit:

$$\delta W = 0 = -Q \cdot \delta h + F \cdot \delta x$$

$$\rightarrow \quad F = Q\frac{\delta h}{\delta x} = Q\frac{r_1 - r_2}{2r_1}$$

Aufgabe 5

Lager B freischneiden, virtuelle Verdrehungen und Verschiebungen eintragen:

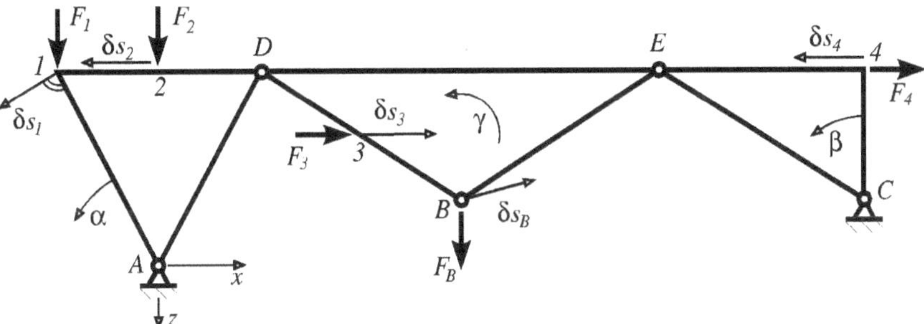

Prinzip der virtuellen Arbeit:

$$(*) \quad \boldsymbol{F}_1^T \delta \boldsymbol{s}_1 + \boldsymbol{F}_2^T \delta \boldsymbol{s}_2 + \boldsymbol{F}_3^T \delta \boldsymbol{s}_3 + \boldsymbol{F}_B^T \delta \boldsymbol{s}_B + \boldsymbol{F}_4^T \delta \boldsymbol{s}_4 = 0$$

Da $\boldsymbol{F}_2 \perp \delta \boldsymbol{s}_2$ ist, gilt $\boldsymbol{F}_2^T \delta \boldsymbol{s}_2 = 0$.

Die virtuellen Verschiebungen $\delta \boldsymbol{s}_1$ und $\delta \boldsymbol{s}_4$ lauten:

$$\delta \boldsymbol{s}_1 = \begin{pmatrix} 0 \\ \delta\alpha \\ 0 \end{pmatrix} \times \boldsymbol{r}_{A1} = \begin{pmatrix} -3a \\ 0 \\ 2a \end{pmatrix} \delta\alpha$$

$$\delta \boldsymbol{s}_4 = \begin{pmatrix} 0 \\ \delta\beta \\ 0 \end{pmatrix} \times \boldsymbol{r}_{C4} = \begin{pmatrix} -2a \\ 0 \\ 0 \end{pmatrix} \delta\beta$$

Die Winkel $\delta\gamma$ und $\delta\beta$ können mit Hilfe von Vektorketten als Funktion von $\delta\alpha$ angegeben werden.

$$\boldsymbol{r}_{AD} + \boldsymbol{r}_{DE} + \boldsymbol{r}_{EC} = \boldsymbol{r}_{AC}$$

$$\boldsymbol{r}_{AD} = \begin{pmatrix} 2a\cos\alpha - 3a\sin\alpha \\ 0 \\ -3a\cos\alpha - 2a\sin\alpha \end{pmatrix}; \qquad \boldsymbol{r}_{DE} = \begin{pmatrix} 8a\cos\gamma \\ 0 \\ -8a\sin\gamma \end{pmatrix};$$

$$\boldsymbol{r}_{EC} = \begin{pmatrix} 4a\cos\beta + 2a\sin\beta \\ 0 \\ 2a\cos\beta - 4a\sin\beta \end{pmatrix}; \qquad \boldsymbol{r}_{AC} = \begin{pmatrix} 14a \\ 0 \\ -a \end{pmatrix}$$

$$\rightarrow \delta\boldsymbol{r}_{AD} + \delta\boldsymbol{r}_{DE} + \delta\boldsymbol{r}_{EC} = \boldsymbol{0}$$

$$\delta\boldsymbol{r}_{AD} = \frac{\partial\boldsymbol{r}_{AD}}{\partial\alpha}\delta\alpha; \qquad \delta\boldsymbol{r}_{DE} = \frac{\partial\boldsymbol{r}_{DE}}{\partial\gamma}\delta\gamma; \qquad \delta\boldsymbol{r}_{EC} = \frac{\partial\boldsymbol{r}_{EC}}{\partial\beta}\delta\beta$$

$$\delta\boldsymbol{r}_{AD} = \begin{pmatrix} -2a\sin\alpha_0 - 3a\cos\alpha_0 \\ 0 \\ 3a\sin\alpha_0 - 2a\cos\alpha_0 \end{pmatrix}\delta\alpha; \qquad \delta\boldsymbol{r}_{DE} = \begin{pmatrix} -8a\sin\gamma_0 \\ 0 \\ -8a\cos\gamma_0 \end{pmatrix}\delta\gamma$$

$$\delta\boldsymbol{r}_{EC} = \begin{pmatrix} -4a\sin\beta_0 + 2a\cos\beta_0 \\ 0 \\ -2a\sin\beta_0 - 4a\cos\beta_0 \end{pmatrix}\delta\beta$$

Mit $\alpha_0 = \beta_0 = \gamma_0 = 0$ (Gleichgewichtslage) gilt dann:

$$\rightarrow \begin{pmatrix} -3a\delta\alpha + 2a\delta\beta \\ 0 \\ -2a\delta\alpha - 8a\delta\gamma - 4a\delta\beta \end{pmatrix} = \boldsymbol{0}$$

$$\rightarrow \delta\beta = \frac{3}{2}\delta\alpha \qquad \delta\gamma = -\delta\alpha$$

Die Verschiebungen $\delta\boldsymbol{s}_B$ und $\delta\boldsymbol{s}_3$ lassen sich über eine Betrachtung der Ortsvektoren zu den Punkten 3 und B ebenfalls in Abhängigkeit von $\delta\alpha$ angeben.

$$\boldsymbol{r}_{AB} = \boldsymbol{r}_{AD} + \boldsymbol{r}_{DB}; \qquad \boldsymbol{r}_{A3} = \boldsymbol{r}_{AD} + \boldsymbol{r}_{D3}$$

$$\delta\boldsymbol{s}_B = \delta\boldsymbol{r}_{AB} = \delta\boldsymbol{r}_{AD} + \delta\boldsymbol{r}_{DB} = \delta\boldsymbol{r}_{AD} + \frac{\partial\boldsymbol{r}_{DB}}{\partial\gamma}\delta\gamma$$

$$\delta\boldsymbol{s}_3 = \delta\boldsymbol{r}_{A3} = \delta\boldsymbol{r}_{AD} + \delta\boldsymbol{r}_{D3} = \delta\boldsymbol{r}_{AD} + \frac{\partial\boldsymbol{r}_{D3}}{\partial\gamma}\delta\gamma$$

$$\boldsymbol{r}_{DB} = \begin{pmatrix} 4a\cos\gamma + 2a\sin\gamma \\ 0 \\ 2a\cos\gamma - 4a\sin\gamma \end{pmatrix}; \qquad \boldsymbol{r}_{D3} = \begin{pmatrix} 2a\cos\gamma + a\sin\gamma \\ 0 \\ -2a\sin\gamma + a\cos\gamma \end{pmatrix}$$

$$\delta\boldsymbol{s}_B = \begin{pmatrix} -3a \\ 0 \\ -2a \end{pmatrix}\delta\alpha + \begin{pmatrix} 2a \\ 0 \\ -4a \end{pmatrix}\delta\gamma = \begin{pmatrix} -5a \\ 0 \\ 2a \end{pmatrix}\delta\alpha$$

$$\delta\boldsymbol{s}_3 = \begin{pmatrix} -3a \\ 0 \\ -2a \end{pmatrix}\delta\alpha + \begin{pmatrix} a \\ 0 \\ -2a \end{pmatrix}\delta\gamma = \begin{pmatrix} -4a \\ 0 \\ 0 \end{pmatrix}\delta\alpha$$

Einsetzen der Kräfte und Verschiebungen in das Prinzip der virtuellen Arbeit liefert schließlich die Bestimmungsgleichung für F_B.

$$\begin{pmatrix} 0 \\ 0 \\ F_1 \end{pmatrix}\begin{pmatrix} -3a \\ 0 \\ 2a \end{pmatrix}\delta\alpha + \begin{pmatrix} 0 \\ 0 \\ F_2 \end{pmatrix}\begin{pmatrix} -3a \\ 0 \\ 0 \end{pmatrix}\delta\alpha + \begin{pmatrix} F_3 \\ 0 \\ 0 \end{pmatrix}\begin{pmatrix} -4a \\ 0 \\ 0 \end{pmatrix}\delta\alpha +$$

$$+\begin{pmatrix} F_4 \\ 0 \\ 0 \end{pmatrix}\begin{pmatrix} -2a \\ 0 \\ 0 \end{pmatrix}\delta\beta + \begin{pmatrix} 0 \\ 0 \\ F_B \end{pmatrix}\begin{pmatrix} -5a \\ 0 \\ 2a \end{pmatrix}\delta\alpha = 0$$

$$(2F_1 - 4F_3 + 2F_B)\delta\alpha - 2F_4\delta\beta = 0$$

$$(2F_1 - 4F_3 + 2F_B - 3F_4)\delta\alpha = 0$$

$$\rightarrow F_B = \frac{3}{2}F_4 - F_1 + 2F_3$$

Aufgabe 6

a) Für eine kleine Verdrehung $\delta\alpha$ gilt:

$$\delta s_{S1} = a \cdot \delta\alpha$$

$$\delta s_{S_1x} = -\delta s_{S1} \cdot \sin\alpha$$

$$\delta s_{S_1y} = \delta s_{S1} \cdot \cos\alpha$$

$$\rightarrow \quad \delta\boldsymbol{s}_{S_1} = \begin{pmatrix} -a\sin\alpha \cdot \delta\alpha \\ a\cos\alpha \cdot \delta\alpha \end{pmatrix}$$

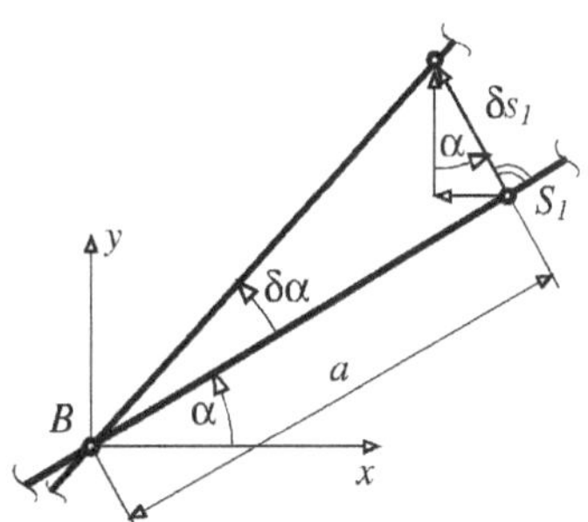

Durch analoge Überlegungen erhält man:

$$\delta\boldsymbol{s}_{S_2} = \begin{pmatrix} -c\sin\alpha \cdot \delta\alpha \\ c\cos\alpha \cdot \delta\alpha \end{pmatrix} \quad ; \quad \delta\boldsymbol{s}_G = \begin{pmatrix} d\sin\alpha \cdot \delta\alpha \\ -d\cos\alpha \cdot \delta\alpha \end{pmatrix}$$

b) Kosinus-Satz für das Dreieck mit den Ecken A, B und der Umlenkrolle:

$$l = \sqrt{b^2 + h^2 - 2bh\cos(90^\circ - \alpha)} = \sqrt{b^2 + h^2 - 2bh\sin\alpha}$$

c) δl erhält man über die partielle Ableitung von l nach α.

$$\frac{\partial l}{\partial\alpha} = -\frac{bh\cos\alpha}{\sqrt{b^2 + h^2 - 2bh\sin\alpha}}$$

$$\rightarrow \quad \delta l = \frac{\partial l}{\partial \alpha}\delta\alpha = -\frac{bh}{\sqrt{b^2+h^2-2bh\sin\alpha}}\cos\alpha\cdot\delta\alpha$$

d) Bezeichnet man die Gewichtskräfte der Balken als $\boldsymbol{G}_1$ und $\boldsymbol{G}_2$, so erhält man für die virtuelle Arbeit:

$$\delta W_G = \boldsymbol{G}\cdot\delta\boldsymbol{s}_G + \boldsymbol{G}_2\cdot\delta\boldsymbol{s}_{S_2} + \boldsymbol{G}_1\cdot\delta\boldsymbol{s}_{S_1} = (Gd - m_1ag - m_2cg)\cos\alpha\cdot\delta\alpha$$

e) Prinzip der virtuellen Arbeit:

$$\delta W = 0 = \delta W_G - M\frac{\delta l}{r}$$

$$\rightarrow \quad M = \delta W_G\frac{r}{\delta l} = \frac{r}{bh}(m_1ag + m_2cg - Gd)\sqrt{b^2+h^2-2bh\sin\alpha}$$

1.7 Reibung

Grundformeln: Reibung

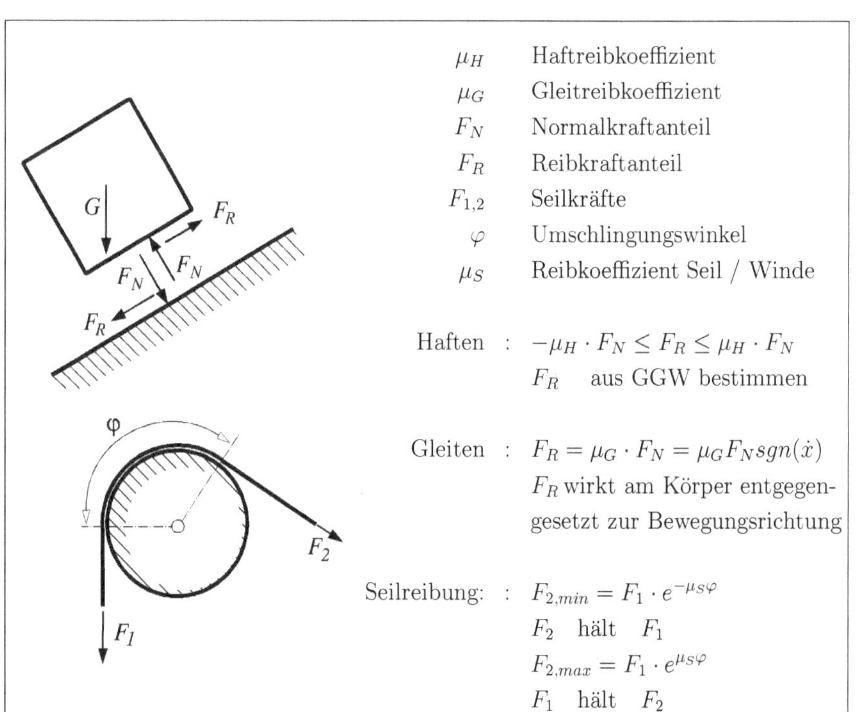

μ_H	Haftreibkoeffizient
μ_G	Gleitreibkoeffizient
F_N	Normalkraftanteil
F_R	Reibkraftanteil
$F_{1,2}$	Seilkräfte
φ	Umschlingungswinkel
μ_S	Reibkoeffizient Seil / Winde

Haften : $-\mu_H\cdot F_N \le F_R \le \mu_H\cdot F_N$
F_R aus GGW bestimmen

Gleiten : $F_R = \mu_G\cdot F_N = \mu_G F_N sgn(\dot{x})$
F_R wirkt am Körper entgegengesetzt zur Bewegungsrichtung

Seilreibung: : $F_{2,min} = F_1\cdot e^{-\mu_S\varphi}$
F_2 hält F_1
$F_{2,max} = F_1\cdot e^{\mu_S\varphi}$
F_1 hält F_2

Musteraufgabe

Ein Klotz der Masse m liegt auf einer um den Winkel α gegen die Horizontale geneigten Ebene. Zwischen Klotz und Ebene gilt der Haftreibungskoeffizient μ_{01}.

a) Bis zu welchem Grenzwinkel α_{max} bleibt das System in Ruhe?

b) Ein zweiter Klotz mit $\mu_{02} < \tan\alpha$ wird oberhalb des ersten Klotzes so auf die Ebene gelegt, daß er am ersten Klotz anliegt. Wie groß muß jetzt μ_{01} mindestens sein, damit beide Klötze in Ruhe liegen bleiben?

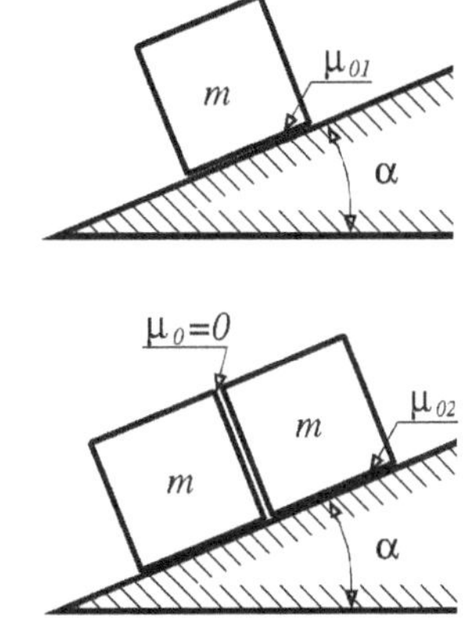

Lösung: a) Zunächst schneiden wir den Klotz von der Ebene frei: Neben seiner Gewichtskraft wirken auf ihn nur die Normalkraft F_N und die tangentiale Reibkraft F_T. Die Kräftegleichgewichte stellen wir in Richtung der Kraftkomponenten F_N und F_T auf:

$$\begin{array}{ll} \text{tangential:} & mg\sin\alpha - F_T = 0 \\ \text{normal:} & mg\cos\alpha - F_N = 0 \\ \rightarrow & F_T = mg\sin\alpha \\ & F_N = mg\cos\alpha \end{array}$$

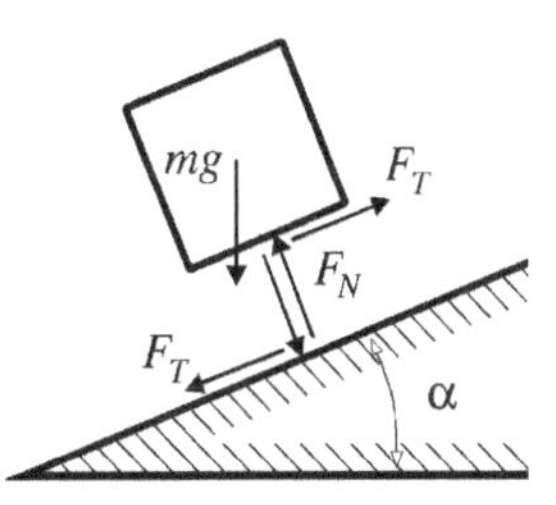

Dieses Ergebnis ist aber nur bedingt richtig: Bei Haftreibung darf die Reibkraft F_T den Betrag $|F_T| = \mu_0 \cdot F_N$ nicht überschreiten , eine Reibkraft $F_T > \mu_0 \cdot F_N$ kann nicht übertragen werden, der Klotz beginnt ab $F_T = \mu_0 \cdot F_N$ zu rutschen und für F_T gilt dann $F_T = \mu_G \cdot F_N$ mit $\mu_G < \mu_0$. $F_{T,max}$ tritt kurz vor dem Beginn des Rutschens bei $\alpha = \alpha_{max}$ auf:

$$\begin{array}{rrcl} & F_{T,max} & = & \mu_0 \cdot F_N \\ \rightarrow & mg\sin\alpha & = & \mu_0 \cdot F_N = \mu_0 \cdot mg\cos\alpha_{max} \\ \rightarrow & \tan\alpha_{max} & = & \mu_0 \qquad \text{bzw.} \qquad \alpha_{max} = \arctan\mu_0 \end{array}$$

b) Jetzt wird es etwas komplizierter: Zwischen den Körpern gibt es keine Reibung ($\mu = 0$), d.h. es wird nur eine normale Kontaktkraft F_K übertragen. Der Haftreibungskoeffizient μ_{02} ist kleiner als $\tan\alpha$, d.h. Körper 2 kann sich alleine nicht auf der Ebene halten, er stützt sich mit F_K auf Körper 1 ab. Die Grenze $F_{T,2} = \mu_{02} \cdot F_{N,2}$ ist erreicht. Außerdem gelten unsere Gleichgewichtsbedingungen an den Einzelkörpern:

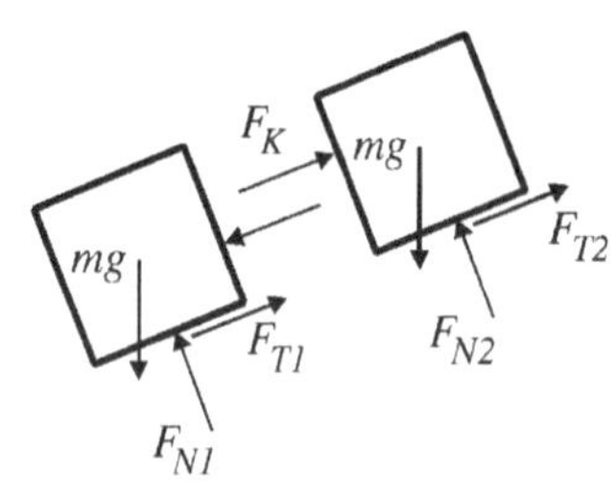

$$\begin{aligned}
\text{tangential:}\quad & mg\sin\alpha + F_K - F_{T,1} = 0 && (1)\\
& mg\sin\alpha - F_K - F_{T,2} = 0 && (2)\\
\text{normal:}\quad & mg\cos\alpha - F_{N,1} = 0 && (3)\\
& mg\cos\alpha - F_{N,2} = 0 && (4)\\
F_{T,2} = \;& \mu_{02} \cdot F_{N,2} \quad \text{(Haftgrenze erreicht)} && (5)\\
F_{T,1} = \;& \mu_{01} \cdot F_{N,1} \quad \text{(gesuchter Grenzfall)} && (6)
\end{aligned}$$

Wir haben also 6 Gleichungen für 6 unbekannte Größen ($F_{T,1}$, $F_{T,2}$, $F_{N,1}$, $F_{N,2}$, μ_{01}, F_K) und können nach μ_{01} auflösen:

$$\begin{aligned}
(4) \to (5) \to (2) &: \quad mg\sin\alpha = F_K + \mu_{02} \cdot mg\cos\alpha\\
\to (1) &: \quad F_{T,1} = mg\sin\alpha + mg\sin\alpha - \mu_{02} \cdot mg\sin\alpha\\
\to (6) \quad \text{mit} \quad (4) &: \quad \mu_{01} \cdot mg\cos\alpha = 2mg\sin\alpha - \mu_{02} \cdot mg\cos\alpha
\end{aligned}$$

$$\to \quad \mu_{01} = 2\tan\alpha - \mu_{02}$$

Aufgabe 1

Der skizzierte Hebemechanismus dient zum Anheben von Rohgußblöcken. Der Haftreibkoeffizient zwischen Block und Zange sei μ_0. Welchen Grenzwert darf α annehmen, damit ein Block vom Gewicht G angehoben werden kann?
$a = 0{,}6$ m, $b = 0{,}5$ m, $\mu_0 = 0{,}2$.

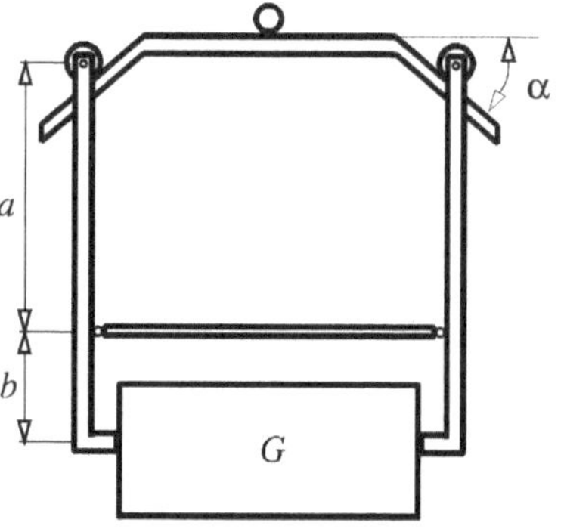

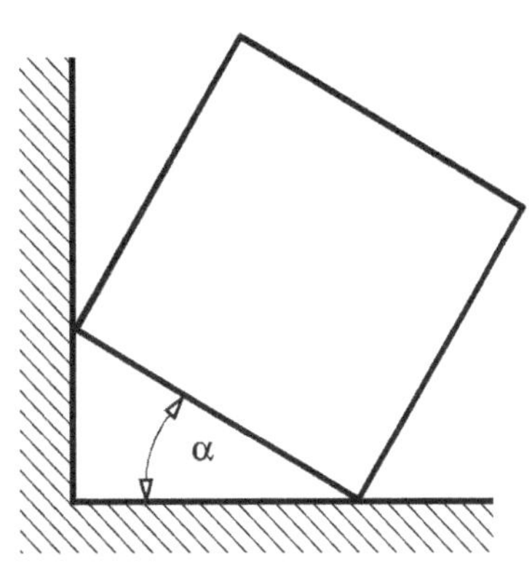

Aufgabe 2

Ein quadratisches Prisma vom Gewicht G stütze sich gegen rauhe Wände. Der Reibkoeffizient sei $\mu_0 = 0{,}3$. Ab welchem Winkel α beginnt das Prisma zu gleiten ? Es gelte hier, daß der Übergang von Haften nach Gleiten in beiden Kontaktpunkten gleichzeitig auftritt.

Aufgabe 3

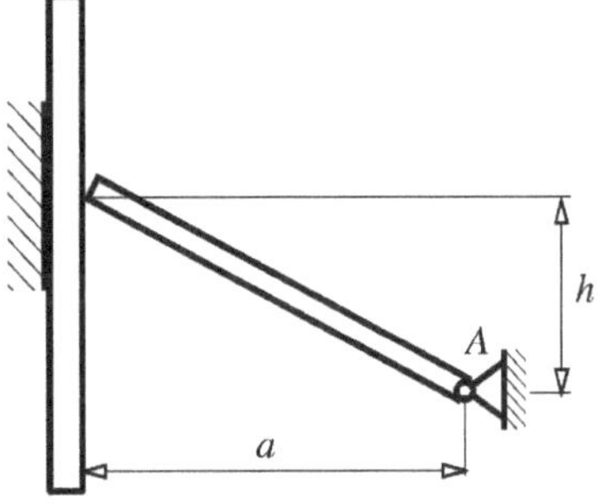

Eine Haltevorrichtung beruht auf dem Prinzip der Selbsthemmung durch Reibung. Sie besteht aus einem homogenen Stab mit dem Gewicht G_S, der bei A gelenkig gelagert ist und die zu haltende Platte gegen eine glatte (reibungsfreie) Wand drückt.

a) Welcher Reibungskoeffizient μ_0 zwischen Stab und Platte ist erforderlich, damit die Platte vom Gewicht G_P nicht rutscht?

b) Wie groß muß μ_0 mindestens sein, damit die Platte beliebig schwer werden kann?

Aufgabe 4

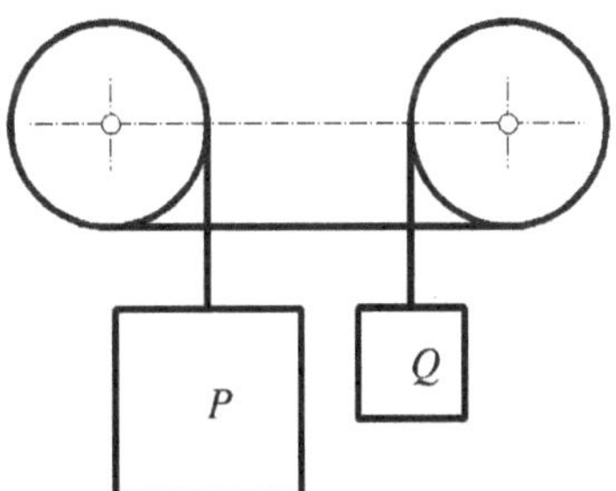

Über zwei gleiche, feststehende Walzen ist ein Seil geschlungen, an dessen Enden zwei Lasten hängen, von denen die eine zehnmal so groß ist wie die andere. Wie groß muß die Reibungszahl μ_0 zwischen Seil und Walze mindestens sein, damit ein Gleichgewicht bestehen kann ?

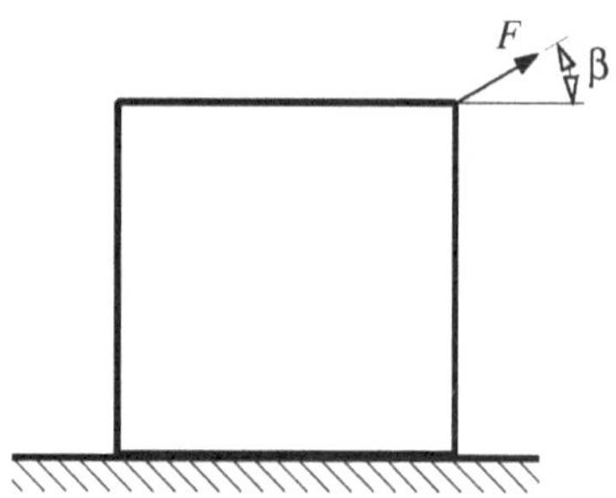

Aufgabe 5

Ein homogener Würfel (Gewicht G) soll auf horizontaler, rauher Unterlage (Reibungskoeffizient μ) durch Einwirkung einer Kraft $\mathbf{F}$ verschoben werden. Für welchen Winkel β wird der Betrag von $\mathbf{F}$ minimal ?

Aufgabe 6

Eine Walze mit dem Gewicht $G = 5000$ N und dem Radius $a = 100$ cm soll langsam auf eine Stufe ($d = 16$ cm) gehoben werden, ohne daß Gleiten eintritt.

a) Man bestimme Betrag und Richtung der erforderlichen Kraft $\mathbf{F}$, wenn bei B keine Reibung auftreten soll.

b) In welchen Grenzen darf die Richtung von $\mathbf{F}$ schwanken, wenn in B für die Reibung $\mu_0 = 0{,}1763 = \tan 10^\circ$ gilt?

c) Wie groß ist $\mathbf{F}$ für die Grenzwerte?

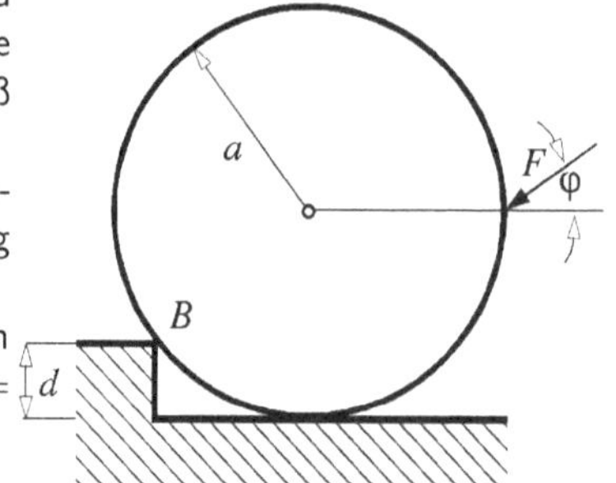

Aufgabe 7

Ein dünner Balken vom Gewicht G_B hängt verschiebbar zwischen zwei Schneiden A und B, so daß er durch Reibung (Koeffizient μ_0) gehalten wird und seine Längsachse mit der Horizontalen einen Winkel α bildet. Am rechten Ende des Balkens wirkt die vertikale Last $G_Q = 2G_B$.

a) Man bestimme - soweit möglich - die Lagerreaktionen.

b) Mit welcher Kraft $\mathbf{F}_L$ müßte man in Balkenlängsrichtung drücken, um den Balken nach links zu verschieben?

c) Mit welcher Kraft $\mathbf{F}_R$ müßte man in Längsrichtung des Balkens ziehen, um den Balken nach rechts zu bewegen?

d) Bis zu welchem Winkel α kann der Balken gerade noch zwischen den Schneiden A und B gehalten werden ohne abzurutschen? In beiden Schneiden soll dabei der Übergang von Haften zum Gleiten gleichzeitig auftreten.

e) Man skizziere den Verlauf der Querkraft $Q(x)$ und gebe Ort und Größe des maximalen Betrages von $Q(x)$ an.
f) Man skizziere den Verlauf des Momentes $M(x)$ und gebe Ort und Größe des maximalen Betrages von $M(x)$ an.
g) Man skizziere einen möglichen Verlauf der Normalkraft $N(x)$.

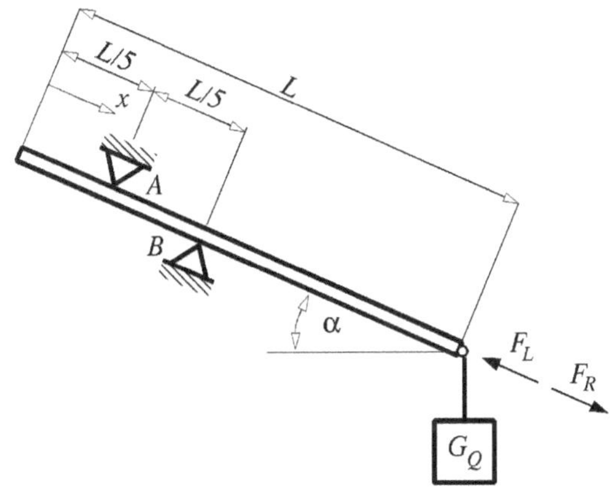

Aufgabe 8

Ein Steigeisen (Abmessungen siehe Skizze) wird an seinem freien Ende durch die vertikale Kraft P belastet. Der Haftreibungskoeffizient in den Kontaktpunkten A und B zwischen dem Mast und dem Steigeisen beträgt μ_0. Wie groß muß die Länge L mindestens sein, damit das Steigeisen haftet und nicht abrutscht ?

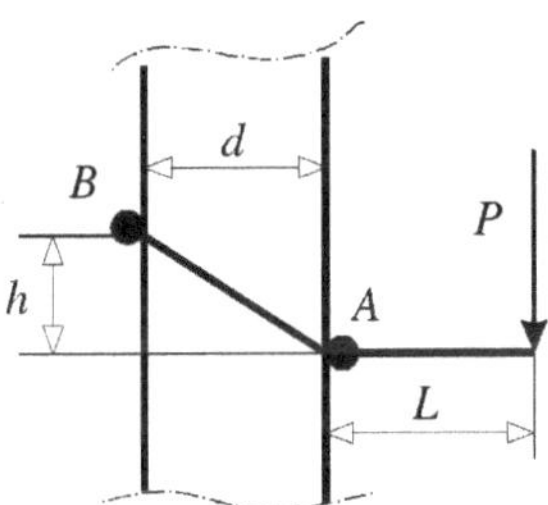

Aufgabe 9

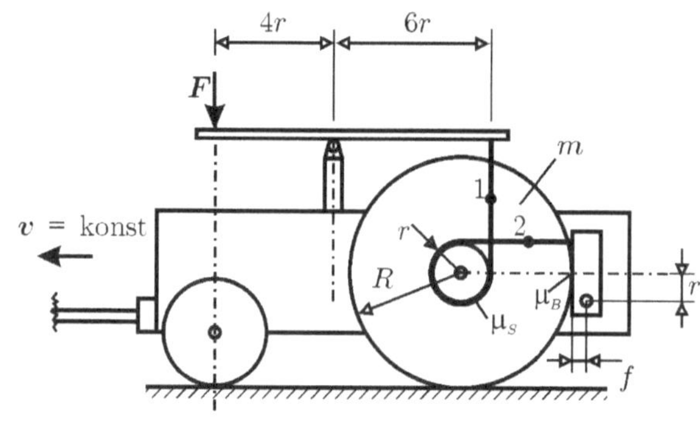

Ein Wagen wird mit konstanter Geschwindigkeit v gezogen. Die Bremse wurde nicht vollständig gelöst. Durch die Kraft F wird über einen Hebel ein Seil gespannt, das den Bremsklotz gegen das Hinterrad (Masse m) zieht (Gleitreibungskoeffizient μ_B). Das Seil umschlingt eine Welle, die fest mit dem Hinterrad verbunden ist. Zwischen Seil und Welle herrscht der Gleitreibungskoeffizient μ_s. Das Hinterrad rollt auf der Straße ohne zu gleiten. Die Massen von Bremsklotz und Hebel können vernachlässigt werden.

a) Berechnen Sie die Seilkraft S_1 im Punkt 1.
b) In welchem Verhältnis stehen die Seilkräfte S_1 im Punkt 1 und S_2 im Punkt 2 zueinander?
c) Berechnen Sie die Normalkraft zwischen Bremsklotz und Rad.
d) Berechnen Sie die Reibkraft zwischen Hinterrad und Boden.

Lösungen zu Kap. 1.7 Reibung

Aufgabe 1

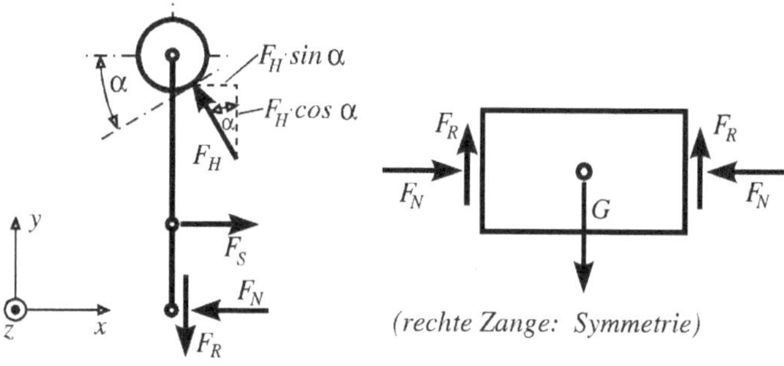

(rechte Zange: Symmetrie)

Kräftegleichgewicht am Block:

$$\sum F_y = 0 = 2F_R - G \quad \rightarrow \quad F_R = \frac{G}{2}$$

Kräfte- und Momentengleichgewicht an der Zange:

$$\sum F_y = 0 = F_H \cos\alpha - F_R \quad \rightarrow \quad F_H = \frac{F_R}{\cos\alpha}$$

$$\sum M_z^A = 0 = F_S \cdot a - F_N \cdot (a+b) \quad \rightarrow \quad F_S = F_N \frac{a+b}{a}$$

$$\sum F_x = 0 = F_S - F_N - F_H \cdot \sin\alpha \quad \rightarrow \quad F_N \frac{a+b}{a} - F_N - F_R \tan\alpha = 0$$

Im Grenzfall gilt:

$$F_R = \mu_0 \cdot F_N$$

$$\rightarrow \quad F_N \left(\frac{a+b}{a} - 1 - \mu_0 \tan\alpha_{Grenz} \right) = 0$$

$$\tan\alpha_{Grenz} = \frac{\frac{a+b}{a} - 1}{\mu_0} = \frac{b}{a\mu_0} \approx 4,167 \quad \rightarrow \quad \alpha_{Grenz} \approx 76,5^\circ$$

Aufgabe 2

Kräfte- und Momentengleichgewicht am freigeschnittenen Prisma:

$$\sum F_x = 0 = F_{N2} - F_{R1} \quad (1)$$

$$\sum F_y = 0 = F_{R2} + F_{N1} - G \quad (2)$$

$$\sum M_z^0 = 0 = F_{N1} \cdot x_1 - F_{N2} \cdot y_2 - G \cdot r \quad (3)$$

Im Grenzfall gilt:

$$F_{R1} = \mu_0 \cdot F_{N1} \quad (4)$$

$$F_{R2} = \mu_0 \cdot F_{N2} \quad (5)$$

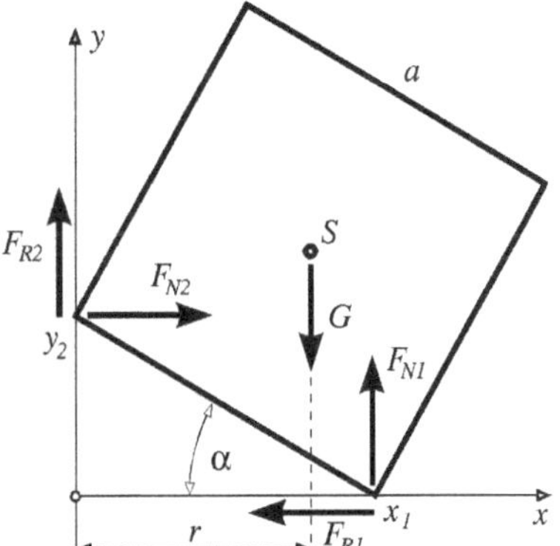

Mit (4) und (5) folgt aus (1) und (2):

$$F_{N1} = \frac{G}{1+\mu_0^2}; \qquad F_{N2} = \frac{G\mu_0}{1+\mu_0^2}$$

Geometrische Beziehungen:

$$x_1 = a\cos\alpha; \qquad y_2 = a\sin\alpha; \qquad r = \frac{a}{2}(\sin\alpha + \cos\alpha)$$

Eingesetzt in (3):

$$\tan\alpha_{Grenz} = \frac{F_{N1} - \frac{G}{2}}{F_{N2} + \frac{G}{2}} = \frac{1-\mu_0^2}{1+2\mu_0+\mu_0^2} = \frac{1-\mu_0}{1+\mu_0} = \frac{0,7}{1,3}$$

$$\rightarrow \quad \alpha_{Grenz} = 28,3^\circ$$

Aufgabe 3

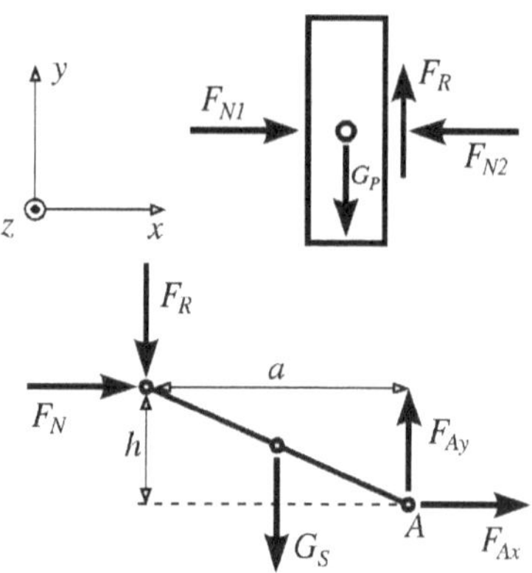

a) Kräftegleichgewicht an der freigeschnittenen Platte:

$$\sum F_x = 0 \quad \rightarrow \quad F_{N1} = F_{N2} = F_N$$

$$\sum F_y = 0 \quad \rightarrow \quad F_R = G_P$$

Momentengleichgewicht am Stab:

$$\sum M_z^A = 0 \quad \rightarrow \quad F_N = \frac{a}{h}\left(F_R + \frac{G_S}{2}\right)$$

Haftreibbedingung:

$$F_R \leq \mu_0 \cdot F_N$$

$$\rightarrow \quad \mu_0 \geq \frac{F_R}{F_N} = \frac{F_R}{F_R + \frac{G_S}{2}} \cdot \frac{h}{a} \quad \rightarrow \quad \mu_0 \geq \frac{1}{1 + \frac{G_S}{2G_P}} \cdot \frac{h}{a}$$

b) Für $G_P \rightarrow \infty$ geht $\frac{G_S}{G_P} \rightarrow 0 \quad \rightarrow \quad \mu_0 \geq \frac{h}{a}$

Aufgabe 4

Allgemeine Formel für die Seilreibung (Haften):

$$F \leq F_0 \cdot e^{\mu_0 \varphi}$$

Dabei ist μ_0 der Haftreibungskoeffizient, φ der Umschlingungswinkel in rad, F die Kraft in Richtung der möglichen Bewegung (größere Kraft) und F_0 die Kraft entgegen der möglichen Bewegung.

$$\varphi = 2 \cdot \frac{3}{2}\pi = 3\pi; \quad F = P = 10Q; \quad F_0 = Q$$

$$\rightarrow \quad \mu_0 = \frac{1}{3\pi} \ln \frac{10Q}{Q} \approx 0,244$$

Aufgabe 5

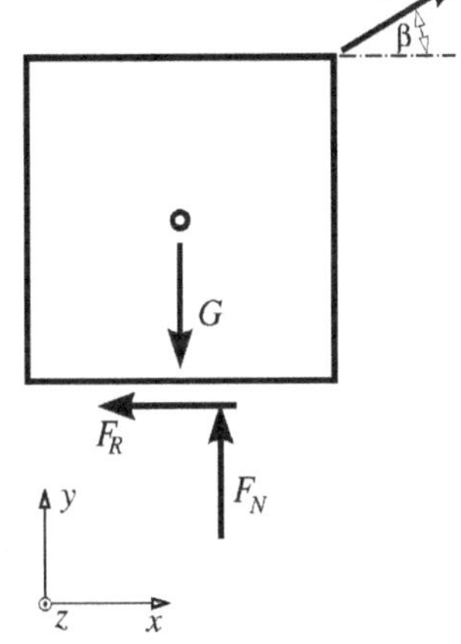

Kräftegleichgewicht am Würfel:

$$\sum F_y = 0 = F_N - G + F \cdot \sin\beta$$

$$\sum F_x = 0 = F \cdot \cos\beta - F_R$$

Gleitbedingung:

$$F_R = \mu \cdot F_N$$

Berechnung von F:

$$F_R = F \cdot \cos\beta; \quad F_N = \frac{F_R}{\mu} = \frac{F \cdot \cos\beta}{\mu}$$

$$\rightarrow \quad \frac{F \cdot \cos\beta}{\mu} - G + F \cdot \sin\beta = 0$$

$$\Leftrightarrow \quad F = \frac{G}{\sin\beta + \frac{\cos\beta}{\mu}} = \frac{\mu \cdot G}{\mu \cdot \sin\beta + \cos\beta}$$

Minimum von F über Extremum $\frac{\partial F}{\partial \beta} = 0$

$$\frac{\partial F}{\partial \beta} = \mu \cdot G \frac{-(\mu \cdot \cos\beta - \sin\beta)}{(\mu \cdot \sin\beta + \cos\beta)^2} = 0 \quad \rightarrow \quad \mu \cdot \cos\beta = \sin\beta \quad \rightarrow \quad \mu = \tan\beta$$

$$\rightarrow \quad \beta = \beta^* = \arctan\mu$$

Bei β^* findet ein Vorzeichenwechsel von - nach + statt. $F(\beta^*)$ ist dann ein Minimum.

$$F(\beta = 0) = \mu \cdot G; \quad F(\beta^*) = \mu \cdot G \cdot \cos\beta; \quad F(\beta = 90°) = G$$

Absolutes Minimum bei $\beta = \beta^* = \arctan\mu$.

Aufgabe 6

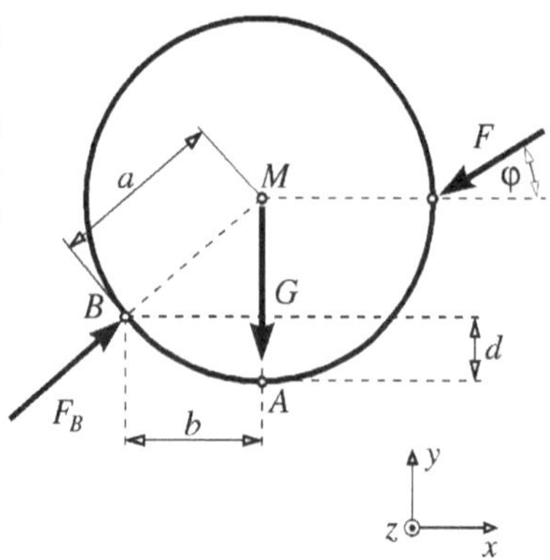

Da die Walze angehoben werden soll, dürfen keine Auflagekräfte im Punkt A auftreten.
a) Da keine Reibung in B herrscht, muß die Kraft in B senkrecht zur Oberfläche der Walze angreifen. Momentengleichgewicht um den Mittelpunkt der Walze bilden.

$$\sum M_z^M = 0 = -a \cdot F \sin\varphi$$

$$\rightarrow \quad \varphi = 0°$$

Geometrie:

$$b = \sqrt{a^2 - (a-d)^2} = \sqrt{(2a-d)d}$$

Momentengleichgewicht in B:

$$\sum M_z^B = 0 = (a-d)F - b \cdot G$$

$$\rightarrow \quad F = G\frac{b}{a-d} = G\frac{\sqrt{(2a-d)d}}{a-d} = 3230N$$

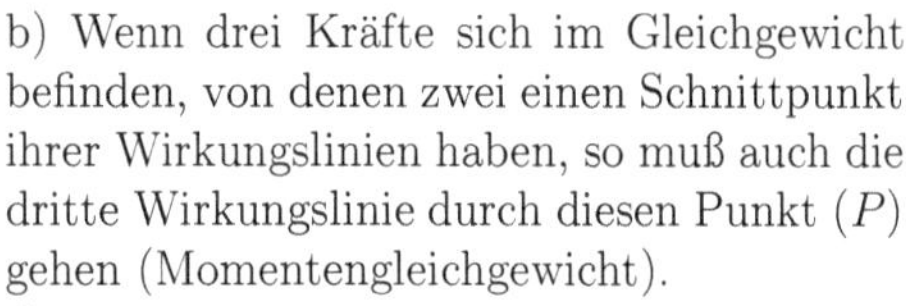

b) Wenn drei Kräfte sich im Gleichgewicht befinden, von denen zwei einen Schnittpunkt ihrer Wirkungslinien haben, so muß auch die dritte Wirkungslinie durch diesen Punkt (P) gehen (Momentengleichgewicht).

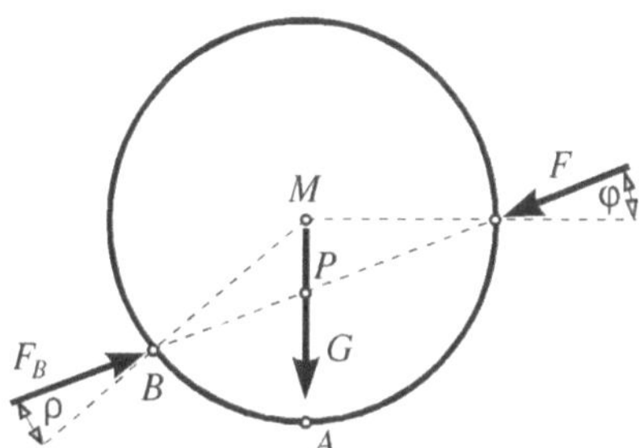

Geometrie:

$$\sin\alpha = \frac{a-d}{a} \quad \rightarrow \quad \alpha \approx 57,14°$$

$$b = \sqrt{(2a-d)d} \approx 0,5426m$$

$$\tan(\alpha - \rho) = \frac{c}{b} \quad \rightarrow \quad c = b \cdot \tan(\alpha - \rho)$$

$$e = a - c - d$$

$$\tan\varphi = \frac{e}{a}$$

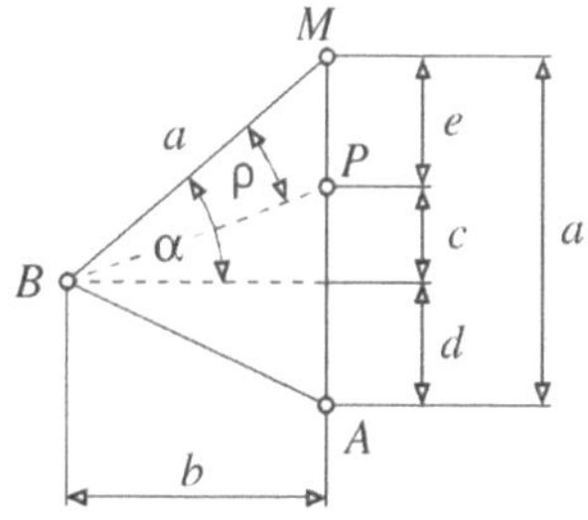

ρ kann zwischen $\pm 10°$ schwanken.
Einsetzen der Extremwerte:

$I. \quad \rho = +10°$

$$\rightarrow \quad c \approx 0,585m; e \approx 0,2553m$$

$$\rightarrow \quad \varphi \approx 14,32°$$

$II. \quad \rho = -10°$

$$\rightarrow \quad c \approx 1,287m; e \approx -0,447m$$

$$\rightarrow \quad \varphi \approx -24,1°$$

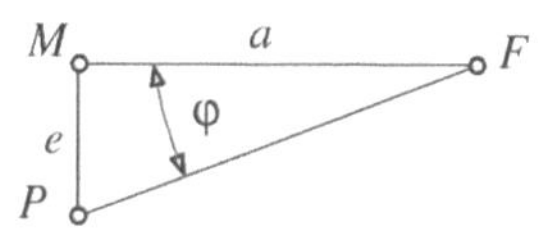

c) Momentengleichgewicht um B:

$$\sum M_z^B = 0 = F\cos\varphi \cdot (a-d) - F\sin\varphi \cdot (b+a) - G \cdot b$$

$$F = \frac{G \cdot b}{(a-d)\cos\varphi - (b+a)\sin\varphi}$$

$$\begin{array}{llll} I. & \rho = +10°; \varphi \approx 14,32° & \rightarrow & F = 6275N \\ II. & \rho = -10°; \varphi \approx -24,1° & \rightarrow & F = 1942,5 \end{array}$$

Aufgabe 7

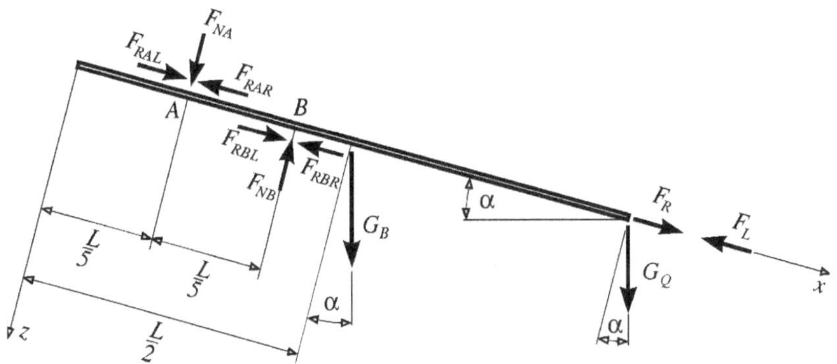

a) Normalkräfte über Kräfte- und Momentengleichgewicht berechnen.

$$\sum M_y^A = 0 = F_{NB} \cdot \frac{L}{5} - G_B\cos\alpha \cdot \frac{3L}{10} - G_Q\cos\alpha\frac{4L}{5} \quad \rightarrow \quad F_{NB} = 9,5G_B\cos\alpha$$

$$\sum F_z = 0 = F_{NA} - F_{NB} + G_B\cos\alpha + G_Q cos\alpha \quad \rightarrow \quad F_{NA} = 6,5G_B\cos\alpha$$

b) Hier gelten in x-Richtung alle Kräfte mit Index L (siehe Skizze oben):

$$\sum F_x = 0 = F_{RAL} + F_{RBL} + G_B\sin\alpha + G_Q\sin\alpha - F_L$$

Mit dem Grenzfall für Haftreibung $F_R = \mu_0 F_N$ ergibt sich:

$$F_L = \mu_0(F_{NA} + F_{NB}) + (G_B + G_Q)\sin\alpha = (16\mu_0\cos\alpha + 3\sin\alpha)G_B$$

c) Hier gelten in x-Richtung alle Kräfte mit Index R:

$$\sum F_x = 0 = -F_{RAR} - F_{RBR} + G_B\sin\alpha + G_Q\sin\alpha + F_R$$

$$F_R = (16\mu_0\cos\alpha - 3\sin\alpha)G_B$$

d) Der Balken beginnt zu rutschen, wenn die Kraft F_R verschwindet:

$$F_R = 0 \quad \rightarrow \quad \alpha = \arctan\frac{16}{3}\mu_0$$

e) Das Gewicht G_B wird durch die spezifische Längenbelastung $q_0 = \frac{G_B \cos\alpha}{L}$ berücksichtigt!

Maximum von $Q(x)$:

$$Q_{max} = Q(x = \frac{2L}{5}) =$$

$$= -F_{NA} - q_0 \cdot \frac{2L}{5} = -6,9 G_B \cos\alpha$$

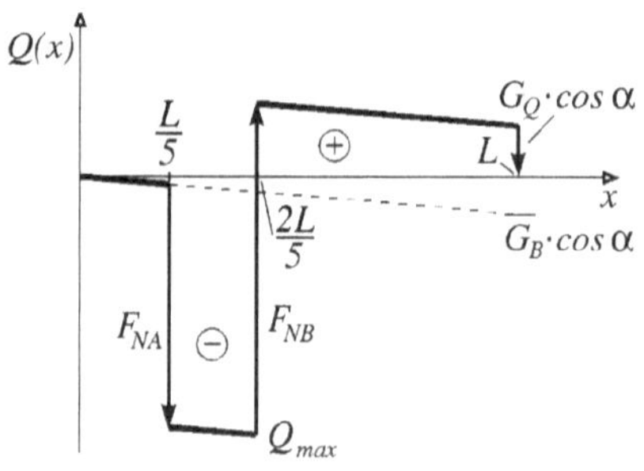

f) Maximum von $M(x)$:

$$M_{max} = M(x = \frac{2L}{5}) =$$

$$= -q_0 \cdot \frac{2L}{5} \cdot \frac{L}{5} - F_{NA} \cdot \frac{L}{5} =$$

$$= -1,38 G_B L \cos\alpha$$

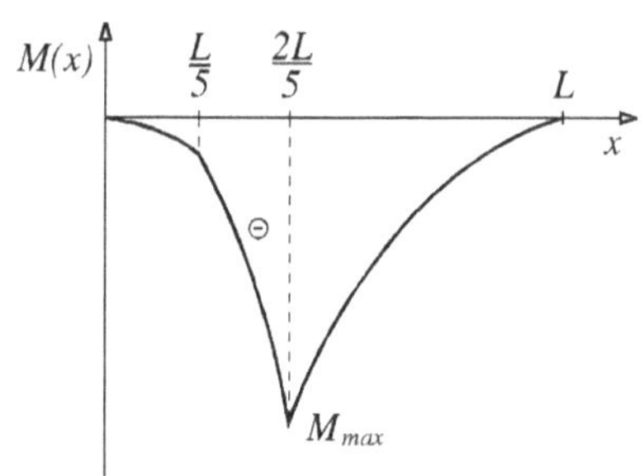

g) Normalkraftverlauf für die Fälle F_R und F_L:

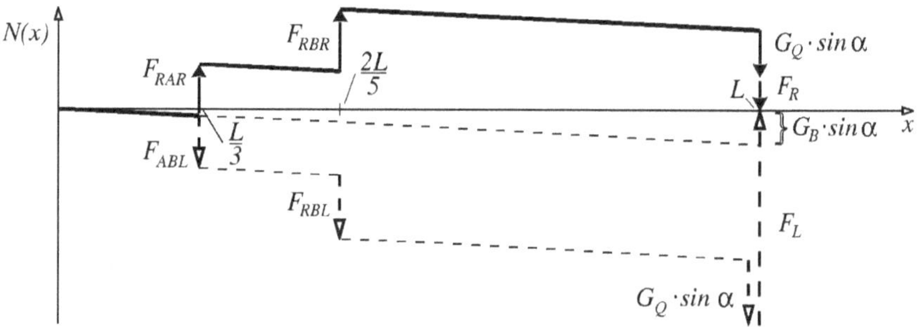

Aufgabe 8

In den Punkten A und B wirkt jeweils die Normalkraft F_N in horizontaler Richtung vom Mast auf das Steigeisen. In den Punkten A und B wirken zusätzlich die vertikalen Kräfte F_A und F_B, welche entgegengesetzt zu P angesetzt werden. F_N muß aufgrund des horizontalen Kräftegleichgewichtes in A und in B identisch sein.

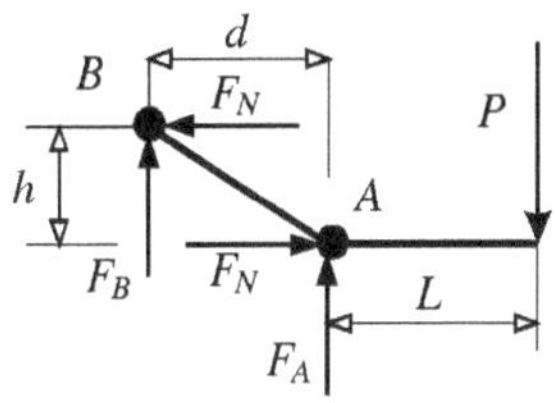

$$F_A = \mu_0 F_N$$

$$F_B = \mu_0 F_N$$

$$\sum M^B = 0 = hF_N + d\mu_0 F_N = P(L+d) \qquad \rightarrow \qquad F_N = P\frac{L+d}{\mu_0 d + h}$$

$$\sum F_V = 0 = F_B + F_A - P \qquad \rightarrow \qquad F_B = P(1 - \mu_0 \frac{L+d}{\mu_0 d + h})$$

$$\frac{F_B}{F_N} \leq \mu_0 \qquad \rightarrow \qquad L \geq \frac{1}{2}(\frac{h}{\mu_0} - d)$$

Aufgabe 9

Freischnittskizze:
Die Kraftrichtungen der (eingeprägten) Reibkräfte ergeben sich aus den Relativbewegungen, die in Folge der gegebenen Gesamtbewegung bekannt sind.

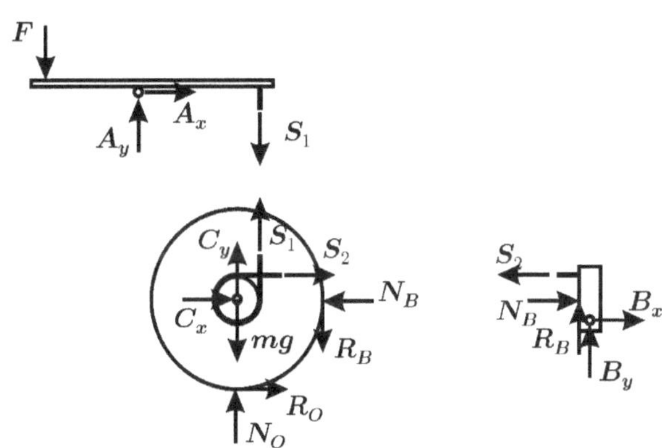

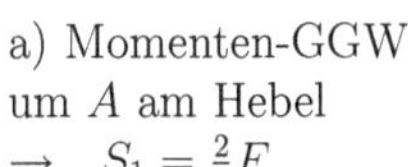
a) Momenten-GGW um A am Hebel
$\rightarrow \quad S_1 = \frac{2}{3}F$

b) Umschlingungswinkel $\varphi = \frac{3}{2}\pi$: Aufgrund der Bewegung der Achse (Drehung gegen den Uhrzeigersinn) gilt: $S_1 < S_2$

$$\rightarrow \quad \frac{S_2}{S_1} = e^{\frac{3}{2}\pi\mu_S}$$

c) Momenten-GGW um Lagerpunkt B für den Bremsklotz:

$$\sum M^{(B)} = 2r\,S_2 - f\,R_B - r\,N_B = 0$$

für Normal- und Reibkraft gilt: $R_B = \mu_B N_B$

$$\rightarrow \quad N_B = \frac{2r}{f\mu_B + r} S_2 = \frac{4re^{\frac{3}{2}\pi\mu_S}}{3(f\mu_B + r)} F$$

d) Momenten-GGW um Lagerpunkt C für das Hinterrad:

$$\sum M^{(C)} = R\,(R_O - R_B) + r\,(S_1 - S_2) = 0$$

$$R_B, S_1, S_2 \text{ aus a)-c) bekannt} \rightarrow \quad R_O = \frac{r\,(e^{\frac{3}{2}\pi\mu_S} - 1)}{R} S_1 + R_B$$

$$R_O = \left(\frac{2r}{3R} \left(e^{\frac{3}{2}\pi\mu_S} - 1 \right) + \frac{4r}{3(f\mu_B + r)} e^{\frac{3}{2}\pi\mu_S} \mu_B \right) F$$

2 Elastostatik

2.1 Spannungen und Dehnungen

2.1.1 Spannungen

Grundformeln: Mohr'scher Spannungskreis

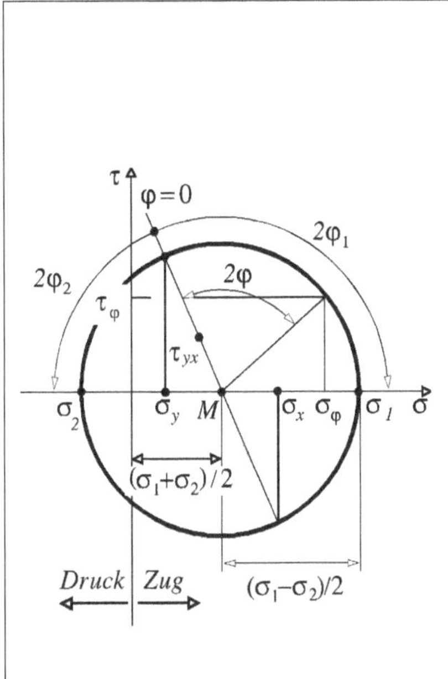

σ_x : Normalspannung in x-Richtung

σ_y : Normalspannung in y-Richtung

τ_{xy} : Schubspannung in Schnittfläche $\perp$ zur x-Achse in y-Richtung

φ : allgemeiner Schnittwinkel

σ_φ : Normalspannung senkrecht zur Schnittfläche (Winkel φ)

τ_φ : Schubspannung in allgemeiner Schnittfläche

$$\sigma_\varphi = \frac{\sigma_x+\sigma_y}{2} + \frac{\sigma_y-\sigma_x}{2}\cos 2\varphi - \tau_{xy}\sin 2\varphi$$

$$\tau_\varphi = \frac{\sigma_y-\sigma_x}{2}\sin 2\varphi + \tau_{xy}\cos 2\varphi$$

$$\sigma_{1,2} = \frac{\sigma_x+\sigma_y}{2} \pm \sqrt{(\frac{\sigma_y-\sigma_x}{2})^2+\tau_{xy}^2}$$

$\sigma_{1,2}$: Hauptspannungen

$$tan(2\varphi) = \frac{2\tau_{xy}}{\sigma_x-\sigma_y}$$

Musteraufgabe 1

Eine dünne Platte (Dicke d) ist fest zwischen zwei Backen B eingespannt und wird durch die Druckkraft D und die Scherkraft $F << D$ belastet. Für einen Punkt P in der Platte bestimme man den Spannungszustand und die Dehnungen, man konstruiere den Mohr'schen Spannungskreis für P.

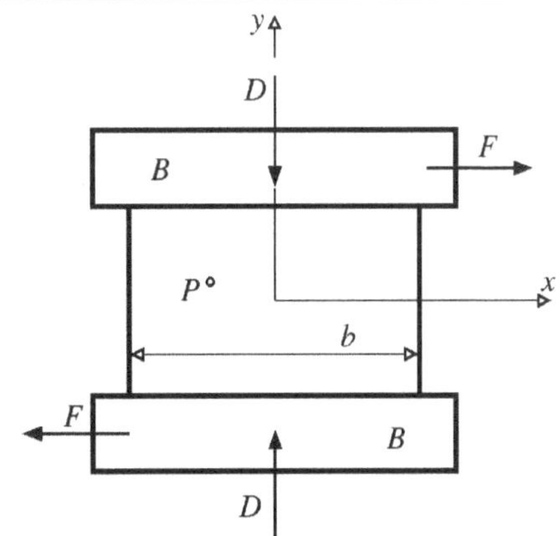

Lösung: Schneiden wir die Platte an den Einspannstellen frei, erhalten wir die Schnittreaktionen durch D und F. D verursacht einen konstanten vertikalen Druck $p_0 = \frac{D}{d \cdot b}$ (im theoretischen Idealfall), während F eine Schubspannung $\tau_{yx} = \frac{F}{d \cdot b}$ hervorruft, d.h. das Integral $\int \tau_{yx}\, dA$ über die gesamte Schnittfläche $d \cdot b$ entspricht exakt einer Schnittkraft F_x, welche die äußere Last F im Gleichgewicht hält. (Das Kräftepaar F beeinflusst auch die Druckverteilung p_0, sie ist linear verteilt und links oben und rechts unten betragsmäßig am größten, sie wirkt dem durch das Kräftepaar F zusätzlich entstehendem Moment um die z-Achse entgegen. Für $F << D$ nehmen wir in diesem Beispiel $p_0 = \text{const}$ an.)

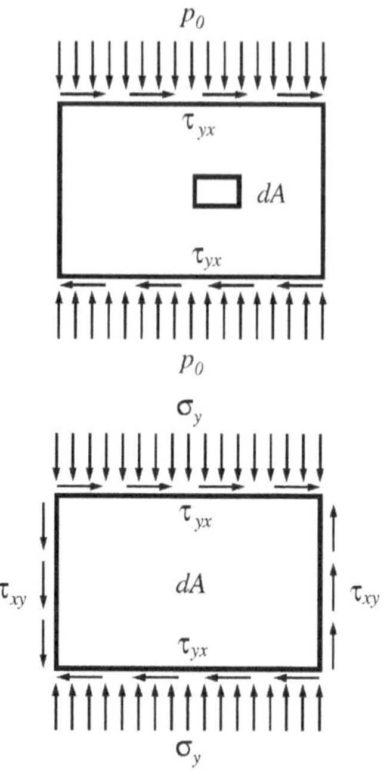

Gehen wir nun weiter in das Innere der Platte und schneiden wir eine rechteckige Teilfläche dA an der oberen Schnittkante frei, so wirken auf sie an der oberen Seite unsere beiden Belastungen p_0 und τ_{yx}. Da sich im GGW das Teilstück dA nicht bewegt (Platte in Ruhe), müssen sich auch alle an dA angreifenden Kräfte und Spannungen im Gleichgewicht befinden.

Das ist nur der Fall, wenn an der Unterseite des gedachten Teilelements dA eine Gegenspannung τ in y-Richtung wirkt und ebenso eine Schubspannung τ_{yx} entgegengesetzt zur Oberseite.

Zusätzlich müssen aber noch Schubspannungen τ_{xy} an den Seiten des gedachten Elements wirken, da die beiden Schubspannungen τ_{yx} an Unter- und Oberseite zusammen das Flächenelement rechts herum verdrehen würden. Dieses ist die Aussage des Symmetriegesetzes von Cauchy: $\tau_{xy} = \tau_{yx}$. Es folgt direkt aus einem Momentengleichgewicht am Teilelement dA.

Für dieses Teilelement konstruieren wir jetzt den Spannungskreis:

1. Eintragen der Werte $\sigma_y = p_0$ (Druck $\rightarrow$ negatives Vorzeichen) und $\sigma_x = 0$ auf der σ-Achse.

2. M ist Mittelpunkt der Strecke von $\sigma = \sigma_x$ nach $\sigma = \sigma_y$.

3. Auftragen von $\tau_{yx} = \tau_{xy}$ auf σ_y. τ_{yx} ist positiv, wenn es am positiven y-Schnittufer (y-Achse zeigt aus Schnittfläche heraus) in x-Richtung zeigt (wie in unserem Beispiel).

4. Kreis um M durch ($\sigma = \sigma_y$, $\tau = \tau_{yx}$), fertig.

Die Achse von M durch ($\sigma = \sigma_y$, $\tau = \tau_{yx}$) entspricht der y-Achse im Lagekreis: $\varphi = 0$. Dies folgt aus der Herleitung des Spannungskreises (Definition von φ), die in der Literatur unterschiedlich gehandhabt wird (!). Weiterhin müssen wir beachten, daß

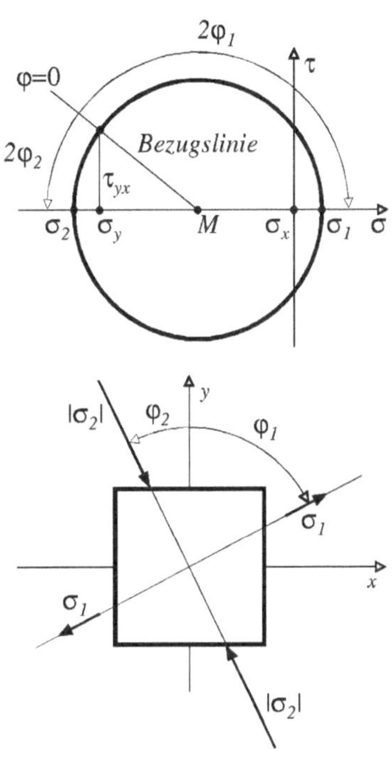

a) Drehrichtungen im Spannungskeis auch im Lagekreis beibehalten werden (z.B. φ_2 links herum in Spannungskreis und Lageskizze), und b) Winkel im Spannungskeis doppelt so groß sind wie im Lagekreis ($2\varphi_1 \rightarrow \varphi_1$). Die Hauptspannungen σ_1 und σ_2 lesen wir dann im Mohr'schen Spannungskreis ab, die zugehörigen Richtungen φ_1 und φ_2 übertragen wir nach obiger Konvention in den Lagekreis. Der Wert von σ_2 ist negativ (Druck). Tragen wir den Vektorpfeil σ_2 von vornherein in Druckrichtung ein, geben wir als Länge korrekterweise $|\sigma_2|$ an (wird oft vernachlässigt). Zu den Dehnungen: Anschaulich ist klar, daß ein Teilelement dA in vertikaler Richtung gedrückt und durch τ_{yx} zum Parallelogramm verzogen wird. Formelmäßig folgt dies aus

$$\begin{aligned} \varepsilon_x &= -\frac{\nu \sigma_y}{E} = +\frac{\nu D}{d\,b\,E} \\ \varepsilon_y &= \frac{\sigma_y}{E} = -\frac{D}{d\,b\,E} \\ \gamma &= \frac{F}{d\,b\,G} \end{aligned}$$

Musteraufgabe 2

Ein dünnwandiges Rohr wird durch eine Normalkraft F und ein Torsionsmoment M_T belastet. Für einen Punkt P in dem Rohrmantel gilt dabei der skizzierte Spannungskreis. Wie groß ist das Moment M_T, wenn F und R gegeben sind?

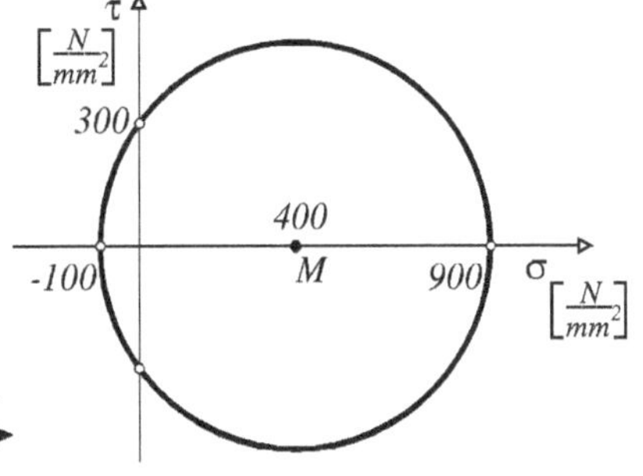

Lösung: Die Normalkraft F ruft im Rohrquerschnitt eine Normalspannung in Balkenlängsrichtung hervor, während ein Torsionsmoment M_T in einem Querschnitt senkrecht zur Achse eine Schubspannung τ verursacht.

In einem Querschnitt senkrecht zur Längsachse (welche wir im folgenden mit x bezeichnen) tritt also in unserem Belastungsfall sowohl eine Normalspannung σ_x, als auch eine Schubspannung τ_{xy} auf. Drehen wir unsere gedachte Schnittfläche jetzt so, daß sie waagrecht liegt und die x-Achse in ihr liegt,

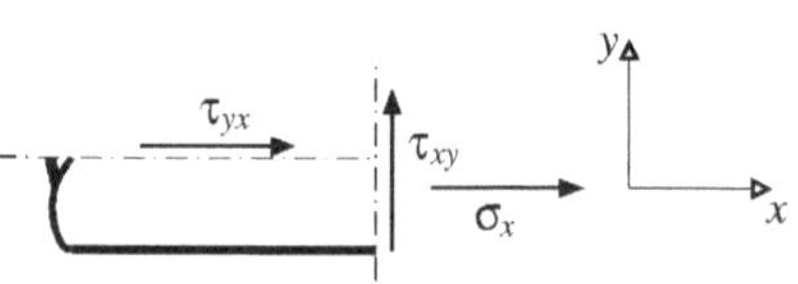

während eine als vertikal angenommene y-Achse senkrecht auf ihr steht, dann tritt in dieser waagrechten Schnittfläche keine Normalspannung, sondern nur die zu τ_{xy} zugehörige Schubspannung τ_{yx} auf ($\sigma_y = 0$). Eine Normalspannung σ_y würde z.B. durch einen Innendruck $p_i > p_0$ im Rohr hervorgerufen, der Rohrquerschnitt vergrößert sich, das Material wird in Umfangsrichtung gedehnt ($\sigma_y > 0$). In unserem Fall ist $\sigma_y = 0$, d.h. die y-Achse als Achse senkrecht zur gedachten Schnittfläche mit $\varphi = 0$ entspricht der Linie von M

durch ($\sigma = 0$, $\tau = 300\frac{N}{mm^2}$) im Spannungskreis. Jetzt liegt aber auch der Spannungszustand σ_x, τ_{xy} fest: die x-Achse liegt um $\varphi_x = 90°$ nach rechts gedreht gegenüber der y-Achse,

wir müssen uns also im Spannungskreis um $2\varphi_x$ rechtsherum bewegen und kommen so auf $\sigma_x = 800\frac{N}{mm^2}$, $\tau_{xy} = 300\frac{N}{mm^2}$. Der Rest ist vergleichsweise einfach: Ist A die Querschnittsfläche des dünnwandigen Rohres, so gilt

$$\sigma_x = \frac{F}{A} \quad \rightarrow \quad A = \frac{F}{\sigma_x} \quad (1)$$

Die Schubspannung τ_{xy} wirkt immer tangential im Abstand R um die Achse, so daß für das Gesamtmoment M_T gilt:

$$M_T = R \cdot \int \tau_{xy} \, dA = R \cdot \tau_{xy} \cdot A \quad (2)$$

Das gedachte Schnittmoment $M_T(x)$ repräsentiert ja die Wirkung der realen Schubspannung τ_{xy}, es ist das Moment aller Schubspannungen um die x-Achse.

$$(1) \rightarrow (2) \quad \rightarrow \quad M_T = R \cdot \tau_{xy} \cdot A = R \cdot \tau_{xy} \cdot \frac{F}{\sigma_x} = \frac{3}{8} \cdot R \cdot F$$

2.1.2 Dehnungen

Grundformeln: Dehnungen

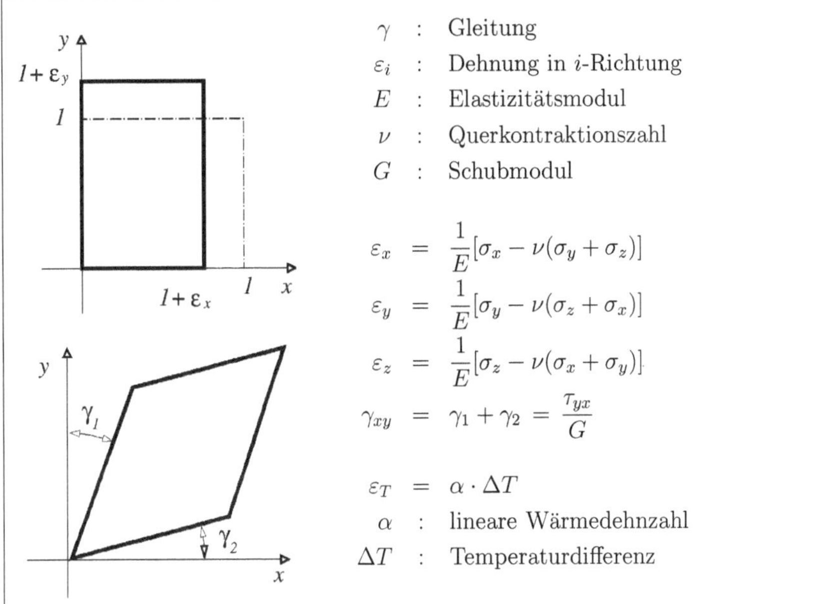

Aufgabe 1

Eine planparallele Platte wird durch eine Druckspannung σ_y und eine Schubspannung τ_{yx} beansprucht. Man bestimme für eine hinreichend vom Rand entfernte Stelle Größe und Richtung der Hauptspannungen.
$\sigma_y = -55 N/mm^2$, $\tau_{yx} = 26 N/mm^2$.

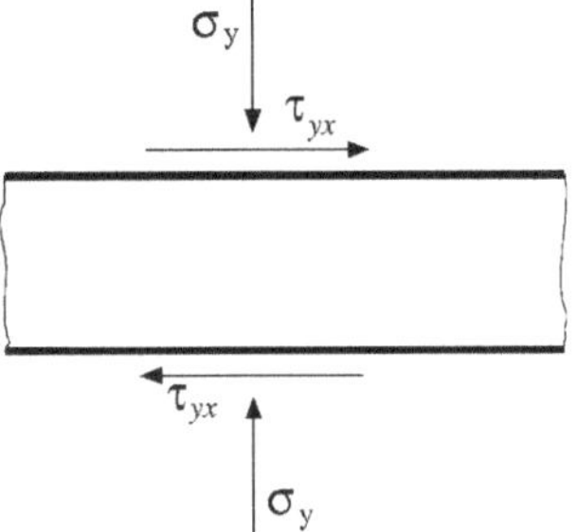

Aufgabe 2

Bei einem ebenen Spannungszustand sind in einem Punkt die Normal- und Schubspannungswerte σ_a, τ_a und σ_b, τ_b in zwei verschiedenen Schnitten bekannt. Man bestimme hieraus die Hauptspannungen σ_1 und σ_2 in diesem Punkt sowie die Winkel α und β, welche die Schnitte a-a und b-b mit der ersten Hauptspannungsrichtung bilden.
$\sigma_a = 10 N/mm^2$, $\sigma_b = 50 N/mm^2$,
$\tau_a = 50 N/mm^2$, $\tau_b = 30 N/mm^2$.

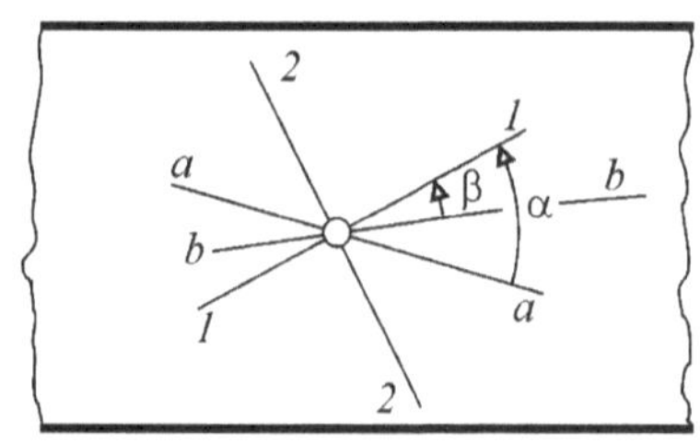

Aufgabe 3

Ein Gummiwürfel (Kantenlänge a, Elastizitätsmodul E_D bei Druck, Querkontraktionszahl ν) wird durch eine gleichmäßig über die Oberfläche verteilte Kraft F belastet.
Fall I: Die Seitenflächen sind frei.
Fall II: Der Würfel ist allseitig durch starre Wände eingeschlossen.

a) Man berechne zuerst allgemein, wie groß die vertikale Verschiebung der oberen Fläche im Vergleich zur unteren im Fall I und im Fall II ist.

b) Wie groß sind die Normalspannungen zwischen dem Gummi und den Seitenwänden im Fall II?

$a = 6$cm, $F = 6$ kN, $E_D = 10 \frac{N}{mm^2}$, $\nu = 0{,}45$;
Reibung darf vernachlässigt werden.

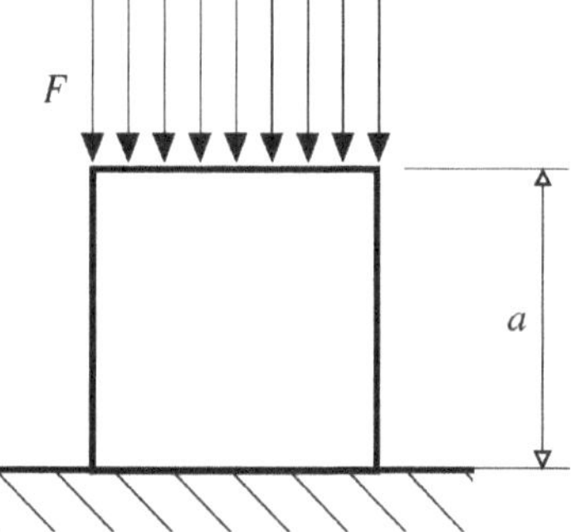

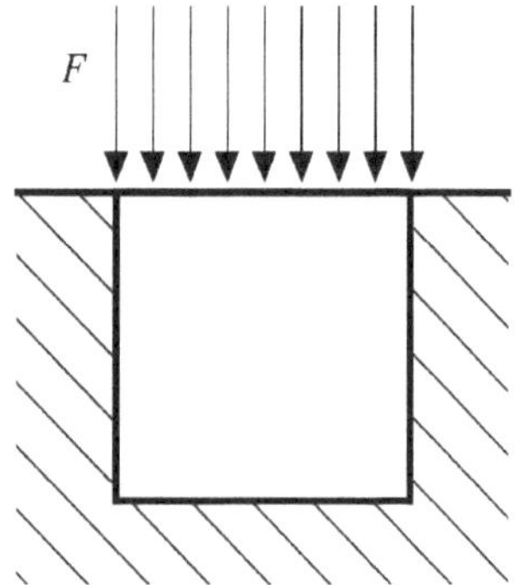

Lösungen zu Kap. 2.1 Spannungen / Dehnungen

Aufgabe 1

a) Analytische Lösung. Hauptspannungen berechnen:

$$\sigma_1 = \frac{\sigma_x + \sigma_y}{2} + \sqrt{\left(\frac{\sigma_y - \sigma_x}{2}\right)^2 + \tau_{xy}^2} = 10,35 \frac{N}{mm^2}$$

$$\sigma_2 = \frac{\sigma_x + \sigma_y}{2} - \sqrt{\left(\frac{\sigma_y - \sigma_x}{2}\right)^2 + \tau_{xy}^2} = -65,35 \frac{N}{mm^2}$$

Richtung einer Hauptspannung bestimmen:

$$\tan 2\varphi_{HS} = \frac{-2\tau_{xy}}{\sigma_y - \sigma_x} = 0,945 \quad ; \qquad \varphi_{HS} = 21,7^\circ$$

Zuordnung des Winkels zur Hauptspannung durch Einsetzen:

$$\sigma_{HS} = \frac{\sigma_x + \sigma_y}{2} + \frac{\sigma_y - \sigma_x}{2} \cos 2\varphi_{HS} - \tau_{xy} \sin 2\varphi_{HS} \qquad \Rightarrow \varphi_2 = 21,7^\circ$$

Berechnung der zweiten Hauptspannungsrichtung:

$$\varphi_2 - \varphi_1 = 90^\circ \Rightarrow \varphi_1 = -68,3^\circ$$

b) Graphische Lösung

- Konstruktion des Mohr'schen Spannungskreises
  - vorzeichenrichtiges Eintragen von σ_x und σ_y
  - vorzeichenrichtiges Antragen von τ_{yx} über σ_y
  - M ist Mittelpunkt des Abschnittes der σ-Achse zwischen σ_x und σ_y
  - Kreis um M durch (σ_y, τ_{yx})

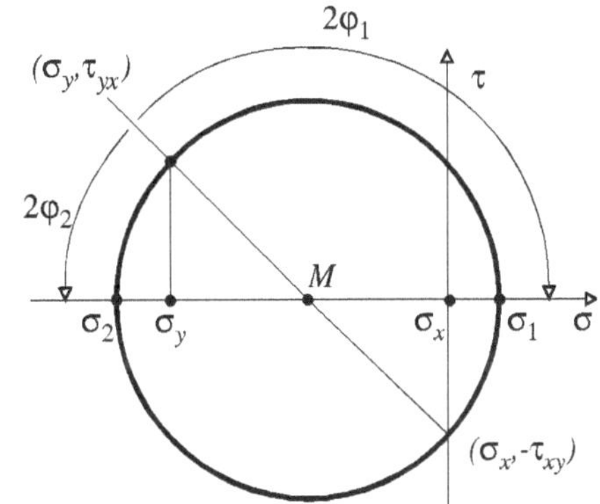

- Hauptspannungen sind beschrieben durch die Schnittpunkte des Spannungskreises mit der σ-Achse. Definition: $\sigma_1 > \sigma_2$
- Die Winkel φ_1 und φ_2 werden immer von dem Bezugsstrahl aus eingezeichnet. Bezugsstrahl ist die Verbindungslinie von M zum Punkt (σ_y, τ_{yx}). Aus der

Zeichnung kann man die folgenden Werte entnehmen.

$$\sigma_1 = 10,5\frac{N}{mm^2} \qquad \sigma_2 = -65,5\frac{N}{mm^2}$$
$$2\varphi_1 = -136^\circ \;\rightarrow\; \varphi_1 = -68^\circ$$
$$2\varphi_2 = 44^\circ \;\rightarrow\; \varphi_2 = 22^\circ$$

- Die Ergebnisse aus dem Mohr'schen Spannungskreis können in die zugehörige Lageskizze übertragen werden.
  - Dazu trägt man die Winkel φ_1 und φ_2 mit gleichem Drehsinn von der y–Achse ab.
  - Die so erhaltenen Richtungen geben die Richtungen der Hauptspannungen σ_1 und σ_2 an.

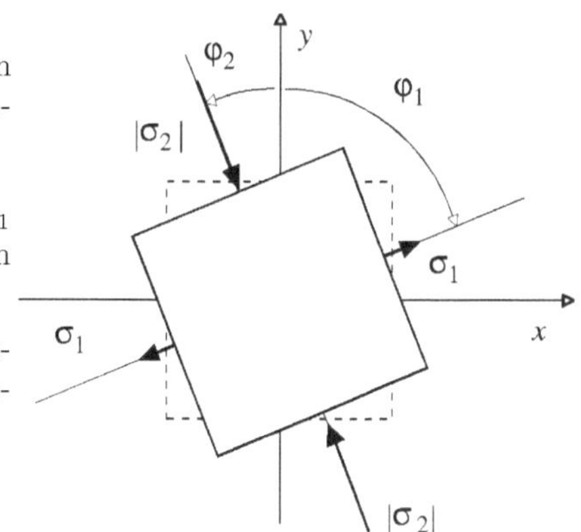

Aufgabe 2

a) Analytische Lösung. Mittelpunkt des Mohr'schen Spannungskreises bestimmen:

$$(\sigma_a - \sigma_m)^2 + \tau_a^2 = (\sigma_b - \sigma_m)^2 + \tau_b^2 = \tau_{max}^2$$

$$\Rightarrow \quad \sigma_m = \frac{\sigma_b^2 + \tau_b^2 - \sigma_a^2 - \tau_a^2}{2(\sigma_b - \sigma_a)} \quad ; \quad \text{hier:} \quad \sigma_m = 10\frac{N}{mm^2}$$

$$\tau_{max} = 50\frac{N}{mm^2} \quad \text{(Radius des Spannungskreises)}$$

Die Winkel α und β folgen aus der Geometrie des Spannungskreises.

$$\frac{\sigma_y + \sigma_x}{2} = \sigma_m = \sigma_a \quad ; \quad \sigma_a = \sigma_m + \frac{\sigma_2 - \sigma_1}{2}\cos 2\alpha \qquad \rightarrow \alpha = 45^\circ$$

$$\sigma_b = \sigma_m + \frac{\sigma_2 - \sigma_1}{2}\cos 2\beta \quad ; \quad \tau_b = \frac{\sigma_2 - \sigma_1}{2}\sin 2\beta$$

$$\tan 2\beta = \frac{\tau_b}{\sigma_b - \sigma_a} \qquad \Rightarrow \beta = 18,43^\circ$$

Die Hauptspannungen berechnen sich wie folgt:

$$\sigma_1 = \sigma_m + \tau_{max} = 60\frac{N}{mm^2} \quad ; \quad \sigma_2 = \sigma_m - \tau_{max} = -40\frac{N}{mm^2}$$

b) Graphische Lösung

- Einzeichnen der Spannungszustände a und b in die σ, τ−Ebene
- Verbindungslinie zwischen a und b ziehen
- Mittelsenkrechte zum Schnitt mit der σ−Achse bringen $\Rightarrow$ σ_m
- Kreis um σ_m durch die Punkte a und b schlagen
- Hauptspannungen und Winkel ablesen

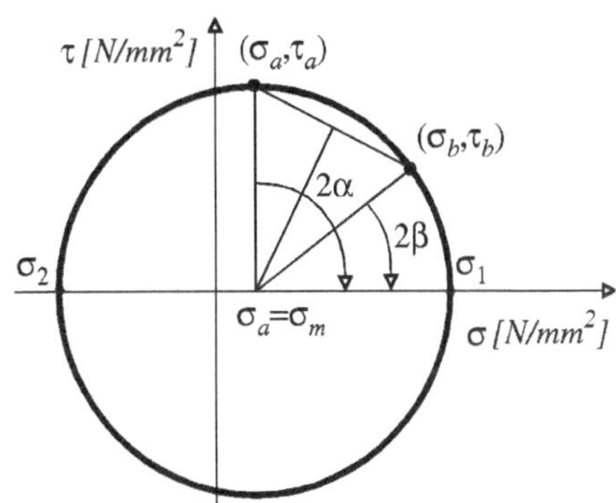

Aufgabe 3

a) Man berechnet in beiden Fällen die vertikale Verschiebung.
Fall I : Die Seitenflächen sind frei → es herrscht ein einachsiger Spannungszustand und ein dreidimensionaler Verformungszustand bei einer vertikalen Verschiebung der oberen Fläche. Da F eine Druckkraft ist, wird σ_x negativ, ε_x ist aufgrund der Zusammendrückung ebenfalls negativ.

$$\varepsilon_x = \frac{1}{E_D}[\sigma_x - \nu(\underbrace{\sigma_y}_{=0} + \underbrace{\sigma_z}_{=0})] = \frac{\sigma_x}{E_D} = \frac{-F}{a^2 E_D}$$

$$\Delta a_I = \varepsilon_x \cdot a = \frac{-F}{a \cdot E_D} = -10mm$$

Fall II : Aufgrund der starren Wände herrscht ein einachsiger Verformungszustand und ein dreidimensionaler Spannungszustand. Das verallgemeinerte Hooke'sche Gesetz lautet:

$$\varepsilon_x = \frac{1}{E_D} \cdot [\sigma_x - \nu(\sigma_y + \sigma_z)]$$

$$\varepsilon_y = 0 = \frac{1}{E_D}[\sigma_y - \nu[\sigma_z + \sigma_x)] \qquad \Rightarrow \sigma_y = \nu(\sigma_z + \sigma_x)$$

$$\varepsilon_z = 0 = \frac{1}{E_D}[\sigma_z - \nu(\sigma_x + \sigma_y)] \qquad \Rightarrow \sigma_z = \nu(\sigma_x + \sigma_y)$$

$$\sigma_y = \sigma_z = \frac{\nu \cdot \sigma_x}{(1-\nu)} \quad \rightarrow \Delta a_{II} = \varepsilon_x \cdot a = \frac{1}{E_D}\left[1 - \frac{2\nu^2}{(1-\nu)}\right] \cdot \frac{-F}{a} = -2,6mm$$

Die Absenkung der Fläche ist im Fall II geringer.
Hinweis: Für $\nu = 0,5$ ist die Absenkung laut der Formel für $\Delta\alpha_{II}$ gleich Null. Der

Würfel wäre dann inkompressibel. Größere Werte als $0,5$ für ν sind unmöglich, da sonst eine Druckbelastung die Fläche anheben würde. Die Grenzen für ν sind:

$$\underbrace{0}_{\text{keine Querdehnung}} \leq \nu \leq \underbrace{0,5}_{\text{Inkompressibilität}}$$

b) Die Normalspannung zwischen Gummi und Wand lautet im Fall II:

$$\sigma_y = \sigma_z = \frac{-F}{a^2} \cdot \frac{\nu}{(1-\nu)} = -1,36 \frac{N}{mm^2}$$

Die Normalspannung σ_x beträgt dann:

$$\sigma_x = -\frac{F}{a^2} = -1,66 \frac{N}{mm^2}$$

2.2 Zug und Druck

Grundformeln: Zug und Druck

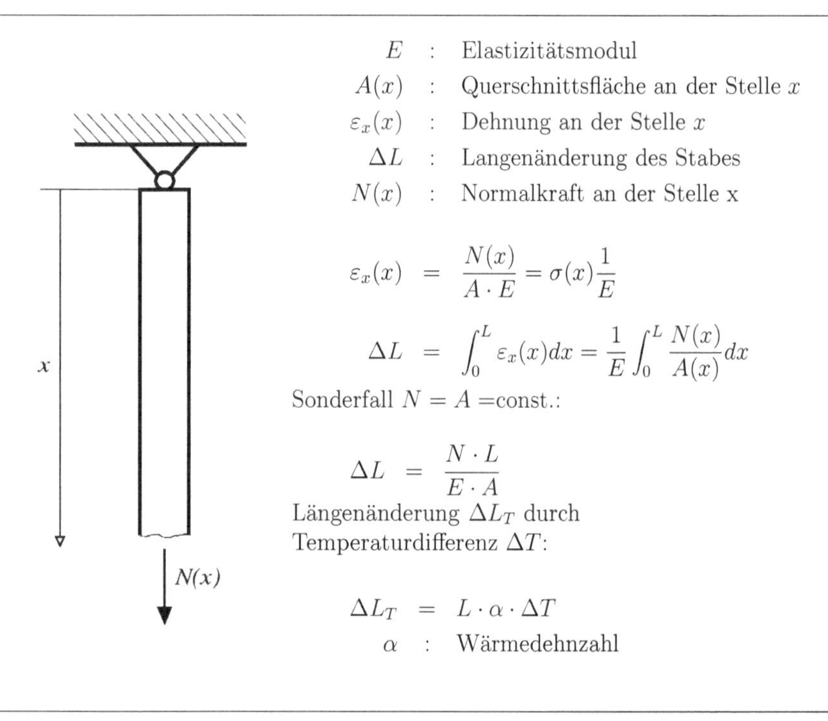

E	:	Elastizitätsmodul
$A(x)$	:	Querschnittsfläche an der Stelle x
$\varepsilon_x(x)$	:	Dehnung an der Stelle x
ΔL	:	Langenänderung des Stabes
$N(x)$	:	Normalkraft an der Stelle x

$$\varepsilon_x(x) = \frac{N(x)}{A \cdot E} = \sigma(x)\frac{1}{E}$$

$$\Delta L = \int_0^L \varepsilon_x(x)dx = \frac{1}{E}\int_0^L \frac{N(x)}{A(x)}dx$$

Sonderfall $N = A =$const.:

$$\Delta L = \frac{N \cdot L}{E \cdot A}$$

Längenänderung ΔL_T durch Temperaturdifferenz ΔT:

$$\Delta L_T = L \cdot \alpha \cdot \Delta T$$

α : Wärmedehnzahl

Musteraufgabe 1

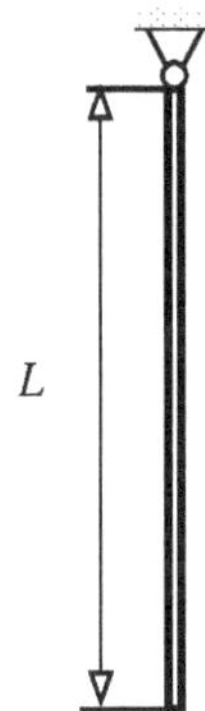

Ein schweres Stahlseil (Dichte ϱ, Länge L, E-Modul E) wird in einem Schacht aufgehängt. Wie groß darf L maximal werden, damit die durch das Eigengewicht hervorgerufene Normalspannung σ_{Zug} im Seil den zulässigen Maximalwert σ_{zul} nicht übersteigt (" Reißlänge ") ?
Welche Längenänderung erfährt dabei das Seil ?
Man gebe Zahlenwerte an für St37, $\sigma_{zul} = 150 N/mm^2$.

Lösung: Die Normalspannung σ_{Zug} berechnet sich relativ leicht durch Freischneiden eines unteren Seilabschnittes und durch ein einfaches statisches Kräftegleichgewicht:

$$N(x) = \varrho A g (L - x)$$

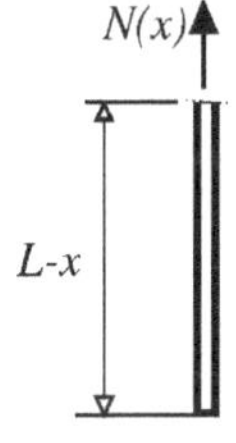

Der Term $\varrho A g$ entspricht der spezifischen Längenbelastung des Seiles durch das Eigengewicht. Es ist offensichtlich, daß die maximale Zugspannung σ_{max} an der oberen Aufhängung bei $x = 0$ auftritt. Man erhält dort

$$N(x = 0) = \varrho A g L \quad \rightarrow \quad \sigma_{max} = \frac{N_{max}}{A} = \varrho g L$$

Für die Reißlänge L_{max} folgt sofort

$$L_{max} = \frac{\sigma_{zul}}{\varrho g}.$$

Zur Berechnung der gesamten Längenänderung ΔL benötigen wir im weiteren zunächst die lokale Dehnung $\varepsilon(x)$. Diese folgt bei reiner Zugbelastung und homogenem Material aus

$$\varepsilon(x) = \frac{\sigma_N(x)}{E(x)} \quad \rightarrow \quad \varepsilon(x) = \frac{\varrho g (L - x)}{E} \quad .$$

Die Definition der lokalen Dehnung ε ist $\varepsilon = \Delta dL / dL$, ein kleines Seilelement der Länge dL an der Stelle x erfährt somit eine Längenänderung $\Delta dL(x) = dL \cdot \varepsilon(x)$. Die gesamte Längenänderung des Seiles ist die Summe über alle kleinen Längenänderungen ΔdL_i, in integraler Schreibweise ausgedrückt

$$\Delta L = \int \Delta dL(x) = \int \varepsilon(x) dL = \int_0^L \frac{\varrho g (L - x)}{E} dx = \frac{\varrho g L^2}{2E}.$$

Zahlenwerte: für Baustahl St37 erhält man aus Tabellen: $E = 2,11 \cdot 10^{11} N/m^2$, $\varrho = 7,8 \cdot 10^3 kg/m^3$. Damit ergibt sich die maximale Reißlänge bei $\sigma_{zul} = 150 N/mm^2$ zu

$L_{max} = 1960m$, bei dieser Länge tritt eine gesamte Längenänderung von $\Delta L = 0,7m$ auf.

Aufgabe 1

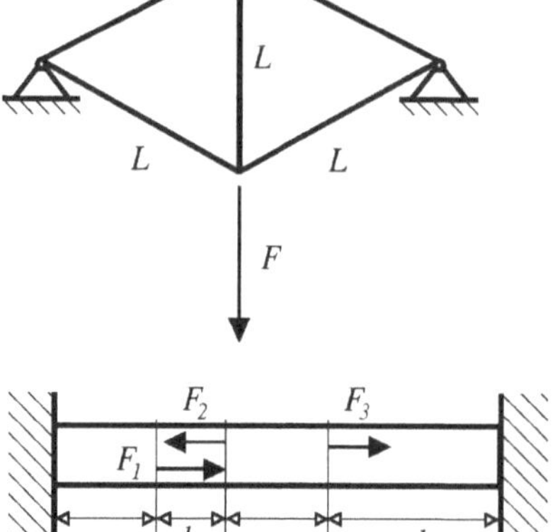

Ein aus 5 gleichen Stäben bestehender Rahmen stützt sich auf zwei feste Lager. Er wird in seinem unteren Knoten mit einer Last $\mathbf{F}$ belastet. Man bestimme die Stabkräfte sowie die Horizontalkräfte in den Lagern. Im unbelasteten Zustand treten keine Horizontalkräfte auf.

Aufgabe 2

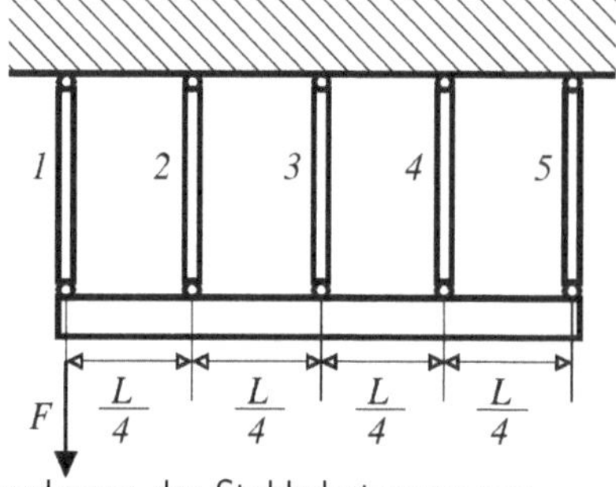

Zwischen zwei starren Wänden mit festem Abstand ist ohne jede Vorspannung ein elastischer Stab eingezogen. Nun sollen die Kräfte $\mathbf{F}_1$, $\mathbf{F}_2$, $\mathbf{F}_3$ an ihm angreifen. Welche Lagerreaktionen entstehen?

$F_1 = 300$ N, $F_2 = 800$ N, $F_3 = 600$ N,
$a = 40$ cm, $b = 20$ cm, $c = 30$ cm, $d = 50$ cm.

Aufgabe 3

Ein prismatischer Balken vom Gewicht G ist horizontal an 5 parallelen, gleichen Stäben aufgehängt. Die Aufhängung sei ideal, d.h. ohne Belastung spannungsfrei. Der Balken wird zusätzlich an einem Ende durch eine Kraft $\mathbf{F}$ belastet. Die Verformung des Balkens sowie die Stabgewichte sollen vernachlässigt werden.

a) Welche statischen Gleichungen stehen zur Berechnung der Stabbelastungen zur Verfügung?
b) Wie lauten die geometrischen Vertäglichkeitsbedingungen?
c) Wie groß sind die Stabkräfte S_1 bis S_5?
d) Welchen Betrag muß F annehmen, damit $S_5 = 0$ wird?

Aufgabe 4

Ein zwischen zwei festen Punkten A und B eingespannter Draht von der Länge $2L$ und der Zugsteifigkeit EA wird in der Mitte durch eine Querkraft $\mathbf{F}$ belastet. Um welche Strecke y gibt er der Kraft nach?

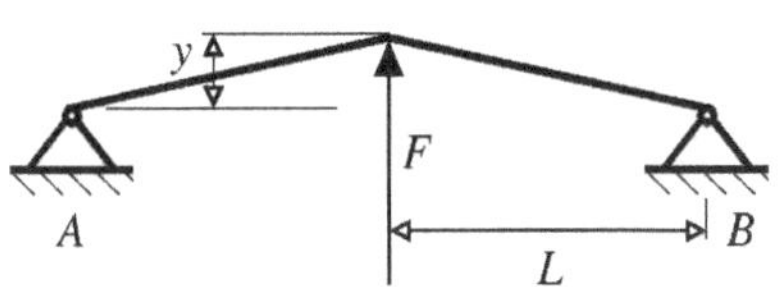

Lösungen zu Kap. 2.2 Zug / Druck

Aufgabe 1

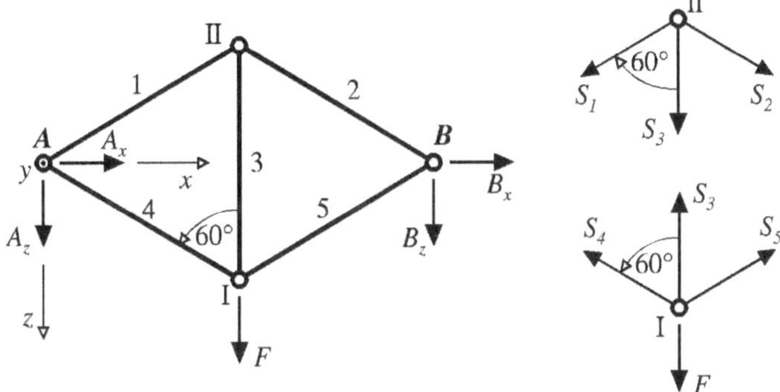

Freischneiden und Aufstellen der Gleichgewichtsbedingungen:

$$\sum F_{x_i} = A_x + B_x = 0$$

$$\sum F_{z_i} = A_z + B_z + F = 0$$

$$\sum M_{y_i}^A = -F \cdot L\cos 30° - B_z \cdot 2L\cos 30° = 0$$

$$\rightarrow A_z = B_z = -\frac{F}{2}; \qquad A_x = -B_x$$

Das System ist einfach statisch überbestimmt. Kräftegleichgewichte an Knoten I und II, Symmetrie beachten.

$$\sum F_{z_i} = 0 \rightarrow \quad S_3 + 2S_4\cos 60° = F; \quad S_3 + S_4 = F$$

$$\sum F_{z_i} = 0 \rightarrow \quad S_3 + 2S_1\cos 60° = 0; \quad S_3 + S_1 = 0$$

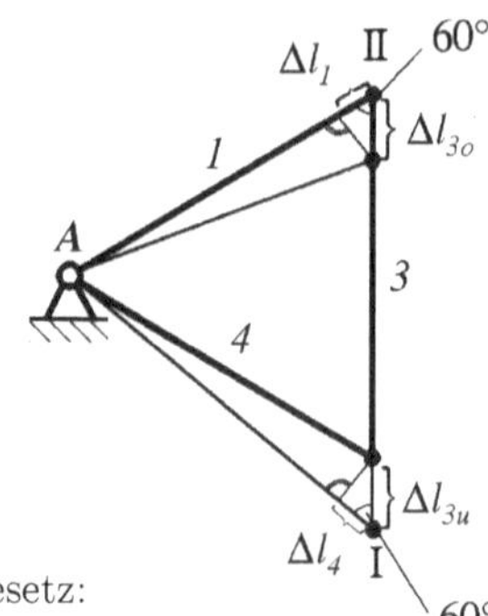

Geometrische Verträglichkeitsbedingungen:

$$\Delta l_1 = \Delta l_2 = \Delta l_{3o} \cos 60°$$

$$\Delta l_5 = \Delta l_4 = \Delta l_{3u} \cos 60°$$

$$\Delta l_3 = \Delta l_{3u} + \Delta l_{3o} = \frac{\Delta l_1 + \Delta l_4}{\cos 60°}$$

Zusammenhang Verformung - Stabkräfte / Stoffgesetz:

$$\Delta l_i = \varepsilon_i \cdot L; \qquad \sigma_i = E \cdot \varepsilon_i = E \cdot \frac{\Delta l_i}{L}; \qquad S_i = \sigma_i \cdot A = \frac{E \cdot A}{L} \cdot \Delta l_i$$

$$\rightarrow \; S_3 = \frac{S_1 + S_4}{\cos 60°} = \frac{2}{5}F; \qquad S_1 = S_2 = -\frac{2}{5}F; \qquad S_4 = S_5 = \frac{3}{5}F$$

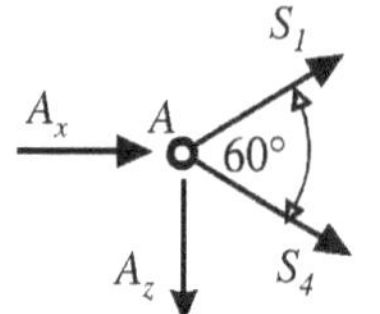

Kräftegleichgewicht am linken Lager:

$$\sum F_{x_i} = A_x + S_1 \cos 30° + S_4 \cos 30° = 0$$

$$\rightarrow \; A_x = -\frac{\sqrt{3}}{10} F \; (= -B_x)$$

Aufgabe 2

Einachsiger Spannungszustand bei Vernachlässigung der Querkontraktion:

$$\varepsilon = \frac{\Delta L}{L} = \frac{\sigma}{E} = \frac{F}{E \cdot A}$$

$$\Delta L = \int_0^L \varepsilon \, dx = \frac{F \cdot L}{E \cdot A}$$

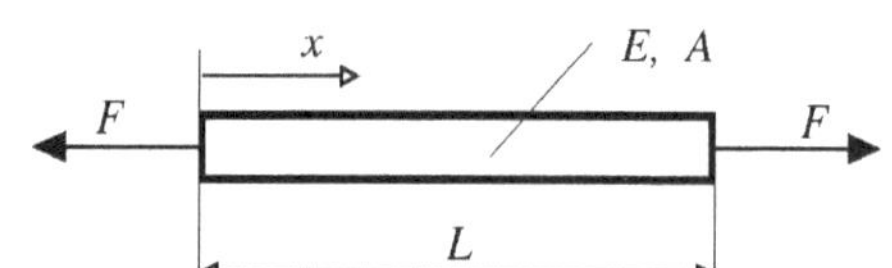

Hooke'sches Gesetz, Federsteifigkeit:

$$F = c \cdot \Delta L; \qquad c = \frac{E \cdot A}{L}$$

Geometrische Verträglichkeit:

$$\Delta a + \Delta b + \Delta c + \Delta d = 0$$

$$\Delta a = \frac{-F_L}{c_1}; \quad \Delta b = \frac{-F_L - F_1}{c_2}$$

$$\Delta c = \frac{F_3 + F_R}{c_3}; \quad \Delta d = \frac{F_R}{c_4}$$

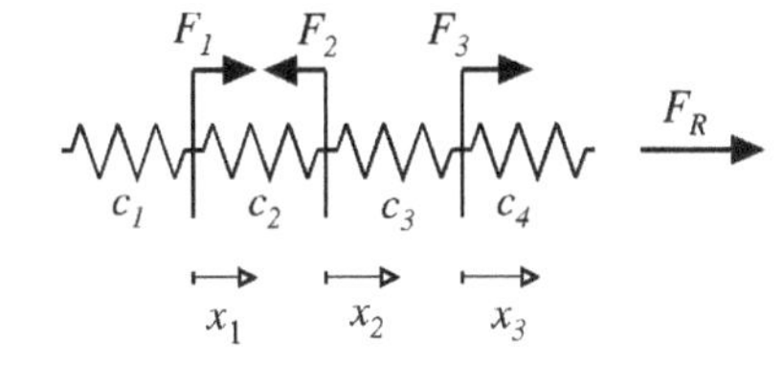

$$\frac{-F_L}{\frac{EA}{a}} + \frac{-F_L - F_1}{\frac{EA}{b}} + \frac{F_3 + F_R}{\frac{EA}{c}} + \frac{F_R}{\frac{EA}{d}} = 0$$

$$-F_L \cdot (a+b) - F_1 \cdot b + F_3 \cdot c + F_R \cdot (c+d) = 0$$

$$F_L = F_R \frac{c+d}{a+b} - F_1 \frac{b}{a+b} + F_3 \frac{c}{a+b}$$

Kräftegleichgewicht:

$$\sum F_{x_i} = F_L + F_1 - F_2 + F_3 + F_R = 0$$

$$\Rightarrow \; F_R = \frac{F_1(\frac{b}{a+b} - 1) + F_2 - F_3(\frac{c}{a+b} + 1)}{1 + \frac{c+d}{a+b}} = -128,57N; \qquad F_L = 28,57N$$

Aufgabe 3

Freischneiden und Reduktion der beiden Kräfte F und G auf einen Kraftwinder im Schwerpunkt des Balkens:

Es gilt: $R = F + G \qquad M = \frac{L}{2} \cdot F$

Anwendung des Superpositionsprinzips. Es wird die Verformung durch die Kraft R und die Verformung durch das Moment M getrennt berechnet.

a) Die resultierenden Kräfte und Verschiebungen ergeben sich zu:

$$S_i = S_{i,R} + S_{i,M}$$

$$f_i = f_{i,R} + f_{i,M}$$

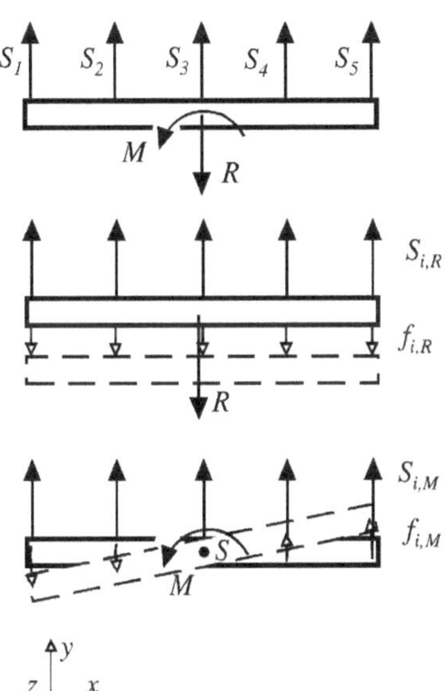

Belastung durch R:

$$\sum F_y = 0 = \sum_{i=1}^{5} S_{i,R} - R$$

$$S_{i,R} = \frac{1}{5} R = \frac{1}{5}(F + G)$$

Belastung durch M:

$$\sum F_y = 0 = \sum_{i=1}^{5} S_{i,M}$$

$$\sum M_z^S = 0 = -\frac{L}{2} \cdot S_{1,M} - \frac{L}{4} \cdot S_{2,M} + \frac{L}{4} \cdot S_{4,M} + \frac{L}{2} \cdot S_{5,M} + M$$

b) Geometrische Verträglichkeitsbedingungen: Die Enden der verformten Stäbe liegen auf einer Geraden (der Balken ist starr).

$$f_{1,M} = 2 \cdot f_{2,M} = -2 \cdot f_{4,M} = -f_{5,M}$$

Längenänderung der Stäbe durch das Moment M :

$$f_{i,M} = \frac{l}{E \cdot A} \cdot S_{i,M}$$

Damit folgt aus den Verträglichkeitsbedingungen :

$$S_{1,M} = 2 \cdot S_{2,M} = -2 \cdot S_{4,M} = -S_{5,M}$$

c) Einsetzen in das Momenten-Gleichgewicht. Es folgt dann

$$S_{1,M} = \frac{2}{5} \cdot F = -S_{5,M}; \quad S_{2,M} = \frac{1}{5} \cdot F = -S_{4,M}; \quad S_{3,M} = 0$$

Überlagerung der Belastungen durch R und M:

$$S_1 = \tfrac{1}{5}(G + 3F) \quad ; \quad S_2 = \tfrac{1}{5}(G + 2F) \quad ; \quad S_3 = \tfrac{1}{5}(G + F)$$

$$S_4 = \tfrac{1}{5}G \quad ; \qquad S_5 = \tfrac{1}{5}(G - F)$$

d) S_5 als Nullstab:

$$S_5 = \frac{1}{5}(G - F) \Rightarrow S_5 = 0 \quad \text{für } F = G$$

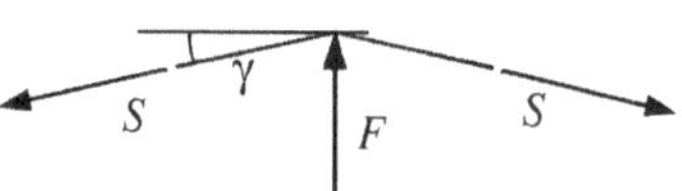

Aufgabe 4

Freischneiden des verformten Drahtes und Aufstellen der Gleichgewichtsbedingungen:

$$\sum F_{y_i} = 0 = F - 2 \cdot S \cdot \sin\gamma \qquad (1)$$

Geometrische Verträglichkeit:

$$\sin\gamma = \frac{y}{L(1+\varepsilon)} \qquad (2)$$

$$L^2(1+\varepsilon)^2 = L^2 + y^2$$

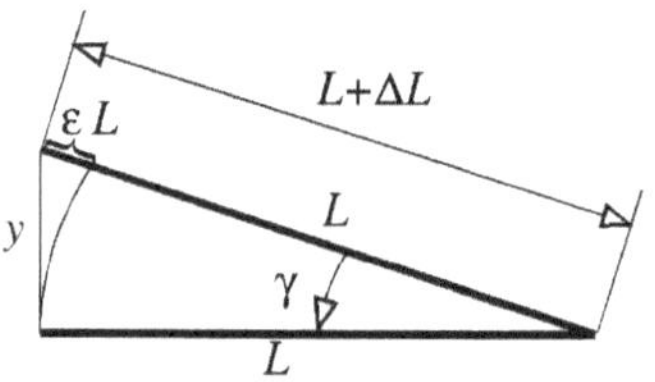

Dehnung:

$$\varepsilon = \sqrt{1 + \left(\frac{y}{L}\right)^2} - 1 \qquad (3)$$

Stoffgesetz (Hooke : linear elastisch): $S = E \cdot A \cdot \varepsilon$ (4)

Einsetzen von (2), (3) und (4) in (1):

$$F = 2EA\,\frac{y}{L}\left(1 - \frac{1}{\sqrt{1+(\frac{y}{L})^2}}\right)$$

Gesucht ist aber $y(F)$; die Umkehrung führt auf ein Polynom 4.Ordnung, dessen analytische Lösung schwierig ist. Vereinfachung mit einem Potenzreihenansatz:

$$\frac{1}{\sqrt{1+(\frac{y}{L})^2}} = 1 - \frac{1}{2}\left(\frac{y}{L}\right)^2 + \ldots \qquad (5)$$

(5) in (1) eingesetzt:

$$F \approx 2EA\,\frac{y}{L}\cdot\frac{1}{2}\left(\frac{y}{L}\right)^2 = EA\left(\frac{y}{L}\right)^3 \qquad \Rightarrow\ y = L\,\sqrt[3]{\frac{F}{E\cdot A}}$$

2.3 Torsion

Die Torsion von Stäben durch ein axiales *Torsionsmoment* M_T erzeugt einen *Verdrillwinkel* θ um die Balkenlängsachse. Unter der Annahme kleiner verwölbungsfreier Verformungen ohne Veränderungen der Querschnittsform gelten für den Drillwinkel θ, die maximale Schubspannung τ_{max} (am Querschnittsrand), das *polare Flächenträgheitsmoment* I_p und für das *polare* Widerstandsmoment W_p folgende Beziehungen:

$$\frac{\partial\theta}{\partial x} = \frac{M_T}{G\cdot I_p} \qquad \rightarrow \qquad \theta(x) = \int_0^x \frac{M_T}{G\cdot I_p}dx \qquad (2.1)$$

$$\tau_{max} = \frac{M_T}{W_p}; \qquad I_p = \int r^2 dA; \qquad W_p = \frac{I_p}{r_{max}} \qquad (2.2)$$

Der *Schubmodul* G ist ein Werkstoffkennwert und die Koordinate x liegt auf der Balkenlängsachse. Für dünnwandige Profile werden die Flächenträgheitsmomente gegen Torsion mit I_T und W_T statt I_p bzw. W_p bezeichnet, die Berechnung erfolgt nicht mehr nach Gleichung (2.2).

2.3.1 Kreis- und kreisringförmige Querschnitte

Grundformeln: Torsion von Kreisquerschnitten

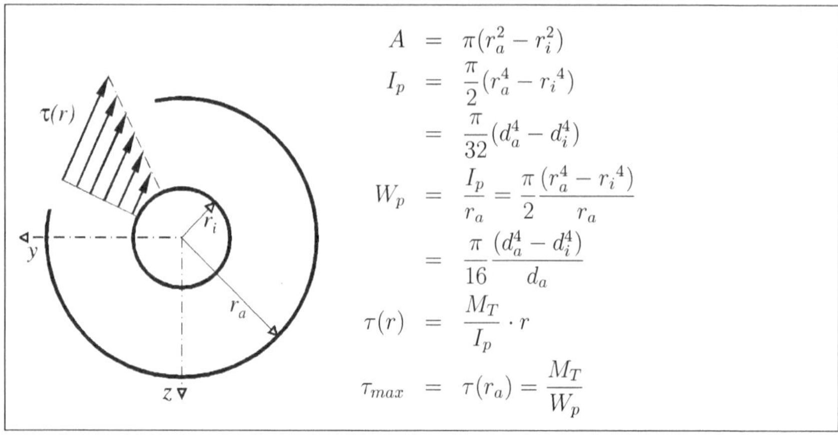

Musteraufgabe 1

Die dargestellte Welle mit kreisrundem Querschnitt wird durch ein Torsionsmoment M_T belastet. Man berechne den Winkel φ, um den sich der Endquerschnitt B gegenüber A verdrillt.

Lösung: Die skizzierte Welle wird in die Bereiche I, II und III mit den entsprechenden Längen L_1 bis L_3 unterteilt. Die Verdrillwinkel der einzelnen Bereiche addieren sich zum gesuchten Gesamtverdrillwinkel φ_{ges}:

$$\varphi_{ges} = \varphi_I + \varphi_{II} + \varphi_{III}$$

Für die Bereiche mit konstantem Durchmesser, I und III, kann der Verdrillwinkel aus (2.1) sofort angegeben werden, da M_T und I_p konstant sind:

$$\varphi_I = \frac{M_T \cdot L_1}{G \cdot I_{p_1}} \quad mit \quad I_{p_1} = \frac{\pi d^4}{32}$$

$$\varphi_{III} = \frac{M_T \cdot L_3}{G \cdot I_{p_3}} \quad mit \quad I_{p_3} = \frac{\pi (2d)^4}{32} = \frac{\pi d^4}{2}$$

Schwieriger wird die Berechnung der Verdrillung φ_{II}, da im Bereich II $d(x)$ und damit $I_p(x)$ nicht mehr konstant sind. Wir definieren jetzt eine Koordinate x_2, die am Anfang des Bereiches II beginnt. Der Durchmesser $d(x_2)$ ist gleich d für $x_2 = 0$ und gleich $2d$ für $x_2 = L_2$, d.h.

$$d(x_2) = d + d \cdot \frac{x_2}{L_2} = \frac{d}{L_2}(L_2 + x)$$

Mit $d(x_2)$ können wir aber $I_p(x_2)$ angeben und in Gleichung (2.1) einsetzen:

$$\varphi_{II} = \frac{32 \cdot M_T}{\pi \cdot G} \int_{x_2=0}^{x_2=L_2} \frac{dx_2}{d^4(x_2)} \qquad \textit{und} \qquad \int_0^{L_2} \frac{dx_2}{d^4(x_2)} = \frac{L_2^4}{d^4} \int_0^{L_2} \frac{dx_2}{(L_2 + x_2)^4}$$

Das Integral kann z.B. aus Tabellenwerken herausgelesen werden, wir erhalten eingesetzt den Verdrillwinkel φ_{II} und die Verdrillung φ_{ges} des Endquerschnittes:

$$\varphi_{II} = \frac{28 \cdot M_T \cdot L_2}{3 \cdot \pi \cdot d^4 \cdot G}$$

$$\varphi_{ges} = \varphi_I + \varphi_{II} + \varphi_{III} = \frac{M_T}{\pi \cdot d^4 \cdot G}(32L_1 + \frac{28}{3}L_2 + 2L_3)$$

Aufgabe 1 (Biegung und Torsion)

Ein Stab AB mit kreisförmigem Querschnitt mit dem Durchmesser d_1 ist einseitig fest eingespannt. Im Abstand L von der Einspannstelle ist ein zweiter Stab vom Durchmesser d_2 und der Länge a angeschweißt. Er wird am Ende durch die Kraft $\mathbf{F}$ belastet. Die Materialkonstanten für beide Stäbe seien gleich. Um wieviel senken sich die Punkte B und C infolge der Kraft $\mathbf{F}$? Um welchen Winkel α muß man den Stab bei A zurückdrehen, damit C wieder in die Anfangslage kommt? Die Verformungen seien klein gegenüber den geometrischen Abmessungen; außerdem gelte $d_1 << a$.

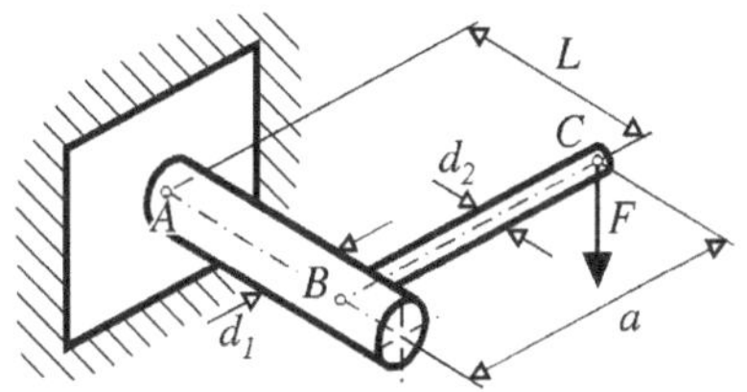

Aufgabe 2 (Biegung und Torsion)

Ein Zahnrad I mit dem Teilkreisdurchmesser d_1 sitzt auf einer einseitig fest eingespannten Hohlwelle (Länge a, Außenradius R_1, Innenradius r_1, Schubmodul G, Elastizitätsmodul E). Das Zahnrad I greift in ein Zahnrad II mit dem Teilkreisdurchmesser d_2 ein, das auf einer Welle (Daten: b, R_2, G) aufgeschrumpft ist. Am anderen Ende der Welle wird ein Moment $\mathbf{M}$ angelegt. Die Größen a, b, r_1, R_1, R_2, d_1, d_2, E, G, $\mathbf{M}$ seien gegeben. Die Zahnkräfte wirken nur tangential am Teilkreis.

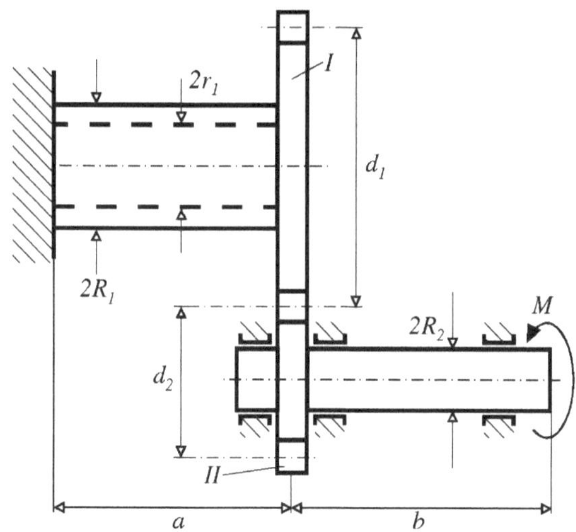

a) Wie groß sind die maximalen Schubspannungen in beiden Wellen?
b) Wie groß ist die maximale Biegespannung in der Welle 1?
c) An welcher Stelle wird die Welle 1 am stärksten beansprucht?
d) Um welchen Winkel θ verdreht sich die Welle 2 am Angriffsort des Momentes M?

2.3.2 Geschlossene dünnwandige Querschnitte

Grundformeln: Torsion geschlossener dünnwandiger Querschnitte

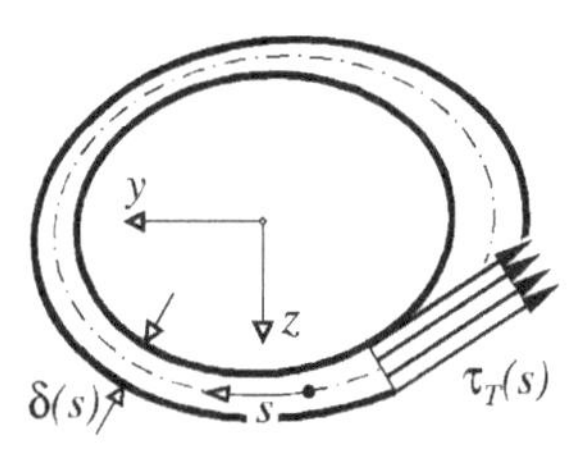

s	Umlaufkoordinate
A_m	Fläche innerhalb Profilmittellinie
$\delta(s)$	Wandstärke an der Stelle s

1. Bredt' sche Formel:

$$\tau_T(s) = \frac{M_T}{2 \cdot A_m \cdot \delta(s)}$$

$$\tau_{max} = \frac{M_T}{W_T}$$

$$\Theta(x) = \int_0^x \frac{M_T}{GI_T} dx$$

2. Bredt' sche Formel:

$$I_T = 4A_m^2 \left(\oint \frac{ds}{\delta(s)} \right)^{-1}$$

$$W_T = 2 \cdot A_m \cdot \delta_{min}$$

$$\tau_T(s) \cdot \delta(s) = const.$$

Musteraufgabe 2

Ein Balken der Länge l mit dem skizzierten Profil wird am Ende durch die außermittige Kraft F belastet. Man berechne das Torsionsflächenträgheitsmoment I_T, das axiale Flächenträgheitsmoment I_y, die Verdrillung des Endquerschnittes γ, die maximale Schubspannung durch Torsion τ_{max} und die maximale Normalspannung σ_B im Profil.

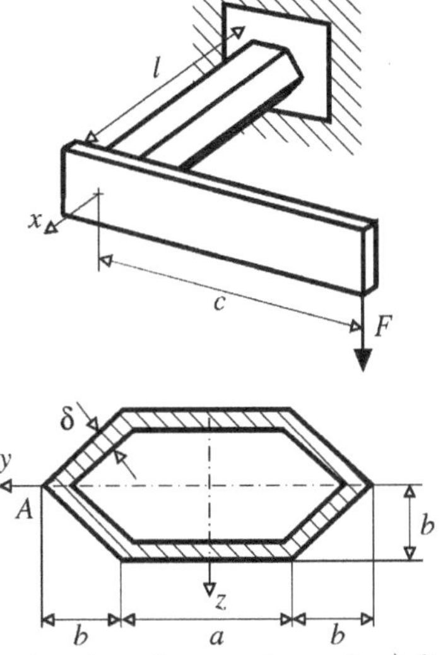

Lösung: Für das Torsionsflächenträgheitsmoment I_T gilt:

$$A_m = 2 \cdot b^2 + 2 \cdot a \cdot b = 2 \cdot b \cdot (a + b)$$

$$\oint \frac{ds}{\delta} = \frac{4\sqrt{2} \cdot b + 2 \cdot a}{\delta} \quad ,$$

da die Wandstärke δ konstant ist und das Umlaufintegral über ds gerade den Umfang der Profilmittellinie darstellt. Also wird

$$I_T = \frac{8 \cdot \delta b^2 (a+b)^2}{2\sqrt{2} \cdot b + a}$$

Um das axiale Flächenträgheitsmoment I_y effizient zu berechnen, nutzen wir a) die Symmetrie und berechnen die Einzelanteile I_{y_I} der 4 'Schrägen' und $I_{y_{II}}$ der beiden 'Stege' oben und unten, b) ersetzen wir die Schrägen durch flächengleiche Rechtecke der Breite $\sqrt{2}\delta$ und der Höhe b. Diese Rechtecke haben ein identisches Flächenträgheitsmoment, da sich weder die Größe noch der Abstand zur y-Achse der Flächenelemente dA ändert. Also:

$$I_{y_I} = \frac{1}{3}\sqrt{2}\delta b^3$$

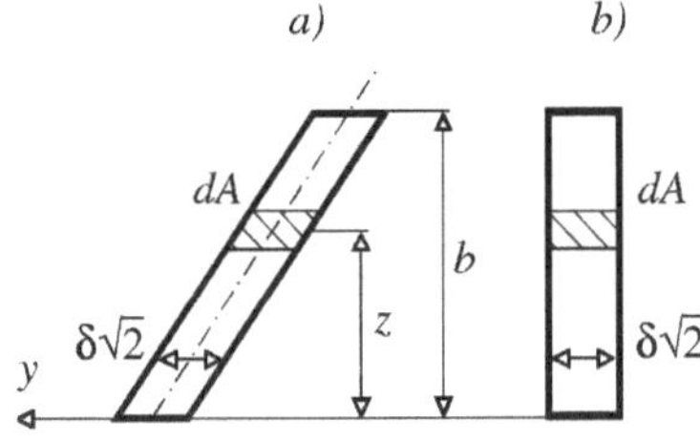

Die Stege haben ein vernachlässigbar kleines Flächenträgheitsmoment um ihre eigene Achse, es braucht nur der Steineranteil bezüglich der y-Achse berücksichtigt zu werden:

$$I_{y_{II}} = a\delta \cdot b^2 \qquad und \qquad I_y = 4 \cdot I_{y_I} + 2 \cdot I_{y_{II}} = \frac{4}{3}\sqrt{2} \cdot \delta \cdot b^3 + 2 \cdot a \cdot \delta \cdot b^2$$

Die Verdrillung folgt aus (2.1) mit dem konstanten Moment $M_T = -F \cdot c$ (F 'dreht' negativ bezüglich der Balkenlängsachse !). Der Schubfluß $t = \delta(s) \cdot \tau(s)$ ist konstant, die Schubspannung $\tau(s)$ ist nun wegen $\delta(s) = \delta = const$ ebenfalls konstant, der maximale Betrag τ_{max} der Schubspannung τ folgt aus:

$$\gamma = \frac{-F \cdot c \cdot l}{G \cdot I_T} \qquad und \qquad \tau_{max} = \frac{-F \cdot c}{4 \cdot \delta \cdot b \cdot (a+b)} \qquad \text{(Bredt 1)}$$

Das Biegemoment um die y-Achse im Balken wird an der Einspannstelle maximal, $M_B(x=0) = F \cdot l$, die maximale Normalspannung σ_B ist

$$\sigma_B = \frac{M_B}{W_B} = \frac{M_B \cdot b}{I_y} = \frac{F \cdot l \cdot b}{I_y}$$

Die Spannung σ_B ist dabei positiv im oberen Steg (Zugbelastung) und negativ im unteren Steg (Druckbelastung).

Musteraufgabe 3

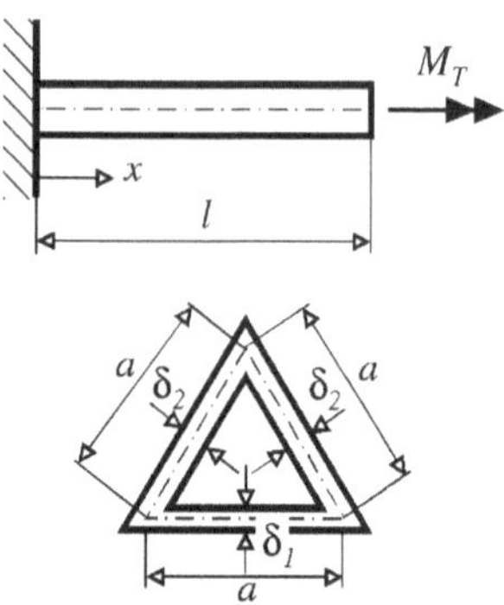

Legen Sie die Wandstärken δ_1 und δ_2 ($\delta_1 < \delta_2$) des skizzierten dünnwandigen Hohlquerschnitts so fest, daß für die gegebene Torsionsbelastung M_T a) die zulässige Spannung τ_{zul} nicht überschritten wird und b) der Verdrillwinkel des Stabes bei $x = l$ nicht größer als $\theta = 7\sqrt{3}/60rad$ ist.

Gegeben: $G = 0,8 \cdot 10^7 N/cm^2$,
$M_T = 350\sqrt{3}Ncm$, $\tau_{zul} = 7000N/cm^2$,
$l = 100cm$, $a = 1cm$

Lösung: Die Schubspannungen werden an den Stellen mit geringster Wandstärke $\delta(s)$ maximal, hier also im unteren Schenkel mit $\delta = \delta_1$. Die Querschnittsfläche innerhalb der Profilmittellinie A_m ist bekannt, und τ_{max} darf höchstens τ_{zul} annehmen. Die gesuchte Wandstärke δ_1 liegt damit fest:

$$A_m = \frac{1}{2}a^2 \cdot cos(30^o)\,; \quad \tau_{max} = \tau_{zul} = \frac{M_T}{2A_m\delta_1} \quad \rightarrow \quad \delta_1 = \frac{M_T}{2A_m\tau_{zul}} = 1mm$$

Die Verdrillung θ des Endquerschnittes folgt aus (2.1) für den Sonderfall $M_T(x) = const.$, das Flächenträgheitsmoment I_T aus (2.2):

$$\theta = \frac{M_T l}{GI_T}; \qquad I_T = \frac{4A_m^2}{\oint \frac{ds}{\delta(s)}}; \qquad \oint \frac{ds}{\delta(s)} = \frac{1}{\delta_1} \cdot a + \frac{1}{\delta_2} \cdot 2a$$

Mit der Bedingung $\theta \leq \theta_{zul} = 7\sqrt{3}/60rad$ liegt dann die zweite gesuchte Wandstärke δ_2 fest:

$$\theta_{zul} = \frac{M_T l(\frac{a}{\delta_1} + \frac{2a}{\delta_2})}{Ga^4 cos^2(30^o)} \qquad \rightarrow \qquad \delta_2 = 2\left(\frac{\theta_{zul} G a^3 cos^2(30^o)}{M_T l} - \frac{1}{\delta_1}\right)^{-1} = 2mm$$

Aufgabe 3

Eine Welle ABC (Schubmodul G) weist im Bereich AB einen dünnwandigen Rechteckquerschnitt und im Bereich BC einen dünnwandigen Dreiecksquerschnitt auf. An den Enden A und C ist die Welle torsionssteif gelagert. Belastet wird die Welle durch ein Torsionsmoment M_T an der Stelle B. Die geometrischen Abmessungen sind der Skizze zu entnehmen. Im unbelasteten Zustand ist das System spannungsfrei.

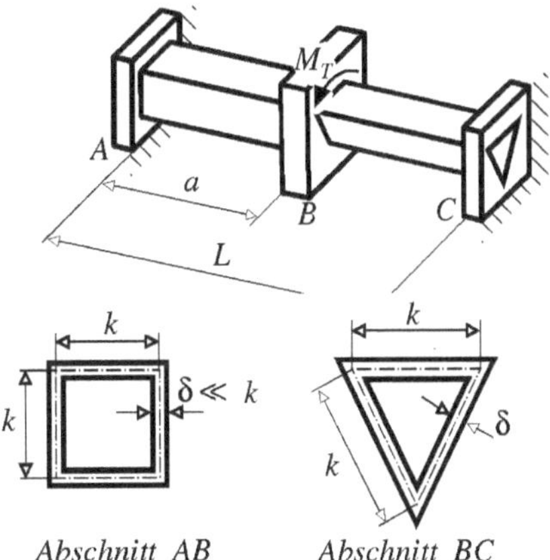

a) Geben Sie die Torsionsflächenträgheitsmomente I_{AB} und I_{BC} für die Abschnitte AB und BC an.

b) Für die folgenden Teilaufgaben seien die Torsionsflächenträgheitsmomente I_{AB} und I_{BC} gegeben: $I_{AB} = 4I$ und $I_{BC} = I$. Welche Beträge M_A und M_C weisen die Einspannmomente in A und C auf?

c) Um welchen Winkel φ_B verdreht sich der Querschnitt B?

d) Wie lauten die Schubspannungen τ_{AB} und τ_{BC} in den Wellenabschnitten AB und BC?

e) Für welche Verhältnisse a/L liegt die maximale Schubspannung im Wellenabschnitt AB?

2.3.3 Offene dünnwandige Querschnitte

Offene dünnwandige Profile unterscheiden sich von den geschlossenen Profilen hinsichtlich der Schubspannungsverteilung. Ein Torsionsmoment M_T erzeugt eine linear über die Wandstärke verteilte Schubspannung τ_T im Gegensatz zur über dem Querschnitt konstanten Schubspannung $\tau_{T,geschl.}$ bei geschlossenen Profilen. Die maximale Schubspannung $\tau_{T,max}$ durch Torsion tritt bei δ_{max} auf, bei geschlossenen Profilen hingegen bei δ_{min} !

Grundformeln: Torsion offener dünnwandiger Querschnitte

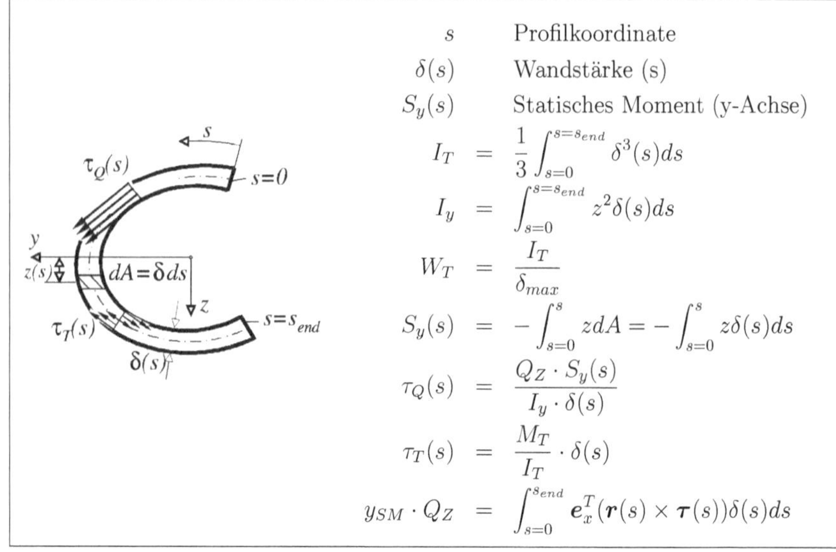

s Profilkoordinate

$\delta(s)$ Wandstärke (s)

$S_y(s)$ Statisches Moment (y-Achse)

$$I_T = \frac{1}{3}\int_{s=0}^{s=s_{end}} \delta^3(s)ds$$

$$I_y = \int_{s=0}^{s=s_{end}} z^2\delta(s)ds$$

$$W_T = \frac{I_T}{\delta_{max}}$$

$$S_y(s) = -\int_{s=0}^{s} z dA = -\int_{s=0}^{s} z\delta(s)ds$$

$$\tau_Q(s) = \frac{Q_Z \cdot S_y(s)}{I_y \cdot \delta(s)}$$

$$\tau_T(s) = \frac{M_T}{I_T} \cdot \delta(s)$$

$$y_{SM} \cdot Q_Z = \int_{s=0}^{s_{end}} \boldsymbol{e}_x^T(\boldsymbol{r}(s) \times \boldsymbol{\tau}(s))\delta(s)ds$$

Musteraufgabe 4

Ein Balken der Länge l mit dem skizzierten Querschnitt ist einseitig fest eingespannt und wird an seinem Ende durch die Einzelkraft F belastet. Man berechne das axiale Flächenträgheitsmoment I_y und das Torsionsflächenträgheitsmoment I_T des Profils. Wie lautet die Schubspannungsverteilung $\tau_Q(s)$ und welche Verdrillung γ erfährt der Endquerschnitt?

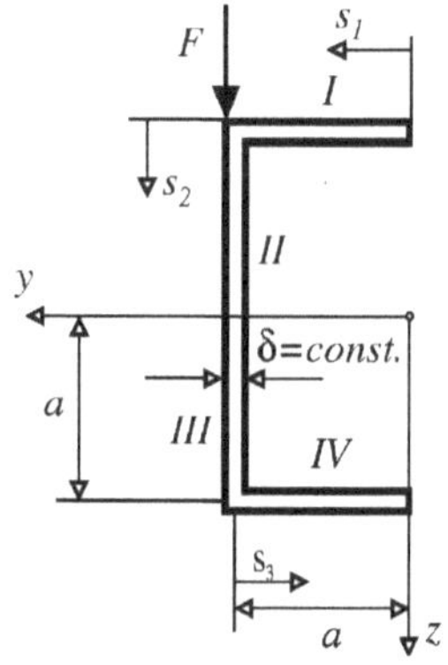

Lösung: Die Flächenträgheitsmomente werden abschnittsweise berechnet, die Wandstärke δ ist konstant. Das Profil wird in die Abschnitte 1 bis 4 unterteilt und das axiale Flächenträgheitsmoment I_y unter Ausnutzung der Symmetrie aus den Einzelanteilen I_{y_1} und I_{y_2} bestimmt. Vom Anteil I_{y_1} braucht dabei nur der Steineranteil berücksichtigt werden.

$$I_{T1} = \frac{1}{3}\delta^3 a; \quad I_{y_1} = \frac{a\delta^3}{12} + a^3\delta \cong a^3\delta$$

$$I_{y_2} = \frac{1}{3}\delta a^3; \quad I_y = 2(I_{y_1} + I_{y_2}) \cong \frac{8}{3}a^3\delta$$

Für die Schubspannungsverteilung $\tau_Q(s)$ muß zunächst das statische Moment $S(s)$ bestimmt werden. Man führt dazu sinnvollerweise abschnittsweise definierte Koordinaten s_1 und s_2 ein. Im Abschnitt I ist der Abstand $z(s_1)$ der Flächenelemente $\delta\, ds$ konstant gleich a, im Abschnitt II ist der Abstand $z(s_2)$ gerade $a - s_2$. Achtung: Das statische Moment im Abschnitt II muß aber den Anteil des Abschnittes I mit berücksichtigen, auch für Abschnitt II muß beginnend mit $s = 0$, d.h. dem Ende des Profilquerschnittes, integriert werden. Berechnen wir zunächst $S_y(s_1)$ und den Wert von S_y für $s_1 = a$:

$$S_y(s_1) = \int\limits_{(s=0)}^{s=s_1} a\delta\, ds = a\delta s_1; \qquad S_y(s_1 = a) = a^2\delta$$

Das Integral für $S_y(s_2)$ zerlegen wir in die Bereiche I und II, den Anteil aus Bereich I kennen wir aber schon, er entspricht $S_y(s_1 = a)$:

$$\begin{aligned} S_y(s_2) &= -\int\limits_{s=0}^{s=a+s_2} z(s)\delta\, ds = -\int\limits_{s=0}^{s=a} z(s)\delta\, ds - \int_{s=a}^{s=a+s_2} z(s)\delta\, ds \\ &= S_y(s_1 = a) - \int_{s_2=0}^{s_2} z(s_2)\delta\, ds_2 = a^2\delta - \int\limits_0^{s_2}(s_2 - a)\delta\, ds_2 \\ &= \delta(a^2 + as_2 - \frac{s_2^2}{2}) \end{aligned}$$

Für τ_Q folgt mit der Grundformel:

$$\tau(s_1) = \frac{3Fs_1}{8a^2\delta}$$

$$\tau(s_2) = \frac{3F(a^2 + as_2 - s_2^2/2)}{8a^3\delta}$$

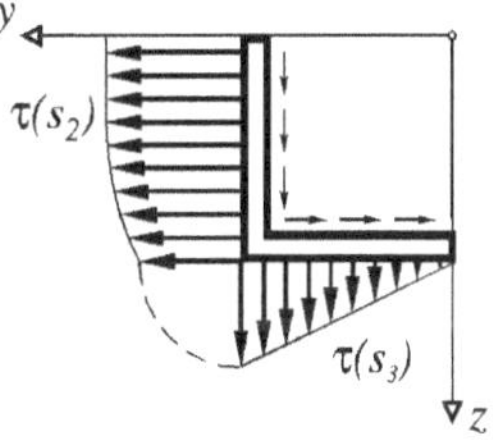

Die Richtung der Schubspannung entspricht der Richtung ihrer Resultierenden $Q(x)$, am positiven Schnittufer in diesem Falle 'von oben nach unten', genau wie die äußere Kraft F, deren Wirkung an einer Stelle x in Balkenmitte ja auch durch $Q(x)$ repräsentiert wird.

Die Schnittreaktion $Q(x)$ ist dem real auftretenden Schubspannungsverlauf $\tau_Q(s)$ im Querschnitt an der Stelle x statisch äquivalent, sie ist nur eine Resultierende der Schubspannungen und keine zusätzliche äußere Last! Um den Schubspannungen $\tau_Q(s)$ im Querschnitt statisch äquivalent zu sein, muß die Querkraft dann auch um

jeden beliebigen Punkt in der Querschnittsfläche ein- und dasselbe Moment erzeugen, das geht allerdings nur wenn die Wirkungslinie von Q durch einen bestimmten Punkt der Querschnittsebene läuft, dem **Schubmittelpunkt (SM).** Bezüglich dieses Punktes üben die Schubspannungen $\tau_Q(s)$ kein Moment aus, sie werden dann korrekt durch Q repräsentiert, d.h. die Wirkung der Schubspannungen entspricht einer Einzelkraft Q im Schubmittelpunkt.
Zusammengefaßt: $Q(x)$ repräsentiert die Schubspannungen τ_Q im Querschnitt x nur dann korrekt, wenn die Wirkungslinie von $Q(x)$ durch den Schubmittelpunkt läuft. Wird $Q(x)$ durch Freischneiden und Kräfte-GGW berechnet und liegt dieses $Q(x)$ nicht auf einer Geraden durch den Schubmittelpunkt, so wird das Profil zusätzlich tordiert. $Q(x)$ kann durch ein statisch äquivalentes Paar $Q(x), M_T(x)$ im Schubmittelpunkt ersetzt werden, $M_T(x)$ stellt das zusätzliche Torsionsmoment dar.
Berechnung der Lage des SM: Bezüglich eines beliebigen Punktes P sind die Momente durch Querkraft Q im Schubmittelpunkt einerseits und durch die Schubspannungsverteilung $\tau_Q(s)$ andererseits identisch. Dies ist die Bestimmungsgleichung für die Koordinate y_{SM} des Schubmittelpunktes, der Punkt P wird sinnvollerweise so gewählt, daß das Aufstellen der Momente vereinfacht wird, also z.B. in der linken unteren Ecke des Profils, es fallen dann die Anteile $\tau_Q(s_2)$ und $\tau_Q(s_3)$ mangels Hebelarm heraus:

$$\begin{aligned}
M^{(P)} &= Q \cdot y_{PM} = F y_{PM} \\
&\stackrel{!}{=} \int_{s=0}^{s=4a} (\mathbf{r}(s) \times \boldsymbol{\tau}(s))_x \cdot \delta(s)\, ds \\
&\stackrel{!}{=} \int_{s_4=0}^{s_4=a} 2a\tau_Q(s_4)\delta\, ds_4 \\
&= 2a\delta \int_0^a \tau_Q(s_1)\, ds_1 (\text{Symmetrie}) \\
&= \frac{3}{8}aF \qquad \rightarrow \qquad y_{PM} = \frac{3}{8}a
\end{aligned}$$

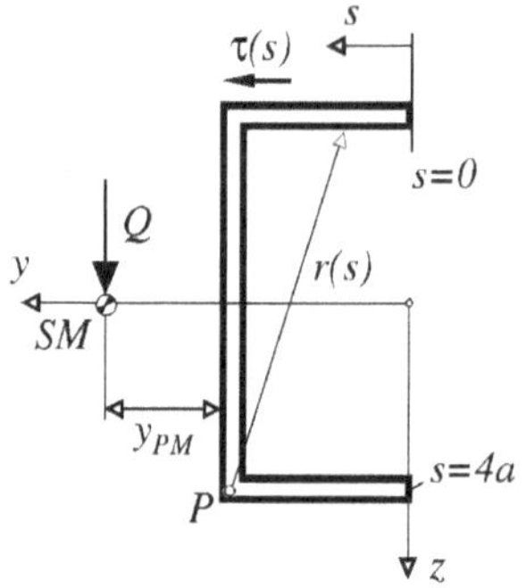

Verläuft eine äußere Last F nicht durch den Schubmittelpunkt, kann sie durch eine Kraft F im Schubmittelpunkt und ein axiales Moment M_T ersetzt werden, es entsteht die Querkraft $Q = F$ und das Schnittmoment $M_x = M_T$, das Profil wird tordiert. Also: F wird in den Schubmittelpunkt verschoben, es entsteht zusätzlich das Torsionsmoment $M_T = -y_{PM} \cdot F$ (F verdreht das Profil entgegengesetzt zur positiven Drehrichtung um die x- Achse!), die Verdrillung des Endquerschnittes wird mit Hilfe der Grundformeln bestimmt:

$$I_T = \frac{1}{3}\delta^3 4a; \qquad \gamma = \frac{M_T l}{GI_T} = \frac{-9Fl}{32G\delta^3}$$

Musteraufgabe 5

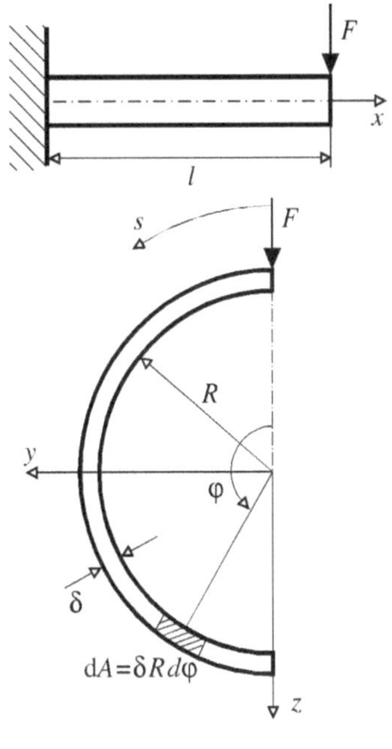

Der einseitig fest eingespannte Balken (Länge l) mit dem skizzierten halbkreisförmigen Profil wird an seinem freien Ende durch die Kraft F belastet. Man berechne den Schubspannungsverlauf τ_Q durch Querkraft, das axiale Flächenträgheitsmoment I_y, die Lage des Schubmittelpunktes und die Verdrillung des Endquerschnittes.

Lösung: Für kreisförmige Profilabschnitte empfiehlt sich immer der Übergang auf eine Winkelkoordinate φ, für die Berechnung der statischen Momente wird ein Flächenelement dA jetzt mit $\delta R d\varphi$ statt durch $\delta\, ds$ ausgedrückt:

$$S_y(\varphi) = -\int_{\varphi=0}^{\varphi} z(\varphi) dA$$

$$S_y(\varphi) = \int_0^{\varphi} Rcos(\varphi)\delta R\, d\varphi = \delta R^2 sin(\varphi)$$

Wir brauchen für den Schubspannungsverlauf noch das axiale Flächenträgheitsmoment I_y, wir nutzen die Symmetrie bezüglich der y-Achse und integrieren von $\varphi = 0$ bis $\varphi = \pi/2$:

$$I_y := \int z^2 dA = 2\int_0^{\pi/2} (Rcos\varphi)^2 \delta R\, d\varphi = 2\delta R^3 \left(\frac{\varphi}{2} + \frac{1}{4} sin(2\varphi)\right)\Big|_0^{\pi/2} = \frac{\pi}{2}\delta R^3$$

$$\tau(\varphi) = \frac{Q S_y(\varphi)}{I_y \delta(\varphi)} = \frac{2F sin\varphi}{\pi\delta R}$$

Die Lage des Schubmittelpunkt wird aus der statischen Äquivalenz zwischen den Schubspannungen durch Querkraft, τ_Q, und der Querkraft selber (im Schubmittelpunkt) gewonnen, d.h. bezüglich eines beliebigen Punktes der Querschnittsebene üben beide ein- und dasselbe Moment aus. Der Ursprung O eignet sich besonders zum Aufstellen der Momentenbilanz:

$$\begin{aligned} M^{(O)} &= F y_{SM} \\ &= \int_0^\pi R\tau(\varphi)\delta R\, d\varphi \\ &= \frac{R2\delta F R}{\pi\delta R}\int_0^\pi sin\varphi\, d\varphi \\ &= \frac{4RF}{\pi} \\ \rightarrow y_{SM} &= \frac{4R}{\pi} \end{aligned}$$

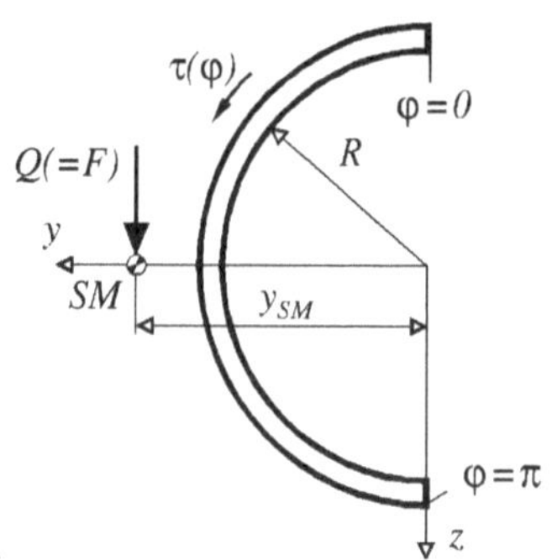

Die Verdrillung am Endquerschnitt errechnet sich aus der Grundformel. Mit

$$I_T = \frac{1}{3}\pi\delta^3 R \quad \text{und} \quad M_T(x) = -y_{SM}F$$

verdrillt sich der Endquerschnitt um

$$\vartheta = \frac{M_T l}{GI_T} = \frac{-12Fl}{\pi^2\delta^3 G}$$

Aufgabe 4

Bestimmen Sie für den Träger mit dem angegebenen Querschnitt

a) die Schubspannungsverteilung in Folge der Querkraft und skizzieren Sie den zugehörigen Schubspannungsverlauf,
b) den Schubmittelpunkt,
c) die Verdrehung des Endquerschnitts $x = l$ unter der eingezeichneten Kraft $\mathbf{F}$.

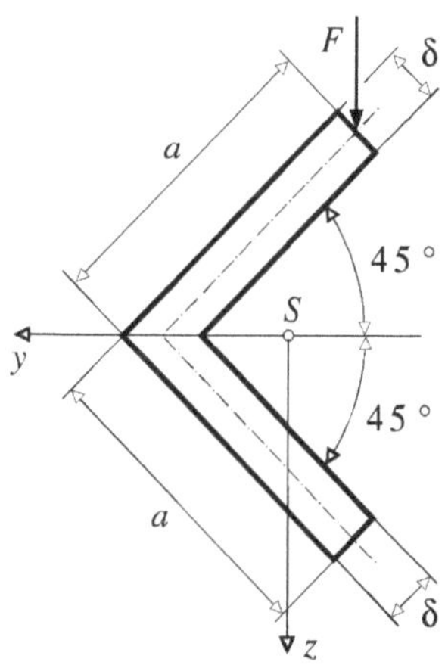

Gegeben: l, a, $\delta << a$, $\mathbf{F}$ und Schubmodul G. Das $y-, z-$ KOS hat den Ursprung im Schwerpunkt S der Querschnittsfläche.

Aufgabe 5

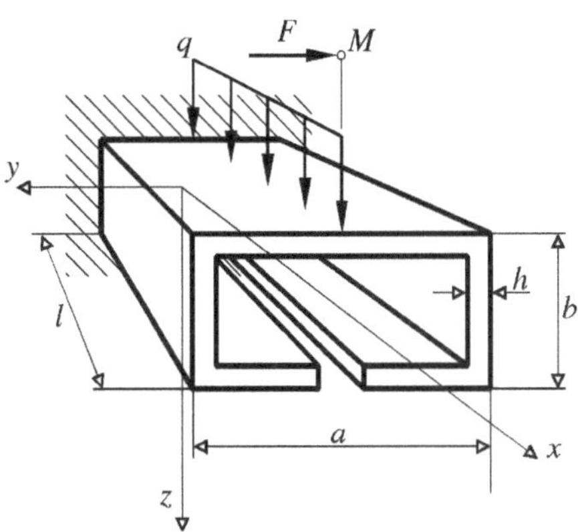

Ein dünnwandiger Kragträger (Wandstärke h) mit geschlitztem Kastenprofil wird durch eine Streckenlast q und eine im Schubmittelpunkt M angreifende Einzelkraft $\mathbf{F}$ belastet.

a) Geben Sie die Koordinaten des Schubmittelpunktes M an.
b) Wie groß sind die Normalspannungen und die Schubspannungen in einem beliebigen Querschnitt infolge Querkraftbiegung.

Gegeben: $\mathbf{F}$, q, a, b, h und l.

Aufgabe 6

Ein einseitig fest eingespannter masseloser Balken der Länge l mit dem skizzierten offenen dünnwandigen Querschnitt wird an seinem freien Ende an der Stelle $y = -a$ durch die Kraft $\boldsymbol{F}$ belastet.
Die Dicke des Querschnitts wird durch die Funktion $\delta(\varphi) = \delta_0 \cdot \sin\varphi$ beschrieben.

a) Bestimmen Sie den Schubspannungsverlauf, der aufgrund der Querkraft wirkt!
b) Wie lautet die y–Koordinate des Schubmittelpunktes?
c) Berechnen Sie die Verdrehung des Balkens am freien Ende!

Gegeben: a, l, Radius R, Schubmodul G, δ_0, $\boldsymbol{F}$

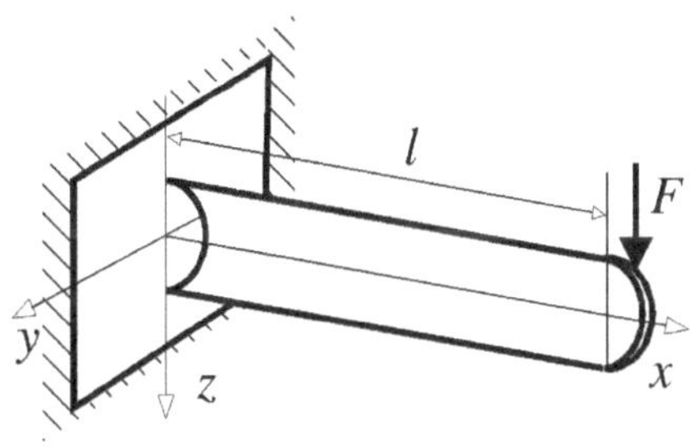

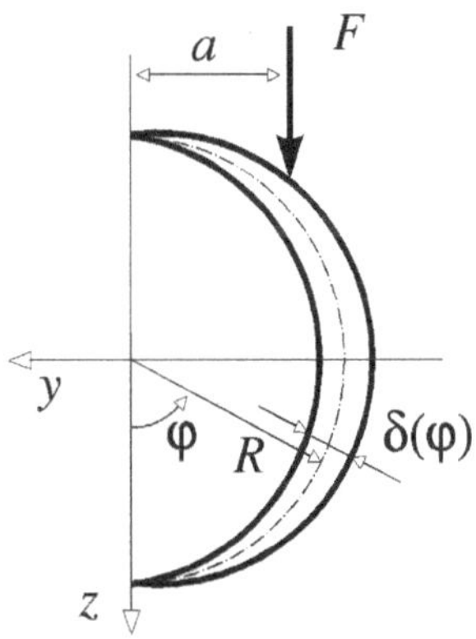

Lösungen zu Kap. 2.3 Torsion

Aufgabe 1

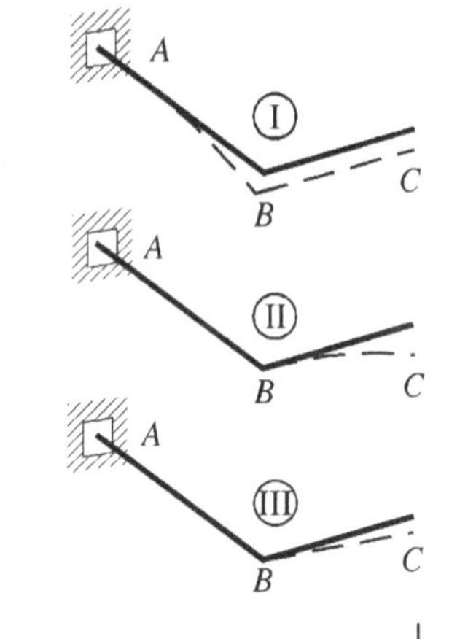

Aufteilung des Problems in die Verformungsanteile

I:) gerade Biegung des einseitig eingespannten Balkens AB,

II:) gerade Biegung des einseitig eingespannten Balkens BC,

III:) Torsion des Balkens AB

Für gerade Biegung lautet die Biegelinie:

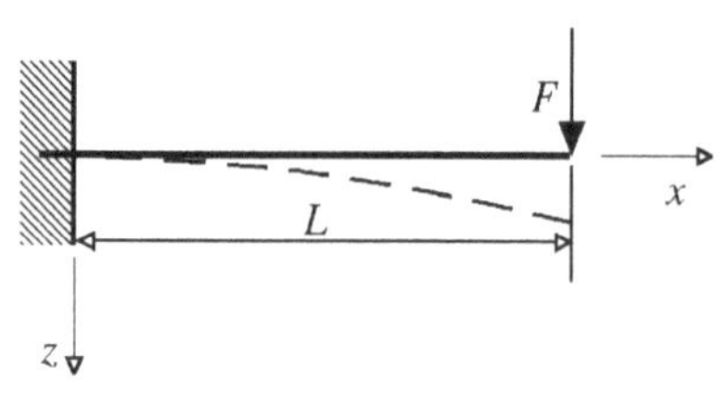

$$EI_y w''(x) = -M_b$$

$$w''(x) = \frac{F(L-x)}{EI_y}$$

$$w'(x) = \frac{FL}{EI_y}x - \frac{F}{2EI_y}x^2 + C_1$$

$$w(x) = \frac{FL}{2EI_y}x^2 - \frac{F}{6EI_y}x^3 + C_1 x + C_2$$

aus $w(0) = 0 \Rightarrow C_2 = 0$ und $w'(0) = 0 \Rightarrow C_1 = 0$

$$w(x) = \frac{FL}{2EI_y}x^2 - \frac{F}{6EI_y}x^3 \qquad w(L) = \frac{FL^3}{3EI_y}$$

Absenkung von C durch Biegung des Balkens AB:

$$\Delta z_B = \Delta z_{C,I} = \frac{64FL^3}{3\pi d_1^4 E}$$

Absenkung von C durch Biegung des Balkens BC:

$$\Delta z_{C,II} = \frac{64Fa^3}{3\pi d_2^4 E}$$

Verdrillung bei B, Absenkung von C durch Verdrillung AB:

$$\varphi_B = \frac{M_T L}{GI_p}; \qquad \Delta z_{C,III} = \frac{32Fa^2L}{\pi d_1^4 G}$$

Gesamtabsenkung von C :

$$\Delta z_C = \Delta z_{C,I} + \Delta z_{C,II} + \Delta z_{C,III} = \frac{64Fa^3}{3\pi d_1^4 E}\left[\left(\frac{L}{a}\right)^3 + \left(\frac{d_1}{d_2}\right)^4 + \frac{3LE}{2aG}\right]$$

Der theoretische Rückdrehwinkel bei A beträgt dann:

$$\alpha = \frac{\Delta z_C}{a}$$

Aufgabe 2

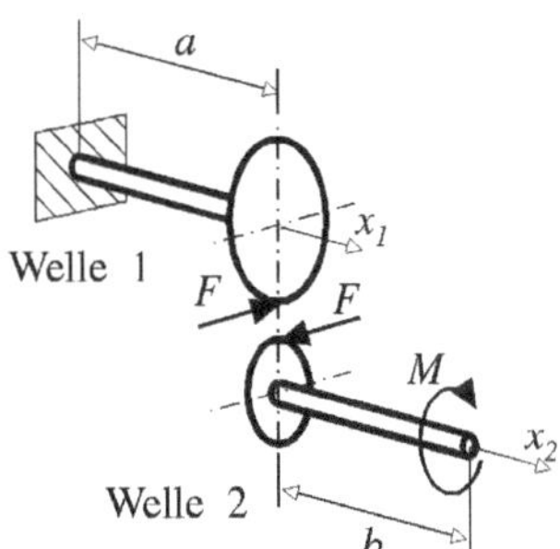

Nach dem Freischneiden folgt aus dem Momentengleichgewicht um die x–Achse für Welle 2 :

$$F = \frac{2M}{d_2}$$

Torsionsmoment in der Welle 1:

$$M_1 = M\frac{d_1}{d_2}$$

$$M_2 = -M \qquad \text{(Torsionsmoment in der Welle 2)}$$

Allgemein berechnen sich die Flächenträgheitsmomente und Widerstandsmomente für die Torsion I_t, W_t und für die Biegung I_b, W_b für Hohlzylinder zu:

$$I_t = \frac{\pi}{2}(r_a^4 - r_i^4) \quad ; \qquad W_t = \frac{\pi}{2r_a}(r_a^4 - r_i^4)$$

$$I_b = \frac{\pi}{4}(r_a^4 - r_i^4) \quad ; \qquad W_b = \frac{\pi}{4r_a}(r_a^4 - r_i^4)$$

a) maximale Schubspannungen in beiden Wellen:

$$\tau_{max} = \frac{M_t}{W_t} \quad \Rightarrow \quad \tau_{1,max} = M\frac{d_1}{d_2} \cdot \frac{2R_1}{\pi(R_1^4 - r_1^4)} \quad ; \qquad \tau_{2,max} = \frac{-2M}{\pi R_2^3}$$

b) Maximale Biegespannung in Welle 1:

$$\sigma_{1,max} = \left|\frac{M_b}{W_b}\right| = \frac{8MaR_1}{\pi d_2(R_1^4 - r_1^4)}$$

c) Die stärkste Beanspruchung liegt an der Einspannstelle vor.

d) Der Verdrillwinkel Θ setzt sich aus den Verdrillwinkeln der beiden Wellen und dem Einfluß der Durchbiegung von Welle 1 zusammen.

Verdrehung der Welle 1:

$$\Theta_{1t1} = \int_0^a \frac{\frac{d_1}{d_2}M}{G\frac{\pi}{2}(R_1^4 - r_1^4)}\,dx_1 = \frac{\frac{d_1}{d_2}Ma}{G\frac{\pi}{2}(R_1^4 - r_1^4)}$$

$$\Theta_{2t1} = \frac{-d_1}{d_2}\Theta_{1t1}$$

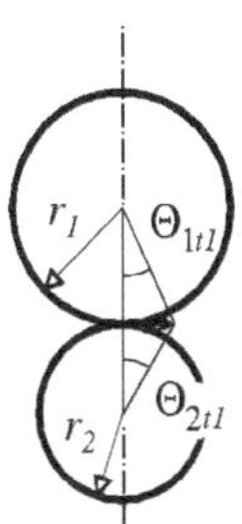

Verdrehung der Welle 2:

$$\Theta_{2t2} = \int_0^b \frac{M}{G\frac{\pi}{2}R_2^4}\,dx_2 = \frac{Mb}{G\frac{\pi}{2}R_2^4}$$

Die Welle 2 tordiert aufgrund der Durchbiegung der Welle 1. Durchbiegung der Welle 1 an der Stelle $x_1 = a$:

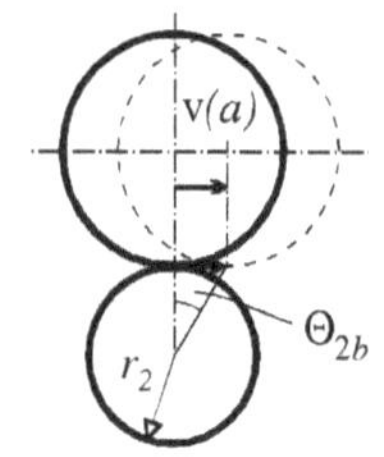

$$v(a) = \frac{-F \cdot a^3}{E \cdot I_b \cdot 3} = \frac{-8Ma^3}{Ed_2 3\pi(R_1^4 - r_1^4)}$$

Daraus resultiert ein Verdrehwinkel von

$$\Theta_{2b} = \frac{2v(a)}{d_2} = \frac{-16Ma^3}{Ed_2^2 3\pi(R_1^4 - r_1^4)}.$$

Gesamter Verdrillwinkel:

$$\Theta = \frac{-2M}{\pi}\left[\frac{b}{GR_2^4} + \frac{a}{R_1^4 - r_1^4}\left(\frac{d_1^2}{d_2^2 \cdot G} + \frac{8a^2}{3Ed_2^2}\right)\right]$$

Aufgabe 3

a) Torsionsflächenträgheitsmomente für dünnwandig geschlossene Profile:

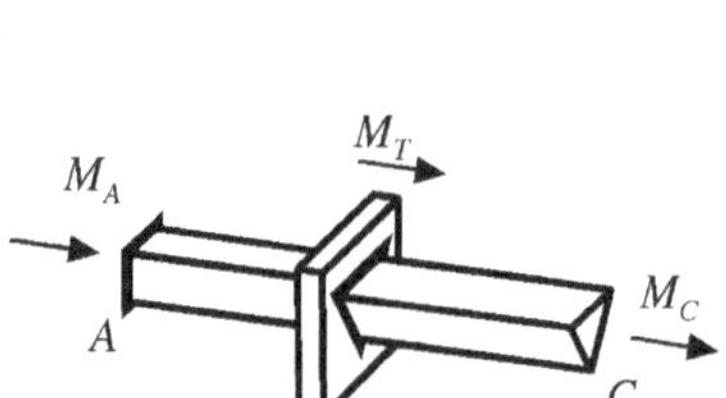

$$I_{AB} = k^3\delta \quad ; \qquad I_{BC} = \frac{1}{4}k^3\delta$$

b) Freischneiden, GGB:

$$-M_T = M_A + M_C$$

Bedingung für Gesamtverdrehung:

$$\vartheta_{AB} + \vartheta_{BC} = 0$$

Mit den Anteilen

$$\vartheta_{AB} = \frac{-M_A a}{GI_{AB}} \quad ; \qquad \vartheta_{BC} = \frac{M_C(L-a)}{GI_{BC}}$$

Auflösen nach M_A, M_C:

$$M_A = -\frac{4M_T(L-a)}{4L-3a} \quad ; \qquad M_C = -\frac{M_T a}{4L-3a}$$

c) Verdrehung des Querschnitts B:

$$\varphi_B = \vartheta_{AB} = \frac{(L-a)aM_T}{(4L-3a)GI}$$

d) Schubspannungen in den Querschnitten AB und BC (erste Bredt'sche Formel):

$$\tau_{AB} = \frac{-4M_T(L-a)}{2k^2\delta(4L-3a)} \quad ; \qquad \tau_{BC} = \frac{-2M_T a}{k^2\sqrt{3}\delta(4L-3a)}$$

e) Maximale Schubspannung im Querschnitt AB:

$$a/L < \frac{1}{\frac{1}{\sqrt{3}} + 1} \approx 0,63$$

Aufgabe 4

a) Schubspannungen $\tau_F(s)$ aus Einzelkraft F:

$$\tau_F(s) = \frac{Q_z S_y(s)}{\delta(s) I_y} \qquad \delta(s) = \delta \quad ; \quad Q_z = F$$

Flächenträgheitsmoment I_y: Der Querschnitt ist einem Rechteck R^*, mit der Höhe $\frac{2a}{\sqrt{2}}$ und der Breite $\sqrt{2}\delta$ äquivalent:

$$I_y = I_{R^*} = \frac{\delta a^3}{3}$$

Statisches Moment $S_y(s)$ um die $y-$Achse bzgl. des Schwerpunkts:

$$S_{y1}(s_1) = \frac{\delta}{2\sqrt{2}}(2as_1 - s_1^2) \quad ; \qquad S_{y2}(s_2) = \frac{\delta}{2\sqrt{2}}(a^2 - s_2^2)$$

$$\tau_F(s_1) = \frac{3(2as_1 - s_1^2)}{2\sqrt{2}a^3\delta}F \quad ; \qquad \tau_F(s_2) = \frac{3(a^2 - s_2^2)}{2\sqrt{2}a^3\delta}F$$

b) Schubmittelpunktskoordinaten (y_M, z_M) im gegebenen Koordinatensystem: Bezogen auf den Punkt O besitzen die Schubspannungen keinen Hebelarm. Der Punkt O ist damit Schubmittelpunkt. Verläuft die Querkraft Q durch diesen Punkt, so erzeugt sie kein Moment um O und repräsentiert dann den aus den Schubspannungen resultierenden Kraft-Momentenwinder korrekt.

$$O \text{ ist Schubmittelpunkt} \quad \rightarrow \quad y_M = \frac{a}{2\sqrt{2}}$$

c) Verdrehung des Endquerschnittes:

$$\vartheta_{(x=l)} = \frac{M_t}{GI_t} l$$

M_t aus GGW am negativen Schnittufer:

$$M_t = -\frac{a}{\sqrt{2}}F$$

Torsionsflächenträgheitsmoment:

$$I_t = \frac{2}{3}a\delta^3$$

$$\vartheta_{(x=l)} = -\frac{3}{2\sqrt{2}G\delta^3}Fl$$

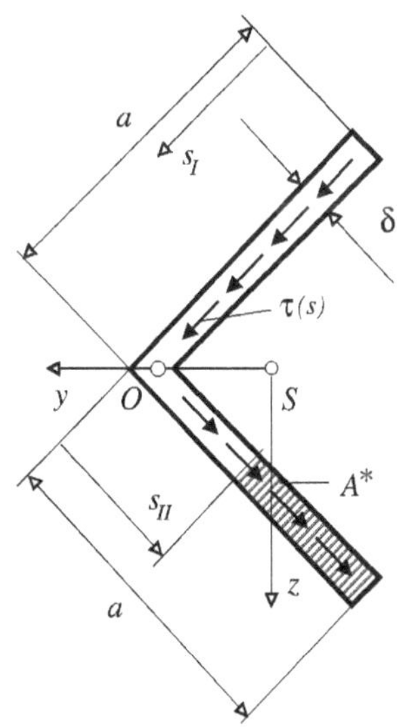

Aufgabe 5

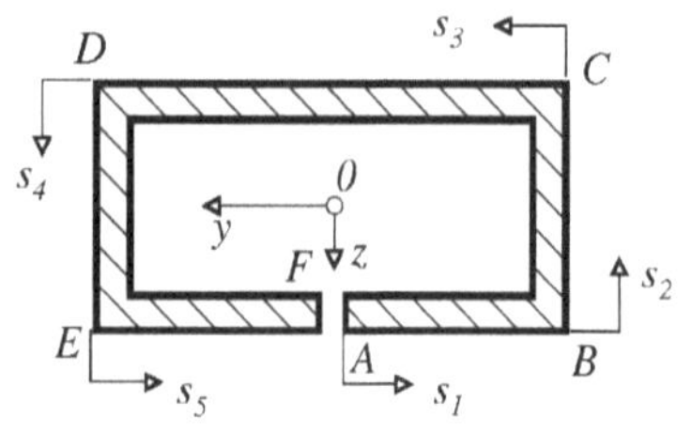

a) Schubspannungen $\tau_F(s)$ aus Einzelkraft F:

$$\tau_F(s) = \frac{Q_y S_z(s)}{\delta(s) I_z}$$

$$\delta(s) = h; \qquad Q_y = -F$$

Flächenträgheitsmoment I_z:

$$I_z = 2\left(\frac{ha^3}{12} + \frac{bh^3}{12} + \frac{bha^2}{4}\right) \approx \frac{ha^2}{6}(a + 3b)$$

Statische Momente bzgl. der z–Achse:

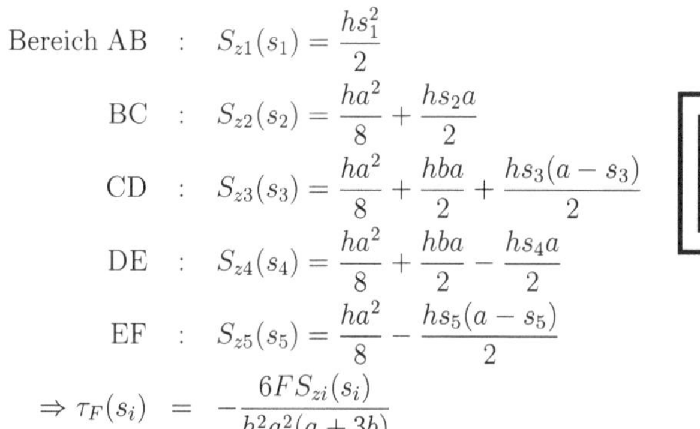

$$\text{Bereich AB} \quad : \quad S_{z1}(s_1) = \frac{hs_1^2}{2}$$

$$\text{BC} \quad : \quad S_{z2}(s_2) = \frac{ha^2}{8} + \frac{hs_2 a}{2}$$

$$\text{CD} \quad : \quad S_{z3}(s_3) = \frac{ha^2}{8} + \frac{hba}{2} + \frac{hs_3(a - s_3)}{2}$$

$$\text{DE} \quad : \quad S_{z4}(s_4) = \frac{ha^2}{8} + \frac{hba}{2} - \frac{hs_4 a}{2}$$

$$\text{EF} \quad : \quad S_{z5}(s_5) = \frac{ha^2}{8} - \frac{hs_5(a - s_5)}{2}$$

$$\Rightarrow \tau_F(s_i) \quad = \quad -\frac{6FS_{zi}(s_i)}{h^2a^2(a + 3b)}$$

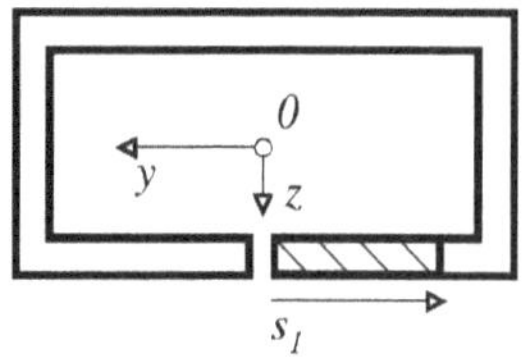

Schubmittelpunkt:

$$y_M = 0 \quad \text{(Symmetrie)}$$

$$z_M Q_{y,F} = \int_L (-t_{y,F}(s) z(s) + t_{z,F}(s) y(s)) ds$$

$$z_M F = -\frac{6F}{h^2a^2(a + 3b)}\left(\frac{b}{2}\left(\int_0^{\frac{a}{2}} (S_{z1} + S_{z5}) h ds + \int_0^a S_{z3} h ds\right) + \right.$$

$$\left. + \frac{a}{2}\left(\int_0^b (S_{z2} + S_{z4}) h ds\right)\right)$$

$$\Rightarrow \qquad z_M = -b \cdot \frac{3}{2} \cdot \frac{a + 2b}{a + 3b}$$

b) Normalspannungen σ_x durch schiefe Biegung:

$$\sigma_x = \frac{M_{B,y}}{I_y} z - \frac{M_{B,z}}{I_z} y$$

$$I_y = \frac{hb^2}{6}(b + 3a) \text{ (analog } I_z)$$

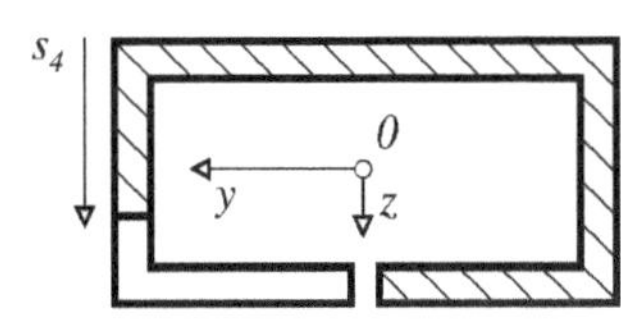

Schnittmomente $M_{B,y}$ und $M_{B,z}$ bestimmen (negatives Schnittufer).

$$M_{B,y} = -\frac{q}{2}(l - x)^2; \qquad M_{B,z} = -F(l - x)$$

$$\sigma_x = -\frac{3q(l - x)^2}{hb^2(3a + b)} z + \frac{6F(l - x)}{ha^2(a + 3b)} y$$

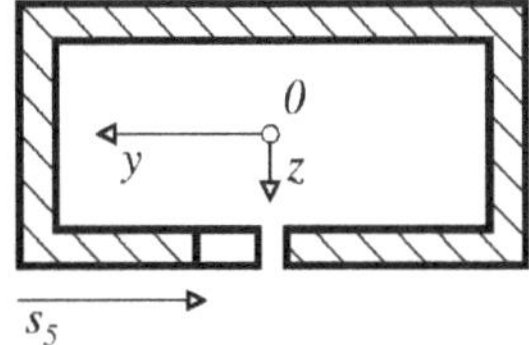

c) Schubspannungen infolge Streckenlast $q(x)$:

$$\tau_q(s, x) = \frac{Q_z S_y(s)}{\delta I_y} \quad ; \quad Q_z(x) = q(l - x) \quad ; \quad \delta = h = \text{const.}$$

$$\begin{aligned}
\text{Bereich AB} \quad &: \quad S_{y1}(s_1) = -\frac{hbs_1}{2} \\
\text{BC} \quad &: \quad S_{y2}(s_2) = -\frac{hba}{4} - \frac{hs_2(b - s_2)}{2} \\
\text{CD} \quad &: \quad S_{y3}(s_3) = -\frac{hba}{4} + \frac{hs_3 b}{2} \\
\text{DE} \quad &: \quad S_{y4}(s_4) = \frac{hba}{4} + \frac{hs_4(b - s_4)}{2} \\
\text{EF} \quad &: \quad S_{y5}(s_5) = \frac{hba}{4} - \frac{hs_5 b}{2} \\
\Rightarrow \tau_q(x, s_i) \quad &= \quad \frac{6q(l - x)S_{yi}(s_i)}{h^2 b^2(3a + b)}
\end{aligned}$$

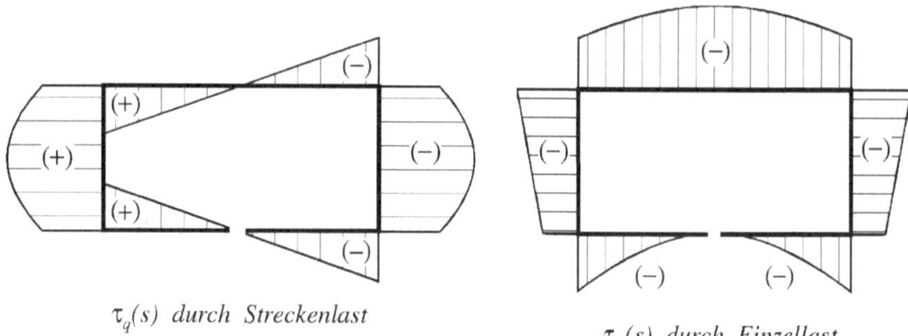

$\tau_q(s)$ durch Streckenlast

$\tau_F(s)$ durch Einzellast

Aufgabe 6

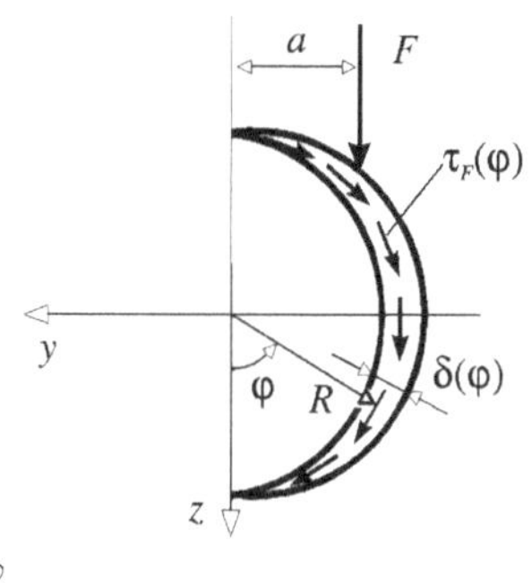

a) Schubspannungen $\tau_F(\varphi)$ aus Kraft F:

$$\tau_F(\varphi) = \frac{F \cdot S_y(\varphi)}{\delta(\varphi) \cdot I_y}$$

$$\delta(\varphi) = \delta_0 \sin\varphi \quad ; \qquad z(\varphi) = R\cos\varphi$$

$$I_y = \int_0^\pi z^2(\varphi)\delta(\varphi)Rd\varphi = \frac{2}{3}R^3\delta_0$$

$$S_y(\varphi) = -\int_0^\varphi z(\varphi)\delta(\varphi)Rd\varphi = -\frac{1}{2}R^2\delta_0\sin^2\varphi$$

$$\tau_F(\varphi) = -\frac{3F\sin\varphi}{4R\delta_0}$$

b) $y-$Koordinate des Schubmittelpunktes (der Bezugspunkt zur Berechnung ist der Koordinatenursprung):

$$F \cdot y_{SM} = -\mid \int_0^\pi R\tau_F(\varphi)\delta(\varphi)Rd\varphi \mid = -\frac{3}{8}FR\pi \quad \rightarrow \quad y_{SM} = -\frac{3}{8}R\pi$$

c) Verdrillung am freien Ende:

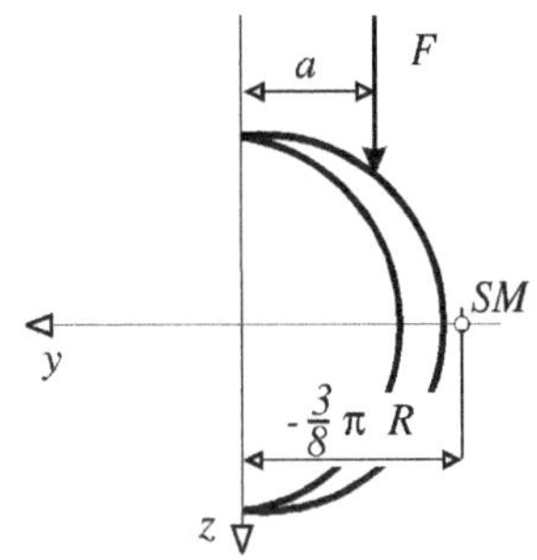

$$\Theta(x) = \int_0^x \frac{M_T}{GI_T} dx$$

$$I_T = \frac{1}{3}\int_0^\pi \delta^3(\varphi) R d\varphi = \frac{4}{9} R\delta_0^3$$

$$M_T = (\frac{3}{8}R\pi - a)F$$

$$\Theta(x = l) = \frac{9l(\frac{3}{8}R\pi - a)F}{4G\delta_0^3 R}$$

2.4 Biegung

2.4.1 Flächenträgheitsmomente

Grundformeln: Flächenträgheitsmomente

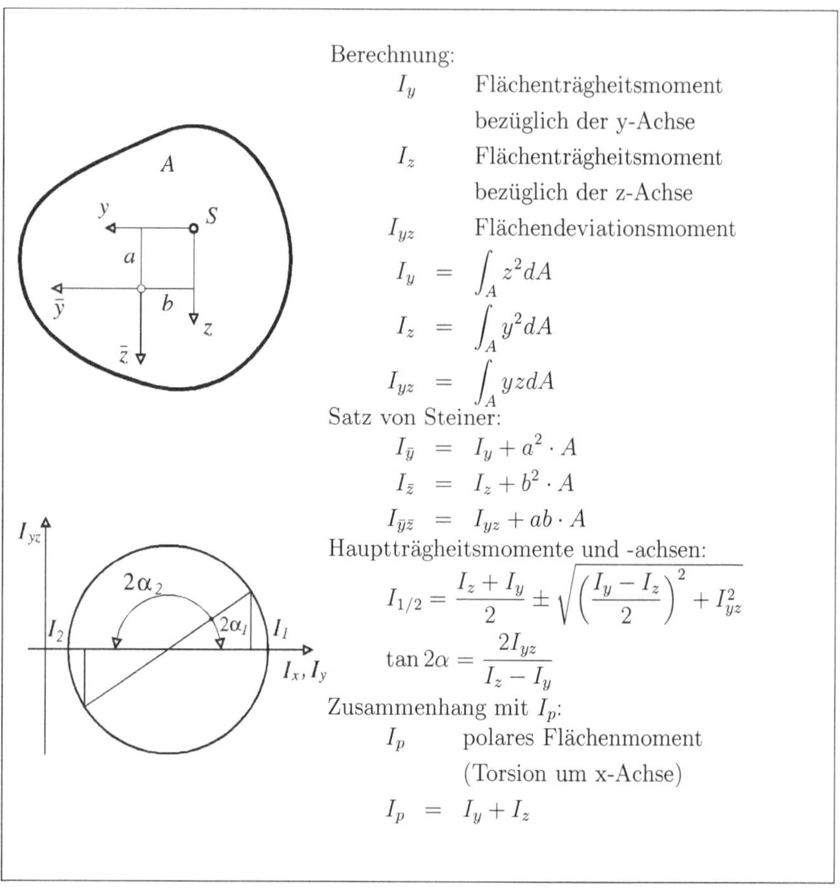

Berechnung:

I_y Flächenträgheitsmoment bezüglich der y-Achse

I_z Flächenträgheitsmoment bezüglich der z-Achse

I_{yz} Flächendeviationsmoment

$$I_y = \int_A z^2 dA$$

$$I_z = \int_A y^2 dA$$

$$I_{yz} = \int_A yz dA$$

Satz von Steiner:

$$I_{\bar{y}} = I_y + a^2 \cdot A$$

$$I_{\bar{z}} = I_z + b^2 \cdot A$$

$$I_{\bar{y}\bar{z}} = I_{yz} + ab \cdot A$$

Hauptträgheitsmomente und -achsen:

$$I_{1/2} = \frac{I_z + I_y}{2} \pm \sqrt{\left(\frac{I_y - I_z}{2}\right)^2 + I_{yz}^2}$$

$$\tan 2\alpha = \frac{2I_{yz}}{I_z - I_y}$$

Zusammenhang mit I_p:

I_p polares Flächenmoment (Torsion um x-Achse)

$$I_p = I_y + I_z$$

Tabelle: Trägheitsmomente einfacher Flächen

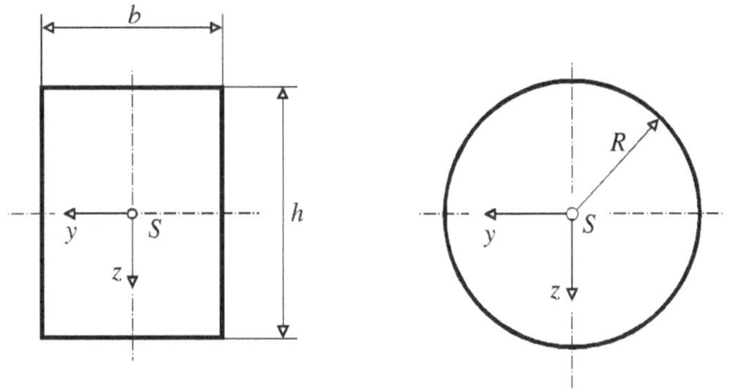

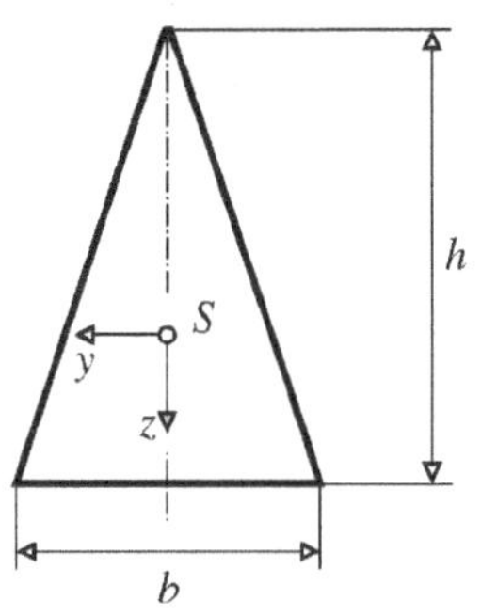

S ≡ Flächenschwerpunkt

Achsensymmetrie: $\rightarrow I_{yz} = 0$

Rechteck :	$I_y = \frac{bh^3}{12}$	$I_z = \frac{b^3h}{12}$
Kreis:	$I_y = \frac{\pi d^4}{64}$	$I_z = I_y$
Dreieck:	$I_y = \frac{bh^3}{36}$	$I_z = \frac{b^3h}{48}$

Musteraufgabe 1

Für den gezeichneten Querschnitt bestimme man die Lage des Schwerpunktes, die Flächenträgheitsmomente und das Deviationsmoment. Für welche Achsen verschwindet das Deviationsmoment (Hauptachsen)? Man zeichne den 'Trägheitskreis' und eine Lageskizze.

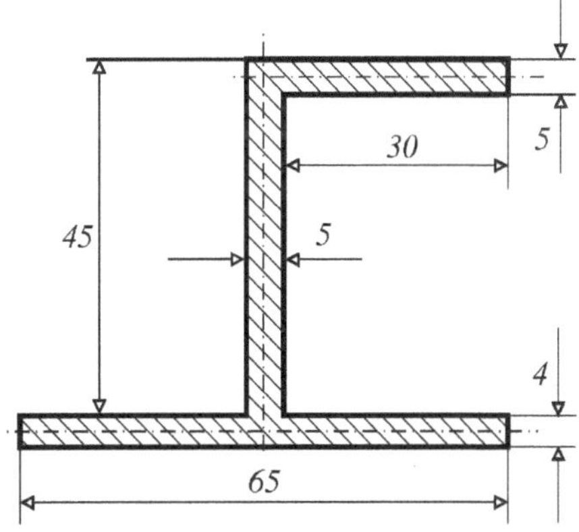

Lösung: Zur einfachen Berechnung der Flächen und ihrer Trägheitsmomente zerlegen wir den Querschnitt in einfache Teilflächen A_1, A_2, A_3 und führen die entsprechenden Koordinatensysteme 1−3 ein. Als erstes berechnen wir die Größen der Einzelflächen: $A_1 = 150mm^2; A_2 = 225mm^2, A_3 = 260mm^2$.

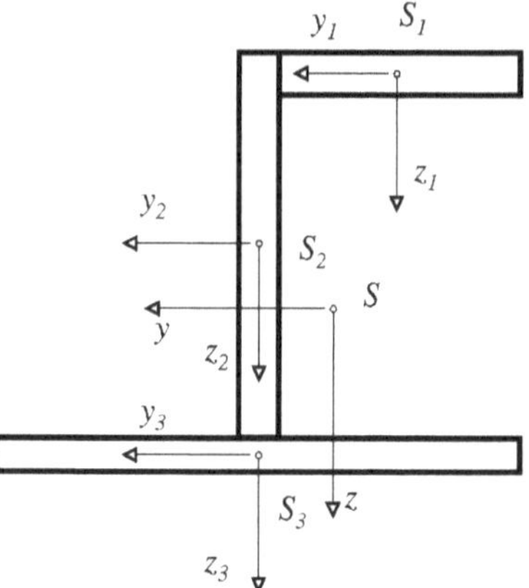

Die Lage des Gesamtschwerpunktes S berechnen wir nun in einem der drei Koordinatensysteme, z.B. im Koordinatensystem 1. Dazu geben wir die Koordinaten der Schwerpunkte S_1, S_2, S_3 in diesem System an und berechnen den Gesamtschwerpunkt nach der Grundformel aus Kapitel 1.1.:

$$\begin{aligned} y_S &= \frac{y_{S_1} \cdot A_1 + y_{S_2} \cdot A_2 + y_{S_3} \cdot A_3}{A_1 + A_2 + A_3} \\ &= \frac{+17,5 \cdot 225 + 17,5 \cdot 260}{150 + 225 + 260} \\ &= +13,4mm \\ z_S &= +25,3mm \quad \text{analog} \end{aligned}$$

Die Berechnung der Flächenträgheitsmomente der Einzelflächen folgt einem ähnlichem Schema: wir berechnen zunächst die Momente der Einzelflächen um die Achsen ihrer eigenen Koordinatensysteme, um dann die Momente bezüglich der Achsen durch den Gesamtschwerpunkt S mit Hilfe der Steiner-Formel zu bestimmen. Bezüglich ihrer Symmetrieachsen y_i, z_i besitzen die Flächen A_i die folgenden Flächenträgheitsmomente:

$$\begin{aligned} I^1_{y1} &= 310mm^4 \quad ; \quad I^1_{z1} = 11250mm^4 \\ I^2_{y2} &= 37970mm^4 \quad ; \quad I^2_{z2} = 470mm^4 \\ I^3_{y3} &= 350mm^4 \quad ; \quad I^3_{z3} = 91540mm^4 \end{aligned}$$

Bezüglich der $y-, z-$Achsen durch den Schwerpunkt kommen für diese Flächenträgheitsmomente noch die Anteile aus der Steiner-Formel hinzu:

$$\begin{aligned} I^i_y &= I^i_{yi} + z^2_{S_i} A_i \\ I^i_z &= I^i_{zi} + y^2_{S_i} A_i \\ I^i_{yz} &= I^i_{yzi} + y_{S_i} \cdot z_{S_i} \cdot A_i \end{aligned}$$

Die Abstände y_{Si}, z_{Si} sind dabei genau die Koordinaten der Schwerpunkte S_i im $y-, z-$ System durch den Gesamtschwerpunkt:

$$\begin{aligned} y_{S_1} &= -13,4mm \quad ; \quad z_{S_1} = -25,3mm \\ y_{S_2} &= 4,1mm \quad ; \quad z_{S_2} = -5,3mm \\ y_{S_3} &= 4,1mm \quad ; \quad z_{S_3} = +19,2mm \end{aligned}$$

Wir erhalten insgesamt:

$$I_y = 236810mm^4 \quad ; \quad I_z = 138347mm^4 \quad ; \quad I_{yz} = 66431mm^4$$

Mit Hilfe der Grundformel können wir sofort die maximalen Flächenträgheitsmomente I_1, I_2 für ein gedrehtes 1,2- System berechnen:

$$I_1 = 271000mm^4; \qquad I_2 = 105000mm^4$$

Die Winkel $\alpha_{1/2}$ zwischen $y-$ Achse und den Achsen des Hauptsystems lassen sich zunächst auch aus der Grundformel berechnen:

$$\tan 2\alpha = \frac{2I_{yz}}{I_z - I_y} \quad \rightarrow \quad \alpha_1 = -26,7^\circ; \qquad \alpha_2 = 63,3^\circ$$

Die Zuordnung zu den Hauptachsen wird aber eindeutig erst im sogenannten 'Trägheitskreis' ersichtlich, dieser wird vollständig analog zum Mohr'schen Spannungskreis (Kap. 2.1) konstruiert: 1.) I_y, I_z auf der I-Achse markieren, M ist Mittelpunkt der Strecke $\overline{I_yI_z}$; 2.) I_{yz} vorzeichenrichtig auf I_y antragen; 3.) Kreis um M durch (I_y, I_{yz}). Auch hier muß beachtet werden, daß a) die Winkel $\alpha_{1,2}$ im 'Trägheitskreis' von der Bezugslinie $\overline{M, (I_y, I_{yz})}$ ab gemessen werden und in der Lageskizze gegenüber der $y-$Achse; und b) die Drehrichtungen von α_1 bzw. α_2 im 'Trägheitskreis' und in der Lageskizze jeweils übereinstimmen!

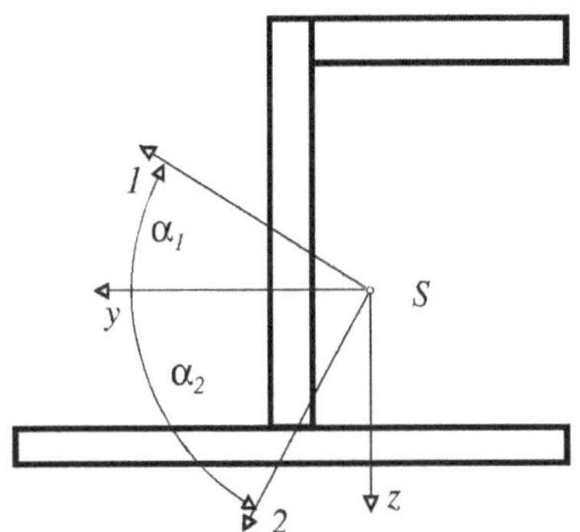

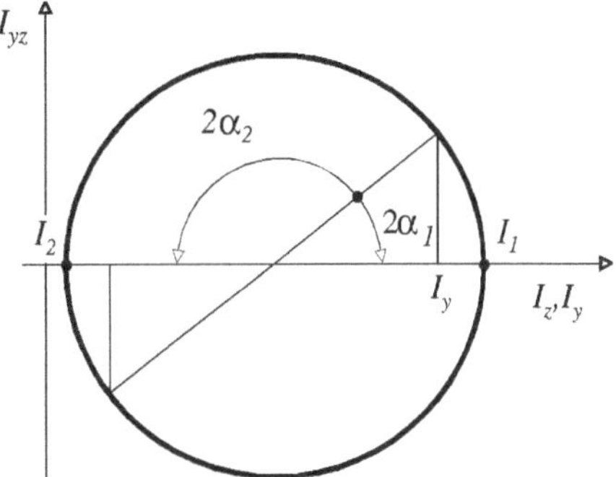

Aufgabe 1

Für den gezeichneten Querschnitt bestimme man die auf den Schwerpunkt bezogenen Hauptträgheitsmomente und die Lage der Hauptträgheitsachsen. Man bestätige die Rechnung durch ein graphisches Verfahren (Maßangaben in cm).

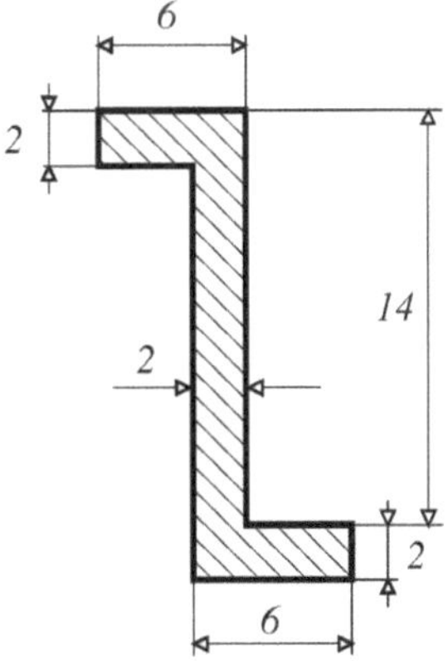

Aufgabe 2

Ein exzentrischer Kreisring hat die Halbmesser $R = 20$ cm, $r = 10$ cm und die Exzentrizität $e = 5$ cm. Man suche die Hauptträgheitsmomente in Bezug auf seinen Schwerpunkt.

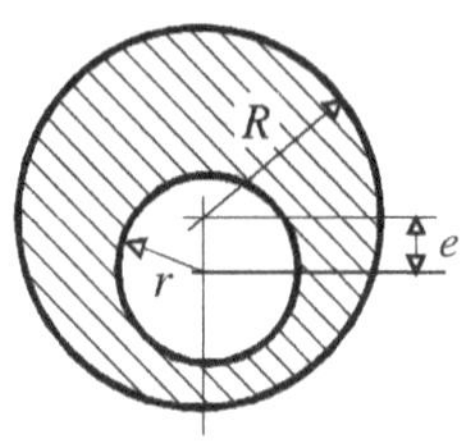

2.4.2 Ebene Biegung

Grundformeln: Ebene Biegung

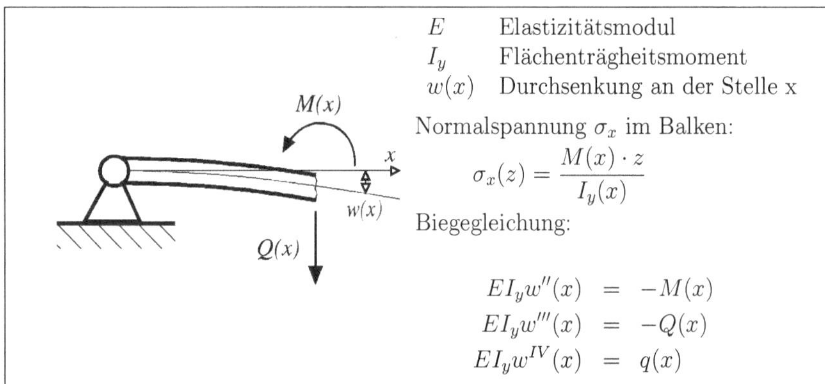

E	Elastizitätsmodul
I_y	Flächenträgheitsmoment
$w(x)$	Durchsenkung an der Stelle x

Normalspannung σ_x im Balken:

$$\sigma_x(z) = \frac{M(x) \cdot z}{I_y(x)}$$

Biegegleichung:

$$\begin{aligned} EI_y w''(x) &= -M(x) \\ EI_y w'''(x) &= -Q(x) \\ EI_y w^{IV}(x) &= q(x) \end{aligned}$$

Musteraufgabe 2

Eine Jalousie besteht aus n identischen Balken (Länge jeweils $2L$, Biegesteifigkeit EI, Gewicht pro Länge q_0), die über gleichlange, symmetrisch angebrachte und nicht dehnbare masselose Seile der Länge h waagrecht aufgehängt sind. Am untersten Balken n hängt zusätzlich ein Gewicht $G = 2q_0L$ in Balkenmitte. Die x-Achsen der Koordinatensysteme liegen jeweils auf den Symmetrieachsen der Balken in der unverformten Lage.

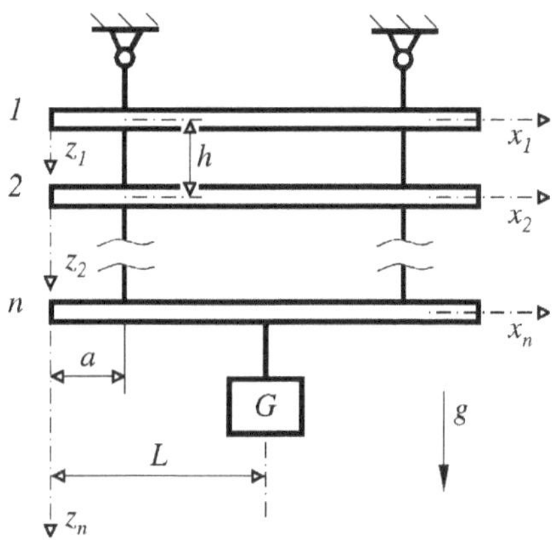

a) Wie groß ist die Seilkraft $F_{S,i}$ in einem Seil zwischen einem mittleren Balken i und dem nächsthöheren Balken $i-1$?
b) Berechnen Sie den Querkraftverlauf $Q_i(x_i)$ für einen allgemeinen Balken i und stellen Sie diesen graphisch dar!
c) Wie lautet das Schnittmoment $M_i(x_i)$ in dem Balken i?
d) Wie lautet die Biegelinie $w_i(x_i)$ für den Balken i?

Lösung: Schneiden wir die beiden Seile über einem Balken i auf, so müssen die resultierenden Schnittkräfte $F_{S,i}$ im statischen Gleichgewicht dem Gewicht von G plus $n-i+1$ Balken entsprechen. Aufgrund der Symmetrie sind zudem die Schnittkräfte links und rechts identisch:

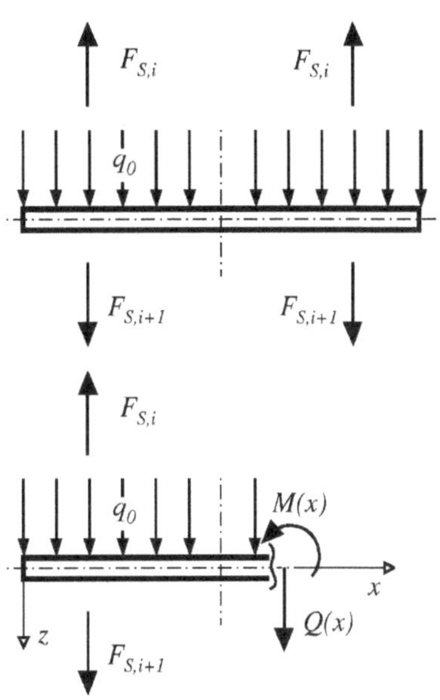

$$\begin{aligned} 2F_{S,i} &= (n-i+1)2q_0L + 2q_0L \\ \rightarrow \quad F_{S,i} &= q_0L(n-i+2) \end{aligned}$$

Den Querkraftverlauf für einen allgemeinen Balken bestimmen wir durch Freischneiden. Für jedes $i < n$ gilt obendrein:

$$\begin{aligned} -F_{S,i} + F_{S,i+1} &= -q_0L(n-i+2) \\ &\quad + q_0L[n-(i+1)+2] \\ &= -q_0L \end{aligned}$$

Wir erhalten für die Schnittreaktionen:

$\sum F_x = 0 \quad \rightarrow \quad N(x) = 0$

$$\sum F_z = 0 \quad \rightarrow \quad q_0x - q_0L\{x-a\}^0 + Q(x) - q_0L\{x-(2L-a)\}^0 = 0$$

$$\begin{aligned} Q(x) &= -q_0x + q_0L\{x-a\}^0 + q_0L\{x-(2L-a)\}^0 \\ M(x) &= -\frac{q_0x^2}{2} + q_0L\{x-a\}^1 + q_0L\{x-(2L-a)\}^1 \end{aligned}$$

Über die Biegeliniengleichung $E \cdot I_y \cdot w''(x) = -M(x)$ folgt dann

$$w''(x) = \frac{1}{EI}\left[\frac{q_0x^2}{2} - q_0L\{x-a\}^1 - q_0L\{x-(2L-a)\}^1\right]$$

$$w'(x) = \frac{1}{EI}\left[\frac{q_0 x^3}{6} - \frac{q_0 L}{2}\{x-a\}^2 - \frac{q_0 L}{2}\{x-(2L-a)\}^2 + C_1\right]$$

$$w(x) = \frac{1}{EI}\left[\frac{q_0 x^4}{24} - \frac{q_0 L}{6}\{x-a\}^3 - \frac{q_0 L}{6}\{x-(2L-a)\}^3 + C_1 x + C_0\right]$$

Zur Bestimmung der noch unbekannten Konstanten stehen uns die Randbedingungen $w(x=a)=0$ und $w(x=2L-a)=0$ zur Verfügung. Weiterhin muß gelten: $w'(x=L)=0$, die Tangente in Balkenmitte ist aufgrund der symmetrischen Anordnung der Aufhängung immer waagrecht. Zur Berechnung der beiden Konstanten C_1 und C_0 sind die Bedingungen $w(x=a)=0$ und $w(x=2L-a)=0$ ausreichend, $w'(x=L)=0$ muß sich bei korrekter Rechnung automatisch ergeben. Wir bezeichnen die Aufhängepunkte $x=a$ mit ξ_1 und $x=2L-a$ mit ξ_2:

$$w(x=\xi_1)=0 \quad\rightarrow\quad \frac{q_0\xi_1^4}{24} + C_1\xi_1 + C_0 = 0 \quad (1)$$

$$w(x=\xi_2)=0 \quad\rightarrow\quad \frac{q_0\xi_2^4}{24} - \frac{q_0 L(\xi_2-a)^3}{6} + C_1\xi_2 + C_0 = 0 \quad (2)$$

Aus zwei Gleichungen können wir C_0 und C_1 standardmäßig isolieren:

$$(1) \quad\rightarrow\quad C_0 = -C_1\xi_1 - \frac{q_0\xi_1^4}{24}$$

$$(3)\rightarrow(2) \quad\rightarrow\quad C_1 = \frac{\frac{q_0}{24}(\xi_1^4-\xi_2^4) + \frac{q_0 L}{6}(\xi_2-a)^3}{(\xi_2-\xi_1)}$$

Die Grafik zeigt $Q(x)$, $M(x)$ und $w(x)$ für ein Zahlenbeispiel: $L=2m$, $a=0,4m$, Breite des Bleches $3cm$ und Höhe $0,5mm$, ferner die Materialkonstanten $\rho = 7800\frac{kg}{m^3}$ und $E = 2,1\cdot 10^{11}\frac{N}{m^2}$ für Stahl.

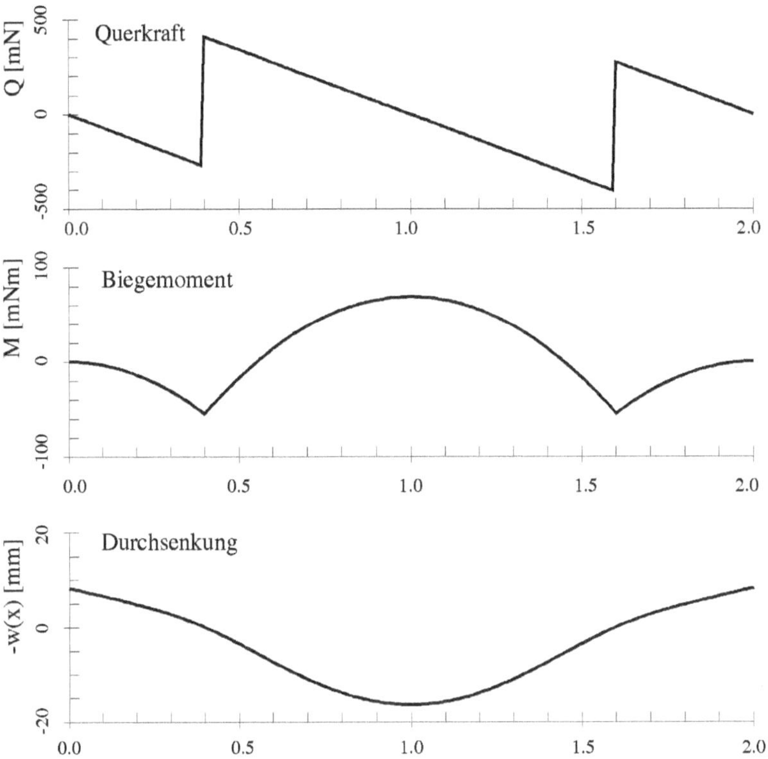

Q [mN] Querkraft

M [mNm] Biegemoment

-w(x) [mm] Durchsenkung

Aufgabe 3

Aus einem gegebenen Rundmaterial mit dem Durchmesser D wird ein Rechteckprofil herausgeschnitten, das ein möglichst großes Biegemoment M_y übertragen soll.

a) Wie groß sind Breite und Höhe des Rechteckprofils?

b) Um wieviel Prozent hat sich das übertragbare Biegemoment gegenüber dem Kreisquerschnitt verändert?

c) Man berechne M_{max} für das Rechteckprofil, wenn $D = 100mm$ ist und die zulässige Normalspannung $\sigma_{zul} = 200N/mm^2$ beträgt.

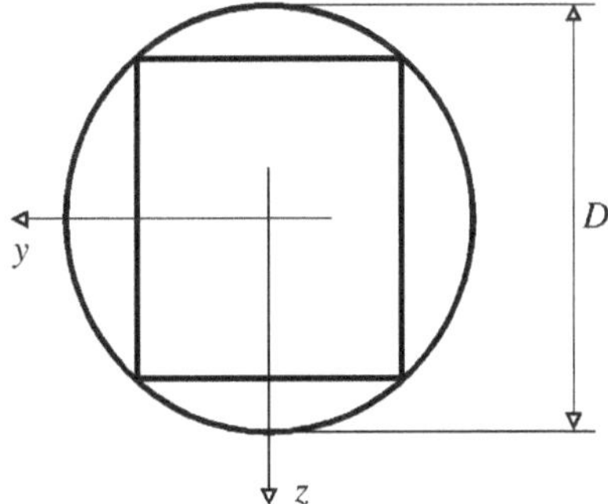

Aufgabe 4

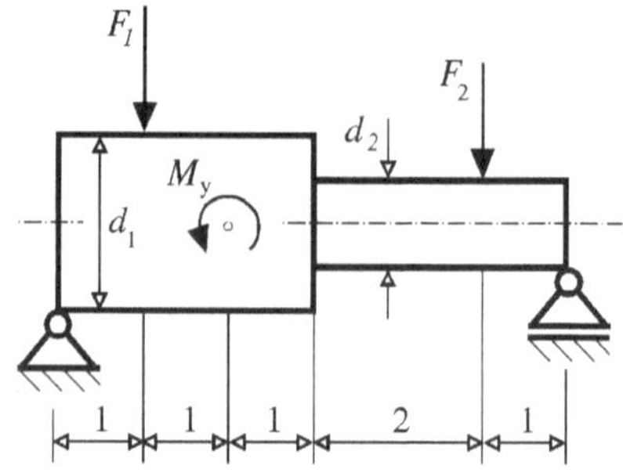

Ein Balken mit kreisrundem Querschnitt ist in der Mitte abgesetzt. Er wird durch die Kräfte $\mathbf{F}_1$, $\mathbf{F}_2$ und das Moment $\mathbf{M}_y$ belastet. Man bestimme die Auflagerkräfte, den Schnittmomentenverlauf und die Durchmesser d_1 und d_2 so, daß in beiden Abschnitten die Maximalspannung den gleichen Wert σ_0 hat.
Alle Längen in m.
$\sigma_0 = 150 N/mm^2$, $F_1 = F_2 = 50 kN$
$M_y = 60 kNm$.

Aufgabe 5

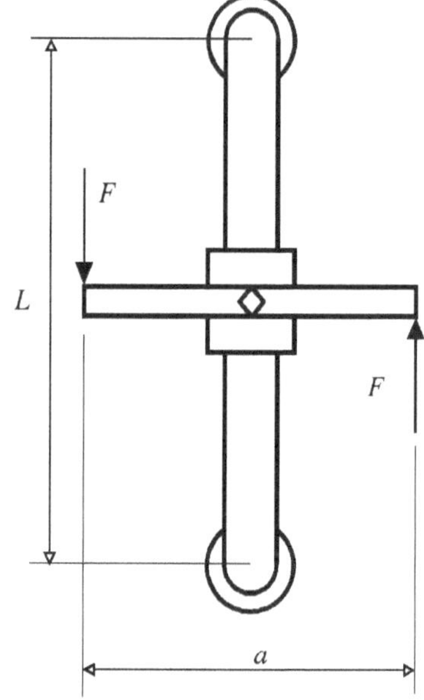

An dem skizzierten Gasleitungsrohr klemmt der in der Mitte befindliche Hahn. Er soll mit einem großen Schlüssel geöffnet werden, an dessen Enden mit der Kraft $\mathbf{F}$ gedrückt wird. Die Enden des Rohres sollen wie Gelenklager behandelt werden.

a) Man berechne Ort und Größe der maximalen Durchbiegung des Rohres.

b) Man gebe den Zahlenwert für die Durchbiegung an, wenn $L = 3m$, $a = 50cm$, $F = 200N$, $E = 2 \cdot 10^5 N/mm^2$ sind. Das Rohr hat einen Außendurchmesser von $D = 32mm$, eine Wandstärke von $\delta = 5mm$ und damit ein axiales Trägheitsmoment von $I = 4,0 cm^4$.

Aufgabe 6

Eine Hohlwelle (Länge $2L$, Außendurchmesser d, Wandstärke δ) ist an einem Ende und in der Mitte statisch bestimmt gelagert. Sie wird durch die Kräfte $\mathbf{F}_1$ und $\mathbf{F}_2$ belastet. Das Eigengewicht der Welle kann vernachlässigt werden.

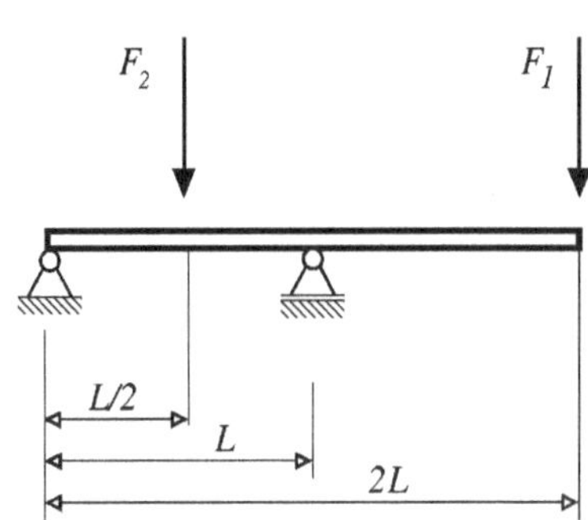

a) Man berechne Ort und Größe der stärksten Beanspruchung.

b) Wie groß ist die Durchbiegung am freien Ende?

$2L = 0,8m$, $d = 2,4cm$, $\delta = 2mm$, $F_1 = 300N$, $F_2 = 200N$, $E = 2 \cdot 10^5 N/mm^2$.

Aufgabe 7

Zwei gleiche, beiderseits frei aufliegende, homogene Träger von konstantem Querschnitt sind durch die kontinuierlichen Belastungen q_1 und q_2 beansprucht. In welchem Verhältnis stehen in diesen zwei Belastungsfällen die Durchbiegungen in der Balkenmitte zueinander?

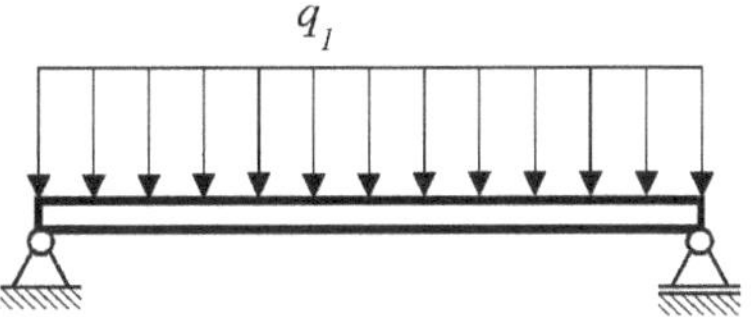

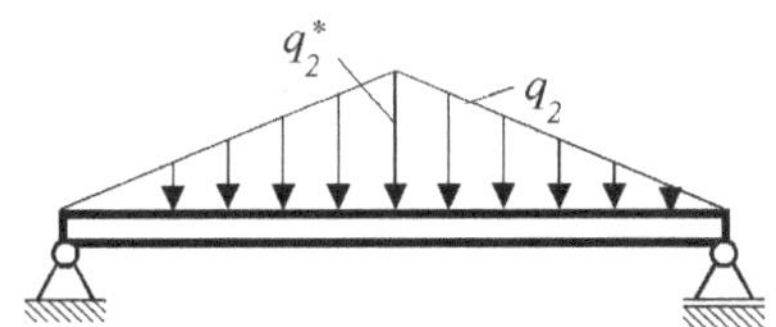

Aufgabe 8

Eine abgesetzte Stahlwelle mit kreisrundem Querschnitt wird durch eine Kraft $\mathbf{F}$ belastet.

a) Man bestimme die maximale Durchbiegung der Welle.

b) Um wieviel Prozent ändert sich die maximale Durchbiegung der Welle, wenn sie mit konstantem Durchmesser d_2 ausgeführt wird?

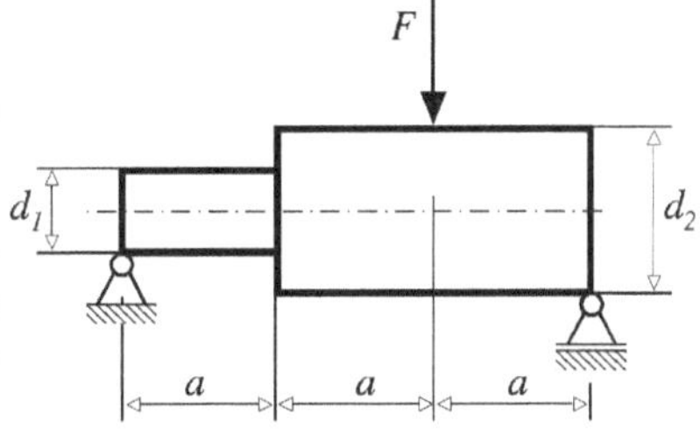

$d_1 = 80mm$, $d_2 = 95mm$, $a = 0,3m$,
$F = 60kN$, $E = 2 \cdot 10^5 N/mm^2$

Aufgabe 9

Das skizzierte, masselose System besteht aus den beiden Biegebalken (jeweils Länge l) $\overline{AG}$ und $\overline{GB}$, die im Punkt G durch ein Gelenk miteinander verbunden sind. Im Punkt A ist der Balken $\overline{AG}$ fest eingespannt, in Punkt B ist der Balken $\overline{GB}$ horizontal geführt. Ohne äußere Lasten sei das System spannungsfrei.

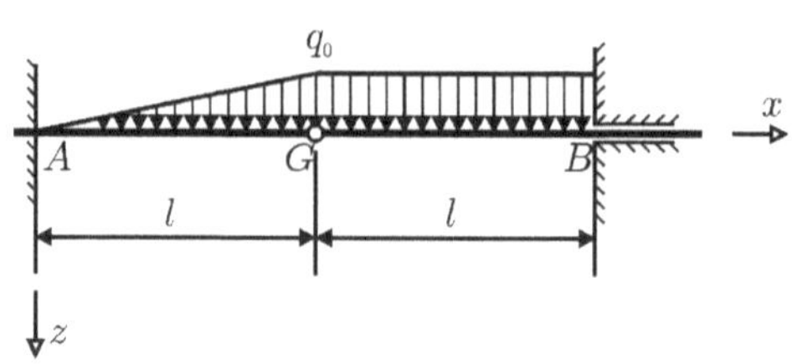

Die Biegesteifigkeit EI der Balken ist in beiden Bereichen gleich und konstant. Auf den Balken $\overline{AG}$ wirkt eine lineare Streckenlast $q(x)$, die ihren Maximalwert q_0 im Punkt G hat, und auf den Balken $\overline{GB}$ eine konstante Streckenlast mit dem Wert q_0.

a) Berechnen Sie die Lagerreaktionen im Punkt A in Abhängigkeit der gegebenen Größen und des Lagermomentes M_B im Punkt B.

b) Geben Sie mit Hilfe der Föpplsymbole den Querkraftverlauf $Q(x)$ für das gesamte System $\overline{AB}$ in Abhängigkeit der unbekannten Lagerreaktion M_B an.

c) Geben Sie mit Hilfe der Föpplsymbole den Momentenverlauf $M(x)$ für das gesamte System $\overline{AB}$ in Abhängigkeit von M_B an.

d) Skizzieren Sie die Verläufe von $Q(x)$ und $M(x)$ des gesamten Systems $\overline{AB}$ qualitativ und geben Sie die Ordnung der Kurven an.

Für eine andere Belastung des Systems ergibt sich der folgende Momentenverlauf $M(x)$ in Abhängigkeit des Lagermomentes M_B der rechten Einspannung:

$$M(x) \;=\; M_B\left(\frac{x}{l}-1\right) \;+\; q_0\, l^2\left(-1+\frac{3\,x}{2\,l}-\frac{x^2}{2\,l^2}\right)$$

e) Bestimmen Sie die Biegelinie $w(x)$ in Abhängigkeit von M_B und möglicher Integrationskonstanten.

f) Berechnen Sie den Winkel $\Delta\varphi$, um den sich das Gelenk in G verdreht, sowie die Lagerreaktion M_B.

Aufgabe 10

Der dargestellte Träger besteht aus einem elastischen Balken (E-Modul E, Länge $2l$, Querschnittsfläche A, Flächenträgheitsmoment I) und einem starren Hebel (Länge l). Der Balken ist an einer Wand fest eingespannt (Punkt A). Der Hebel ist im Punkt B rechtwinklig mit dem Balken verschweißt und in Q mit einem elastischen Stab (Länge l, E-Modul E, Querschnittfläche A, Wärmeausdehnungskoeffizient α_T) gelenkig verbunden.

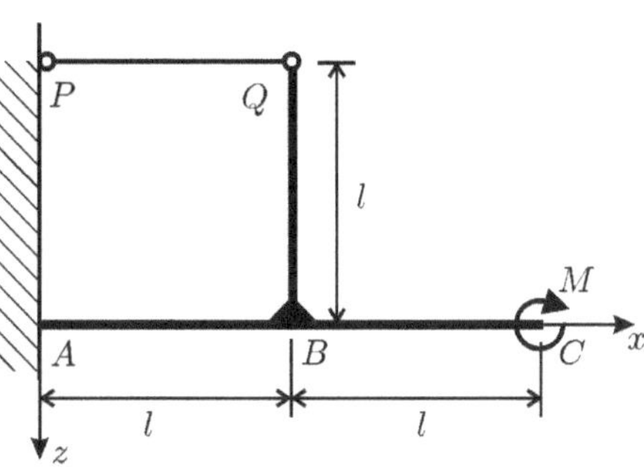

Der Stab ist im Punkt P an der Wand drehbar gelagert. Im Punkt C wirkt ein Moment M auf den Balken. Ohne äußere Belastung ($M = 0$) ist das System vollkommen spannungsfrei. Der Einfluß der Schwerkraft sei vernachlässigbar.

$M,\ E,\ l,\ A,\ I,\ \alpha_T$

a) Geben Sie den Verlauf der Biegelinie $w(x)$ für den Bereich $\overline{AC}$ in Abhängigkeit der gegebenen Größen und der Stabkraft an.

Der Stab wird nun gleichmäßig gekühlt, so dass sich der Balken im Punkt C ($x = 2l$) nicht durchsenkt.

b) Berechnen Sie die Stabkraft.

c) Geben Sie die hierfür nötige Temperaturdifferenz $\Delta T < 0$ an. (**Hinweis**: Verwenden Sie die Näherungen $\sin(\alpha) \approx \alpha$ und $\cos(\alpha) \approx 1$ für kleine Winkel α.)

d) Zeichnen Sie qualitativ die Biegelinie $w(x)$.

2.4.3 Schiefe Biegung

Grundformeln: Schiefe Biegung

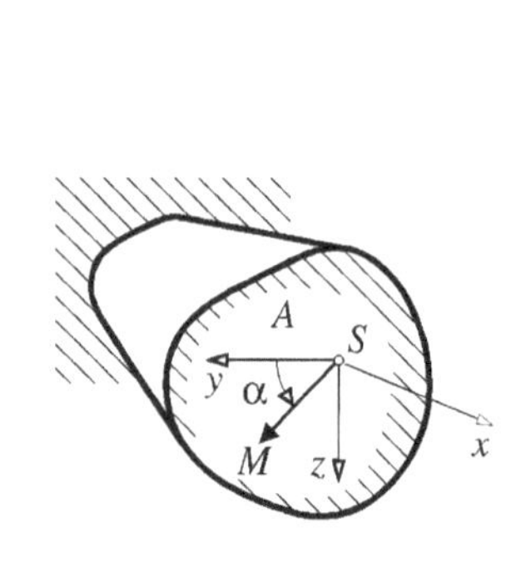

Achtung: I_y, I_z müssen ein Hauptachsensystem darstellen ($I_{yz} = 0$)!

E	Elastizitätsmodul
I_y	Flächenträgheitsmoment um die y-Achse
I_z	Flächenträgheitsmoment um die z-Achse
$w(x)$	Durchsenkung an der Stelle x in z-Richtung
$v(x)$	Durchsenkung an der Stelle x in y-Richtung

$$\sigma_x(y,z) = -\frac{M_z}{I_z}y + \frac{M_y}{I_y}z$$

$$M_z = M\sin\alpha$$

$$M_y = M\cos\alpha$$

$$EI_y w''(x) = -M_y(x) = -M(x)\cos\alpha$$

$$EI_z v''(x) = M_z(x) = M(x)\sin\alpha$$

Musteraufgabe

Ein einseitig fest eingespannter Träger mit dem Querschnitt aus Aufgabe 1 und der Länge L wird an seinem Ende durch die Einzelkraft F belastet. Man berechne die Durchbiegung am Ende des Trägers! Ferner bestimme man die Lage der neutralen Linie und den Betrag der größten Zugspannung im Träger.
$F = 1000N$; $L = 2m$; $E = 2 \cdot 10^5 \frac{N}{mm^2}$

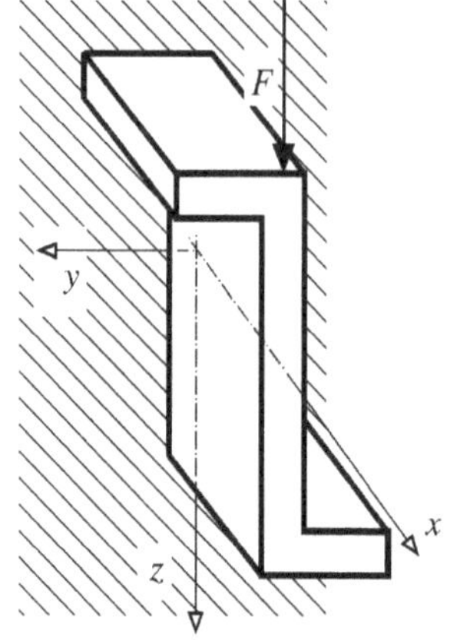

Lösung: Das $y-, z-$System aus der Aufgabenstellung ist kein Hauptachsensystem, die Achsensymmetrie ist in diesem System nicht gegeben (nur Punktsymmetrie, Punktsymmetrie deutet immer auf ein hohes Deviationsmoment hin; das Deviationsmoment ist gewissermaßen ein Maß für die Achsensymmetrie eines Querschnittes).

Wir müssen also zunächst das Hauptachsensystem dieses Querschnittes bestimmen. Dies geschieht standardmäßig nach Kap. 2.4.1.; unser Querschnitt ist identisch mit dem Querschnitt aus Aufgabe 1, wir übernehmen die Werte

$$I_y = 1472\,cm^4; \qquad I_z = 176\,cm^4; \qquad I_{yz} = -336\,cm^4$$

Mit diesen Werten lassen sich die Lagen und Größen der Hauptträgheitsmomente mit Hilfe der Standardformel aus Kap. 2.4.1 angeben:

$$I_1 = I_\eta = 1554\,cm^4; \qquad I_2 = I_\zeta = 94\,cm^4; \qquad \alpha = \alpha_1 = 13,7^o$$

Die entsprechenden Achsen nennen wir η- und ζ- Achse. (Der Winkel α dreht im 'Trägheitskreis' und im Lagekreis linksherum, von der Bezugslinie auf dem kürzesten Weg zur I- Achse zum Wert I_η.) Als nächstes teilen wir die wirkende Kraft F auf in ihre Komponenten im $\eta-, \zeta-$System auf und berechnen das Schnittmoment $M(x)$ ebenfalls in diesem System:

$$F_\eta = F \cdot \sin\alpha; \qquad M_\zeta(x) = F_\eta \cdot (L - x)$$
$$F_\zeta = F \cdot \cos\alpha; \qquad M_\eta(x) = F_\zeta \cdot (x - L)$$

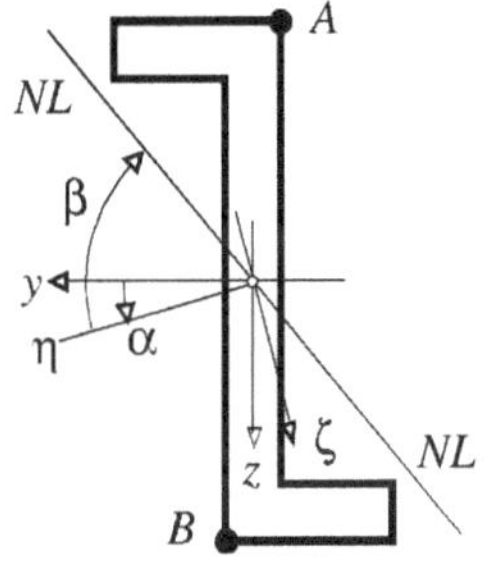

Man beachte die Vorzeichen und die Tatsache, daß F_η auf M_ζ wirkt und umgekehrt. Im Hauptachsensystem dürfen wir die Belastung durch F aus den ebenen Fällen F_η und F_ζ superponieren (einzeln berechnen und überlagern). Für den ebenen Fall kann man sofort die Biegelinie berechnen oder aus Tabellenbüchern herauslesen:

$$w_\eta(x) = \frac{F_\eta x^2}{2EI_2}(L - \frac{x}{3}); \qquad w_\eta(x = L) = \frac{F_\eta L^3}{3EI_\zeta}$$

$$w_\zeta(x) = \frac{F_\zeta x^2}{2EI_\eta}(L - \frac{x}{3}); \qquad w_\zeta(x = L) = \frac{F_\zeta L^3}{3EI_\eta}$$

Die Koordinaten der Gesamtdurchbiegung f liegen somit im $1-, 2-$System fest, der Betrag berechnet sich durch vektorielle Addition:

$$f = \sqrt{w_\eta^2(x = L) + w_\zeta^2(x = L)} = 0,346cm$$

Die neutrale Linie ist die Linie im Querschnitt, auf der alle Punkte liegen die mit der Normalspannung $\sigma_x = 0$ beansprucht werden, d.h. die unbelasteten Stellen im Querschnitt. Die Bedingung $\sigma_x = 0$ ist zugleich ihre Bestimmungsgleichung, im $1-, 2-$Hauptachsensystem (und nur dort) gilt:

$$\sigma_x = -\frac{M_\zeta}{I_\zeta}\eta + \frac{M_\eta}{I_\eta}\zeta$$

Mit der Bedingung $\sigma_x = 0$ und den o.a. Schnittmomenten folgt sofort

$$\frac{(\sin\alpha) \cdot \eta}{I_\zeta} = -\frac{(\cos\alpha) \cdot \zeta}{I_\eta}$$

und damit auch die Geradengleichung

$$\zeta = -\frac{I_\eta}{I_\zeta}(\tan\alpha)\eta = (\tan\beta)\eta$$

mit der so definierten Geradensteigung $\tan\beta$ (Zahlenwert: $\tan\beta = -4$), d.h. die neutrale Linie schließt mit der $\eta-$ Achse den Winkel $\beta = -76^o$ ein. Alle Punkte auf dieser Linie werden nicht auf Zug/Druck belastet, mit dem Abstand von dieser Linie wächst aber die Zug/Druck-Belastung, so daß der Punkt A maximal auf Zug belastet wird während der Punkt B maximal auf Druck belastet wird. Die absoluten Werte dieser Belastung bekommen wir aus der Grundformel für σ_x, zunächst aber müssen wir die Koordinaten η_A, ζ_A und η_B, ζ_B berechnen. Diese erhalten wir über eine Koordinatentransformation vom $y-, z-$System in das $\eta-, \zeta-$System (eine gute Vorübung für TM III): Wir drücken die Einheitsvektoren im alten System in den neuen Koordinaten aus, die neuen Koordinaten sind dann spaltenweise die Elemente der Transformationsmatrix von alt nach neu:

$$_{y,z}\begin{pmatrix} 1 \\ 0 \end{pmatrix} \Rightarrow {}_{\eta,\zeta}\begin{pmatrix} \cos\alpha \\ -\sin\alpha \end{pmatrix}; \qquad _{y,z}\begin{pmatrix} 0 \\ 1 \end{pmatrix} \Rightarrow {}_{\eta,\zeta}\begin{pmatrix} \sin\alpha \\ \cos\alpha \end{pmatrix}$$

$$\rightarrow \begin{pmatrix} \eta \\ \zeta \end{pmatrix} = \begin{pmatrix} \cos\alpha & \sin\alpha \\ -\sin\alpha & \cos\alpha \end{pmatrix} \cdot \begin{pmatrix} y \\ z \end{pmatrix}$$

Mit dieser Transformation erhalten wir

$$\begin{pmatrix} \eta_A \\ \zeta_A \end{pmatrix} = \begin{pmatrix} -2,9 \\ -7,5 \end{pmatrix} [cm] \quad ; \qquad \begin{pmatrix} \eta_B \\ \zeta_B \end{pmatrix} = \begin{pmatrix} 2,9 \\ 7,5 \end{pmatrix} [cm]$$

und auch die Normalspannungen

$$\sigma_{x,A} = 23,8\, N/mm^2 \quad \text{Zug} \quad ; \qquad \sigma_{x,B} = -23,8\, N/mm^2 \quad \text{Druck}$$

Aufgabe 11

Ein quadratischer, hohler Betonstützpfeiler wird durch eine exzentrische Druckkraft $\boldsymbol{F}$ in Längsrichtung belastet. In welchem Bereich darf diese Kraft angreifen, wenn nirgends Zugspannungen auftreten sollen? Man gebe das Ergebnis in Abhängigkeit von B und b an und diskutiere Grenzfälle. Außerdem soll in eine maßstäbliche Skizze für die Werte $B = 1m$, $b = 0,7m$ der *Kern* eingezeichnet werden.

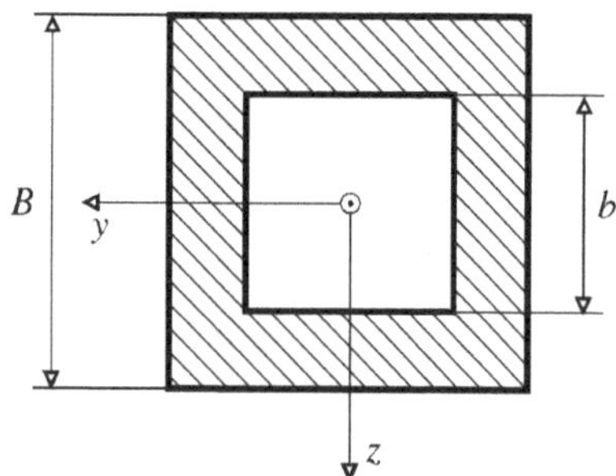

Aufgabe 12

Ein masseloser Balken (runder Vollquerschnitt mit Durchmesser d, Länge l) ist am linken Ende fest eingespannt. Am freien Ende ist ein Hebel der Länge b parallel zur waagerechten $y-$Achse angeschweißt. Auf das freie Ende des Hebels wirkt eine allgemeine Kraft $\boldsymbol{F}$ mit den Komponenten $\boldsymbol{F}^T = (F_x, F_y, F_z)$. Man berechne die Spannungen in der obersten Mantellinie des Balkens (Gerade mit $y = 0, z = -\frac{d}{2}, 0 \leq x \leq l$). Man zeichne den Mohr'schen Spannungskreis für den Punkt $x = \frac{l}{2}, y = 0, z = -\frac{d}{2}$ im Balken für den Sonderfall $F_x = 0, F_y = F_z = F$ und $b = l$. Die Spannungen durch Querkräfte können für die ganze Aufgabe vernachlässigt werden.

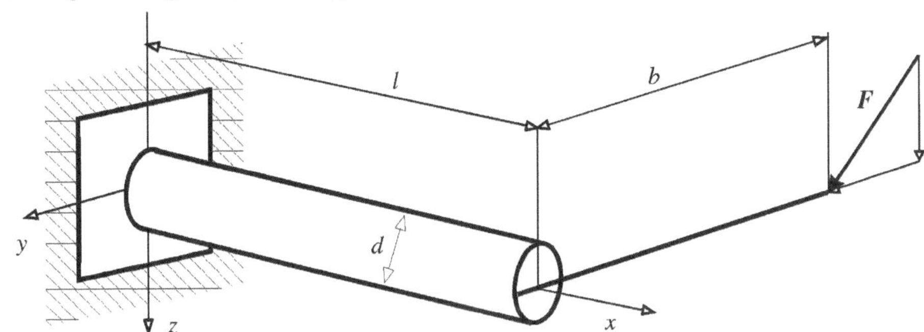

Lösungen zu Kap. 2.4 Biegung

Aufgabe 1

a) Analytische Lösung.

Hauptträgheitsmoment eines Rechteckes:

$$I_H = \frac{b}{12}h^3$$

Aufteilung in einzelne Querschnitte:

$$I_{y1}^1 = 2,67cm^4 \quad ; \quad I_{y2}^2 = 682,67cm^4$$

$$I_{y3}^3 = 2,67cm^4$$

Steiner'sches Verschiebungsgesetz:

$$I_y^i = I_{yi}^i + (\Delta z_i)^2 A_i$$

$$\rightarrow I_y^1 = 394,67cm^4 = I_y^3$$

$$I_{y,ges} = 1472cm^4$$

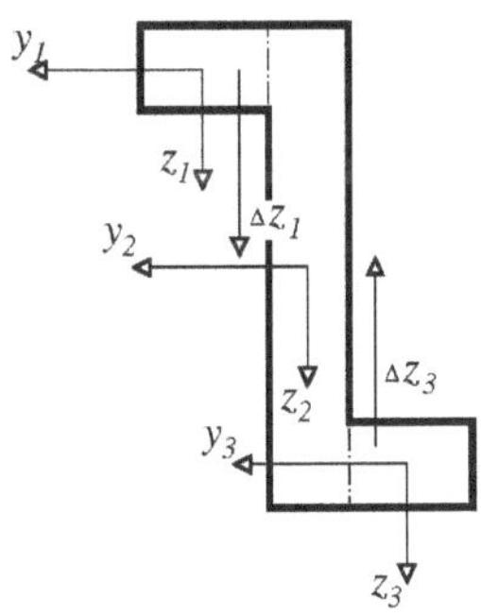

Analog:

$$I_{z1}^1 = 10,67cm^4 \qquad I_z^1 = 82,67cm^4$$
$$I_{z2}^2 = 10,67cm^4 \qquad I_z^3 = 82,67cm^4$$
$$I_{z3}^3 = 10,67cm^4 \qquad I_{z,ges} = 176cm^4$$

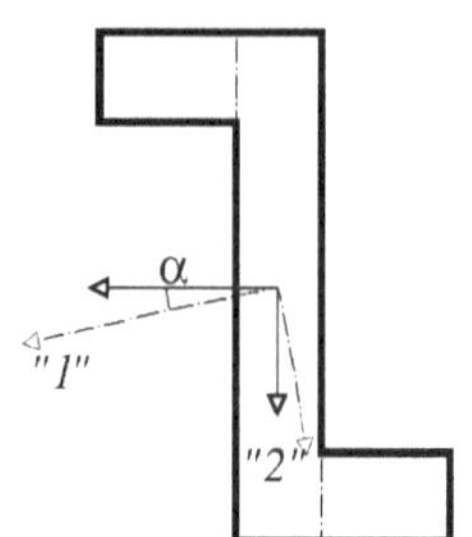

Deviationsmomente:

$$I_{yz}^1 = -168cm^4 \quad ; \quad I_{yz}^3 = -168cm^4$$
$$I_{yz,ges} = -336cm^4$$

Im Hauptachsensystem:

$$\tan 2\alpha = \frac{2I_{yz}}{I_z - I_y} \rightarrow \alpha = 13,70^o$$

$$I_{1,2} = \frac{1}{2}(I_y + I_z) \pm \sqrt{\left(\frac{I_y - I_z}{2}\right)^2 + I_{yz}^2}$$

$$I_1 = 1554cm^4 \qquad I_2 = 94cm^4$$

b) Graphische Lösung.

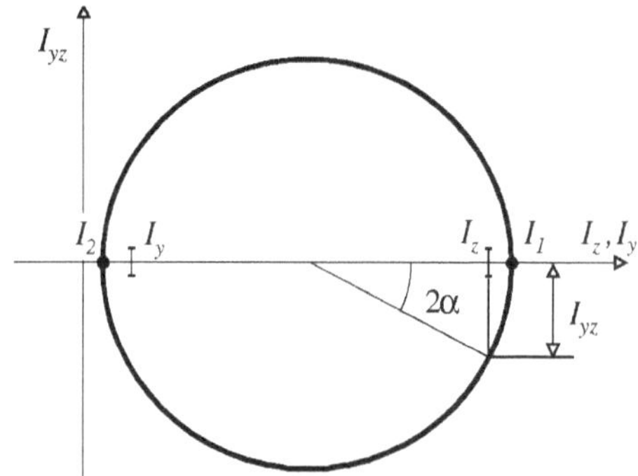

Aufgabe 2

Berechnung des Schwerpunktabstandes b:

$$Ab = A_1 0 - A_2 e \rightarrow b = -1,67cm$$

Berechnung der Flächenträgheitsmomente. Der Querschnitt wird in die Einzelflächen 1,2 aufgeteilt. Die Einzelträgheitsmomente lassen sich dann auf eine Achse I_y^b durch den Schwerpunkt beziehen.

$$I_y = I_y^b = I_{y1}^1 + b^2 A_1 - [I_{y2}^2 + (\mid b \mid + \mid e \mid)^2 A_2]$$

$$\rightarrow I_y = 107338cm^4 = I_2$$

$$I_z = I_{z1} - I_{z2} = 117810cm^4 = I_1$$

Achsensymmetrie: Lage der Hauptachsen ist nicht verdreht.

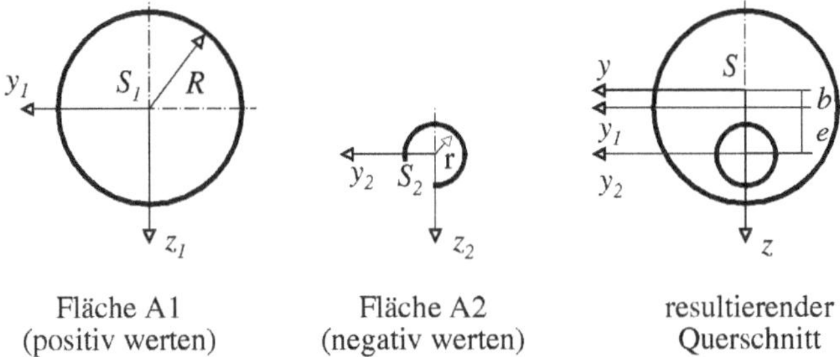

Fläche A1 (positiv werten) | Fläche A2 (negativ werten) | resultierender Querschnitt

Aufgabe 3

Maximal übertragbares Biegemoment:

$$M_y = W\sigma_{max}; \qquad W = \frac{bh^2}{6}$$

a) Das Widerstandsmoment soll maximal werden, also muß bh^2 zum Maximum werden.

$$b(D^2 - b^2) \rightarrow min \quad \text{Nebenbedingung:} \quad h^2 = D^2 - b^2$$

$$\rightarrow \quad \frac{\partial}{\partial b}(bD^2 - b^3) = D^2 - 3b^2 = 0 \quad \rightarrow \quad b = \frac{D}{\sqrt{3}}; \quad h = \sqrt{\frac{2}{3}}D.$$

b) Die Widerstandsmomente von Rechteck- und Kreisprofil sind damit bekannt. Der Rechteckquerschnitt verträgt nur ein um 34,8% geringeres Biegemoment.

$$W_{Recht} = \frac{2D^3}{18\sqrt{3}} = 0,064D^3; \qquad W_{Kreis} = \frac{\pi D^3}{32} = 0,098D^3$$

c) Für die gegeben Daten erhält man beim Rechteckprofil

$$M_{max} = \sigma_{zul}W = 12800Nm$$

Aufgabe 4

Freigeschnittenes System: Auflagerreaktionen berechnen.

$$F_B = 40kN; \qquad F_A = 60kN$$

Momentenverlauf über Föppl-Klammern berechnen.

$$M(x) = F_A x - F_1\{x-1\}^1 - M_y\{x-2\}^0 - F_2\{x-5\}^1 + F_B\{x-6\}^1$$

$$M_I(x) = F_A x \quad ; \qquad M_{II}(x) = F_A x - F_1(x-1)$$

$$M_{III}(x) = F_A x - F_1(x-1) - M_y$$

$$M_{IV}(x) = F_A x - F_1(x-1) - M_y - F_2(x-5)$$

Maximale Spannung in den Querschnitten:

$$\sigma_{max,i} = \frac{M_{max,i}}{W_{y,i}} = \sigma_0$$

Damit ergibt sich für die Durchmesser:

$$d_i = \sqrt[3]{\frac{32 M_{max,i}}{\pi \sigma_0}}; \qquad d_1 = 16,8cm; \qquad d_2 = 13,9cm$$

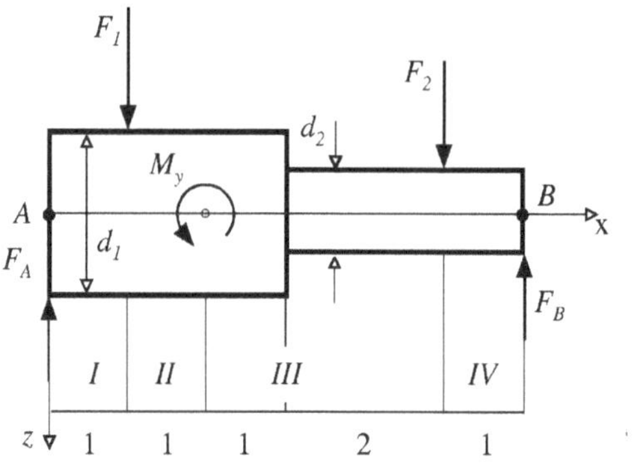

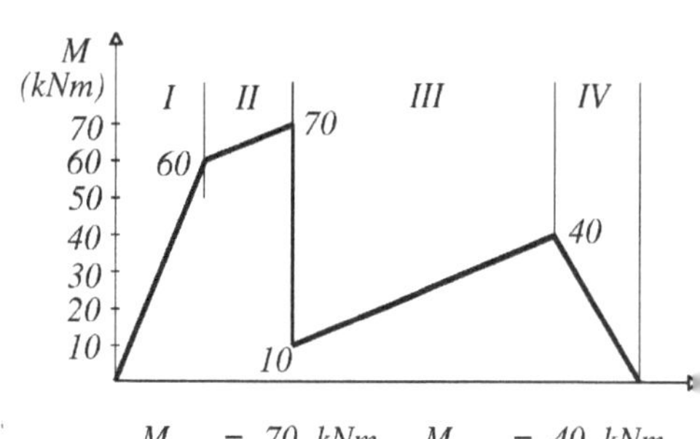

Aufgabe 5

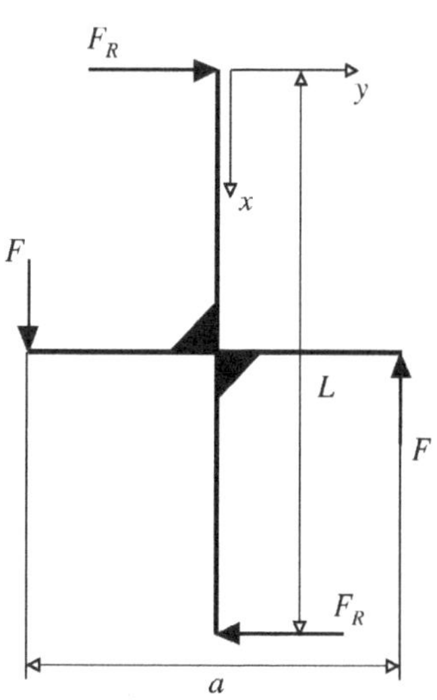

Reaktionskraft:

$$F_R = F\frac{a}{L}$$

Biegemomentenverlauf:

$$M_b(x) = F_R x - Fa\{x - \frac{L}{2}\}^0$$

Biegeliniengleichung:

$$y''(x) = \frac{M_b(x)}{EI}$$

Biegelinie:

$$y(x) = \frac{Fa}{EI}(\frac{x^3}{6L} - \frac{1}{2}\{x - \frac{L}{2}\}^2 + C_1 x + C_2)$$

Randbedingungen:

$$y(x=0) = 0\ ;\ y(x=L) = 0$$

$$\rightarrow \quad C_1 = -\frac{L}{24}; \quad C_2 = 0$$

Maximale Durchbiegung mit $y' = 0$: Aufgrund der Punktsymmetrie existieren zwei Lösungen.

$$y_I' = 0 \quad \rightarrow \quad x_{Max1} = \frac{L}{2\sqrt{3}} \quad \text{und} \quad x_{Max2} = L(1 - \frac{1}{2\sqrt{3}})$$

$$y_{max} = \frac{L^2 a}{72\sqrt{3}EI} F = 0,902mm$$

Aufgabe 6

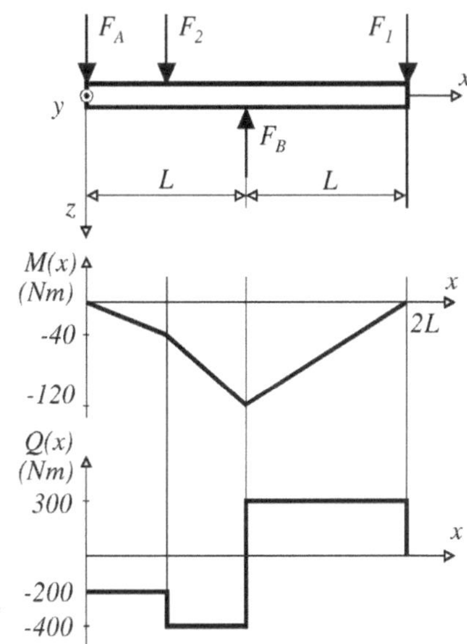

Freischneiden, Lagerreaktionen:

$$F_A = F_1 - \frac{F_2}{2} \ ; \ F_B = 2F_1 + \frac{F_2}{2}$$

Querkraftverlauf:

$$Q(x) = -F_A - F_2\{x - \frac{L}{2}\}^0 + F_B\{x - L\}^0$$

Biegemomentenverlauf:

$$M(x) = -F_A x - F_2\{x - \frac{L}{2}\}^1 + F_B\{x - L\}^1 + C_1$$

$$C_1 = -\sum_j M_j\{x - \xi_i\}^0$$

Das Biegemoment wird dort maximal, wo der Querkraftverlauf einen Nulldurchgang hat:

$$Q(x) = 0 \rightarrow x = L; \quad M_{max} = -120Nm$$

Gleichung der Biegelinie:

$$w(x) = \frac{1}{EI}[(\frac{F_A}{6}x^3 + \frac{F_2}{6}\{x - \frac{L}{2}\}^3 - \frac{F_B}{6}\{x - L\}^3 - (\frac{F_A}{6} + \frac{F_2}{48})L^2 x)]$$

Maximale Durchbiegung am freien Ende:

$$w(x = 2L) = 7,1mm$$

Aufgabe 7

Spezifische Belastung $q(x)$ ist gegeben. Biegeliniengleichung verwenden:

$$EI_y w^{IV}(x) = q(x)$$

Vierfache Integration über x ergibt die Biegelinie:

$$w_I(x) = \frac{1}{EI}[\frac{1}{24}q_1 x^4 + \frac{1}{6}C_1 x^3 + \frac{1}{2}C_2 x^2 + C_3 x + C_4]$$

Im Fall II: Symmetrie, linke Balkenhälfte betrachten.

$$q(x) = \frac{2q_2^*}{L}x; \quad w_{II}(x) = \frac{1}{EI}[\frac{q_2^*}{60L}x^5 + \frac{1}{6}C_1x^3 + \frac{1}{2}C_2x^2 + C_3x + C_4]$$

Randbedingungen I:

$$w_I(x=0) = w_I^{''}(x=0) = 0; \quad w_I(x=L) = w_I^{''}(x=L) = 0$$

Randbedingungen II:

$$w_{II}(x=0) = w_{II}^{''}(x=0) = 0$$

$$w_{II}^{'''}(x=0) = -\frac{Q(0)}{EI_y} \quad \text{(Lagerreaktionen)}$$

$$w_{II}^{'}(x=L/2) = 0$$

Biegelinie I:

$$w_I(x) = \frac{q_1}{24EI}[x^4 - 2Lx^3 + L^3x]$$

Biegelinie II:

$$w_{II}(x) = -\frac{q_2^*}{EI}[\frac{1}{60}\frac{x^5}{L} - \frac{1}{24}Lx^3 + \frac{5}{192}L^3x]$$

Maximale Durchbiegungen bei $x = L/2$:

$$w_{I,max} = \frac{5q_1L^4}{384EI_y}; \quad w_{II,max} = \frac{q_2^*L^4}{120EI_y}; \quad \frac{w_{I,max}}{w_{II,max}} = \frac{25q_1}{16q_2^*}$$

Aufgabe 8

a) Lagerreaktionen durch Freischneiden (analog zu Aufgabe 4).

$$F_A = \frac{1}{3}F \; ; \; F_B = \frac{2}{3}F$$

Biegelinie durch Integration der Biegeliniengleichung in der Form

$$w^{''}(x) = -\frac{M(x)}{EI_y(x)}$$

2- fache Integration ergibt die Biegelinie. Mit den Flächenträgheitsmomenten

$$I_1 = 200cm^4; \qquad I_2 = 400cm^4$$

Bereich I :

$$w_I(x) = \frac{1}{EI_1}(-\frac{x^3}{18}F + C_1x + C_2)$$

Bereich II:

$$w_{II}(x) = \frac{1}{EI_2}(-\frac{x^3}{18}F + \frac{1}{6}F\{x - 2a\}^3 + C_3x + C_4)$$

Konstante aus Randbedingungen bestimmen.

$$w_I(0) = 0\ ; \qquad w_{II}(3a) = 0\ ; w_I(a) = w_{II}(a)\ ; \qquad w_I'(a) = w_{II}'(a)$$

$$C_1 = \frac{31}{108}Fa^2\ ; \qquad C_2 = 0\ ; C_3 = \frac{11}{27}Fa^2\ ; \qquad C_4 = \frac{1}{9}Fa^3$$

Maximale Durchbiegung bei $w' = 0$ im Bereich II.

$$w_{II}'(x^*) = 0 \rightarrow x^* = \frac{\sqrt{22}}{3}a = 1,56a; \quad w_{max} = w(x^*) = 1,09mm$$

b) Welle mit konstantem Durchmesser d_2.

$$M(x) = F[\frac{1}{3}x - \{x - 2a\}^1]$$

$$w(x) = \frac{F}{EI}[-\frac{1}{18}x^3 + \frac{1}{6}\{x - 2a\}^3 + \frac{4}{9}a^2x]$$

Maximale Durchbiegung bei $x^* = 2\sqrt{2/3}a$.

$$w(x^*) = \frac{16\sqrt{2}Fa^3}{27\sqrt{3}EI_y} = 0,98mm$$

Die Durchbiegung nimmt um 10,1% ab.

Aufgabe 9

Freischnittskizze mit Resultierenden der Streckenlasten:

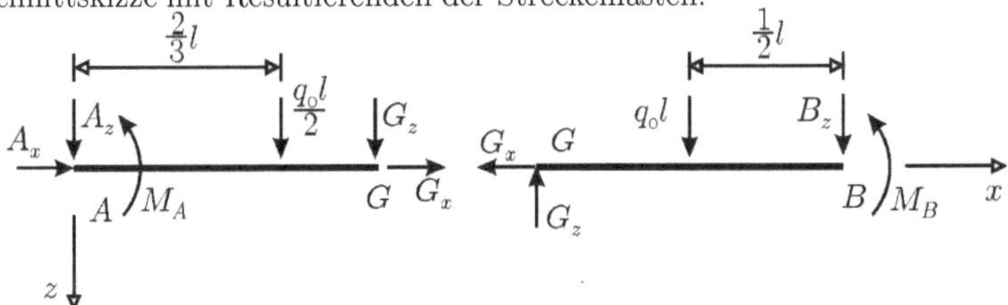

a) $A_x = 0$, weil einzige Kraft in horizontaler Richtung;
Aus Momenten-GGW jeweils um G für den linken wie den rechten Teilbalken sowie Kräfte-GGW in z-Richtung für das Gesamtsystem:

$$A_z = -\left(\frac{M_B}{l} + q_0\, l\right) \qquad M_A = M_B + \frac{5}{6}q_0\, l^2$$

$$B_z = \frac{M_B}{l} - \frac{q_0\, l}{2}$$

b+c) Streckenlast und hieraus per Integration Querkraft und Momentenverlauf

$$\begin{aligned}
q(x) &= \frac{q_0}{l}\left(x - \{x-l\}^1\right) \\
Q(x) &= -A_z - \frac{q_0}{2l}\left(x^2 - \{x-l\}^2\right) = \\
&= \frac{M_B}{l} + q_0\, l - \frac{q_0}{2l}\left(x^2 - \{x-l\}^2\right) \\
M(x) &= -M_A + \left(\frac{M_B}{l} + q_0\, l\right) x - \frac{q_0}{6l}\left(x^3 - \{x-l\}^3\right) = \ldots = \\
&= M_B\left(\frac{x}{l} - 1\right) - q_0\, l^2\left(-\frac{5}{6} + \frac{x}{l} - \frac{x^3 - \{x-l\}^3}{6\, l^3}\right)
\end{aligned}$$

d)

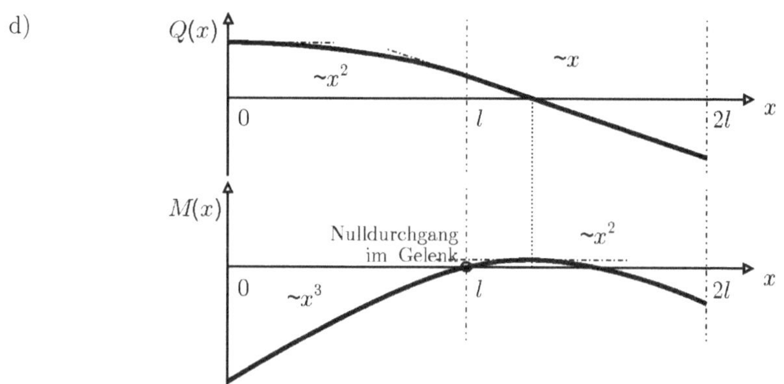

e) Integration von $w''(x) = -\frac{M(x)}{EI}$ mit dem in der Angabe gegebenen $M(x)$ auf $w(x)$, wobei durch die feste Einspannung in A die Integrationskonstanten für den linken Rand jeweils 0 sind:

$$\begin{aligned}
w'(x) &= \frac{1}{EI}\left[M_B\left(x - \frac{x^2}{2l}\right) + q_0\, l^2\left(x - \frac{3x^2}{4l} + \frac{x^3}{6l^2}\right)\right] + \underbrace{\Delta\varphi\,\{x-l\}^0}_{\text{Gelenk}} \\
w(x) &= \frac{1}{EI}\left[M_B\left(\frac{x^2}{2} - \frac{x^3}{6l}\right) + q_0\, l^2\left(\frac{x^2}{2} - \frac{x^3}{4l} + \frac{x^4}{24l^2}\right)\right] + \Delta\varphi\{x-l\}^1
\end{aligned}$$

Wichtig ist zu beachten, daß das Gelenk einen Sprung $\Delta\varphi$ im Biegewinkel induziert. Dieser ist wie eine zusätzliche Integrationskonstante, jedoch mit Föppl-Klammern, zu behandel.

f) Die Randbedingungen $w(x=0) = w'(x=0) = 0$ sind im Rahmen der Integration in e) bereits ausgewertet. Die gleichen Randbedingungen für Verdrehung und Absenkung gelten am rechten Rand $x = 2l$. Das Gelenk ist aus der Vorgabe für $M(x)$ momentenfrei ($M(x = l) = 0$), die Randbedingung liefert somit keine zusätzliche Information.

$$\begin{aligned}
EI\,w'(2l) &= M_B \underbrace{\left(2l - \frac{4l^2}{2l}\right)}_{=0} + q_o\,l^2 \underbrace{\left(2l - \frac{3\cdot 4l^2}{4l} + \frac{8l^3}{6l^2}\right)}_{=\frac{1}{3}l} + \Delta\varphi EI \stackrel{!}{=} 0 \\
&\rightarrow \quad \Delta\varphi = -\frac{q_0\,l^3}{3EI} \\
EI\,w(2l) &= M_B\,\frac{2}{3}l^2 + q_o\,l^2\,\frac{2}{3}l^2 - \Delta\varphi EI\,l \stackrel{!}{=} 0 \\
&\rightarrow \quad M_B = -\frac{q_0\,l^2}{2}
\end{aligned}$$

Aufgabe 10

a) Zur Berechnung führen wir die Stabkraft S ein. Aus dem GGW für den Rahmen folgt:

$$A_x = S \quad ; \qquad A_z = 0 \quad ; \qquad Q(x) = 0$$

Das durch den Hebel angreifende Moment ist proportional zur Stabkraft S. Hiermit folgt das Biegemoment $M_b(x)$ in Abhängigkeit des Lagermomentes M_A:

$$M_b(x) = -M_A - Sl\{x - l\}^0$$

M_A folgt aus der Randbedingung für den rechten Rand ($x = 2l$):

$$\begin{aligned}
M_b(x = 2l) = -M_A - Sl = M \quad &\rightarrow \quad M_A = M - Sl \\
&\rightarrow \quad M_b(x) = -M + Sl - Sl\{x - l\}^0
\end{aligned}$$

und hiermit die Biegelinie:

$$\begin{aligned}
EIw'(x) &= Mx + Sl(-x + \{x - l\}^1) \\
EIw(x) &= \frac{M}{2}x^2 + \frac{Sl}{2}(-x^2 + \{x - l\}^2)
\end{aligned}$$

b) Für das Abkühlen ist als Randbedingung gefordert, daß sich der Balken am rechten Rand nicht absenkt:

$$w(x = 2l) \stackrel{!}{=} 0 = \frac{1}{2EI}\left(M\,(2l)^2 + Sl\,\left(-(2l)^2 + l^2\right)\right) \quad \rightarrow \quad S = \frac{4M}{3l}$$

c) Am Balken setzt sich die Verschiebung des Punktes Q zusammen aus der Längsdehnung u_B des auf Druck belasteten Balkens $\overline{AB}$ sowie der Verdrehung α des starren Trägers $\overline{BQ}$.

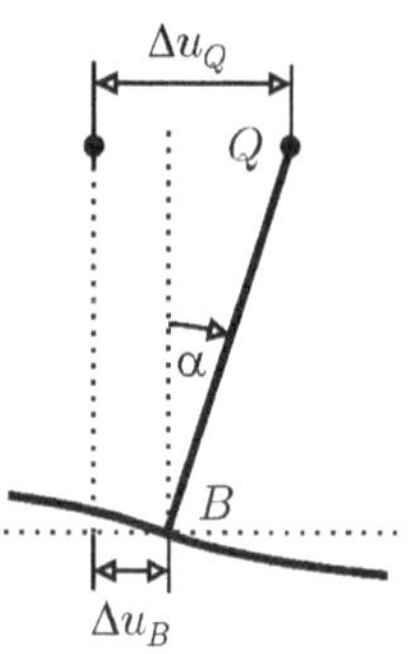

Zeichnung für positive Deformationen

$$\Delta u_B = -\frac{Sl}{EA} = -\frac{4M}{3EA}$$

$$\tan(\alpha) \approx \alpha = w'(x=l) \quad \rightarrow \quad \alpha = -\frac{Ml}{3EI}$$

Hiermit bestimmt sich die Verschiebung Δu_Q von Q zu:

$$\Delta u_Q = \Delta u_B + \underbrace{\sin(\alpha)}_{\approx\alpha} l \approx -\frac{4M}{3EA} - \frac{Ml^2}{3EI}$$

Gleichzeitig setzt sich die Längsdehnung des Stabes aus einem thermischen und einem mechanischen Anteil zusammen. Der mechanische Anteil ist betragsmäßig gleich zu dem des Balkens $\overline{AB}$, da die Längskräfte betragsmäßig gleich und die Dehnsteifigkeit EA gleich sind:

$$\Delta u_Q = \alpha_T \Delta T l + \frac{4M}{3EA}$$

Aus den beiden Gleichungen für die Verschiebung Δu_Q bestimmt sich das gesuchte ΔT zu:

$$\Delta T = -\frac{M}{\alpha_T l}\left(\frac{8}{3EA} + \frac{l^2}{3EI}\right)$$

d) Als Vorbereitung für die Biegelinie w wird das Biegemoment $M_b = -\frac{w''}{EI}$ mit skizziert. Für w gelten folgende Randbedingungen: $w(x=0) = w'(x=0) = 0$ und $w(x=2l) = 0$

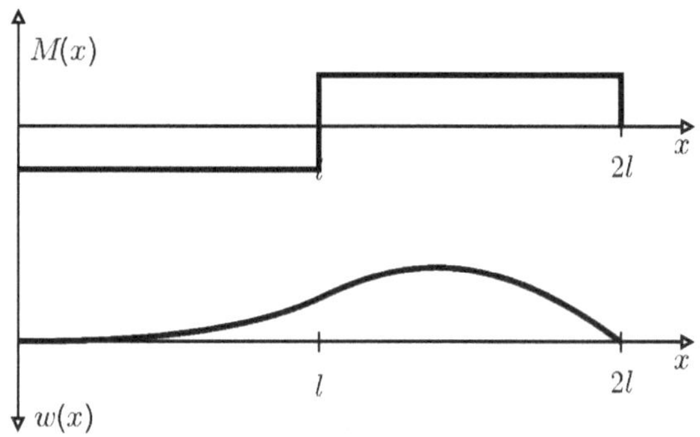

Aufgabe 11

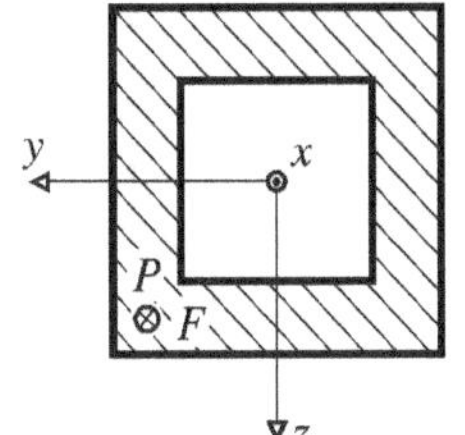

Die im Punkt $P(y_P, z_P)$ angreifende Kraft ist einer Belastung durch die Kraft F im Punkt O und durch die beiden Biegemomente M_y und M_z statisch äquivalent. Das axiale Flächenträgheitsmoment lautet

$$\begin{aligned} I_y = I_z &= \frac{1}{12}B^4 - b^4 \\ &= \frac{1}{12}(B^2 + b^2)(B^2 - b^2) \\ &= \frac{1}{12}(B^2 + b^2)A \end{aligned}$$

$$M_y = -Fz_P; \qquad M_z = Fy_P$$

$$N = -F$$

$$M_{By} = -Fz_P; \quad M_{Bz} = Fy_P$$

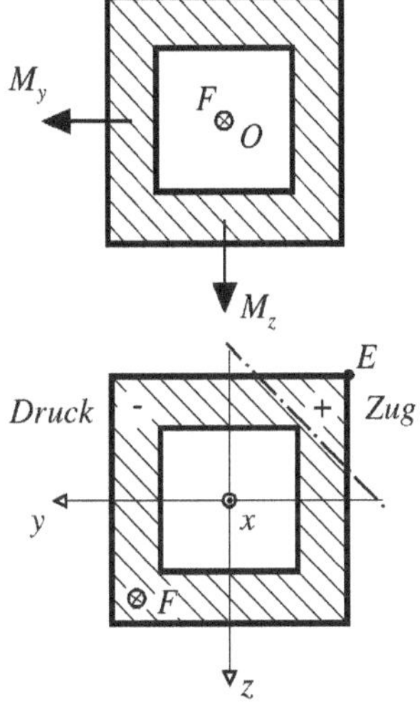

Normalspannung in x-Richtung:

$$\sigma_x(y, z) = \frac{N}{A} - \frac{M_{Bz}}{I_z}y + \frac{M_{By}}{I_y}z$$

Normalspannungsanteil durch Druck:

$$\sigma_{xD} = \frac{N}{A} = -\frac{F}{A}$$

Normalspannungsanteil durch Biegung:

$$\sigma_{xB} = -\frac{Fy_P}{I_z}y - \frac{Fz_P}{I_y}z$$

Neutrale Linie: $\sigma = \sigma_{xD} + \sigma_{xB} = 0$.

$$y_P y + z_P z = -\frac{B^2 + b^2}{12}$$

Greift F im Quadrant I an, liegt die neutrale Linie immer entgegengesetzt im dritten Quadranten (siehe Skizze). Sollen im ganzen Querschnitt nur Druckspannungen auftreten, so muß die neutrale Linie im Grenzfall durch den Eckpunkt **E** gehen ($\rightarrow y = z = -\frac{B}{2}$). Durch Symmetriebetrachtungen ergibt sich ein Rechteck als Begrenzungslinie für den Angriffspunkt, wenn nur Druckspannungen herrschen sollen.

$$y_P + z_P = \frac{B^2 + b^2}{6B}$$

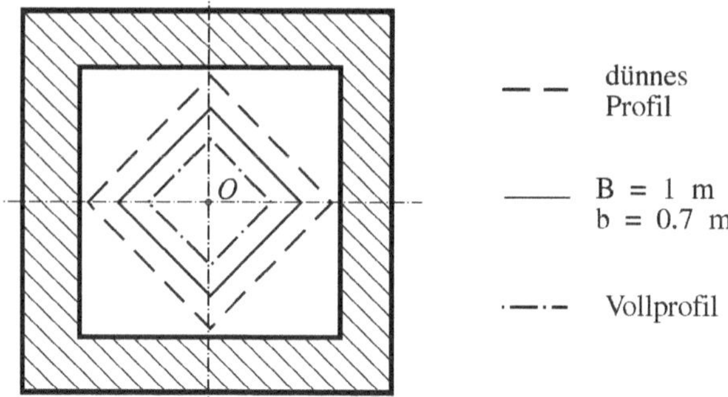
O
dünnes
Profil
B = 1 m
b = 0.7 m
Vollprofil

Aufgabe 12

Am negativen Schnittufer des Balkens wirkt die negative Schnittkraft $-\boldsymbol{F}_S(x)$ und das negative Schnittmoment $-\boldsymbol{M}_S(x)$. Sie halten die äußere Belastung $\boldsymbol{F}$ im Gleichgewicht. Der Vektor vom betrachteten Schnittpunkt x zum Angriffspunkt von $\boldsymbol{F}$ wird mit $\boldsymbol{r}_{SF}$ bezeichnet.

$$\sum \boldsymbol{F} = \boldsymbol{0} = -\boldsymbol{F}_S + \boldsymbol{F} = -\begin{pmatrix} N(x) \\ Q_y(x) \\ Q_z(x) \end{pmatrix} + \begin{pmatrix} F_x \\ F_y \\ F_z \end{pmatrix}$$

$$\sum \boldsymbol{M} = \boldsymbol{0} = -\boldsymbol{M}_S + \boldsymbol{r}_{SF} \times \boldsymbol{F} = \begin{pmatrix} M_x(x) \\ M_y(x) \\ M_z(x) \end{pmatrix} + \begin{pmatrix} L-x \\ -b \\ 0 \end{pmatrix} \times \begin{pmatrix} F_x \\ F_y \\ F_z \end{pmatrix}$$

Die Schnittreaktionen im Balken lauten dann:

$$\begin{array}{ll} N_x(x) = F_x; & M_x(x) = -bF_z \\ Q_y(x) = F_y; & M_y(x) = (x-l)F_z \\ Q_z(x) = F_z; & M_z(x) = bF_x - (x-l)F_y \end{array}$$

Die Normalspannung σ_x im Balken folgt aus der Normalkraft und den Schnittmomenten.

$$\sigma_x(x,y,z) = \frac{N(x)}{A} - \frac{M_z}{I_z}y + \frac{M_y}{I_y}z$$

Im Sonderfall $y = 0, z = -\frac{d}{2}$ und für $I_y = I_z = \frac{\pi d^4}{64}$ ist dann

$$\sigma_x = \frac{4}{\pi d^2}(F_x + 8\frac{l-x}{d}F_z).$$

Die Spannungen σ_y und σ_z berechnen sich aus den Querkräften, sie sind für diese Aufgabe zu vernachlässigen. Für die Schubspannung τ_{xy} gilt an dieser Stelle

$$\tau_{xy}(x,r) = \frac{M_T}{I_P}r = -\frac{16bF_z}{\pi d^3}.$$

Für den Sonderfall $F_x = 0, F_y = F_z = F$ und $x = \frac{l}{2}$ ist dann

$$\sigma_x = -\tau_{xy} = \frac{16L}{\pi d^3}F$$

Die Normalspannung σ_y ist Null. Der Mohr'sche Spannungskreis besitzt den Mittelpunkt $\sigma_M = \frac{\sigma_x}{2}$ und verläuft durch den Punkt $\sigma = \sigma_y; \tau = \tau_{xy}$.

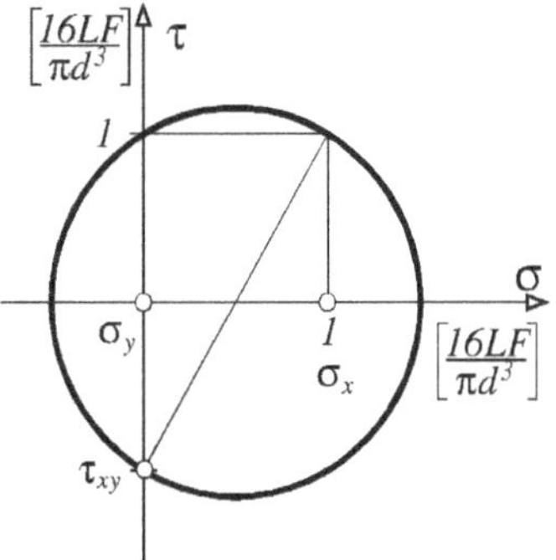

2.5 Knickung

Grundformeln: Euler'sche Knickfälle

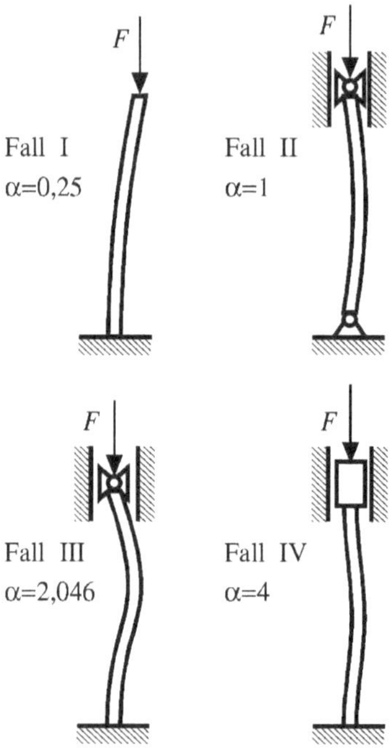

Fall I
α=0,25

Fall II
α=1

Fall III
α=2,046

Fall IV
α=4

F_{Krit} : Kritische Knicklast
E : Elastizitätsmodul
I : Flächenträgheitsmoment
α : Zahlenfaktor
L : freie Knicklänge

$$F_{\text{Krit,i}} = \alpha_i \frac{\pi^2 EI}{L^2}$$

Musteraufgabe 1

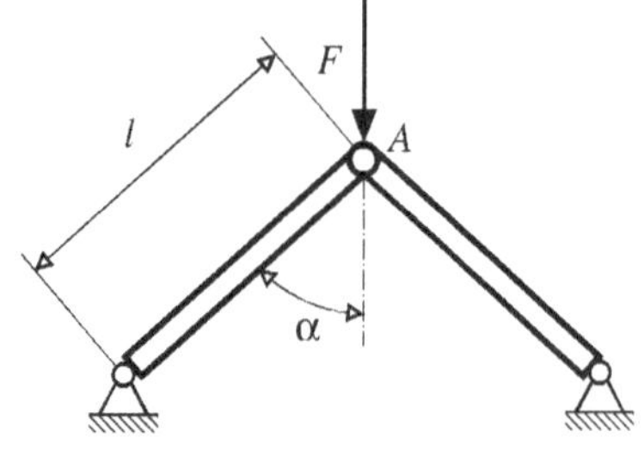

Das skizzierte ebene Tragwerk besteht aus zwei Aluminiumrohren ø25 × $1mm$ der Länge $l = 1m$ und wird in A durch die vertikale Kraft $\boldsymbol{F}$ belastet. Wie groß darf $\boldsymbol{F}$ in Abhängigkeit von α maximal werden, ohne daß die Rohre ausknicken?

Lösung: Zuerst berechnen wir das axiale Flächenträgheitsmoment I der Rohre:

$$I = \pi \frac{(d_a^4 - d_i^4)}{64} = \pi \frac{(25^4 - 23^4)}{64} = 5438,1mm^4$$

Den Elastizitätsmodul E für Aluminium finden wir in Tabellen:

$$E_{\mathrm{Al}} \cong 70.000 \frac{N}{mm^2} \quad (54.000 - 82.000\,\text{je nach Legierung})$$

Die Rohre sind wie in einem idealen Fachwerk gelenkig gelagert, so daß sie nur Normalkräfte aufnehmen. Diese berechnen wir durch Freischneiden und statische Gleichgewichte am freigeschnittenen Gelenk A. Horizontal:

$$F_N \sin\alpha - F_N \sin\alpha = 0$$

(trivial aufgrund der Symmetrie). Vertikal:

$$-F + 2F_N \cos\alpha = 0$$

$$\rightarrow \quad F = 2F_N \cos\alpha$$

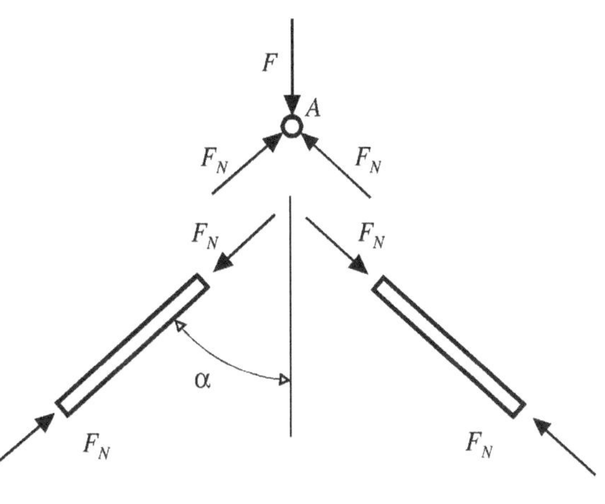

Für $\alpha \rightarrow \frac{\pi}{2}$ gilt $F_N \rightarrow \infty$; (Funktionsprinzip einer Kniehebelpresse). Es handelt sich in unserem Fall um den zweiten Eulerschen Knickfall, da beide Stabenden gelenkig gelagert sind und durch die gegenseitige Kopplung der Stäbe das Gelenk A nicht quer zur jeweiligen Balkenlängsachse ausweichen kann. Mit Hilfe der Grundformel bestimmt sich die maximale zulässige Normalkraft $F_{N,max}$ zu

$$F_{N,max} = \frac{\pi^2 EI}{l^2} = \frac{\pi^2 \cdot 70 \cdot 10^3 \cdot 5438,1 \cdot N \cdot mm^4}{1000^2 \cdot mm^2 \cdot mm^2} = 3757N;$$

die maximale Kraft F_{max} ist dann

$$F_{max} = 2F_N \cos\alpha = 7514N \cdot \cos\alpha.$$

Aufgabe 1

Ein Träger mit dem Profil **I** 550 wird durch eine in seiner Achse wirkende Druckkraft $F = 1500kN$ belastet. Zur Verstärkung wird auf seiner ganzen Länge ein [200 - Stahl angeschweißt.

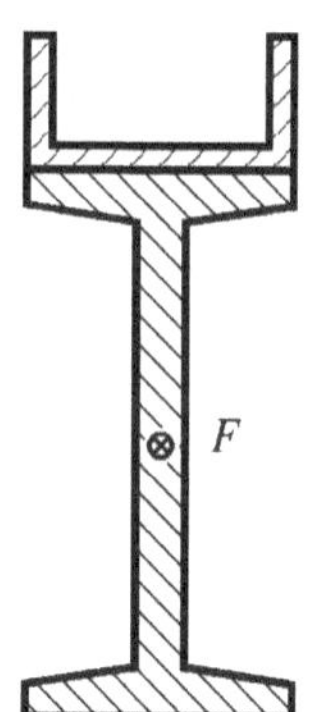

a) Man berechne die maximalen Spannungen vor und nach der Verstärkung.

b) Wie lang darf der Träger ohne und mit [200 sein, wenn die Sicherheit gegen Knicken $S_k = 3$ betragen soll (II. Knickfall)?

Aufgabe 2

Der in Kap. 2.4, Aufgabe 1 und Kap. 2.4.3, Musteraufgabe beschriebene Kragträger werde zentral durch eine Druckkraft in seiner Längsachse (x - Achse) belastet.

F

a) Wie groß könnte diese werden?

b) Ab welchem Schlankheitsgrad versagt der Träger durch elastisches Ausknicken?

c) Welche Länge würde diesem Schlankheitsgrad entsprechen?

($L = 2m$; $E = 2 \cdot 10^5 \frac{N}{mm^2}$; $\sigma_P = 200N/mm^2$; ohne Sicherheitsfaktor rechnen!)

Aufgabe 3

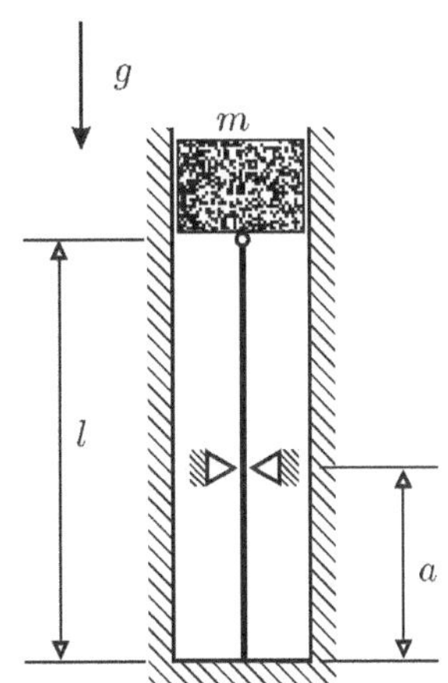

Eine Masse m wird durch einen masselosen Stab mit der Biegesteifigkeit EI und der Länge l gestützt und in vertikaler Richtung durch glatte reibungsfreie Wände geführt. Zwischen der Masse und dem Stab befindet sich ein Gelenk. Der Stab ist im Boden fest eingespannt und im Abstand a dazu gestützt, kann sich jedoch an dieser Stelle neigen. Es wirkt die Erdbeschleunigung g. Wie groß muß der Abstand a in Relation zur Stablänge l gewählt werden, damit eine maximale Masse m getragen werden kann, ohne daß der Stab ausknickt?
l

Lösungen zu Kap. 2.5 Knickung

Aufgabe 1

Daten der Profile aus Tabellen entnehmen (z.B. Dubbel); gegebene Größen:

$$F = 1500kN, s_K = 3\ ,\ E_{Stahl} = 2,1 \cdot 10^5 N/mm^2$$

a) Berechnung der Maximalspannungen σ_{max} , σ^*_{max} (vor und nach der Verstärkung).
a1) Ohne Verstärkung: Kraftangriff im Schwerpunkt $\Rightarrow$ reine Druckbelastung

$$\sigma_{max} = -\frac{F}{A_1} = 70,4N/mm^2$$

a2) Mit Verstärkung: Es liegt eine Druck- und eine Biegebelastung vor, da die Kraft außerhalb des Gesamtschwerpunktes angreift. Lage des Gesamtschwerpunktes:

$$(A_1 + A_2) \cdot c = A_2 \cdot (e_1 + e_2) \quad \rightarrow \quad c = 3,89\ cm$$

Flächenträgheitsmoment I_y des verstärkten Querschnitts:

$$I_y = I_{y1} + c^2 \cdot A_1 + I_{y2} + (e_1 + e_2 - c)^2 A_2 = 123672cm^4$$

Druckspannung infolge Normalkraft:

$$\sigma^*_D = -\frac{F}{A_1 + A_2} = -61,4N/mm^2$$

Sie ist identisch in jeder Stelle des Querschnitts. Die maximale Druckspannung infolge Biegung tritt am unteren Flansch der I-Träger auf:

$$\sigma^*_{B,max} = \frac{-F}{I_y} \cdot (\frac{h_1}{2} + c) = -14,8N/mm^2$$

$$\sigma^*_{max} = \sigma^*_D + \sigma^*_{B,max} = 76,5N/mm^2 \quad \rightarrow \quad \sigma_{max} \; < \; \sigma^*_{max}$$

Die Verstärkung führt durch den exzentrischen Kraftangriff zu höheren Maximalspannungen.

b) Zulässige Trägerlängen L, L^* für $s_K = 3$, $F = 1500kN$.
Annahme: Die Kraft greift immer im Gesamtschwerpunkt an.

II. Knickfall nach Euler : $F^{II}_{krit} = \frac{\pi^2 EI_{min}}{L^2}$

Das kleinere Flächenträgheitsmoment I_{min} muß betrachtet werden, da der Träger immer senkrecht zur Achse des kleinsten Flächenträgheitsmoments ausknickt. Der Sicherheitsfaktor gegen Knicken s_K beträgt 3, d.h. die tatsächliche Kraft darf maximal nur $\frac{1}{3}$ der Knicklast betragen: $F \cdot s_K \;\leq\; F^{II}_{krit}$
Eingesetzt und nach L aufgelöst : $\rightarrow L \leq \pi \cdot \sqrt{\frac{E \cdot I}{S_K F}}$

b1) Ohne Verstärkung :

$$I_{min} = I_{z1} = 3490cm^4 \;\rightarrow\; L \leq 4,01m$$

b2) Mit Verstärkung :

$$I_{min} = I_z = I_{z1} + I_{z2} = 5400cm^4 \rightarrow L^* \leq 4,99m$$

Aufgabe 2

a) Die Kraft darf höchstens den Wert der kritischen Knicklast im I. Eulerschen Knickfall annehmen :

$$F \leq F^I_{krit} = \frac{\pi^2 \; EI}{4 \cdot L^2}$$

Für das Trägheitsmoment I muß hier I_{min} gesetzt werden, da das Ausknicken immer senkrecht zur Achse des kleinsten Trägheitsmoments erfolgt.
Mit den Daten aus den Aufgaben 2.4.1 und 2.4.9 ($L = 2m, I_z = 94cm^4, A = 48cm^4$):

$$F^I_{krit} = \frac{\pi^2 \cdot 2 \cdot 10^7 \cdot 94}{4 \cdot 200^2} = 116kN; \qquad \sigma_K = \frac{F_{krit}}{A} = 24,2\frac{N}{mm^2}$$

Damit ist $\sigma_K < \sigma_P = 200\,N/mm^2$, d.h. es tritt elastisches Ausknicken ein.

b) Nach Einführung der Knickspannung $\sigma_K = \frac{F_{krit}}{A}$ und des Schlankheitsgrades $\lambda = L\sqrt{\frac{A}{I}}$ erhält man den Zusammenhang im I. Knickfall :

$$\lambda^I = \frac{\pi}{2}\sqrt{\frac{E}{\sigma_K}}$$

Diese Beziehung gilt nur im Falle elastischen Knickens, $\sigma_K \leq \sigma_P$ muß gelten. Der gesuchte Schlankheitsgrad ergibt sich nun für $\sigma_K = \sigma_P$, d.h. die Knickspannung entspricht der Proportionalitätsgrenze σ_P.

$$\lambda^I_P = \frac{\pi}{2}\sqrt{\frac{E}{\sigma_P}} = \frac{\pi}{2}\sqrt{\frac{2 \cdot 10^5}{200}} = 49,67$$

c) Die zugehörige Länge beträgt mit der Fläche $A = 48cm^2$:

$$L_P^I = \lambda_P^I \sqrt{\frac{I}{A}} = 49,67 \cdot \sqrt{\frac{94}{48}} = 69,5cm$$

Aufgabe 3

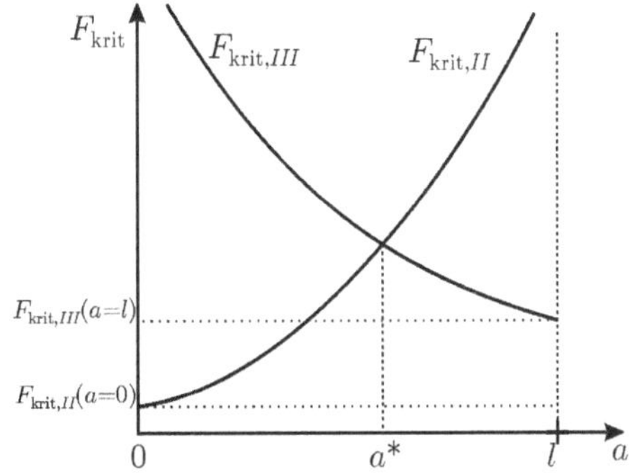

Zur Lösung wird der Stab am Lager bei a in zwei Stäbe gleicher Belastung unterteilt: für den oberen Stab tritt Knickfall II, für den unteren Knickfall III ein.

$$F_{\text{krit.},II}(a) = \frac{\pi^2 EI}{(l-a)^2}$$

$$F_{\text{krit.},III}(a) = \frac{(1,43)^2 \pi^2 EI}{a^2}$$

Die maximale Last wird getragen, wenn beide Stäbe gleichzeitig ausknicken.

$$F_{\text{krit.},II}(a^*) = F_{\text{krit.},III}(a^*) \quad \rightarrow \quad (1,43)^2 (l-a^*)^2 = a^{*2}$$

$$\frac{a^*}{l} = \frac{1,43}{1+1,43} \qquad F_{\text{krit.}} = \frac{\pi^2 EI}{l^2} \left(\frac{2,43}{1,43}\right)^2$$

2.6 Energiemethoden in der Elastostatik

Grundformeln: Formänderungsenergie

Formänderungsenergien V_i im Balken der Länge L:

durch Normalkraft $N(x)$: $$V_N = \frac{1}{2}\int_0^L \frac{N^2(x)}{E \cdot A(x)}\, dx$$

durch Biegemoment $M_y(x)$: $$V_{B_y} = \frac{1}{2}\int_0^L \frac{M_y^2(x)}{E \cdot I_y(x)}\, dx$$

durch Biegemoment $M_z(x)$: $$V_{B_z} = \frac{1}{2}\int_0^L \frac{M_z^2(x)}{E \cdot I_z(x)}\, dx$$

durch Torsionsmoment $M_T(x)$: $$V_T = \frac{1}{2}\int_0^L \frac{M_T^2(x)}{G \cdot I_T(x)}\, dx$$

$$V_{ges} = V_N + V_{B_y} + V_{B_z} + V_T$$

Die Formänderungsenergie durch Querkräfte kann bei schlanken Balken gegenüber der Energie durch Biegung meistens vernachlässigt werden.

Grundformeln: Satz von Castigliano / Menabrea

Bezeichnungen:

V_{ges}	gesamte, in einem linear elastisch verformbaren Körper gespeicherte Formänderungsenergie
F_i	äußere Kraft
M_i	äußeres Moment
α_i	Verdrehung am Angriffspunkt von M_i
w_i	Durchsenkung in Richtung von F_i am Angriffspunkt von F_i

Satz von Castigliano:

$$\frac{\partial V_{\text{ges}}}{\partial F_i} = w_i \qquad \text{und} \qquad \frac{\partial V_{\text{ges}}}{\partial M_i} = \alpha_i$$

Satz von Menabrea: Sind F_j, M_j Lagerreaktionen, dann gilt $w_i = 0$ bzw. $\alpha_j = 0$ (Lagerbedingung) und damit

$$\frac{\partial V_{\text{ges}}}{\partial F_i} = 0 \qquad \text{und} \qquad \frac{\partial V_{\text{ges}}}{\partial M_i} = 0$$

Musteraufgabe

Ein masseloser Balken B (quadratischer Querschnitt, Elastizitätsmodul E, Schubmodul G, axiale Flächenträgheitsmomente $I_y = I_z$, polares FTM I_T) ist in C fest eingespannt und bei D reibungsfrei in einer dünnen, starren Platte mit quadratischem Loch gelagert. Bei H greift an einem Kragarm KH (gleicher Querschnitt und gleiches Material wie Balken B, Länge b, Abstand c von C) die vertikale Kraft F an. Man berechne die Lagerreaktionen in C und D. Wie groß ist die Durchsenkung des Lastangriffspunktes H? (Man vernachlässige die Verformung durch Querkräfte).

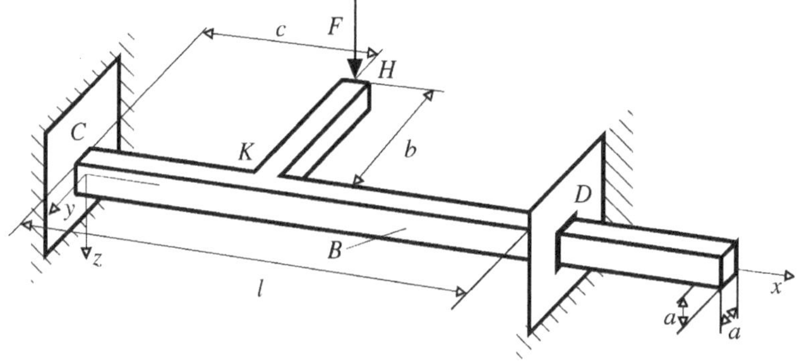

Lösung: Wie immer schneiden wir zunächst den Balken frei. Das Lager C besitzt die Lagerwertigkeit 6, d.h. es fesselt den Balken an der Stelle C in allen denkbaren Bewegungsrichtungen im Raum, den 3 Translationen und den 3 Rotationen. Anders sieht es in D aus. Die Platte kann zwar Kräfte in ihrer Ebene auf den Balken ausüben, nicht aber eine Kraft in $x-$Richtung. Sie kann den Balken gegen Verdrehung um die Längsachse hindern (Lagermoment M_x um die $x-$Achse), die Verdrehungen um die Querachsen des Balkens ($y-, z-$ Achsen) sind zumindest für kleine Verdrehungen nicht gesperrt, da die Platte theoretisch sehr dünn sein soll. In D gibt es also nur 3 Lagerreaktionen, D_y, D_z, M_{Dx}. Insgesamt wirken auf den freigeschnittenen Träger also 9 Lagerreaktionen, wir haben aber nur 6 räumliche Kräftegleichgewichte für einen Starrkörper, unser System ist damit 3−fach statisch unbestimmt. (Vgl. Kapitel 1.2.1 Statische Bestimmtheit.) Um dennoch Aussagen über die Lagerkräfte und die Verformung des Trägers treffen zu können, berechnen wir die gesamte Formänderungsenergie des Trägers in Abhängigkeit von zunächst unbekannten Lagerreaktionen und wenden dann den Satz von Castigliano an.

Mit den 6 räumlichen Kräftegleichgewichten können wir die Zahl der Unbekannten von 9 auf 3 verringern. Es sind 3 sogenannte 'überzählige' Reaktionen frei wählbar, die anderen 6 folgen dann durch die GGW- Bedingungen. Wir wählen die Lagerreaktionen in D, D_y, D_z und M_{Dx} als 'überzählig'. Die Lagerreaktionen in C können jetzt in den GGB durch diese 3 überzähligen Größen ausgedrückt werden:

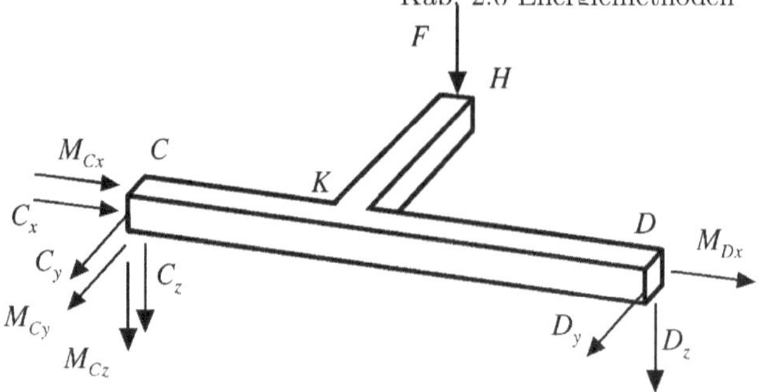

$$\begin{array}{llll}
\sum F_x = 0 & \rightarrow & C_x = 0 & \\
\sum F_y = 0 & \rightarrow & C_y + D_y = 0 & \rightarrow \quad C_y = -D_y \\
\sum F_z = 0 & \rightarrow & C_z + D_z + F = 0 & \rightarrow \quad C_z = -D_z - F \\
\sum M_x = 0 & \rightarrow & M_{C_x} - b \cdot F + M_{D_x} = 0 & \rightarrow \quad M_{C_x} = bF - M_{D_x} \\
\sum M_y = 0 & \rightarrow & M_{C_y} - c \cdot F - l \cdot D_z = 0 & \rightarrow \quad M_{C_y} = cF + lD_z \\
\sum M_z = 0 & \rightarrow & M_{C_z} + l \cdot D_y = 0 & \rightarrow \quad M_{C_z} = -lD_y
\end{array}$$

Um den Satz von Castigliano anwenden zu können, müssen wir den kompletten Verlauf von Normalkraft, Biegemomenten und Torsionsmoment bestimmen. (Querkräfte dürfen wir ausschließen, die Verformung durch Querkräfte ist meistens vernachlässigbar). Wir definieren neue Koordinaten ζ, ξ im Abschnitt $H - K$:

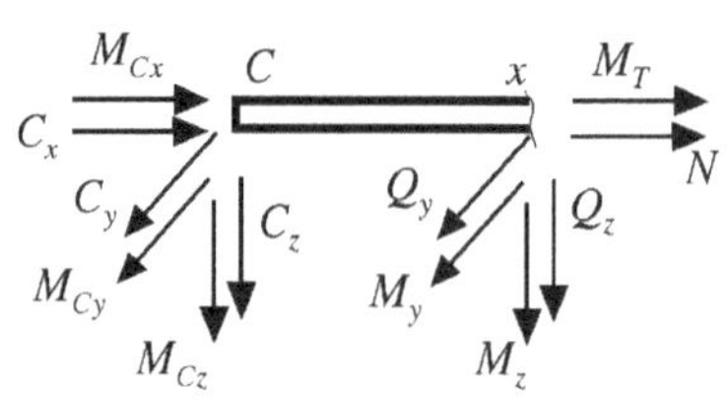

Abschnitt $H - K$

$$\begin{aligned}
N(\zeta) &= 0 \\
M_B(\zeta) &= F \cdot \zeta
\end{aligned}$$

Abschnitt $C - K$

$$\begin{aligned}
N(x) &= -C_x = 0 \\
M_T &= M_{D_x} - bF \\
M_y &= -M_{C_y} - C_z \cdot x \\
&= -cF - lD_z + D_z x + Fx \\
&= F(x - c) + D_z(x - l) \\
M_z &= -M_{C_z} + C_y \cdot x \\
&= l \cdot D_y - x \cdot D_y \\
&= D_y(l - x)
\end{aligned}$$

Abschnitt $K - D$

$$\begin{aligned}
N &= 0 \\
M_T &= M_{D_x} \\
M_y &= -D_z(l - x) \\
M_z &= D_y \cdot (l - x)
\end{aligned}$$

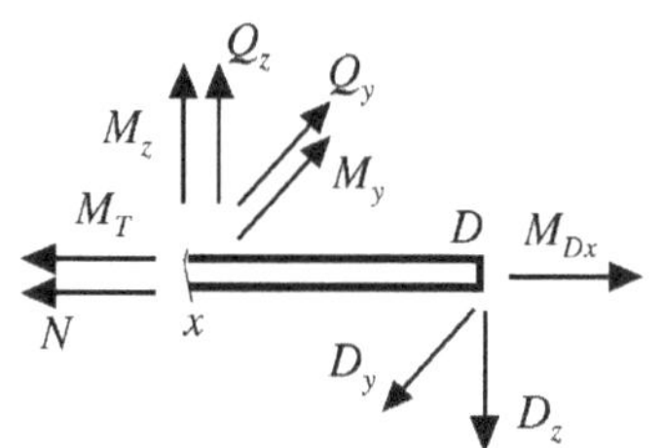

Der nächste Schritt besteht in der Berechnung der gesamten Formänderungsenergie V_{ges} nach den Grundformeln, wir berechnen die Energieanteile abschnittsweise getrennt nach Normalkraft und Momentenanteil und addieren anschließend alle Anteile zusammen.

$$V_{ges} = V_{Torsion} + V_{Normalkraft} + V_{Biegung} + V_{Querkraft}$$

Die Anteile aus Querkraft sind zu vernachlässigen und die Normalkraft ist überall identisch Null, für die Anteile aus Biegung und Torsion folgt aus den Grundformeln:

$V_{Torsion}$:

$$\begin{aligned} V_T &= \int_0^l \frac{(M_T(x))^2}{2GI_T} dx \\ &= \int_0^c \frac{(M_{D_x} - bF)^2}{2GI_T} dx + \int_c^l \frac{M_{D_x}^2}{2GI_T} dx \\ &= \frac{1}{2GI_T}(M_{D_x}^2 \cdot l - 2bFM_{D_x} \cdot c + b^2cF^2) \end{aligned}$$

$$\begin{aligned} V_{Biegung} &= V_{B_y} + V_{B_z} + V_{B_\xi} \\ &= \int_0^c \frac{M_y^2}{2EI_y} dx + \int_0^c \frac{M_z^2}{2EI_z} dx + \int_c^l \frac{M_z^2}{2EI_z} dx \\ &\quad + \int_c^l \frac{M_y^2}{2EI_y} dx + \int_0^b \frac{M_\xi}{2EI_\xi} d\zeta \end{aligned}$$

Der Anteil aus Biegung zerfällt in obige 5 Integrale, die wir mit V_I bis V_V benennen:

$$V_B = V_I + V_{II} + V_{III} + V_{IV} + V_V$$

$$\begin{aligned} V_I &= \int_0^c \frac{\left[F(x-c) + D_z(x-l)\right]^2}{2EI} dx \\ &= \frac{1}{2EI} \int_0^c \Big[F^2(x^2 - 2xc + c^2) + 2F \cdot D_z \cdot (x^2 - x \cdot l - x \cdot c + c \cdot l) \\ &\quad + D_z^2(x^2 - 2xl + l^2)\Big] dx \\ &= \frac{1}{2EI}\left[F^2(\frac{c^3}{3}) + 2FD_z(\frac{c^3}{3} - \frac{c^2 l}{2} - \frac{c^3}{2} + c^2 l) + D_z^2(\frac{c^3}{3} - c^2 l + l^2 c)\right] \\ &= \frac{1}{2EI}\left[F^2\frac{c^3}{3} + FD_z(-\frac{c^3}{3} + c^2 l) + D_z^2(\frac{c^3}{3} - c^2 l + l^2 c)\right] \end{aligned}$$

$$V_{II} + V_{III} = \int_0^l \frac{D_y^2(l^2 - 2lx + x^2)}{2EI} dx = \frac{D_y^2}{2EI}(l^3 - l^3 + \frac{l^3}{3})$$

$$\begin{aligned} V_{IV} &= \int_c^l \frac{D_z^2(l^2 - 2lx + x^2)}{2EI} dx = \frac{D_z^2}{2EI} (l^2 x - lx^2 + \frac{x^3}{3})\Big|_c^l \\ &= \frac{D_z^2}{2EI}(l^3 - l^3 + \frac{l^3}{3} - l^2 c + lc^2 - \frac{c^3}{3}) \\ &= \frac{D_z^2}{2EI}(\frac{l^3}{3} - l^2 c + lc^2 - \frac{c^3}{3}) \end{aligned}$$

$$V_V = \int_0^b \frac{F^2\zeta^2}{2EI_\xi} d\zeta = \frac{1}{2EI} F^2 \frac{b^3}{3}$$

Insgesamt erhalten wir die folgende Formänderungsenergie:

$$\begin{aligned} V_{\text{ges}} &= \frac{1}{2GI_T}(M_{D_x}^2 \cdot l - 2bcFM_{D_x} + b^2 cF^2) \\ &+ \frac{1}{2EI}\left[F^2 \frac{c^3 + b^3}{3} + FD_z(-\frac{c^3}{3} + c^2 l) + D_y^2 \frac{l^3}{3} + D_z^2 \frac{l^3}{3}\right] \end{aligned}$$

Mit Hilfe dieses Rechenaufwandes können wir jetzt über den Satz von Castigliano die Verschiebungen der Angriffspunkte der äußeren Kräfte und Momente bestimmen, beziehungsweise diejenigen Kräfte und Momente selbst, die Lagerreaktionen sind und somit keine Verschiebungen am Angriffspunkt erfahren. Da nämlich die Verschiebungen der Lagerpunkte identisch Null sein sollen (Definition der Lager), haben wir eine Aussage für die Lagerreaktionen F_i, M_i:

$$\frac{\partial V_{\text{ges}}}{\partial F_i} = 0 \quad \text{und} \quad \frac{\partial V_{\text{ges}}}{\partial M_i} = 0$$

Wir leiten also die gesamte Formänderungsenergie partiell nach den überzähligen Lagerreaktionen ab und setzen diesen Ausdruck zu Null. Partielle Ableitung eines Ausdrucks nach einer unabhängigen Variablen bedeutet unter anderem, daß alle anderen Unabhängigen in diesem Ausdruck für diese Ableitung als Konstante betrachtet werden:

$$\begin{aligned} \frac{\partial V_{\text{ges}}}{\partial D_y} &= \frac{1}{2EI}[D_y \frac{2}{3} l^3] = 0 \quad \rightarrow \quad D_y = 0 \\ \frac{\partial V_{\text{ges}}}{\partial D_z} &= \frac{1}{2EI}[F(\frac{c^3}{3} + c^2 l) + D_z \frac{2}{3} l^3] = 0 \\ &\rightarrow \quad D_z = \frac{3F}{2l^3}(-c^2 l + \frac{c^3}{3}) = \frac{3}{2}F(-\frac{c^2}{l^2} + \frac{c^3}{3l^3}) \\ \frac{\partial V_{\text{ges}}}{\partial M_{D_x}} &= 0 = \frac{1}{2GI_T}(2M_{D_x} l - 2bcF) \\ &\rightarrow M_{D_x} = F \cdot \frac{bc}{l} \end{aligned}$$

Wir kennen jetzt die drei überzähligen Lagerreaktionen, die abhängigen Lagerreaktionen erhalten wir einfach durch Einsetzen in die GGB von oben:

$$\begin{aligned} C_y &= 0 \quad ; \qquad C_z = F\left(\frac{3c^2}{2l^2} - \frac{c^3}{2l^3} - 1\right) \\ M_{C_x} &= Fb(1 - \frac{c}{l}) \\ M_{C_y} &= F(c - \frac{3c^2}{2l} + \frac{c^3}{2l^2}) \quad ; \qquad M_{C_z} = 0 \end{aligned}$$

Die gesamte Formänderungsenergie läßt sich durch Einsetzen der inzwischen bekannten Lagerreaktionen in Abhängigkeit der Belastung F darstellen.

$$V_{ges} = \frac{F^2}{2GI_T}\left[-\frac{b^2c^2}{l} + b^2c\right] + \frac{F^2}{2EI}\left[\frac{c^3+b^3}{3} + \frac{c^5}{2l^2} - \frac{c^4}{2l} - \frac{c^6}{12l^3}\right]$$

Die Durchsenkung $f_{H,z}$ am Kraftangriffspunkt von F folgt dann aus dem Satz von Castigliano.

$$\begin{aligned} f_{H,z} &= \frac{\partial V_{ges}}{\partial F} \\ &= \frac{F}{GI_T}\left[-\frac{b^2c^2}{l} + b^2c\right] + \frac{F}{EI}\left[\frac{c^3+b^3}{3} + \frac{c^5}{2l^2} - \frac{c^4}{2l} - \frac{c^6}{12l^3}\right] \end{aligned}$$

Es ist zu beachten, daß $f_{H,z}$ nur der Anteil der Durchsenkung in Richtung von F ist, $f_{H,z}$ ist also nur die vertikale Komponente der gesamten Verschiebung des Kraftangriffspunktes H. Wollte man den kompletten Verschiebungsvektor $\mathbf{f}$ in allen drei Raumrichtungen bestimmen, müßte man zusätzliche, gedachte Kraftanteile F_x, F_y in H angreifen lassen und das vorgestellte Schema wiederholen.

Aufgabe 1

Die nebenstehende, aus vier Stäben von gleichem Material und gleichem Querschnitt A bestehende Vorrichtung wird spannungsfrei montiert. Welche Zugkräfte treten in den Stäben auf, wenn im Punkt S die Last $\mathbf{F}$ aufgehängt wird?

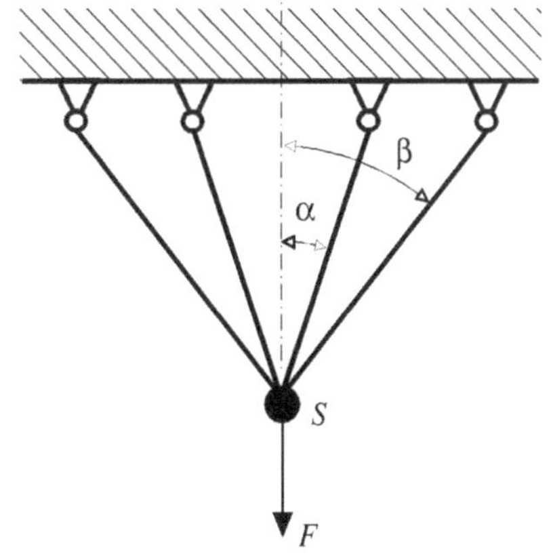

Aufgabe 2

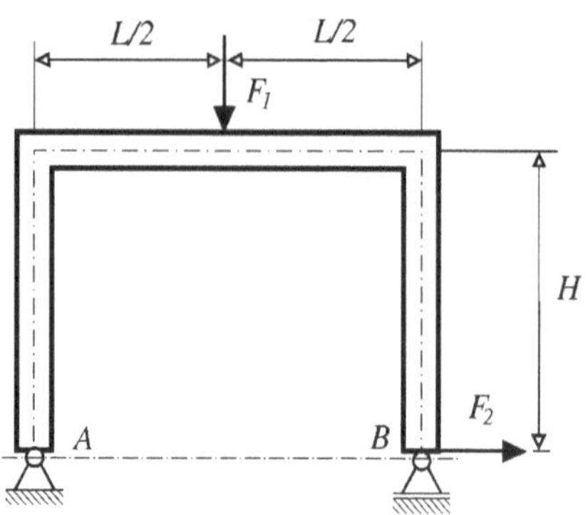

Der skizzierte Rahmen eines Maschinenfundaments werde durch die Kraft $\boldsymbol{F}_1$ (Gewicht der Maschine) und eine seitliche Kraft $\boldsymbol{F}_2$ am verschiebbaren Gelenklager B belastet. Der Rahmen ist an den Ecken starr verschweißt; die drei Träger haben gleiche Biegesteifigkeiten EI, gleiches Widerstandsmoment W und gleiche Querschnittsfläche A. Wie weit senkt sich der Rahmen am Angriffspunkt der Kraft $\boldsymbol{F}_1$ durch? Wie weit verschiebt sich das Lager B für den Fall, daß $\boldsymbol{F}_1 = 0$ ist?

Aufgabe 3

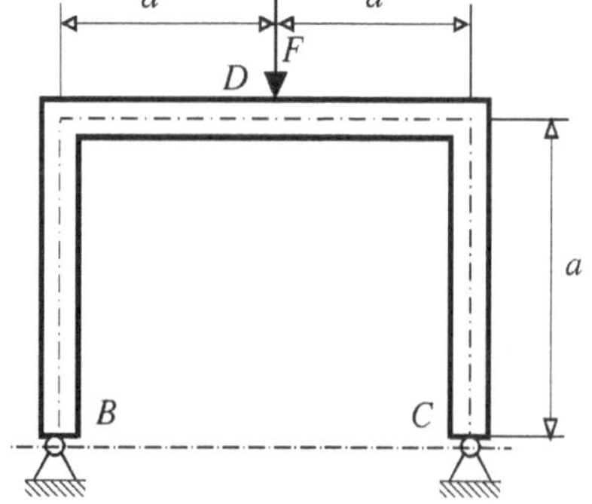

Der gezeichnete Zweigelenkbogen von überall gleichem Querschnitt wird durch die vertikale Kraft $\mathbf{F}$ bei D belastet. Beim Einbau wurde durch eine Verschiebung e des Lagers C in horizontaler Richtung der Zweigelenkbogen vorgespannt.

a) Wie groß war die zum Einbau erforderliche Horizontalkraft $\mathbf{F}_H$?

b) Wie groß sind die Lagerreaktionen in B und C nach dem Aufbringen der Kraft $\mathbf{F}$?

c) Wie groß ist die vertikale Verschiebung des Punktes D?

Gegeben: $e = 6,9cm$, $a = 3m$, $F = 30kN$, $EI = 2 \cdot 10^8 kN/cm^2$
Hinweis: Die Formänderung durch Längs- und Querkräfte darf vernachlässigt werden.

Lösungen zu Kap. 2.6 Energiemethoden

Aufgabe 1

Stablängen, vertikales Kräftegleichgewicht:

$$L_\alpha = \frac{h}{\cos\alpha}; \qquad L_\beta = \frac{h}{\cos\beta}; \qquad 2\,(F_\alpha cos\alpha + F_\beta\, cos\beta) = F$$

Normalkraftverläufe:

$$N_\alpha = F_\alpha \quad ; \quad N_\beta = \frac{1}{cos\beta}(\frac{F}{2} - F_\alpha cos\alpha)$$

Formänderungsenergie:

$$V_N = \frac{2}{2EA}(\int_0^{L_\alpha} N_\alpha^2 dx_\alpha + \int_0^{L_\beta} N_\beta^2 dx_\beta)$$

Der Satz von Castigliano wird für die Normalkraft N_α betrachtet, Integration und Differentiation vertauscht. Die partiellen Ableitungen lauten:

$$\frac{\partial V_N}{\partial N_\alpha} = 0; \qquad \frac{\partial N_\alpha}{\partial N_\alpha} = 1; \qquad \frac{\partial N_\beta}{\partial N_\alpha} = -\frac{\cos\alpha}{\cos\beta}$$

$$\int_0^{L_\alpha} F_\alpha dx_\alpha + \int_0^{L_\beta} -\frac{\cos\alpha}{\cos^2\beta}(\frac{F}{2} - F_\alpha\cos\alpha)dx_\beta = 0$$

$$F_\alpha L_\alpha - \frac{\cos\alpha}{\cos^2\beta}(\frac{F}{2} - F_\alpha\cos\alpha)L_\beta = 0$$

Einsetzen der Längen L_α, L_β, auflösen nach F_α.

$$\Rightarrow F_\alpha = \frac{F\cos^2\alpha}{2\,(\cos^3\alpha + \cos^3\beta)} \quad ; \quad F_\beta = \frac{F\cos^2\beta}{2\,(\cos^3\alpha + \cos^3\beta)}$$

Aufgabe 2

Lagerreaktionen (aus GGB:)

$$F_{Ax} = F_2 \quad ; \quad F_{Az} = F_{Bz} = \frac{F_1}{2}$$

Normalkraft- und Momentenverläufe :
Bereich I:

$$N_I(z) = -\frac{F_1}{2}$$
$$M_I(z) = +F_2 z$$

Bereich II:

$$N_{II}(x) = F_2$$
$$M_{II}(x) = F_2 H + \frac{F_1}{2} x$$

Der Verlauf von N und M ist symmetrisch, die Formänderungsenergie durch Querkraft wird vernachlässigt.

$$V = V_{M_b} + V_N$$

$$V = 2 \cdot [\underbrace{\int_{-H}^{0} \frac{M_I^2(z)}{2EI} dz + \int_0^{\frac{L}{2}} \frac{M_{II}^2(x)}{2EI} dx}_{Biegung} + \underbrace{\int_{-H}^{0} \frac{N_I^2(z)}{2EA} dz + \int_0^{\frac{L}{2}} \frac{N_{II}^2(x)}{2EA} dx}_{Zug/Druck}]$$

a) Das Tragwerk ist symmetrisch, eine Integration über das halbe Tragwerk ist ausreichend. Anwendung des Satzes von Castigliano F_1: $\frac{\partial V}{\partial F_1} = W_1$ und Vertauschung von Integration und Differentiation liefert dann:

$$\frac{\partial V}{\partial F_1} = \frac{2}{EI} [\int_{-H}^{0} M_I(z) \underbrace{\frac{\partial M_I(z)}{\partial F_1}}_{=0} + \int_0^{\frac{L}{2}} M_{II}(x) \frac{\partial M_{II}(x)}{\partial F_1} dx] +$$

$$+ \frac{2}{EA} [\int_{-H}^{0} N_I(z) \frac{\partial N_I(z)}{\partial F_1} dz + \int_0^{\frac{L}{2}} N_{II}(x) \underbrace{\frac{\partial N_{II}(x)}{\partial F_1}}_{=0}] = w$$

Die Einzelanteile lauten:

$$\frac{\partial M_{II}(x)}{\partial F_1} = \frac{x}{2} \quad ; \quad \frac{\partial N_I(z)}{\partial F_1} = -\frac{1}{2}$$

$$\Rightarrow \frac{\partial V}{\partial F_1} = \frac{2}{E} [\frac{1}{I} \int_0^{\frac{L}{2}} (F_2 H \cdot \frac{x}{2} + \frac{F_1 x^2}{4}) dx + \frac{1}{A} \int_{-H}^{0} \frac{F_1}{4} dz]$$

$$\Rightarrow W_1 = \frac{L^2}{8EI} \underbrace{(F_2 H + \frac{F_1 L}{6})}_{Biegung} + \underbrace{\frac{F_1 H}{2EA}}_{Zug/Druck}$$

Im folgenden gelte : $F_1 = 0 \rightarrow V = \hat{V}$

b) Satz von Castigliano angewandt auf F_2 : $\frac{\partial \hat{V}}{\partial F_2} = U_2$

$$\frac{\partial \hat{V}}{\partial F_2} = \frac{2}{EI}\,[\int_{-H}^{0} M_I(z)\,\frac{\partial M_I(z)}{\partial F_2}dz + \int_0^{\frac{L}{2}} M_{II}(x)\,\frac{\partial M_{II}(x)}{\partial F_2}dx\,] +$$

$$+\frac{2}{EA}\int_0^{\frac{L}{2}} N_{II}(x)\frac{\partial N_{II}(x)}{\partial F_2}dx = U_2$$

Die Einzelanteile lauten:

$$\frac{\partial M_I(z)}{\partial F_2} = +z \quad ; \quad \frac{\partial M_{II}(x)}{\partial F_2} = H \quad ; \quad \frac{\partial N_{II}(x)}{\partial F_2} = 1$$

$$\Rightarrow U_2 = \frac{2F_2H^2}{EI}(\frac{H}{3} + \frac{L}{2}) + \frac{F_2L}{EA}$$

Für schlanke Balken kann i.a. der Anteil durch Zug / Druck gegenüber dem Anteil des Biegemomentes vernachlässigt werden !

Aufgabe 3

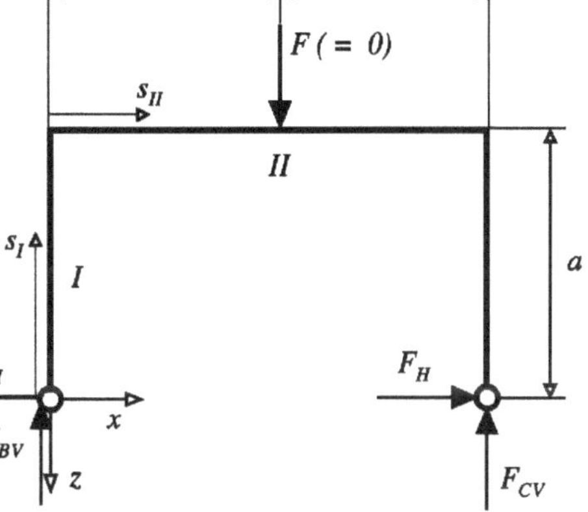

a) Unter Vernachlässigung der FÄE infolge Querkräften ergibt sich :

$$V^* = \frac{1}{2EI}\int_0^{4a} M^2(s)$$

mit s als Koordinate entlang des Bogens.
Biegemomentenverlauf :

$$M_I(s) = F_H s \quad ; \quad M_{II}(s) = F_H a$$

Unter Ausnutzung der Symmetrie auch

$$V^* = 2\cdot\frac{1}{2EI}\,[\int_0^a F_H^2 s^2 ds + \int_a^{2a} F_H^2 a^2 ds] = \frac{4}{3}\frac{F_H^2 a^3}{EI}$$

Satz von Castigliano angewandt auf F_H:

$$\frac{\partial V^*}{\partial F_H} = \frac{8}{3}\,\frac{F_H}{a^3 EI} = e \Rightarrow F_H = \frac{3}{8}\,\frac{EIe}{a^3}$$

Lagerreaktionen nach dem Einbau, ohne sonstige Belastung (d.h. $F = 0$) :

$$\boldsymbol{F}_B = \begin{pmatrix} -\frac{3eEI}{8a^3} \\ 0 \\ 0 \end{pmatrix} \quad ; \quad \boldsymbol{F}_C = \begin{pmatrix} \frac{3eEI}{8a^3} \\ 0 \\ 0 \end{pmatrix}$$

b) Der Bogen wird in spannungsfreier Lage montiert, das Lager B anschließend um den Betrag e nach rechts verschoben und zusätzlich die Kraft F aufgebracht. Das System ist statisch unbestimmt.

$$\Sigma M_B = 0 \rightarrow F_{Az} = -\frac{F}{2} \quad ; \quad \Sigma M_A = 0 \rightarrow F_{Bz} = -\frac{F}{2}$$

$$\Sigma F_x = 0 \rightarrow F_{Ax} = -F_{Bx}$$

Schnittreaktionen: Nur das Biegemoment ist hier relevant, da andere Formänderungen vernachlässigt werden können (siehe Angabe).

Bereich $I : 0 \leq s_I \leq a$

$$M_I(s_I) = -F_{Ax}\, s_I = F_{Bx}\, s_I$$

Bereich $II : 0 \leq s_{II} \leq a$

$$M_{II}(s_{II}) = -F_{Ax}\, a - F_{az}\, s_{II} = F_{Bx}\, a + \frac{F}{2}\, s_{II}$$

FÄE : Ausnutzung der symmetrischen Belastung.

$$V = 2 \cdot \frac{1}{2\,EI}[\int_0^a (F_{Bx}\, s_I)^2 ds_I + \int_0^a (F_{Bx}\, a + \frac{F}{2}\, s_{II})^2 ds_{II}]$$

$$V = \frac{1}{EI}[F_{Bx}^2 \frac{a^3}{3} + (F_{Bx}^2 a^2 s_{II} + \frac{F_{Bx} F a s_{II}^2}{2} + \frac{F^2 s_{II}^3}{12})]_0^a$$

$$V = \frac{a^3}{EI}[\frac{4}{3}\, F_{Bx}^2 + \frac{1}{2}\, F_{Bx}\, F + \frac{1}{12}\, F^2] = V(F, F_{Bx})$$

Satz von Castigliano:

$$\frac{\partial V}{\partial F_{Bx}} = e = \frac{a^3}{EI}[\frac{8}{3}\, F_{Bx} + \frac{F}{2}] \quad \rightarrow \quad F_{Bx} = \frac{3e\, EI}{8\, a^3} - \frac{3\, F}{16}$$

Mit Hilfe der GGB folgt

$$\rightarrow F_{Ax} = \frac{-3e\, EI}{8\, a^3} + \frac{3\, F}{16}.$$

Lagerreaktion nach Einbau und mit Belastung durch die Kraft F :

$$\boldsymbol{F}_B = \begin{pmatrix} -\frac{3eEI}{8\,a^3} + \frac{3F}{16} \\ 0 \\ -\frac{F}{2} \end{pmatrix} \quad ; \quad \boldsymbol{F}_C = \begin{pmatrix} \frac{3eEI}{8\,a^3} - \frac{3F}{16} \\ 0 \\ -\frac{F}{2} \end{pmatrix}$$

c) Berechnung der Verschiebung f des Kraftangriffspunkts D über den Satz von Castigliano:

$$\frac{\partial V}{\partial F} = f = \frac{a^3}{EI}[\frac{8}{3} F_{Bx} \frac{\partial F_{Bx}}{\partial F} + \frac{1}{2} F_{Bx} + \frac{1}{2} F \frac{\partial F_{Bx}}{\partial F} + \frac{1}{6} F]$$

$$\frac{\partial F_{Bx}}{\partial F} = -\frac{3}{16}; \qquad f = \frac{7a^3}{96EI} F$$

3 Kinematik

3.1 Einachsige Bewegungen

Einachsige Bewegungen finden ihrem Namen entsprechend auf einer Strecke statt. Längs dieser Geraden wird das Weg-Zeit Verhalten betrachtet und berechnet. Typische Beispiele aus der Technik sind z.B. Fahrzeuge auf Straßen und Schienen.

Grundformeln: Einachsige Bewegung: Nomenklatur

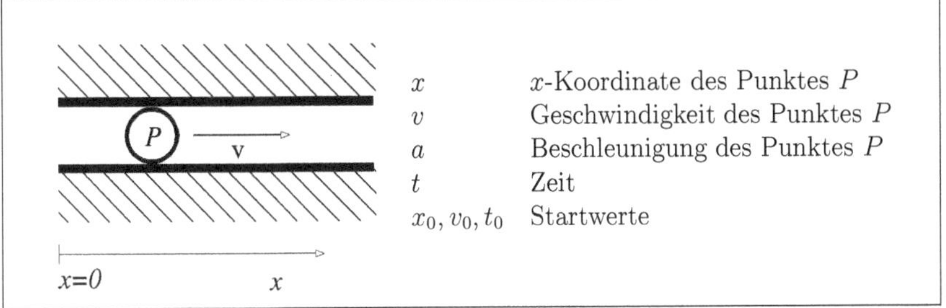

x	x-Koordinate des Punktes P
v	Geschwindigkeit des Punktes P
a	Beschleunigung des Punktes P
t	Zeit
x_0, v_0, t_0	Startwerte

Grundformeln: Lösungsfälle für einachsige Bewegungen

Unabhängig:	Gegeben:	Gesuchte Funktionen:
t	$x(t)$	$v = dx/dt; \quad a = d^2x/dt^2$
	$v(t)$	$x = x_0 + \int v\,dt; \quad a = dv/dt$
	$a(t)$	$x = x_0 + v_0 t + \int\int a\,dt^2$
		$v = v_0 + \int a\,dt$

Unabhängig:	Gegeben:	Gesuchte Funktionen:
x	$v(x)$	$a = v \cdot dv/dx$
		$t = t_0 + \int dx/v$
	$a(x)$	$v = \sqrt{v_0^2 + 2\int a\,dx}$
		$t = t_0 + \int dx/\sqrt{v_0^2 + 2\int a\,dx}$
	$t(x)$	$v = \frac{1}{dt/dx}$
		$a = \frac{1}{dt/dx} \cdot \frac{d}{dx}\frac{1}{dt/dx}$

Unabhängig:	Gegeben:	Gesuchte Funktionen:
v	$x(v)$	$a = \frac{v}{dx/dv}$
		$t = t_0 + \int \frac{1}{v}\frac{dx}{dv}dv$
	$a(v)$	$x = x_0 + \int \frac{v}{a}dv$
		$t = t_0 + \int \frac{1}{a}dv$
	$t(v)$	$x = x_0 + \int v\frac{dt}{dv}dv$
		$a = \frac{1}{dt/dv}$

Aufgabe 1:

Zwei Fahrzeuge 1 und 2 befahren mit den Geschwindigkeiten $v_1 = 45\,\text{km/h}$ und $v_2 = 50\,\text{km/h}$ in gleicher Richtung eine gerade, ebene Straße. Zum Zeitpunkt, da das erste Fahrzeug mit der konstanten Verzögerung $a_1 = 5\,\text{m/s}^2$ zu bremsen beginnt, beträgt ihr lichter Abstand $b = 10\,\text{m}$. Das zweite Fahrzeug bremst eine halbe Sekunde später mit der konstanten Verzögerung $a_2 = 4\,\text{m/s}^2$. Stoßen die beiden Fahrzeuge zusammen? Wenn ja, wann und wo und wie groß ist in diesem Augenblick ihre Geschwindigkeit gegeneinander?

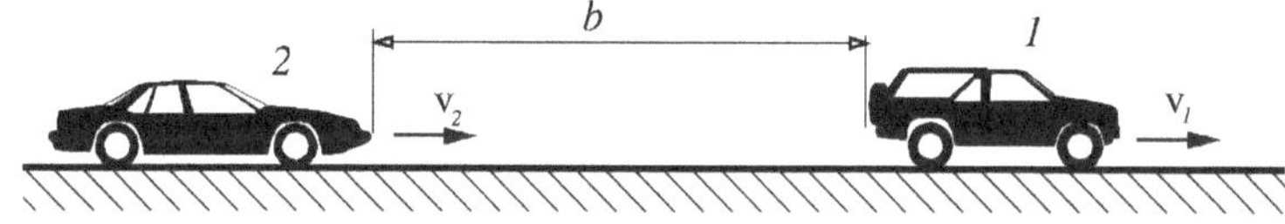

Aufgabe 2:

Das v-s-Diagramm eines elektrischen Zuges setzt sich aus zwei Parabeln zusammen. Die erste bedeutet die Anfahrperiode, die zweite die (stromlose) Auslaufperiode. Bis zu welcher Geschwindigkeit v_1 muß angefahren werden, wenn die Gesamtstrecke $s_1 + s_2 = 1200$ m in 120 Sekunden zurückgelegt werden soll?

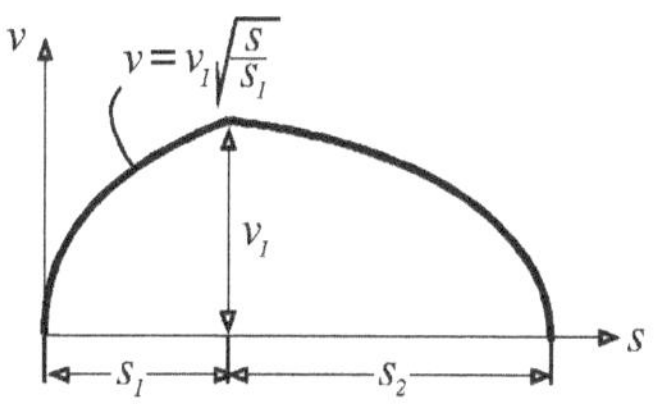

Lösungen zu Kap. 3.1 Einachsige Bewegungen

Aufgabe 1

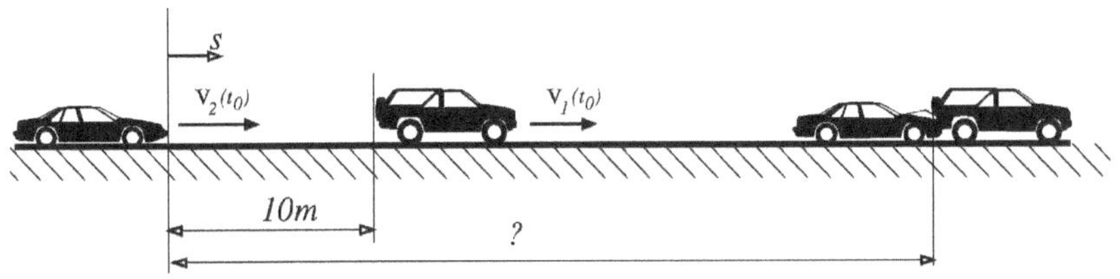

Geschwindigkeit der Fahrzeuge 1 und 2:

$$v_1(t) = v_{1,0} - a_1 \cdot t \quad ; \qquad v_2(t) = v_2 - a_2 \cdot (t - 0,5)$$

Bremsweg Fahrzeug 1 (mit 10m Vorsprung) :

$$v_1(T_1) = 0 \qquad ; \qquad T_1 = \frac{v_{1,0}}{a_1}$$

$$s_1(T_1) = s(t_0) + \int_0^{T_1} (v_{1,0} - a_1 \cdot t)\, dt = v_{1,0} \cdot \frac{v_{1,0}}{a_1} - \frac{1}{2} a_1 \left(\frac{v_{1,0}}{a_1}\right)^2 + 10m = 25,625m$$

Bremsweg Fahrzeug 2:

$$\begin{aligned} v_2(T_2) &= 0 \qquad ; \qquad T_2 = \frac{v_2}{a_2} + 0,5 = T_2^* + 0,5 \\ s_2(T_2) &= v_{2,0} \cdot 0,5 + \int_0^{T_2^*} (v_{2,0} - a_2 \cdot t)\, dt = 31,06m \end{aligned}$$

$\rightarrow$ Zusammenstoß an der Stelle $s_1(\hat{t}) = s_2(\hat{t})$:

$$\begin{aligned} v_1 \cdot \hat{t} - \frac{1}{2}\, a_1 \cdot \hat{t}^2 + 10\ m &= v_2 \cdot \hat{t} - \frac{1}{2}\, a_2\, (\hat{t} - 0,5)^2 \\ v_1 \cdot \hat{t} - \frac{1}{2} a_1 \cdot \hat{t}^2 + 10m &= v_2 \cdot \hat{t} - \frac{1}{2}\, a_2 (\hat{t}^2 - \hat{t} + 0,25) \\ \hat{t}^2 + 6,\overline{7} \cdot \hat{t} - 21^2 &= 0 \end{aligned}$$

$$\rightarrow \hat{t} = 2,31 sec. \quad \text{und} \quad \rightarrow s_1(\hat{t}) = s_2(\hat{t}) = 25,5m$$

Der Zusammenstoß findet nach $2,31\ sec$ bei $s = 25,5\ m$ statt.

$$\begin{aligned} v_1(\hat{t}) &= v_{1,0} - a_1 \cdot \hat{t} = 0,95\ m/sec \\ v_2(\hat{t}) &= v_2 - a_2 \cdot (\hat{t} - 0,5) = 6,65\ m/sec \\ \triangle v &= v_2 - v_1 = 5,7 m/sec \equiv 20,5\ km/h. \end{aligned}$$

Fahrzeug 2 fährt mit 20,5 km/h auf Fahrzeug 1 auf.

Aufgabe 2

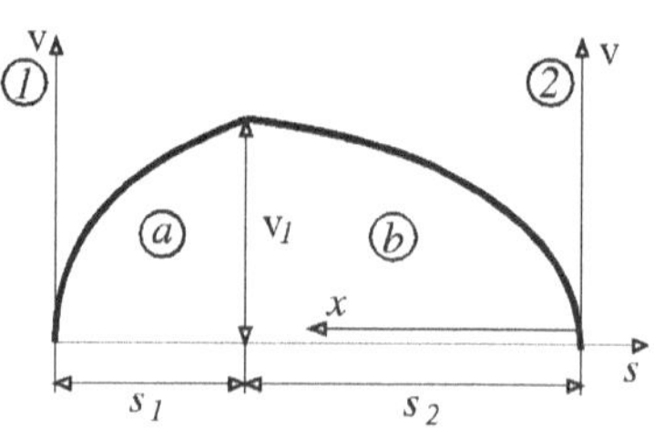

Geschwindigkeit im System (1):

$$v_a = v_1 \cdot \sqrt{\frac{s}{s_1}}$$

analog im Koordinatensystem (2) :

$$v_b = v_1 \cdot \sqrt{\frac{x}{s_2}}$$

$$v = \frac{ds}{dt} \qquad \rightarrow \qquad dt = \frac{ds}{v}$$

t kann jetzt durch Integration von dt erhalten werden:

$$t_1 = \int_0^{s_1} \frac{ds}{v_1 \cdot \sqrt{\frac{s}{s_1}}} = \left[2 \cdot \frac{\sqrt{s_1}}{v_1} \cdot \sqrt{s}\right]_0^{s_1} = 2 \cdot \frac{s_1}{v_1}$$

Im Koordinatensystem (2) gilt analog: $t_2 = 2s_2/v_1$

$$t_1 + t_2 = 120 = \frac{2}{v_1}(s_1 + s_2) = \frac{2}{v_1} \cdot 1200 \rightarrow v_1 = 20m/sec$$

3.2 Ebene Kinematik

Viele Bewegungen in der Technik finden innerhalb einer Ebene statt, jede ebene Bewegung eines starren Körpers ist eindeutig definiert durch die Lage und die Geschwindigkeit eines Punktes des Körpers und durch die Rotationsgeschwindigkeit um die Achse normal zur Bewegungsebene. Jeder Körper besitzt nur eine einzige Winkelgeschwindigkeit, während i.a. verschiedene Punkte auf dem Körper auch verschiedene Geschwindigkeiten haben. Die ebene Bewegung eines Körpers kann auch zu jedem Zeitpunkt als reine Rotation um einen Punkt (Momentanpol für diesen Zeitpunkt) beschrieben werden. Die Bahn des Momentanpols in der Bewegungsebene heißt Spurkurve, die Bahn des Momentanpoles in einem körperfesten Koordinatensystem wird Polkurve genannt.

Grundformeln: Ebene Bewegung

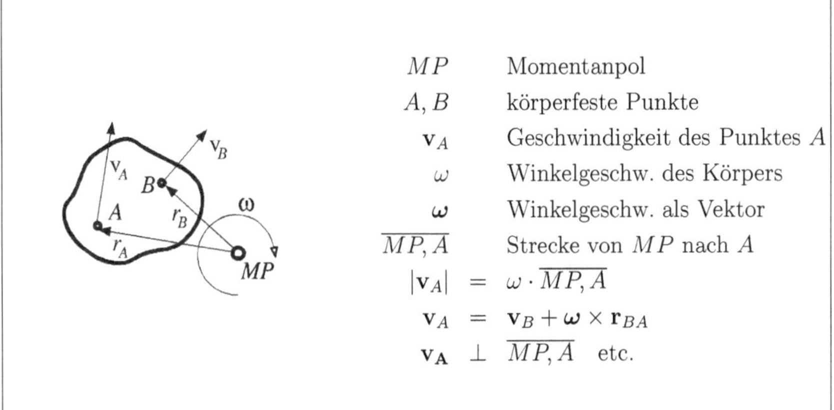

MP		Momentanpol
A, B		körperfeste Punkte
$\mathbf{v}_A$		Geschwindigkeit des Punktes A
ω		Winkelgeschw. des Körpers
$\boldsymbol{\omega}$		Winkelgeschw. als Vektor
$\overline{MP, A}$		Strecke von MP nach A
$\lvert\mathbf{v}_A\rvert$	$=$	$\omega \cdot \overline{MP, A}$
$\mathbf{v}_A$	$=$	$\mathbf{v}_B + \boldsymbol{\omega} \times \mathbf{r}_{BA}$
$\mathbf{v_A}$	$\perp$	$\overline{MP, A}$ etc.

Musteraufgabe 1

Der Außenring A des skizzierten Kugellagers rotiert mit der Winkelgeschwindigkeit ω_A während der Innenring I feststeht. Die Kugel K mit dem Radius ρ rollt ohne zu gleiten zwischen den Ringen. Wie groß sind dabei ihre absolute Winkelgeschwindigkeit ω_K und die Umfangsgeschwindigkeit v_M ihres Mittelpunktes ? In welchem Verhältnis stehen die Umlaufzeiten T_A und T_M von Außenring und Kugel ?

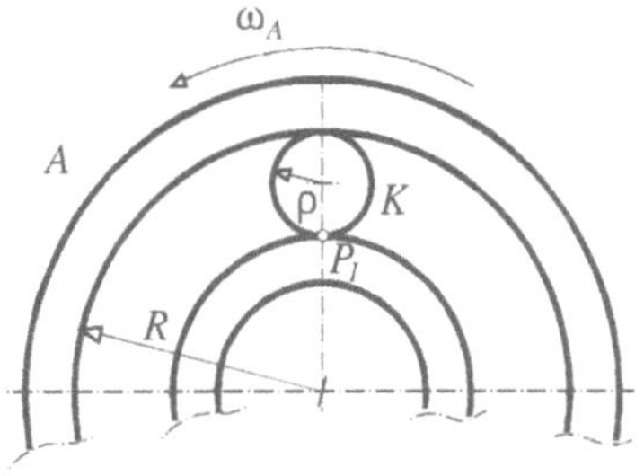

Lösung: Die Geschwindigkeit des kugelfesten Punktes P_I, der den inertialfesten Innenring berührt, ist Null, da kein Gleiten stattfindet. P_I kann damit als **Momentanpol** der Kugel aufgefaßt werden, d.h. die Bewegung der Kugel wird für diesen Zeitpunkt als Rotation um P_I aufgefaßt. Der Berührpunkt mit dem Außenring, P_A, hat dann die Geschwindigkeit $2\rho \cdot \omega_K$ (Rotation um den Momentanpol im Abstand 2ρ, die Umfangsgeschwindigkeit am Außenring ist aber gleichzeitig $\omega_A \cdot R$.

$$\omega_K \cdot 2\rho = \omega_A \cdot R \qquad \rightarrow \qquad \omega_K = \omega_A \cdot \frac{R}{2\rho}$$

Der Mittelpunkt M der Kugel rotiert ebenfalls um den Momentanpol P_I, hat aber im Gegensatz zu P_A den Abstand ρ von P_I und damit die Geschwindigkeit $v_M = \omega_K \cdot \rho = \omega_A \cdot R/2$. Wird die Winkelgeschwindigkeit mit der der Ortsvektor $\mathbf{r}_{OM}$ von O nach M um den Mittelpunkt O des Kugellagers umläuft mit ω_M bezeichnet, so ist v_M gleich dem Produkt aus ω_M und dem Abstand $R - \varrho$ von O nach M Das Verhältnis der Umlaufzeiten $T_A = 2\pi/\omega_A$ und $T_M = 2\pi/\omega_M$ entspricht weiterhin dem umgekehrten Verhältnis der Winkelgeschwindigkeiten ω_A und ω_M:

$$\omega_M \cdot (R-\rho) = v_M = \omega_A \cdot \frac{R}{2} \quad \rightarrow \quad \omega_M = \omega_A \cdot \frac{R}{2(R-\rho)}$$

$$\frac{T_A}{T_M} = \frac{\omega_M}{\omega_A} = \frac{R}{2(R-\rho)}$$

Aufgabe 1

Ein Flugzeug mit der Eigengeschwindigkeit $\mathbf{v}_F$ gegenüber der umgebenden Luft macht einen Probeflug von A über B nach C. Es braucht für die Strecke $\overline{AB} = 20\,\text{km}$ die Zeit von 400 Sekunden und für die Strecke $\overline{BC} = 27\,\text{km}$ die Zeit von 600 s . Während des ganzen Fluges weht ein Wind von unbekannter Stärke $\mathbf{v}_W$, aber bekannter Richtung $\alpha = 63,5^0$.

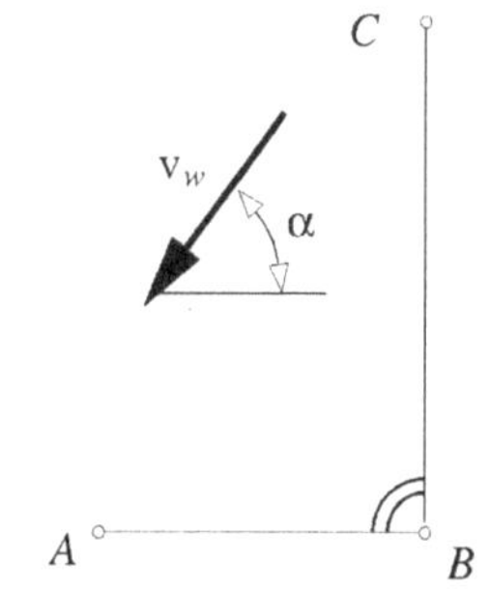

a) Wie groß ist der Betrag v_W der Windgeschwindigkeit ?
b) Bestimmen Sie den Betrag v_F der Eigengeschwindigkeit des Flugzeugs gegenüber der Luft.

Aufgabe 2

Bei dem skizzierten Mechanismus dreht sich die Kurbel (Kurbelradius r) mit konstanter Winkelgeschwindigkeit ω um die feste Achse O. Der Kurbelzapfen A gleitet in einem Schlitz der Kulisse, die ihrerseits um die feste Achse O_1 drehbar ist. Die Drehpunkte von Kurbel und Kulisse haben den Abstand $L > r$.

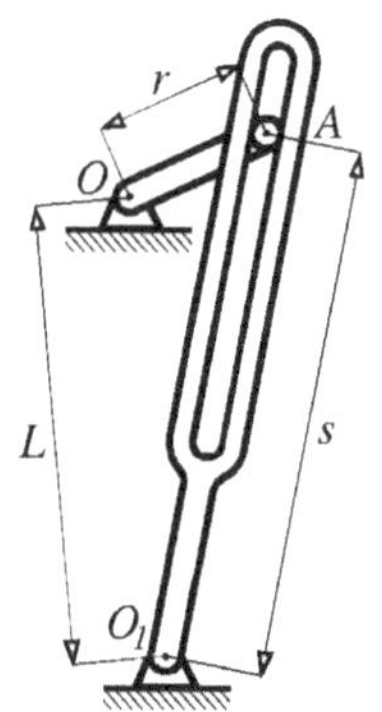

a) Bestimmen Sie die Winkelgeschwindigkeit ω_1 der Kulisse als Funktion des Abstandes s (s.Skizze).
b) Geben Sie den maximalen und den minimalen Betrag der Relativgeschwindigkeit zwischen Kulisse und Kurbelzapfen an und skizzieren Sie die diesen Extremwerten entsprechenden Kurbelstellungen.
c) Ermitteln Sie diejenigen Kurbellagen, bei denen $|\omega| = |\omega_1|$ ist.

Aufgabe 3

Ein Stab ABC der Länge L rutscht in einer Ecke mit glatter Wand und glattem Boden ab. Im Punkt B ist ein weiterer Stab BD der Länge L drehbar befestigt, der mit seinem Ende D ebenfalls auf dem glatten Boden abrutscht. Die Strecke AB entspricht $L/3$. Geben Sie die Koordinaten des Momentanpoles M des Stabes BD in Abhängigkeit von α an.

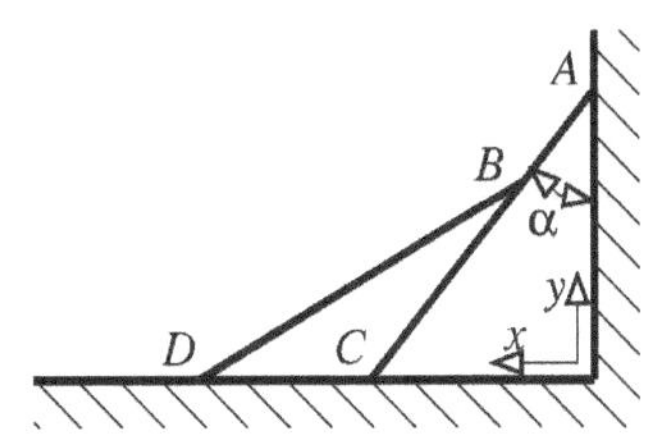

Aufgabe 4

Die Kurbel $\overline{O_1A}$ des skizzierten Gelenkvierecks dreht sich mit $n_1 = 60$ U/min um O_1. Die Koppel $\overline{AB}$ überträgt die Bewegung auf die Schwinge $\overline{O_2B}$, die sich um O_2 dreht. Kurbel, Koppel und Schwinge haben jeweils die Länge $a = 10$ cm, der Abstand $\overline{O_1O_2}$ beträgt 4 cm. Für diejenige Stellung des Mechanismus, bei der der Punkt B auf der x-Achse rechts von O_2 liegt, bestimme man:

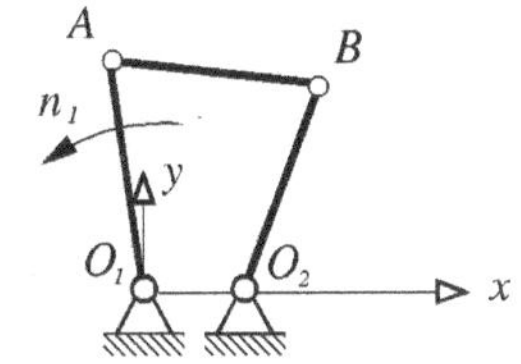

a) die Koordinaten x_p und y_p des Momentandrehpols für die Bewegung der Koppel $\overline{AB}$,
b) die Winkelgeschwindigkeit ω der Koppel $\overline{AB}$ sowie
c) die Geschwindigkeiten $\mathbf{v}_A = [v_{Ax}, v_{Ay}]^T$ und $\mathbf{v}_B = [v_{Bx}, v_{By}]^T$ der Punkte A und B.

Aufgabe 5

Ein Stab bewegt sich in der x-y-Ebene so, daß er auf der Kante A sowie mit seinem Ende B auf einer horizontalen Ebene gleitet.

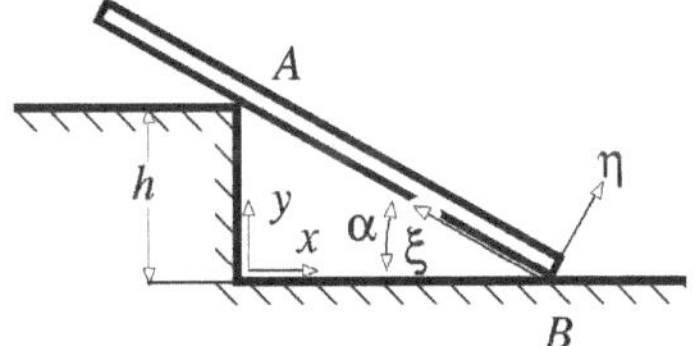

a) Ermitteln Sie zeichnerisch den Momentanpol der Bewegung für einen beliebigen Winkel α.
b) Bestimmen Sie im x-y-System die Koordinaten des Momentanpols in Abhängigkeit vom Winkel α.
c) Wie lautet die Gleichung der Spurkurve im x-y-System?
d) Wie lautet die Gleichung der Polkurve im körperfesten ξ-η-System?

Aufgabe 6

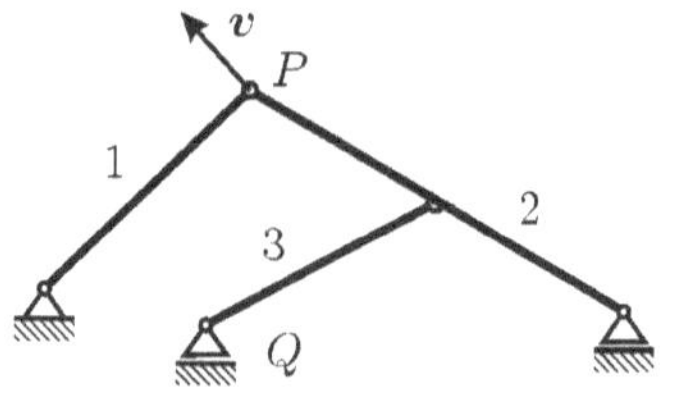

Ein Mechanismus besteht aus den starren Stäben 1 und 2, die im Punkt P drehbar miteinander Verbunden sind. Die Kurbel 1 wird dabei in einem Festlager, die Schwinge 2 in einem Loslager gehalten. An der Schwinge ist ein weiterer Stab 3 drehbar angebracht, der im Punkt Q von einem Loslager geführt ist.

Man bestimme konstruktiv die Momentanpole der drei Stäbe sowie die Geschwindigkeit v_Q des Loslagers.

Aufgabe 7

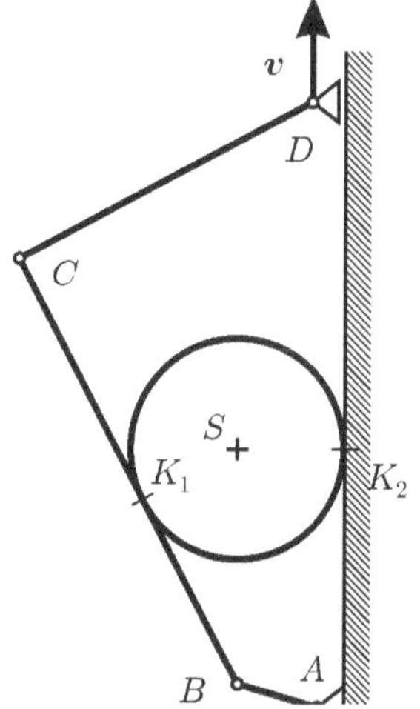

Der rechts skizzierte ebene Mechanismus wird im vertikal geführten Punkt D mit der Geschwindigkeit v_D angetrieben. Angeschlossen ist ein Viergelenkbogen, bestehend aus den gelenkig verbundenen Stäben $\overline{AB}$, $\overline{BC}$ und $\overline{CD}$. Auf der Stange $\overline{BC}$ rollt im Kontaktpunkt K_1 eine Walze ab, die im Kontaktpunkt K_2 auf der Wand rollt. In beiden Kontaktpunkten K_1 und K_2 kommt es nicht zum Gleiten.

Konstruieren Sie die Momentanpole der Stäbe $\overline{BC}$ und $\overline{CD}$ sowie die Geschwindigkeit $\mathbf{v}_S$ des Schwerpunktes S der Walze.

Aufgabe 8

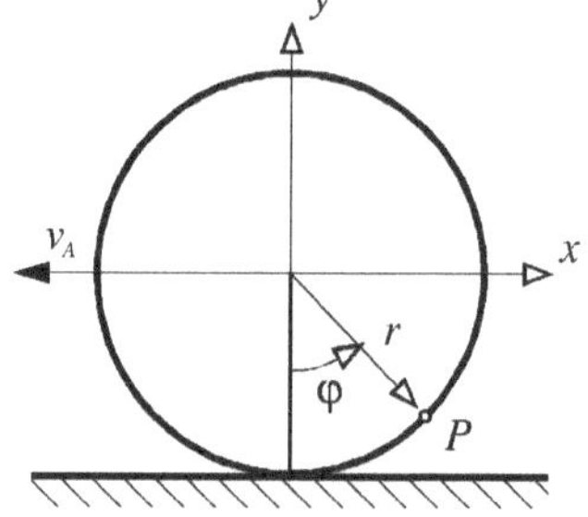

Ein Auto fährt mit der Geschwindigkeit $v_A = 108$ km/h auf einer ebenen Fahrbahn, auf der die Räder schlupflos abrollen. Im Punkt P, der durch den Winkel φ gekennzeichnet ist, löst sich ein Spike vom Umfang des Reifens. Berechnen Sie in den folgenden Teilfragen die gesuchten Größen als Funktionen von φ und geben Sie Zahlenwerte für $\varphi = 0^0$ und $\varphi = 30^0$ an.

a) Wie groß sind die Geschwindigkeitskomponenten des Spikes im Augenblick des Ablösens?

Im Folgenden sei die Höhe des Ablösepunktes über der Straße zu vernachlässigen:

b) Berechnen Sie die maximale Wurfhöhe, die der Spike erreicht.
c) Wie weit wird der Spike relativ zum Rad weggeschleudert und wie groß ist die Wurfweite für einen ruhenden Beobachter?
d) In welchem Abstand muß ein gleich schneller, nachfolgender Wagen fahren, damit er nicht von dem Spike getroffen wird? (Wagenhöhe $h = 2m$)

Lösungen zu Kap. 3.2 Ebene Kinematik

Aufgabe 1

Vektoraddition der Geschwindigkeiten: Geschwindigkeit über Grund = Windgeschwindigkeit + Relativgeschwindigkeit gegenüber Luft

Windgeschwindigkeit :

$$\mathbf{v}_W = v_W \begin{pmatrix} -\cos\alpha \\ -\sin\alpha \end{pmatrix}$$

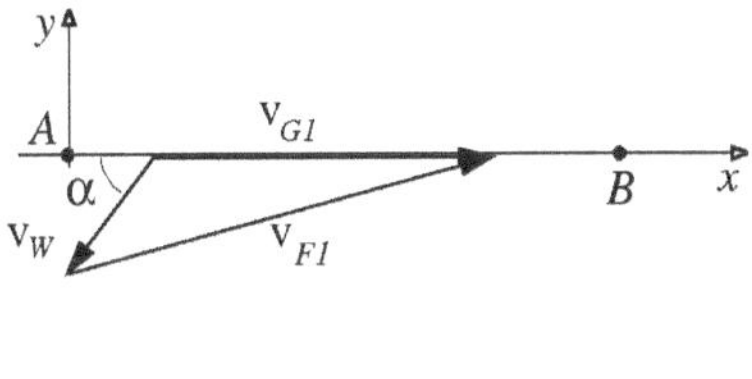

Geschwindigkeit über Grund :

Strecke $\overline{AB}$ $\quad \mathbf{v}_{G1} = \begin{pmatrix} v_{G1} \\ 0 \end{pmatrix}$

Strecke $\overline{BC}$ $\quad \mathbf{v}_{G2} = \begin{pmatrix} 0 \\ v_{G2} \end{pmatrix}$

Geschwindigkeit des Flugzeuges relativ zur Luft :

Strecke $\overline{AB}$: $\quad \mathbf{v}_{F1,rel} = \begin{pmatrix} v_{F1,x} \\ v_{F1,y} \end{pmatrix}$; Strecke $\overline{BC}$: $\quad \mathbf{v}_{F2,rel} = \begin{pmatrix} v_{F2,x} \\ v_{F2,y} \end{pmatrix}$

Für den Betrag der Relativgeschwindigkeit gilt $\mid \mathbf{v}_F \mid = \text{const.}$

$$\rightarrow \quad (v_{F1,x})^2 + (v_{F1,y})^2 = (v_{F2,x})^2 + (v_{F2,y})^2 \qquad (1)$$

$$\mathbf{v}_{G1} = \mathbf{v}_W + \mathbf{v}_{F1} \quad \rightarrow \quad \begin{pmatrix} v_{G1} \\ 0 \end{pmatrix} = \begin{pmatrix} -v_W \cos\alpha \\ -v_W \sin\alpha \end{pmatrix} + \begin{pmatrix} v_{F1,x} \\ v_{F1,y} \end{pmatrix}$$

$$v_{F1,y} = v_W \cdot \sin\alpha \qquad (2)$$

$$v_{F1,x} = v_{G1} + v_W \cos\alpha \qquad (3)$$

$$\mathbf{v}_{G2} = \mathbf{v}_W + \mathbf{v}_{F2} \quad \rightarrow \quad \begin{pmatrix} 0 \\ v_{G2} \end{pmatrix} = \begin{pmatrix} -v_W \cos\alpha \\ -v_W \sin\alpha \end{pmatrix} + \begin{pmatrix} v_{F2,x} \\ v_{F2,y} \end{pmatrix}$$

$$v_{F2,x} = v_W \cdot \cos\alpha \qquad (4)$$

$$v_{F2,y} = v_{G2} + v_W \cdot \sin\alpha \qquad (5)$$

(2) bis (5) in (1) :

$$(v_W \sin\alpha)^2 + (v_{G1} + v_W \cos\alpha)^2 = (v_W \cos\alpha)^2 + (v_{G2} + v_W \sin\alpha)^2$$

$$v_{G1}^2 - v_{G1}^2 = 2\ v_W \cdot (v_{G2} \sin\alpha - v_{G1} \cos\alpha)$$

$$\rightarrow v_W = \frac{v_{G1}^2 - v_{G2}^2}{2\ (v_{G2} \sin\alpha - v_{G1} \cos\alpha)}$$

$$v_{G1} = \frac{20\ km}{400\ sec} = 50\ m/sec \qquad ; \qquad v_{G2} = \frac{27\ km}{600\ sec} = 45\ m/sec$$

$$\rightarrow v_W = 13,2\ m/sec$$

Satz von PYTHARGORAS mit (2),(3) und v_W :

$$v_F = \sqrt{(v_W\ \sin\alpha)^2 + (v_{G1} + v_W\ \cos\alpha)^2} = 57,14\ m/sec$$

Aufgabe 2

Kinematische Bedingungen :

$$v_A = \omega \cdot r \qquad ; \qquad v_\perp = s \cdot \dot\varphi$$

Zerlegung von v_A :

$$v_\perp = v_A \cdot \cos(\varphi - \psi)$$

$$v_\parallel = v_A \cdot \sin(\varphi - \psi)$$

$$\rightarrow v_\perp = s \cdot \dot\varphi = \omega r \cos(\varphi - \psi) \qquad (1)$$

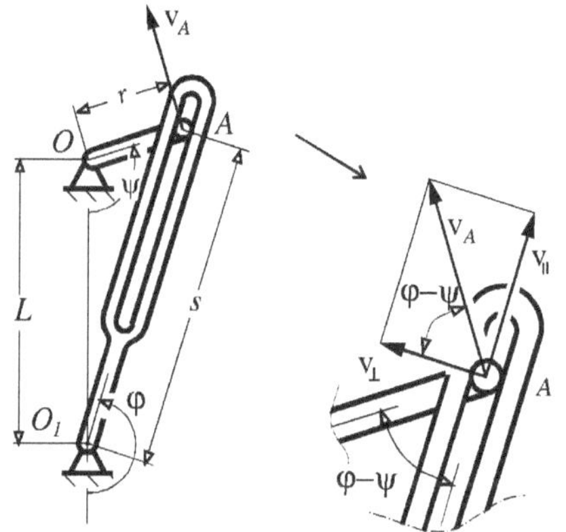

Der Winkel $\cos(\varphi - \psi)$ wird über den Cosinussatz im Dreieck ($\triangle OAO_1$) bestimmt.

$$L^2 = r^2 + s^2 - 2\ r\ s \cdot \cos(\varphi - \psi)$$

$$\cos(\varphi - \psi) = \frac{r^2 + s^2 - L^2}{2\ r\ s} \qquad (2)$$

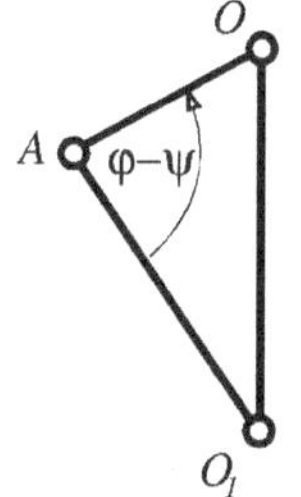

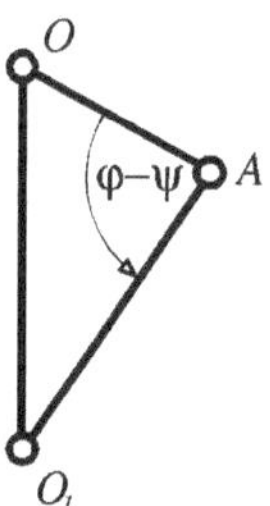

Einsetzen in (1) :

$$s\dot\varphi = \omega\ r \cdot \frac{r^2 + s^2 - L^2}{2\ r\ s} \qquad \rightarrow \qquad \dot\varphi = \omega_1 = \frac{\omega}{2}\left[1 + \frac{r^2 - L^2}{s^2}\right]$$

b) Relativgeschwindigkeit $v_{\|}$ zwischen Kulisse und Kurbelzapfen:

$$v_{\|} = v_A \cdot \sin(\varphi - \psi)$$

$\alpha)$ $|v_{\|}|$ ist maximal, falls$(\varphi - \psi) = \pm 90^o$

$\beta)$ $|v_{\|}|$ ist minimal, falls $(\varphi - \psi) = \begin{cases} 0^o \\ 180^o \end{cases}$

c), Fall $\alpha)$: $\omega = \omega_1 = \frac{\omega}{2}\left[1 + \frac{r^2 - L^2}{s^2}\right] \rightarrow$ keine Lösung, da $L > r$

Fall $\beta)$: $\omega = -\omega_1 = -\frac{\omega_1}{2}\left[1 + \frac{r^2-L^2}{s^2}\right]$

$$1 + \frac{r^2 - L^2}{s^2} = -2 \quad \rightarrow \quad s^2 = \frac{L^2 - r^2}{3}$$

Einsetzen in den Cosinussatz (2) liefert dann:

$$L^2 = r^2 + \frac{L^2 - r^2}{3} - 2\,r \cdot \sqrt{\frac{L^2 - r^2}{3}} \cdot \cos(\varphi - \psi)$$

$$\cos(\varphi - \psi) = -\sqrt{\frac{L^2 - r^2}{3\,r^2}}$$

Reelle Lösungen sind nur für $L \leq 2r$ möglich. Im Grenzfall ist $L = 2r$

$$\rightarrow \quad \cos(\varphi - \psi) = -1 \quad \rightarrow \quad (\varphi - \psi) = 180^o$$

Aufgabe 3

Lage des Momentanpols bestimmen.

- Schnittpunkte der Senkrechten auf $\mathbf{v}_A$ und $\mathbf{v}_B \rightarrow M^*$ ist Momentanpol des Stabes ABC
- M^* ist Momentanpol für $B \rightarrow \mathbf{v}_B$ ist senkrecht auf der Strecke $\overline{M^*B}$
- Schnittpunkt der Senkrechten auf $\mathbf{v}_B$ und $\mathbf{v}_D \rightarrow M$ ist Momentanpol für den Stab BD

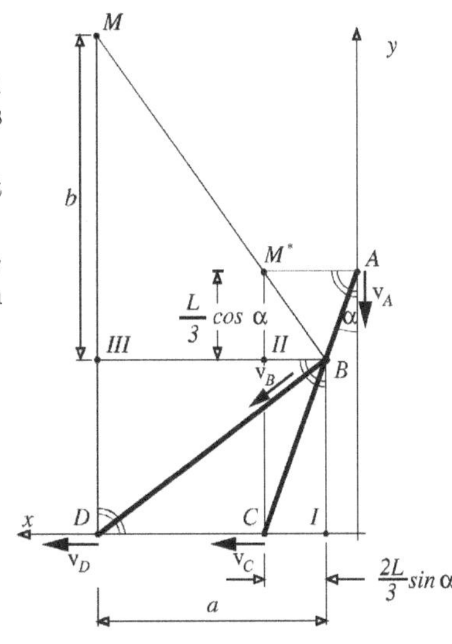

b) Betrachte Dreieck (CM^*A) :

$$M^* = L \cdot \begin{pmatrix} \sin\alpha \\ \cos\alpha \end{pmatrix}$$

Dreieck (DBI) :

$$a = L \cdot \sqrt{1 - \frac{4}{9}\cos^2\alpha}$$

Aus der Ähnlichkeit der Dreiecke $\triangle(IIIMB) \sim \triangle(IIM^*B)$ folgt

$$\frac{\frac{L}{3} \cdot \cos\alpha}{\frac{2}{3}L \cdot \sin\alpha} = \frac{b}{a}$$

Für M gilt damit:

$$M = \begin{pmatrix} L \cdot \left(\frac{1}{3} \cdot \sin\alpha + \sqrt{1 - \frac{4}{9} \cdot \cos^2\alpha}\right) \\ \frac{2}{3}L \cdot \cos\alpha + \frac{\cos\alpha \cdot L \cdot \sqrt{1 - \frac{4}{9} \cdot \cos^2\alpha}}{2\sin\alpha} \end{pmatrix}$$

Aufgabe 4

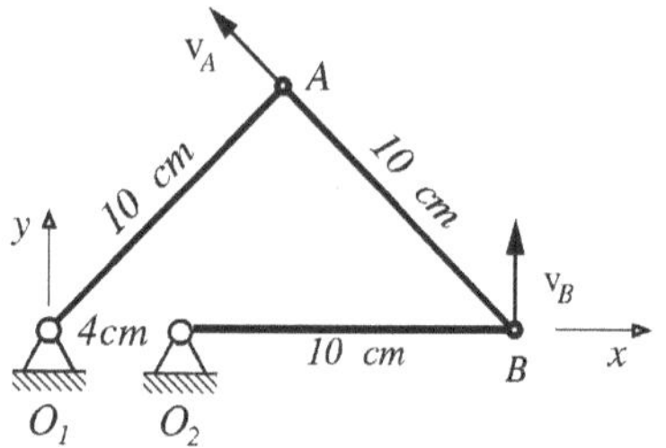

Winkelgeschwindigkeit der Kurbel:

$$\omega_1 = 60\ U/min = 60 \cdot \frac{2\pi}{60sec} = 2\pi \cdot \frac{1}{sec}$$

a) Aus der Drehung um O_1 bzw. um O_2 folgen die Richtungen von $\mathbf{v}_A$ bzw. $\mathbf{v}_B \rightarrow$ Momentanpol der Koppel AB ist Schnittpunkt der Senkrechten auf $\mathbf{v}_A$ und $\mathbf{v}_B$, damit ist O_1 Momentanpol der Koppel AB, die Koordinaten lauten $(0 \mid 0)$.

b) O_1 ist auch Momentanpol der Koppel O_1A

$$\rightarrow \boldsymbol{\omega}_1 = \boldsymbol{\omega}_{AB}$$

c) Die Geschwindigkeit eines Punktes eines starren Körpers ergibt sich aus dem Kreuzprodukt der Winkelgeschwindigkeit des starren Körpers mit dem Radiusvektor vom Momentanpol zum Punkt des starren Körpers.

$$\mathbf{v}_A = \boldsymbol{\omega}_{AB} \times \mathbf{r}_{O_1A} \quad ; \quad \mathbf{v}_B = \boldsymbol{\omega}_{AB} \times \mathbf{r}_{O-1B} \quad ; \quad \boldsymbol{\omega}_{AB} = \boldsymbol{\omega}_1 = \begin{pmatrix} 0 \\ 0 \\ \omega \end{pmatrix}$$

$$\mathbf{r}_{O_1A} = \begin{pmatrix} 7 \\ \sqrt{(10)^2 - (7)^2} \\ 0 \end{pmatrix} cm \quad ; \quad \mathbf{r}_{O_1B} = \begin{pmatrix} 14 \\ 0 \\ 0 \end{pmatrix} cm$$

$$\rightarrow \mathbf{v_A} = \begin{pmatrix} -44,9 \\ 44 \\ 0 \end{pmatrix} \frac{cm}{s} \quad ; \quad \mathbf{v}_B = \begin{pmatrix} 0 \\ 88 \\ 0 \end{pmatrix} \frac{cm}{s}$$

Aufgabe 5

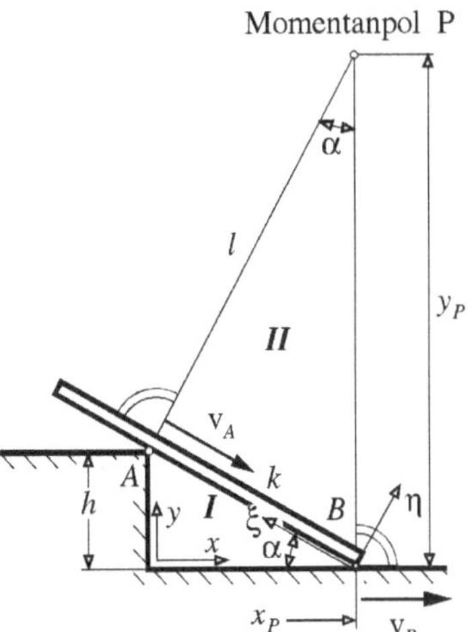

a) Die Richtungen von $\mathbf{v}_A$ und $\mathbf{v}_B$ sind gegeben → Momentanpol als Schnittpunkt der Senkrechten auf $\mathbf{v}_A$ und $\mathbf{v}_B$.

b) Dreieck I:

$$x_P = \frac{h}{\tan\alpha}; \quad \frac{h}{k} = \sin\alpha \quad \rightarrow \quad k = \frac{h}{\sin\alpha}$$

Dreieck II:

$$\frac{k}{y_P} = \sin\alpha \quad \rightarrow \quad y_P = \frac{k}{\sin\alpha} = \frac{h}{\sin^2\alpha}$$

c)

$$\frac{y_P}{h} = \frac{1}{(\sin\alpha)^2} = \frac{(\sin\alpha)^2 + (\cos\alpha)^2}{(\sin\alpha)^2}$$

$$\frac{y_P}{h} = 1 + \frac{1}{(\tan\alpha)^2} = 1 + \frac{x_P^2}{h^2} \quad \rightarrow \quad y_P = \frac{x_P^2}{h} + h$$

d) Im Dreieck II gilt:

$$\tan\alpha = \frac{k}{l} \quad ; \qquad \frac{1}{\sin\alpha} = \frac{k}{h}$$

Weiterhin gilt (vgl. c)):

$$\frac{1}{(\sin\alpha)^2} = 1 + \frac{1}{(\tan\alpha)^2},$$

mit $k = \xi_P$ und $l = \eta_P$ folgt dann

$$\eta_P^2 = \xi_P^2 \left(\frac{\xi_P^2}{h^2} - 1 \right).$$

Aufgabe 6

- Das gelenkige Lager links unten ist Momentanpol MP_1 der Stage 1. Diese definiert zugleich einen Polstrahl für die angeschlossene Stange 2. Der zweite Polstrahl, der auf den Momentanpol MP_2 führt, steht senkrecht auf der Beweglichkeit des Lagers rechts unten.
- Aus dem Polstrahl durch das gemeinsame Gelenk in G der Stäbe 1 und 2 und dem Polstrahl durch das Lager in Q läßt sich nun der Momentanpol MP_3 konstruieren.

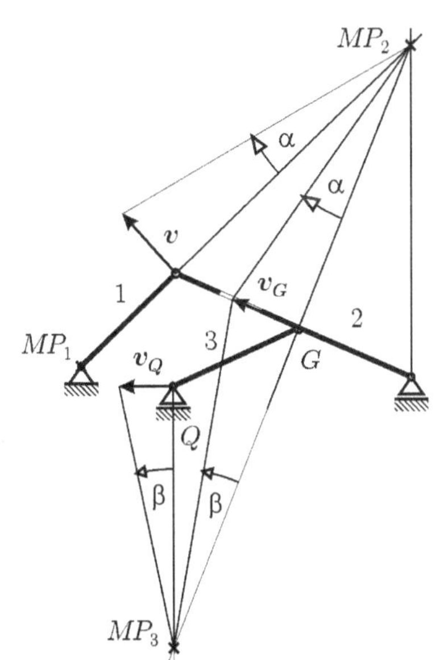

- Die Geschwindigkeit des Gelenkes G läßt sich mittels Winkelübertrag an den Polstrahlen konstruieren. In der selben Weise erfolgt des Weiteren die Konstruktion der Geschwindigkeit in Q, für die eine horizontale Ausrichtung bereits aus der Lagerung vorgegeben ist.

Aufgabe 7

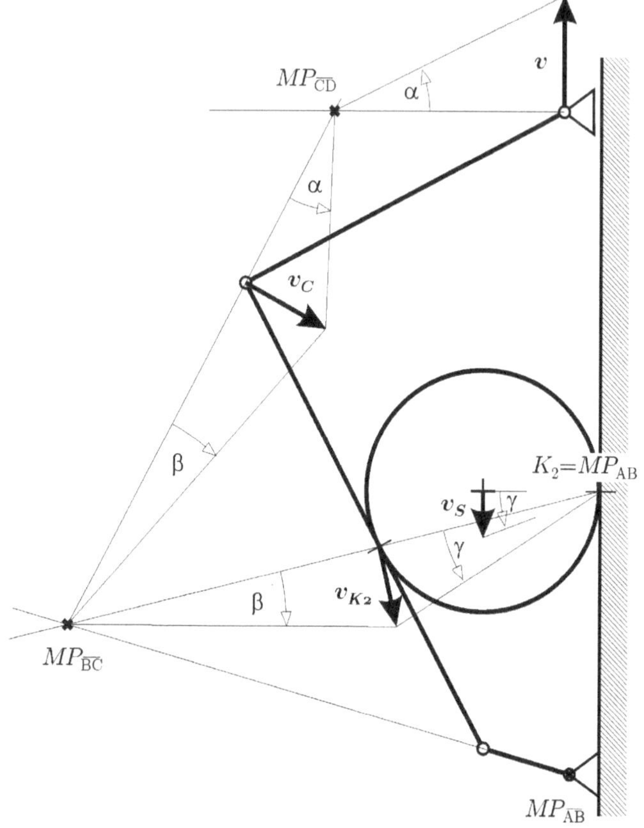

- Das Gelenk in A ist Momentanpol $MP_{\overline{AB}}$; dieser Stab gibt den ersten Polstahl an. In K_2 hat $\overline{BC}$ die Geschwindigkeit der Walze (Abrollen!). Gleichzeitig ist K_1 Momentanpol der abrollenden Walze. Hieraus folgt der zweite Polstrahl, der auf den Momentanpol $MP_{\overline{BC}}$von $\overline{BC}$ führt.

- Normal auf der Geschwindigkeit des Gelenkpunktes D steht ein Polstrahl. Ein zweiter – zur Konstruktion von $MP_{\overline{CD}}$ – ist mit der Gerade durch $MP_{\overline{BC}}$ und C gegeben. Der Schnitt zeigt $MP_{\overline{CD}}$ auf.

- Wie in Aufgabe 6 werden die Geschwindigkeiten durch Winkelübertragung zwischen den Polstrahlen konstruiert.

Aufgabe 8

$v_A = 108km/h = 30m/s$; $\mathbf{v}_s$: Spikegeschwindigkeit.

a) Rollbedingung:

$$v_A = \omega \cdot r \rightarrow \mathbf{v}_{s,rel} = v_A \cdot \begin{pmatrix} \cos\varphi \\ \sin\varphi \end{pmatrix}$$

$$\varphi = 0^o : \mathbf{v}_{s,rel} = \begin{pmatrix} 30 \\ 0 \end{pmatrix} m/sec; \qquad \varphi = 30^o : \mathbf{v}_{s,rel} = \begin{pmatrix} 26 \\ 15 \end{pmatrix} m/sec$$

$$\mathbf{v}_{s,abs} = \begin{pmatrix} -v_A \\ 0 \end{pmatrix} + v_A \begin{pmatrix} \cos\varphi \\ \sin\varphi \end{pmatrix} = v_A \begin{pmatrix} \cos\varphi - 1 \\ \sin\varphi \end{pmatrix}$$

$$\varphi = 0^o : \mathbf{v}_{s,abs} = \begin{pmatrix} 0 \\ 0 \end{pmatrix} \frac{m}{sec} \quad ; \quad \mathbf{v}_{s,abs} = \begin{pmatrix} -4 \\ 15 \end{pmatrix} \frac{m}{sec}$$

b) Maximale Flughöhe:

$$\frac{1}{2} m_S (v_{S,abs,y})^2 = m_S \cdot g \cdot h_0 \quad ; \quad h_0 = \frac{(v_A \cdot \sin\varphi)^2}{2g}$$

$$\varphi = 0^o : h_0 = 0\ m \quad ; \quad \varphi = 30^o : h_0 = 11,47\ m$$

c) Flugdauer:

$$v_{S,abs,y} = g \cdot \frac{t_0}{2} \rightarrow t_0 = \frac{2v_A \cdot \sin\varphi}{g}$$

$$s_{rel} = v_{S,rel,x} \cdot t_0 = \frac{2v_A^2 \cdot \sin\varphi \cdot \cos\varphi}{g} \begin{cases} \varphi = 0^o : s_{rel} = 0m \\ \varphi = 30^o : s_{rel} = 79,5m \end{cases}$$

$$s_{abs} = v_{S,abs,x} \cdot t_0 = \frac{2v_A^2 \cdot \sin\varphi(\cos\varphi - 1)}{g} \begin{cases} \varphi = 0^o : s_{abs} = 0m \\ \varphi = 30^o : s_{abs} = -12,3m \end{cases}$$

Zu d): Annahme: der nachfolgende Wagen sei $2m$ hoch (nur für $\varphi = 30^o$ interessant).

$$v_{S,abs,y} \cdot t - \frac{1}{2} g t^2 = 2m \quad \rightarrow \quad t = \frac{\sin\varphi \cdot v_A}{g} \pm \sqrt{\left(\frac{v_A \cdot \sin\varphi}{g}\right)^2 - \frac{4}{g}}$$

$$t_1 = 0,14sec \quad ; \quad t_2 = 2,92sec$$

$$s_1 = v_A \cdot \cos\varphi \cdot t_1 = 3,6\ m$$

$$s_2 = v_A \cdot \cos\varphi \cdot t_2 = 75,9\ m$$

$$s_3 = 79,5\ m$$

Der nachfolgende Wagen muß dann entweder zwischen $3,6m$ und $75,9m$ oder mehr als $79,5m$ Abstand haben, um nicht vom Spike getroffen zu werden.

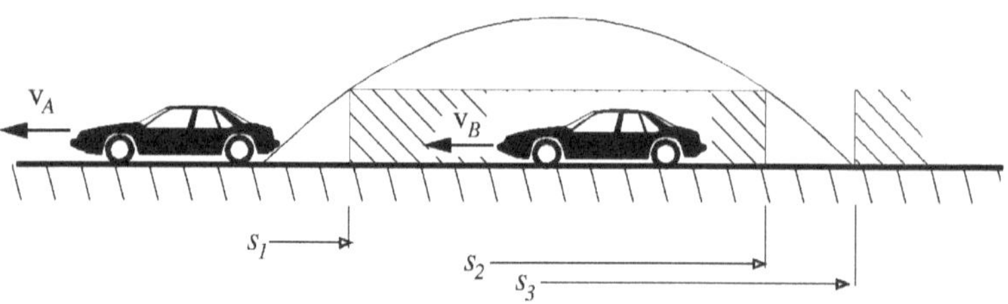

3.3 Räumliche Kinematik

Grundformeln KARDAN-Winkel α, β, γ

Transformationsmatrix $\boldsymbol{A}_{IK}$ mit Richtungsindizierung:

$${}_I\boldsymbol{r} = \boldsymbol{A}_{IK} \cdot {}_K\boldsymbol{r} = \boldsymbol{A}_{KI}^T \cdot {}_K\boldsymbol{r}$$

Drehreihenfolge:

1.) Um ${}_Ix$ mit α in das $*$- Zwischensystem;
2.) Um ${}_*y$ mit β in das $**$- Zwischensystem;
3.) Um ${}_{**}z$ mit γ in das K- System.

$$\mathbf{A}_{IK} = \begin{pmatrix} \cos\beta\cos\gamma & -\cos\beta\sin\gamma & \sin\beta \\ \cos\alpha\sin\gamma + \sin\alpha\sin\beta\cos\gamma & \cos\alpha\cos\gamma - \sin\alpha\sin\beta\sin\gamma & -\sin\alpha\cos\beta \\ \sin\alpha\sin\gamma - \cos\alpha\sin\beta\cos\gamma & \sin\alpha\cos\gamma + \cos\alpha\sin\beta\sin\gamma & \cos\alpha\cos\beta \end{pmatrix}$$

$${}_I\boldsymbol{\omega} = \begin{pmatrix} 1 & 0 & \sin\beta \\ 0 & \cos\alpha & -\sin\alpha\cos\beta \\ 0 & \sin\alpha & \cos\alpha\cos\beta \end{pmatrix} \begin{pmatrix} \dot\alpha \\ \dot\beta \\ \dot\gamma \end{pmatrix}; \qquad {}_K\boldsymbol{\omega} = \begin{pmatrix} \cos\beta\cos\gamma & \sin\gamma & 0 \\ -\cos\beta\sin\gamma & \cos\gamma & 0 \\ \sin\beta & 0 & 1 \end{pmatrix} \begin{pmatrix} \dot\alpha \\ \dot\beta \\ \dot\gamma \end{pmatrix}$$

Grundformeln EULER-Winkel ψ, ϑ, φ

Transformationsmatrix $\boldsymbol{A}_{IK}$ mit Richtungsindizierung:

$$ {}_I\boldsymbol{r} = \boldsymbol{A}_{IK} \cdot {}_K\boldsymbol{r} = \boldsymbol{A}_{KI}^T \cdot {}_K\boldsymbol{r} $$

Drehreihenfolge:

1.) Um ${}_Iz$ mit ψ in das $*$- Zwischensystem;
2.) Um ${}_*x$ mit ϑ in das $**$- Zwischensystem;
3.) Um ${}_{**}z$ mit φ in das K- System.

$$ \mathbf{A}_{IK} = \begin{pmatrix} \cos\psi\cos\varphi - \sin\psi\cos\vartheta\sin\varphi & -\cos\psi\sin\varphi - \sin\psi\cos\vartheta\cos\varphi & \sin\psi\sin\vartheta \\ \sin\psi\cos\varphi + \cos\psi\cos\vartheta\sin\varphi & -\sin\psi\sin\varphi + \cos\psi\cos\vartheta\cos\varphi & -\cos\psi\sin\vartheta \\ \sin\vartheta\sin\varphi & \sin\vartheta\cos\varphi & \cos\vartheta \end{pmatrix} $$

$$ {}_I\boldsymbol{\omega} = \begin{pmatrix} 0 & \cos\psi & \sin\psi\sin\vartheta \\ 0 & \sin\psi & -\cos\psi\sin\vartheta \\ 1 & 0 & \cos\vartheta \end{pmatrix} \begin{pmatrix} \dot\psi \\ \dot\vartheta \\ \dot\varphi \end{pmatrix}; \qquad {}_K\boldsymbol{\omega} = \begin{pmatrix} \sin\vartheta\sin\varphi & \cos\varphi & 0 \\ \sin\vartheta\cos\varphi & -\sin\varphi & 0 \\ \cos\vartheta & 0 & 1 \end{pmatrix} \begin{pmatrix} \dot\psi \\ \dot\vartheta \\ \dot\varphi \end{pmatrix} $$

Musteraufgabe 1

Die Bewegung eines starren Körpers K um einen festen Punkt O ist durch die EULERschen Winkel $\psi = \frac{\pi}{2} - 2t\ \mathrm{s}^{-1}$, $\vartheta = \frac{\pi}{3}$ und $\varphi = 4t\ \mathrm{s}^{-1}$ gegeben. Ermitteln Sie den Vektor der absoluten Winkelgeschwindigkeit und seine Darstellung in Koordinaten des körperfesten Koordinatensystems.

Lösung: Die 'EULER-Winkel' $(\psi, \vartheta, \varphi)$ bestimmen die 'Lage' eines körperfesten K-Systems gegenüber einem Bezugs- Koordinatensystem. Mit 'Lage' ist dabei aber nur die räumliche Orientierung gemeint, nicht irgendeine translatorische Verschiebung, d.h. das betrachtete verdrehte KOS darf beliebig parallel verschoben werden, ohne daß sich die EULER-Winkel gegenüber dem Bezugssystem ändern. Gegenüber anderen Definitionen (KARDAN-Winkel, RESAL- Winkel etc.) unterscheiden sich die EULER-Winkel durch die Reihenfolge der Achsen, um die die einzelnen Elementardrehungen stattfinden. Diese Reihenfolge darf grundsätzlich nicht vertauscht werden:

1. Drehung um ${}_Iz$, Winkel ψ

Ausgehend vom I-System wird das erste Zwischensystem $*$ durch eine Drehung um die ${}_Iz-$ Achse erreicht, es gilt:

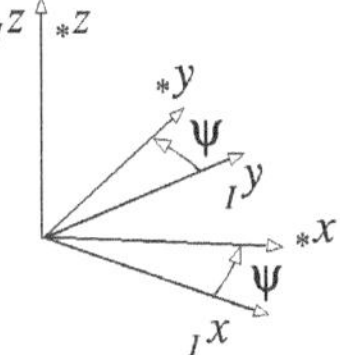

$$ {}_*\mathbf{r} = \mathbf{A}_{*I} \cdot {}_I\mathbf{r} = \begin{pmatrix} \cos\psi & \sin\psi & 0 \\ -\sin\psi & \cos\psi & 0 \\ 0 & 0 & 1 \end{pmatrix} \cdot {}_I\mathbf{r} $$

2. Drehung um $_*x$, Winkel ϑ

Ausgehend vom $*$-System wird das zweite Zwischensystem $**$ durch eine Drehung um die $_*x-$ Achse ('Knotenlinie') erreicht, es gilt:

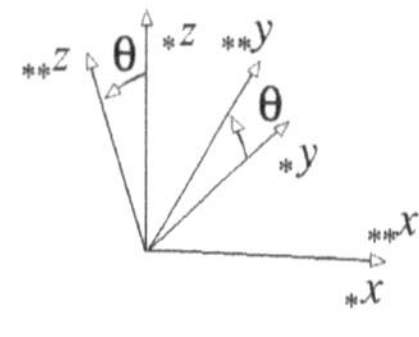

$$_{**}\mathbf{r} = \mathbf{A}_{**,*} \cdot {}_*\mathbf{r} = \begin{pmatrix} 1 & 0 & 0 \\ 0 & \cos\vartheta & \sin\vartheta \\ 0 & -\sin\vartheta & \cos\vartheta \end{pmatrix} \cdot {}_*\mathbf{r}$$

3. Drehung um $_{**}z$, Winkel φ

Ausgehend vom $**$-System wird das K-System durch eine Drehung um die $_{**}z-$ Achse erreicht, es gilt:

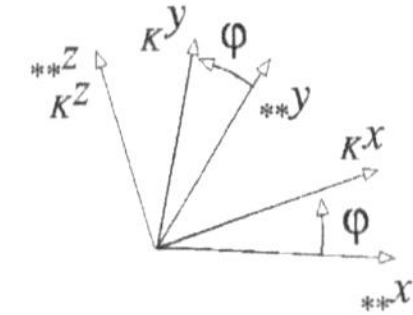

$$_K\mathbf{r} = \mathbf{A}_{K,**} \cdot {}_{**}\mathbf{r} = \begin{pmatrix} \cos\varphi & \sin\varphi & 0 \\ -\sin\varphi & \cos\varphi & 0 \\ 0 & 0 & 1 \end{pmatrix} \cdot {}_I\mathbf{r}$$

In dieser Aufgabe sind die EULER-Winkel als Funktion der Zeit und damit auch die Bewegung des betrachteten Körpers fest vorgegeben, die Drehachsen der Einzeldrehungen sind aber in den jeweiligen Zwischensystemen definiert ! Der Gesamtwinkelgeschwindigkeitsvektor des Körpers kann aus den einzelnen Winkelgeschwindigkeitsvektoren addiert werden, diese müssen jedoch zuerst alle in das K-System transformiert werden:

$$\boldsymbol{\omega}_{ges} = \boldsymbol{\omega}_\psi + \boldsymbol{\omega}_\vartheta + \boldsymbol{\omega}_\varphi = \frac{d}{dt}(\psi(t))_I\mathbf{e}_z + \frac{d}{dt}(\vartheta(t))_*\mathbf{e}_x + \frac{d}{dt}(\varphi(t))_{**}\mathbf{e}_z$$

$$_I\boldsymbol{\omega}_\psi = \begin{pmatrix} 0 \\ 0 \\ 1 \end{pmatrix} \dot{\psi} = \begin{pmatrix} 0 \\ 0 \\ -2rad/s \end{pmatrix}; \quad {}_*\boldsymbol{\omega}_\psi = \mathbf{A}_{*I} \cdot {}_I\boldsymbol{\omega}_\psi = \begin{pmatrix} 0 \\ 0 \\ -2rad/s \end{pmatrix}$$

$$_{**}\boldsymbol{\omega}_\psi = \mathbf{A}_{**,*} \cdot {}_*\boldsymbol{\omega}_\psi = \begin{pmatrix} 0 \\ \sin\vartheta(-2rad/s) \\ \cos\vartheta(-2rad/s) \end{pmatrix} = -\begin{pmatrix} 0 \\ \sqrt{3} \\ 1 \end{pmatrix} rad/s$$

$$_K\boldsymbol{\omega}_\psi = \mathbf{A}_{k,**} \cdot {}_{**}\boldsymbol{\omega}_\psi = \begin{pmatrix} -\sqrt{3}\sin(4t) \\ -\sqrt{3}\cos(4t) \\ -1 \end{pmatrix} rad/s; \quad {}_K\boldsymbol{\omega}_\varphi = \begin{pmatrix} 0 \\ 0 \\ 4 \end{pmatrix} rad/s$$

$$_K\boldsymbol{\omega}_{ges} = {}_K\boldsymbol{\omega}_\psi + {}_K\boldsymbol{\omega}_\varphi = \begin{pmatrix} -\sqrt{3}\sin(4t) \\ -\sqrt{3}\cos(4t) \\ 3 \end{pmatrix} rad/s$$

Aufgabe 1

Das skizzierte Umlaufgetriebe wird bei Flugzeugen zur Untersetzung der Motordrehzahl verwendet. Die Motorwelle 1 treibt mittels des Zahnrades 1 das auf einer Kröpfung der Propellerwelle 3 drehbar gelagerte Zahnrad 2 an. Dieses wälzt auf dem mit dem Gehäuse fest verbundenen Zahnrad 4 ab, so daß die Propellerwelle in Drehung versetzt wird.

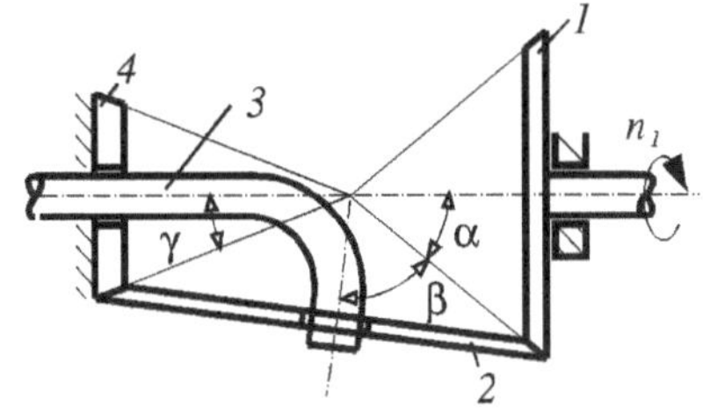

a) Geben Sie die Drehzahl n_3 der Propellerwelle in Abhängigkeit von der Motordrehzahl n_1 und den angegebenen Winkeln an.

b) Wie groß ist die relative Drehzahl $n_{2,3}$ des Zahnrades 2 um die körperfeste Symmetrieachse des Zahnrades 2 ?

c) Berechnen Sie die Quotienten $n_{2,3}/n_1$ und n_3/n_1.
Bestimmen Sie die Resultate mit Angabe der Zahlenwerte für die Winkel $\alpha = 42^0$, $\beta = 60^0$ und $\gamma = 18^0$.

Lösungen zu Kap. 3.3 Räumliche Kinematik

Aufgabe 1

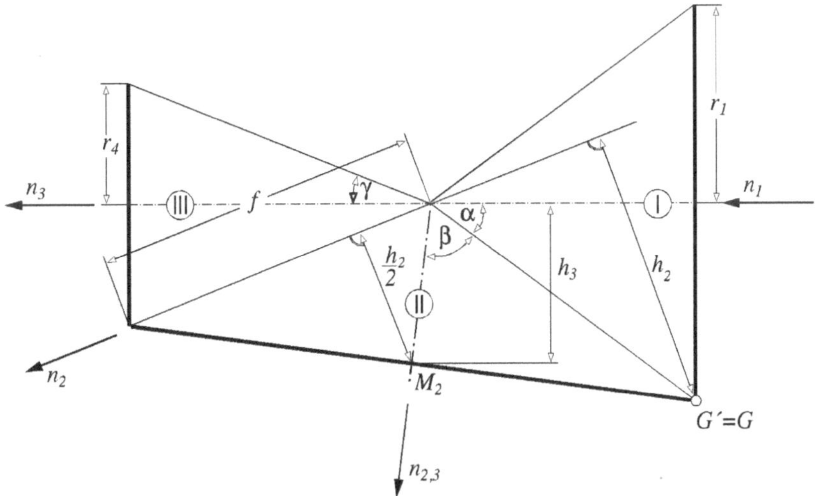

Da das Zahnrad 4 raumfest ist, ist Kegel III der Spurkegel, auf dem der Polkegel *II* abrollt (Berührlinie $\hat{=}$ Momentanpollinie).

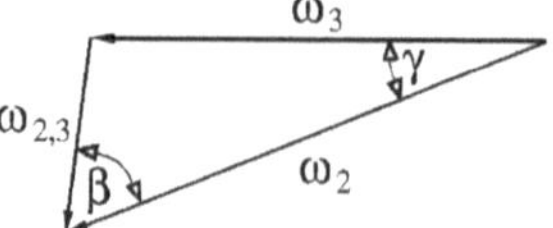

a) Betrachte die Umfangsgeschwindigkeiten der folgenden Punkte:

Punkt G auf Kegel I :	$v_G = \omega_1 \cdot r_1$	(1)
Punkt G' auf Kegel II:	$v_G = \omega_2 \cdot h_2$	(2)
Punkt M_2 auf Kegel II:	$v_{M_2} = \omega_2 \cdot \frac{h_2}{2}$	(3)
Punkt M_2 auf Propellerwelle :	$v_{M_2} = \omega_3 \cdot h_3$	(4)

Aus (2) und (3) v_G und v_{M_2} isolieren, in (1) und (4) einsetzen.

$$v_{M_2} = \frac{v_G}{2} \quad \rightarrow \quad \frac{\omega_1 r_1}{2} = \omega_3 h_3 \qquad (5)$$

Geometrische Beziehungen:

$$\sin\alpha = \frac{r_1}{f} \quad (6); \quad \sin\gamma = \frac{r_4}{f} \quad (7); \quad h_3 = \frac{r_1 + r_4}{2} = \frac{f}{2}(\sin\alpha + \sin\gamma) \quad (8)$$

Gleichungen (6) und (8) in (5) einsetzen:

$$\frac{\omega_1 \cdot \sin\alpha \cdot f}{2} = \frac{\omega_3 \cdot f \cdot (\sin\alpha + \sin\gamma)}{2} \quad \rightarrow \quad \frac{\omega_3}{\omega_1} = \frac{n_3}{n_1} = \frac{1}{1 + \frac{\sin\gamma}{\sin\alpha}}$$

b) Vektoraddition: $\omega_2 = \omega_3 + \omega_{2,3}$. Über den Sinussatz gilt weiterhin

$$\frac{\omega_3}{\sin\beta} = \frac{\omega_{2,3}}{\sin\gamma} \quad \rightarrow \quad \omega_{2,3} = \omega_3 \cdot \frac{\sin\gamma}{\sin\beta} = \omega_1 \cdot \frac{1}{1 + \frac{\sin\gamma}{\sin\alpha}} \cdot \frac{\sin\gamma}{\sin\beta}$$

c)

$$\frac{n_{2,3}}{n_1} = \frac{1}{\sin\beta(\frac{1}{\sin\gamma} + \frac{1}{\sin\alpha})} = 0,244 \quad ; \quad \frac{n_3}{n_1} = \frac{1}{1 + \frac{\sin\gamma}{\sin\alpha}} = 0,684$$

3.4 Relativkinematik

Die Relativkinematik beschreibt Lage, Geschwindigkeit und Beschleunigung von Einzelpunkten und Körpern gegenüber definierten Koordinatensystemen. Als inertialfeste Systeme werden diejenigen Koordinatensysteme bezeichnet, die als 'raumfest' angesehen werden (für unsere Übungsaufgaben z.B. die Erdoberfläche, die Eigenbewegung der Erde kann für die Dynamik kleiner, lokaler Relativbewegungen vernachlässigt werden). Allgemein darf man jedes nicht beschleunigte Koordinatensystem zum Inertialsystem deklarieren. Vektoren und Matrizen sind im Folgenden durch Fettdruck gegenüber skalaren Größen hervorgehoben, ein Index links unten bezeichnet das Koordinatensystem (KOS), in dem die Komponenten des jeweiligen Vektors angegeben sind.

Notation: Relativkinematik

${}_I\mathbf{r}_{OO'}$	Verbindungsvektor O-O' dargestellt im I-System
${}_I\mathbf{v}_{P,abs}$	Absolute Geschwindigkeit von P im I-System
${}_K\mathbf{v}_{P,rel}$	Relative Geschwindigkeit von P im K-System
${}_K\mathbf{a}_{P,abs}$	Absolutbeschleunigung von P, dargestellt im K-Syst.
$\mathbf{A}_{IK}$	Transformationsmatrix von K nach I: ${}_I\mathbf{r} = \mathbf{A}_{IK} \cdot {}_K\mathbf{r}$
${}_K\boldsymbol{\omega}_{IK}$	Drehwinkelgeschwindigkeitsvektor des K-KOS gegenüber dem I-KOS, dargestellt im K-KOS.

Die 'Coriolis - Formel'

Die zeitliche Ableitung eines Vektors, dessen Komponenten in einem bewegten Koordinatensystem angeschrieben sind, ist im allgemeinen nicht gleich der Ableitung der einzelnen Komponenten. Vielmehr entspricht die Ableitung der einzelnen Komponenten nur der Änderung des Vektors in diesem KOS, der relativen Änderung. Die absolute Ableitung setzt sich aus der relativen Ableitung und dem Kreuzprodukt aus dem Winkelgeschwindigkeitsvektor $\boldsymbol{\omega}$ mit dem Vektor selbst zusammen. Dabei ist $\boldsymbol{\omega}$ die Winkelgeschwindigkeit des jeweiligen bewegten KOS gegenüber einem inertialfesten KOS, in dem dieser Vektor angeschrieben ist.
Dieser als 'Coriolis-Formel' bekannte Zusammenhang ist elementar für das Verständnis der gesamten Relativkinematik, die auf diese eine Formel auch zurückgeführt werden kann.
Anschauliches Beispiel: Ein Vektor $\mathbf{r}$ liegt fest auf der x-Achse eines bewegten Koordinatensystems K, er hat im K-KOS demzufolge konstante Komponenten. Seine Lage im Raum ändert sich jedoch mit der des K-KOS, obwohl die Ableitung seiner Komponenten im K-System (= Relativableitung) gleich Null ist.

$\mathbf{b}$	ein beliebiger Vektor im Raum
$\frac{d}{dt}\mathbf{b}$	die zeitliche Ableitung von $\mathbf{b}$
I	ein beliebiges, inertialfestes KOS
K	ein beliebiges, bewegtes KOS
${}_K\boldsymbol{\omega}_{IK}$	Drehwinkelgeschwindigkeitsvektor des K-KOS gegenüber dem I-KOS.

Für die Koordinatendarstellung der Ableitung d/dt $\mathbf{b}$ gilt:

$$ {}_I\left(\frac{d}{dt}\mathbf{b}\right) = \frac{d}{dt}({}_I\mathbf{b}) $$

$$ {}_K\left(\frac{d}{dt}\mathbf{b}\right) = \frac{d}{dt}({}_K\mathbf{b}) + {}_K\boldsymbol{\omega}_{IK} \times {}_K\mathbf{b} $$

Beide Komponentendarstellungen beziehen sich auf ein- und denselben Vektor !

Grundformeln: Relativkinematik

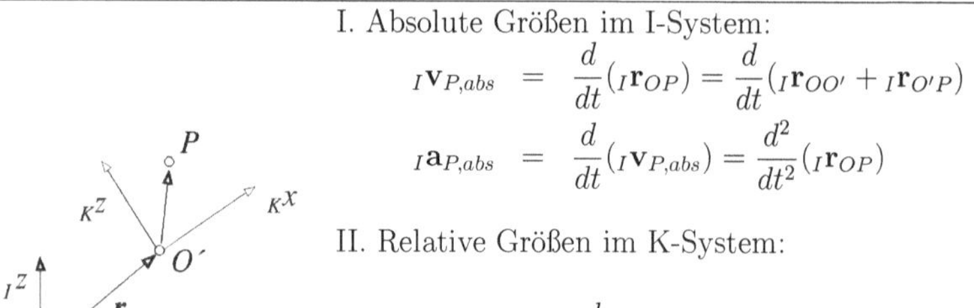

I. Absolute Größen im I-System:

$$
\begin{aligned}
{}_I\mathbf{v}_{P,abs} &= \frac{d}{dt}({}_I\mathbf{r}_{OP}) = \frac{d}{dt}({}_I\mathbf{r}_{OO'} + {}_I\mathbf{r}_{O'P}) \\
{}_I\mathbf{a}_{P,abs} &= \frac{d}{dt}({}_I\mathbf{v}_{P,abs}) = \frac{d^2}{dt^2}({}_I\mathbf{r}_{OP})
\end{aligned}
$$

II. Relative Größen im K-System:

$$
\begin{aligned}
{}_K\mathbf{v}_{P,rel} &= \frac{d}{dt}({}_K\mathbf{r}_{O'P}) \\
{}_K\mathbf{a}_{P,rel} &= \frac{d^2}{dt^2}({}_K\mathbf{r}_{O'P})
\end{aligned}
$$

III. Absolute Größen im K-System

$$
\begin{aligned}
{}_K\mathbf{v}_{O',abs} &= \mathbf{A}_{KI} \cdot {}_I\mathbf{v}_{O',abs} = \frac{d}{dt}({}_K\mathbf{r}_{OO'}) + {}_K\boldsymbol{\omega}_{IK} \times {}_K\mathbf{r}_{OO'} \\
{}_K\mathbf{a}_{O',abs} &= \mathbf{A}_{KI} \cdot {}_I\mathbf{a}_{O',abs} = \frac{d^2}{dt^2}({}_K\mathbf{r}_{OO'}) + \frac{d}{dt}({}_K\boldsymbol{\omega}_{IK}) \times {}_K\mathbf{r}_{OO'} \\
&\quad + {}_K\boldsymbol{\omega}_{IK} \times ({}_K\boldsymbol{\omega}_{IK} \times {}_K\mathbf{r}_{OO'}) + 2({}_K\boldsymbol{\omega}_{IK} \times \frac{d}{dt}{}_K\mathbf{r}_{OO'}) \\
{}_K\mathbf{v}_{P,abs} &= {}_K\mathbf{v}_{O',abs} + \frac{d}{dt}({}_K\mathbf{r}_{O'P}) + {}_K\boldsymbol{\omega}_{IK} \times {}_K\mathbf{r}_{O'P} \\
{}_K\mathbf{a}_{P,abs} &= {}_K\mathbf{a}_{O',abs} + {}_K\mathbf{a}_{P,rel} + \frac{d}{dt}({}_K\boldsymbol{\omega}_{IK}) \times {}_K\mathbf{r}_{O'P} \\
&\quad + 2{}_K\boldsymbol{\omega}_{IK} \times {}_K\mathbf{v}_{P,rel} + {}_K\boldsymbol{\omega}_{IK} \times ({}_K\boldsymbol{\omega}_{IK} \times {}_K\mathbf{r}_{O'P})
\end{aligned}
$$

Grundformeln: Beschleunigungsanteile

Die Anteile von ${}_K\mathbf{a}_{P,abs}$ haben besondere Bezeichnungen:

$$
{}_K\mathbf{a}_{P,abs} = {}_K\mathbf{a}_{Trans} + {}_K\mathbf{a}_{Rel} + {}_K\mathbf{a}_{Cor} + {}_K\mathbf{a}_{Rot} + {}_K\mathbf{a}_{Zp}
$$

${}_K\mathbf{a}_{Trans} := {}_K\mathbf{a}_{O',abs}$	*Translationsbeschleunigung* des Ursprungs
${}_K\mathbf{a}_{Rel} := \frac{d^2}{dt^2}({}_K\mathbf{r}_{O'P})$	*Relativbeschleunigung* gegenüber K-KOS.
${}_K\mathbf{a}_{Cor} := 2{}_K\boldsymbol{\omega}_{IK} \times {}_K\mathbf{v}_{P,rel}$	*Coriolis-Beschleunigung*
${}_K\mathbf{a}_{Rot} := \frac{d}{dt}({}_K\boldsymbol{\omega}_{IK}) \times {}_K\mathbf{r}_{O'P}$	*Rotationsbeschleunigung*
${}_K\mathbf{a}_{Zp} := {}_K\boldsymbol{\omega}_{IK} \times ({}_K\boldsymbol{\omega}_{IK} \times {}_K\mathbf{r}_{O'P})$	*Zentripetalbeschleunigung*

Als *Führungsbeschleunigung* bezeichnet man den Anteil

$$
{}_K\mathbf{a}_F := {}_K\mathbf{a}_{Trans} + {}_K\mathbf{a}_{Rot} + {}_K\mathbf{a}_{Zp}.
$$

Hinweise

Die Darstellung von Geschwindigkeiten und Beschleunigungen in bewegten Koordinatensystemen trifft immer wieder auf Verständnisschwierigkeiten. Grundsätzlich hilft man sich mit folgender Vorstellung:
- Geschwindigkeiten und Beschleunigungen kann man durch Vektoren im Raum beschreiben, die sich zur Darstellung in den Ursprung von jedem beliebigen KOS verschieben lassen. An ihrer Richtung im Raum, ihrer Orientierung und ihrem Betrag ändert sich dabei überhaupt nichts, wohl aber an ihrer Komponentendarstellung, die aus diesem Grund links unten mit einem das jeweilige KOS bezeichnenden Index versehen wird.
- Es können folglich auch absolute Geschwindigkeiten (und Beschleunigungen) in einem bewegten KOS 'angeschrieben' werden, auch wenn ein auf diesen bewegten Koordinatensystem 'mitfahrender' Beobachter nur relative Geschwindigkeiten (und Beschleunigungen) wahrnehmen wird.
- Ebenso lassen sich relativ wahrgenommene Geschwindigkeiten in inertialfesten Systemen durch eine Komponentendarstellung beschreiben.

In der folgenden Musteraufgabe sind diese Gedankengänge exemplarisch nachvollzogen.

Musteraufgabe 1

Ein Zug durchfährt einen Streckenabschnitt mit dem konstanten Krümmungsradius R mit einer ebenfalls konstanten Geschwindigkeit v_{Zug}. Aus einem Abteilfenster (Höhe h über den Schienen) wird (verbotenerweise) ein Gegenstand P unter dem Winkel β horizontal mit der Geschwindigkeit v_{rel} gegenüber dem Zug hinausgeworfen. Bestimmen Sie absolute und relative Geschwindigkeit und Beschleunigung von P sowohl im zugfestem Koordinatensystem K als auch im inertialfesten I-System ! (Luftreibung wird vernachlässigt)

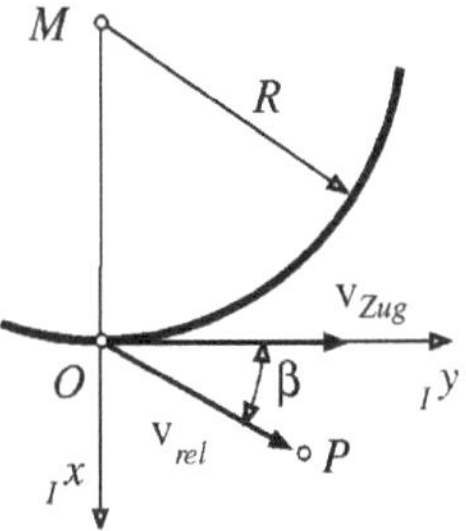

Lösung: a) Absolute Größen im inertialfesten System I

Auf den Gegenstand wirkt nach dem Abwurf nur die Erdbeschleunigung **g**; Geschwindigkeit und Lage folgen durch Integration über der Zeit mit den bekannten Anfangsbedingungen:

$$_I\mathbf{a}_{P,abs} = \begin{pmatrix} 0 \\ 0 \\ -g \end{pmatrix}$$

$$ {}_I\mathbf{v}_{P,abs}(t) = {}_I\mathbf{v}_{P,t=0} + \int_{t=0}^{t} {}_I\mathbf{a}_{P,abs} dt = \begin{pmatrix} 0 \\ v_{Zug} \\ 0 \end{pmatrix} + \begin{pmatrix} v_{rel}\sin\beta \\ v_{rel}\cos\beta \\ 0 \end{pmatrix} + \begin{pmatrix} 0 \\ 0 \\ -gt \end{pmatrix} $$

$$ {}_I\mathbf{r}_{OP} = {}_I\mathbf{r}_{OP,t=0} + \int_{t=0}^{t} {}_I\mathbf{v}_{P,abs} dt $$

$$ = \begin{pmatrix} 0 \\ 0 \\ h \end{pmatrix} + \int \begin{pmatrix} v_{rel}\sin\beta \\ v_{Zug} + v_{rel}\cos\beta \\ -gt \end{pmatrix} dt = \begin{pmatrix} v_{rel}(\sin\beta)t \\ (v_{Zug} + v_{rel}\cos\beta)t \\ h - \frac{gt^2}{2} \end{pmatrix} $$

b) Relative Größen im I-System

Ein mitfahrender Beobachter nimmt von seinem Zugfenster aus die relative Geschwindigkeit und die relative Beschleunigung des Gegenstandes P wahr. Er sieht P unter dem Ortsvektor ${}_K\mathbf{r}_{O'P}$. Die zeitlichen Ableitungen eines im K - System angeschriebenen Vektors ergeben immer relative Änderungen im K - System. Man kann aber auch die absolute Geschwindigkeit von P gegenüber O' im I-System darstellen. Dazu wird der Vektor ${}_I\mathbf{r}_{O'P}$ gebildet und abgeleitet. Zusammengefaßt:

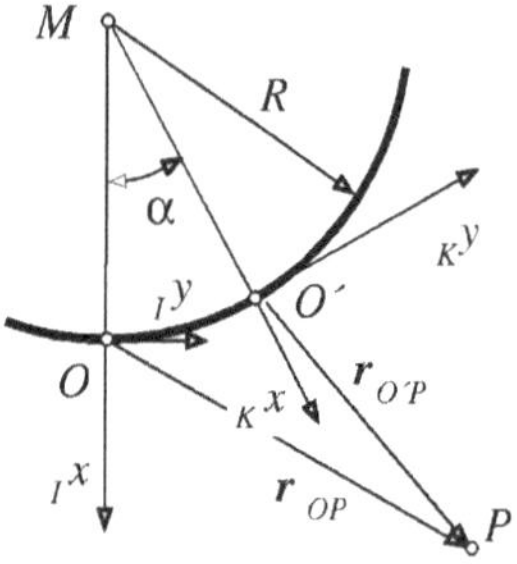

$\frac{d}{dt}({}_I\mathbf{r}_{O'P}) = {}_I\mathbf{v}_{O'P}$	Geschwindigkeit P gegenüber O' im I-System
$\frac{d^2}{dt^2}({}_I\mathbf{r}_{O'P}) = {}_I\mathbf{a}_{O'P}$	Beschleunigung P gegenüber O' im I-System
$\frac{d}{dt}({}_K\mathbf{r}_{O'P}) = {}_K\mathbf{v}_{P,rel}$	Relativgeschwindigkeit von P im K-System
$\frac{d^2}{dt^2}({}_K\mathbf{r}_{O'P}) = {}_K\mathbf{a}_{P,rel}$	Relativbeschleunigung von P im K-System

Der Vektor ${}_I\mathbf{r}_{O'P}$ wird aus der Vektorkette von O über O' nach P bestimmt. Unabhängig von jedem Koordinatensystem gilt zunächst:

$$ \mathbf{r}_{O'P} = \mathbf{r}_{OP} - \mathbf{r}_{OO'} \quad \text{und} \quad \mathbf{r}_{OO'} = \mathbf{r}_{OM} + \mathbf{r}_{MO'} $$

Mit der zweiten Vektorkette kann zunächst ${}_I\mathbf{r}_{OO'}$ angegeben werden:

$$ {}_I\mathbf{r}_{OO'} = {}_I\mathbf{r}_{OM} + {}_I\mathbf{r}_{MO'} = \begin{pmatrix} -R \\ 0 \\ 0 \end{pmatrix} + \begin{pmatrix} R\cos\alpha \\ R\sin\alpha \\ 0 \end{pmatrix} = R \begin{pmatrix} \cos\alpha - 1 \\ \sin\alpha \\ 0 \end{pmatrix} $$

Dabei ist $\alpha = v_{Zug} \cdot t/R$ im Bogenmaß (Umfangsstück / Radius) und folglich die Winkelgeschwindigkeit $\dot{\alpha} = \frac{d}{dt}\alpha = v_{Zug}/R$. Den Vektor von O nach P kennen wir aus dem Aufgabenteil I, also ist

$$ {}_I\mathbf{r}_{O'P} = {}_I\mathbf{r}_{OP} - {}_I\mathbf{r}_{OO'} = \begin{pmatrix} v_{rel}t\sin\beta + R(1-\cos\alpha) \\ (v_{Zug} + v_{rel}\cos\beta)t - R\sin\alpha \\ h - \frac{gt^2}{2} \end{pmatrix} $$

Wie bereits festgestellt ist das die relative Bewegung von P gegenüber O', sozusagen Blickrichtung und Abstand von P vom Beobachter im Zug aus, aber dargestellt im I-System. Die relative Geschwindigkeit und die relative Beschleunigung lassen sich ebenfalls im I-System durch einfaches bzw. zweifaches Ableiten von ${}_I\mathbf{r}_{O'P}$ erhalten, wir wollen aber jetzt im Abschnitt c) die Größen bestimmen, die der mitfahrende Beobachter in seinem eigenen KOS feststellen kann.

c) Relative Größen im mitbewegten K-System

Die Blickrichtung des Beobachters und der Abstand zum Gegenstand P sind mit dem Ortsvektor ${}_K\mathbf{r}_{O'P}$ beschrieben. Er läßt sich durch eine Koordinatentransformation aus der Darstellung im I-System gewinnen:

$$ {}_K\mathbf{r}_{O'P} = \mathbf{A}_{KI} \cdot {}_I\mathbf{r}_{O'P} \qquad \text{mit} \qquad \mathbf{A}_{KI} = \begin{pmatrix} \cos\alpha & \sin\alpha & 0 \\ -\sin\alpha & \cos\alpha & 0 \\ 0 & 0 & 1 \end{pmatrix} $$

$$ {}_K\mathbf{r}_{O'P} = \begin{pmatrix} v_{rel} \cdot \sin(\alpha+\beta)t + v_{Zug}(\sin\alpha)t + R(\cos\alpha - 1) \\ v_{rel}\cos(\alpha+\beta)t + v_{Zug}(\cos\alpha)t - R\sin\alpha \\ h - \frac{gt^2}{2} \end{pmatrix} $$

Bei der Auswertung der Matrix - Vektor - Multiplikation wurden die Additionstheoreme

$$ \sin(\alpha+\beta) = \sin\alpha\cos\beta + \cos\alpha\sin\beta $$

$$ \cos(\alpha+\beta) = \cos\alpha\cos\beta - \sin\alpha\sin\beta $$

bereits berücksichtigt. Die Ableitung eines Vektors in Komponentendarstellung in bewegten Systemen ergibt immer relative Größen, hier also:

$$ {}_K\mathbf{v}_{P,rel} = \frac{d}{dt}({}_K\mathbf{r}_{O'P}) = $$

$$ \begin{pmatrix} v_{rel}[\sin(\alpha+\beta) + \dot\alpha t\cos(\alpha+\beta)] + v_{Zug}\dot\alpha t\cos\alpha + v_{Zug}\sin\alpha - R\dot\alpha\sin\alpha \\ v_{rel}[\cos(\alpha+\beta) - \dot\alpha t\sin(\alpha+\beta)] - v_{Zug}\dot\alpha t\sin\alpha + v_{Zug}\cos\alpha - R\dot\alpha\cos\alpha \\ -gt \end{pmatrix} $$

$$ {}_K\mathbf{a}_{P,rel} = \frac{d}{dt}({}_K\mathbf{v}_{P,rel}) = \left(\begin{matrix} v_{rel}[2\dot\alpha\cos(\alpha+\beta) - \dot\alpha^2 t\sin(\alpha+\beta)] + \\ v_{rel}[-2\dot\alpha\sin(\alpha+\beta) - \dot\alpha^2 t\cos(\alpha+\beta)] + \\ -g \end{matrix} \right. $$

$$ \left. \begin{matrix} +v_{Zug}(2\dot\alpha\cos\alpha - \dot\alpha^2 t\sin\alpha) - R\ddot\alpha\sin\alpha - R\dot\alpha^2\cos\alpha \\ -v_{Zug}(2\dot\alpha\sin\alpha + \dot\alpha^2 t\cos\alpha) - R\ddot\alpha\cos\alpha + R\dot\alpha^2\sin\alpha \\ 0 \end{matrix} \right) $$

d) Absolute Größen im bewegten System K

Die absolute Geschwindigkeit des Gegenstandes kann ein mitfahrender Beobachter nicht direkt wahrnehmen, er kann sich aber den Vektor der absoluten Geschwindigkeit berechnen und dessen Lage in seinem mitbewegten System darstellen. Man erhält die absolute Geschwindigkeit und die absolute Beschleunigung hier entweder durch Transformation aus dem I-System oder durch Berechnung mit Hilfe der 'Coriolis - Formel':

$$_K\mathbf{v}_{P,abs} = {}_K\mathbf{v}_{O',abs} + {}_K\mathbf{v}_{P,rel} + {}_K\boldsymbol{\omega}_{IK} \times {}_K\mathbf{r}_{O'P} = \mathbf{A}_{KI}\,{}_I\mathbf{v}_{P,abs}$$

Musteraufgabe 2 (Wies'n - Karussell)

Ein Karussell besteht aus einer Scheibe (Radius r), die auf der Oberseite eines flachen Balkens im Ursprung O' des K-Systems drehbar gelagert ist (im Abstand R vom Ursprung O des I-Systems). Der Balken ist seinerseits um die inertiale $_Iy$-Achse drehbar gelagert. Die Beschleunigung eines Fahrgastes (scheibenfester Punktes P) soll im bewegten System K dargestellt werden. Das K- System ist balkenfest, d.h. seine $_Ky$-Achse ist stets parallel zur $_Iy$-Achse. Der Neigungswinkel des Balkens wird mit $\alpha(\dot\alpha, \ddot\alpha)$ beschrieben, der Drehwinkel von P gegenüber der $_Kx$-Achse mit $\beta(\dot\beta, \ddot\beta)$. Man berechne die kinematischen Größen von P.

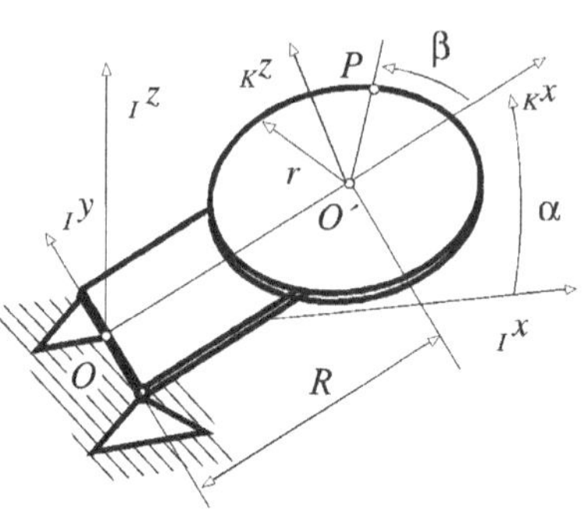

Lösung: Zunächst werden die Beschleunigung und die Geschwindigkeit von O' bestimmt:

$$_K\mathbf{r}_{OO'} = \begin{pmatrix} R \\ 0 \\ 0 \end{pmatrix}; \qquad {}_K\boldsymbol{\omega}_{IK} = \begin{pmatrix} 0 \\ -\dot\alpha \\ 0 \end{pmatrix}$$

$$_K\mathbf{v}_{O',abs} = \frac{d}{dt}({}_K\mathbf{r}_{OO'}) + {}_K\boldsymbol{\omega}_{IK} \times {}_K\mathbf{r}_{OO'} = \begin{pmatrix} 0 \\ 0 \\ \dot\alpha R \end{pmatrix}$$

$$_K\mathbf{a}_{O',abs} = \frac{d}{dt}({}_K\mathbf{v}_{O',abs}) + {}_K\boldsymbol{\omega}_{IK} \times {}_K\mathbf{v}_{O',abs} = \begin{pmatrix} 0 \\ 0 \\ \ddot\alpha R \end{pmatrix} + \begin{pmatrix} -\dot\alpha^2 R \\ 0 \\ 0 \end{pmatrix} = \begin{pmatrix} -\dot\alpha^2 R \\ 0 \\ \ddot\alpha R \end{pmatrix}$$

Dann muß die absolute Geschwindigkeit von P gegenüber O' berechnet und im K-System dargestellt werden. Die 'Coriolis-Formel' gibt die absolute Änderungsgeschwindigkeit des Vektors $_K\mathbf{r}_{O'P}$. (Achtung: $_K\mathbf{v}_{O'P} \neq {}_K\mathbf{v}_{P,rel}$, ein im K-System mitfahrender Beobachter bekommt die eigene Drehung um die y-Achse nicht mit, die relative Geschwindigkeit von P gegenüber O' hat im Gegensatz zur absoluten Geschwindigkeit von P gegenüber O' keinen Anteil in $_Kz$-Richtung !)

$$_K\mathbf{r}_{O'P} = r \begin{pmatrix} \cos\beta \\ \sin\beta \\ 0 \end{pmatrix}$$

$$_K\mathbf{v}_{O'P} = \frac{d}{dt}(_K\mathbf{r}_{O'P}) + {_K\boldsymbol{\omega}_{IK}} \times {_K\mathbf{r}_{O'P}} = r\dot{\beta}\begin{pmatrix} -\sin\beta \\ \cos\beta \\ 0 \end{pmatrix} + r\dot{\alpha}\begin{pmatrix} 0 \\ 0 \\ \cos\beta \end{pmatrix}$$

Die gesuchte Beschleunigung von P gegenüber O' ergibt sich wieder durch Anwendung der 'Coriolis-Formel' auf die absolute Geschwindigkeit, d.h. Darstellung der absoluten Beschleunigung im K-System:

$$\begin{aligned} _K\mathbf{a}_{O'P} &= \frac{d}{dt}(_K\mathbf{v}_{O'P}) + {_K\boldsymbol{\omega}_{IK}} \times {_K\mathbf{v}_{O'P}} \\ &= r\begin{pmatrix} -\ddot{\beta}\sin\beta - \dot{\beta}^2\cos\beta \\ \ddot{\beta}\cos\beta - \dot{\beta}^2\sin\beta \\ \ddot{\alpha}\cos\beta - \dot{\alpha}\dot{\beta}\sin\beta \end{pmatrix} + r\begin{pmatrix} -\dot{\alpha}^2\cos\beta \\ 0 \\ -\dot{\alpha}\dot{\beta}\sin\beta \end{pmatrix} \end{aligned}$$

Die absolute Geschwindigkeit von P ist nun diejenige von O' plus die Geschwindigkeit von P gegenüber O'. Ebenso lassen sich Beschleunigungen addieren.

$$\begin{aligned} _K\mathbf{v}_{P,abs} &= {_K\mathbf{v}_{O',abs}} + {_K\mathbf{v}_{O'P}} = \begin{pmatrix} -r\dot{\beta}sin\beta \\ r\dot{\beta}\cos\beta \\ \dot{\alpha}(R + r\cos\beta) \end{pmatrix} \\ _K\mathbf{a}_{P,abs} &= {_K\mathbf{a}_{O',abs}} + {_K\mathbf{a}_{O'P}} \\ &= R\begin{pmatrix} -\dot{\alpha}^2 \\ 0 \\ \ddot{\alpha} \end{pmatrix} + r\begin{pmatrix} -\ddot{\beta}\sin\beta - \dot{\beta}^2\cos\beta - \dot{\alpha}^2\cos\beta \\ \ddot{\beta}\cos\beta - \dot{\beta}^2\sin\beta \\ \ddot{\alpha}\cos\beta - 2\dot{\alpha}\dot{\beta}\sin\beta \end{pmatrix} \end{aligned}$$

Aufgabe 1:

Unter der geographischen Breite $\varphi = 45^0$ wird ein punktförmiger Körper relativ zur bewegten Erde mit einer Anfangsgeschwindigkeit $v_0 = 500$ m/s senkrecht nach oben geschleudert.

a) Bestimmen Sie die Steigzeit T und die Wurfhöhe H.
b) Welche Geschwindigkeit hat der Körper im Gipfelpunkt der Bahn?
c) Geben Sie die Abweichung des Aufschlagpunktes von der Abwurfstelle an.

Aufgabe 2

Ein Ring (Radius R, Mittelpunkt A) rotiert um eine vertikale Achse, die mit der Ringebene den Winkel α einschließt. Auf dem Ring gleitet der Punkt B, dessen Lage in der Ringebene (${}_Rx-$, ${}_Ry-$ Ebene) durch den Winkel ϑ festgelegt ist. Das Zwischensystem Z rotiert ebenfalls mit $\dot{\beta}$ um die vertikale Achse, so daß die ${}_Zx-$ Achse immer in der Ringebene liegt. Bestimmen Sie
a) den Ortsvektor $\mathbf{r}_{OA}$ in allen KOS, den Vektor ${}_R\mathbf{r}_{AB}$ und
b) die Geschwindigkeiten ${}_Z\mathbf{v}_{A,abs}$, ${}_R\mathbf{v}_{A,abs}$, ${}_R\mathbf{v}_{B,rel}$, ${}_R\mathbf{v}_{AB}$ und ${}_R\mathbf{v}_{B,abs}$!

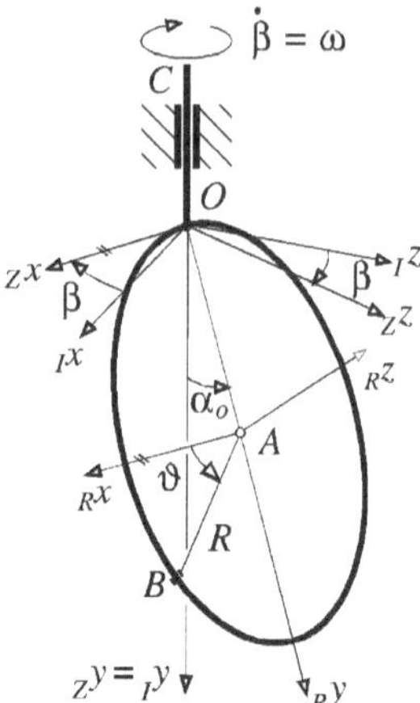

Aufgabe 3 'Rollende Münze'

Eine Münze rollt ohne zu gleiten in der inertialen ${}_Ix-$, ${}_Iy-$ Ebene. Ein Zwischensystem Z ist um den Kurswinkel α um die vertikale ${}_Iz-$ Achse gegenüber dem I-System verdreht, so daß die ${}_Zx-$ Achse in der um den Kippwinkel β aus der Vertikalen gekippten Münzenebene (${}_Rx-$, ${}_Rz-$ Ebene) liegt. Das 'schleifende' R-System dreht nicht mit der Münze um die ${}_Zy-$ Achse (Rollwinkel $\gamma, \dot{\gamma}$), so daß die ${}_Rx-$ und die ${}_Zx-$ Achsen stets parallel bleiben. Bestimmen Sie a) die Transformationsmatrix $\mathbf{A}_{ZR}$, b) die Ortsvektoren ${}_R\mathbf{r}_{O'P}$ und ${}_Z\mathbf{r}_{O'P}$, und c) die Geschwindigkeiten ${}_Z\mathbf{v}_{P,rel}$, ${}_Z\mathbf{v}_{O'P}$, ${}_Z\mathbf{v}_{P,abs}$!

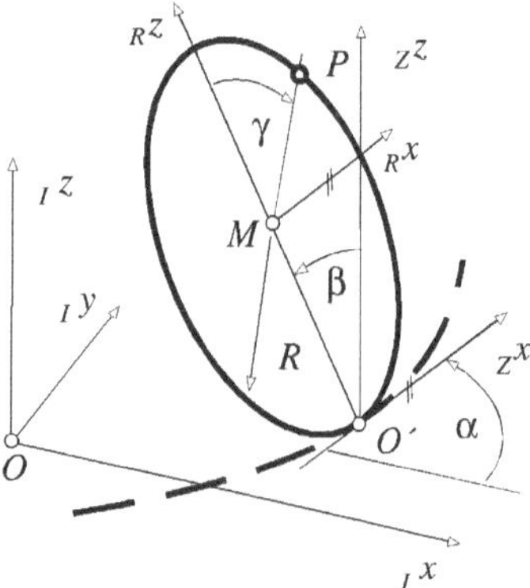

Lösungen zu Kap. 3.4 Relativkinematik

Aufgabe 1

Gegebene Zahlenwerte :

$$\varphi = 45^o, v_0 = 500\frac{m}{sec};$$
$$R = 6,37 \cdot 10^3 km$$
$$\omega_E = \frac{2\pi}{24 \cdot 3600 sec} = 7,27 \cdot 10^{-5}\frac{rad}{sec}$$

Voraussetzungen :

- m=const.
- Luftwiderstand vernachlässigbar
- Erde kugelförmig
- Erdwinkelgeschwindigkeit $\omega_E = const.$
- Bewegung der Erde um die Sonne vernachlässigt
- $g = 9,81\frac{m}{sec^2} = const.$

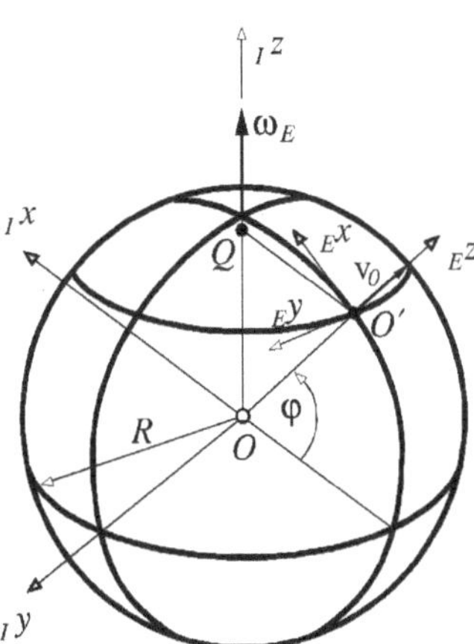

$\mathbf{v}_0 = \mathbf{v}_{rel}$

${}_Ix, {}_Iy, {}_Iz$: Inertialsystem, Ursprung im Erdmittelpunkt

${}_Ex, {}_Ey, {}_Ez$: erdfestes Koordinatensystem, Ursprung O' auf der Erdoberfläche

- ${}_Ez$-Achse $\perp$ Erdoberfläche
- ${}_Ey$-Achse nach Westen zeigend
- ${}_Ex$-Achse nach Norden zeigend

Alle Berechnungen werden im erdfesten E- Koordinatensystem durchgeführt. Erddrehung im E-System :

$${}_E\boldsymbol{\omega} = \begin{pmatrix} \omega_E \cdot \cos\varphi \\ 0 \\ \omega_E \cdot \sin\varphi \end{pmatrix}$$

Impulssatz für die Punktmasse, Freiflugphase:

$$m \cdot {}_E\mathbf{a}_{abs} = \sum {}_E\mathbf{F}_a = m \cdot \begin{pmatrix} \ddot{x}_{abs} \\ \ddot{y}_{abs} \\ \ddot{z}_{abs} \end{pmatrix} = \begin{pmatrix} 0 \\ 0 \\ -m \cdot g \end{pmatrix} \rightsquigarrow \begin{array}{l} \ddot{x}_{abs} = \ddot{y}_{abs} = 0 \\ \ddot{z}_{abs} = -g \end{array}$$

Für den Vektor der Absolutbeschleunigung gelten im Folgenden die Abkürzungen $s\varphi = \sin\varphi$, $c\varphi = \cos\varphi$ und Index $_r$ für $_{rel}$:

$${}_E\mathbf{a}_{abs} = \begin{pmatrix} R \cdot c\varphi\, \omega_E^2\, s\varphi - (x_r\, s^2\varphi - z_r\, s\varphi\, c\varphi)\omega_E^2 - 2\dot{y}_r\omega_E\, s\varphi + \ddot{x}_r \\ -y_r\omega_E^2 + 2(\dot{x}_r\omega_E\, s\varphi - \dot{z}_r\omega_E\, c\varphi) + \ddot{y}_r \\ -R \cdot c\varphi\, \omega_E^2\, c\varphi + (x_r\, s\varphi\, c\varphi - z_r c^2\varphi)\omega_E^2 + 2\dot{y}_r\omega_E\, c\varphi + \ddot{z}_r \end{pmatrix}$$

Im Schwerefeld der Erde muß aber auch gelten:

$$_E\mathbf{a}_{abs} = \begin{pmatrix} 0 \\ 0 \\ -g \end{pmatrix}$$

Bei der vorliegenden Anfangsgeschwindigkeit sind die folgenden Näherungen noch zulässig:

$$z_r \ll R \qquad x_r \ll R \qquad \dot{x}_r \ll \dot{z}_r$$

$$\dot{y}_r \ll R\omega_E \qquad y_r\omega_E \ll \dot{z}_r \qquad R\omega_E^2 \ll g$$

Damit ergibt sich eine gute Näherung für die Relativbeschleunigung:

$$\ddot{x}_{rel} = -R\cos\varphi\ \omega_E^2 \sin\varphi \qquad \text{(Zentrifugalbeschleunigung)}$$

$$\ddot{y}_{rel} = 2\omega_E \cos\varphi \dot{z}_{rel}$$

$$\ddot{z}_{rel} = -g$$

Die Anfangsbedingungen lauten

$$\dot{x}_{rel}(0) = 0 \quad ; \quad \dot{y}_{rel}(0) = 0 \quad ; \quad \dot{z}_{rel}(0) = v_0$$

$$x_{rel}(0) = 0 \quad ; \quad y_{rel}(0) = 0 \quad ; \quad z_{rel}(0) = 0.$$

Man erhält die Wurfbahn des Körpers :

$$x_{rel}(t) = -\frac{1}{4}R\omega_E^2 \sin 2\varphi \cdot t^2 \quad ; \quad y_{rel}(t) = \omega_E \cos\varphi \left(v_0 t^2 - \frac{1}{3}gt^3\right)$$

$$z_{rel}(t) = v_0 t - \frac{1}{2}gt^2$$

a) Steigzeit T und b) Wurfhöhe H:

$$\dot{z}_{rel}(T) = 0 \rightarrow T = \frac{v_0}{g} = 51\ sec; \qquad H = z_{rel}(T) \rightarrow H = \frac{v_0^2}{2g} = 12,7km$$

c) Relativgeschwindigkeit im Gipfelpunkt $\mathbf{v}_{rel}(T)$:

$$_E\mathbf{v}_{rel}(T) = \begin{pmatrix} \dot{x}_{rel}(t) \\ \dot{y}_{rel}(t) \\ \dot{z}_{rel}(t) \end{pmatrix} = \begin{pmatrix} -\frac{1}{2}\frac{v_0}{g} \cdot R\omega_E^2 \sin 2\varphi \\ \frac{v_0^2}{g}\omega_E \cos\varphi \\ 0 \end{pmatrix}$$

$$v_{rel}(T) = \sqrt{\dot{x}_{rel}^2(T) + \dot{y}_{rel}^2(T)} = 1,57m/sec$$

d) Abweichung des Körpers bei der Rückkehr :

$$\triangle x_{rel} = x_{rel}(2T) = -\left(\frac{v_0\omega_E}{g}\right)^2 \cdot R\sin\varphi = -88\ m$$

$$\triangle y_{rel} = y_{rel}(2T) = \frac{4}{3}\frac{v_0^2}{g^2}\omega_E \cdot \cos\varphi = 89\ m$$

Der Körper erfährt eine West- und Südabweichung.

Aufgabe 2

Transformationsmatrizen:

$$\boldsymbol{A}_{ZR} = \begin{pmatrix} 1 & 0 & 0 \\ 0 & \cos\alpha_0 & -\sin\alpha_0 \\ 0 & \sin\alpha_0 & \cos\alpha_0 \end{pmatrix}; \qquad \boldsymbol{A}_{IZ} = \begin{pmatrix} \cos\beta & 0 & \sin\beta \\ 0 & 1 & 0 \\ -\sin\beta & 0 & \cos\beta \end{pmatrix}$$

a) Ortsvektoren:

$$_R\mathbf{r}_{OA} = \begin{pmatrix} 0 \\ R \\ 0 \end{pmatrix}$$

$$_Z\mathbf{r}_{OA} = \boldsymbol{A}_{ZR} \cdot {_R}\,\mathbf{r}_{OA} = \begin{pmatrix} 0 \\ \cos\alpha_0 \\ \sin\alpha_0 \end{pmatrix} \cdot R$$

$$_I\boldsymbol{r}_{OA} = \boldsymbol{A}_{IZ} \cdot {_Z}\,\mathbf{r}_{OA} = \begin{pmatrix} \sin\alpha_0 \sin\beta \\ \cos\alpha_0 \\ \sin\alpha_0 \cos\beta \end{pmatrix} \cdot R; \qquad _R\mathbf{r}_{AB} = \begin{pmatrix} R\cdot\cos\vartheta \\ R\cdot\sin\vartheta \\ 0 \end{pmatrix}$$

b) Geschwindigkeiten:

$$_Z\boldsymbol{\omega}_{IZ} = \begin{pmatrix} 0 \\ \omega \\ 0 \end{pmatrix}; \qquad _R\boldsymbol{\omega}_{IR} = \begin{pmatrix} 0 \\ \omega\cos\alpha_0 \\ -\omega sin\alpha_0 \end{pmatrix}$$

$$_Z\boldsymbol{v}_{A,abs} = \frac{d}{dt}{_Z}\boldsymbol{r}_{OA} + {_Z}\boldsymbol{\omega}_{IZ} \times {_Z}\boldsymbol{r}_{OA} = \begin{pmatrix} 0 \\ \omega \\ 0 \end{pmatrix} \times \begin{pmatrix} 0 \\ \cos\alpha_0 \\ \sin\alpha_0 \end{pmatrix} \cdot R = \begin{pmatrix} \omega\sin\alpha_0 R \\ 0 \\ 0 \end{pmatrix}$$

$$_R\boldsymbol{v}_{A,abs} = \boldsymbol{A}_{RZ}\,{_Z}\boldsymbol{v}_{A,abs} = \begin{pmatrix} \omega R\sin\alpha_0 \\ 0 \\ 0 \end{pmatrix}$$

$$_R\boldsymbol{v}_{B,rel} = \frac{d}{dt}{_R}\boldsymbol{r}_{AB} = \dot\vartheta R \begin{pmatrix} -\sin\vartheta \\ \cos\vartheta \\ 0 \end{pmatrix}$$

$$_R\boldsymbol{v}_{AB} = \frac{d}{dt}{_R}\boldsymbol{r}_{AB} + {_R}\boldsymbol{\omega}_{IR} \times {_R}\boldsymbol{r}_{AB} = \dot\vartheta R \begin{pmatrix} -\sin\vartheta \\ \cos\vartheta \\ 0 \end{pmatrix} + \omega R \begin{pmatrix} \sin\vartheta\sin\alpha_0 \\ -\cos\vartheta\sin\alpha_0 \\ -\cos\vartheta\cos\alpha_0 \end{pmatrix}$$

$$_R\boldsymbol{v}_{B,abs} = {_R}\boldsymbol{v}_{A,abs} + {_R}\boldsymbol{v}_{AB} = \dot\vartheta R \begin{pmatrix} -\sin\vartheta \\ \cos\vartheta \\ 0 \end{pmatrix} + \omega R \begin{pmatrix} (1+\sin\vartheta)\sin\alpha_0 \\ -\cos\vartheta\sin\alpha_0 \\ -\cos\vartheta\cos\alpha_0 \end{pmatrix}$$

Aufgabe 3

Transformationsmatrix zwischen dem $R-$ und dem $Z-$ System:

$$\boldsymbol{A}_{ZR} = \begin{pmatrix} 1 & 0 & 0 \\ 0 & \cos\beta & \sin\beta \\ 0 & -\sin\beta & \cos\beta \end{pmatrix}$$

Ortsvektor von O' nach P:

$$_R\boldsymbol{r}_{O'P} = {_R\boldsymbol{r}_{O'M}} + {_R\boldsymbol{r}_{MP}} = \begin{pmatrix} 0 \\ 0 \\ R \end{pmatrix} + R\begin{pmatrix} \sin\gamma \\ 0 \\ \cos\gamma \end{pmatrix} = R\begin{pmatrix} \sin\gamma \\ 0 \\ 1+\cos\gamma \end{pmatrix}$$

$$_Z\boldsymbol{r}_{O'P} = \boldsymbol{A}_{ZR} \cdot {_R\boldsymbol{r}_{O'P}} = R\begin{pmatrix} \sin\gamma \\ \sin\beta(1+\cos\gamma) \\ \cos\beta(1+\cos\gamma) \end{pmatrix}$$

Relativgeschwindigkeit von P:

$$_Z\boldsymbol{v}_{P,rel} = \frac{d}{dt}{_Z\boldsymbol{r}_{O'P}} = R\begin{pmatrix} \dot\gamma\cos\gamma \\ \dot\beta\cos\beta(1+\cos\gamma) - \dot\gamma\sin\beta\sin\gamma \\ -\dot\beta\sin\beta(1+\cos\gamma) - \dot\gamma\cos\beta\sin\gamma \end{pmatrix}$$

Absolute Geschwindigkeit von P gegenüber O' im Z-System:

$$\begin{aligned} _Z\boldsymbol{v}_{O'P} &= \frac{d}{dt}{_Z\boldsymbol{r}_{O'P}} + {_Z\boldsymbol{\omega}_{IZ}} \times {_Z\boldsymbol{r}_{O'P}} \\ &= {_Z\boldsymbol{v}_{P,rel}} + R\cdot\begin{pmatrix} 0 \\ 0 \\ \dot\alpha \end{pmatrix} \times \begin{pmatrix} \sin\gamma \\ \sin\beta(1+\cos\gamma) \\ \cos\beta(1+cos\gamma) \end{pmatrix} \\ &= R\begin{pmatrix} \dot\gamma\cos\gamma - \dot\alpha\sin\beta(1+\cos\gamma) \\ \dot\beta\cos\beta(1+cos\gamma) - \dot\gamma\sin\beta\sin\gamma + \dot\alpha\sin\gamma \\ -\dot\beta\sin\beta(1+\cos\gamma) - \dot\gamma\cos\beta\sin\gamma \end{pmatrix} \end{aligned}$$

Absolute Geschwindigkeit von P gegenüber O:

$$\begin{aligned} _Z\boldsymbol{v}_{P,abs} &= {_Z\boldsymbol{v}_{O',abs}} + {_Z\boldsymbol{v}_{O'P}} \\ &= R\begin{pmatrix} (1+\cos\gamma)(\dot\gamma - \dot\alpha\sin\beta) \\ \sin\gamma(\dot\alpha - \dot\gamma\sin\beta) + \dot\beta\cos\beta(1+\cos\gamma) \\ -\dot\gamma\cos\beta\sin\gamma - \dot\beta\sin\beta(1+\cos\gamma) \end{pmatrix} \end{aligned}$$

4 Kinetik

Während die Kinematik sich auf die Beschreibung von Bewegungen beschränkt, werden in der Kinetik die dabei wirkenden Kräfte und Momente untersucht. Diese können durch Gleichungen beschrieben werden. Insbesondere der Impulssatz und der Drallsatz haben hierbei eine zentrale Bedeutung. Aus ihnen können im Prinzip direkt die Bewegungsgleichungen eines mechanischen Systemes erstellt werden, d.h. die Beschleunigungen aller Körper des Systems in Abhängkeit der momentanen Lage, Geschwindigkeit und angreifender Kräfte angegeben werden.

4.1 Impulssatz

4.1.1 Impulssatz für massenkonstante Systeme

Der Impulssatz beschreibt den Zusammenhang zwischen der absoluten Beschleunigung eines Körpers und der Summe aller äußeren, angreifenden Kräfte. Ein oft auftretender Fehler besteht darin, innere Volumenkräfte wie Zentripedalkraft und Trägheitskräfte als äußere Kräfte zu interpretieren. Diese inneren Kräfte sind im Impulssatz schon in dem Term $m\mathbf{a}$ enthalten, $\mathbf{a}$ ist die absolute Beschleunigung des betrachteten Körpers.

Der Impuls $\mathbf{p}$ eines Körpers ist das Produkt aus seiner Masse und dem Vektor $\mathbf{v}_S$ der Absolutgeschwindigkeit seines Schwerpunktes.

Grundformeln: Impuls

m	Masse des Körpers K
$\mathbf{v}_{S,abs}$	Absolute Schwerpunktsgeschwindigkeit von K
$\mathbf{p}$	Impuls des Körpers K
Impuls:	$\mathbf{p} = m \cdot \mathbf{v}_{S,abs}$

Für Systeme mit konstanter Masse ist der Impulssatz eine einfache Vektorgleichung, der Vektor der absoluten Beschleunigung skalar multipliziert mit der Masse eines freigeschnittenen Körpers entspricht immer der Summe aller Trägheitskräfte und ist gleich der Summe aller angreifenden, äußeren Kräfte (inklusive der Gewichtskraft). Diese Gleichung ist zunächst unabhängig von einem Koordinatensystem. Sie kann im Prinzip in jedem Koordinatensystem angeschrieben werden, dann müssen jedoch alle Einzelvektoren auch in diesem System angegeben werden (der zweithäufigste Fehler).

Für Systeme mit zeitveränderlicher Masse kommt auf der linken Seite noch die

Impulsänderung durch den Massenverlust hinzu. Man erhält die sogenannte 'Raketengleichung'.

Grundformeln: Impulssatz für massenkonstante Systeme

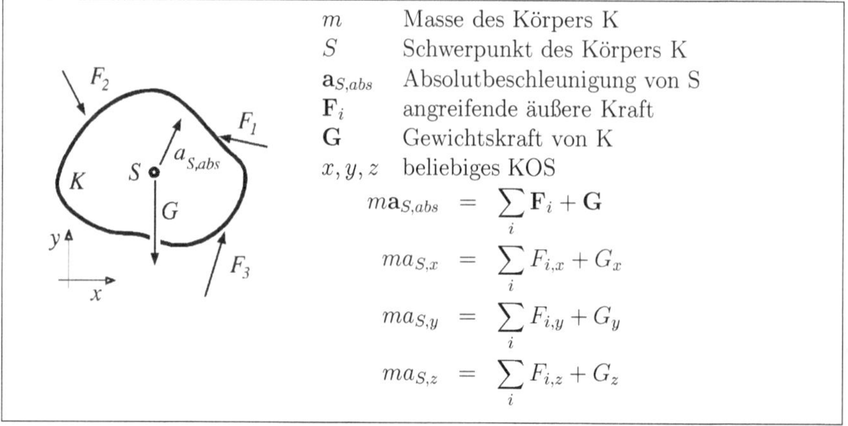

m	Masse des Körpers K
S	Schwerpunkt des Körpers K
$\mathbf{a}_{S,abs}$	Absolutbeschleunigung von S
$\mathbf{F}_i$	angreifende äußere Kraft
$\mathbf{G}$	Gewichtskraft von K
x, y, z	beliebiges KOS

$$m\mathbf{a}_{S,abs} = \sum_i \mathbf{F}_i + \mathbf{G}$$

$$ma_{S,x} = \sum_i F_{i,x} + G_x$$

$$ma_{S,y} = \sum_i F_{i,y} + G_y$$

$$ma_{S,z} = \sum_i F_{i,z} + G_z$$

Musteraufgabe 1

Ein JoJo (Wickelradius $r = const$, Masse m) wickelt sich auf einen dünnen, stets gespannten und nicht dehnbaren Faden, der inertialfest im Punkt O aufgehängt ist. Man bestimme mit Hilfe des Impulssatzes die Fadenkraft in Abhängigkeit der Koordinaten α, β und deren Ableitungen.

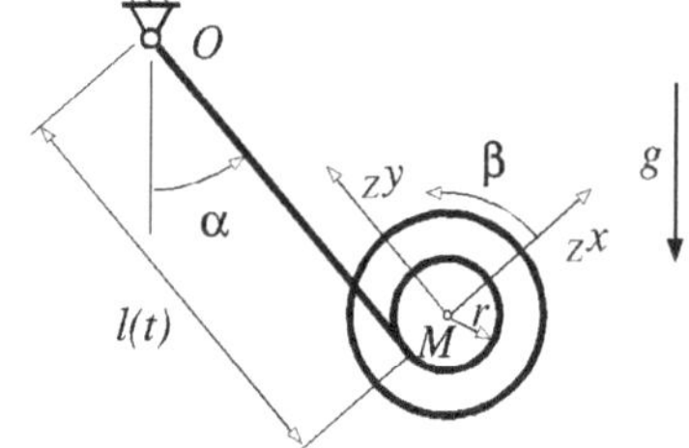

Lösung: Außer der Fadenkraft greift nur die Gewichtskraft am JoJo an, im Impulssatz müssen keine weiteren Kräfte berücksichtigt werden. Wir brauchen zum Aufstellen des Impulssatzes noch die absolute Beschleunigung des Schwerpunktes M des JoJo's. Die Berechnung dieses Vektors beinhaltet die Hauptarbeit beim Lösen der Aufgabe. Dazu wählt man als erstes ein Koordinatensystem, in dem das Aufstellen der Orts- und Geschwindigkeitsvektoren möglichst einfach wird, z.B. ein System Z, dessen Ursprung immer in M liegt. Die $_Zy$-Achse dieses Systems soll immer parallel zum freien Teil des Fadens liegen, das System dreht also nicht mit dem JoJo mit ('schleifendes System'). Die Beschleunigung eines beliebigen Punktes erhalten wir immer durch zweimalige Differentiation seines Ortsvektors. Der Ursprung des Ortsvektors kann in einem beliebigen inertialfesten Punkt liegen, sinnvollerweise betrachten wir den Vektor von O nach M, $\mathbf{r}_{OM}$. Soll der Impulssatz im Zwischensystem

Z angeschrieben werden, muß auch der Vektor der absoluten Beschleunigung in diesem System angegeben werden. Der Ortsvektor von M hat in diesem System die Komponenten:

$$ {}_Z\mathbf{r}_{OM} = \begin{pmatrix} r \\ -l(t) \\ 0 \end{pmatrix} $$

Das Zwischensystem Z dreht mit der Winkelgeschwindigkeit $\dot{\alpha}$ um eine vertikale Achse. Der Winkelgeschwindigkeitsvektor ${}_Z\boldsymbol{\omega}_{IZ}$, mit dem das Z-System gegenüber einem inertialfesten System dreht, lautet also

$$ {}_Z\boldsymbol{\omega}_{IZ} = \begin{pmatrix} 0 \\ 0 \\ \dot{\alpha} \end{pmatrix} $$

Die zeitliche Ableitung der Länge des freien Fadenteils, $\dot{l}$, ist über den Aufrollwinkel β über die Rollbedingung relativ einfach anzugeben:

$$ l(t) = l_0 - \beta \cdot r \quad \rightarrow \quad \dot{l} = -\dot{\beta} \cdot r $$

Zur Berechnung der absoluten Geschwindigkeit im Z-System benutzen wir die 'Coriolis'-Formel:

$$ {}_Z\mathbf{v}_{M,abs} = \frac{d}{dt}({}_Z\mathbf{r}_{OM}) + {}_Z\boldsymbol{\omega}_{IZ} \times {}_Z\mathbf{r}_{OM} = \begin{pmatrix} 0 \\ \dot{\beta}r \\ 0 \end{pmatrix} + \begin{pmatrix} \dot{\alpha}l \\ \dot{\alpha}r \\ 0 \end{pmatrix} = \begin{pmatrix} \dot{\alpha}l \\ r(\dot{\alpha} + \dot{\beta}) \\ 0 \end{pmatrix} $$

Die absolute Beschleunigung des Mittelpunktes erhalten wir durch Anwendung der Coriolis- Formel auf die Geschwindigkeit:

$$ {}_Z\mathbf{a}_{M,abs} = \frac{d}{dt}({}_Z\mathbf{v}_{OM}) + {}_Z\boldsymbol{\omega}_{IZ} \times {}_Z\mathbf{v}_{OM} = \begin{pmatrix} \ddot{\alpha}l + \dot{\alpha}\dot{l} \\ r(\ddot{\alpha} + \ddot{\beta}) \\ 0 \end{pmatrix} + \begin{pmatrix} -\dot{\alpha}r(\dot{\alpha} + \dot{\beta}) \\ \dot{\alpha}^2 l \\ 0 \end{pmatrix} $$

Der Impulssatz besagt nun, daß die Masse m des JoJo's multipliziert mit dieser Beschleunigung der Summe aller angreifenden Kräfte am JoJo entspricht:

$$ m\mathbf{a} = \sum \mathbf{F}_i + \mathbf{G} $$

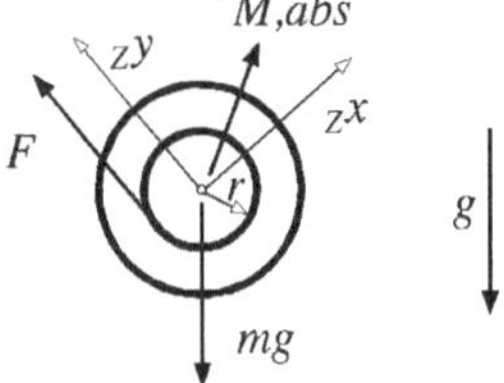

$$ m\begin{pmatrix} \ddot{\alpha}l - 2\dot{\alpha}\dot{\beta}r - \dot{\alpha}^2 r \\ \dot{\alpha}^2 l + r(\ddot{\alpha} + \ddot{\beta}) \\ 0 \end{pmatrix} = \begin{pmatrix} -mg\sin\alpha \\ -mg\cos\alpha + F \\ 0 \end{pmatrix} $$

Aus der zweiten Zeile dieser Vektorgleichung können wir die gesuchte Fadenkraft F direkt bestimmen:

$$F = m[(\ddot{\beta} + \ddot{\alpha})r + \dot{\alpha}^2 l + g \cos \alpha]$$

Aufgabe 1:

Eine als Massenpunkt anzusehende kleine Kugel der Masse m wird am oberen Ende einer geraden Röhre ohne Anfangsgeschwindigkeit losgelassen. Die Röhre dreht sich gleichförmig mit der Drehgeschwindigkeit ω um die Vertikale durch O und ist gegen diese um den konstanten Winkel Ψ geneigt. Man berechne als Funktion der Zeit den in der Röhre zurückgelegten Weg r und die Kraft, die die Kugel seitlich auf die Rohrwand ausübt. Mit welcher Absolutgeschwindigkeit verläßt die Kugel das untere Ende der Röhre, wenn diese die Länge L hat ? Die Reibung darf vernachlässigt werden.

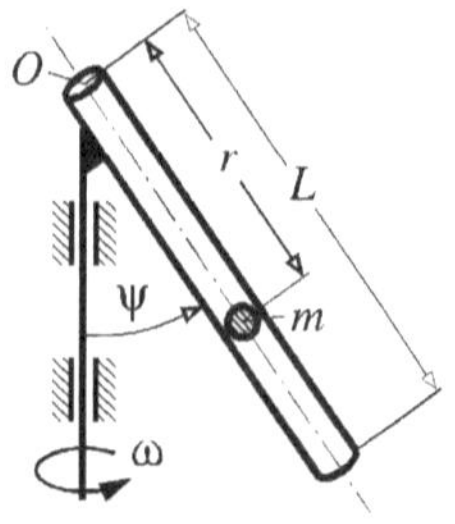

Aufgabe 2:

Eine Kugel mit der Masse $m = 0{,}2$ kg befindet sich in einem glatten horizontalen Rohr, das um eine vertikale Achse drehbar gelagert ist. Die Kugel ist durch eine Feder mit der Drehachse verbunden.Die Federkonstante beträgt $c = 40\frac{N}{cm}$, die statische Ruhelage der Kugel ist durch $a = 3$ cm gekennzeichnet. Wie muß sich die Winkelgeschwindigkeit des Rohres ändern, damit die Kugel relativ zum Rohr die konstante Geschwindigkeit $v_{rel} = 1\frac{cm}{s}$ erhält? Die Kugel befinde sich zur Zeit $t = 0$ im Abstand $b = 5$ cm von der Drehachse. Welche Seitenkraft übt die Kugel im Zeitpunkt $t = 1$ s auf das Rohr aus?

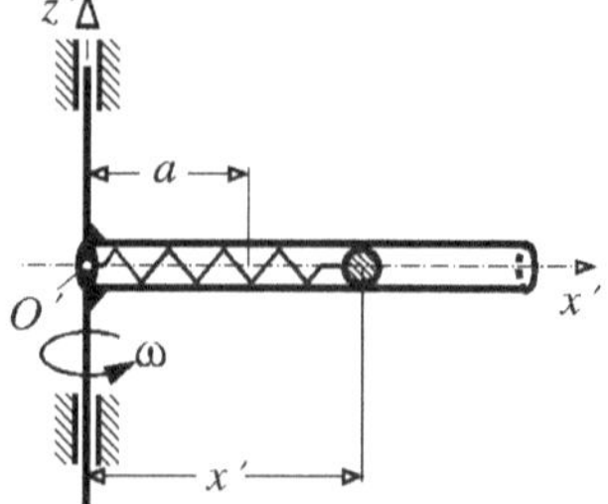

Aufgabe 3:

Der Körper A mit dem Gewicht G_1 kann sich auf einer ebenen Unterlage reibungsfrei bewegen. Im Schwerpunkt von A ist das Pendel B mit dem Gewicht G_2 und der Pendellänge L befestigt. Das Pendel wird um einen Winkel Ψ_0 ausgelenkt und freigelassen. Man gebe die Lageänderung von A als Funktion des Pendelausschlages Ψ an.

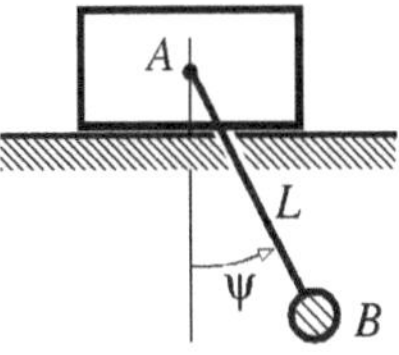

Aufgabe 4:

Ein Schiff mit 8000 t Wasserverdrängung verringert seine Geschwindigkeit unter der Wirkung des Wasserwiderstands von $v_1 = 15$ m/s auf $v_2 = 2$ m/s in einer Zeit von $t_0 = 2$ min . Der Wasserwiderstand ist proportional dem Quadrat der Schiffsgeschwindigkeit. Wie groß ist der Wasserwiderstand W bei $v = 1$ m/s und welchen Weg s_0 hat das Schiff in der Zeit t_0 zurückgelegt ?

Aufgabe 5:

Die Kurbel AB mit der Länge r und dem Gewicht G_1 rotiert mit konstanter Winkelgeschwindigkeit ω und bewegt dabei Kulisse (I) und Kolben (II),deren gemeinsames Gewicht G_2 ist. Auf den Kolben wirkt die konstante Kraft F . Man vernachlässige die Reibung und bestimme die maximale Horizontalkraft auf die Achse A der Kurbel.

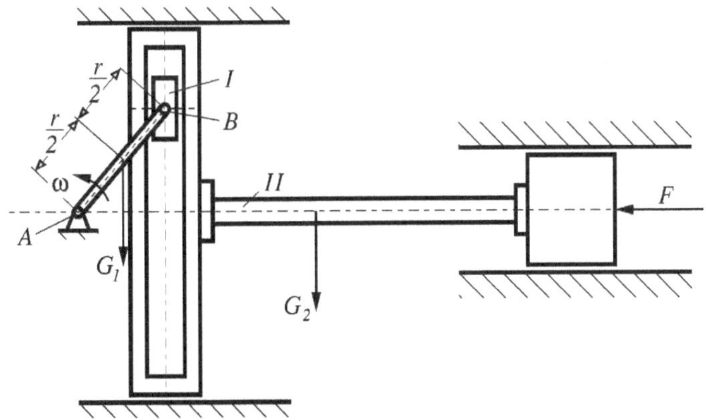

Aufgabe 6:

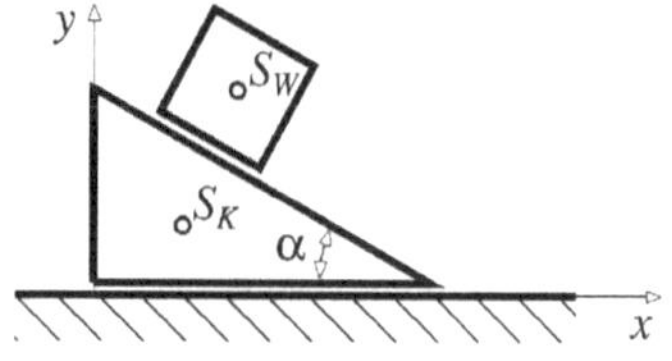

Auf einem reibungsfrei auf seiner Unterlage beweglichen Keil K (Keilwinkel $\alpha = 30^0$, Masse m_k) befindet sich ein Würfel W der Masse m_w ($m_k/m_w = 3$). Der Haftreibungskoeffizient zwischen Würfel W und Keil K ist μ_0, der Gleitreibungskoeffizient ist $\mu = \sqrt{3}/4$. Anfangs befinden sich alle Körper in Ruhe. Zur Beschreibung der Bewegung werden die Schwerpunktskoordinaten des Würfels x_w, y_w und die des Keils x_k, y_k im ruhenden x-y-Koordinatensystem verwendet.

a) Wie groß ist die horizontale Beschleunigung $\ddot{x}_k$?

b) Um welchen Betrag ΔF verringert sich die Auflagekraft zwischen dem Keil K und seiner Unterlage während der Bewegung ?

4.1.2 Punktmassen in zentralen Kraftfeldern

Bevor wir zu den Systemen mit zeitveränderlichen Massen kommen, betrachten wir einzelne, kleine Massen in einem zentralen Kraftfeld, d.h. der Vektor der Gewichtskraft zeigt immer auf einen als inertialfest angenommenen Punkt. Ein Beispiel hierfür ist die Bewegung von Satelliten um die Erde oder von Planeten um eine zentrale Sonne (welche als stationär angenommen wird). Die Bewegungsgleichungen für diesen Fall werden mit Hilfe von Impuls- und Drallsatz hergeleitet, sie heißen 'Keplersche Gesetze'.

Grundformeln: Keplersche Gesetze

KEPLER I: Die Planeten (Punktmassen) bewegen sich auf elliptischen Bahnen, in dessen Brennpunkt die Sonne (Zentralkörper) steht.

KEPLER II: Die Verbindungslinie von der Sonne zu den Planeten überstreicht in gleichen Zeiten gleiche Flächen.

KEPLER III: Die Quadrate der Umlaufzeiten verhalten sich wie die dritten Potenzen der großen Halbachsen.

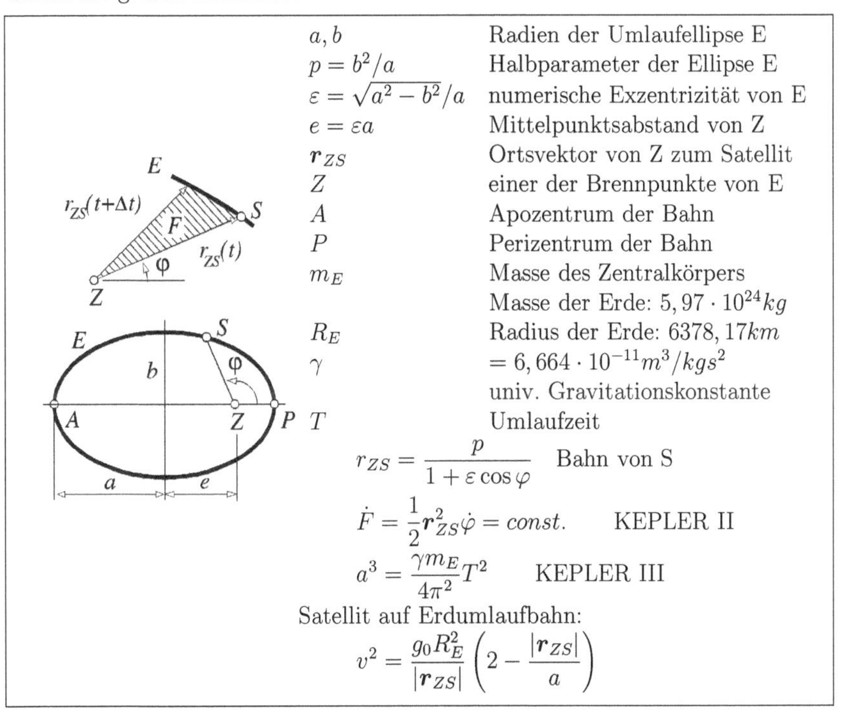

a, b	Radien der Umlaufellipse E
$p = b^2/a$	Halbparameter der Ellipse E
$\varepsilon = \sqrt{a^2 - b^2}/a$	numerische Exzentrizität von E
$e = \varepsilon a$	Mittelpunktsabstand von Z
$\boldsymbol{r}_{ZS}$	Ortsvektor von Z zum Satellit
Z	einer der Brennpunkte von E
A	Apozentrum der Bahn
P	Perizentrum der Bahn
m_E	Masse des Zentralkörpers Masse der Erde: $5,97 \cdot 10^{24} kg$
R_E	Radius der Erde: $6378,17 km$
γ	$= 6,664 \cdot 10^{-11} m^3/kgs^2$ univ. Gravitationskonstante
T	Umlaufzeit

$$r_{ZS} = \frac{p}{1 + \varepsilon \cos \varphi} \quad \text{Bahn von S}$$

$$\dot{F} = \frac{1}{2} \boldsymbol{r}_{ZS}^2 \dot{\varphi} = const. \qquad \text{KEPLER II}$$

$$a^3 = \frac{\gamma m_E}{4\pi^2} T^2 \qquad \text{KEPLER III}$$

Satellit auf Erdumlaufbahn:

$$v^2 = \frac{g_0 R_E^2}{|\boldsymbol{r}_{ZS}|} \left(2 - \frac{|\boldsymbol{r}_{ZS}|}{a} \right)$$

Aufgabe 7

Ein Nachrichtensatellit sollte auf eine 24-Stunden-Bahn gebracht werden. Infolge des etwas zu hohen Schubes der Trägerrakete ergab sich eine leicht elliptische Bahn mit 37900 km Apogäums- und 34170 km Perigäumshöhe gemessen von der Erdoberfläche. Wie groß wurde dadurch die prozentuale Abweichung von der geforderten Umlaufzeit? (Die Erde werde als Kugel vom Radius $R_0 = 6370$ km betrachtet.)

Aufgabe 8

Der erdfernste Punkt einer Satellitenbahn möge bei 409 km über der Erdoberfläche liegen, der erdnächste Punkt bei 178 km. Die Erde kann als Kugel mit $R_E = 6370$ km betrachtet werden.

a) Wie groß ist die Umlaufzeit?
b) Wie groß ist die Exzentrizität der Bahn?
c) Man bestimme die minimale und die maximale Geschwindigkeit des Satelliten.
d) Um welchen Betrag muß man die Geschwindigkeit im Apogäum bzw. Perigäum ändern, damit aus der elliptischen Bahn eine Kreisbahn wird?

Aufgabe 9:

a) Ein Satellit S_1 bewegt sich mit der Geschwindigkeit $v_k = 6\frac{km}{s}$ auf einer Kreisbahn K um die Erde. In welcher Höhe h über der Erdoberfläche befindet er sich?
b) Ein zweiter Satellit S_2 wird 15 min nach dem Start von S_1 mit demselben Aufstiegsprogramm auf die Umlaufbahn von S_1 gebracht. Welchen Winkel bilden die vom Erdmittelpunkt zu den Satelliten S_1 und S_2 gezogenen Fahrstrahlen, wenn sich beide Satelliten auf der Kreisbahn K befinden?
c) Zu einem späteren Zeitpunkt t_3 wird die Geschwindigkeit des Satelliten S_2 durch Abschuß einer Bremsrakete plötzlich um Δv auf $v(t_3) = v_A$ verringert, so daß jetzt S_2 eine neue von K abweichende Bahn E beschreibt. Die beiden Satelliten sollen sich gerade dann treffen, wenn S_2 auf der neuen Bahn einmal umgelaufen ist. Man gebe für die neue Bahn E die Umlaufzeit T_E, die große Halbachse a_E und die numerische Exzentrizität ε_E an.
d) Wie groß muß Δv sein?

4.1.3 Impulssatz für massenveränderliche Systeme

Grundformeln: Impulssatz für massenveränderliche Systeme

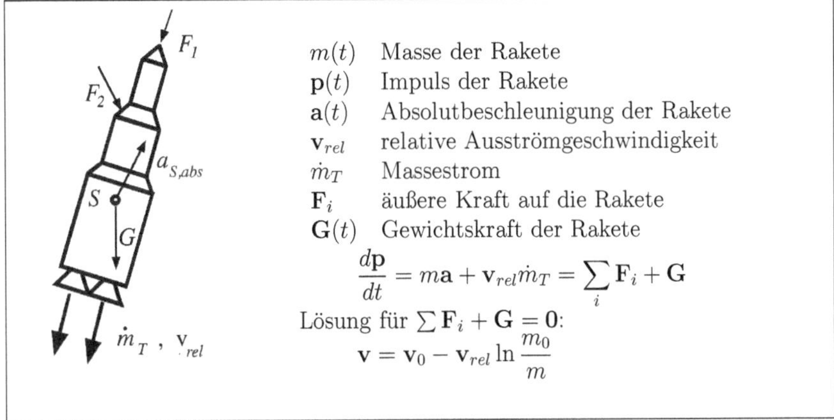

Aufgabe 10:

Eine Rakete steigt in einem homogenen Gravitationsfeld, in dem $g = 9,81 m/s^2 = const.$ gilt, mit konstanter Beschleunigung $a = 3g$ auf. Die relative Ausströmungsgeschwindigkeit der Gase ist $v_{rel} = 2000\frac{m}{s}$. Nach welcher Zeit ist die Masse der Rakete auf die Hälfte ihres ursprünglichen Wertes gesunken?

Aufgabe 11:

Ein Flugmodell steigt mit einer konstanten Beschleunigung a senkrecht auf und nimmt ein Lenkseil mit sich, das am Boden aufgerollt liegt. Das Seilgewicht beträgt $\rho = 0,5\frac{N}{m}$. In einer Höhe von 220 m mißt man eine Seilzugkraft von 200 N. Mit welcher Beschleunigung ist das Flugzeug aufgestiegen?

Aufgabe 12:

Eine Rakete mit der Anfangsmasse m_0 steigt im Newtonschen Gravitationsfeld der Erde senkrecht nach oben. Wie muß sich die Masse der Rakete ändern, damit die Steiggeschwindigkeit konstant ist? Der Luftwiderstand werde vernachlässigt. Die relative Ausstömungsgeschwindigkeit der Gase sei konstant.

Lösungen zu Kap. 4.1 Impulssatz

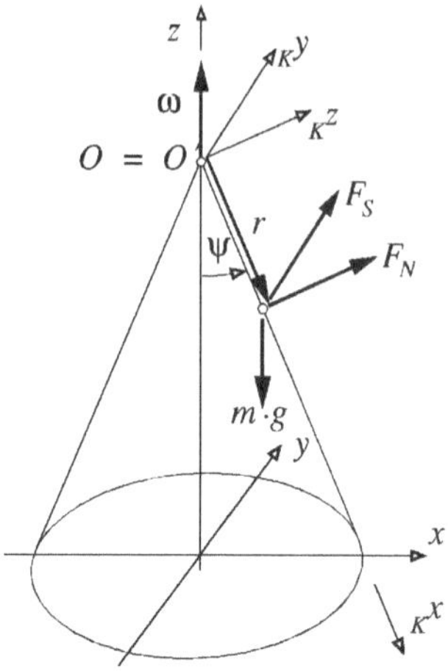

Aufgabe 1

a) Absolutbeschleunigung der Masse:

$$_K\mathbf{a}_{abs} = \begin{pmatrix} -r\omega^2 \sin^2\psi + \ddot{r} \\ 2\dot{r}\omega \cdot \sin\psi \\ -r\omega^2 \sin\psi \cos\psi \end{pmatrix}$$

Impulssatz für Systeme mit konstanter Masse :

$$\sum {}_K\mathbf{F} = m \cdot {}_K\mathbf{a}_{abs}$$

$$\sum \mathbf{F} = \begin{pmatrix} 0 \\ 0 \\ F_N \end{pmatrix} + \begin{pmatrix} 0 \\ F_S \\ 0 \end{pmatrix} + \begin{pmatrix} mg \cdot \cos\psi \\ 0 \\ -mg \cdot \sin\psi \end{pmatrix}$$

$$\begin{pmatrix} mg \cdot \cos\psi \\ F_S \\ -mg \cdot \sin\psi + F_N \end{pmatrix} = m \cdot \begin{pmatrix} -r\omega^2 \sin^2\psi + \ddot{r} \\ 2\dot{r}\omega \cdot \sin\psi \\ -r\omega^2 \sin\psi \cos\psi \end{pmatrix} \qquad (1)$$

Gleichung für $_Kx$-Richtung aus (1) (m gekürzt):

$$\ddot{r} - r\omega^2 \sin^2\psi = g \cdot \cos\psi$$

Mit der Substitution $\alpha = \omega \sin\psi$ folgt

$$\ddot{r} - \alpha^2 r = g \cos\psi$$

Lösungsansatz für den homogenen Teil dieser DGL: $r(t) = Ce^{\lambda t}$, durch Einsetzen folgt $\lambda^2 = \alpha^2$ und damit $\lambda_{1,2} = \pm\alpha$. Eine partikuläre Lösung ist $r_p = -\frac{g\cos\psi}{\alpha^2}$.

Allgemeine Lösung der DGL für r:

$$r(t) = C_1 e^{-\alpha t} + C_2 e^{\alpha t} - \frac{g\cos\psi}{\alpha^2}$$

Bestimmung der Konstanten durch Einsetzen der Randbedingungen.

$$C_1 = C_2 = \frac{g\cos\psi}{2\alpha^2}; \quad \rightarrow \quad r(t) = \frac{g\cos\psi}{2\alpha^2}(e^{-\alpha t} + e^{\alpha t} - 2)$$

Gleichung für y'-Richtung aus (1):

$$F_S = m \cdot 2\dot{r}\omega \sin\psi = 2mg\cos\psi \sinh(\alpha t)$$

b) Vereinfachung der Rechnung durch Abkürzungen.

$$r(t) = a(\cosh(\alpha t) - 1) \quad \text{mit} \quad a = \frac{g \cdot \cos\psi}{\alpha^2} \quad \text{und} \quad \alpha = \omega \cdot \sin\psi$$

Bei $r = L$ und $t = t_E$ gilt :

$$r(t_E) = L = a(\cosh(\alpha(t_E)) - 1) \qquad \rightarrow \qquad \cosh(\alpha t_E) = \frac{L}{a} + 1$$

$$v_{rel} = \dot{r}(t_E) = \alpha a \cdot \sinh(\alpha t_E)$$

Die Absolutgeschwindigkeit setzt sich aus der relativen Geschwindigkeit im Rohr plus dem Führungsanteil $v_F = \omega L \sin\psi$ zusammen.

$$\begin{aligned}
v_{rel}^2 &= \alpha^2 a^2 (\sinh \alpha t_E)^2 = \alpha^2 a^2 (\cosh^2 \alpha t_E - 1) = \alpha^2 a^2 ((\frac{L}{a} + 1)^2 - 1) \\
&= L^2 \alpha^2 + 2L\alpha^2 a = L^2 \omega^2 \sin^2 \psi + 2Lg \cos\psi \\
v_F &= \omega L \cdot \sin\psi \quad , \quad \mathbf{v}_F \perp \mathbf{v}_{rel} \\
v_{abs} &= \sqrt{v_F^2 + v_{rel}^2} = \sqrt{2L^2\omega^2 \sin^2\psi + 2Lg \cdot \cos\psi}
\end{aligned}$$

Aufgabe 2

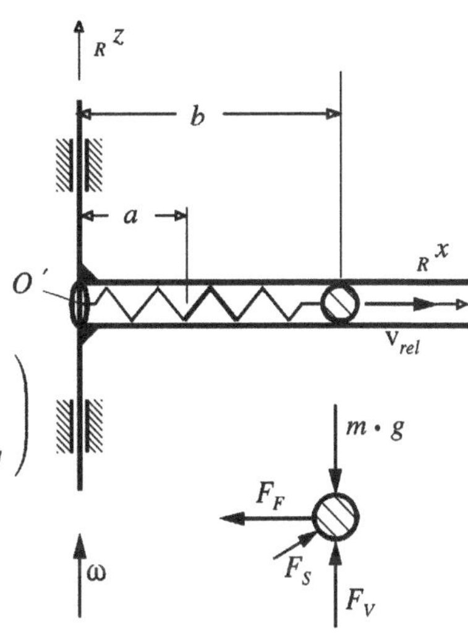

Lösung über Impulssatz:

$$m \cdot \mathbf{a}_{abs} = \sum \mathbf{F}.$$

Darstellung der Absolutbeschleunigung der Kugel im R - System.

$$\mathbf{a}_{abs} = \begin{pmatrix} -\omega^2(b + v_{rel}t) \\ \dot{\omega}(b + v_{rel}t) + 2\omega v_{rel} \\ 0 \end{pmatrix}$$

$$m \cdot \begin{pmatrix} -\omega^2(b + v_{rel}t) \\ \dot{\omega}(b + v_{rel}t) + 2\omega v_{rel} \\ 0 \end{pmatrix} = \begin{pmatrix} -F_F \\ F_S \\ F_V - mg \end{pmatrix}$$

Für die Federkraft gilt:

$$F_F = c\ ({}_R x - a) = c(v_{rel}t + b - a)$$

Damit folgt für die Winkelgeschwindigkeit:

$$-m\omega^2(b + v_{rel}t) = -c(v_{rel}t + b - a) \quad \rightarrow \quad \omega = \sqrt{\frac{c}{m} \cdot \left(1 - \frac{a}{v_{rel}t + b}\right)}$$

Die dazu erforderliche Winkelbeschleunigung lautet:

$$\dot{\omega} = \frac{c \cdot a \cdot v_{rel}}{2m\omega(v_{rel}t + b)^2}$$

Seitenkraft von der Rohrwand auf die Kugel (y-Komponente des Impulssatzes):

$$F_S = m(\dot{\omega}(v_{rel}t + b) + 2\omega v_{rel}) = 0,5\ N$$

Reaktionskraft von der Kugel auf die Rohrwand :

$$-F_S = -0,5\ N$$

Aufgabe 3

Aus dem Impulssatz folgt, daß der Gesamtschwerpunkt eines Systems nur durch äußere Kräfte verschoben werden kann. Ohne horizontale Kräfte gibt es somit keine horizontale Verschiebung des Gesamtschwerpunktes. Die Lage des Gesamtschwerpunktes des Systems in der Ausgangslage ist

$$x_{ges} = \frac{m_A \cdot 0 + m_B \cdot L \cdot \sin\psi_0}{m_A + m_B} \qquad (1)$$

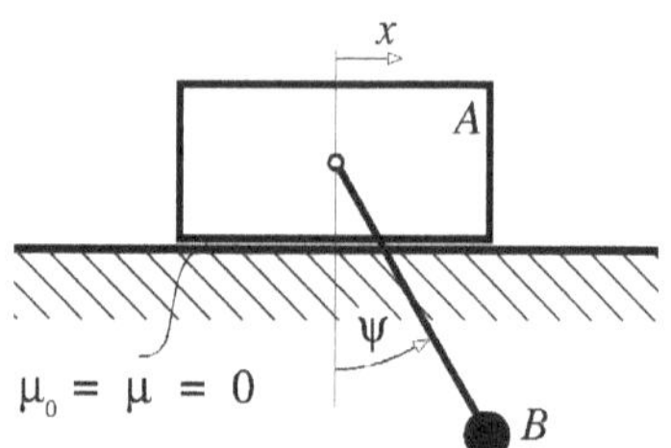

Die Lage des Schwerpunkt des Systems bei einer Auslenkung ist:

$$x_{ges} = \frac{m_A \cdot x + m_B \cdot (L \cdot \sin\psi + x)}{m_A + m_B} \qquad (2)$$

Die Koordinate x wird durch Gleichsetzen von (1) und(2) bestimmt.

$$x = \frac{m_B}{m_A + m_B} \cdot L(\sin\psi_0 - \sin\psi)$$

Aufgabe 4

Impulssatz für die horizontale Richtung:

$$m\dot{v}_S = -W = -c_W v_S^2 \qquad (1)$$

Trennung der Variablen, Integration

$$\frac{dv_S}{dt} = -\frac{c_W}{m} v_S^2; \qquad -\int_{v_1}^{v_2} \frac{dv_S}{v_S^2} = \frac{c_W}{m} \int_0^{t_0} dt \qquad (2)$$

$$\frac{1}{v_2} - \frac{1}{v_1} = \frac{c_W}{m} t_0 \quad \rightarrow c_W = \frac{m}{t_0}(\frac{1}{v_2} - \frac{1}{v_1}) \qquad (3)$$

Einsetzen von (3) in (1):

$$W = c_W v_S^2 = \frac{m}{t_0}(\frac{1}{v_1} - \frac{1}{v_2}) v_S^2$$

Wasserwiderstand bei $v = 1m/s$: $W = 28,9kN$. Das Weg- Zeit- Gesetz wird durch Integration bestimmt. Dazu wird (2) nur bis zu den allgemeinen Grenzen v bzw. t integriert.

$$\frac{1}{v} - \frac{1}{v_1} = \frac{c_W}{m} \cdot t \quad \rightarrow \quad \frac{dt}{ds} - \frac{1}{v_1} = \frac{c_W}{m} \cdot t \quad \rightarrow \quad ds = \frac{dt}{\frac{c_W}{m} t + \frac{1}{v_1}}$$

Eine zweite Integration liefert den gesuchten Weg s.

$$\int_{s_1}^{s_2} ds = \int_0^{t_0} \frac{dt}{\frac{c_W}{m}t + \frac{1}{v_1}}$$

$$\begin{aligned}
\Delta s &= s_2 - s_1 \\
&= \frac{m}{c_W}\left[\ln\left(\frac{c_W}{m}t_0 + \frac{1}{v_1}\right) - \ln\left(0 + \frac{1}{v_1}\right)\right] \\
&= \frac{m}{c_W}\left[\ln\left(\frac{c_W}{m}t_0 + \frac{1}{v_1}\right) + \ln v_1\right] \\
&= \frac{m}{c_W}\left[\ln\left(\frac{c_W}{m}v_1 t_0 + 1\right)\right] = 558m
\end{aligned}$$

$$\Delta s = 558m$$

Aufgabe 5

Die Impulsänderung ist gleich der Summe der angreifenden Kräfte :

$$\frac{d}{dt}\mathbf{p} = \sum \mathbf{F}_i$$

Kurbel AB:

$$\mathbf{p}_{AB} = m_{AB} \cdot \mathbf{v}_{AB} = \frac{G_1}{g} \cdot \omega \cdot \frac{r}{2}\begin{pmatrix} -\sin\omega t \\ \cos\omega t \end{pmatrix}$$

$$\dot{\mathbf{p}}_{AB} = -\frac{G_1}{g} \cdot \omega^2 \cdot \frac{r}{2}\begin{pmatrix} \cos\omega t \\ \sin\omega t \end{pmatrix}$$

Kulisse (I) und Kolben (II):

$$\mathbf{p}_{I,II} = m_I \cdot \mathbf{v}_I + m_{II} \cdot \mathbf{v}_{II}$$

$$\mathbf{v}_I = 2\mathbf{v}_{AB} = \omega r\begin{pmatrix} -\sin\omega t \\ \cos\omega t \end{pmatrix}; \qquad \mathbf{v}_{II} = \omega r\begin{pmatrix} -\sin\omega t \\ 0 \end{pmatrix}$$

$$\dot{\mathbf{p}}_{I,II} = m_I\omega^2 r\begin{pmatrix} -\cos\omega t \\ -\sin\omega t \end{pmatrix} + m_{II}\omega^2 r\begin{pmatrix} -\cos\omega t \\ 0 \end{pmatrix}$$

In der Aufgabenstellung geht es nur um die x-Komponente des Systems :

$$\dot{p}_{AB,x} + \dot{p}_{I,II,x} = -F + F_H$$

$$F_H = F - \frac{G_1}{g} \cdot \omega^2 \cdot \frac{r}{2} \cdot \cos\omega t - \frac{G_2}{g} \cdot \omega^2 r \cdot \cos\omega t =$$

$$= F - \frac{r\omega^2 \cdot \cos\omega t}{g}\left(\frac{G_1}{2} + G_2\right)$$

F_H ist maximal für $\cos\omega t = -1 \quad \rightarrow \quad t = \frac{\pi}{\omega}$

$$F_{H,max} = F + \frac{\omega^2 r}{g}\left(\frac{G_1}{2} + G_2\right)$$

Aufgabe 6

Impulssätze für den Keil :

$$\begin{aligned} m_K \cdot \ddot{x}_K &= F_R \cdot \cos\alpha - F_N \cdot \sin\alpha \qquad (1) \\ m_K \cdot \ddot{y}_K &= -m_K \cdot g - F_R \cdot \sin\alpha \\ &\quad -F_N \cdot \cos\alpha + F_K = 0 \qquad (2) \end{aligned}$$

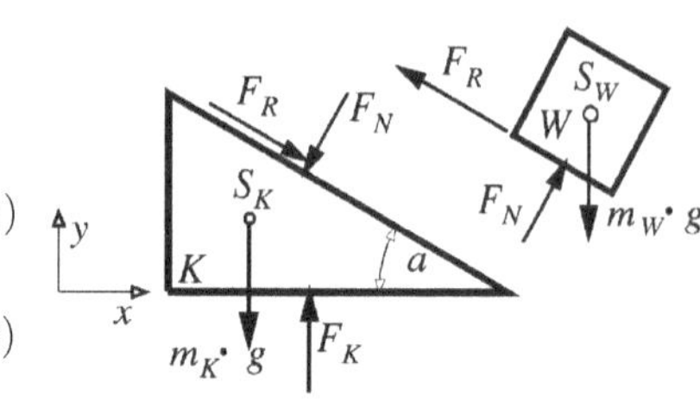

Impulssatz für den Würfel:

$$\begin{aligned} m_W \cdot \ddot{x}_W &= F_N \cdot \sin\alpha - F_R \cdot \cos\alpha \\ &\overset{(1)}{=} -m_K \cdot \ddot{x}_K \qquad (3) \\ m_W \cdot \ddot{y}_W &= -m_W \cdot g + F_N \cdot \cos\alpha \\ &\quad +F_R \cdot \sin\alpha \qquad (4) \end{aligned}$$

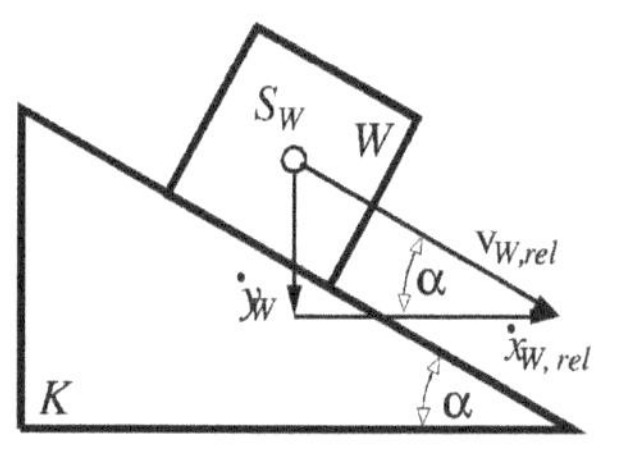

Gleitreibung zwischen Keil und Würfel:

$$F_R = \mu \cdot F_N \qquad (5)$$

Kinematik:

$$\dot{x}_W = \dot{x}_K + \dot{x}_{W,rel} \quad ; \qquad \dot{y}_W = \dot{y}_{W,rel}$$

$$\tan\alpha = \frac{-\dot{y}_{W,rel}}{\dot{x}_{W,rel}} = -\frac{\dot{y}_W}{\dot{x}_W - \dot{x}_K} = -\frac{\ddot{y}_W}{\ddot{x}_W - \ddot{x}_K} \qquad (6)$$

Gegebene Größen:

$$\frac{m_K}{m_W} = 3 \quad ; \quad \mu = \frac{\sqrt{3}}{4} \quad ; \quad \sin\alpha = \frac{1}{2}$$

$$\cos\alpha = \frac{\sqrt{3}}{2} \quad ; \quad \tan\alpha = \frac{1}{\sqrt{3}}$$

a) Gleichungen (5),(6) in (4) einsetzen.

$$\frac{m_W}{\sqrt{3}}(\ddot{x}_K - \ddot{x}_W) = F_N \frac{5}{8}\sqrt{3} - m_W \cdot g$$

Mit Gleichung (3) folgt:

$$F_N = \frac{8}{5\sqrt{3}} m_W \cdot \left(\frac{4}{\sqrt{3}}\ddot{x}_K + g\right) \qquad (7)$$

Einsetzen in (1):

$$\ddot{x}_K = -\frac{\sqrt{3}}{49}g \qquad (8)$$

b) Gleichungen (7),(8) in (2) einsetzen.

$$F_K = m_W \cdot g = \frac{192}{49}; \qquad \triangle F = \left(4 - \frac{192}{49}\right) m_W g = \frac{4}{49} m_W g$$

Aufgabe 7

3. Kepler'sches Gesetz :

$$a^3 = \frac{\gamma \cdot m_E}{4\pi^2} \qquad (1)$$

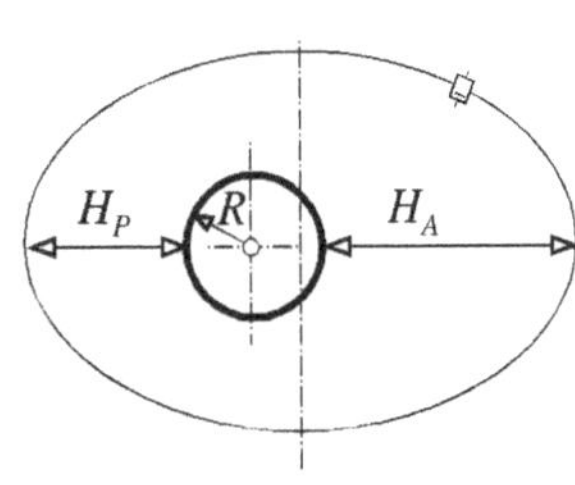

Große Halbachse der Umlaufellipse:

$$a = \frac{1}{2}(H_A + H_P + 2R) \qquad (2)$$

Massenanziehungskraft :

$$g_0 = \frac{\gamma \cdot m_E}{R^2} \qquad (3)$$

$$\gamma \cdot m_E = g_0 \cdot R^2$$

Einsetzen von (3) und (2) in (1):

$$T = \frac{2\pi}{R} \cdot \sqrt{\frac{(H_A + H_P + 2R)^3}{8 g_0}} = 86962 \; sec$$

Sollzeit $T_S = 24 \cdot 60^2 sec = 86400 \; sec$, die prozentuale Abweichung ist

$$\frac{T - T_S}{T_S} = 0,65\%.$$

Aufgabe 8

$$H_A = 409 \; km; \quad H_P = 178 \; km; \quad R = 6370 \; km$$

a) 3. Kepler'sches Gesetz :

$$T = \sqrt{\frac{a^3 \cdot 4\pi^2}{\gamma \cdot m_E}} \qquad (1)$$

Massenanziehungskraft :

$$\begin{aligned} \gamma \cdot m_E &= R^2 \cdot g_0 && (2) \\ a &= \tfrac{1}{2}(H_A + H_P + 2R) && (3) \\ &= 6663,5 km \end{aligned}$$

Einsetzen von (2) und (3) in (1) :

$$T = \frac{\pi}{R} \cdot \sqrt{\frac{(H_A + H_P + 2R)^3}{2 \; g_0}} = 5417 \; sec \approx 1\frac{1}{2} \; h$$

b)

$$H_P + R = a - e; \qquad e = a - H_P - R \overset{(3)}{=} \frac{H_A - H_P}{2} = 115,5\ km$$

c) Minimale Geschwindigkeit im Apogäum :

$$v_{min}^2 = \frac{g_0 R^2}{H_A + R}\left(2 - \frac{H_A + R}{a}\right); \qquad v_{min} = 7596\frac{m}{sec} \qquad (3)$$

Maximale Geschwindigkeit im Perigäum :

$$v_{max}^2 = \frac{g_0 R^2}{H_P + R}\left(2 - \frac{H_P + R}{a}\right); \qquad v_{max} = 7864\frac{m}{sec} \qquad (4)$$

d) Kreis mit Perigäumshöhe als Radius : $a = H_P + R$

$$v_{KP}^2 = \frac{g_0 R^2}{H_P + R}; \qquad v_{KP} = 7797\frac{m}{sec}$$

Aus (4): Im Perigäum muß der Satellit um 67 $\frac{m}{sec}$ abgebremst werden, um eine Keisbahn zu erhalten. Kreis mit Apogäumshöhe als Radius : $a = H_A + R$

$$v_{KA}^2 = \frac{g_0 R^2}{H_A + R} \quad ; \qquad v_{KA} = 7663\frac{m}{sec}$$

Im Apogäum hingegen muß der Satellit um $67\frac{m}{sec}$ beschleunigt werden, um eine Kreisbahn zu erhalten.

Aufgabe 9

a) Zentrifugalkraft auf den Satelliten (Kreisbahn mit v_K) :

$$F_Z = m \cdot \frac{v_K^2}{R} \qquad (1)$$

Gravitationskraft (Massenanziehung) :

$$F_G = \frac{\gamma \cdot m_E \cdot m}{R^2} \qquad (2)$$

$$\frac{\gamma \cdot m_E \cdot m}{R_0^2} = g_0 \cdot m$$

$$\gamma \cdot m_E = g_0 \cdot R_0^2 \qquad (3)$$

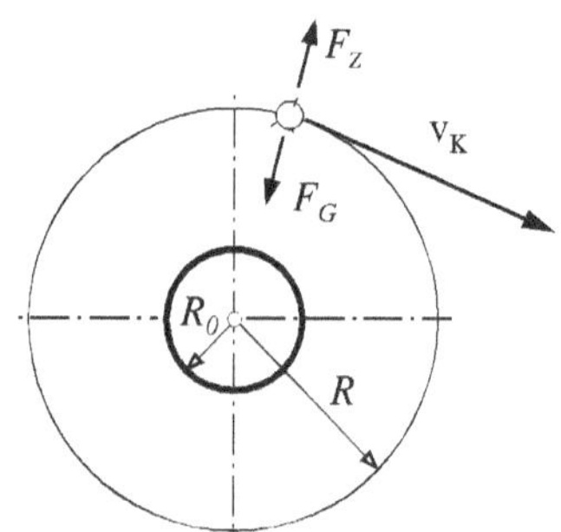

Kreisbewegung : $F_Z = F_G$, Einsetzen von (3) in (2) mit (1) :

$$R = \frac{g_0 \cdot R_0^2}{v_K^2} = 11057\ km$$

$$h = R - R_0 = 4687\ km$$

b)

$$\triangle\varphi = \frac{v_K \cdot \triangle t}{R} = 0,488 \approx 28^o$$

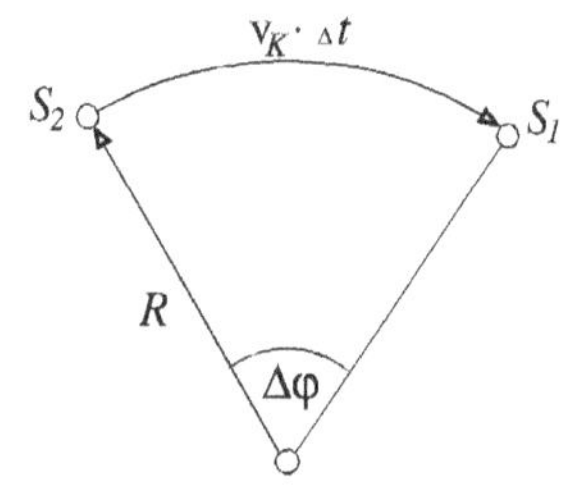

c) 3. Kepler'sches Gesetz :

$$\triangle t = T_K - T_E = 15 \cdot 60\ sec = 900\ sec \qquad (1)$$

$$T_K = 2\pi \sqrt{\frac{R^3}{g_0 R_0^2}} = 11580\ sec \qquad (2)$$

Gleichung (2) in Gleichung (1) einsetzen.

$$T_E = 10680\ sec \quad (3); \qquad a_E = \sqrt[3]{\frac{g_0 R_0^2}{4\pi^2} \cdot T_E^2} = 10477\ km \quad (4)$$

$$a_E + e_E = R \quad \rightarrow \quad e_E = R - a_E \quad (5); \qquad \varepsilon_E = \frac{e_E}{a_E} = 0,0554$$

d) Geschwindigkeitsdifferenz Δv:

$$v_A^2 = \frac{g_0 R_0^2}{R}\left(2 - \frac{R}{a_E}\right); \quad v_a = 5831 \frac{m}{sec} \quad \rightarrow \quad \Delta v = v_k - v_A = 168 \frac{m}{sec}$$

Aufgabe 10

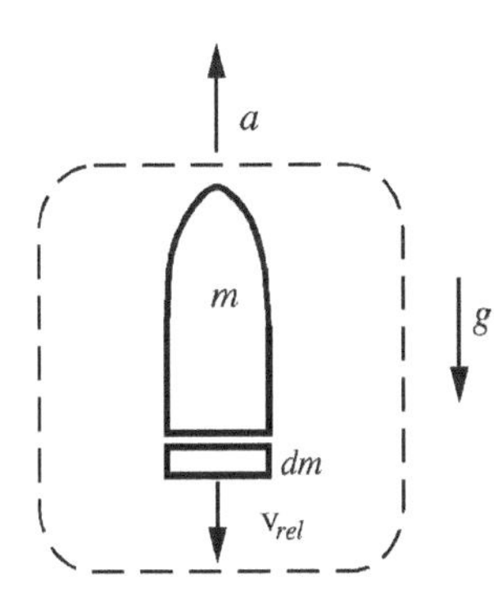

$$\text{Impulssatz :} \quad \frac{d\mathbf{p}}{dt} = \sum \mathbf{F}_a \quad \text{mit} \quad \mathbf{p} = m\ \mathbf{v}$$

$$\frac{d\mathbf{p}}{dt} = m\ \dot{\mathbf{v}} + \dot{m}\ \mathbf{v}_{rel} = -mg$$

$$\dot{m} + \frac{m}{v_{rel}}(a + g) = 0$$

$$\dot{m} + \frac{4gm}{v_{rel}} = 0$$

Lösungsansatz : $m = m_0 \cdot e^{-\alpha t}$, einsetzen :

$$-\alpha m_0 e^{-\alpha t} + \frac{4g}{v_{rel}} m_0 \cdot e^{-\alpha t} = 0 \quad \rightarrow \quad \alpha = \frac{4g}{v_{rel}}$$

$$m(t=0) = m_0; \qquad m(t) = \frac{1}{2} m_0; \qquad t = \frac{v_{rel} \cdot \ln 2}{4g} = 35,33\ sec$$

Aufgabe 11

Seilmasse :

$$m = \frac{p}{g} \cdot l \qquad (1)$$

$$\dot{m} = \frac{p}{g} \cdot \dot{l} \qquad (2)$$

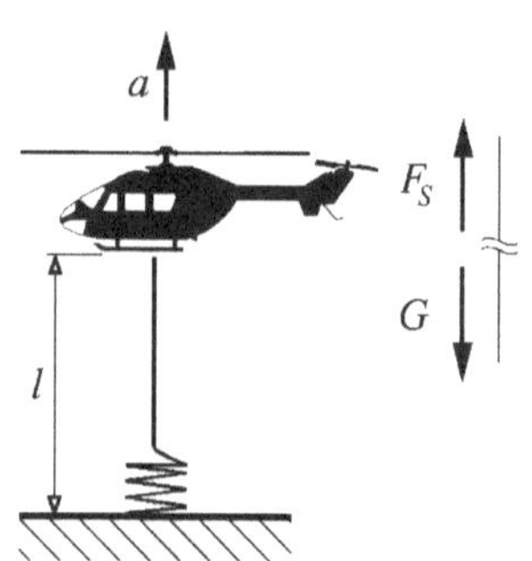

Seillänge :

$$l(t=0) = \dot{l}(t=0) = 0 \qquad (3)$$

$$l = \frac{1}{2}at^2 \quad \rightarrow t = \sqrt{\frac{2l}{a}} \qquad (4)$$

$$\dot{l} = at \qquad (5)$$

Impulssatz für das Seil :

$$\dot{m}v + m\dot{v} = \sum F$$

$$(1),(2) \quad \rightarrow \quad \frac{p}{g} \cdot \dot{l} \cdot at + \frac{p}{g}l = \sum F$$

$$(5),(4) \quad \rightarrow \quad \frac{p}{g} \cdot 2al + \frac{p}{g} \cdot la = F_s - pl$$

$$a = \frac{(F_s - pl)g}{3pl} = 2,66\frac{m}{sec}$$

Aufgabe 12

Newton'sches Gravitationsgesetz :

$$F = \gamma \cdot \frac{mM}{r^2} \qquad (1)$$

Impulssatz für die Rakete :

$$m\ddot{r} + \dot{m}v_{rel} = -\gamma \cdot M\frac{m}{r^2} \qquad (2)$$

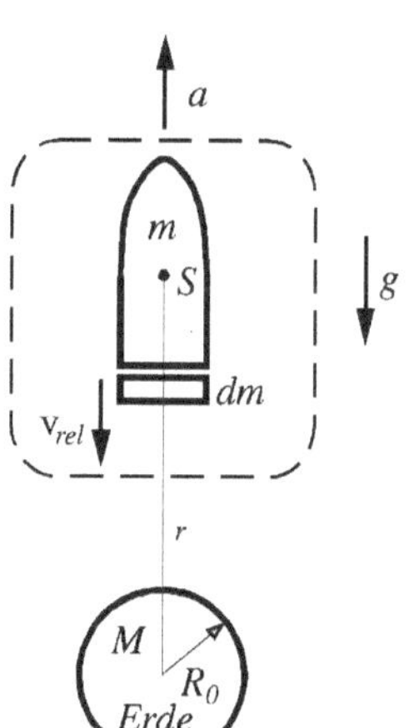

Randbedingungen :

$$\ddot{r} = 0$$

$$v_{rel} = const.$$

$$r = R_0 + v_0 t \qquad (3)$$

Gleichung (3) in (2) einsetzen. Die DGL ist trennbar.

$$\dot{m} = -\frac{\gamma M}{v_{rel}} \cdot \frac{m}{r^2}$$

$$\frac{dm}{m} = -\frac{\gamma M}{v_{rel} r^2} dt = -\frac{\gamma M}{v_0 v_{rel}} \frac{dr}{r^2}$$

Mit $\gamma M = g_0 R_0^2$ gilt dann auch

$$\ln\left(\frac{m(t)}{m_0}\right) = -\frac{g R_0^2}{v_0 v_{rel}} \left(\frac{1}{R_0} - \frac{1}{R + v_0 t}\right).$$

$$m = m_0 \cdot \exp\left\{-\frac{g R_0}{v_0 v_{rel}} \cdot \frac{1}{1 + \frac{R_0}{v_0 t}}\right\}$$

$$m_\infty = m_0 \cdot \exp\left\{-\frac{g R_0}{v_0 v_{rel}}\right\}$$

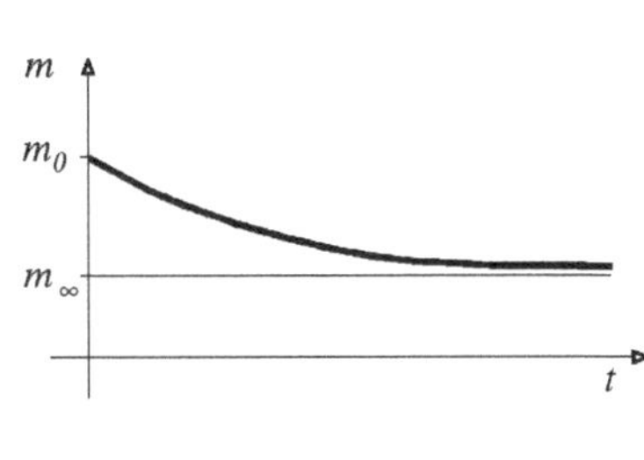

4.2 Drallsatz

Der Impulssatz beschreibt den Zusammenhang zwischen der absoluten Beschleunigung eines Körpers und der Summe aller äußeren, angreifenden Kräfte. Der Drallsatz hingegen beschreibt den Zusammenhang zwischen der absoluten Winkelbeschleunigung eines Körpers und der Summe aller äußeren, angreifenden Momente.
Es ist also eine direkte Analogie zum Impulssatz feststellbar.
Ein wichtiger prinzipieller Unterschied besteht aber darin, daß beim Impulssatz die absolute Beschleunigung ein gebundener Vektor ist, jeder Punkt eines Körpers kann verschiedene translatorische Beschleunigungen besitzen, während die Winkelgeschwindigkeit und auch die Winkelbeschleunigung freie Vektoren sind, d.h. jeder Punkt eines starren Körpers besitzt die gleiche Winkelgeschwindigkeit und die gleiche Winkelbeschleunigung, die Rotation des Körpers wird durch einen einzigen Vektor beschrieben.

Während beim Impulssatz die Trägheitswirkung des betrachteten Körpers allein aus seiner Masse herrührt, wirkt dem Moment eine Trägheitskraft entgegen, die sich aus der Massenverteilung berechnet, das sogenannte Massenträgheitsmoment des Körpers. Ähnlich zur Theorie der linearen Balkenbiegung, in der das Flächenträgheitsmoment als geometrische Größe den Widerstand des Balkens gegen Biegung beschreibt, bestimmt das Massenträgheitsmoment den Widerstand eines Körpers gegen Winkelbeschleunigung durch äußere Momente.

Grundformeln: Trägheitstensor

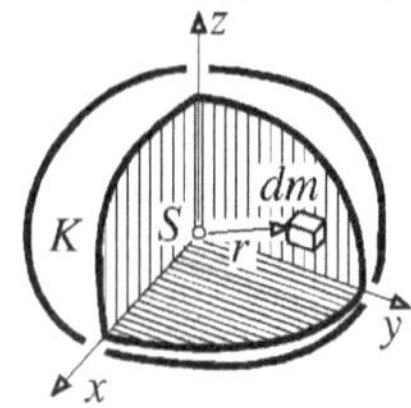

Trägheitstensor:

$$\mathbf{J} = \begin{pmatrix} A & -F & -E \\ -F & B & -D \\ -E & -D & C \end{pmatrix}$$

Massendeviationsmomente:
(= 0 bei Rotationssymmetrie (!))

$$D := \int_K yz\, dm$$

$$E := \int_K zx\, dm$$

$$F := \int_K xy\, dm$$

Massenträgheitsmomente:

$$A := \int_K (y^2 + z^2)\, dm$$

$$B := \int_K (z^2 + x^2)\, dm$$

$$C := \int_K (x^2 + y^2)\, dm$$

Das Trägheitsmoment hat für verschiedene Drehachsen verschiedene Werte (es sei denn, man betrachtet eine Kugel oder einen Würfel), man stellt die Werte für die einzelnen Achsen in einer Matrix (Trägheitstensor) zusammen.

Tabelle: Massenträgheitsmomente einfacher Körper

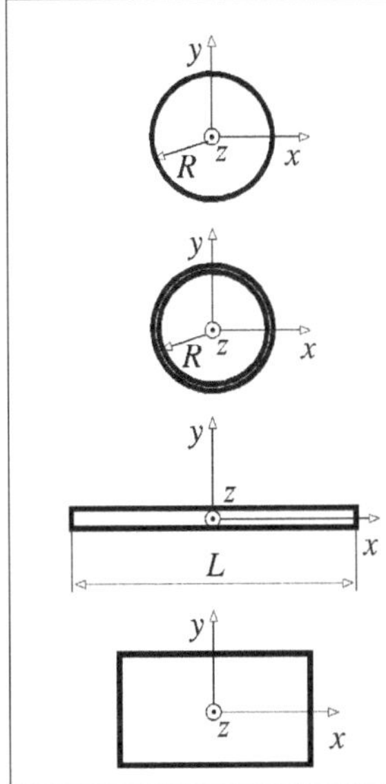

Kreisscheibe, Rotationsachse:

$$J_z = \frac{1}{2} m R^2$$

Kreisscheibe (Dicke h), Querachsen:

$$J_y = J_x = \frac{1}{12} m(3R^2 + h^2)$$

Dünner Kreisring, Rotationsachse:

$$J_z = mR^2$$

Kugel, jede Achse:

$$J = \frac{2}{5} m R^2$$

Schlanker Balken, Achse durch Schwerpunkt:

$$J_z = J_y = \frac{1}{12} m L^2$$

Quader: b und c sind jeweils Kantenlängen senkrecht zur Achse i:

$$J_i = \frac{m}{12}(b^2 + c^2)$$

Grundformeln: Satz von Steiner für Massenträgheitsmomente

m	Masse eines strarren Körpers K
ζ_S	beliebige Achse durch den Schwerpunkt S des Körpers K
J^S	Massenträgheitsmoment von K um die Achse ζ_S
ζ_P	beliebige, zu ζ_S parallele Achse
a	Abstand der beiden Achsen ζ_S und ζ_P
J^P	Massenträgheitsmoment von K um die Achse ζ_P

Satz von Steiner: $J^P = J^S + ma^2$

Hinweis: J^S muß sich immer auf eine Schwerpunktsachse beziehen !

Der Impuls $\mathbf{p}$ eines Körpers ist das Produkt aus seiner Masse und dem Vektor $\mathbf{v}_S$ der Absolutgeschwindigkeit seines Schwerpunktes, analog ist der Drall $\mathbf{L}$ eines Körpers bezogen auf seinen Schwerpunkt der Trägheitstensor $\mathbf{J}$ multipliziert mit dem Vektor der absoluten Winkelgeschwindigkeit $\boldsymbol{\omega}_{abs}$.

Grundformeln: Drall

Q, S	Bezugspunkt, Schwerpunkt eines Körpers K
$\mathbf{J}^Q, \mathbf{J}^S$	Trägheitstensor des Körpers K bezogen auf den Punkt Q bzw. S
$\mathbf{L}^Q$	Absolutdrall des Körpers K bezogen auf Bezugspunkt Q
$\boldsymbol{\omega}_{abs}$	absolute Winkelgeschwindigkeit des Körpers K
$\mathbf{r}_{QS}$	Ortsvektor von Q nach S
$\mathbf{v}_{QS}$	Absolute Geschwindigkeit von S gegenüber Q

Für ein allgemeines Q gilt:

$$\mathbf{L}^Q = \mathbf{J}^S \cdot \boldsymbol{\omega}_{abs} + m\,(\mathbf{r}_{QS} \times \mathbf{v}_{QS})$$

Sonderfall: Ist der Bezugspunkt Q gleich dem Schwerpunkt ($\mathbf{r}_{QS} = \mathbf{0}$) oder dem Momentanpol ($\mathbf{v}_Q = \mathbf{0}$, $\mathbf{v}_{QS} = \mathbf{v}_S$) von K, so gilt (nur dann !!!):

$$\mathbf{L}^Q = \mathbf{J}^Q \cdot \boldsymbol{\omega}_{abs}$$

Grundformeln: Dralländerung

Q	Schwerpunkt oder Momentanpol eines Körpers K
$\mathbf{J}^Q$	Trägheitstensor eines Körpers bezogen auf den Punkt Q
$\mathbf{L}^Q$	Absolutdrall dieses Körpers bezogen auf Bezugspunkt Q
$\boldsymbol{\omega}_{abs}$	absolute Winkelgeschwindigkeit des Körpers
$\boldsymbol{\omega}_{IR}$	Winkelgeschwindigkeit mit dem das R-System gegenüber einem I-System dreht

Berechnung der Dralländerung in einem System R, in dem $\mathbf{J}$ konstant ist:

$$\begin{aligned} {}_R\left(\frac{d\mathbf{L}^Q}{dt}\right) &= {}_R\left(\frac{d}{dt}(\mathbf{J}^Q\boldsymbol{\omega}_{abs})\right) \\ &= \frac{d}{dt}({}_R\mathbf{J}^Q\,{}_R\boldsymbol{\omega}_{abs}) + {}_R\boldsymbol{\omega}_{IR} \times ({}_R\mathbf{J}^Q\,{}_R\boldsymbol{\omega}_{abs}) \\ &= {}_R\mathbf{J}^Q \frac{d}{dt}{}_R\boldsymbol{\omega}_{abs} + {}_R\boldsymbol{\omega}_{IR} \times ({}_R\mathbf{J}^Q\,{}_R\boldsymbol{\omega}_{abs}) \end{aligned}$$

Der Geschwindigkeitsvektor des Schwerpunktes und die Masse eines Starrkörpers ergeben miteinander multipliziert den Impuls (Vektor) dieses Körpers. In analoger Weise entspricht der Trägheitstensor multipliziert mit dem Winkelgeschwindigkeitsvektor dem Drall eines Körpers (ebenfalls ein Vektor). Der Impulssatz bestimmt die Änderung des Impulses aufgrund äußerer Kräfte, der Drallsatz die Änderung des Dralles aufgrund äußerer Momente. Wenn möglich, sollte der Drallsatz um den Schwerpunkt oder den Momentanpol eines Körpers aufgestellt werden.

Grundformeln: Drallsatz

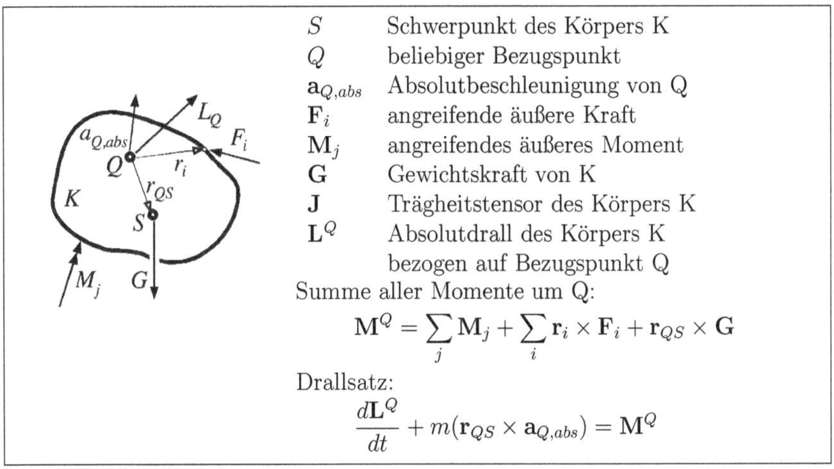

S	Schwerpunkt des Körpers K
Q	beliebiger Bezugspunkt
$\mathbf{a}_{Q,abs}$	Absolutbeschleunigung von Q
$\mathbf{F}_i$	angreifende äußere Kraft
$\mathbf{M}_j$	angreifendes äußeres Moment
$\mathbf{G}$	Gewichtskraft von K
$\mathbf{J}$	Trägheitstensor des Körpers K
$\mathbf{L}^Q$	Absolutdrall des Körpers K bezogen auf Bezugspunkt Q

Summe aller Momente um Q:

$$\mathbf{M}^Q = \sum_j \mathbf{M}_j + \sum_i \mathbf{r}_i \times \mathbf{F}_i + \mathbf{r}_{QS} \times \mathbf{G}$$

Drallsatz:

$$\frac{d\mathbf{L}^Q}{dt} + m(\mathbf{r}_{QS} \times \mathbf{a}_{Q,abs}) = \mathbf{M}^Q$$

Grundformeln: Sonderfälle des Drallsatzes

Wir betrachten die Sonderfälle

$Q \equiv S$	Schwerpunkt ist Bezugspunkt
$\mathbf{a}_{Q,abs} = \mathbf{0}$	Bezugspunkt wird nicht beschleunigt
$\mathbf{r}_{QS} \parallel \mathbf{a}_{Q,abs}$	Q wird in Richtung S beschleunigt

Dann vereinfacht sich der Drallsatz zu $\quad \dfrac{d\mathbf{L}^Q}{dt} = \mathbf{M}^Q$

Musteraufgabe 1

Ein dünnwandiges Stahlrohr (Masse $m_2 = m$, Radius r_2) hängt über zwei Walzen (homogene Zylinder, Massen je $m_1 = m$, Radien r_1), die nebeneinander auf gleicher Höhe reibungsfrei gelagert sind. Der Lagerabstand ist so gewählt, daß die Mittelpunkte von Walzen und Rohr ein rechtwinkliges Dreieck bilden. Die rechte Walze wird durch ein linksdrehendes Antriebsmoment M_1 beschleunigt. Die Drehung von Walzen und Rohr wird durch die Winkel φ bzw. α beschrieben.

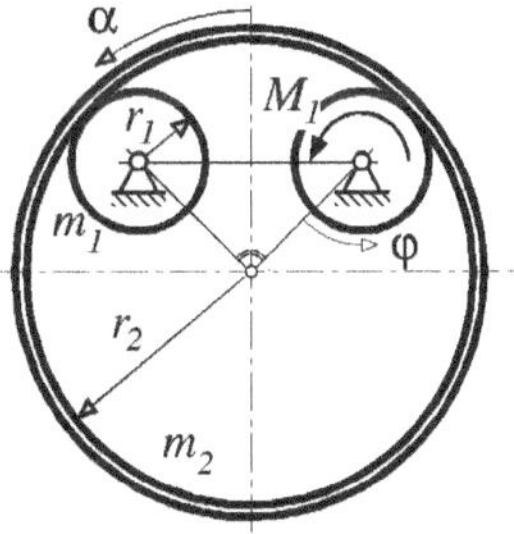

a) Wie lauten die Drallsätze für Rohr und Walzen ?
b) Mit welcher Anfangsbeschleunigung $\ddot{\varphi}$ dreht sich die Antriebswalze, wenn die Drehung ohne Rutschen auf das Rohr und die zweite Walze übertragen wird ?
c) Bestimmen Sie die Normalkräfte zwischen Rohr und Walzen in Abhängigkeit der Beschleunigung $\ddot{\varphi}$.
d) Welcher Haftreibkoeffizient μ_0 muß (in Abhängigkeit von $\ddot{\varphi}$) zwischen Antriebswalze und Rohr mindestens vorliegen, damit kein Rutschen auftritt ?

Lösung: Das Rohr wird von den Walzen freigeschnitten, alle wirkenden Kräfte und Momente werden in die Skizze der freigeschnittenen Körper eingetragen. Zu beachten ist, daß wir die Walzen nicht vom Lager freischneiden müssen, die Lagerkräfte haben in Bezug auf den Drallsatz der Walzen keinen Einfluß, sie haben keinen Hebelarm um die Mittelpunkte der Walzen (da sie genau in diesem auch angreifen). Ebenso brauchen wir die Gewichtskräfte der Walzen nicht zu betrachten, da es uns nur um die Winkelbeschleunigung des Rohres geht und nicht um die Lagerkräfte.

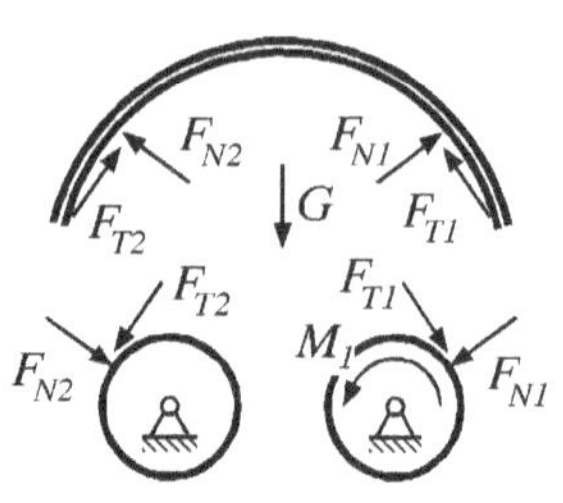

Wir betrachten im Prinzip ein dreidimensionales Problem, alle Geometrien und Bewegungen können jedoch in der Zeichenebene beschrieben werden, die Kontaktlinie zwischen Walzen und Rohr rutscht auf einen Punkt zusammen, die Linienlasten auf den Kontaktlinien fassen wir zu den entsprechenden Kontaktkräften zusammen. In jedem Kontaktpunkt zwischen Walze können Kräfte in zwei Richtungen übertragen werden, keine Momente, da wir von Punktkontakt ausgehen. Die Richtungen wählen wir so, daß der Drallsatz möglichst einfach aufgestellt werden kann, nämlich tangential und radial, wir trennen die Kraft auf in ihre Normal- und Tangentialkomponente (Index N bzw. T).

Zum Aufstellen des Drallsatzes wählen wir sinnvollerweise den Schwerpunkt des betroffenen Körpers, summieren alle Momente auf, die auf diesen Körper um den Schwerpunkt wirken und setzen diese Summe gleich dem Trägheitsmoment um die Drehachse mal der absoluten Winkelbeschleunigung. Das Trägheitsmoment einer Scheibe um die Hochachse ist $mr^2/2$, für ein dünnwandiges Rohr gilt die Näherung $J = mr^2$. Der Winkel φ beschreibt weiterhin die Drehung von beiden Walzen, da ohne Rutschen oder Abheben beide Walzen zu jedem Zeitpunkt eine identische Winkelgeschwindigkeit besitzen müssen.

Linke Walze: $$\frac{m_1 r_1^2}{2}\ddot{\varphi} = F_{T2} r_1$$

Rechte Walze: $$\frac{m_1 r_1^2}{2}\ddot{\varphi} = -F_{T1} r_1 + M_1$$

Rohr: $$m_2 r_2^2 \ddot{\alpha} = (F_{T1} - F_{T2}) r_2$$

Um den Zusammenhang zwischen dem Antriebsmoment M_1 und der erzielten Winkelbeschleunigung $\ddot{\alpha}$ der Walzen zu erhalten, lösen wir die Drallsätze der Walzen nach den Tangentialkräften auf und setzen die erhaltenen Terme in den Drallsatz des Rohres ein:

$$mr_2^2\ddot{\alpha} = M_1\frac{r_2}{r_1} - m_1 r_1 r_2 \ddot{\varphi}$$

Uns stört noch die unbekannte Winkelbeschleunigung $\ddot{\alpha}$ in obiger Gleichung. Da wir aber kein Rutschen oder Abheben des Rohres von den Walzen vorausgesetzt haben, gilt am Kontaktpunkt die Rollbedingung, d.h. die Umfangsgeschwindigkeiten des Kontaktpunktes am Walzenumfang entspricht der Geschwindigkeit des Kontaktpunktes am Rohrmantel:

$$v_{\text{Kontakt}} = r_1\dot{\varphi} = r_2\dot{\alpha} \quad \rightarrow \quad \dot{\alpha} = \frac{r_1}{r_2}\dot{\varphi} \quad \rightarrow \quad \ddot{\alpha} = \frac{r_1}{r_2}\ddot{\varphi}$$

Unser System wird zwar durch die zwei Koordinaten α, φ beschrieben, über obige kinematische Kopplung wird aber deutlich, daß dieses System nur einen Freiheitsgrad besitzt, d.h. die Angabe einer 'verallgemeinerten' Koordinate (hier φ) ist ausreichend zur Bestimmung der Lage des gesamten Systems. Wir erhalten als Bewegungsgleichung für die Koordinate φ:

$$\ddot{\varphi} r_1^2(m_1 + m_2) = M_1$$

Beachtenswert ist, daß der Radius r_2 keine Rolle in der Bewegungsgleichung spielt. Zur Berechnung der Normalkräfte in den Kontaktpunkten bedienen wir uns des Impulssatzes, wir betrachten die Absolutbeschleunigung des Schwerpunktes des Rohres. Die Impulssätze für die Walzen hingegen können wir nicht ohne weiteres aufstellen, da die Lagerreaktionen unbekannt sind. Auf das Rohr wirken die vier Kontaktkräfte und das Gewicht $G = m_2 g$. Die Absolutbeschleunigung des Schwerpunktes ist laut Aufgabenstellung Null, da das Rohr nur um seine Längsachse drehen soll und nicht etwa in irgendeine Richtung von den Walzen abheben darf. Somit gilt für jede beliebige Richtung, daß die Summe aller angreifenden Kräfte am Rohr in diese Richtung identisch Null sein muß. Wir stellen den Impulssatz in den beiden Normalenrichtungen auf:

$$F_{T1} + F_{N2} - \frac{m_2 g}{\sqrt{2}} = 0$$

$$F_{T2} + F_{N1} - \frac{m_2 g}{\sqrt{2}} = 0$$

Die beiden Tangentialkräfte kennen wir aber aus obiger Herleitung, wir setzen diese in die Gleichungen ein:

$$F_{N2} = \frac{m_2 g}{\sqrt{2}} - \ddot{\varphi} r_1 (\frac{m_1}{2} + m_2)$$

$$F_{N1} = \frac{m_2 g}{\sqrt{2}} - \ddot{\varphi} r_1 \frac{m_1}{2}$$

Es ist aus den Gleichungen ersichtlich, daß die Kontaktbedingung an der linken Walze zuerst gefährdet ist. Die Normalkraft F_{N2} kann in der Realität nicht negativ werden, da ab $F_{N2} = 0$ schon gar kein Kontakt mehr besteht (Abheben des Rohres von der linken Walze). Für Winkelbeschleunigungen größer Null ist die Normalkraft links aber immer kleiner als die Normalkraft rechts, die Antriebswalze versucht über die Reibkraft F_{T1} das Rohr nach links oben zu heben. Die Grenze für dieses Spiel setzt aber die Reibung, die einfach die Tangentialkräfte auf ein maximales Maß beschränkt: Solange die Bedingung $F_T \leq \mu_0 F_N$ gilt, herrscht Haftreibung am untersuchten Kontakt. Übersteigt die zur Beschleunigung des Rohres bzw. der linken Walze berechnete Reibkraft F_{T1} bzw. F_{T2} jedoch diese Grenze, herrscht Gleitreibung, die kinematische Kopplung der Winkelgeschwindigkeiten geht verloren. Das Rohr beginnt auf den Walzen zu rutschen, die Rollbedingung gilt nicht mehr, unsere Bewegungsgleichung auch nicht mehr (die Drallsätze gelten jedoch immer, egal welche Kräfte F sich einstellen !). An welchem Kontaktpunkt zuerst Rutschen eintritt, muß getrennt untersucht werden. Wir beschränken uns zunächst auf den rechten Kontaktpunkt zwischen Antriebswalze und Rohr. Dort gilt:

$$F_{T1} = \frac{M_1}{r_1} - \frac{m_1 r_1}{2}\ddot{\varphi} \quad \text{und} \quad F_{N1} = \frac{m_2 g}{\sqrt{2}} - \ddot{\varphi} r_1 \frac{m_1}{2}$$

Als Grenzbedingung für den Übergang von Haften auf Rutschen in diesem Kontaktpunkt gilt:

$$F_{T1} = \mu_0 F_{N1} \quad \rightarrow \quad \mu_0 = \frac{F_{T1}}{F_{N1}}$$

$$\mu_0 = \frac{\frac{M_1}{r_1} - \frac{m_1 r_1}{2}\ddot{\varphi}}{\frac{m_2 g}{\sqrt{2}} - \ddot{\varphi} r_1 \frac{m_1}{2}} = \frac{\ddot{\varphi} r_1 (\frac{m_1}{2} + m_2)}{\frac{m_2 g}{\sqrt{2}} - \ddot{\varphi} r_1 \frac{m_1}{2}}$$

Aufgabe 1

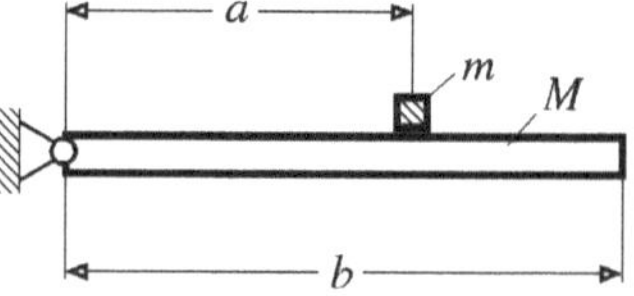

Auf einem dünnen homogenen Brett von der Masse M, das an seinem linken Ende in einem reibungsfreien Gelenk gelagert ist, befinde sich ein kleiner Körper von der Masse m. Das Brett werde aus der Horizontalen stoßfrei losgelassen. Welche Kraft übt das Brett auf den Körper bei beliebigem Abstand a unmittelbar nach dem Loslassen aus? Für welchen Abstand a_1 hebt der Körper sofort vom Brett ab?

Aufgabe 2

Der Läufer L (dünne, homogene Scheibe mit Radius $R = 0{,}4$ m) des skizzierten Kollerganges habe die Masse $m = 1000$ kg. Wie groß ist die zusätzliche Preßkraft, die er infolge der Kreiselwirkung auf das Mahlgut ausübt, wenn sich die senkrechte Achse in einer Sekunde einmal dreht?
($s = 0{,}5$ m, $\alpha = 43^0, \delta = 117^0$)

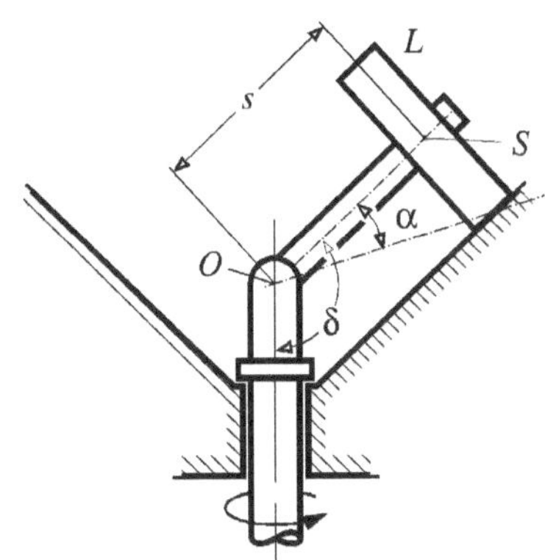

Aufgabe 3

Ein Gewicht G wird durch nebenstehende Vorrichtung zum Absinken oder Aufsteigen gebracht. Die Masse des Seiles und der Umlenkrolle seien vernachlässigbar klein. Die Rauheit zwischen Rad und Schiene sei so groß, daß kein Gleiten stattfindet, sondern das Rad auf der Unterlage abrollt. Das Seil sei a) entgegen dem Uhrzeigersinn und b) im Uhrzeigersinn aufgewickelt. In beiden Fällen soll untersucht werden:

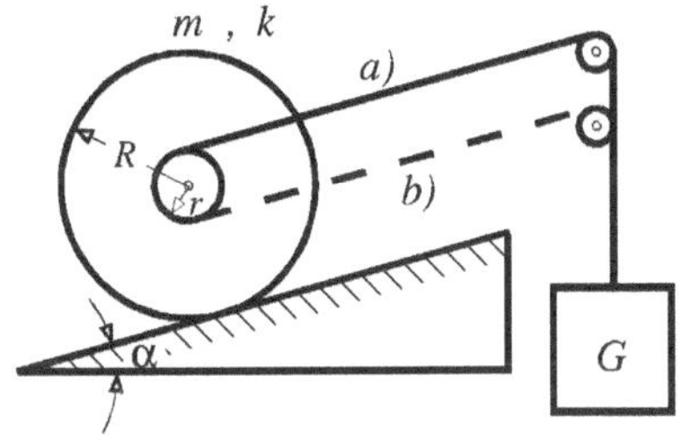

a) Bewegt sich das Rad aufwärts oder abwärts?
b) Welche Zeit t_0 vergeht, bis das Gewicht G den Weg $h = 12$ m durchlaufen hat?

($G = 1600$ N, $m = 1100$ kg, $R = 60$ cm, $r = 12$ cm, $k = 50$ cm, $\alpha = 15^0$; Bewegungswiderstände werden vernachlässigt)

Aufgabe 4

Eine homogene, zylindrische Walze (Masse m, Radius r) liegt auf einer schiefen Ebene, deren Neigungswinkel α verstellbar ist. Die Walze wird durch einen aufgewickelten Faden (Fadenmasse vernachlässigbar) an der freien Abwärtsbewegung gehindert. Der Haftreibungsbeiwert μ_0 und der Gleitreibungsbeiwert μ seien bekannt.

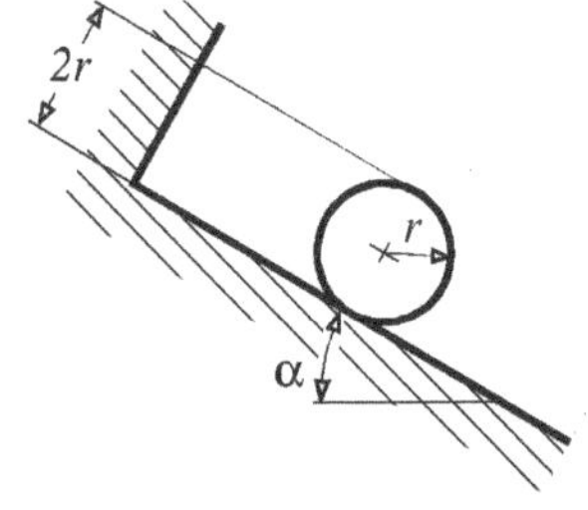

a) Bis zu welchem Neigungswinkel $\alpha = \alpha_{Gr}$ bleibt die Walze gerade noch in Ruhe?
b) Für $\alpha > \alpha_{Gr}$ berechne man die Beschleunigung des Walzenschwerpunktes.
c) Wie groß ist die Fadenkraft für $\alpha = 90^0$?

Aufgabe 5

Ein homogener Zylinder mit dem Radius R und der Masse m bewegt sich auf einer schiefen Ebene (Neigungswinkel α) abwärts. Wie groß muß die minimale Reibungskraft mindestens sein, wenn reines Rollen auftreten soll? Wie groß ist die Winkelbeschleunigung des Zylinders, wenn kein reines Rollen stattfindet? Wie groß ist die Beschleunigung des Zylinderschwerpunktes, wenn das *Moment der Rollreibung* (Hebelarm f) berücksichtigt wird?

Aufgabe 6

Es ist die maximale, durch die Kreiselwirkung erzeugte Kraft auf die Lager einer Schiffsturbine zu ermitteln. Das Schiff stampft mit einer Amplitude von 9^0 und einer Periode von T = 15 s um eine Achse, die senkrecht zur Läuferachse steht. Der Turbinenläufer hat eine Masse von 3500 kg, einen Trägheitsradius von k = 0,6 m und eine Drehzahl von $n = 3000\frac{U}{min}$. Der Lagerabstand beträgt 2 m.

Aufgabe 7

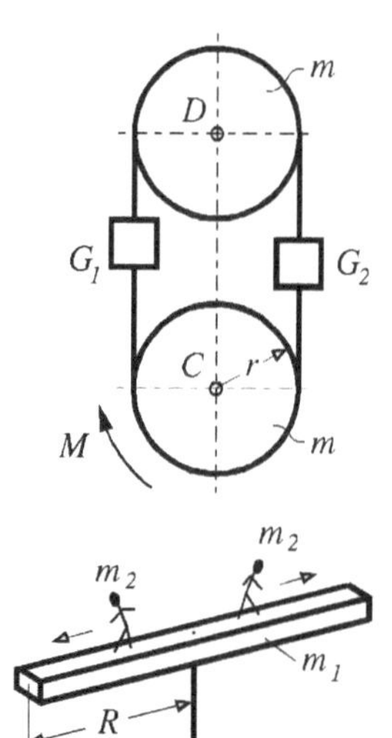

Der unteren Riemenscheibe C eines Aufzuges wird das Drehmoment M erteilt. Man bestimme die Beschleunigung der aufwärts bewegten Last G_1. Das Gewicht der Gegenlast ist G_2. Die Scheiben C und D stellen homogene Kreiszylinder mit dem Halbmesser r und der Masse m dar. Man vernachlässige die Masse des Riemens.

Aufgabe 8

Eine homogene Stange mit der Masse m_1 dreht sich mit der Winkelgeschwindigkeit ω_0 in der horizontalen Ebene um ihren Mittelpunkt. Dort stehen zwei Männer (Einzelmassen m_2). Sie beginnen nun langsam nach außen zu gehen. Wie groß ist die Drehgeschwindigkeit ω_E, wenn sie an den Enden der Stange angekommen sind?

Aufgabe 9

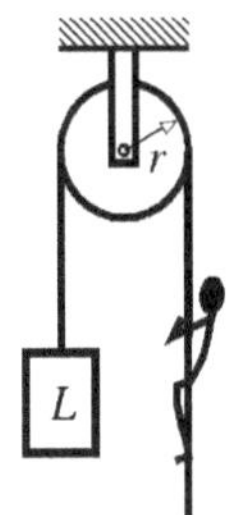

Über eine homogene, zylindrische, reibungsfrei gelagerte Scheibe mit der Masse m_S und dem Radius r läuft ein masseloses Seil. Ein Mann mit der Masse m_M beginnt aus der Ruhe heraus auf der rechten Seite hochzuklettern. Seine Geschwindigkeit gegenüber dem Seil sei v_{SM}. Links hängt eine Last L, die ebenfalls die Masse m_M hat. Wie bewegt sich die Last, wenn $m_S = \frac{1}{4} m_M$ ist?

Aufgabe 10

Auf ein Kreiselsystem mit dem Trägheitstensor

$$_S\boldsymbol{J}^S = \begin{pmatrix} A & 0 & 0 \\ 0 & B & 0 \\ 0 & 0 & C \end{pmatrix},$$

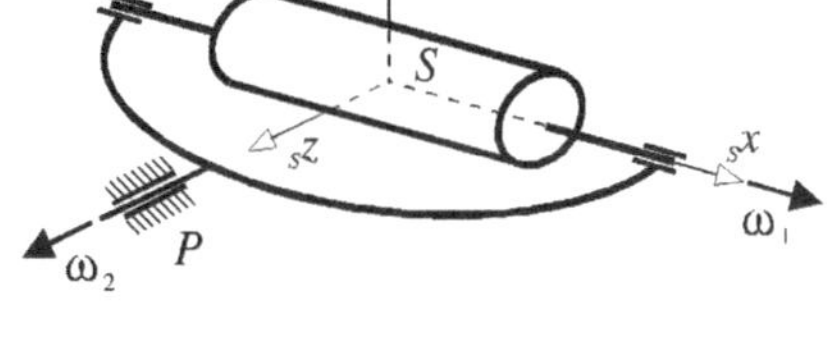

dargestellt im schleifenden KOS S, dessen $_Sz$–Achse immer nach P zeigt, wirkt das äußere Moment

$$_S\boldsymbol{M} = \begin{pmatrix} 0 \\ A\Omega^2 \sin(\Omega t) \\ B\Omega^2 \cos(\Omega t) \end{pmatrix}.$$

Die Drehgeschwindigkeit ω_2 ist Null für $t = 0$. Man berechne die Winkelgeschwindigkeiten $\omega_1(t)$ und $\omega_2(t)$.

Aufgabe 11

Das zu untersuchende System ist ein neuartiges Karussell. Es besteht aus einer mit der Winkelgeschwindigkeit ω um die Vertikale rotierenden Basis B und den vier daran befestigten gleichen Auslegern T_i. Am oberen Ende P der Ausleger befinden sich die Gondeln. Untersucht wird der Ausleger T_1, der sich um eine zur ${}_By$-Achse parallelen Achse durch den Auslegerschwerpunkt S dreht.

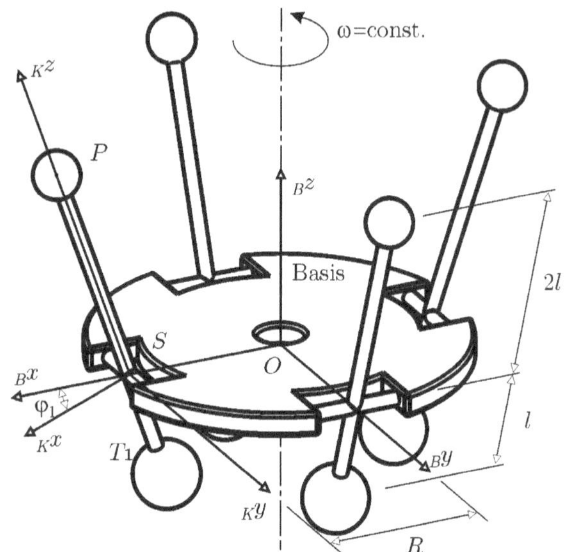

Diese Drehachse ${}_Ky$ hat den Abstand R zur ${}_By$-Achse, der Winkel φ_1 beschreibt die Drehung aus der Vertikalen. Der Ausleger besteht aus einem masselosen Balken der Länge $3l$, an dessen oberen Ende in P die Gondel der Masse m, am unteren Ende das Ausgleichsgewicht $2m$ befestigt sind. Beide Massen sind als punktförmig zu betrachten.

$m,\ l,\ \omega = \text{const.},\ \varphi_1 = \varphi = \varphi(t)$

a) Bestimmen Sie die Transformationsmatrix $\mathbf{T}_{BK}$ vom körperfesten Koordinatensystem K des Auslegers ins körperfeste Koordinatensystem B der Basis.

b) Geben Sie die absolute Winkelgeschwindigkeit ${}_B\omega_B$ der Basis sowie die absolute Winkelgeschwindigkeit ${}_K\omega_K$ des Auslegers in den jeweiligen Koordinatensystemen B und K an.

c) Geben Sie den Ortsvektor ${}_B\mathbf{r}_{OP}$ vom Ursprung O zur Gondel des ersten Auslegers in P im schleifenden Koordinatensystem B an.

d) Bestimmen Sie die Geschwindigkeit ${}_B\mathbf{v}_P$ und die Beschleunigung ${}_B\mathbf{a}_P$.

e) Berechnen Sie die Drehträgheit ${}_K\mathbf{J}^S$ des Auslegers T_1 bezüglich seines Schwerpunktes S im Körperfesten Koordinatensystem K.

f) Bestimmen Sie den absoluten Drall ${}_K\mathbf{L}^S$ des Auslegers im körperfesten Koordinatensystem K bezüglich des Punktes S.

g) Welches Antriebsmoment M_z ist um die inertiale Hochachse ${}_Iz = {}_Bz$ erforderlich, um die Winkelgeschwindigkeit ω dieser Achse konstant zu halten. Die vier Ausleger bewegen sich hierbei synchron, das heit ihre Winkelbewegungen φ_i sind alle gleich. Alle Lagerstellen sind reibungsfrei.

Lösungen zu Kap. 4.2 Drallsatz

Aufgabe 1

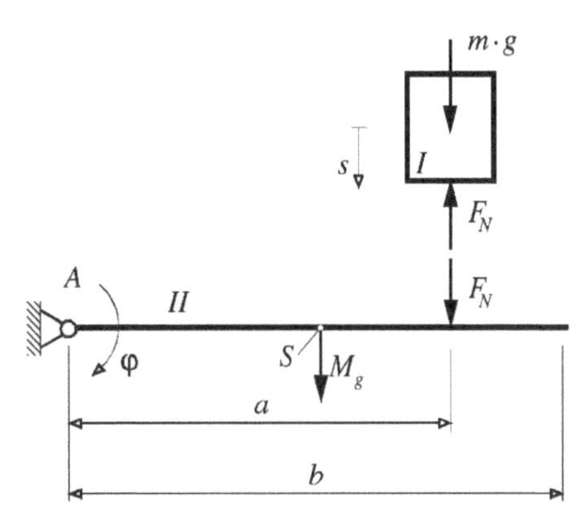

Drallsatz für das Brett um A:

$$J_B^A \cdot \ddot{\varphi} = M \cdot g \cdot \frac{b}{2} + F_N \cdot a \quad (1)$$

$$J_B^A = \frac{M \cdot b^2}{3} \quad (2)$$

Impulssatz für den Körper:

$$m \cdot \ddot{s} = m \cdot g - F_N \qquad (3)$$

Kinematischer Zusammenhang:

$$\ddot{s} = a \cdot \ddot{\varphi} \qquad (4)$$

Einsetzen von (4) und (2) in (1):

$$\frac{M \cdot b^2}{3} \cdot \frac{\ddot{s}}{a} = M \cdot g \cdot \frac{b}{2} + F_N \cdot a$$

Ergebnis in (3) einsetzen:

$$F_N = M \cdot g \cdot b \cdot \frac{\frac{b}{3} - \frac{a}{2}}{a^2 + \frac{M}{m} \cdot \frac{b^2}{3}}$$

Sofortiges Abheben bei a_1 mit $F_N = 0$:

$$(\frac{b}{3} - \frac{a_1}{2}) = 0 \quad \rightarrow \quad a_1 = \frac{2}{3} \cdot b$$

Aufgabe 2

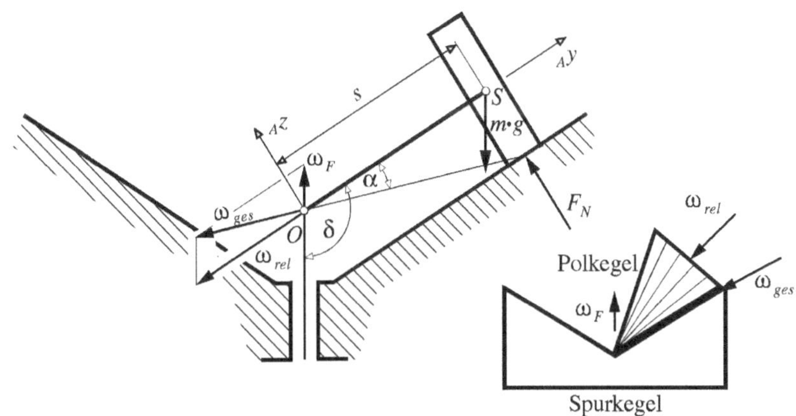

Das x_A-, y_A-, z_A- Koordinatensystem ist ein schleifendes Koordinatensystem, das sich mit ω_F um die Hochachse dreht. Drallsatz um den festen Bezugspunkt 0:

$$\frac{d\boldsymbol{L}^0}{dt} = \sum \boldsymbol{M}^0$$

$$_A\boldsymbol{M}^0 = \begin{pmatrix} F_N s - mgs\cos(\delta - \frac{\pi}{2}) \\ 0 \\ 0 \end{pmatrix} = \begin{pmatrix} F_N s - mgs\sin\delta \\ 0 \\ 0 \end{pmatrix}$$

$$_A\boldsymbol{L}^0 = _A\boldsymbol{J}^0 \cdot _A\boldsymbol{\omega}_{ges}$$

Sinussatz: $$\frac{\omega_{rel}}{\sin(\delta-\alpha)} = \frac{\omega_F}{\sin\alpha}$$

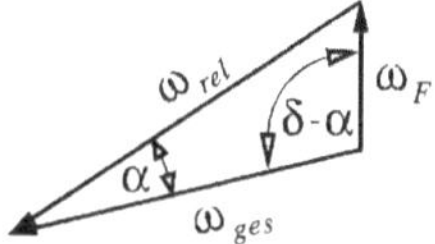

Winkelgeschwindigkeit des Läufers, dargestellt im $A-$ System:

$$_A\boldsymbol{\omega}_{ges} = \begin{pmatrix} 0 \\ \omega_F \sin(\delta - \frac{\pi}{2}) - \omega_{rel} \\ \omega_F \cos(\delta - \frac{\pi}{2}) \end{pmatrix} = \begin{pmatrix} 0 \\ -\cos\delta - \frac{\sin(\delta-\alpha)}{\sin\alpha} \\ \sin\delta \end{pmatrix} \omega_F$$

Tensor der Massenträgheitsmomente im $A-$ System:

$$_A\boldsymbol{J}^0 = \begin{pmatrix} A & 0 & 0 \\ 0 & B & 0 \\ 0 & 0 & C \end{pmatrix}$$

Mit dem Trägheitsradius k der Scheibe und der Näherung für dünne Scheiben $(3R^2 \gg h^2)$ lauten die Elemente

$$B = m \cdot k^2; \qquad A = C = \frac{1}{2}mk^2 + ms^2; \qquad k^2 = \frac{R^2}{2}$$

Absoluter Drallvektor im $A-$ System:

$$_A\boldsymbol{L}^0 = m\omega_F \begin{pmatrix} 0 \\ k^2(-\cos\delta - \frac{\sin(\delta-\alpha)}{\sin\alpha}) \\ (\frac{k^2}{2} + s^2)\sin\delta \end{pmatrix}$$

Differentiation des Drallvektors im schleifenden $A-$ Koordinatensystem mit $_A\boldsymbol{\omega}_F$ als dem Drehgeschwindigkeitsvektor des Koordinatensystems:

$$\frac{d}{dt}\boldsymbol{L}^0 = \frac{d}{dt}{_A\boldsymbol{L}^0} + _A\boldsymbol{\omega}_F \times _A\boldsymbol{L}^0 \quad \text{mit} \quad _A\boldsymbol{\omega}_F = \omega_F \begin{pmatrix} 0 \\ \sin(\delta - \frac{\pi}{2}) \\ \cos(\delta - \frac{\pi}{2}) \end{pmatrix}$$

Wie beim Vektor der äußeren Momente ist auch beim Vektor der Dralländerung nur die $x-$ Komponente besetzt.

$$\frac{d}{dt}\boldsymbol{L}^0 = m\omega_F^2 \sin\delta \begin{pmatrix} (\frac{k^2}{2} - s^2)\cos\delta + k^2\frac{\sin(\delta-\alpha)}{\sin\alpha} \\ 0 \\ 0 \end{pmatrix} =_A \boldsymbol{M}^0$$

Die Preßkraft F_N lautet dann

$$F_N = mg\sin\delta + \frac{m\omega_F^2\sin\delta}{s}\left[(\frac{k^2}{2} - s^2)\cos\delta + k^2\frac{\sin(\delta-\alpha)}{\sin\alpha}\right]$$

Die zusätzliche Preßkraft durch Kreiselwirkung lautet für den Zahlenwert $\omega_F = 2\pi\frac{rad}{s}$:

$$\Delta F_N = F_N - mg\sin\delta = 15530N$$

Aufgabe 3

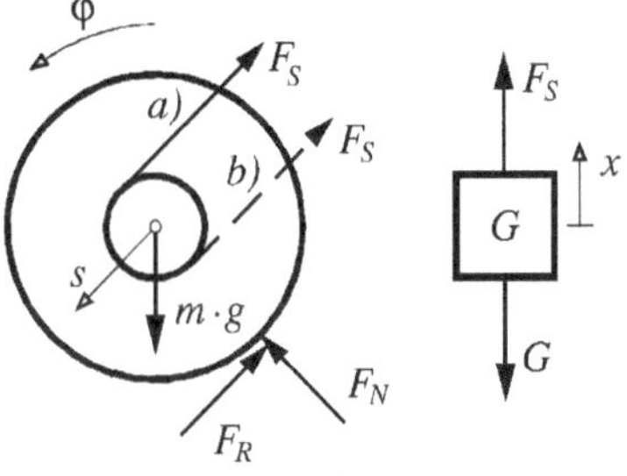

Für die gesamte Aufgabe gelten die oberen Vorzeichen für den Fall a), und die unteren für den Fall b.)

α) Impulssatz für das Gewicht:

$$\frac{G}{g}\cdot\ddot{x} = F_S - G$$

Die Impulssätze am Rad lauten:

$$0 = F_N - m\cdot g\cdot\cos\alpha$$

$$m\cdot\ddot{s} = m\cdot g\cdot\sin\alpha - F_R - F_S$$

Drallsatz am Rad um den Schwerpunkt:

$$J\cdot\ddot{\varphi} = F_R\cdot R \mp F_S\cdot r \qquad \text{mit} \qquad J = m\cdot k^2$$

Die Rollbedingung und die Abwickelbedingung lauten:

$$s = R\cdot\varphi; \qquad x = s \pm \varphi\cdot r = \varphi\cdot(R\pm r)$$

Seilkraft F_S und Reibkraft F_R:

$$F_S = G + \frac{G}{g}\cdot\ddot{x}; \qquad F_R = m\cdot g\cdot\sin\alpha - F_S - m\cdot\ddot{s}$$

Seil- und Reibkraft eingesetzt in den Drallsatz unter Berücksichtigung der kinematischen Beziehungen:

$$m\cdot k^2\cdot\frac{\ddot{s}}{R} = m\cdot g\cdot R\cdot\sin\alpha - G\cdot R - \frac{G}{g}\cdot(R\pm r)\cdot\ddot{s} - m\cdot R\cdot\ddot{s} \mp G\cdot r \mp \frac{G}{g}\cdot\frac{r}{R}\cdot(R\pm r)\cdot\ddot{s}$$

Nach $\ddot{s}$ aufgelöst:

$$\ddot{s} = \frac{m \cdot g \cdot R^2 \cdot \sin\alpha - G \cdot R \cdot (R \pm r)}{m \cdot (k^2 + R^2) + \frac{G}{g} \cdot (R \pm r)^2}$$

Für beide Fälle bewegt sich das Rad nach unten.
Fall a): $\ddot{s} = 0,416 \frac{\mathrm{m}}{\mathrm{s}^2}$; Fall b): $\ddot{s} = 0,769 \frac{\mathrm{m}}{\mathrm{s}^2}$

β) Die Beschleunigungen sind konstant und werden zweimal integriert:

$$\ddot{x} = \ddot{s} \cdot \frac{R \pm r}{R} = \text{const.} \quad ; \qquad h = \frac{1}{2} \cdot \ddot{x} \cdot t_0^2$$

a) $t_0 = 6,94\mathrm{s}$ und b) $t_0 = 6,25\mathrm{s}$

Aufgabe 4

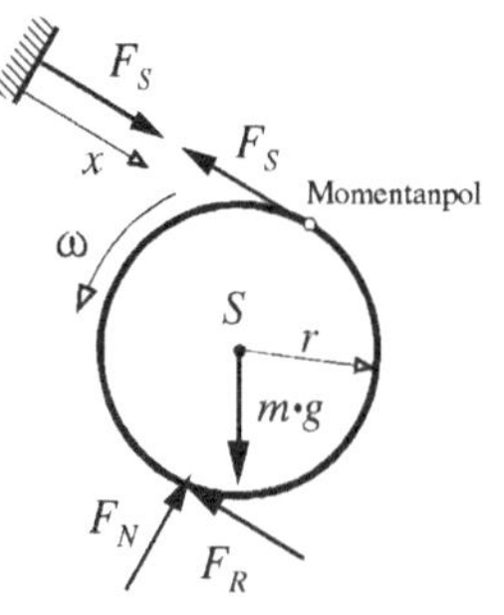

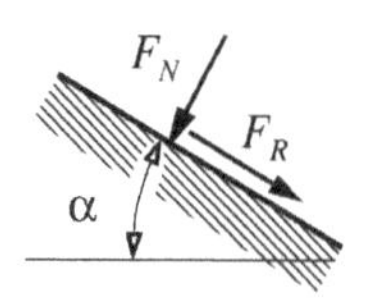

Impulssatz $\perp$ zu x:

$$0 = F_N - m \cdot g \cdot \cos\alpha \quad (1)$$

$$F_N = m \cdot g \cdot \cos\alpha$$

Impulssatz in $x-$ Richtung:

$$m \cdot \ddot{x} = m \cdot g \cdot \sin\alpha - F_S - F_R \quad (2)$$

Drallsatz um den Walzenschwerpunkt:

$$J^S \cdot \dot{\omega} = F_S \cdot r - F_R \cdot r \quad (3)$$

mit: $J^S = \dfrac{m \cdot r^2}{2}$

Kinematische Beziehung:

$$r \cdot \dot{\omega} = \ddot{x}$$

a) Walze in Ruhe:

$$\dot{\omega} = 0; \qquad \ddot{x} = 0; \qquad F_R \leq \mu_0 \cdot F_N$$

$$(2): \quad F_R = m \cdot g \cdot \sin\alpha - F_S$$

$$(3): \quad F_S = F_R$$

Haftreibgesetz, Grenzwinkel α_{Gr}.

$$F_R = \frac{1}{2} \cdot m \cdot g \cdot \sin\alpha \leq \mu_0 \cdot m \cdot g \cdot \cos\alpha$$

$$\tan\alpha \leq 2 \cdot \mu_0; \qquad \alpha_{Gr} = \arctan(2 \cdot \mu_0)$$

b) Walze in Bewegung:

$$\dot{\omega} \neq 0; \qquad \ddot{x} \neq 0; \qquad F_R = \mu \cdot F_N; \qquad (3): \quad \frac{1}{2} \cdot m \cdot \ddot{x} = F_S - F_R$$

Eingesetzt in die Impulssätze:

$$m \cdot \ddot{x} = m \cdot g \cdot \sin\alpha - \frac{1}{2} \cdot m \cdot \ddot{x} - 2 \cdot \mu \cdot m \cdot g \cdot \cos\alpha$$

$$\ddot{x} = \frac{2}{3} \cdot g \cdot (\sin\alpha - 2 \cdot \mu \cdot \cos\alpha) \quad (4)$$

c) Fadenkraft für $\alpha = 90°$ bestimmen, in den Impulssatz (2) einsetzen.

$$\ddot{x} = \frac{2}{3} \cdot g; \quad \rightarrow \quad m \cdot \frac{2}{3} \cdot g = m \cdot g - F_S \quad \rightarrow \quad F_S = \frac{1}{3} \cdot mg$$

Aufgabe 5

Impulssatz senkrecht zur $x-$ Achse:

$$0 = F_N - m \cdot g \cdot \cos\alpha \quad (1)$$

$$F_N = m \cdot g \cdot \cos\alpha$$

Impulssatz in $x-$ Richtung:

$$m \cdot \ddot{x} = m \cdot g \cdot \sin\alpha - F_R \quad (2)$$

Rollbedingung:

$$\ddot{x} = R \cdot \ddot{\varphi}$$

Drallsatz um den Zylinderschwerpunkt:

$$\frac{1}{2} \cdot m \cdot R^2 \cdot \ddot{\varphi} = F_R \cdot R \quad (3)$$

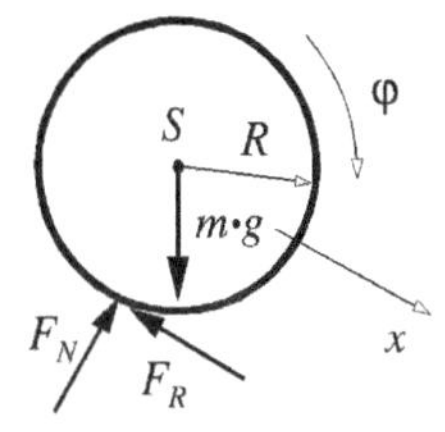

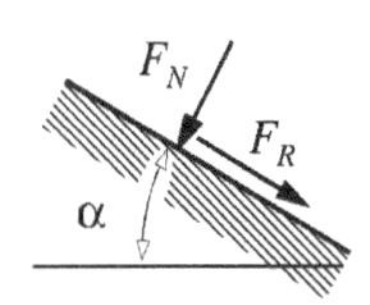

a) Reines Rollen, Rollbedingung:

$$\ddot{x} = R \cdot \ddot{\varphi}$$

eingesetzt in Impuls- und Drallsatz:

$$(2),(3): \quad F_R = \frac{1}{3} \cdot m \cdot g \cdot \sin\alpha$$

b) Gleitreibung:

$$F_R = \mu \cdot F_N = \mu \cdot m \cdot g \cdot \cos\alpha$$

$$(3): \quad \ddot{\varphi} = \frac{2 \cdot \mu \cdot g}{R} \cdot \cos\alpha$$

c) Der Rollwiderstand entspricht einem Bremsmoment: Der Untergrund wölbt sich. Der Angriffspunkt von F_N verschiebt sich um f nach vorne, wobei die vertikale Verschiebung von F_R vernachlässigt wird.

$$M_{Br} = F_N \cdot f$$

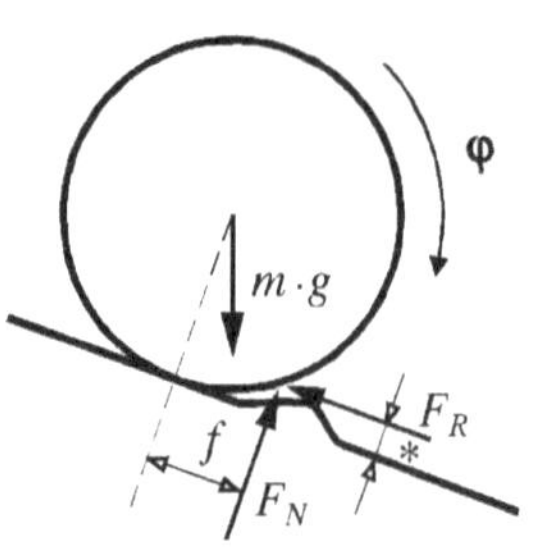

Die Impulssätze bleiben unverändert. Der Drallsatz mit der Rollbedingung aus a) lautet dann:

$$\frac{1}{2} \cdot m \cdot R \cdot \ddot{x} = F_R \cdot R - F_N \cdot f$$

$$\ddot{x} = \frac{2}{3} \cdot g \cdot (\sin\alpha - \frac{3f}{R} \cdot \cos\alpha)$$

Aufgabe 6

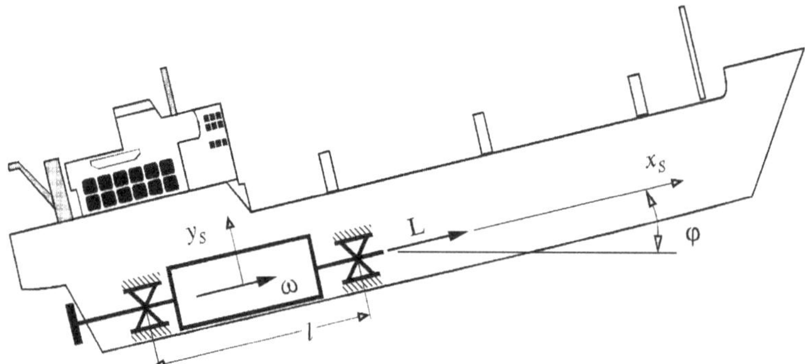

Stampfbewegung:

$$\varphi(t) = \hat{\varphi} \cdot \sin(\frac{2 \cdot \pi}{T} \cdot t) \quad \text{mit} \quad \hat{\varphi} = \frac{9^\circ}{180^\circ} \cdot \pi = \frac{\pi}{20}$$

Der Ursprung des bewegten Koordinatensystems S liegt in der Mitte des Läufers. Alle Vektoren und Tensoren sind in diesem Koordinatensystem dargestellt. Durch die Kreiselkräfte wirkt ein zusätzliches Kräftepaar $\boldsymbol{F}_L, \boldsymbol{F}_R$ im linken und im rechten Lager der Turbine. Es wird der Drallsatz im bewegten System ausgewertet.

$$\boldsymbol{F}_L := \begin{pmatrix} 0 \\ -\Delta F_y \\ \Delta F_z \end{pmatrix}; \qquad \boldsymbol{F}_R := \begin{pmatrix} 0 \\ \Delta F_y \\ -\Delta F_z \end{pmatrix}$$

$$_S(\frac{d}{dt}\boldsymbol{L}) = \sum {_S\boldsymbol{M}} = \begin{pmatrix} 0 \\ l \cdot \Delta F_z \\ l \cdot \Delta F_y \end{pmatrix}$$

Der Absolutdrall der Turbine lautet:

$$_S\boldsymbol{L} = {_S\boldsymbol{J}} \cdot {_S\boldsymbol{\omega}_{ges}}.$$

Winkelgeschwindigkeit der Turbine:

$$_S\boldsymbol{\omega}_{ges} = \begin{pmatrix} \omega \\ 0 \\ \dot{\varphi} \end{pmatrix}$$

Tensor der Massenträgheitsmomente im körperfesten KOS:

$$_S\boldsymbol{J} = \begin{pmatrix} m \cdot k^2 & 0 & 0 \\ 0 & B & 0 \\ 0 & 0 & C \end{pmatrix}$$

Drehgeschwindigkeit des Koordinatensystems, Drallvektor $\boldsymbol{L}$:

$$_S\boldsymbol{\omega}_{IS} = \begin{pmatrix} 0 \\ 0 \\ \dot{\varphi} \end{pmatrix}; \qquad {_S\boldsymbol{L}} = \begin{pmatrix} \omega m k^2 \\ 0 \\ C\dot{\varphi} \end{pmatrix}$$

Änderung des Absolutdralls:

$$_S(\frac{d}{dt}\boldsymbol{L}) = \frac{d}{dt}{_S\boldsymbol{L}} + {_S\boldsymbol{\omega}_{IS}} \times {_S\boldsymbol{L}} = \begin{pmatrix} 0 \\ m \cdot k^2 \cdot \dot{\varphi} \cdot \omega \\ C \cdot \ddot{\varphi} \end{pmatrix}$$

Gegenüber dem Moment um die $y-$ Achse kann das Moment um die $z-$ Achse vernachlässigt werden.

$$\Delta F_z = -\frac{mk^2\omega}{l}\dot{\varphi}(t) = \frac{m \cdot k^2\omega}{l}\hat{\varphi} \cdot \frac{2 \cdot \pi}{T} \cdot \cos(\frac{2 \cdot \pi}{T} \cdot t)$$

$$\Delta F_{z,max} = \frac{m \cdot k^2}{l} \cdot \frac{\pi^2}{10 \cdot T} \cdot \omega = 13023N$$

Aufgabe 7

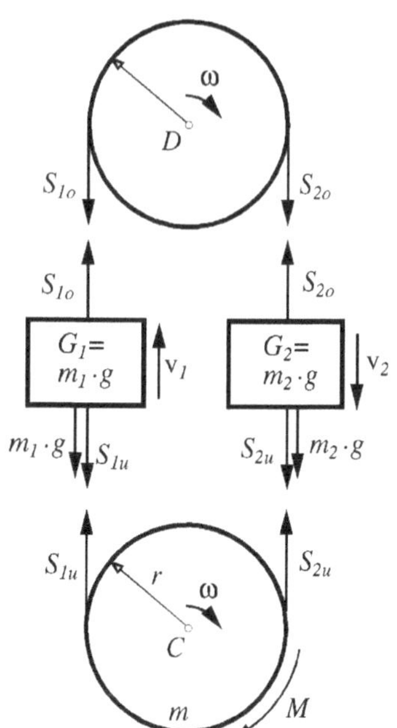

Drallsatz für obere Scheibe:

$$\frac{m \cdot r^2}{2} \cdot \dot{\omega} = (S_{2o} - S_{1o}) \cdot r$$

Drallsatz für untere Scheibe:

$$\frac{m \cdot r^2}{2} \cdot \dot{\omega} = (S_{1u} - S_{2u}) \cdot r + M$$

Impulssatz am Gewicht 1:

$$m_1 \cdot \dot{v}_1 = S_{1o} - S_{1u} - m_1 \cdot g$$

Impulssatz am Gewicht 2:

$$m_2 \cdot \dot{v}_2 = S_{2u} - S_{2o} + m_2 \cdot g$$

Kinematische Beziehung:

$$\dot{v} = \dot{v}_1 = \dot{v}_2 = r \cdot \dot{\omega}$$

Beschleunigung des Gewichts:

$$\dot{v} = \frac{\frac{M}{r} - (m_1 - m_2) \cdot g}{m_1 + m_2 + m}$$

Aufgabe 8

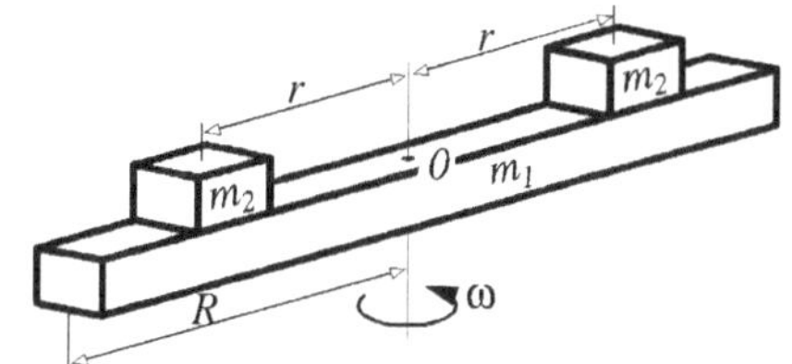

Drallsatz um den festen Bezugspunkt O:

$$\frac{d\boldsymbol{L}^0}{dt} = \sum \boldsymbol{M} = 0$$

$$\boldsymbol{L}^0 = const.$$

Drall um die Drehachse zur Zeit $t = 0$ (Massenträgheitsmoment besteht nur aus dem Anteil der homogenen Stange):

$$L_0^0 = J_0^0 \cdot \omega_0 = \frac{m_1 \cdot (2 \cdot R)^2}{12} \cdot \omega_0$$

Drall um die Drehachse zur Zeit $t = t_E$ (Massenträgheitsmoment berechnet sich aus der homogenen Stange und den beiden Punktmassen):

$$L_E^0 = J_E^0 \cdot \omega_E = \left[\frac{m_1 \cdot (2 \cdot R)^2}{12} + 2 \cdot m_2 \cdot R^2\right] \cdot \omega_E$$

Drehgeschwindigkeit zur Zeit $t = t_E$:

$$L_E^0 = L_0^0 \quad ; \qquad \omega_E = \frac{m_1}{m_1 + 6 \cdot m_2} \cdot \omega_0$$

Aufgabe 9

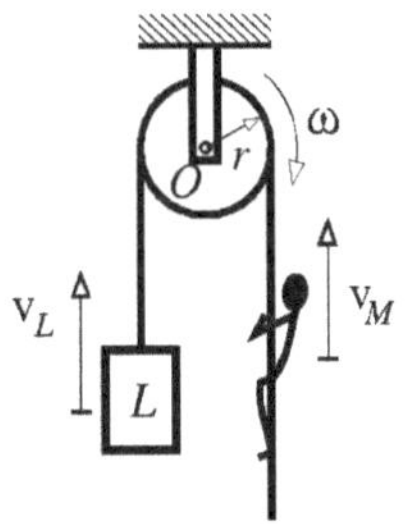

Drallsatz um den festen Bezugspunkt O. Es wirken keine äußere Momente. Das System startet aus der Ruhelage.

$$\frac{d\boldsymbol{L}^0}{dt} = \sum \boldsymbol{M} = 0$$

$$\boldsymbol{L}^0 = const.$$

Anteile um Punkt O:

$$L^0_{Rolle} + L^0_{Last} + L^0_{Mensch} = 0$$

$$\frac{m_s \cdot r^2}{2} \cdot \omega + m_M \cdot r \cdot v_L - m_M \cdot r \cdot v_M = 0$$

Kinematische Beziehungen:

$$v_L = r \cdot \omega; \qquad v_M = v_{SM} - r \cdot \omega$$

Die Kinematik und die Beziehung $m_S = \frac{m_M}{4}$ in den Drallsatz einsetzen.

$$\frac{m_M \cdot r}{8} \cdot v_L + m_M \cdot r \cdot v_L - m_M \cdot r \cdot v_{SM} + m_M \cdot r \cdot v_L = 0$$

Geschwindigkeit der Last:

$$v_L = \frac{8}{17} \cdot v_{SM}$$

Aufgabe 10

Der Drall des Kreiselsystems lautet

$${}_S\boldsymbol{L} = {}_S\,\boldsymbol{J}_S^S \omega = \begin{pmatrix} A & 0 & 0 \\ 0 & B & 0 \\ 0 & 0 & B \end{pmatrix} \begin{pmatrix} \omega_1 \\ 0 \\ \omega_2 \end{pmatrix} = \begin{pmatrix} A\omega_1 \\ 0 \\ B\omega_2 \end{pmatrix}.$$

Die Dralländerung des Systems lautet

$${}_S\left(\frac{d\boldsymbol{L}}{dt}\right) = \frac{d_S\boldsymbol{L}}{dt} + {}_S\,\omega_{IS} \times {}_S\,\boldsymbol{L}^S = \begin{pmatrix} A\dot{\omega}_1 \\ 0 \\ B\dot{\omega}_2 \end{pmatrix} + \begin{pmatrix} 0 \\ 0 \\ \omega_2 \end{pmatrix} \times \begin{pmatrix} A\omega_1 \\ 0 \\ B\omega_2 \end{pmatrix}.$$

Die Dralländerung ist gleich der Summe der äußeren Momente.

$$\begin{pmatrix} A\dot{\omega}_1 \\ A\omega_1\omega_2 \\ B\dot{\omega}_2 \end{pmatrix} = \begin{pmatrix} 0 \\ A\Omega^2 \sin(\Omega t) \\ B\Omega^2 \cos(\Omega t) \end{pmatrix}$$

Aus der ersten Zeile des Drallsatzes folgt, daß $\omega_1 = const.$ ist. Aus der $z-$ Komponente des Drallsatzes folgt weiterhin

$$\omega_2 = \int_0^t \Omega^2 \cos(\Omega t) dt = \Omega \sin(\Omega t) + K$$

Mit der Anfangsbedingung $\omega_2(t = 0) = 0$ folgt $K = 0$. Da ω_2 somit bekannt ist, kann man aus der $y-$ Komponente des Drallsatzes auf ω_1 schließen.

$$A\omega_1\omega_2 = A\Omega^2 \sin(\Omega t); \quad \omega_2 = \Omega \sin(\Omega t) \quad \rightarrow \quad \omega_1 = \Omega$$

Aufgabe 11

a) Spaltenweise werden in die Transformationsmatrix $\mathbf{T}_{BK}$ die Basisvektoren des K Systems dargestellt im B-System eingetragen. Der „1“-Eintrag erfolgt für y, da die relative Drehung um die gemeinsame y-Achse erfolgt.

$$\mathbf{T}_{BK} = \begin{pmatrix} \cos(\varphi) & 0 & \sin(\varphi) \\ 0 & 1 & 0 \\ -\sin(\varphi) & 0 & \cos(\varphi) \end{pmatrix}$$

b) $${}_B\omega_B = \begin{pmatrix} 0 \\ 0 \\ \omega \end{pmatrix} \quad ; \quad {}_K\omega_K = \begin{pmatrix} -\sin(\varphi)\omega \\ \dot{\varphi} \\ \cos(\varphi)\omega \end{pmatrix}$$

c) Die Darstellung des Vektors im B-System erfolgt als Vektorkette: Relativvektor ${}_B\mathbf{r}_{OS}$ vom inertialen Ursprung nach S + Relativvektor ${}_B\mathbf{r}_{SP}$, der über eine Transformation aus dem K-System gewonnen wird:

$$\begin{aligned} {}_B\mathbf{r}_{OP} = {}_B\mathbf{r}_{OS} + \mathbf{T}_{BK}\,{}_K\mathbf{r}_{SP} &= \begin{pmatrix} R \\ 0 \\ 0 \end{pmatrix} + \begin{pmatrix} \dots & \dots & \sin(\varphi) \\ \dots & \dots & 0 \\ \dots & \dots & \cos(\varphi) \end{pmatrix} \begin{pmatrix} 0 \\ 0 \\ 2l \end{pmatrix} \\ &= \begin{pmatrix} R + 2l\sin\varphi \\ 0 \\ 2l\cos\varphi \end{pmatrix} \end{aligned}$$

d) Die Geschwindigkeit ${}_B\mathbf{v}_P$ und die Beschleunigung ${}_B\mathbf{a}_P$ werden jeweils durch EULER-Differentiation des Ortes bzw. der Geschwindigkeit bestimmt:

$$\begin{aligned} {}_B\mathbf{v}_P &= \frac{\mathrm{d}_B\mathbf{r}_{OP}}{\mathrm{d}t} + ({}_B\omega_B) \times ({}_B\mathbf{r}_{OP}) = \begin{pmatrix} 2l\cos(\varphi)\dot{\varphi} \\ \omega\,(R + 2l\sin(\varphi)) \\ -2l\sin(\varphi)\dot{\varphi} \end{pmatrix} \\ {}_B\mathbf{a}_P &= \frac{\mathrm{d}_B\mathbf{v}_P}{\mathrm{d}t} + ({}_B\omega_B) \times ({}_B\mathbf{v}_P) = \\ &= \begin{pmatrix} 2l\cos(\varphi)\ddot{\varphi} - 2l\sin(\varphi)\dot{\varphi}^2 \\ 2l\cos(\varphi)\dot{\varphi}\omega \\ -2l\sin(\varphi)\ddot{\varphi} - 2l\cos(\varphi)\dot{\varphi}^2 \end{pmatrix} + \begin{pmatrix} -\omega^2\,(R + 2l\sin(\varphi)) \\ 2l\cos(\varphi)\dot{\varphi}\omega \\ 0 \end{pmatrix} = \end{aligned}$$

$$= \begin{pmatrix} 2l\cos(\varphi)\ddot{\varphi} - 2l\sin(\varphi)\dot{\varphi}^2 - \omega^2\left(R + 2l\sin(\varphi)\right) \\ 4l\cos(\varphi)\dot{\varphi}\omega \\ -2l\sin(\varphi)\ddot{\varphi} - 2l\cos(\varphi)\dot{\varphi}^2 \end{pmatrix}$$

Wichtig ist zu beachten, das die Winkelgeschwindigkeit ω als konstant gegeben ist! $\rightarrow \quad \dot{\omega} = 0$

e) Die Trägheit der Balken (masselos) kann vernachlässigt werden, es müssen somit nur die Punktmassen beschrieben werden:

$$\begin{aligned} J_{xy} = J_{xz} = J_{yz} &= 0 && \text{wegen Symmetrie} \\ J_{zz} &= 0 && \text{Punktmassen auf Bezugsachse} \\ J_{xx} = J_{yy} &= (2l)^2\, m + l^2\, 2m = 6ml^2 && \\ & && \text{Rotationssym. um } {}_K z\text{-Achse} \end{aligned}$$

$${}_K\mathbf{J}^S = \begin{pmatrix} 6ml^2 & 0 & 0 \\ 0 & 6ml^2 & 0 \\ 0 & 0 & 0 \end{pmatrix}$$

f) $${}_K\mathbf{L}^S = {}_K\mathbf{J}^S\, {}_K\omega_K = 6ml^2 \begin{pmatrix} -\sin(\varphi)\omega \\ \dot{\varphi} \\ 0 \end{pmatrix}$$

g) Zur Auswertung des Drallsatzes wird zuerst die Dralländerung eines einzelnen Trägers bestimmt, die sich im Körperfesten K-System durch EULER-Ableitung berechnet:

$$\begin{aligned} {}_K\dot{\mathbf{L}}^S &= 6ml^2 \left[\begin{pmatrix} -\cos(\varphi)\dot{\varphi}\omega \\ \ddot{\varphi} \\ 0 \end{pmatrix} + \begin{pmatrix} -\sin(\varphi)\omega \\ \dot{\varphi} \\ \cos(\varphi)\omega \end{pmatrix} \times \begin{pmatrix} -\sin(\varphi)\omega \\ \dot{\varphi} \\ 0 \end{pmatrix} \right] = \\ &= 6ml^2 \begin{pmatrix} -2\cos(\varphi)\dot{\varphi}\omega \\ \ddot{\varphi} - \sin(\varphi)\cos(\varphi)\omega^2 \\ 0 \end{pmatrix} \end{aligned}$$

Diese Dralländerung ist gleich dem Moment, das zum Antrieb des ersten Trägers benötigt wird. Transformation ins B-System, wobei nur die resultierende z-Komponente für das Antriebsmoment relevant ist:

$$\begin{aligned} {}_B\mathbf{M}^{(1)} &= \begin{pmatrix} \dots \\ \dots \\ M_z^{(1)} \end{pmatrix} = \mathbf{T}_{BK}\, {}_K\dot{\mathbf{L}}^S = \\ &= 6ml^2 \begin{pmatrix} \dots & \dots & \dots \\ \dots & \dots & \dots \\ \sin(\varphi) & 0 & \cos(\varphi) \end{pmatrix} \begin{pmatrix} -2\cos(\varphi)\dot{\varphi}\omega \\ \ddot{\varphi} - \sin(\varphi)\cos(\varphi)\omega^2 \\ 0 \end{pmatrix} \\ \rightarrow \quad M_z^{(1)} &= 12ml^2 \sin(\varphi)\cos(\varphi)\dot{\varphi}\omega \end{aligned}$$

Da sich um die ${}_Bz$-Achse rotationssymmetrisch 4 Träger bewegen, ist das gesamte Antriebsmoment um diese Achse vier mal so hoch wie das für einen einzelnen Träger:

$$M_z = 4\,M_z^{(1)} = 48ml^2\sin(\varphi)\cos(\varphi)\dot{\varphi}\omega$$

4.3 Energiesatz

Der Energiesatz kann aus dem Impulssatz hergeleitet werden, er beinhaltet keine eigenständige Aussage. Er beschreibt den Zusammenhang zwischen kinetischer und potentieller Energie eines Starrkörpers in einem konservativem Kraftfeld.
In einem konservativen Kraftfeld lassen sich alle an einem Starrkörper angreifenden Kräfte durch ein Potential ausdrücken. Ihre am Körper geleistete Arbeit ist dann nur eine Funktion der Ortskoordinaten und nicht des durchlaufenen Weges, es wird keine Energie durch 'Dissipation' irreversibel verloren.
Die Schwerkraft und die Federkraft einer idealen Feder sind z.B. konservative Kräfte, als Potential der Schwerkraft kann die Funktion $V = mgz$ benutzt werden, für die Schwerkraft $\mathbf{G}$ gilt dann $\mathbf{G} = -gradV = -mg\mathbf{e}_z$, sie ist der Gradient ihrer Potentialfunktion.
Betrachtet man Energiebilanzen, spart man gegenüber einer Impulsbetrachtung eine Integration über die Zeit, da Energien nicht von Beschleunigungen abhängig sind, die aber im Impulssatz auftreten.
Potentielle und kinetische Energien eines Körpers sind skalare Größen, sie besitzen keine Richtung und Orientierung im Raum.

4.3.1 Potentielle Energie

Grundformeln: Potentielle Energie

K g S G z h_S x l

K, m, S	Körper K mit Masse m, Schwerpunkt S
h_S	Höhe von S gegenüber einem beliebigen aber inertialfestem Nullniveau
l	Länge einer linearen Feder
l_0	ungespannte Länge dieser Feder
c	Federsteifigkeit c
$\mathbf{g}$	Vektor der Erdbeschleunigung

Potentielle Energie V des Körpers:

$$V = mh_Sg + \frac{1}{2}c(l - l_0)^2 + C_0$$

4.3.2 Kinetische Energie

Die kinetische Energie ist ausschließlich von Geschwindigkeitsgrößen abhängig, sie läßt sich eindeutig aus der absoluten Schwerpunktsgeschwindigkeit eines Körpers und der absoluten Winkelgeschwindigkeit des Körpers zusammen mit der Massengeometrie berechnen, es sind keine Lagegrößen notwendig.
Dabei dürfen die Vektoren der Translationsgeschwindigkeit $\mathbf{v}$ und der Winkelgeschwindigkeit $\boldsymbol{\omega}$ in jedem beliebigen Koordinatensystem dargestellt werden, über das Skalarprodukt gehen letztendlich nur die Beträge dieser Vektoren in die kinetische Energie ein, die Beträge von Vektoren sind aber immer unabhängig von der Darstellung in irgendwelchen Koordinatensystemen !

Grundformeln: Kinetische Energie

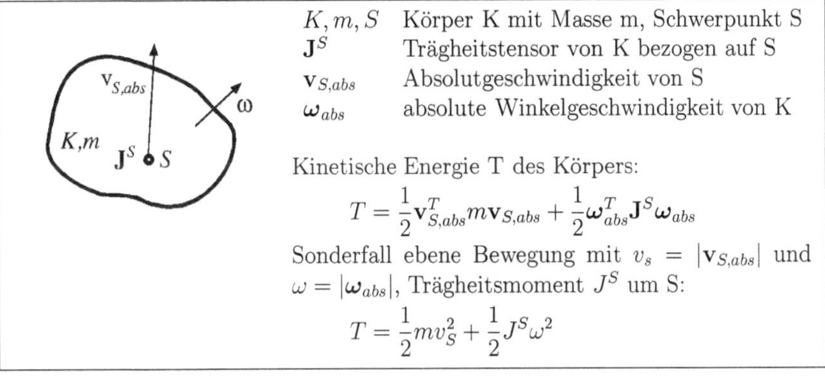

K, m, S	Körper K mit Masse m, Schwerpunkt S
$\mathbf{J}^S$	Trägheitstensor von K bezogen auf S
$\mathbf{v}_{S,abs}$	Absolutgeschwindigkeit von S
$\boldsymbol{\omega}_{abs}$	absolute Winkelgeschwindigkeit von K

Kinetische Energie T des Körpers:

$$T = \frac{1}{2}\mathbf{v}_{S,abs}^T m \mathbf{v}_{S,abs} + \frac{1}{2}\boldsymbol{\omega}_{abs}^T \mathbf{J}^S \boldsymbol{\omega}_{abs}$$

Sonderfall ebene Bewegung mit $v_s = |\mathbf{v}_{S,abs}|$ und $\omega = |\boldsymbol{\omega}_{abs}|$, Trägheitsmoment J^S um S:

$$T = \frac{1}{2}mv_S^2 + \frac{1}{2}J^S\omega^2$$

4.3.3 Energiesatz

Der Energiesatz beschreibt die Konstanz der Summe von potentieller und kinetischer Energie eines Körpers, wenn alle auf ihn wirkenden Kräfte (und Momente) konservativ sind, d.h. aus einer Potentialfunktion herleitbar sind. Dieses gilt z.B. für Graviationskräfte und Kräfte und Momente aus linearen, nicht reibungsbehafteten Federn. Im Gegensatz zu konservativen Kräften, die 'energieerhaltend' sind, wandeln nicht-konservative Kräfte einen Teil der Bewegungsenergie in dissipative Energieformen, z.B. Wärme, um. Ein geschwindigkeitsproportionaler Dämpfer mit dem Kraftgesetz $F = d \cdot \dot{x}$ ist kein konservatives Kraftelement, er wandelt kinetische Energie in thermische Energieformen um. Die Dämpfkraft F ist auch nicht als Gradient einer Ortsfunktion darstellbar.

Grundformeln: Energiesatz

K	Körper K in einem konservativen Kraftfeld
$T(t)$	kinetische Energie von K zur Zeit t
$V(t)$	potentielle Energie von K zur Zeit t

Energiesatz:

$$T(t) + V(t) = T_0 + V_0 = const.$$

Musteraufgabe 1

Eine Hülse H gleitet reibungsfrei auf einer vertikalen Stange und ist mit einer Feder (Federsteifigkeit c, ungespannte Länge $3a/2$) verbunden. Zum Zeitpunkt t_0 hat sie die Geschwindigkeit v_0, der Winkel zwischen Feder und horizontaler Ebene ist $\alpha_0 = 60^o$. Ein zweiter Körper K wird zum gleichen Zeitpunkt mit gleicher Geschwindigkeit aus der gleichen Höhe nach unten geworfen. Welcher Körper trifft zuerst mit welcher Geschwindigkeit am Boden auf ?

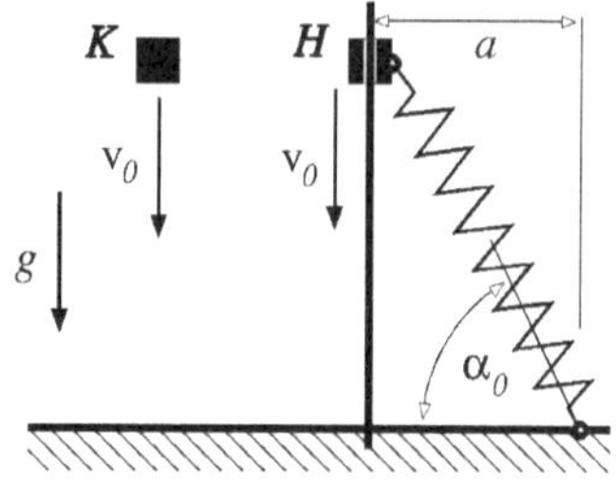

Lösung: Die Feder zieht zunächst an der Hülse, ab einer bestimmten Höhe aber drückt sie die Hülse wieder nach oben, die Bewegungsgleichung in vertikaler Richtung enthält diesen nichtlinearen Rückstellterm, ihre Lösung kann nicht so ohne weiteres angegeben werden.

Einfacher ist die Betrachtung von Energieniveaus, an beiden Körpern wirken ausschließlich konservative Kräfte, der Energiesatz kann folglich angewandt werden.

Die Ausgangshöhe beider Körper bezeichnen wir mit h, die momentane Länge der Feder mit l und die Massen von K und H mit m_K bzw. m_H. Die Federlänge l_0 in der Ausgangsposition ist über a und α_0 gegeben:

$$l_0 = \frac{a}{\cos\alpha_0} = 2a$$

Die Ausgangshöhe h ist ebenfalls leicht zu berechnen:

$$h(t_0) = 2a\sin\alpha_0 = a\sqrt{3}$$

Beziehen wir unsere potentielle Energie auf ein Nullniveau in Höhe des Bodens $h = 0$, erhalten wir für die potentiellen Energien beider Körper zum Zeitpunkt t_0 die Terme

$$\begin{aligned} V_{K0} &= m_K g a\sqrt{3} \\ V_{H0} &= m_H g a\sqrt{3} + \frac{c}{2}(l_0 - \frac{3}{2}a)^2 = m_H g a\sqrt{3} + \frac{ca^2}{8} \end{aligned}$$

Die kinetischen Energien haben die Form

$$T_{K0} = \frac{1}{2} m_K v_0^2 \quad \text{bzw.} \quad T_{H0} = \frac{1}{2} m_H v_0^2$$

Wir betrachten nun die Energieniveaus beider Körper zu den Zeitpunkten t_{1H} bzw. t_{1K} des Aufschlagens am Boden. Dort hat die Feder (bei idealer Geometrie des Systems) die Länge $l_1 = a$, beide Körper die Höhe $h = 0$, die potentiellen Energien ergeben sich zu

$$V_{K1} = 0; \qquad V_{H1} = \frac{c}{2}(l_1 - \frac{3}{2}a)^2 = \frac{ca^2}{8}$$

Die potentielle Energie der Feder in der um $a/2$ eingedrückten Lage entspricht exakt ihrer potentiellen Energie in der um $a/2$ ausgezogenen Lage (Ausgangslage), das Vorzeichen des Federwegs entfällt im Energieausdruck da er quadratisch in diesen eingeht. Aus der Energiebilanz für Körper K können wir seine Aufschlaggeschwindigkeit berechnen:

$$\begin{aligned} T_{K0} + V_{K0} &= T_{K1} + V_{K1} \\ \frac{1}{2} m_K v_0^2 + m_K g a \sqrt{3} &= \frac{1}{2} m_K v_1^2 \\ v_1 &= \sqrt{v_0^2 + 2ag\sqrt{3}} \end{aligned}$$

Ebenso können wir über die Energiebilanz für die Hülse die Aufschlaggeschwindigkeit der Hülse berechen:

$$\begin{aligned} T_{H0} + V_{H0} &= T_{H1} + V_{H1} \\ \frac{1}{2} m_H v_0^2 + m_H g a \sqrt{3} + \frac{ca^2}{8} &= \frac{1}{2} m_H v_1^2 + \frac{ca^2}{8} \\ v_1 &= \sqrt{v_0^2 + 2ag\sqrt{3}} \end{aligned}$$

Die Auftreffgeschwindigkeiten beider Körper sind also identisch, nicht aber der Auftreffzeitpunkt $t_{1H} < t_{1K}$! Die Hülse H hat zu jedem Zeitpunkt t zwischen t_0 und t_{1H} eine höhere Geschwindigkeit als Körper K, sie beschleunigt mit Hilfe der Feder sozusagen stärker und bremst gegen Ende des Fallweges auch stärker ab. Sie schlägt zuerst am Boden auf. Die Geschwindigkeit der Hülse zu einem allgemeinen Zeitpunkt t berechnet sich über die allgemeine Energiebilanz:

$$\begin{aligned} T_H + V_H &= \frac{m_H}{2} v^2 + m_H g h + \frac{c}{2}(l - \frac{3}{2}a)^2 \\ T_H + V_H &= T_0 + V_0 = \frac{m_H}{2} v_0^2 + m_H g a \sqrt{3} + \frac{ca^2}{8} \\ v &= \sqrt{v_0^2 + 2g(a\sqrt{3} - h) + \frac{c}{m_H}\left(\frac{a^2}{4} - (\frac{a}{\cos\alpha} - \frac{3a}{2})^2\right)} \end{aligned}$$

Für Körper K gilt eine identische Rechnung, es fehlt jedoch der letzte Term (der Federanteil) unter der Wurzel. Für den gesamten Fallweg ist dieser letzte Term jedoch größer als Null (gleich Null nur für $h = 0$ und $h = h_0 = a\sqrt{3}$), so daß die Geschwindigkeit der Hülse in jeder Höhe immer größer als diejenige von K ist.

Aufgabe 1:

Auf einer glatten Unterlage ($\mu = 0$) liegt eine Hülse H (Masse M), die mit einem Deckel D (Masse $m = \frac{M}{2}$) verschlossen ist. In der Hülse befindet sich eine masselose Feder F (Federkonstante c), die um den Weg a zusammengedrückt ist. Mit welcher Geschwindigkeit v_H bewegt sich die Hülse nach der Beschleunigungsphase nach rechts, wenn sich der Deckel plötzlich löst?

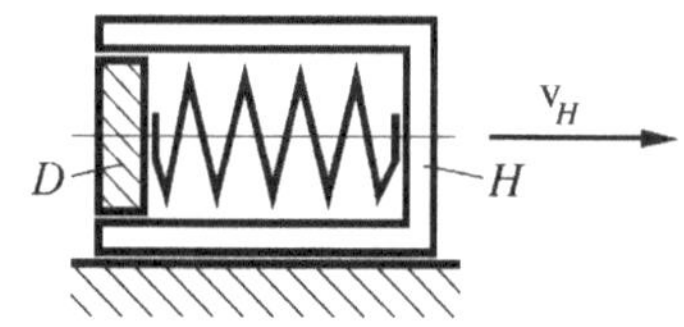

Aufgabe 2:

Auf einem Kreisring mit der Masse m_1, der auf einer horizontalen Ebene steht, ist im höchsten Punkt eine Punktmasse $m_2 = m_1$ befestigt. Infolge einer kleinen Störung der labilen Gleichgewichtslage beginnt der Ring zu rollen ohne zu gleiten und umzukippen. Wie groß ist die Winkelgeschwindigkeit des Rings als Funktion des Winkels Ψ ?

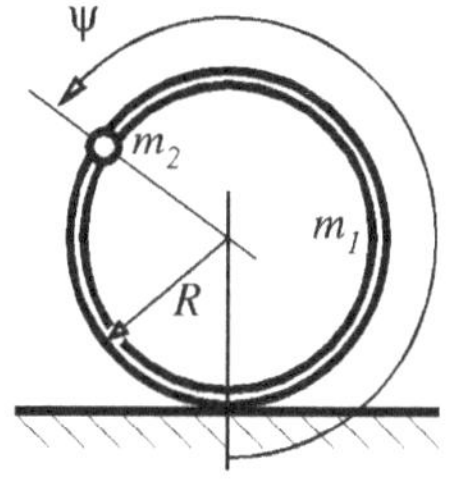

Aufgabe 3:

Ein Rad mit der Masse m, dem Radius r und dem Trägheitsradius k wird vom höchsten Punkt ($\varphi_0 = 0$) einer kreisförmigen Rollbahn vom Radius R stoßfrei losgelassen. Es soll reines Rollen angenommen werden.

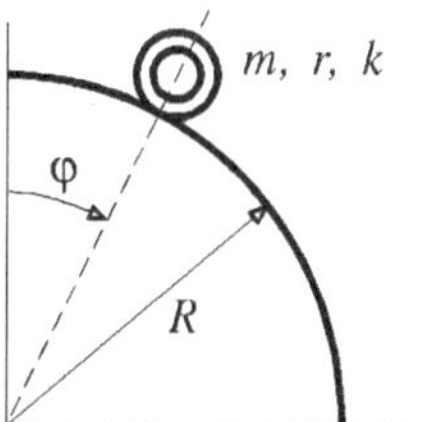

a) Bei welchem Winkel $\varphi = \varphi_1$ hört der Kontakt zwischen Rad und Rollbahn auf?

b) Wie groß ist $\varphi_1 = \varphi_1^*$, wenn das Rad einen dünnen Reifen bildet?

Aufgabe 4:

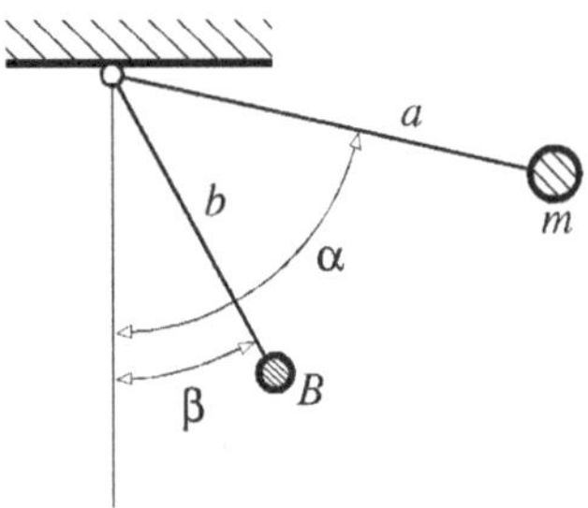

Eine Masse m ist an einem Faden mit der Länge a aufgehängt. Sie beginnt ihre Bewegung ohne Anfangsgeschwindigkeit in der durch α gegebenen Lage. Der Faden trifft auf einen zur Bewegungsebene senkrechten, inertialfesten dünnen Stift B, dessen Lage durch den Abstand b und den Winkel β gegeben ist.

a) Wie groß muß α mindestens sein, damit sich der Faden um den Stift B wickelt?
b) Wie groß ist die Änderung der Fadenkraft beim Beginn des Aufwickelns?

Aufgabe 5:

In Kugellagerfabriken wird eine spezielle Rollbahn zum Sortieren der Kugeln nach dem Durchmesser verwendet. Vereinfacht sieht das wie folgt aus: Eine Kugel rollt auf zwei Schienen abwärts und verläßt das Ende der Rollbahn in horizontaler Richtung mit der Mittelpunktsgeschwindigkeit v_0. Bis zum Fall auf eine um h tiefer gelegene horizontale Ebene legt sie die Sprungweite x_S zurück.
Gegeben sind: Masse m und Radius R der Kugel, Abstand $2a$ der Berührpunkte der Kugel auf den Schienen sowie die Höhen H und h. Das Trägheitsmoment einer Kugel für eine Achse durch den Mittelpunkt ist $J = \frac{2}{5}mR^2$.

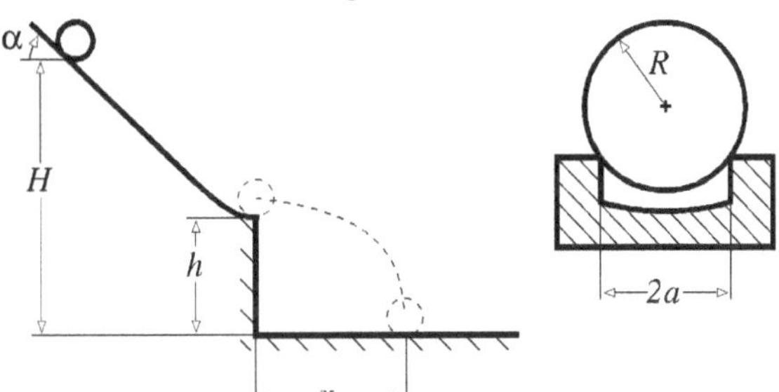

a) Wie lautet die Rollbedingung?
b) Mit welcher Mittelpunktsgeschwindigkeit v_0 verläßt die Kugel die Bahn, wenn sie aus der Höhe H stoßfrei losgelassen wird, und wie groß ist ihre Sprungweite x_S?
c) Welchen Wert H_{min} darf die Starthöhe H nicht unterschreiten, damit sich der Mittelpunkt der Kugel im Augenblick des Ablösens von der Bahn horizontal bewegt?
d) Welchen Neigungswinkel α_{max} darf die Bahn nicht überschreiten, damit beim Start kein Gleiten eintritt? Der Reibungswert μ_0 ist gegeben.

Aufgabe 6:

Ein dünner homogener Stab (Masse m, Länge b) wird aus der skizzierten Lage mit $\Phi = \Phi_0$ stoßfrei losgelassen und rutscht dann reibungsfrei an Wand und Boden entlang.

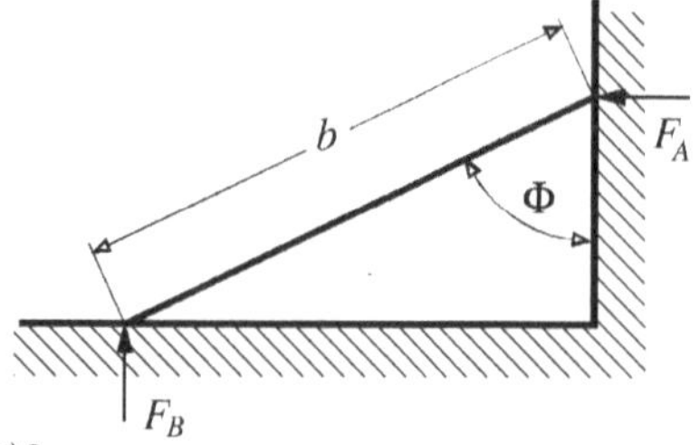

a) Wie groß ist die Winkelgeschwindigkeit $\dot{\Phi}(\Phi)$? Zur Lösung verwende man den Energiesatz.
b) Wie groß ist die Winkelbeschleunigung $\ddot{\Phi}(\Phi)$?
c) Wie groß sind $F_A(\Phi)$ und $F_B(\Phi)$?
d) Bei welchem Winkel $\Phi = \Phi_1$ löst sich der Stab von der Wand?
e) Wie groß ist die Winkelgeschwindigkeit $\dot{\Phi}(\Phi)$ für $\Phi > \Phi_1$?

Lösungen zu Kap. 4.3 Energiesatz

Aufgabe 1

Energiesatz : $T_0 + V_0 = T_1 + V_1$

$$m = \frac{M}{2} \qquad (1)$$

$$T_0 = 0$$

$$V_0 = V_{\text{Feder}} = \frac{1}{2}ca^2$$

$$T_1 = \frac{1}{2}(mv_D^2 + Mv_H^2)$$

$$V_1 = V_{\text{Feder}} = 0$$

$$\frac{1}{2}ca^2 = \frac{1}{2}(mv_D^2 + Mv_H^2) \qquad (2)$$

Impulssatz:

$$\frac{d\mathbf{p}}{dt} = \sum \mathbf{F}_a = 0 \quad \text{(keine äußeren Kräfte)} \quad \rightarrow \sum \mathbf{p}_i = \text{const.}$$

$$\rightarrow \qquad mv_D + Mv_H = 0 \qquad (3)$$

Einsetzen von (1) in (3):

$$v_H = -\frac{1}{2}v_D \quad ; \qquad v_H^2 = \frac{1}{4}v_D^2$$

$$\rightarrow \quad \frac{1}{2}ca^2 = Mv_H^2 + \frac{1}{2}Mv_H^2 \quad \rightarrow \quad v_H^2 = \frac{1}{3}\frac{ca^2}{M} = a\sqrt{\frac{c}{3M}}$$

Aufgabe 2

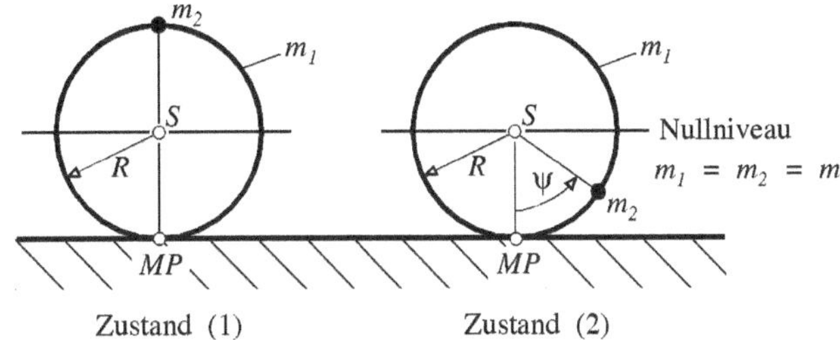

Energiesatz : $T^{(1)} + V^{(1)} = T^{(2)} + V^{(2)}$, potentielle Energien $V^{(1)}$ und $V^{(2)}$:

$$V^{(1)} = mgR; \qquad V^{(2)} = -mgR\cos\psi$$

Kinetische Energien $T^{(1)}$ und $T^{(2)}$:

$$T^{(i)} = T^{(i),Ring} + T^{(i),Masse} \qquad i = 1,2$$

Für Zustand $i = 1$ ist $T^{(1)} = 0$. Für Zustand $i = 2$ gilt

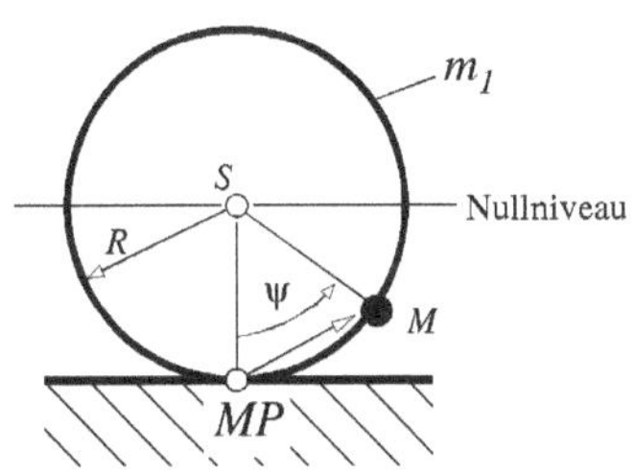

$$T^{(2),Ring} = \frac{1}{2}mv_S^2 + \frac{1}{2}J^S\omega^2$$

mit $\quad v_S = \omega R; \qquad \omega = \dot{\psi}$

$T^{(2),Ring}$ kann alternativ als Rotationsenergie um den Momentanpol bestimmt werden.

$$T^{(2),Ring} = \frac{1}{2}J^{MP}\omega^2$$

$$\rightarrow T^{(2),Ring} = mR^2\dot{\psi}^2$$

$$T^{(2),Masse} = \frac{1}{2}mv_M^2$$

Für v_M gilt mit dem Berührpunkt und Momentanpol MP:

$$\mathbf{v}_P = \boldsymbol{\omega} \times \mathbf{r}_{MP,P}$$

Ebenes Problem $\rightarrow \quad v_M = \dot{\psi} \cdot r_{MP,M}$. Der Abstand von MP nach M folgt aus dem Kosinussatz im Dreieck S, MP, M.

$$r_{MP,M}^2 = 2R^2(1 - \cos\psi); \qquad v_{MP,M}^2 = 2\dot{\psi}^2R^2(1 - \cos\psi)$$

$$T^{(2),Masse} = mR^2(1 - \cos\psi)\dot{\psi}^2$$

Die Energie zum Zeitpunkt (2) entspricht der Energie zum Zeitpunkt (1).

$$T^{(2)} = (mR^2(1 - \cos\psi) + mR^2)\dot{\psi}^2$$

$$mgR = mR^2(2 - \cos\psi)\dot{\psi}^2 - mgR\cos\psi$$

$$mgR(1+\cos\psi) = mR^2(2-\cos\psi)\dot{\psi}^2 \quad \rightarrow \quad \dot{\psi} = \sqrt{\frac{g(1+\cos\psi)}{R(2-\cos\psi)}}$$

Aufgabe 3

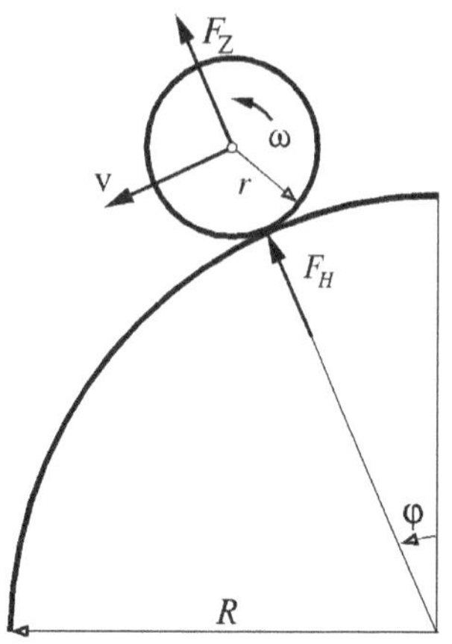

a) Die Walze hebt ab, wenn die Normalkraft gerade gleich der Zentrifugalkraft ist.

$$|F_N| = |F_Z|$$

$$\frac{mv_1^2}{R+r} = mg\cos\varphi_1$$

Der Abhebewinkel φ_1 folgt aus der Energieerhaltung und der Rollbedingung.

$$\omega = \frac{v_1}{r}$$

$$T(\varphi=0)+V(\varphi=0) =$$
$$T(\varphi=\varphi_1)+V(\varphi=\varphi_1)$$

Energiegleichungen aufstellen, Rollbedingung einsetzen.

$$mg(R+r) = \frac{1}{2}mv_1^2 + \frac{1}{2}J\omega^2 + mg(R+r)\cos\varphi_1$$

$$g(R+r)(1-\cos\varphi_1) = \frac{1}{2}v_1^2(1+\frac{k^2}{r^2})$$

Mit Hilfe der Abhebebedingung kann v_1 durch φ_1 ersetzt werden.

$$1-\cos\varphi_1 = \frac{1}{2}\cos\varphi_1(1+\frac{k^2}{r^2}) \quad \rightarrow \quad \cos\varphi_1 = \frac{2}{3+\frac{k^2}{r^2}}$$

b) Sonderfall dünner Reifen:

$$k \rightarrow r \Rightarrow \cos\varphi_1^* = \frac{1}{2} \quad \rightarrow \quad \varphi_1^* = 60^\circ$$

Aufgabe 4

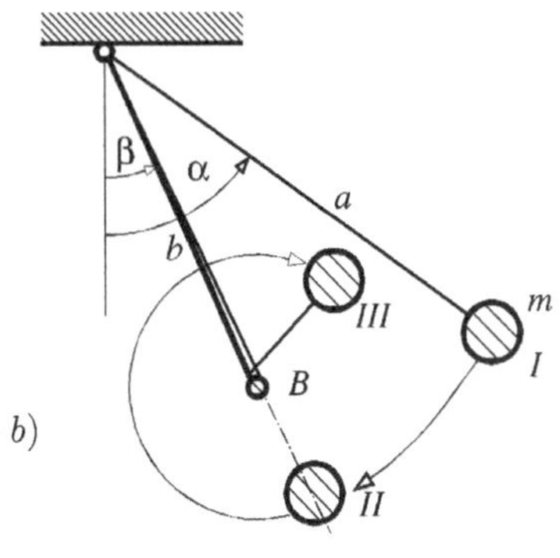

a) In der Position III muß die Umfangsgeschwindigkeit der Masse mindestens so groß sein, daß die Zentrifugalkraft das Gewicht kompensiert:

$$mg = \frac{mv_{III}^2}{a-b} \quad \Rightarrow \quad v_{III}^2 = g(a-b)$$

Winkel α aus Energieerhaltungssatz :

$$T_I + V_I = T_{III} + V_{III}$$

$$-mga\cos\alpha = \frac{1}{2}mv_{III}^2 - mg(b\cos\beta - (a-b)$$

$$-mga\cos\alpha = -mg(b\cos\beta - \frac{3}{2}(a-b))$$

$$\alpha = \arccos(\frac{1}{a}(b\cos\beta - \frac{3}{2}(a-b)))$$

b) Die Änderung der Fadenkraft entspricht der Änderung der Zentripetalkraft durch Einsetzen des Aufwickelvorgangs (II). Geschwindigkeit bei Beginn des Aufwickelns bestimmen.

$$T_I + V_I = T_{II} + V_{II}$$

$$-mga\cos\alpha = \frac{1}{2}mv_{II}^2 - mga\cos\beta; \qquad v_{II}^2 = 2ga(\cos\beta - \cos\alpha)$$

Zentripetalkraft bei Beginn des Aufwickelns bestimmen. Der Faden hat den Stift B gerade noch nicht berührt:

$$F_{Z,II,1} = \frac{mv_{II}^2}{a} = 2gm(\cos\beta - \cos\alpha)$$

Die Zentripetalkraft zum Zeitpunkt des Berührens lautet:

$$F_{Z,II,2} = \frac{mv_{II}^2}{a-b} = \frac{2gma(\cos\beta - \cos\alpha)}{a-b}$$

Die Änderung der Fadenkraft ist die Differenz beider Kräfte.

$$\Delta F = F_{Z,II,1} - F_{Z,II,2} = 2gma(\cos\beta - \cos\alpha)(\frac{1}{a-b} - \frac{1}{a})$$

$$\Delta F = \frac{2gmb(\cos\beta - \cos\alpha)}{a-b}$$

Aufgabe 5

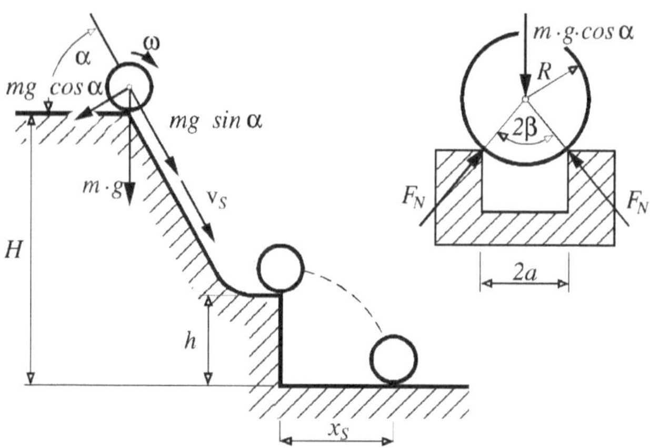

a) Rollbedingung:

$$v_S = \omega R^*.$$

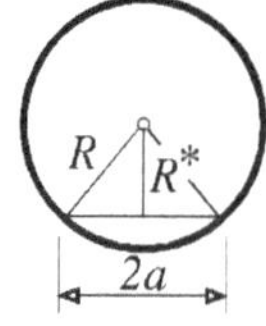

Aus der Geometrie folgt:

$$R^* = \sqrt{R^2 - a^2}$$
$$v_S = \omega\sqrt{R^2 - a^2}.$$

b) Geschwindigkeit v_0 über Energieerhaltungssatz:

$$mg(H-h) = \frac{1}{2}mv_0^2 + \frac{1}{2}J\omega_0^2 = \frac{1}{2}mv_0^2 + \frac{1}{2}(\frac{2}{5}mR^2)(\frac{v_0^2}{R^2-a^2})$$

$$v_0 = \sqrt{\frac{g(H-h)}{\frac{1}{2}+\frac{1}{5}\frac{R^2}{(R^2-a^2)}}}$$

Sprungweite x_S: $x_S = v_0 t$

$$h = \frac{1}{2}gt^2 \qquad t = \sqrt{\frac{2h}{g}} \qquad x_S = 2\sqrt{\frac{h(H-h)(R^2-a^2)}{\frac{7}{5}R^2 - a^2}}$$

c) Im Augenblick des Ablösens kann man sich die Kugel durch einen Stab im Ablösepunkt ersetzt denken. M ist dann der Momentanpol ; S der Schwerpunkt des Stabes. Wirkt im Momentanpol eine vertikale Kraft von der Unterlage auf den Stab, so kippt dieser um den Momentanpol. Wirkt keine vertikale Kraft, so bewegt sich der Schwerpunkt S horizontal weiter: das Gewicht des Stabes wird momentan von der Zentripetalkraft kompensiert.

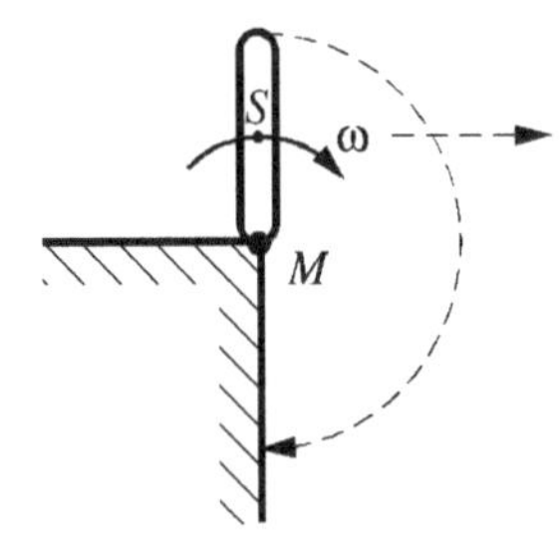

$$mg = m\omega^2 R^*$$
$$v_{0,min}^2 = g\sqrt{R^2 - a^2}$$

mit v_0 aus obigem Energieerhaltungssatz auch

$$\frac{2g(H_{min} - h)(R^2 - a^2)}{\frac{7}{5}R^2 - a^2} = g\sqrt{R^2 - a^2} \quad \rightarrow \quad H_{min} = h + \frac{\frac{7}{5}R^2 - a^2}{2\sqrt{R^2 - a^2}}$$

d) Reibgesetz bei Haftreibung:

$$F_R \leq 2\mu_0 F_N$$

Normalkraft (GGW an der Kugel) :

$$2F_N \cos\beta = mg\cos\alpha \qquad ; \qquad \cos\beta = \frac{R^*}{R} = \sqrt{1 - \frac{a^2}{R^2}}$$

$$F_R = \mu_0 mg \frac{\cos\alpha}{\sqrt{1 - \frac{a^2}{R^2}}}$$

Impulssatz und Drallsatz für die Kugel:

$$m\ddot{x}_S = mg\sin\alpha - F_R; \qquad J\dot{\omega} = F_R\sqrt{R^2 - a^2}$$

Verknüpfung von Drall- und Impulssatz über die Rollbedingung:

$$\frac{2}{5}R^2(g\sin\alpha - \frac{F_R}{m}) = \frac{F_R}{m}(R^2 - a^2)$$

F_R nach Reibungsgesetz:

$$\frac{2}{5}R^2(\sin\alpha - \mu_0\frac{\cos\alpha}{\sqrt{1 - (\frac{a}{R})^2}}) = \mu_0\cos\alpha\frac{1}{\sqrt{1 - (\frac{a}{R})^2}}(R^2 - a^2)$$

$$\tan\alpha = \mu_0\frac{1}{2\sqrt{1 - (\frac{a}{R})^2}}(7 - 5(\frac{a}{R})^2)$$

Aufgabe 6

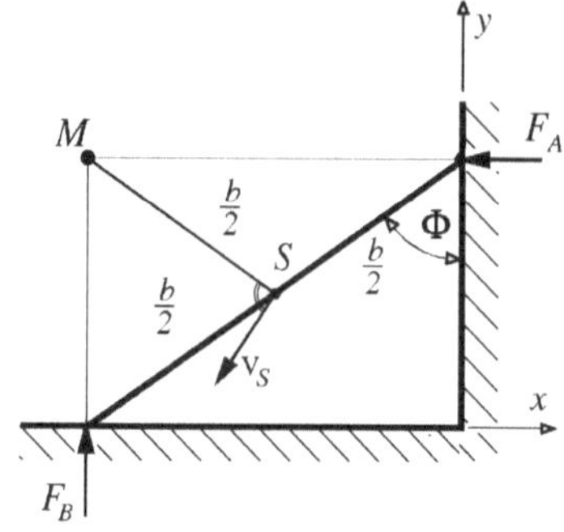

Geometrie:

$$x_S = -\frac{b}{2}\sin\Phi; \qquad y_S = \frac{b}{2}\cos\Phi$$

Massenträgheitsmoment:

$$J_S = \frac{1}{12}mb^2$$

a) Energieerhaltungssatz: $V_0 = T + V$

Potentielle Energie:

$$V = mgy_S = mg\frac{b}{2}\cos\Phi$$

Die kinetische Energie ist für einen beliebigen Bezugspunkt P gleich

$$T = \frac{1}{2}m\mathbf{v}_P^T\mathbf{v}_P + m\mathbf{v}_P(\boldsymbol{\omega}\times\mathbf{r}_{PS}) + \frac{1}{2}\boldsymbol{\omega}^T J^{(P)}\boldsymbol{\omega}$$

Für den Momentanpol M als Bezugspunkt wird

$$\mathbf{v}_M = 0; \qquad \omega = \dot{\Phi}; \qquad J^M = J^S + m(\frac{b}{2})^2$$

Für die kinetische Energie folgt damit

$$T = \frac{1}{6}mb^2\dot{\Phi}^2.$$

Aus dem Energieerhaltungssatz ergibt sich:

$$mg\frac{b}{2}\cos\Phi_0 = mg\frac{b}{2}\cos\Phi + \frac{1}{6}mb^2\dot{\Phi}^2 \quad\rightarrow\quad \dot{\Phi} = \sqrt{3\frac{g}{b}(\cos\Phi_0 - \cos\Phi)}$$

b) Winkelbeschleunigung aus zeitlicher Ableitung von $\dot{\Phi}$:

$$\ddot{\Phi} = \frac{3\frac{g}{b}\sin\Phi\dot{\Phi}}{2\sqrt{3\frac{g}{b}(\cos\Phi - \cos\Phi_0)}} = \frac{3g}{2b}\sin\Phi$$

c) Impulssätze für den Stab in $x-$, und $y-$Richtung:

Beschleunigungen aus der Geometriebedingung.

$$\ddot{x}_S = -\frac{b}{2}\ddot{\Phi}\cos\Phi + \frac{b}{2}\dot{\Phi}^2\sin\Phi; \qquad \ddot{y}_S = -\frac{b}{2}\ddot{\Phi}\sin\Phi - \frac{b}{2}\dot{\Phi}^2\cos\Phi$$

Impulssätze:

$$m\ddot{x}_S = -F_A; \qquad m\ddot{y}_S = -mg + F_B$$

Einsetzen der Ergebnisse aus a) und b):

$$F_A = \frac{3}{2}mg\sin\Phi(\frac{3}{2}\cos\Phi - \cos\Phi_0)$$

$$F_B = mg(1 - \frac{3}{4}\sin^2\Phi - \frac{3}{2}\cos\Phi(\cos\Phi_0 - \cos\Phi))$$

d) Bedingung für das Ablösen von der Wand: $F_A = 0$

$$\cos\Phi_1 = \frac{2}{3}\cos\Phi_0$$

e) Auch für den freien Stab gilt der Energieerhaltungssatz; Bezugspunkt ist jetzt aber der Schwerpunkt S. Die kinetische Energie lautet

$$T = \frac{1}{2}mv_S^2 + \frac{1}{2}J^{(S)}\dot{\Phi}^2.$$

Energieerhaltung:

$$mg\frac{b}{2}\cos\Phi_0 = mg\frac{b}{2}\cos\Phi + \frac{1}{2}mv_S^2 + \frac{1}{2}(\frac{1}{12}mb^2)\dot{\Phi}^2$$

Die Schwerpunktsgeschwindigkeit des freien Stabs mit $\dot{y}_S$ aus der Geometrie lautet:

$$v_S = \sqrt{\dot{x}_S^2 + \dot{y}_S^2}; \qquad \dot{y}_S = -\frac{b}{2}\sin\Phi\dot{\Phi}$$

Die Geschwindigkeit $\dot{x}_S$ erhält man aus der Integration des Impulssatzes in x–Richtung. Da $F_A = 0$ ist, wirkt keine Kraft in x–Richtung. Für die Beschleunigung gilt dann: $\ddot{x}_S = 0$

$$\dot{x}_S = const. = \dot{x}_S(\Phi = \Phi_1) = -\frac{1}{3}b\sqrt{\frac{g}{b}\cos^3\Phi_0}$$

Nach Einsetzen in den Energieerhaltungssatz ergibt sich für Winkel $\Phi > \Phi_1$:

$$\dot{\Phi} = \sqrt{\frac{12g(\cos\Phi_0 - \cos\Phi) - g\frac{4}{3}\cos^3\Phi_0}{(3\sin^2\Phi + 1)b}}$$

4.4 Stoßprobleme

Die Betrachtung von Stoßproblemen beschränkt sich hier auf starre Körper. Weiterhin wird eine vernachlässigbar kurze Stoßzeit (Zeit, während der zwei Stoßkörper miteinander in Kontakt stehen) angenommen.

Das Stoßproblem wird somit auf eine reine Betrachtung der Bewegungszustände der Stoßkörper kurz vor und kurz nach dem Stoß reduziert. Die während des Stoßes wirkenden Kräfte $F(t)$ und Momente $M(t)$ auf einen Körper werden über die Stoßzeit integriert und zum Kraftstoß (übertragener Impuls) bzw. Momentenstoß (übertragener Drall) zusammengefaßt.

Der genaue Verlauf der Kontaktkraft (bzw. des Kontaktmomentes) muß somit nicht bekannt sein, die Stoßgleichungen sind Bilanzen von Impuls und Drall vor und nach dem Stoß.

Notation: Stoßprobleme

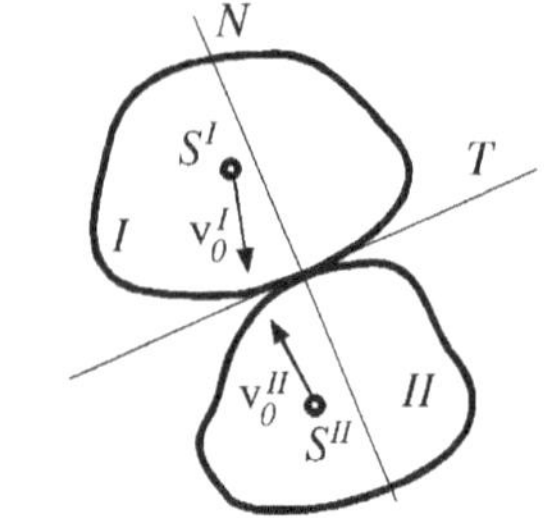

Indizes:

Unten 0:	Zustand direkt vor dem Stoß
Unten 1:	Zustand direkt nach dem Stoß
Oben I,II,etc.:	Körpernummer

Bezeichnungen:

N	Stoßnormale
T	Berührungsebene (Tangentialebene)

Tabelle: Einteilung der Stößе

gerade ↔ schief: Der Stoß ist gerade, wenn die Geschwindigkeitsvektoren $\mathbf{v}_0^I$ und $\mathbf{v}_0^{II}$ auf der Stoßnormalen N liegen, ansonsten ist er schief.

zentral ↔ exzentrisch: Ein Stoß ist zentral, wenn die Massenmittelpunkte S_I und S_{II} auf der Stoßnormalen liegen, ansonsten ist er exzentrisch.

elastisch ↔ teilplastisch ↔ plastisch: Der Stoß ist elastisch, wenn die Summe der kinetischen Energien $T_0^I + T_0^{II}$ vor dem Stoß der Summe $T_1^I + T_1^{II}$ nach dem Stoß entspricht. In einem teilelastischen Stoß wird ein Teil der Energie in dissipative Energien umgewandelt und in einem plastischen Stoß haben beide Stoßkörper nach dem Stoß keine relative Geschwindigkeit mehr in Normalenrichtung.

rauh ↔ glatt: Bei einem rauhen Stoß können auch Kräfte in der Tangentialebene übertragen werden, bei einem glatten Stoß nicht.

Grundformeln: Stoßzahl ε

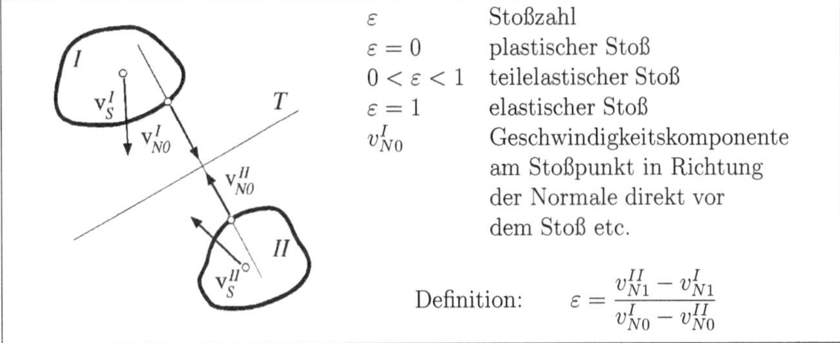

ε	Stoßzahl
$\varepsilon = 0$	plastischer Stoß
$0 < \varepsilon < 1$	teilelastischer Stoß
$\varepsilon = 1$	elastischer Stoß
v_{N0}^{I}	Geschwindigkeitskomponente am Stoßpunkt in Richtung der Normale direkt vor dem Stoß etc.

Definition: $$\varepsilon = \frac{v_{N1}^{II} - v_{N1}^{I}}{v_{N0}^{I} - v_{N0}^{II}}$$

Musteraufgabe 1

Die skizzierte Schranke (schlanker homogener Balken, Masse M, Länge $4a$) ist in A reibungsfrei drehbar gelagert. Aufgrund einer kleinen Störung fällt sie aus der vertikalen instabilen Gleichgewichtslage $\varphi = 0$ um und schlägt mit der Winkelgeschwindigkeit $\dot{\varphi}_0$ auf das Lager B auf. Der Stoß im Lager B erfolgt teilplastisch mit der Stoßzahl ε.

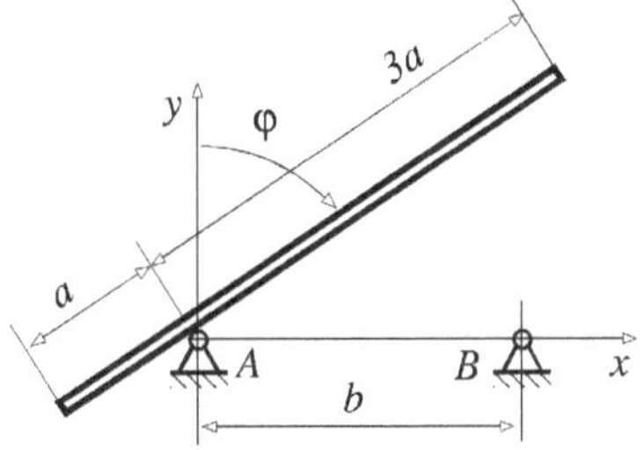

a) Wie groß ist das Trägheitsmoment der Schranke um den Punkt A ?
b) Wie groß ist die potentielle Energie der Schranke in Abhängigkeit von φ ?
c) Wie ist die kinetische Energie der Schranke in Abhängigkeit von $\dot{\varphi}$?
d) Wie groß ist die Winkelgeschwindigkeit $\dot{\varphi}$ als Funktion des Fallwinkels φ ?
e) Wie groß ist die Winkelbeschleunigung $\ddot{\varphi}$ als Funktion des Fallwinkels φ ?
f) Wie groß ist die Lagerkraft in A während des Fallens ?
g) Wie groß ist der Kraftstoß im Lager A beim Aufschlagen der Schranke ?
h) Welche Höhe erreicht der Schrankenschwerpunkt nach dem Stoß ?

Lösung: Die Reihenfolge der Fragen in dieser Diplomvorprüfungsaufgabe bestimmt auch schon den Lösungsweg. Für den Drall- und Energiesatz der Schranke benötigen wir zunächst das Massenträgheitsmoment der Schranke. Den Drallsatz stellen wir hier nicht um den Schwerpunkt der Schranke, sondern um den festen Drehpunkt (Momentanpol) A auf (vgl. Sonderfälle des Drallsatzes). Wir benötigen dementsprechend das Trägheitsmoment der Schranke um ihre Drehachse durch diesen Punkt. Die Berechnung stellt mit Hilfe des Satzes von HUYGENS-STEINER kein größeres Problem dar:

$$J_z^A = J_z^S + Ma^2 = M\frac{(4a)^2}{12} + Ma^2 = \frac{7}{3}Ma^2$$

Zu b): Die potentielle Energie V der Schranke bestimmen wir allein aus der $y-$Komponente ihres Schwerpunktes, da außer der Schwerkraft keine weiteren äußeren Kräfte Arbeit an ihr leisten.

$$V = Mgy_S + C_0 = Mga\cos\varphi$$

Die beliebig wählbare additive Konstante C_0 setzen wir gleich Null, d.h. wir wählen unser Nullniveau auf Höhe des Lagerpunktes A. Zu c): Die kinetische Energie T bestimmen wir einfach nach Grundformel, für einen festen Momentanpol gilt:

$$T = \frac{1}{2}J\omega^2 \quad \rightarrow \quad T = \frac{1}{2}J^A\dot{\varphi}^2 = \frac{7}{6}Ma^2\dot{\varphi}^2$$

Zu d): Die Winkelgeschwindigkeit folgt jetzt aus dem Winkel über den Energiesatz:

$$T + V = T_0 + V_0 = 0 + Mga = \frac{7}{6}Ma^2\dot{\varphi}^2 + Mga\cos\varphi$$

$$\rightarrow \quad \dot{\varphi} = \sqrt{\frac{6g}{7a}(1-\cos\varphi)}$$

Zu e): Die Winkelbeschleunigung tritt in Energietermen nicht auf. Um Beschleunigungen oder Winkelbeschleunigungen zu bestimmen, benutzt man entweder Impulssatz und Drallsatz oder man differenziert die Energieterme nach der Zeit. Wir wählen die erste Methode und benutzen den festen Momentanpol A der Schranke als Bezugspunkt für den Drallsatz. Um diesen Punkt hat nur das Eigengewicht Mg im Hebelarm $a\sin\varphi$ ein Moment, es gilt der Drallsatz im ebenen Sonderfall

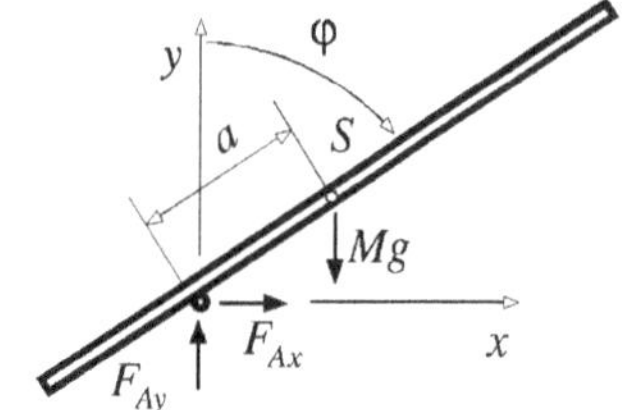

$$J_z^A\ddot{\varphi} = Mga\sin\varphi \quad \rightarrow \quad \ddot{\varphi} = \frac{3g}{7a}\sin\varphi$$

Der Impulssatz bezieht sich immer auf den Schwerpunkt des betrachteten Körpers, da wir für f) die waagerechte Lagerkraftkomponente suchen, berechnen wir die waagerechte Komponente der Absolutbeschleunigung des Schwerpunktes S. Dieses geht standardmäßig über das Aufstellen und Ableiten eines Ortsvektors zum Schwerpunkt S, wir wählen etwa den Vektor von A nach S:

$$\mathbf{r}_{AS} = a\begin{pmatrix}\sin\varphi\\ \cos\varphi\\ 0\end{pmatrix} \quad \rightarrow \quad \mathbf{a}_{S,abs} = a\begin{pmatrix}\ddot{\varphi}\cos\varphi - \dot{\varphi}^2\sin\varphi\\ -\ddot{\varphi}\sin\varphi - \dot{\varphi}^2\cos\varphi\\ 0\end{pmatrix}$$

Wir haben bereits unter d) und e) die Winkelgeschwindigkeit und -Beschleunigung als Funktion von φ bestimmt, setzen wir diese Ausdrücke in die absolute Beschleunigung $\mathbf{a}_{S,abs}$ des Schrankenschwerpunktes ein, erhalten wir

$$\mathbf{a}_{S,abs}(\varphi) = \frac{g}{7}\begin{pmatrix} 9\sin\varphi\cos\varphi - 6\sin\varphi \\ -3 - 6\cos\varphi + 9\cos^2\varphi \\ 0 \end{pmatrix}$$

f) Der Impulssatz für die Schranke hat dann die einfache Form

$$M\mathbf{a}_{S,abs} = \sum \mathbf{F} + M\mathbf{g}$$

$$\rightarrow \quad \begin{pmatrix} F_{Ax} \\ F_{Ay} - Mg \\ 0 \end{pmatrix} = M\frac{g}{7}\begin{pmatrix} 9\sin\varphi\cos\varphi - 6\sin\varphi \\ -3 - 6\cos\varphi + 9\cos^2\varphi \\ 0 \end{pmatrix}$$

$$F_{Ax} = Mg(\frac{9}{7}\sin\varphi\cos\varphi - \frac{6}{7}\sin\varphi)$$

$$F_{Ay} = Mg(\frac{4}{7} - \frac{6}{7}\cos\varphi + \frac{9}{7}\cos^2\varphi)$$

g) Wir können aus d) sofort die Winkelgeschwindigkeit $\dot{\varphi}_0$ vor dem Stoß angeben, dort wird $\cos\varphi = 0$ und

$$\dot{\varphi}_0 = \sqrt{\frac{6g}{7a}} \quad ,$$

die Geschwindigkeit des Punktes P auf der Schranke, der auf B aufschlägt, ist direkt vor und nach dem Stoß vertikal und hat vor dem Stoß den Betrag $v_{P,0} = -\dot{\varphi}_0 b$ (entgegen der y- Achse). Die Stoßtangente wird am Lager B als waagerecht angenommen, so daß die Geschwindigkeit von P auch gleichzeitig die Geschwindigkeit in Stoßnormalenrichtung ist. Da der Lagerpunkt B obendrein inertialfest ist, ist v_P auch die Relativgeschwindigkeit v_N vor und nach dem Stoß. Die Stoßzahl ϵ ist bekannt, es gilt nach Grundformel:

$$\varepsilon = \frac{v_{N1}^{II} - v_{N1}^{I}}{v_{N0}^{I} - v_{N0}^{II}}$$

Körper I ist z.B. die Schranke, Körper II die Umgebung mit den Lagern. Die Geschwindigkeiten mit dem Index II sind dann automatisch Null, es gilt

$$\varepsilon = -\frac{v_{N1}^{I}}{v_{N0}^{I}} = -\frac{v_{P1}}{v_{P0}} \quad \rightarrow \quad v_{P1} = -\varepsilon v_{P0} = \varepsilon b\dot{\varphi}_0$$

Damit haben wir aber auch sofort die Winkelgeschwindigkeit der Schranke nach dem Stoß, $\dot{\varphi}_1 = -\varepsilon\dot{\varphi}_0$.

Zur Berechnung der während des Stoßintervalles übertragenen Impulse (Kraftstoß) in den Lagern betrachten wir die globale Impuls- und Drallbilanz. Dazu schneiden wir die Schranke in beiden Lagern frei. Im Gegensatz zu bisherigen Kräftegleichgewichten betrachten wir nunmehr ein kurzes Zeitintervall und nicht einen einzelnen Zeitpunkt. Während des Stoßintervalles gilt der Impulssatz in vertikaler Richtung:

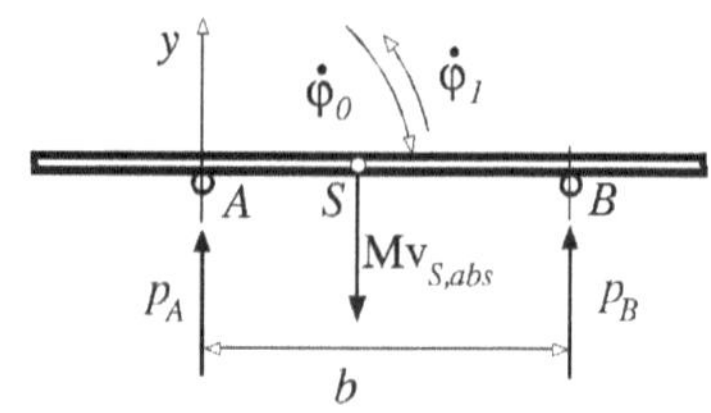

$$M\frac{d}{dt}v_{S,y} = F_{A,y} + F_{B,y} - Mg$$

Wir integrieren den Impulssatz über das Stoßzeitintervall Δt auf und erhalten eine Impulsgleichung:

$$M(v_{S1} - v_{S0}) = p_A + p_B - Mg\Delta t$$

mit den übertragenen Impulsen $p_A = \int_{\Delta t} F_A dt$ und $p_B = \int_{\Delta t} F_B dt$, für $\Delta t \to 0$ verschwindet weiterhin der Impuls $Mg\Delta t$. Die vertikalen Geschwindigkeiten des Schwerpunktes sind bekannt:

$$v_{S0} = -a\dot{\varphi}_0 \quad \text{und} \quad v_{S1} = -a\dot{\varphi}_1 = a\varepsilon\dot{\varphi}_0$$

Bezüglich eines beliebigen inertialfesten Punktes Q gilt weiterhin die Drallerhaltung, Summe der Drallanteile bezüglich Q vor dem Stoß gleich Summe der Drallanteile bezüglich Q nach dem Stoß. Dabei haben auch die Impulse $\mathbf{p}_A$ und $\mathbf{p}_B$ einen Drallanteil bezüglich dieses beliebigen Punktes Q, nämlich die Anteile $\mathbf{r}_{QA} \times \mathbf{p}_A$ bzw. $\mathbf{r}_{QB} \times \mathbf{p}_B$ (vgl. Grundformel 'Drall'). Wir wählen den Lagerpunkt A als Bezugspunkt und betrachten die Anteile um die $z-$ Achse. Die Drallbilanz lautet:

$$L_0^A + bp_B = L_1^A$$

Der Drallanteil L der Schranke um die z- Achse vor und nach dem Stoß berechnet sich zu

$$L_0^A = -J_z^A\dot{\varphi}_0 \quad \text{und} \quad L_1^A = -J_z^A\dot{\varphi}_1 = J_z^A\varepsilon\dot{\varphi}_0$$

Der Drall vor dem Stoß hat negatives Vorzeichen, er ist entgegen positiver Drehrichtung um die $z-$ Achse gerichtet. Eingesetzt in die Drallbilanz ergibt sich dann sofort:

$$p_B = \frac{1}{b}J_z^A(1+\varepsilon)\dot{\varphi}_0 = M\frac{a^2}{b}(1+\varepsilon)\sqrt{\frac{14g}{3a}}$$

Das Ergebnis für $\mathbf{p}_B$ können wir sofort in die Impulsbilanz einsetzen und erhalten für den Kraftstoß im Lager A:

$$\begin{aligned} p_A &= -p_B + M(v_{S1} - v_{S0}) \\ &= Ma(1+\varepsilon)(1 - \frac{7a}{3b})\sqrt{\frac{6g}{7a}} \end{aligned}$$

Der Kraftstoß verschwindet demzufolge für $3b = 7a$, die Länge $b = 7a/3$ ist die sogenannte 'reduzierte Pendellänge' der Schranke.

h) Die kinetische Energie der Schranke direkt nach dem Stoß ist schnell angegeben, wir haben eine Drehung um das Lager A:

$$T_1 = \frac{1}{2} J_z^A \dot{\varphi}_1^2 = Ma\varepsilon^2 g$$

Diese Energie wandelt sich dann wieder (im reibungsfreien Fall) in potentielle Energie um. Nach dem Stoß erreicht der Schrankenschwerpunkt eine maximale Höhe $y_{S,max}$, deren potentieller Energie der kinetischen Energie nach dem Stoß entspricht:

$$V = Mgy_{S,max} = T_1 \quad \rightarrow \quad y_{S,max} = a\varepsilon^2$$

Ist die Stoßzahl ε gleich Eins (elastischer Stoß), erreicht die Schranke wieder ihre Ausgangslage $y_S = a, \quad \varphi = 0$, es geht beim Stoß keine Energie verloren. Für $\varepsilon = 0$ hingegen bleibt die Schranke gleich auf dem Lager B liegen (plastischer Stoß).

Aufgabe 1:

Auf einer in ihrem Schwerpunkt S reibungsfrei drehbar gelagerten Wippe AB (Trägheitsmoment J bzgl. S, Länge l) liegt im Punkt B eine Punktmasse $m_I = m$. Eine gleichgroße Punktmasse $m_{II} = m$ wird aus der Höhe $H = 3h$ fallengelassen und trifft im Punkt A auf die Wippe (plastischer Stoß). Durch diesen ersten Stoß dreht sich die Wippe AB zusammen mit den beiden Punktmassen. In der gestrichelt skizzierten Lage schlägt die Wippe mit dem Punkt A auf dem Boden auf (plastischer Stoß).

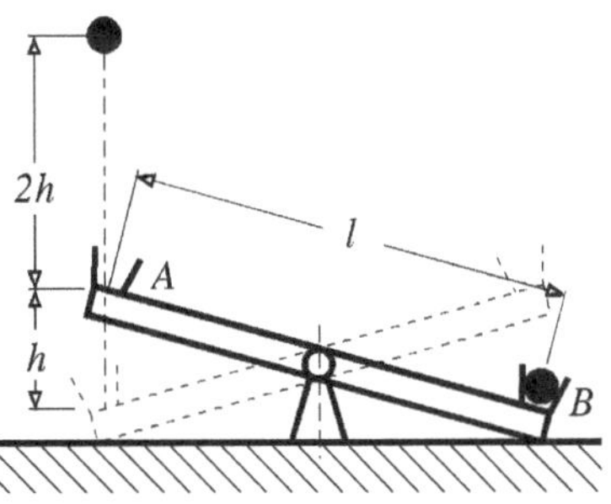

a) Wie groß ist die Geschwindigkeit v_0^{II} der Punktmasse m_{II} unmittelbar vor dem ersten Stoß?

b) Wie groß ist die Winkelgeschwindigkeit ω_1 der Wippe nach dem ersten Stoß?

c) Wie groß ist der Betrag des Kraftstoßes $\int F_S dt$ im Lager S beim ersten Stoß?

d) Welche maximale Höhe H_p^I über dem Boden erreicht die Punktmasse m_I nach dem zweiten Stoß?

e) Welche maximale Höhe H_e^I über dem Boden erreicht die Punktmasse m_I nach dem zweiten Stoß, falls dieser rein elastisch erfolgt?

Aufgabe 2:

Ein Schiff S nähert sich nach dem Abstellen des Motors mit einer Restgeschwindigkeit $v_0 = 0,3\frac{m}{s}$ einem Prahm P (flacher Schwimmkörper), an dem es nach Erreichen der gestrichelt gezeichneten Stellung festgebunden wird. Der Prahm sei vor dem Anlegen in Ruhe. Schiff und Prahm sollen für die Dauer des Anlegemanövers als im Wasser frei beweglich angesehen werden; der Wasserwiderstand soll vernachlässigt werden. Die Daten seien:

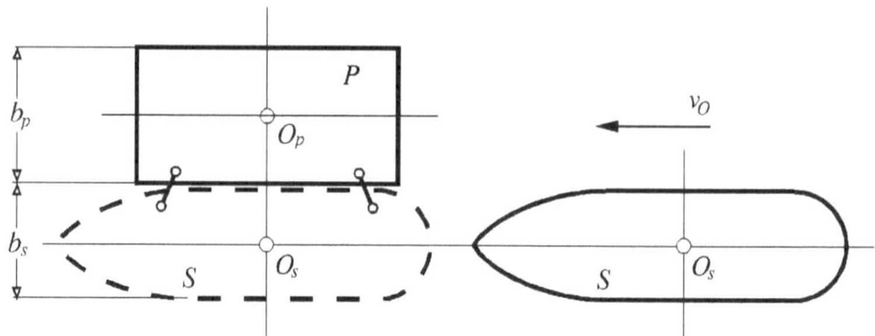

Massen:	$m_S = 20$ t	$m_P = 10$ t
Breiten:	$b_S = 3$ m	$b_P = 4$ m
Trägheitsmomente bezüglich der Schwerpunkte O_S bzw. O_P:	$J_S = 200tm^2$	$J_P = 40tm^2$

a) Wie ist der Bewegungszustand des fest verbundenen Systems Schiff und Prahm unmittelbar nach dem Anlegemanöver? Dabei sind die Geschwindigkeit $\mathbf{v}$ des gemeinsamen Schwerpunktes und die Winkelgeschwindigkeit ω zu berechnen.

b) Wie groß ist der durch die Kräfte senkrecht zur Anlegefläche entstehende Momentenstoß $\int M dt$, der zwischen Schiff und Prahm während des Anlegens wirksam ist?

c) Wie groß müßte die Breite des Prahms (bei gleichem J_P) sein, wenn $\int M dt = 0$ werden soll?

d) Wie groß ist die in der Berührebene übertragene mittlere Bremskraft, wenn das Abbremsen 10 s dauert?

Hinweis für die Lösung: Beachte, daß die zwischen Schiff und Prahm ausgeübten Kräfte in Komponenten parallel und normal zur Berührebene zerlegt werden können. Die Normalkomponenten ergeben das Moment $\mathbf{M}$.

Aufgabe 3:

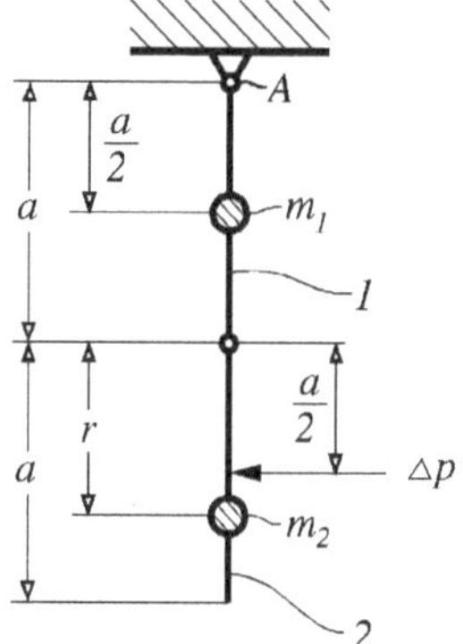

An einem masselosen Stab, der die Punktmasse m_1 trägt und in A drehbar aufgehängt ist, hängt ein zweiter masseloser Stab mit der Punktmasse m_2. In halber Höhe trifft auf diesen Stab ein Kraftstoß $\Delta\mathbf{p}$. Für $m_1 = 3m_2$ berechne man den Abstand r der Punktmasse m_2 so, daß sich unmittelbar nach dem Stoß

a) der Stab 2 nicht dreht, sondern vertikal bewegt.
b) beide Stäbe mit der gleichen Winkelgeschwindigkeit bewegen, so daß sie auch nach dem Stoß zunächst eine Gerade bilden.

Aufgabe 4:

Ein symmetrischer Stab hat die Länge $L = 1{,}2$ m und einen Trägheitsradius von $k = 0{,}5$ m bezogen auf eine Achse durch den Schwerpunkt und senkrecht zur Stabachse. Er fällt in horizontaler Lage ohne Drehung herab. Bei einer Geschwindigkeit von $v = 5\frac{m}{s}$ stößt das eine Stabende gegen einen Mauervorsprung. Die Stoßkraft sei genau senkrecht. Wie bewegt sich der Stab unmittelbar nach dem Stoß, wenn dieser a) elastisch und b) plastisch ist?

Aufgabe 5:

Ein Stab I habe die Masse M und den Trägheitsarm k bezüglich einer Querachse durch den Schwerpunkt. Man läßt den Stab ohne ihn anzustoßen aus der waagerechten Lage fallen. Unmittelbar danach trifft im Abstand a vom Schwerpunkt entfernt eine punktförmige Masse m mit der vertikalen Geschwindigkeit $v_{N,0}^{II}$ auf den Stab. Wie bewegt sich dieser, wenn der Stoß plastisch ist?

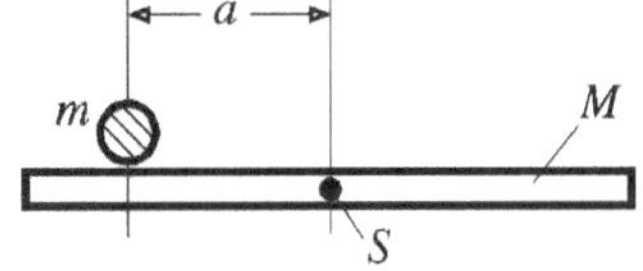

Aufgabe 6:

Eine Kugel, welche als Punktmasse (Masse m) angenommen wird, wird mit einer Abschussvorrichtung im Punkt A in Bewegung versetzt. Als Abschussvorrichtung dient eine Feder (Federsteifigkeit c), die um eine Länge l_0 vorgespannt wird. Die Kugel gleitet reibungsfrei ohne zu rollen entlang der gezeichneten Bahn bis zum Punkt B. Im Punkt B stösst die Kugel auf das freie Ende eines homogenen schlanken Balken der Länge r und Masse $M = 3m$, der im Punkt D reibungsfrei drehbar gelagert ist. Es wirkt die Erdbeschleunigung g.

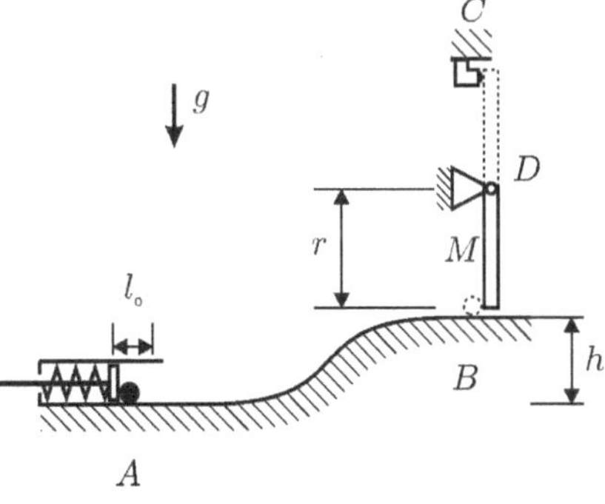

a) Berechnen Sie die Vorspannlänge l_0, die notwendig ist, damit der schlanke Balken nach dem Stoß gerade den Puffer im Punkt C berührt, in Abhängigkeit des Stoßkoeffizienten ε und der gegebenen Größen.

b) Wie groß muß der Stoßkoeffizient ε sein, damit die Punktmasse durch den Stoß genau stehenbleibt?

Aufgabe 7:

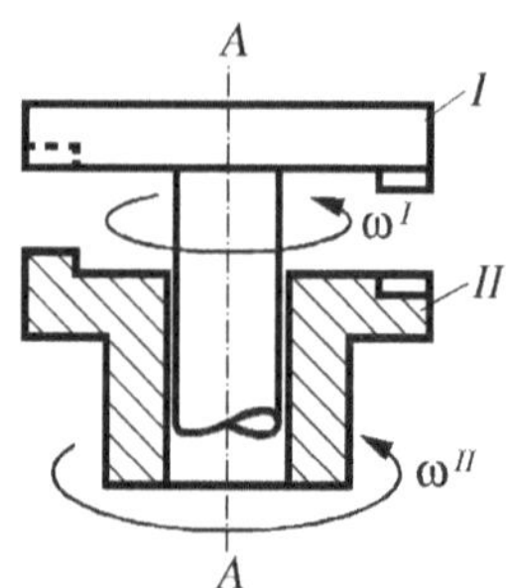

Zwei reibungsfrei gelagerte Scheiben I und II (Massenträgheitsmomente J_A^I, J_A^{II}) drehen sich gleichsinnig mit der Winkelgeschwindigkeit ω^I bzw. ω^{II} frei um die gemeinsame Drehachse $A-A$. Die Scheibe I wird nun formschlüssig auf die Scheibe II aufgesetzt. Man ermittle:

a) die gemeinsame Winkelgeschwindigkeit ω nach dem Aufsetzen,
b) den Momentenstoß $\int M dt$ in den Scheiben und
c) die Änderung ΔT der kinetischen Energie während des Kupplungsvorganges.

Aufgabe 8:

Ein Eisenbahnwaggon mit der Masse m^I stößt zur Zeit $t_0 = 0$ mit einer Geschwindigkeit v_0^I auf einen ruhenden Waggon mit der Masse m^{II}. Die Stöße sind elastisch, die Drallanteile der Räder können gegenüber den Impulsen der Waggons vernachlässigt werden.

a) Nach welcher Zeit $t = t_1$ stößt der zweite Waggon gegen den festen Puffer im Abstand a?
b) Nach welcher Zeit $t = t_2$ stoßen beide Waggons wieder zusammen?
c) Welche Beziehung besteht zwischen m^I und m^{II}, wenn kein zweiter Stoß zwischen den Waggons stattfindet?

Aufgabe 9:

Eine Billardkugel (Index I, Masse m, Radius r) rollt ohne zu gleiten auf einer horizontalen $x-, y-$Ebene mit der Schwerpunktsgeschwindigkeit v_S^I in $x-$ Richtung. Eine identische zweite Kugel (Index II) liegt vor dem Stoß in Ruhe an der Stelle $x = a$, $y = -e$. Zum Zeitpunkt $t = 0$ ist der Mittelpunkt M_I der Kugel I bei $x = 0$ und besitzt die Geschwindigkeit $v_S^I(t=0) = v_0$ in $x-$Richtung. Der glatte Stoß erfolgt zum Zeitpunkt $t = t_{Stoss}$ mit der Stoßzahl ε. Die Bewegungsrichtungen der Kugeln nach dem Stoß sind mit den Winkeln φ_I und φ_{II} bezeichnet. Auf die Kugeln wirkt im Falle des Rollens eine geschwindigkeitsproportionale Reibkraft $F_R = mc_r v_S$ entgegen der Bewegungsrichtung. Kugel II gleitet zunächst nach dem Stoß, die Reibkraft ist dann $F_R = \mu_G mg$.

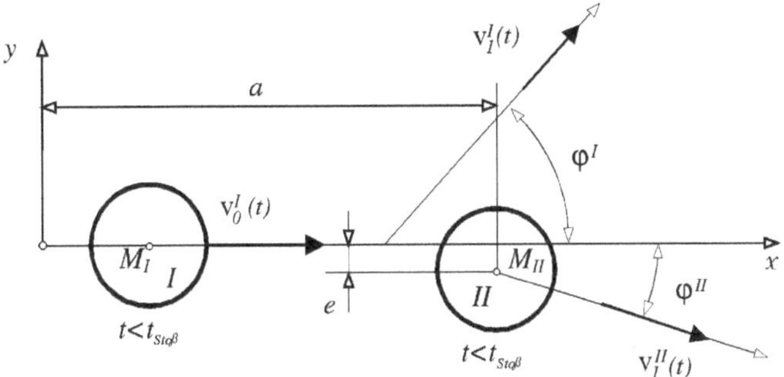

a) Wie groß ist φ_{II} ?
b) Man berechne die Koordinate x_0^I von M_I vor dem Stoß.
c) Wie lautet die Lage $x^I(t)$ von M_I vor dem Stoß ?
d) Wie groß ist die Stoßgeschwindigkeit v_0^I direkt vor dem Stoß ?
e) Wie groß ist die Geschwindigkeit v_1^{II} der Kugel II nach dem Stoß ?
f) An welcher Stelle des Tisches bleibt die Kugel II liegen ?
g) Man berechne a)-f) für zwei Kugeln mit dem Durchmesser $d = 0,06m$; $\varrho = 1768kg/m^3$; $a = 0.3m; e = 0.02m$; $v_0 = 0,3m/s$; $c_r = 0,2s^{-1}$; $\mu_G = 0,1$; $\varepsilon = 0,9$.

Lösungen zu Kap. 4.4 Stoß

Aufgabe 1

a) Translatorische Geschwindigkeit vor dem ersten Stoß über Energieerhaltung:

$$\frac{1}{2}m(v_0^{II})^2 = 2mgh; \qquad v_0^{II} = 2\sqrt{gh}$$

b) Winkelgeschwindigkeit nach dem ersten Stoß über Drallsatz:

$$\mathbf{L} = J_{ges}\boldsymbol{\omega} = \mathbf{r}_{SA} \times \mathbf{p}^{II}; \qquad \mathbf{p}^{II} = m^{II}\mathbf{v}_0^{II}$$

$$J_{ges} = J + m^I(\frac{l}{2})^2 + m^{II}(\frac{l}{2})^2 = J + \frac{1}{2}ml^2$$

$$\omega_1 = \frac{mv_0^{II}\frac{\sqrt{l^2-h^2}}{2}}{J+\frac{1}{2}ml^2} = \frac{2m\sqrt{gh}\sqrt{l^2-h^2}}{2J+ml^2}$$

c) Das Lager muß den gesamten Kraftstoß der Masse II aufnehmen:

$$|\int_0^{\Delta t} F_S dt| = p^{II} = 2m\sqrt{gh}$$

d) Flughöhe der Masse I aus Energieerhaltungssatz:

$$\frac{1}{2}m(v_2^I)^2 = mgH_p^I$$

Geschwindigkeit v_2^I nach dem zweiten Stoß:

$$v_2^I = \omega_1(\frac{l}{2})\frac{\sqrt{l^2-h^2}}{l} = \omega_1\frac{\sqrt{l^2-h^2}}{2}$$

In den Energiesatz eingesetzt folgt

$$H_p^I = h + \frac{\omega_1^2(l^2-h^2)}{8g}.$$

e) Das Ergebnis ist das gleiche wie bei Aufgabenteil d): Ob die Rotationsenergie von Wippe und Masse II plastisch vom Boden absorbiert wird, oder elastisch in eine Drallumkehr fließt, spielt für die Masse I keine Rolle.

Aufgabe 2

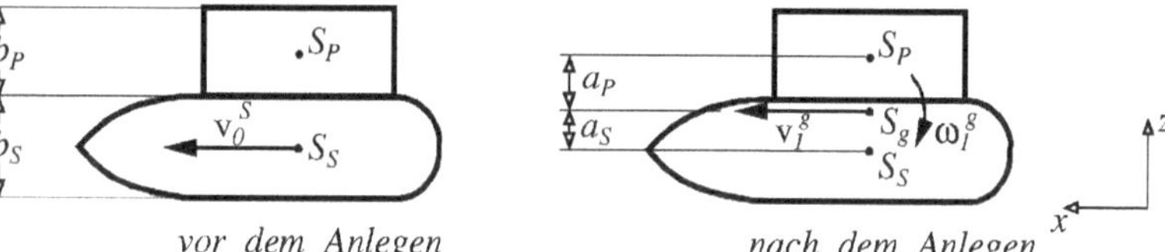

a) Bestimmung der Lage von S_g:

$$a_P + a_S = \frac{1}{2}(b_P + b_S) = b \quad ; \quad m^P a_P = m^S a_S$$

$$a_S = \frac{m^P b}{m^P + m^S} \quad ; \quad a_P = \frac{m^S b}{m^P + m^S}$$

Impulserhaltung in $x-$Richtung für das gesamte System:

$$m^S v_0^S + m^P v_0^P = (m^P + m^S)v_1^g; \qquad v_1^g = v_0^S\frac{m^S}{(m^P + m^S)} = 0,2\frac{m}{s}$$

Drallerhaltungssatz (Bezugspunkt ist der raumfeste Punkt, der zum Stoßzeitpunkt mit dem Gesamtschwerpunkt S_g identisch ist):

$$m^S v_0^S a_S + m^P v_0^P a_P = J^{(g)}\omega_1^g$$

$$J^{(g)} = J^{(S)} + m^S a_S^2 + J^{(P)} + m^P a_P^2$$

$$\omega_1^g = \frac{m^S v_0^S a_S}{J^{(g)}} = \frac{v_0^S b}{(J^{(P)} + J^{(S)})(\frac{1}{m^P} + \frac{1}{m^S}) + b^2} = 0,02\frac{rad}{s}$$

b) Betrachtung des Prahms. Impulsbilanz:

$$m^P(v_1^P - v_0^P) = \int_0^1 F dt$$

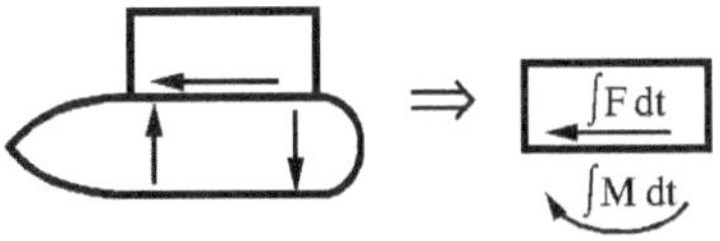

Geschwindigkeit v_1^P von S_P nach dem Stoß:

$$v_1^P = v_1^g - \omega_1^g a_P$$

Drallbilanz für den Prahm bzgl. Schwerpunkt S_P:

$$J^{(P)}(\omega_1^P - \omega_0^P) = \int_0^1 M dt + \frac{b_P}{2}\int_0^1 F dt$$

$\int_0^1 M dt$ ist der Gesamtmomentenstoß durch die Kräfte senkrecht zur Anlegefläche. Winkelgeschwindigkeit aus Kinematik:

$$\omega_1^g = \omega_1^P \qquad \text{(freier Vektor)}$$

Einsetzen von ω_1^g in die Drallbilanz liefert

$$\int_0^1 M dt = J^{(P)}\omega_1^g - \frac{b_P}{2}\int_0^1 F dt$$

$$\int_0^1 M dt = \frac{(J^{(P)}b_S - J^{(S)}b_P)v_0^S}{2((J^{(P)} + J^{(S)})(\frac{1}{m^P} + \frac{1}{m^S}) + b^2)} = -2280\ Nm$$

c) $\int_0^1 M dt = 0$, der Zähler im Ergebnis von b) muß daher identisch Null sein.

$$(J^{(P)}b_S - J^{(S)}b_P) = 0; \qquad b_P = \frac{J^{(P)}}{J^{(S)}}b_S = 0,6\ m$$

d) Aus der Impulsbilanz für den Prahm folgt die mittlere Bremskraft.

$$F_R = \frac{\int_0^1 F dt}{\Delta t} = \frac{m^P(v_1^g - \omega_1^g a_P)}{\Delta t} = 154\ N$$

Aufgabe 3

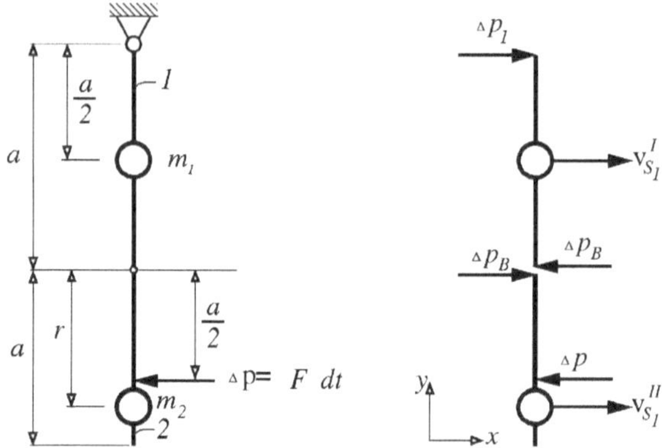

Man berechnet die Schwerpunktsgeschwindigkeiten der beiden Stäbe nach dem Stoß. Die Impulsbilanz am Stab II lautet:

$$\Delta p_B - \Delta p \;=\; m_2 v_{S_1}^{II}$$

Drallbilanz für Stab II um seinen Schwerpunkt:

$$\Delta p(r - \frac{a}{2}) - \Delta p_B r \;=\; 0; \qquad \Delta p_B = \Delta p \frac{(r - \frac{a}{2})}{r}$$

In die Impulsbilanz einsetzen.

$$v_{S_1}^{II} \;=\; -\frac{a\Delta p}{2m_2 r}$$

Impulsbilanz Stab I:

$$\Delta p_1 - \Delta p_B \;=\; m^I v_{S_1}^I$$

Drallbilanz für Stab I um seinen Schwerpunkt:

$$-\Delta p_1 \frac{a}{2} - \Delta p_B \frac{a}{2} \;=\; 0; \qquad \Delta p_1 \;=\; -\Delta p_B$$

Die Impulsänderungen Δp_B und Δp_A müssen noch in die Impulsbilanz für Stab I eingesetzt werden.

$$v_{S_1}^I \;=\; \frac{2}{3}\frac{\Delta p}{m_2}(\frac{a}{2r} - 1).$$

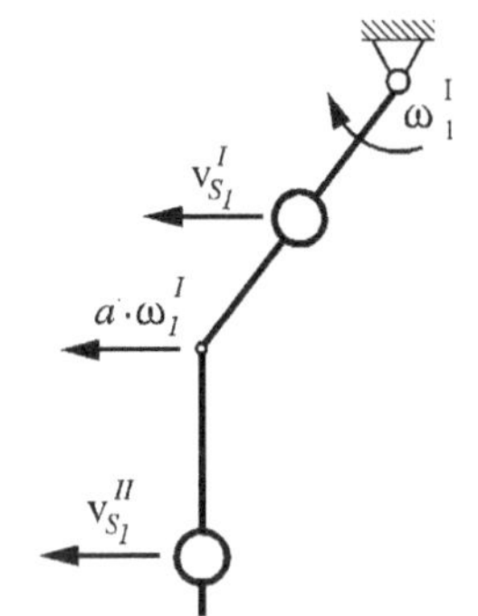

Fall a): Stab II dreht nicht, $\omega_1^{II} = 0$

$$v_{S_1}^{II} = \omega_1^I a \quad ; \quad \omega_1^I = \frac{2v_{S_1}^I}{a}$$
$$v_{S_1}^{II} = 2v_{S_1}^I$$
$$r = \frac{7}{8}a$$

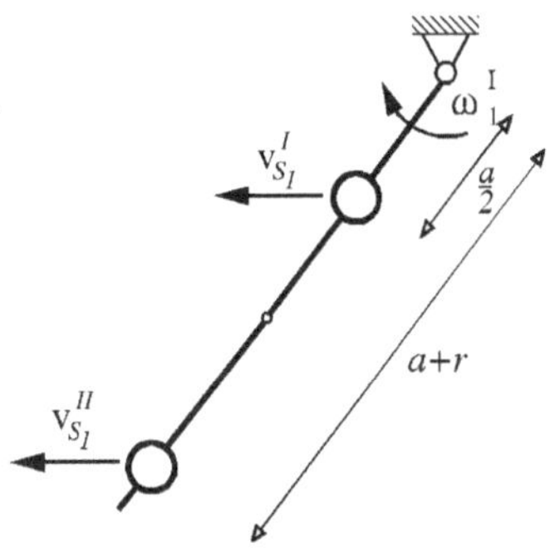

Fall b): Beide Stäbe drehen mit gleicher Winkelgeschwindigkeit, $\omega_1^{II} = \omega_1^I$

$$\frac{2v_{S_1}^I}{a} = \frac{v_{S_1}^{II}}{a+r}$$
$$r^2 + \frac{1}{2}ar - \frac{7}{8}a^2 = 0$$

Physikalisch sinnvolles Ergebnis:

$$r = \frac{a}{4}(\sqrt{15} - 1) = 0,718a$$

Aufgabe 4

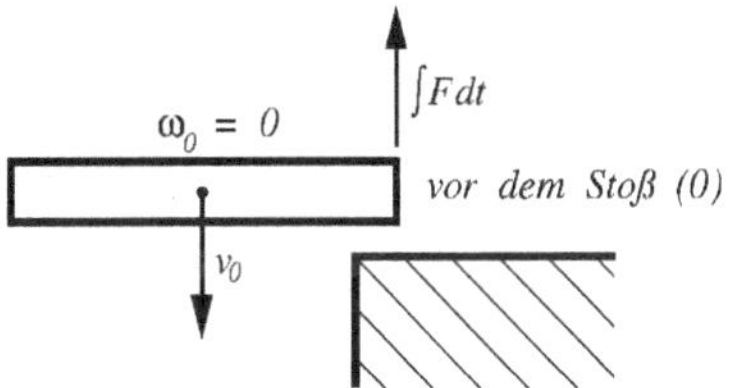

Die Geschwindigkeit des Stabes nach dem Stoß wird berechnet.

$$v_{rel,0} = v_0$$
$$v_{rel,1} = v_1 - \omega_1 \frac{L}{2}$$

Die Verknüpfung der Relativgeschwindigkeiten an der Stoßstelle liefert das Stoßgesetz.

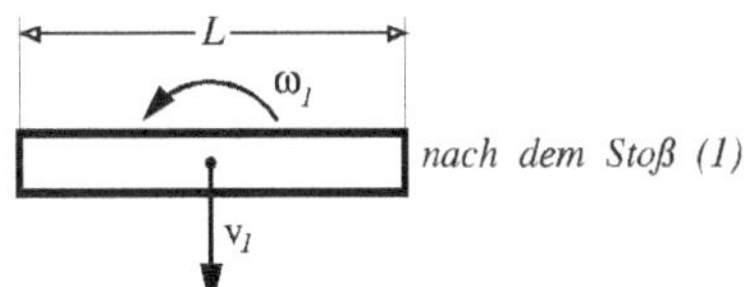

$$\epsilon = -\frac{v_{rel,1}}{v_{rel,0}}$$

elastisch: $\epsilon = 1$

plastisch: $\epsilon = 0$

Impulsbilanz für den Stab:

$$m(v_1 - v_0) = -\int F dt$$

Drallbilanz für den Stab, Impulsbilanz einsetzen:

$$mk^2(\omega_1 - \omega_0) = \frac{L}{2} m(v_1 - v_0); \qquad \omega_1 = \frac{L}{2k^2}(v_1 - v_0)$$

Mit Kinematik und Stoßgesetz:

$$\omega_1 = \frac{2}{L}(v_1 + \epsilon v_0) = \frac{L}{2k^2}(v_1 - v_0)$$

$$v_1 = v_0 \frac{(\frac{L}{2k})^2 - \epsilon}{(\frac{L}{2k})^2 + 1}; \qquad \omega_1 = v_0 \frac{L}{2k^2} \frac{1 + \epsilon}{(\frac{L}{2k})^2 + 1}$$

a) elastischer Stoß:

$$v_1 = 0,9\,\frac{m}{s}; \qquad \omega_1 = 9,8\,\frac{rad}{s}$$

b) plastischer Stoß:

$$v_1 = 2,95\,\frac{m}{s}; \qquad \omega_1 = 4,9\,\frac{rad}{s}$$

Aufgabe 5

Impulsbilanz (vertikal) für Balken I und Punktmasse II:

$$\mathbf{p}_0^I + \mathbf{p}_0^{II} = \mathbf{p}_1^I + \mathbf{p}_1^{II}; \qquad m v_0^{II} = M v_{S,1}^I + m v_{A,1}^{II}$$

Die Drallbilanz wird bezüglich des inertialfesten Bezugspunktes S' aufgestellt, der mit S zum Stoßzeitpunkt zusammenfällt.

$$\mathbf{L}_{S,0}^I + \mathbf{L}_{S,0}^{II} = \mathbf{L}_{S,1}^I + \mathbf{L}_{S,1}^{II}$$

$$\mathbf{L}_{S,1}^I - \mathbf{L}_{S,0}^I = -\mathbf{L}_{S,1}^{II} + \mathbf{L}_{S,0}^{II} = \mathbf{r}_{SA} \times (-\mathbf{p}_1^{II} + \mathbf{p}_0^{II})$$

$$\mathbf{L}_{S,1}^I = \mathbf{r}_{SA} \times \mathbf{p}_1^I; \qquad k^2 M \omega_1^I = a p_1^I = a M v_{S_1}^I$$

Die Geschwindigkeitsbedingung lautet im Falle eines plastischen Stoßes:

$$v_{A,1}^{II} = v_{A,1}^I = v_{S_1}^I + a\omega_1^I$$

Mit Impuls-, Drallbilanz und Stoßgesetz erhält man:

$$v_{S,1}^I = \frac{1}{1 + \frac{M}{m} + (\frac{a}{k})^2} v_0^{II}; \qquad \omega_{S,1}^I = \frac{1}{1 + \frac{M}{m} + (\frac{a}{k})^2} \frac{a}{k^2} v_0^{II}$$

Aufgabe 6

Die verschiedenen Ereignis-Zeitpunkte werden durch die folgenden Indizes gekennzeichnet:

0: Anfangszustand mit ruhender Kugel und gespannter Feder
1: Zustand unmittelbar VOR dem Stoß
2: Zustand unmittelbar NACH dem Stoß
3: Zustand unmittelbar vor dem Aufschlag des Balkens auf dem oberen Puffer

a) Bis vor dem Stoß $(0 \to 1)$ ist das System energieerhaltend: $T_0 + V_0 = T_1 + V_1$

$$V_0 = \frac{1}{2} c\, l_0^2 \qquad T_0 = 0$$

$$V_1 = mgh \qquad T_1 = \frac{1}{2} m\, v_1^2 \qquad \to \qquad v_1 = \sqrt{\frac{c l_0^2}{m} - 2gh}$$

Über die Stoßzeit gelten Drallerhaltung am Gesamtsystem (hier ausgewertet um Lagerpunkt D) sowie die Stoßbeziehung der Normalgeschwindigkeiten. Mit der Winkelgeschwindigkeit $\dot{\varphi}$ des Balkens bezeichnet $v_2^{\text{Balken}} = r\dot{\varphi}_2$ die Normalgeschwindigeit des Kontaktpunktes auf dem Balken unmittelbar nach dem Stoß.

$$\begin{aligned} \varepsilon &= -\frac{v_2^{\text{Balken}} - v_2}{-v_1} & &\to \quad \varepsilon v_1 = r\dot{\varphi}_2 - v_2 \\ L_1 &= mrv_1 = L_2 = mrv_2 + \underbrace{\frac{1}{3} M r^2}_{J^D_{\text{Balken}}} \dot{\varphi}_2 & &\to \quad \dot{\varphi}_2 = \frac{v_1 - v_2}{r} \end{aligned}$$

Aus den beiden Gleichungen für v_2 und $\dot{\varphi}_2$ nach dem Stoß läßt sich die Winkelgeschwindigkeit des Balkens bestimmen:

$$\dot{\varphi}_2 = \frac{1+\varepsilon}{2r} v_1 \qquad (*)$$

Bis zum Erreichen des Puffers durch den Balken (Auftreffen mit $\Delta v_N = 0$ $\to \dot{\varphi}_3 = 0$) gilt nun wieder Energieerhaltung, wobei nun nur mehr der Balken betrachtet wird. Der Balkenschwerpunkt gewinnt r an Höhe:

$$\frac{1}{2}\frac{1}{3} M r^2\, \dot{\varphi}_2^2 = Mgr \quad \to \quad \dot{\varphi}_2^2 = 6\frac{g}{r} \overset{(*)}{=} \frac{(1+\varepsilon)^2}{4r^2} v_1^2 = \frac{(1+\varepsilon)^2}{4r^2} \left(\frac{c l_0^2}{m} - 2gh \right)$$

Hieraus läßt sich die Vorspanlänge der Feder bestimmen:

$$l_0 = \sqrt{\frac{2mg}{c} \left(\frac{12r}{(1+\varepsilon)^2} + h \right)}$$

b) Aus der Stoßgleichung im Lösungsteil a) kann die Geschwindigkeit v_2 der Kugel nach dem Stoß berechnet werden. Für sie wird gefordert, dass sie gleich 0 sein soll:

$$v_2 \stackrel{!}{=} 0 = r\dot{\varphi}_2 - \varepsilon v_1 \stackrel{(*)}{=} r\frac{1+\varepsilon}{2r}v_1 - \varepsilon v_1 = \left(\frac{1+\varepsilon}{2} - \varepsilon\right) v_1$$

Da die Geschwindigkeit v_1 der Kugel vor dem Stoß größer Null ist folgt für den Stoßkoeffizient $\varepsilon = 1$.

Aufgabe 7

a) Drallerhaltungssatz um die Achse A:

$$J_A^I \omega_0^I + J_A^{II} \omega_0^{II} = (J_A^I + J_A^{II})\omega_1$$

$$\omega_1 = \frac{1}{(J_A^I + J_A^{II})}(J_A^I \omega_0^I + J_A^{II} \omega_0^{II})$$

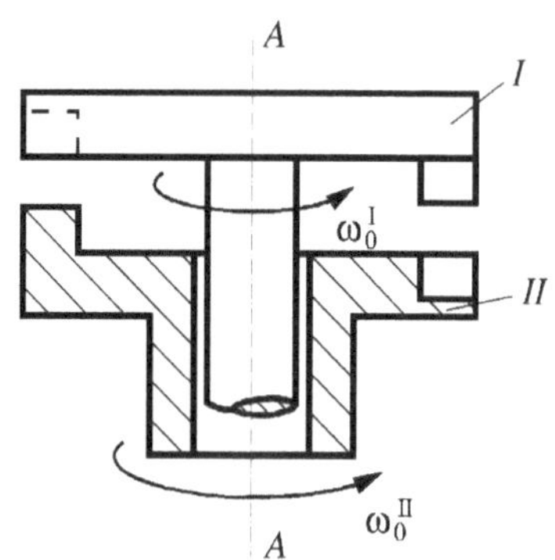

b) Der Momentenstoß auf eine Scheibe entspricht der Differenz zwischen dem Drall nach dem Stoß und dem Drall vor dem Stoß:

$$dL = M dt \to L_1 - L_0 = \int_0^1 M dt$$

$$\int_0^1 M dt = J_A^I \omega_1 - J_A^I \omega_0^I$$

$$= J_A^{II} \omega_1 - J_A^{II} \omega_0^{II}$$

Mit ω_1 aus a) auch

$$\int_0^1 M dt = \frac{J_A^I J_A^{II}}{(J_A^I + J_A^{II})}(\omega_0^{II} - \omega_0^I)$$

c) Änderung der kinetischen Energie:

$$\Delta T = T_1 - T_0 = \frac{1}{2}(J_A^I + J_A^{II})\omega_1^2 - (\frac{1}{2}J_A^I(\omega_0^I)^2 + \frac{1}{2}J_A^{II}(\omega_0^{II})^2)$$

$$= -\frac{J_A^I J_A^{II}}{2(J_A^I + J_A^{II})}(\omega_0^{II} - \omega_0^I)^2$$

Die kinetischen Energie nimmt ab. Die Differenz wird in Verformungsenergie und in thermische Energie umgewandelt.

Aufgabe 8

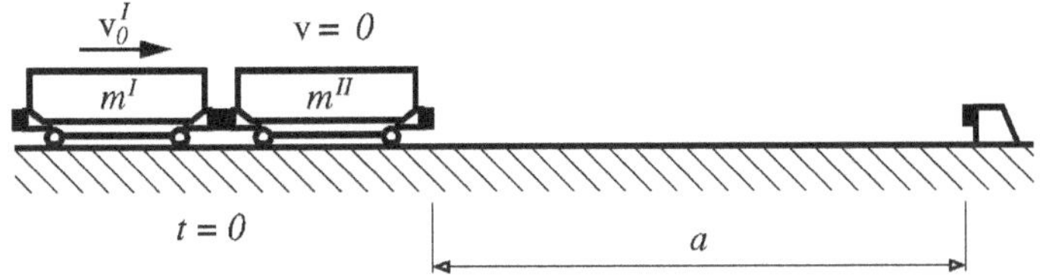

a) Impulserhaltung:

$$m^I v_0^I = m^I v_1^I + m^{II} v_1^{II}$$

Stoßzahl $\varepsilon = 1$ (vollelastisch) in Impulserhaltung eingesetzt:

$$v_1^I = \frac{v_0^I(m^I - m^{II})}{m^I + m^{II}}; \qquad v_1^{II} = \frac{2m^I}{m^I + m^{II}} v_0^I$$

$$t_1 = \frac{a}{v_1^{II}} = \frac{a}{v_0^I} \frac{m^I + m^{II}}{2m^I}$$

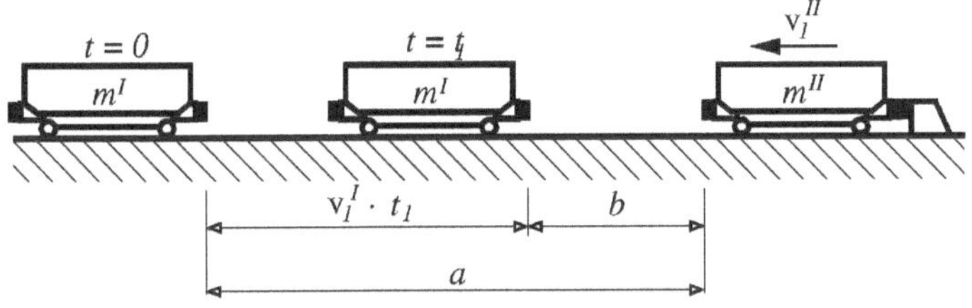

b) Zeitpunkt des zweiten Stoßes:

$$b = a - v_1^I t_1$$

$$t_2 = t_1 + \frac{b}{v_1^I + v_1^{II}} = t_1 + \frac{a - v_1^I t_1}{v_1^I + v_1^{II}} = \frac{a}{v_1^{II}} + \frac{a - v_1^I \frac{a}{v_1^{II}}}{v_1^I + v_1^{II}} = \frac{2a}{v_1^I + v_1^{II}}$$

Mit der Definition der Stoßzahl wird t_2 dann

$$t_2 = \frac{2a}{2v_1^I + v_0^I} = \frac{2a}{v_0^I} \frac{(m^I + m^{II})}{(3m^I - m^{II})}$$

c) Es tritt kein zweiter Stoß auf, wenn $t_2 \leq 0$ ist und damit keine physikalisch sinnvolle Lösung darstellt. Für $3m^I < m^{II}$ tritt kein zweiter Stoß auf.

Aufgabe 9

a) und b) Zum Stoßzeitpunkt berühren sich die Kugeln. Der Abstand der Mittelpunkte M_I und M_{II} ist dann gleich $2R$. M_I liegt auf der $x-Achse$, M_{II} bei $y=-e$. Der Stoß ist glatt, zentral und schief, d.h. die Bewegungsrichtung von II nach dem Stoß entspricht der Stoßnormalen.

$$\varphi^{II} = \arcsin\frac{e}{2R}; \qquad \text{und} \qquad x_0^I = a - 2R\cos\varphi^{II}$$

c) und d): Auf die Kugel I wirkt vor dem Stoß die geschwindigkeitsproportionale Reibkraft $F_R = mc_r\dot{x}$. Über den Impulssatz und einen Exponentialansatz für die Geschwindigkeit folgt das Weg-Zeit-Gesetz für I.

$$m\ddot{x} = -mc_r\dot{x}; \qquad \text{Ansatz:} \quad \dot{x}(t) = v_0 e^{-\lambda t} \quad \rightarrow \quad \lambda = c_r$$

$$x^I(t) = \int_0^t \dot{x}dt = \left(-\frac{v_0}{c_r}e^{-c_r t}\right)\Big|_0^t = \frac{v_0}{c_r}(1-e^{-c_r t})$$

$$x^I(t_{Stoss}) = x_0^I = \frac{v_0}{c_r}(1-e^{-c_r t_{Stoss}}) \quad \rightarrow \quad t_{Stoss} = -\frac{1}{c_r}\ln\left(1-\frac{c_r x_0^I}{v_0}\right)$$

$$v_0^I = v_0 e^{-c_r t_{Stoss}}$$

e) Für das infinitesimal kurze Stoßzeitintervall ist die Stoßzahl ε als das Verhältnis der Relativgeschwindigkeiten in Normalenrichtung vorher und nachher definiert. Die Normale ist hier die Richtung der Geschwindigkeit v_1^{II} der Kugel II nach dem Stoß. Die Richtung von v_0^I besitzt den Winkel φ_{II} gegenüber der Normalen, die Geschwindigkeit v_1^I den Winkel $\varphi^I + \varphi^{II}$.

$$\varepsilon = \frac{v_1^{II} - v_1^I\cos(\varphi^I + \varphi^{II})}{v_0^I\cos\varphi^{II}}$$

Die Impulserhaltungssätze in $x-$ und $y-$ Richtung lauten

$$\begin{aligned} mv_0^I &= mv_1^I\cos\varphi^I + mv_1^{II}\cos\varphi^{II} \\ 0 &= mv_1^I\sin\varphi^I - mv_1^{II}\sin\varphi^{II} \end{aligned}$$

Aus obigen drei Gleichungen müssen nun die drei Unbekannten v_1^I, v_1^{II} und φ^I bestimmt werden. Dazu bildet man zunächst die Summe der jeweils quadrierten Impulserhaltungssätze.

$$\begin{aligned} v_0^{I2} &= v_1^{I2} + v_1^{II2} + 2v_1^I v_1^{II}(\cos\varphi^I\cos\varphi^{II} - \sin\varphi^I\sin\varphi^{II}) \\ &= v_1^{I2} + v_1^{II2} + 2v_1^I v_1^{II}\cos(\varphi^I + \varphi^{II}) \\ v_1^I\cos(\varphi^I + \varphi^{II}) &= \frac{v_0^{I2} - v_1^{I2} - v_1^{II2}}{2v_1^{II}} \end{aligned}$$

Den so isolierten Term mit dem Kosinus der Winkelsumme setzen wir in die Gleichung für die Stoßzahl ein.

$$2\varepsilon v_0^I \cos\varphi^{II} v_1^{II} = 3v_1^{II^2} - v_0^{1^2} + v_1^{I^2}$$

Die Impulssätze werden nach $v_1^I \sin\varphi^I$ bzw. nach $v_1^I \cos\varphi^I$ aufgelöst, quadriert und addiert.

$$v_1^{I^2} = (v_0^I - v_1^{II}\cos\varphi^{II})^2 + (v_1^{II}\sin\varphi^{II})^2$$

Diese Gleichung in die vorletzte Gleichung einsetzen, sortieren und nach v_1^{II} auflösen.

$$v_1^{II} = \frac{1}{2} v_0^I (1+\varepsilon)\cos\varphi^{II}$$

f) Direkt nach dem Stoß besitzt die Kugel die Geschwindigkeit v_1^{II}. Im folgenden kürzen wir diese Geschwindigkeit mit v_1 ab. Wir führen die Koordinate ζ der Kugel II in der neuen Bewegungsrichtung und eine neue Zeitkoordinate $\tau = t - t_{Stoss}$ ein. Nach dem Stoß ist $\tau = 0$ und $\zeta = 0, \dot{\zeta} = v_1$. An der Kugel II gelten der Impuls- und der Drallsatz.

Impulssatz:	$m\ddot{\zeta} = -\mu_G m g$	$\rightarrow$	$\dot{\zeta}(t) = v_1 - \mu_G g \tau$
Drallsatz:	$\frac{2}{5} m R^2 \ddot{\varphi} = \mu_G m g R$	$\rightarrow$	$\dot{\varphi}(t) = \frac{5\mu_G g \tau}{2R}$

Die Kugel II gleitet so lange, bis die Umfangsgeschwindigkeit $\dot{\varphi}R$ aus der Rotation der Translationsgeschwindigkeit $\dot{\zeta}$ entspricht. Der Zeitpunkt des Überganges von Gleiten nach Rollen bekommt den Index 2.

$$\dot{\varphi}(\tau_2)\cdot R = \dot{\zeta}(\tau_2) \quad \rightarrow \quad \tau_2 = \frac{2v_1}{7\mu_G g}; \quad \zeta_2 = \zeta(\tau_2) = v_1\tau - \frac{\mu_G g}{2}\tau^2$$

Nach dem Zeitpunkt τ_2 rollt die Kugel II aus.

$$\zeta(\tau) = \zeta_2 + \frac{\dot{\zeta}_2}{c_r}\left(1 - e^{-c_r(\tau-\tau_2)}\right)$$

$$\lim_{\tau\to\infty}\zeta(\tau) = \zeta_2 + \frac{\dot{\zeta}_2}{c_r} \qquad := \zeta_3$$

Die Kugel bleibt an der Stelle x_3, y_3 mit $\zeta = \zeta_3$ liegen.

$$x_3 = a + \zeta_3\cos\varphi^{II}; \qquad y_3 = -e - \zeta_3\sin\varphi^{II}$$

g) Mit den Zahlenwerten $d = 0,06m$; $\varrho = 1768kg/m^3$; $a = 0.3m; e = 0.02m$; $v_0 = 0,3m/s$; $c_r = 0,2$; $\mu_G = 0,1$; $\varepsilon = 0,9$ lauten die Teilergebnisse:

$\varphi^{II} = 19,47^o$	$x_0^I = 0,2434m$	$t_{Stoss} = 0,88528s$
$v_0^I = 0,2513m/s$	$v_1^{II} = 0,2251m/s$	$\tau_2 = 0,06556s$
$\zeta_2 = 0,01265m$	$\dot{\zeta}_2 = 0,1608m/s$	$\zeta_3 = 0,81665m$
$x_3 = 1,07m$	$y_3 = -0,292m$	

4.5 Schwingungen

Grundformeln: Gedämpfte Eigenschwingung

	Bewegungsgleichung: gesucht:	$m\ddot{x} + d\dot{x} + c(x - x^*) = 0$ Lösung $x(t)$ im Zeitbereich
1.)	Substitution:	Koordinatenursprung x so wählen, daß $x^* = 0$ gilt, $x = 0$ entspricht der statischen Gleichgewichtslage.
2.)	Umformung:	$\frac{c}{m} := \nu_0^2; \quad \frac{d}{m} := 2\delta; \quad \ddot{x} + 2\delta\dot{x} + \nu_0^2 x = 0$
3.)	Exponentialansatz:	$x(t) = e^{\lambda t}$
4.)	Charakteristische Gleichung mit der allgemeinen Lösung	$\lambda^2 + 2\delta\lambda + \nu_0^2 = 0$ $\lambda_{1,2} = -\delta \pm \sqrt{\delta^2 - \nu_0^2}$
5.)	Unterscheidung:	Auswertung nach Art der Wurzeln λ_1, λ_2
	Fall I:	Keine Dämpfung: $\delta = 0, \lambda_1 = -\lambda_2 = i\nu_0$ Lösung $x(t) = A\cos\nu_0 t + B\sin\nu_0 t$
	Fall II:	Schwache Dämpfung: $\delta^2 < \nu_0^2$; Konjugiert komplexe Wurzeln: $\lambda_1, \lambda_2 = -\delta \pm i\nu; \quad \nu = \sqrt{\nu_0^2 - \delta^2}$ Lösung $x(t) = e^{-\delta t}[A\cos\nu t + B\sin\nu t]$ entspricht $x(t) = Ce^{-\delta t}\cos(\nu t - \varphi)$ mit $C = \sqrt{A^2 + B^2}$ und $\varphi = \arctan\frac{B}{A}$ Schwingungszeit $T_S = \frac{2\pi}{\nu} = \frac{2\pi}{\sqrt{\nu_0^2 - \delta^2}}$
	Fall III:	Aperiodischer Grenzfall $\delta^2 = \nu_0^2$ mit reeller Doppelwurzel $\lambda_1 = \lambda_2 = -\delta$ Lösung $x(t) = (A + Bt)e^{-\delta t}$
	Fall IV:	Starke Dämpfung $\delta^2 > \nu_0^2$ mit reellen Wurzeln $\lambda_1 \neq \lambda_2$ Lösung $x(t) = Ae^{\lambda_1 t} + Be^{\lambda_2 t}$
6.)	Anfangsbedingungen	Durch Einsetzen der Bedingungen $x_0 = x(t = 0)$ und $\dot{x}_0 = \dot{x}(t = 0)$ die Konstanten A, B bestimmen

Grundformeln: Dämpfungsmaße

Gedämpfter Eigenschwinger	$m\ddot{x} + d\dot{x} + cx = 0$

Lehr'sches Dämpfungsmaß D:	$D := \frac{\delta}{\nu_0} = \frac{d}{2\sqrt{cm}} = \frac{\vartheta}{\sqrt{4\pi^2 + \vartheta^2}}$ $D = 0$ Keine Dämpfung $D = 1$ Aperiodischer Grenzfall $D > 1$ Starke Dämpfung
Logarithmisches Dekrement ϑ:	Verhältnis zweier aufeinanderfolgenden Amplituden A_n, A_{n+1} $\vartheta := \ln \frac{A_n}{A_{n+1}} = \delta T_S = \frac{2\pi D}{\sqrt{1 - D^2}}$ $D := \frac{\vartheta}{\sqrt{4\pi^2+\vartheta^2}}$

Musteraufgabe

Ein schwingungsfähiges System besteht aus einem starren Rahmen R und drei masselosen Führungsstangen, auf denen Hülsen (Masse jeweils m) reibungsfrei gleiten können. Die Stangen S_1 und S_2 sind fest mit dem Rahmen verbunden. Die Hülsen H_1 und H_2 sind über Federn gegenüber dem Rahmen abgestützt und über die Stange S_3 fest miteinander verbunden. Auf der Stange S_3 gleitet die durch senkrechte Federn gefesselte Hülse H_3 (Schwerpunkt S). Alle Federn werden als masselos betrachtet und haben die Federsteifigkeit c. Die Absolutbewegung des Rahmens wird mit den Koordinaten x_R und y_R beschrieben. Die Relativbewegung der Hülse H_3 gegenüber dem Rahmenmittelpunkt O' wird mit den Relativkoordinaten x'_3 und y'_3 beschrieben. Für $x'_3 = y'_3 = 0$ sind alle Federn entspannt.

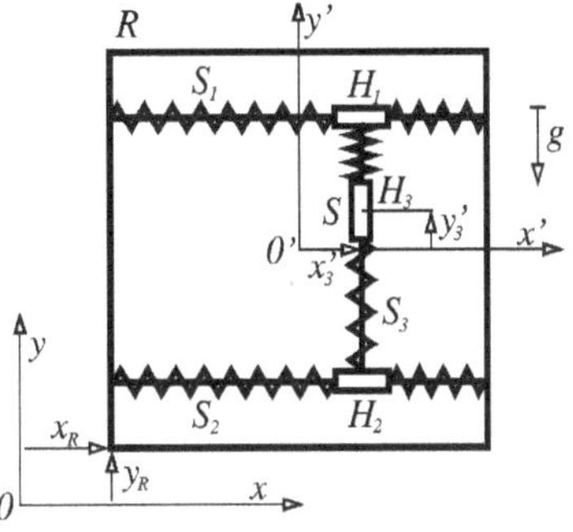

Für Zeiten $t > 0$ wird der Rahmen nach folgendem Gesetz bewegt:

$$x_R(t) = A \sin \Omega t; \qquad y_R(t) = A \cos \Omega t$$

a) Man gebe die Differentialgleichungen zur Berechnung von $x'_3(t)$ und $y'_3(t)$ für $t > 0$ an.
b) Wie lauten die allgemeinen Lösungen der homogenen Differentialgleichungen aus a) ?
c) Wie lauten die partikulären Lösungen für die Störterme in den Differentialgleichungen aus a) ?
d) Man zeichne für $\Omega = \sqrt{c/m}$ die Bahn des Schwerpunktes S der Hülse H im mitbewegten Koordinatensystem !
e) Man zeichne den Verlauf der Amplitude A_x der partikulären Lösung für $x'_3(t)$ als Funktion der Erregerfrequenz Ω auf !

Lösung: Die Differentialgleichungen zur Berechnung der Relativkoordinaten der Hülsen im rahmenfesten $x'-, y'-$ System sind die Bewegungsgleichungen der Hülsen. Sie können z.B. mit den Lagrange'schen Gleichungen II. Art oder auch über die Impulssätze hergeleitet werden. In diesem Fall sind die Impulssätze sowohl relativ einfach als auch anschaulich anzugeben. Nach dem Aufbau der Hülsen und Stangen können verschiedene Teilsysteme freigeschnitten werden. Da die Stange S_3 immer vertikal steht und sich die Hülsen H_1 und H_2 immer an ihrem Ende befinden und die Hülse H_3 auf ihr gleitet, ist die Koordinate x'_3 als waagerechte Relativkoordinate für alle drei Hülsen gültig. Es empfiehlt sich deshalb, die Stange S_3 zusammen mit den drei Hülsen als ein Teilsystem zu betrachten und dieses freizuschneiden.

Dieses Teilsystem besteht aus den drei identischen Massen m und der masselosen Stange S_3 sowie zwei ebenfalls masselosen Federn. Der Gesamtschwerpunkt dieses Teilsystems liegt irgendwo auf der Stange, die vertikale Koordinate interessiert uns aber zunächst nicht weiter, da wir den Impulssatz nur in horizontaler Richtung betrachten. Auf das Teilsystem wirken die äußeren Federkräfte F_1 (oben) und F_2 (unten). Für eine Auslenkung x'_3 des Teilsystems berechnen sich die Federkräfte in den oberen und unteren Stangen S_1, S_2 nach dem linearen Federgesetz

$$F_1 = F_2 = cx'_3$$

Die Auslenkung der Federn hängt nur von der Relativkoordinate x'_3 ab, nicht von der Rahmenauslenkung x_R ! Auf die Hülsen wirken noch vertikale Kräfte, diese sind nicht eingetragen und für den Impulssatz in horizontaler Richtung nicht relevant.

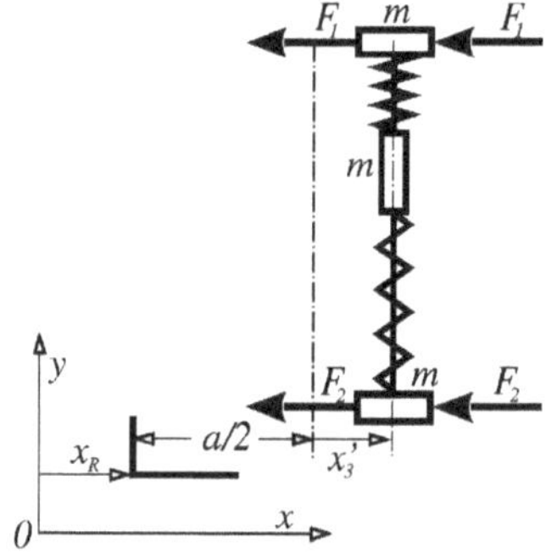

Für den Impulssatz an dem freigeschnittenen Teilsystem benötigen wir noch dessen absolute Beschleunigung in Abhängigkeit der gegebenen Koordinaten. Wie bereits in der Relativkinematik hergeleitet, wird die Absolutbeschleunigung bestimmter Massenpunkte durch Aufstellen eines Ortsvektors von einem beliebigen aber inertialfesten Punkt zum gesuchten Massenpunkt und durch zweimalige Differenzieren dieses Vektors nach der Zeit berechnet. Im vorliegenden Fall führen wir dieses für den Schwerpunkt S der Hülse H_3 durch. Die unbekannte Kantenlänge des Rahmens setzen wir einfach mit a an. Dann gilt für den Ortsvektor vom Ursprung O des inertialfesten $x-, y-$ Koordinatensystems zum Schwerpunkt S die Beziehung

$$\boldsymbol{r}_{OS} = \begin{pmatrix} x_R + \frac{a}{2} + x_3' \\ y_R + \frac{a}{2} + y_3' \end{pmatrix}.$$

Dieser Vektor ist im inertialfesten System aufgestellt, seine Ableitung nach der Zeit geschieht daher durch formale Differentiation seiner Komponenten:

$$\boldsymbol{v}_{S,abs} = \frac{d}{dt}\boldsymbol{r}_{OS} = \begin{pmatrix} \dot{x}_R + \dot{x}_3' \\ \dot{y}_R + \dot{y}_3' \end{pmatrix} = \begin{pmatrix} A\Omega\cos\Omega t + \dot{x}_3' \\ -A\Omega\sin\Omega t + \dot{y}_3' \end{pmatrix}$$

Die Abhängigkeit der Rahmenkoordinaten x_R, y_R von der Zeit war ja explizit in der Aufgabenstellung gegeben, wir können ihre Ableitungen sofort angeben. Für die Beschleunigung des Schwerpunktes S gilt

$$\boldsymbol{a}_{S,abs} = \frac{d}{dt}\boldsymbol{v}_{S,abs} = \begin{pmatrix} -A\Omega^2\sin\Omega t + \ddot{x}_3' \\ -A\Omega^2\cos\Omega t + \ddot{y}_3' \end{pmatrix}$$

Die waagerechte a_x- Komponente dieses Vektors ist wie gesagt auch die Beschleunigung des Gesamtschwerpunktes des Teilsystems, da der Gesamtschwerpunkt ja immer auf der Stange S_3 liegen muß. Wir können den Impulssatz für dieses Teilsystem angeben:

$$3m(-A\Omega\sin\Omega t + \ddot{x}_3') = -2F_1 - 2F_2 = -4cx_3'$$

$$3m\ddot{x}_3' + 4cx_3' = 3mA\Omega^2\sin\Omega t \tag{4.1}$$

Obige Gleichung ist eine inhomogene, lineare Differentialgleichung 2. Ordnung. Sie ist

- inhomogen, da die rechte Seite von Null verschieden ist,
- linear, da die unabhängige Koordinate x_3' und ihre Ableitungen nur linear und nicht etwa quadratisch vorkommen,
- von 2.Ordnung, da die höchste vorkommende Ableitung der unabhängigen Koordinate x_3' der zweiten Ableitung entspricht.

Sie beschreibt die ungedämpfte, erzwungene Schwingung eines Einmassenschwingers (siehe Grundformel). Wäre die rechte Seite (die Anregung) gleich Null, bedeutete dieses daß der Rahmen in Ruhe bliebe und das System nur freie Eigenschwingungen ausführen könnte.

Für die vertikale Schwingung der Hülse H_3 auf der Stange S_3 schneiden wir jetzt ein kleineres Teilsystem frei, nämlich nur die Hülse H_3 selbst. In der vertikalen Richtung wirkt neben den Federkräften F_3 nur das Eigengewicht der Hülse auf dieses Teilsystem. Die Federkraft F_3 folgt wieder nach dem linearen Hooke'schen Gesetz mit der Relativauslenkung y_3' aus der entspannten Lage zu

$$F_3 = cy_3'.$$

Die Masse des Teilsystems beträgt m, die Absolutbeschleunigung ist mit obiger Rechnung schon bekannt, der Impulssatz für dieses Teilsystem in vertikaler Richtung lautet dann

$$m\ddot{y}_3' + 2cy_3' = -mg + mA\Omega^2 \cos \Omega t (4.2)$$

Er entspricht in seiner Form demjenigen in waagerechter Richtung, nur daß die Anregung, die rechte Seite, noch einen konstanten Term aufweist.

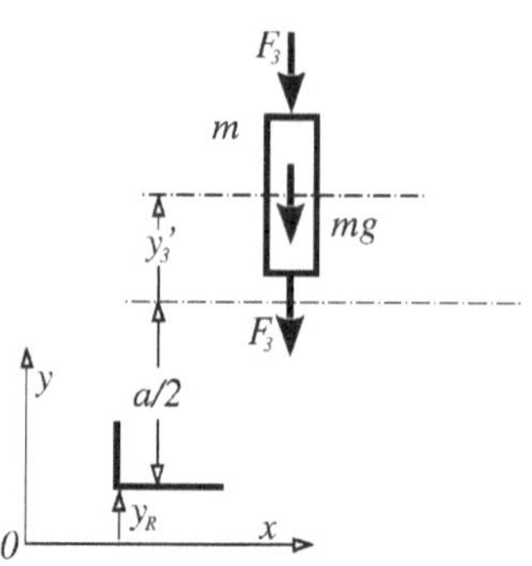

Für beide Differentialgleichungen soll nun die Lösung des homogenen Anteils berechnet werden. Homogen bedeutet, daß die rechten Seiten nicht betrachtet werden, es interessieren also nur die freien Eigenschwingungen der Hülsen auf den Stangen. Die homogenen Differentialgleichungen lauten

$$3m\ddot{x}_3' + 4cx_3' = 0$$

$$m\ddot{y}_3' + 2cy_3' = 0$$

Sie entsprechen der 'Standardform' für ungedämpfte Eigenschwingungen von Einmassen- Schwingern. Wir teilen jeweils durch die Massen und erhalten die Eigenfrequenzen ν_x, ν_y des ungedämpften Systems.

$$\ddot{x}_3' + \nu_x^2 x_3' = 0 \quad \text{mit} \quad \nu_x^2 = \frac{4c}{3m}$$

$$\ddot{y}_3' + \nu_y^2 y_3' = 0 \quad \text{mit} \quad \nu_y^2 = \frac{2c}{m}$$

Die allgemeinen Lösungen dieser homogenen Gleichungen lauten gemäß Grundformel

$$x_3'(t) = C_{1x} \sin(\nu_x t) + C_{2x} \cos(\nu_x t)$$

$$y_3'(t) = C_{1y} \sin(\nu_y t) + C_{2y} \cos(\nu_y t)$$

Die Konstanten C_i folgen für ein bestimmtes Anfangswertproblem aus den Anfangsbedingungen der Schwingung, sie interessieren zunächst nicht weiter.

Zu c): Nun ist die allgemeine Lösung einer inhomogenen Differentialgleichung eine Summe aus der allgemeinen Lösung der homogenen Gleichung und einer partikulären Lösung der inhomogenen Gleichung. Wir benötigen also noch jeweils eine spezielle Lösung x'_{3p} bzw. y'_{3p} für die inhomogene Differentialgleichung. So eine spezielle Lösung läßt sich mit verschiedenen Methoden erarbeiten, bekannt sind z.B. die Methode der Variation der Konstanten oder die Methode von Cauchy. Besitzt die rechte Seite eine spezielle Form, so kann man auch 'nach Art der rechten Seite' ansetzen, d.h. man gibt für x'_{3p} und y'_{3p} Funktionen mit allgemeinen Koeffizienten vor, die den Störfunktionen in ihrer Art entsprechen. Wir versuchen hier für die waagerechte Richtung den Ansatz

$$x'_{3p} = C_{3x} \sin(\Omega t)$$

Die Ableitungen folgen sofort mit

$$\dot{x}'_{3p} = C_{3x}\Omega \cos(\Omega t)$$

$$\ddot{x}'_{3p} = -C_{3x}\Omega^2 \sin(\Omega t)$$

Diese spezielle Lösung setzen wir probeweise in die inhomogene Differentialgleichung (4.1) ein:

$$-3mC_{3x}\Omega^2 \sin(\Omega t) + 4cC_{3x} \sin(\Omega t) = 3mA\Omega^2 \sin(\Omega t)$$

Man sieht, daß diese Gleichung zu jedem Zeitpunkt erfüllt ist (und damit die spezielle Lösung x'_{3p} auch eine gültige ist), wenn der Koeffizient C_{3x} einen speziellen Wert annimmt.

$$C_{3x} = A\frac{3m\Omega^2}{-3m\Omega^2 + 4c} = A\frac{\frac{\Omega^2}{\nu_x^2}}{1 - \frac{\Omega^2}{\nu_x^2}}$$

Die partikuläre Lösung für die vertikale Richtung erhalten wir mit demselben Schema. Allerdings erweitern wir den Ansatz für die spezielle Lösung der inhomogenen Differentialgleichung um einen konstanten Term C_4, da die rechte Seite der inhomogenen Differentialgleichung für die y'_3 Koordinate auch einen konstanten Term, die Schwerkraftanregung, enthält.

$$y'_{3p} = C_{3y} \cos(\Omega t) + C_{4y}$$

$$\dot{y}'_{3p} = -C_{3y}\Omega \sin(\Omega t); \qquad \ddot{y}'_{3p} = -C_{3y}\Omega^2 \cos(\Omega t)$$

Nach Einsetzen dieses partikulären Lösungsansatzes in die Differentialgleichung 4.2 folgt

$$-mC_{3y}\Omega^2 \cos(\Omega t) + 2cC_{3y} \cos(\Omega t) + 2cC_{4y} = -mg + mA\Omega^2 \cos(\Omega t)$$

Soll diese Gleichung für jeden Zeitpunkt t erfüllt sein, müssen sich zunächst die zeitunabhängigen Terme $2cC_{4y}$ und $-mg$ gegenseitig aufheben.

$$2cC_{4y} = -mg; \qquad C_{4y} = \frac{-mg}{2c}$$

Der Amplitudenverlauf $C_{3y}(\Omega)$ der Kosinusschwingung mit Ω der partikulären Lösung ist qualitativ identisch zum Gegenstück C_{3x} in der waagerechten Richtung:

$$C_{3y} = A\frac{mA\Omega^2}{2c - m\Omega^2} = A\frac{\frac{\Omega^2}{\nu_y^2}}{1 - \frac{\Omega^2}{\nu_y^2}}$$

Die Lösungen $x_3'(t)$ und $y_3'(t)$ der relativen Koordinaten sind nun vollständig bestimmt, für gegebene Anfangsbedingungen und gegebenes Ω der Anregung sind auch alle Konstanten C_i bestimmbar.

Zu d): In der Aufgabenstellung ist weiterhin die relative Bahnform der Hülse H_3 im rahmenfesten System für eine bestimmte Anregungsfrequenz $\Omega = \sqrt{c/m}$ gefragt. Die Bahn der Hülse setzt sich aus Schwingungen mit den Eigenfrequenzen ν_x, ν_y und aus den partikulären Lösungen durch die Anregung zusammen. Für eine konstante Anregung $\Omega = const$ klingen die Eigenschwingungen in realen Systemen im Laufe der Zeit durch stets vorhandene innere Dämpfungen ab. Die partikuläre Lösung hingegen ist die Systemantwort auf die harmonische Anregung des Rahmens, sie klingt nicht ab. Die gesuchte Bahn des Schwerpunktes S relativ zum Rahmen ist daher diejenige, welche sich nach dem Abklingen der Eigenschwingungen des Systems ergeben. Sie ist dann vollständig durch die partikuläre Lösung beschrieben. Für die spezielle Anregungsfrequenz $\Omega = \sqrt{c/m}$ folgt dann

$$\begin{aligned}
x_3'(t,\Omega) &= C_{3x}\sin(\Omega t) \\
&= A\frac{3m\Omega^2}{-3m\Omega^2 + 4c}\sin(\Omega t) \\
&= 3A\sin(\Omega t) \\
y_3'(t,\Omega) &= C_{3y}\cos(\Omega t) + C_{4y} \\
&= A\frac{m\Omega^2}{2c - m\Omega^2}\cos(\Omega t) - \frac{mg}{2c} \\
&= A\cos(\Omega t) - \frac{mg}{2c}
\end{aligned}$$

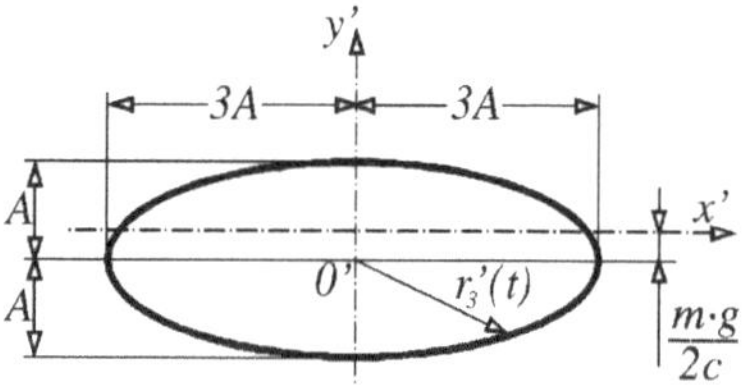

Die Gleichungen für x_3' und y_3' beschreiben eine liegende Ellipse, die um das Maß C_{4y} nach unten verschoben ist. Sie ist die Bahnkurve des Schwerpunktes S im Rahmen.

Zu e) Für variable Anregungsfrequenzen Ω sind die Amplituden der Bahnkurven des Schwerpunktes zu untersuchen. Diesen 'Amplitudengang' haben wir schon fertig berechnet, die Amplitude der partikulären Lösungen (die Schwingungen mit Eigenfrequenzen fallen wieder unter den Tisch) sind nämlich nichts anderes als die Koeffizienten C_{3x} bzw. C_{3y}.

Für den gesuchten Verlauf $A_x = C_{3x}$ betrachten wir drei besondere Frequenzen:
a) $\Omega = 0$, d.h. Rahmen in Ruhe. Dann gilt
$$A_x = C_{3x} = 0$$
b) $\Omega = \nu_x$: Anregung mit Eigenkreisfrequenz ν_x. Im ungedämpften Fall folgt die 'Resonanzkatastrophe': $A_x \to \infty$.
c) $\Omega \to \infty$: Es folgt $C_{3x} \to -A$. Das Minuszeichen entspricht einer Phasenlage der Systemantwort von π gegenüber der Anregung. Bei $\Omega = \nu_x$ springt die Phasenlage im ungedämpften Idealfall von 0 auf π (Gegenphase). Wenn die Hülsen aber relativ zum Rahmen gerade mit der Amplitude A in Gegenphase zur Anregung (ebenfalls Amplitude A) 'schwingen', stehen sie inertial gesehen still, d.h. bei sehr hohen Frequenzen der Rahmenschwingung bleiben die Hülsen aufgrund der eigenen Massenträgheit inertialfest stehen.

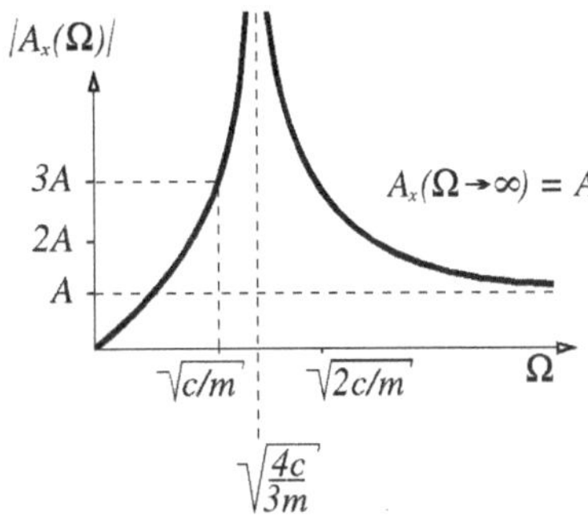

Aufgabe 1:

In einem mit der Beschleunigung $a = 3\frac{m}{s^2}$ horizontal bewegten Fahrzeug hängt ein ebenes Punktpendel mit der Länge L. Man bestimme die Gleichgewichtslage des Pendels und die Schwingungsdauer.

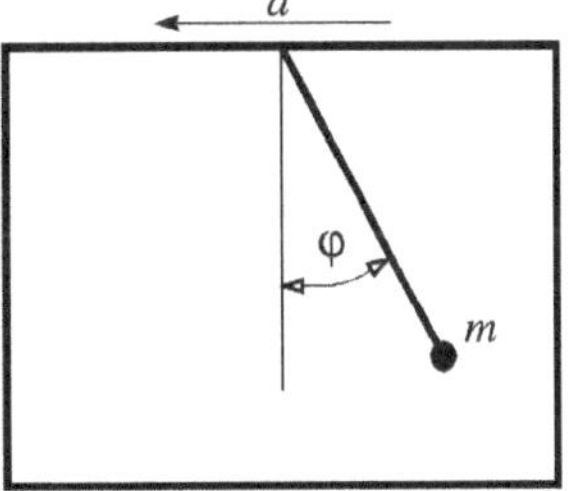

Aufgabe 2:

An einer einseitig fest eingespannten Schraubenfeder mit der Federkonstante c hängt eine Masse M, an der zwei Zusatzmassen m starr befestigt sind. Das System führt Schwingungen $x = x_0 + a \cdot sin(\nu t)$ aus. Zur Zeit $t = t_0$ werden die Zusatzmassen von M getrennt, ohne daß dabei ein Stoß auf M ausgeübt wird.

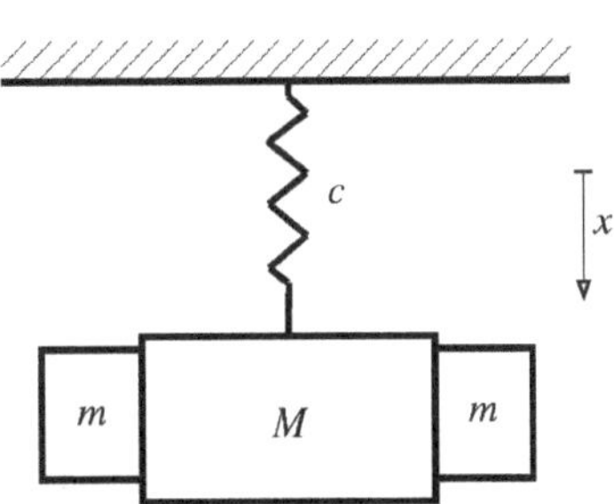

a) Man berechne die Bewegung $x^* = x^*(\tau), \tau = t - t_0$, der Masse M für $t > t_0$ und gebe die Daten der neuen Schwingung an (Amplitude a^*, Frequenz ν^*, Gleichgewichtslage x_0^*, Phasenwinkel φ).
b) Man diskutiere die Sonderfälle, in denen die Trennung α) in der Gleichgewichtslage $x = x_0$, β) im oberen Umkehrpunkt, γ) im unteren Umkehrpunkt erfolgt.
c) Gibt es Bedingungen, unter denen $a^* = 0$ wird, und wie lauten diese gegebenenfalls?

Aufgabe 3:

Ein homogener schlanker Balken der Länge $4a$ und der Masse m wird durch fünf identische Federn der Steifigkeit c getragen. Berechnen Sie die Eigenfrequenz

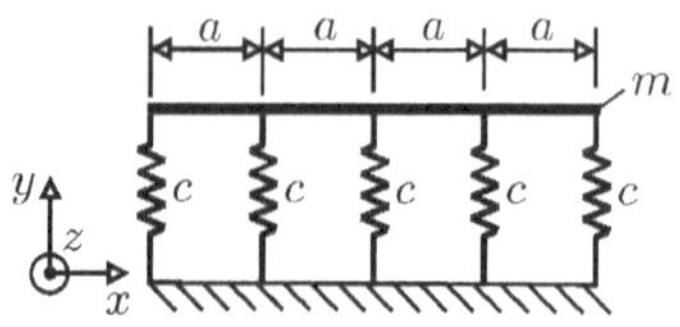

a) ω_{trans}, wenn der Balken in y-Richtung translatorisch schwingt.
b) ω_{rot}, wenn der Balken um seinen Schwerpunkt rotatorisch bezüglich der z-Achse schwingt (kleine Winkel).

Aufgabe 4:

Die Platte B von der Masse M_B liegt auf der Ebene CD und ist mit einer zweiten Platte A von der Masse M_A durch eine Feder verbunden. Die statische Zusammendrückung der Feder unter dem Eigengewicht von A ist a.

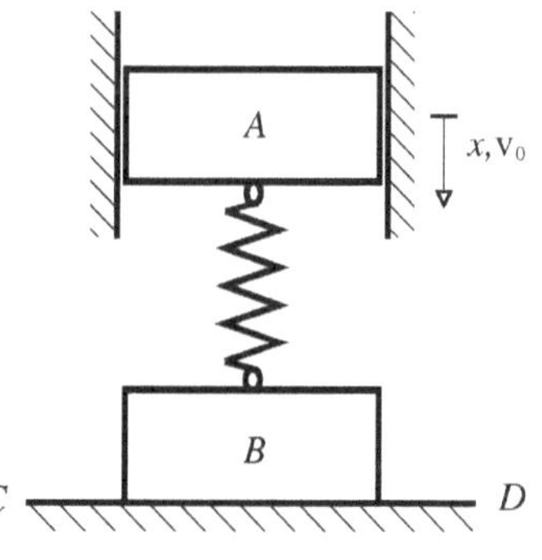

a) Wie groß ist die Eigenfrequenz kleiner Vertikalschwingungen, die A um die Gleichgewichtslage ausführen kann?
b) Man berechne den Verlauf der Bewegung von A als Funktion der Zeit, also $x(t)$, wenn A zur Zeit $t = 0$ aus der Ruhelage mit der Anfangsgeschwindigkeit v_0 angestoßen wird. B soll dabei auf CD liegenbleiben.
c) Wie groß darf v_0 höchstens sein, damit sich die Masse B nicht von der Unterstützungsfläche CD abhebt?

Aufgabe 5:

Das Trägheitsmoment eines Schwungrades bezüglich seiner Drehachse wird häufig dadurch ermittelt, daß man das Rad an einem Stahldraht aufhängt und die Schwingungszeit der Drehschwingungen mißt. Da die Torsionssteifigkeit der Aufhängung in der Regel nicht genau bekannt ist, wiederholt man den Versuch mit einem anderen Körper von schon bekanntem Trägheitsmoment. Als solcher Vergleichskörper sei eine massive Stahlscheibe von 1500 N Gewicht und d = 40,0 cm Durchmesser gewählt. Die Schwingungsdauer der Scheibe beträgt t_2 = 4,0 s, diejenige des Schwungrades t_1 = 9,2 s. Wie groß ist das Trägheitsmoment des Schwungrades?

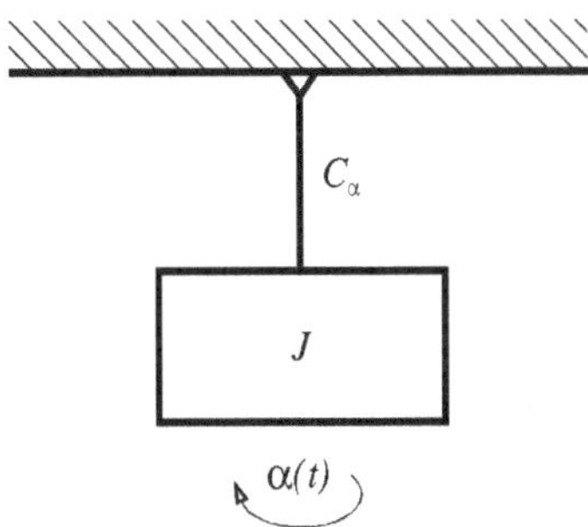

Aufgabe 6:

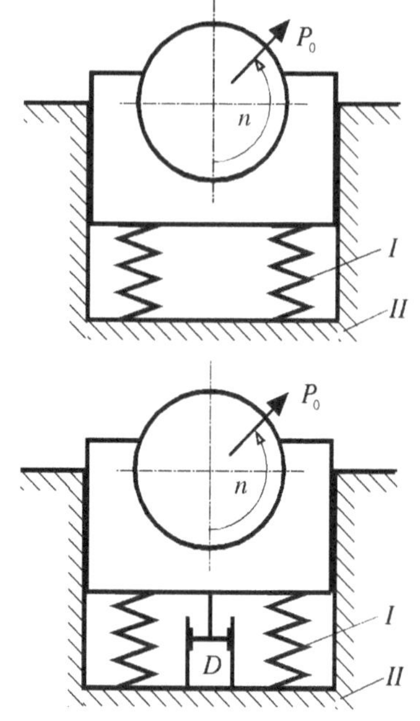

Infolge unvollständigen Ausgleichs der umlaufenden Massen übt eine Maschine durch die dem Betrage nach konstante Zentrifugalkraft $\boldsymbol{P}_0$ auf ihre Unterlage eine periodisch veränderliche Kraft $\boldsymbol{P}$ aus (Unwucht). Die Drehzahl der Maschine ist $n = 1800 \frac{U}{min}$, und ihr Gewicht einschließlich Sockel ist $G = 500$ N.

a) Wie groß muß die Federkonstante c der elastischen Unterlage I gewählt werden, auf der die Maschine wie nebenstehend gezeichnet ruht, damit der Betrag der in den Boden II abgegebenen Störkraft $\boldsymbol{K}$ nur $\frac{1}{10}$ des Betrages der Unwuchtkraft $\boldsymbol{P}$ ist?

b) Wie groß ist das als Maß für die Güte der Schwingungsisolierung der Maschine geeignete Verhältnis $\frac{|K_{max}|}{|P_{max}|}$, wenn die Unterlage, wie nebenstehend gezeichnet, nicht nur elastisch ist, sondern auch Dämpfung hat? Das Lehrsche Dämpfungsmaß der Unterlage betrage $D = 0{,}5$; die Federkonstante c der Unterlage möge den aus Frage a) errechneten Wert haben.

Aufgabe 7:

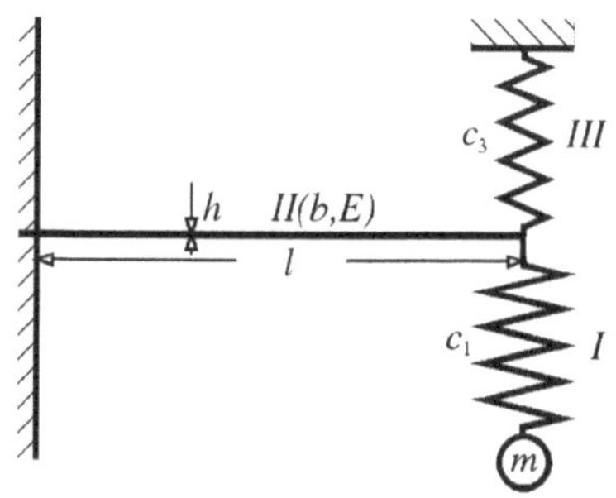

Eine Punktmasse m ist über eine Feder I (Federkonstante c_1) mit dem Ende einer einseitig eingespannten Blattfeder II von rechteckigem Querschnitt (Länge l, Breite b, Dicke h, Elastizitätsmodul E) verbunden. Die Blattfeder ist in der skizzierten Weise an einer Feder III (Federkonstante c_3) aufgehängt. Die Massen der beiden Federn und der Blattfeder sollen vernachlässigbar klein sein.

a) Man berechne die Federkonstante c_2 der Blattfeder II.

b) Wie groß ist die Schwingungszeit T_S kleiner Schwingungen der Punktmasse?

Aufgabe 8:

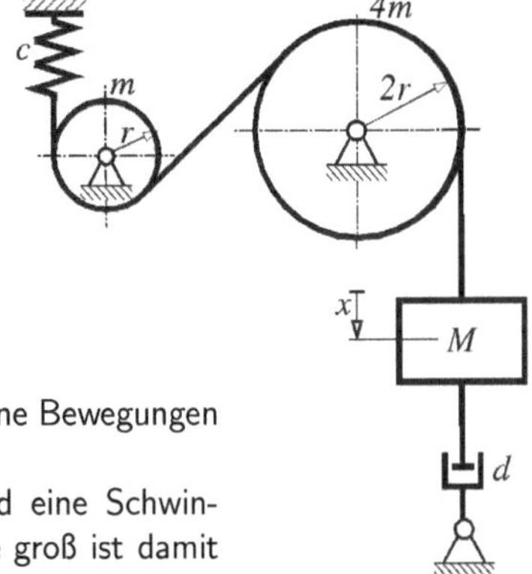

Um zwei homogene, reibungsfrei gelagerte Scheiben (Radien r und $2r$, Massen m und $4m$) ist ein unelastisches Band gewickelt, das an einem Ende an einer Feder (Federkonstante c) befestigt ist. Am anderen Ende hängt eine Masse M mit einem geschwindigkeitsproportionalen Dämpfer (Dämpferkonstante d). Die Massen der Feder und des Bandes sollen vernachlässigt werden.

a) Wie lautet die Differentialgleichung für kleine Bewegungen der Masse M?

b) Bei schwacher Dämpfung ($\delta^2 < \nu_0^2$) wird eine Schwingungszeit T_S der Masse M gemessen. Wie groß ist damit die Dämpfungskonstante d?

Aufgabe 9:

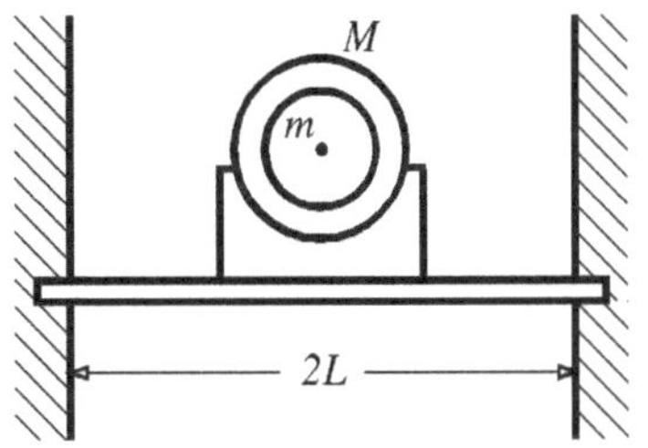

Ein Elektromotor mit der Masse $M = 800$ kg ist in der Mitte eines Trägers montiert, der an beiden Enden fest eingespannt und dessen freie Länge $2L = 3$ m ist. Die Masse des Läufers ist $m = 200$ kg und die Drehzahl ist $n = 1500 \frac{U}{min}$. Sein Schwerpunkt liegt um $r = 0{,}05$ mm außerhalb der Wellenmitte. Der Elastizitätsmodul des Trägers ist $E = 2 \cdot 10^7 \frac{N}{cm^2}$, das Gewicht des Trägers werde vernachlässigt und der Motor als Einzellast betrachtet. Welches Flächenträgheitsmoment I muß der Träger haben, damit die Amplitude der erzwungenen Schwingungen 0,25 mm nicht überschreitet?

Der Rechengang kann durch folgende Teilfragen skizziert werden:

a) Wie groß ist die Federkonstante des Balkens, d.h. das Verhältnis von Belastung zu Durchbiegung?

b) Wie groß ist die Kraft senkrecht zur Läuferachse, die durch die Fliehkraft der umlaufenden Läuferunwucht hervorgerufen wird?

c) Wie groß ist die Amplitude der dadurch entstehenden, erzwungenen Balkenschwingung?

d) Bei welcher Betriebsart (überkritische oder unterkritische Erregung) wird das Flächenträgheitsmoment am kleinsten?

Aufgabe 10:

Ein Seismograph besteht im wesentlichen aus einer großen Masse M, die an einer Feder aufgehängt ist. Die Eigenfrequenz dieses Systems sei $\nu = 2,3\frac{rad}{s}$. Die Masse trägt einen Schreibstift, der auf einer rotierenden Trommel die Verschiebungen zwischen Decke und Masse M aufzeichnet. Die Decke bewege sich nach dem Gesetz $x = a \cdot sin(\omega t)$, wobei $\omega = 56\frac{rad}{s}$ die Frequenz des Erdbebens ist. Man schätze ab, mit welcher Genauigkeit der Schreibstift die Amplitude a des Bebens aufzeichnet.

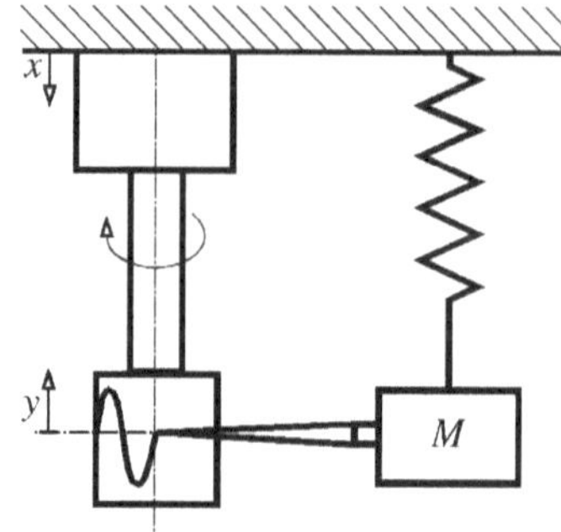

Aufgabe 11:

Über zwei reibungsfrei laufende Rollen ist ein Seil gespannt, an dessen Ende die Massen M hängen. Die Massen des Seiles und der Rolle seien vernachlässigbar klein.

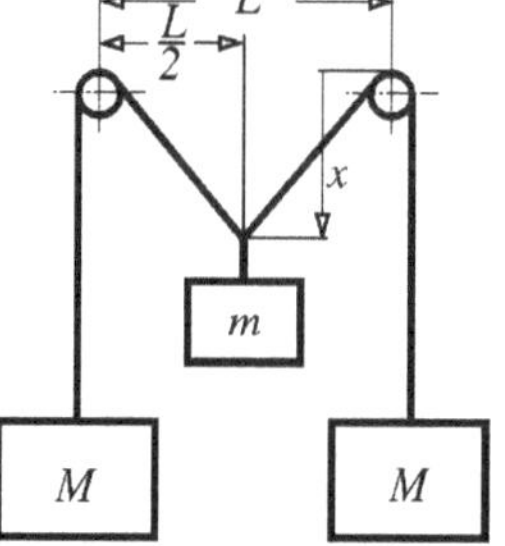

a) Wie weit hängt das Seil nach Anhängen der Masse m in der Mitte durch, wenn das System im Gleichgewicht ist?

b) Wie groß wird der maximale Durchhang des Seiles, wenn die Masse m stoßfrei aus der Lage freigegeben wird, bei der das Seil zwischen den Rollen horizontal gespannt ist?

c) Man bestimme die Schwingungszeit der Masse m für $m << M$ bei kleinen Schwingungen um die Gleichgewichtslage.

Aufgabe 12:

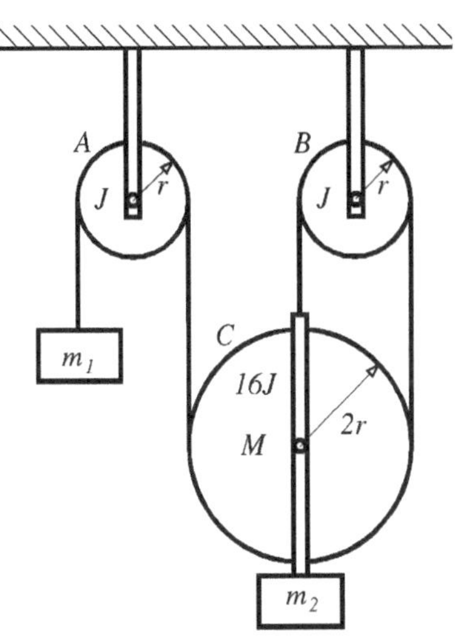

An dem skizzierten Flaschenzug hängen die Massen m_1 und m_2. Die Rolle C habe zusammen mit dem Bügel die Masse M. Die Masse des Seiles kann vernachlässigt werden. Die Rollen A und B haben die Trägheitsmomente J und die Radien r; für die Rolle C gilt $16J$ und $2r$. Die Rollen sollen sich reibungsfrei drehen, das Seil soll nicht auf der Rolle gleiten.

a) Welche Beziehung besteht zwischen den Massen m_1, m_2 und M im Gleichgewichtsfall?

b) Wie groß ist das Übersetzungsverhältnis der Verschiebungen der Massen m_1 und m_2?

c) Wie groß ist die Beschleunigung der Masse m_2, wenn das Gleichgewicht gestört ist, z.B. $m_2 > (m_2)_{Gl}$?

d) Man denke sich die Masse m_1 durch eine Schraubenfeder (Federkonstante c) ersetzt, deren unteres Ende fixiert ist:

α) Wie groß ist die Dehnung der Feder im Gleichgewichtsfall?

β) Welche Schwingungsdauer T haben die nach vertikalem Anstoß der Masse m_2 entstehenden Schwingungen?

Aufgabe 13:

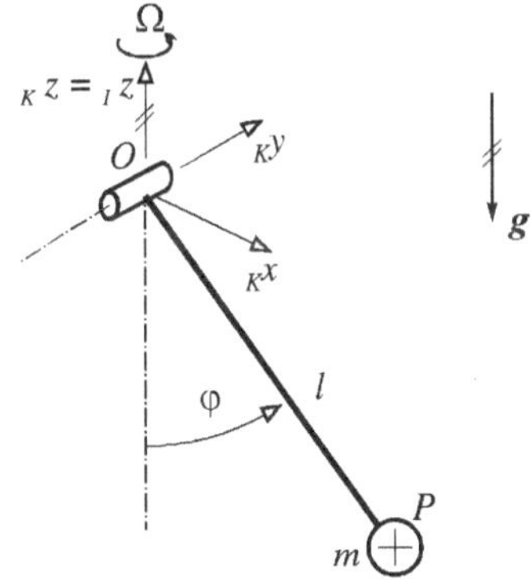

Gegeben ist ein mathematisches Pendel (masselose Stange der Länge l mit Punktmasse m im Punkt P), welches reibungsfrei um die $_K y$–Achse eines mitdrehenden Systems K drehen kann. Die Auslenkung des Pendels gegenüber der Achse $_K z =_I z$ wird durch den Winkel φ beschrieben. Die gesamte Anordnung rotiert mit beliebiger aber konstanter Winkelgeschwindigkeit Ω um die $_K z$–Achse, die zugleich auch $_I z$– Achse des Inertialsystems ist. Die Erdbeschleunigung wirkt in Richtung der negativen z– Achsen.

a) Man berechne die absolute Beschleunigung des Punktes P im $K-$ System.
b) Wie lautet die Bewegungsgleichung des Systems ?
c) Wie lauten die stationären Lösungen der BGL ?
d) Wie groß ist die Frequenz kleiner Schwingungen um die stationären Lösungen ?

Lösungen zu Kap. 4.5 Schwingungen

Aufgabe 1

Umfangskoordinate y, $\quad \varphi = y/l$
Impulssatz $\perp$ zur Fadenrichtung :

$$m(\ddot{y} - a \cdot \cos\varphi) = -mg \cdot \sin\varphi$$

$$m(\ddot{y} - a \cdot \cos\frac{y}{L}) = -mg \cdot \sin\frac{y}{L}$$

Ruhelage : $\varphi = \varphi_0; \quad \ddot{y} = \dot{y} = 0$

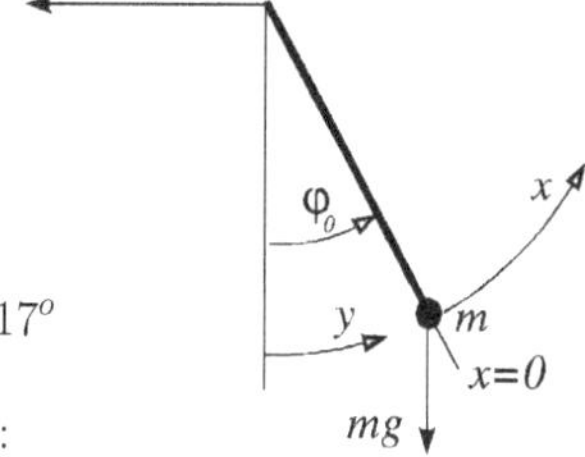

Aus dem Impulssatz folgt dann

$$a \cdot \cos\varphi_0 = g \cdot \sin\varphi_0 \rightarrow \tan\varphi_0 = \frac{a}{g} \rightarrow \varphi_0 = 17^o$$

Neue Koordinate x mit Ursprung in der Ruhelage:

$$x := y - y_0$$

Einsetzen in den Impulsatz:

$$\ddot{x} - a \cdot \cos\left(\frac{x + y_0}{L}\right) + g \cdot \sin\left(\frac{x + y_0}{L}\right) = 0$$

$$\ddot{x} - a\left(\cos\frac{x}{L} \cdot \cos\frac{y_0}{L} - \sin\frac{x}{L}\sin\frac{y_0}{L}\right) + g\left(\sin\frac{x}{L}\cos\frac{y_0}{L} + \cos\frac{x}{L}\sin\frac{y_0}{L}\right) = 0$$

$$\cos\frac{y_0}{L} = \cos\varphi_0 = \frac{g}{\sqrt{g^2 + a^2}} \quad ; \quad \sin\frac{y_0}{L} = \sin\varphi_0 = \frac{a}{\sqrt{g^2 + a^2}}$$

$$\ddot{x} + \cos\frac{x}{L}\left(g \cdot \sin\varphi_0 - a\cos\varphi_0\right) + \sin\frac{x}{L}\left(g\cos\varphi_0 + a\sin\varphi_0\right) = 0$$

$$\ddot{x} + \cos\frac{x}{L}\underbrace{\left(g\frac{a}{\sqrt{g^2 + a^2}} - a \cdot \frac{g}{\sqrt{g^2 + a^2}}\right)}_{=0} + \sin\frac{x}{L}\left(g\frac{g}{\sqrt{g^2 + a^2}} + a\frac{a}{\sqrt{g^2 + a^2}}\right) = 0$$

$$\ddot{x} + \sin\frac{x}{L}\sqrt{g^2 + a^2} = 0$$

Für kleine Winkel gilt : $\sin\frac{x}{L} \approx \frac{x}{L}$

$$\Rightarrow \quad \ddot{x} + x\frac{\sqrt{g^2 + a^2}}{L} = 0 \quad \Rightarrow \quad \nu_0 = \sqrt{\frac{\sqrt{g^2 + a^2}}{L}}$$

$$T_0 = \frac{2\pi}{\nu_0} = \frac{2\pi\sqrt{L}}{\sqrt[4]{g^2 + a^2}}$$

Aufgabe 2

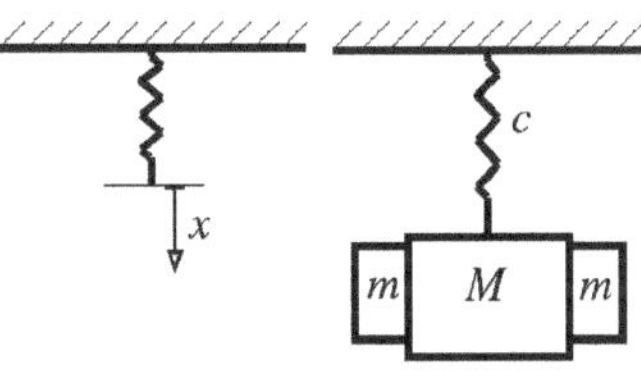

Differentialgleichung für einen harmonischen Federschwinger mit Schwingung um die Gleichgewichtslage :

$$m\ddot{x} = -cx$$

Allgemeine Lösung :

$$x = A \cdot \sin \nu t + B \cdot \cos \nu t$$

mit $\nu = \sqrt{\frac{c}{m}}$, A, B aus Randbedingungen.

Gleichgewichtslage : $x_0 = \frac{m \cdot g}{c}$

$$\begin{aligned} A \cdot \sin \nu t + B \cdot \cos \nu t &= \sqrt{A^2 + B^2}\left(\frac{A}{\sqrt{A^2 + B^2}} \sin \nu t + \frac{B}{\sqrt{A^2 + B^2}} \cos \nu t\right) \\ &= \sqrt{A^2 + B^2}\,(\cos \varphi \cdot \sin \nu t + \sin \varphi \cdot \cos \nu t) \\ &= \sqrt{A^2 + B^2} \sin(\nu t + \varphi) \quad \text{mit} \quad \tan \varphi = \frac{B}{A} \end{aligned}$$

a) Schwingung für $t < t_0$:

$$x(t) = x_0 + a \cdot \sin \nu t$$

Schwingung für $t > t_0$:

$$x^*(\tau) = x_0^* + a^* \sin(\nu^* \tau + \varphi) = x_0^* + B^* \sin(\nu^* \tau) + C^* \cos(\nu^* \tau)$$

$$x_0 = \frac{(M + 2m)g}{c} \qquad x_0^* = \frac{Mg}{c}$$

$$\nu_0 = \sqrt{\frac{c}{M + 2m}} \qquad \nu_0^* = \sqrt{\frac{c}{M}}$$

Randbedingungen : Zustand zum Zeitpunkt $t = t_0, \quad \tau = 0$

$$x(t_0) = x^*(\tau = 0) = x_0 + a \cdot \sin \nu t_0 = x_0^* + C^*$$

$$\Rightarrow \quad C^* = (x_0 - x_0^*) + a \cdot \sin \nu t_0 = \frac{2mg}{c} + a \cdot \sin \nu t_0$$

$$\dot{x}(t_0) = \dot{x}^*(\tau_0) = \nu a \cdot \cos \nu t_0 = \nu^* \cdot B^*$$

$$\Rightarrow \quad B^* = \frac{\nu}{\nu^*} \cdot a \cos \nu t_0 = \sqrt{\frac{M}{M + 2m}} \cdot a \cos \nu t_0$$

$$\Rightarrow \quad a^* = \sqrt{B^{*2} + C^{*2}} \quad \rightarrow \quad \tan \varphi = \frac{C^*}{B^*}$$

b) 1.Sonderfall: Freigabe der Zusatzmassen bei $x = x_0$:

$$C^* = \frac{2mg}{c} \quad ; \qquad B^* = \pm\sqrt{\frac{M}{M+2m}} \cdot a \quad ; \qquad a^* = \sqrt{\frac{4m^2g^2}{c^2} + \frac{M}{M+2m} \cdot a^2}$$

$$\tan\varphi = \pm\frac{2mg}{a\,c}\sqrt{\frac{M+2m}{M}}$$

2. Sonderfall: Freigabe der Zusatzmassen im oberen Umkehrpunkt.

$$C^* = \frac{2mg}{c} - a \quad ; \qquad B^* = 0 \quad ; \qquad a^* = \left| \frac{2mg}{c} - a \right|$$

$$\varphi = \begin{cases} 90^o & \text{für } \frac{2mg}{c} > a \\ -90^o & \text{für } \frac{2mg}{c} < a \end{cases}$$

3. Sonderfall: Freigabe der Zusatzmassen im unteren Umkehrpunkt.

$$C^* = \frac{2mg}{c} + a; \qquad B^* = 0; \qquad a^* = \frac{2mg}{c} + a; \qquad \varphi = 0^o$$

c) a^* ist gleich Null, wenn sowohl $B^* = 0$ als auch $C^* = 0$ gilt, B^* wird gleich Null für $\cos\nu t_0 = 0$. Dies ist im oberen oder unteren Umkehrpunkt der Fall, im unteren Umkehrpunkt ist aber immer $C^* \neq 0$. $\Rightarrow$ dort kann a^* nie Null werden ! Im oberen Umkehrpunkt wird $C^* = 0$ falls $2m = ac/g$ $\Rightarrow$ für diesen Spezialfall kann a^* Null werden !

Aufgabe 3

a) Translatorische Schwingung:

Impulssatz in y-Richtung: $\quad m\ddot{y} + 5\,cy = 0$

Ansatz: $y = y_0\,\sin(\omega_{\text{trans}}t) \quad \rightarrow \quad \omega^2_{\text{trans}} = 5\dfrac{c}{m}$

$$\omega_{\text{trans}} = \sqrt{5\frac{c}{m}}$$

b) Rotatorische Schwingung:

Drallsatz bez. Balkenmitte: $\frac{1}{12}m(4a)^2\ddot{\varphi} + \underbrace{2}_{\text{2 Federn}}\overbrace{ca\varphi}^{\text{Federkraft}}\underbrace{a}_{\text{Hebelarm}} + 2\,2ac\varphi\,2a = 0$

Ansatz: $\varphi = \varphi_0\,\sin(\omega_{\text{rot}}t) \quad \rightarrow \quad \omega^2_{\text{rot}} = \dfrac{15c}{2m}$

$$\omega_{\text{rot}} = \sqrt{\frac{15c}{2m}}$$

Aufgabe 4

a) Ruhelage des Feder-Masse-Systems :

$$x_0 = a = \frac{M_A g}{c} \Rightarrow c = \frac{M_A g}{a}$$

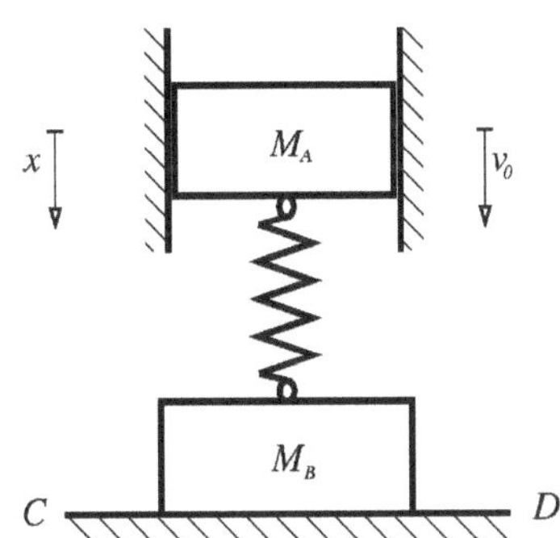

Schwingungs-DGL für kleine Auslenkungen aus der Gleichgewichtslage:

$$M_A \ddot{x} = -c \cdot x \quad \text{(Impulssatz)}$$

$$\rightarrow \ddot{x} + \frac{c}{M_A} x = 0$$

Eigenfrequenz :

$$\nu_0 = \sqrt{\frac{c}{M_A}} = \sqrt{\frac{M_A \cdot g}{a \cdot M_A}} = \sqrt{\frac{g}{a}}$$

b) Allgemeine Lösung der DGL (Schwingung um Ruhelage) :

$$x(t) = A \cdot \sin \nu_0 t + B \cdot \cos \nu_0 t$$

Randbedingungen :

$$1. \quad x(0) = B = 0 \qquad 2. \quad \dot{x}(0) = \nu_0 \cdot A = v_0$$

$$\Rightarrow A = \frac{v_0}{\nu_0} = v_0 \sqrt{\frac{a}{g}} \qquad \Rightarrow \qquad x(t) = v_0 \sqrt{\frac{a}{g}} \cdot \sin(\sqrt{\frac{g}{a}} \cdot t)$$

c) Statisches Kräftegleichgewicht in vertikaler Richtung an Platte B:

$$\sum F = 0 = F_F + M_B g - N$$

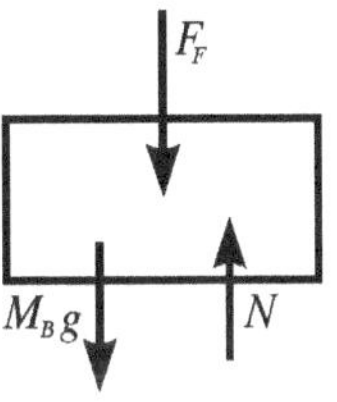

Abhebebedingung für die Platte: $N = 0$

$$F_F = M_A g (1 - \frac{v_0}{a} \sqrt{\frac{a}{g}}) = -M_B g$$

Die Platte B hebt ab, wenn M_A den oberen Umkehrpunkt erreicht :

$$\sin \nu t = -1 \quad \Rightarrow \quad v_{0,max} = \sqrt{ga} (\frac{M_B}{M_A} + 1)$$

Aufgabe 5

Allgemeine DGl für freie Torsionsschwingung :

$$J \ddot{\varphi} = -c \varphi \quad \Rightarrow \quad \ddot{\varphi} + \frac{c}{J} \varphi = 0$$

$$\nu_0 = \sqrt{\frac{c}{J}} \quad \Rightarrow \quad T_0 = 2\pi \sqrt{\frac{J}{c}} \quad \Rightarrow \quad c = \frac{4\pi^2 J}{T_0^2}$$

gesucht : J_1, gegeben : t_1, t_2 und $J_2 = \frac{1}{2} m_s (r_s)^2$

$$\frac{4\pi^2 J_1}{t_1^2} = c = \frac{4\pi^2 J_2}{t_2^2}$$

$$J_1 = \frac{t_1^2}{t_2^2} J_2 = \frac{(9,2)^2}{4^2} \cdot \frac{1}{2} \frac{1500N}{9,81 \frac{m}{sec^2}} \cdot (0,2m)^2 = 16,2kgm^2.$$

Aufgabe 6

a) Modellierung des vertikalen Anteils der Störkraft K:

$$K = \hat{K} \cdot \cos(\omega t + \varphi) \quad ; \quad \frac{\hat{K}}{P_0} \stackrel{!}{=} \frac{1}{10}$$

$$P = P_0 \cdot \cos \omega t$$

$$m = \frac{G}{g} \quad ; \quad \omega = \frac{2\pi \cdot 1800}{60s} = \frac{60\pi}{s}$$

Impulssatz für die Maschinen in vertikaler Richtung, $\bar{x}$ ist die Auslenkung aus der entspannten Lage der Feder:

$$m\ddot{\bar{x}} = -P - c\bar{x} - G$$

Substitution $x = \bar{x} + \frac{G}{c}$ (Auslenkung aus GGW-Lage des Systems).

$$m\ddot{x} = -P - cx \quad \rightarrow \quad \ddot{x} + \frac{c}{m} x = -\frac{P_0}{m} \cos(\omega t); \quad \nu_0^2 = \frac{c}{m}$$

Es wird nur die partikuläre Lösung betrachtet, da der homogene Anteil durch innere Dämpfung des Werkstoffs mit der Zeit abklingt. Ansatz :

$$x_P = A \cdot \cos \omega t + B \cdot \sin \omega t$$

$$\ddot{x} = -\omega^2 (A \cdot \cos \omega t + B \cdot \sin \omega t)$$

$$\Rightarrow -\omega^2 (A \cdot \cos \omega t + B \cdot \sin \omega t) + \frac{c}{m} (A \cdot \cos \omega t + B \cdot \sin \omega t) = -\frac{P_0}{m} \cos \omega t$$

Koeffizientenvergleich :

$$\cos \omega t : \quad A\left(\frac{c}{m} - \omega^2\right) = -\frac{P_0}{m} \quad \Rightarrow \quad A = \frac{P_0}{m} \frac{1}{\omega^2 - \nu_0^2}$$

$$\sin \omega t : \quad B\left(\frac{c}{m} - \omega^2\right) = 0 \quad \Rightarrow \quad B = 0$$

$$x_P(t) = \frac{P_0}{m} \cdot \frac{1}{\omega^2 - \nu_0^2} \cdot \cos \omega t$$

$$K_{max} = \mid c \cdot x_{P,max} \mid = \mid \frac{P_0}{m} \cdot c \cdot \frac{1}{\omega^2 - \nu_0^2} \mid = P_0 \cdot \mid \frac{1}{1 - \frac{\omega^2}{\nu_0^2}} \mid$$

$$\frac{K_{max}}{P_0} = \frac{1}{10} = \left|\frac{1}{1-\frac{\omega^2}{\nu_0^2}}\right|$$

$$\frac{\omega^2}{\nu_0^2} = 11 \quad \rightarrow \quad \frac{\omega^2}{\frac{c}{m}} = 11 \quad \Rightarrow \quad c = \frac{m\omega^2}{11} = 164631\frac{N}{m}$$

b) Lehr'sches Dämpfungsmaß D:

$$D = \frac{\delta}{\nu_0} = 0,5 \quad ; \quad \frac{d}{m} = 2\delta$$

Schwingung um die GGW- Lage:

$$m\ddot{x} + d\dot{x} + cx = -P_0 \cdot \cos\omega t \quad \Rightarrow \quad \ddot{x} + 2\delta\dot{x} + \nu_0^2 x = -\frac{P_0}{m} \cdot \cos\omega t$$

Ansatz für partikuläre Lösung wie in a) :

$$x_p^* = A^* \cdot \cos\omega t + B^* \cdot \sin\omega t; \quad \dot{x}_p^* = \omega(-A^* \cdot \sin\omega t + B^* \cdot \cos\omega t)$$

$$\ddot{x}_0^* = -\omega^2(A^* \cdot \cos\omega t + B^* \cdot \sin\omega t)$$

Koeffizientenvergleich :

$$cos: \quad -\omega^2 A^* + 2\delta\omega B^* + \nu_0^2 A^* = -\frac{P_0}{m}$$

$$sin: -\omega^2 B^* - 2\delta\omega A^* + \nu_0^2 B^* = 0$$

$$\Rightarrow \quad A^* = \frac{B^*(\nu_0^2 - \omega^2)}{2\delta\omega} \quad \Rightarrow \quad B^* = -\frac{P_0}{m} \cdot \frac{2\delta\omega}{(\nu_0^2-\omega^2)^2 + (2\delta\omega)^2}$$

$$\Rightarrow \quad A^* = -\frac{P_0}{m} \cdot \frac{\nu_0^2 - \omega^2}{(\nu_0^2-\omega^2)^2 + (2\delta\omega)^2}$$

Darstellung mit Amplitude $\hat{x}_P^*$ und Phasenwinkel φ:

$$x_P^* = A^* \cos\omega t + B^* \sin\omega t = \hat{x}_P^* \cos(\omega t - \varphi)$$

$$\hat{x}_P^* = \frac{P_0}{m} \frac{1}{\sqrt{(\nu_0^2-\omega^2)^2 + (2\delta\omega)^2}}$$

Die Störkraft K auf die Unterlage entspricht der Feder- und Dämpferkraft.

$$K = cx_P^* + d\dot{x}_P^* = c\hat{x}_P^* \cos(\omega t - \varphi) - d\hat{x}_P^*\omega \sin(\omega t - \varphi)$$

$$|K_{max}| = \hat{x}_P^* \cdot \sqrt{c^2 + (d\omega)^2} = \frac{P_0}{m} \cdot \sqrt{\frac{1}{(v_0^2-\omega^2)^2 + (2\delta\omega)^2}} \cdot \sqrt{c^2 + (d\omega)^2}$$

$$\frac{|K_{max}|}{P_0} = \sqrt{\frac{1 + 4D^2\frac{\omega^2}{v_0^2}}{(1-\frac{\omega^2}{v_0^2})^2 + 4D^2\frac{\omega^2}{v_0^2}}} = 0,328 \quad \text{mit } \frac{\omega^2}{v_0^2} = 11$$

Aufgabe 7

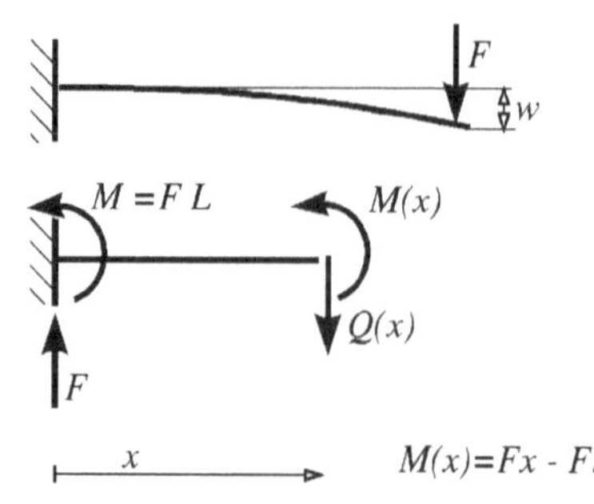

a) Biegelinie :

$$EIw'' = -Fx + Fl$$

$$EIw' = -\frac{1}{2}Fx^2 + Flx + C_1$$

$$EIw = -\frac{1}{6}Fx^3 + \frac{1}{2}Flx^2 + C_1x + C_2$$

Randbedingungen :

$$w(0) = w'(0) = 0 \quad \rightarrow \quad C_1 = C_2 = 0$$

$$w(l) = +\frac{Fl^3}{3EI}$$

Ersatzsteifigkeit c_2 für den Balken:

$$\text{mit} \quad I = \frac{1}{12}b \cdot h^3 \quad \text{ist} \quad c_2 := \left| \frac{F}{w(l)} \right| = \frac{3EI}{l^3} = \frac{E \cdot b \cdot h^3}{4l^3}$$

b) Federn in Parallelschaltung:

$$F^* = F_3 + F_2 = c_3x + c_2x$$

$$F^* = c^*x \qquad \text{mit} : c^* = c_2 + c_3$$

Federn in Reihenschaltung:

$$F = F^* = F_1 \quad ; \qquad x_{ges} = \frac{F^*}{c^*} + \frac{F_1}{c_1}$$

$$c_{ges} = \left(\frac{1}{c^*} + \frac{1}{c_1}\right)^{-1}$$

Gesamtsteifigkeit der Anordnung:

$$c_{ges} = \left(\frac{1}{c_2 + c_3} + \frac{1}{c_1}\right)^{-1}$$

Die BGL folgt aus dem Impulssatz für die Masse.

$$m \cdot \ddot{x}_{ges} + c_{ges} \cdot x_{ges} = 0 \quad \Rightarrow \quad \ddot{x}_{ges} + \frac{c_{ges}}{m} \cdot x_{ges} = 0; \qquad \nu_0^2 = \frac{c_{ges}}{m}$$

$$T_s = \frac{2\pi}{\nu_0} = 2\pi\sqrt{m \cdot (\frac{1}{c_1} + \frac{1}{c_2 + c_3})}$$

Aufgabe 8

a) Federgesetz:

$$F_F = cx$$

Drallsatz an der kleinen Rolle:

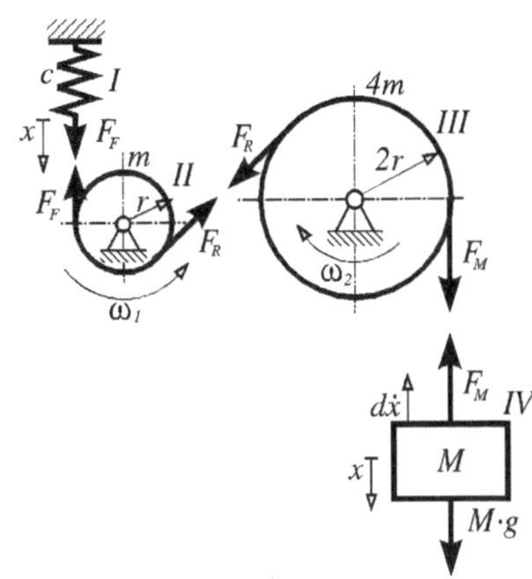

$$J_1\dot{\omega}_1 = (F_R - F_F)r$$

$$J_1 = \frac{1}{2}mr^2 \quad ; \quad \dot{\omega}_1 = \frac{\ddot{x}}{r}$$

$$F_R = \frac{1}{2}m\ddot{x} + cx$$

Drallsatz für die große Rolle:

$$J_2\dot{\omega}_2 = (F_M - F_R)2r$$

$$J_2 = \frac{1}{2}4m(2r)^2 \quad ; \quad \dot{\omega}_2 = \frac{\ddot{x}}{2r}$$

$$F_M = \frac{5}{2}m\ddot{x} + cx$$

Impulssatz für die Masse M:

$$M\ddot{x} = -F_M - d\dot{x} + Mg = Mg - \frac{5}{2}m\ddot{x} - d\dot{x} - cx$$

Substitution: $\bar{x} = x - \frac{Mg}{c}$ (Auslenkung aus GGW-Lage)

$$M\ddot{\bar{x}} = -\frac{5}{2}m\ddot{\bar{x}} - d\dot{\bar{x}} - c\bar{x}$$

$$(M + \frac{5}{2}m)\ddot{\bar{x}} + d\dot{\bar{x}} + c\bar{x} = 0$$

b) Lösung der DGL über Exponentialansatz. Charakteristisches Polynom:

$$\lambda^2 + 2\delta\lambda + \nu_0^2 = 0 \quad ; \qquad 2\delta = \frac{d}{M + \frac{5}{2}m} \quad ; \qquad \nu_0^2 = \frac{c}{M + \frac{5}{2}m}$$

Nullstellen des charakteristischen Polynoms:

$$\lambda_{1,2} = -\delta \pm \sqrt{\delta^2 - \nu_0^2}$$

$$\delta^2 < \nu_0^2 \quad \rightarrow \qquad \lambda_{1,2} = -\delta \pm i\sqrt{\nu_0^2 - \delta^2}$$

Die allgemeine Lösung der DGL lautet:

$$\bar{x} = c_1 e^{-\delta t}\sin(t\sqrt{\nu_0^2 - \delta^2}) + c_2 e^{-\delta t}\cos(t\sqrt{\nu_0^2 - \delta^2}).$$

Schwingungsfrequenz für $\delta < \nu_0$: $\nu = \sqrt{\nu_0^2 - \delta^2}$

$$\frac{2\pi}{T_s} = \sqrt{\nu_0^2 - \delta^2} \quad ; \qquad \delta^2 = \nu_0^2 - (\frac{2\pi}{T_s})^2$$

$$\Rightarrow \quad d = 2(M + \frac{5}{2}m)\sqrt{\nu_0^2 - (\frac{2\pi}{T_s})^2} = 2(M + \frac{5}{2}m)\sqrt{\frac{c}{M + \frac{5}{2}m} - (\frac{2\pi}{T_s})^2}$$

Aufgabe 9

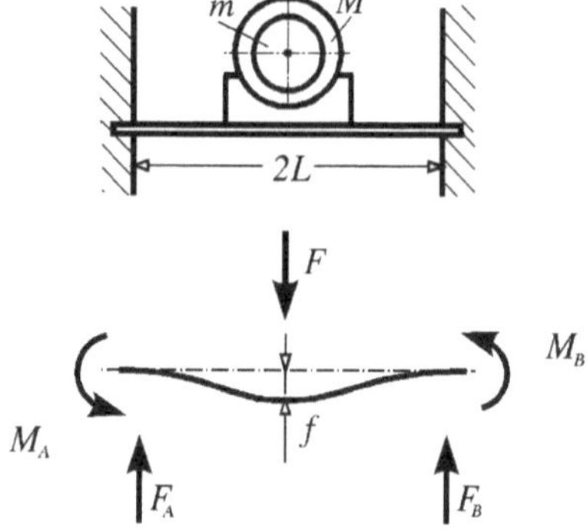

a) Der Träger ist statisch unbestimmt gelagert. Aus der Symmetrie folgt zunächst die Auflagerkraft.

$$F_A = F_B = \frac{1}{2}F$$
$$M_A = M_B$$

Schnittmoment (aus Skizze):

$$M(s) = F_A s - M_A$$

Lösung über Formänderungsenergie V durch Biegebelastung $M(s)$ und Ausnutzung der Symmetrie.

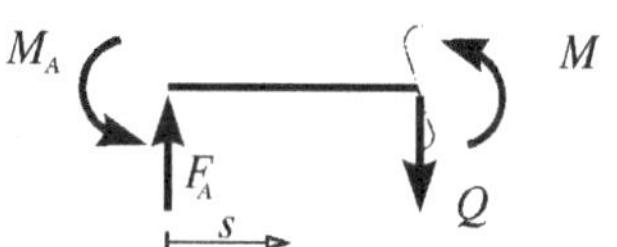

$$\begin{aligned} V &= V_{links} + V_{rechts} = 2V_{links} \\ &= 2[\frac{1}{2}\int_0^L \frac{M_I^2}{EI}ds] \\ &= \frac{1}{EI}\int_0^L M^2(s)ds \end{aligned}$$

Satz von Castigliano für die feste Einspannung:

$$\frac{\delta V}{\delta M_A} = 0 \quad \Rightarrow \quad \frac{1}{EI}\int_0^L 2M\frac{\partial M}{\partial M_A}ds = 0$$

$$\Rightarrow \quad \int_0^L (F_A s - M_A)(-1)ds = M_A L - F_A\frac{L^2}{2} = 0$$

$$\Rightarrow \quad M_A = F_A\frac{L}{2} = F\frac{L}{4}$$

Satz von Castigliano für die Durchsenkung f in Balkenmitte:

$$\begin{aligned} f &= \frac{\partial V}{\partial F} = \frac{1}{EI}\int_0^L 2M\frac{\partial M}{\partial F}ds = \frac{1}{EI}\int_0^L 2F(\frac{s}{2} - \frac{L}{4})^2 ds \\ &= \frac{2FL^3}{EI}\left[\frac{1}{12} - \frac{1}{8} + \frac{1}{16}\right] = \frac{FL^3}{24EI} \\ c &:= \frac{F}{f} = \frac{24EI}{L^3} \end{aligned}$$

b) Modellierung der Zentrifugalkraft:

$$F(t) = \begin{pmatrix} F_X \\ F_Z \end{pmatrix} = m\omega^2 r \begin{pmatrix} \cos\omega t \\ \sin\omega t \end{pmatrix}$$

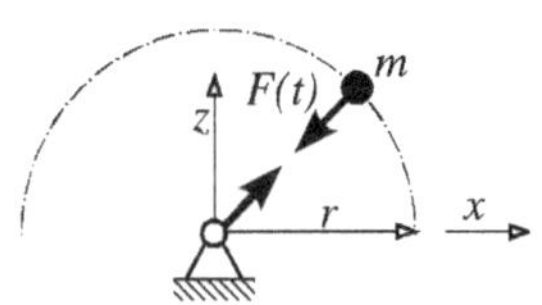

Komponente normal zur Balkenachse:

$$P = m\omega^2 r \cdot \sin\omega t$$

c) Ersatzmodell: Einmassenschwinger mit Masse M und Federsteifigkeit c aus b).

$$M\ddot{x} = -cx + P$$

$$\Rightarrow \ddot{x} + \frac{c}{M}x = \frac{m}{M}\omega^2 r \sin\omega t$$

Ansatz für die partikuläre Lösung:

$$x_p = \hat{x}\sin\omega t \quad \Rightarrow \quad \ddot{x} = -\omega^2\hat{x}\sin\omega t$$

Einsetzen in den Impulssatz für M:

$$-\omega^2\hat{x}\sin\omega t + \frac{c}{M}\hat{x}\sin\omega t = \frac{m}{M}\omega^2 r\sin\omega t$$

$$\Rightarrow \hat{x} = \frac{m}{M}\cdot\frac{\omega^2 r}{\frac{c}{M} - \omega^2} \quad ; \qquad \frac{c}{M} = \nu_0^2 \quad \text{Eigenfrequenz des Systems}$$

$$\hat{x} = \frac{m}{M}\cdot\frac{r}{(\frac{\nu_0}{\omega})^2 - 1}$$

d) Grenzwerte für die Amplitude:

$$\omega = 0 \rightarrow \hat{x} = 0$$

$$\lim_{\omega\to\infty} \mid \hat{x} \mid = \frac{m}{M}r$$

Unterkritischer Bereich:

$$\mid \hat{x} \mid = \frac{m}{M}\frac{r}{(\frac{\nu_0^2}{\omega^2} - 1)} \leq \hat{x}_0$$

$$\nu_0^2 \geq (1 + \frac{m}{M}\frac{r}{\hat{x}_0})\omega^2 \leq \frac{c}{M} = \frac{24EI}{L^3 M}$$

$$I \geq \frac{\omega^2 L^3 M}{24E}(1 + \frac{mr}{M\hat{x}_0}) = 1,46 \cdot 10^{-5} m^4$$

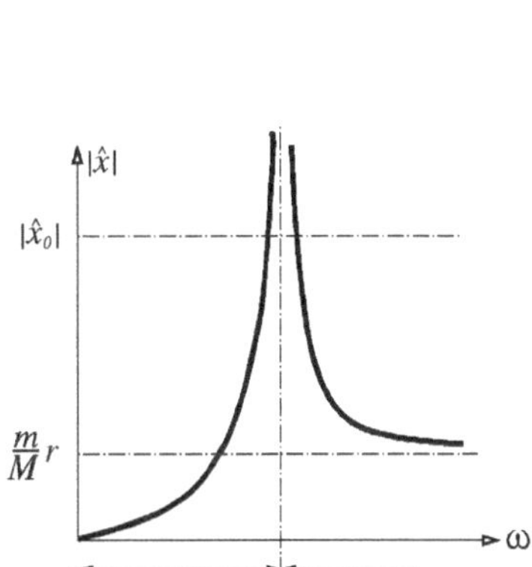

Überkritischer Bereich:

$$\mid \hat{x} \mid = \frac{m}{M}\frac{r}{1 - (\frac{\nu_0^2}{\omega^2})} \leq \hat{x}_0$$

$$\nu_0^2 \leq (1 - \frac{m}{M}\frac{r}{\hat{x}_0})\omega^2 \geq \frac{c}{M} = \frac{24EI}{L^3 M}$$

$$I \leq \frac{\omega^2 L^3 M}{24E}(1 - \frac{mr}{M\hat{x}_0}) = 1,318 \cdot 10^{-5} m^4$$

Im überkritischen Bereich sind kleinere Flächenträgheitsmomente ausreichend, wenn die Schwingungsamplitude $\hat{x}_0 = 0,25mm$ nicht überschritten werden darf.

Aufgabe 10

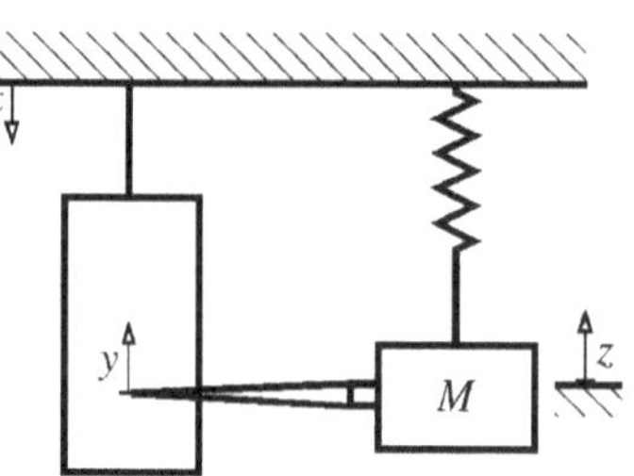

Koordinaten:

x absolute Bewegung der Decke,
y relative Anzeigekoordinate auf der Rolle,
z absolute Bewegung der Masse M,
im GGW ist $z = 0$.

Schwingung der Decke, Kinematik:

$$x = a \sin \omega t \quad ; \qquad z = (y - x)$$

Impulssatz für die Masse M:

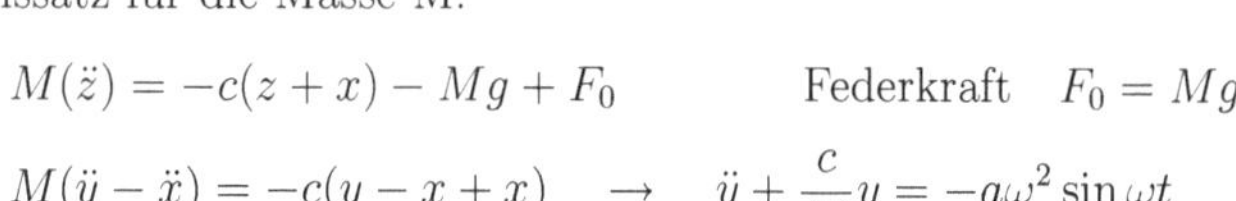

$$M(\ddot{z}) = -c(z + x) - Mg + F_0 \qquad \text{Federkraft} \quad F_0 = Mg$$

$$M(\ddot{y} - \ddot{x}) = -c(y - x + x) \quad \rightarrow \quad \ddot{y} + \frac{c}{M} y = -a\omega^2 \sin \omega t$$

Lösung für die homogene DGL:

$$\lambda^2 + \frac{c}{M} = 0 \quad \Rightarrow \quad \lambda = \pm i \sqrt{\frac{c}{M}} \quad ; \qquad \sqrt{\frac{c}{M}} = \nu_0$$

$$y_h = A \sin \nu_0 t + B \cos \nu_0 t$$

Partikuläre Lösung der inhomogenen DGL:

$$\text{Ansatz}: \quad y_p = D \sin \omega t \quad \Rightarrow \quad -\omega^2 D \sin \omega t + \frac{c}{M} D \sin \omega t = -a\omega^2 \sin \omega t$$

$$D = \frac{a}{1 - (\frac{\nu_0}{\omega})^2} \qquad \Rightarrow \quad y_p = \frac{a}{1 - (\frac{\nu_0}{\omega})^2} \sin \omega t$$

Allgemeine Lösung der DGL für $y(t)$:

$$y = A \sin \nu_0 t + B \cos \nu_0 t + D \sin \omega t$$

Die Konstanten A, B folgen aus den Anfangsbedingungen.

$$\begin{array}{llrl} t = 0: & z = 0, \quad x = 0 \;\Rightarrow & y = 0 & y(0) = 0 \\ & \dot{z} = 0 \qquad\qquad \Rightarrow & \dot{y} - \dot{x} = 0 & \dot{y} = \omega a \end{array}$$

$$y(0) = B \stackrel{!}{=} 0$$

$$\dot{y}(0) = \nu_0 A + \frac{\omega a}{1 - (\frac{\nu_0}{\omega})^2} \stackrel{!}{=} \omega a \quad \rightarrow \quad A = \frac{a}{(\frac{\nu_0}{\omega}) - (\frac{\omega}{\nu_0})}$$

$$y(t) = \frac{a}{(\frac{\nu_0}{\omega}) - (\frac{\omega}{\nu_0})} \sin \nu_0 t + \frac{a}{1 - (\frac{\nu_0}{\omega})^2} \sin \omega t$$

Das Maximum von $y(t)$ entspricht der Summe der Amplituden.

$$y_{max} = a\left(\left|\frac{1}{(\frac{\nu_0}{\omega})-(\frac{\omega}{\nu_0})}\right| + \left|\frac{1}{1-(\frac{\nu_0}{\omega})^2}\right|\right) = Y$$

Maximaler relativer Fehler:

$$\frac{Y-a}{a} = \frac{Y}{a} - 1 \hat{=} 4,3\%$$

Man kann die langsame Eigenschwingung der Masse M (mit ν_0) aus $y(t)$ herausfiltern. Der maximale relative Fehler ist dann:

$$\frac{Y^*-a}{a} \hat{=} 0,17\%$$

$$Y^* = \left|\frac{1}{1-(\frac{\nu_0}{\omega})^2}\right| \quad \text{Amplitude der} \quad \omega - \text{Schwingung}$$

Aufgabe 11

In der Gleichgewichtslage x_0, α_0 gilt das statische Kräftegleichgewicht

$$mg = 2F_S \cos\alpha_0 = 2Mg\cos\alpha_0$$

$$\rightarrow \cos\alpha_0 = \frac{m}{2M}$$

Kinematischer Zusammenhang:

$$\cos\alpha = \frac{x}{\sqrt{x^2 + (\frac{L}{2})^2}} \quad (1)$$

$$\rightarrow x_0 = \frac{mL}{2\sqrt{4M^2 - m^2}}$$

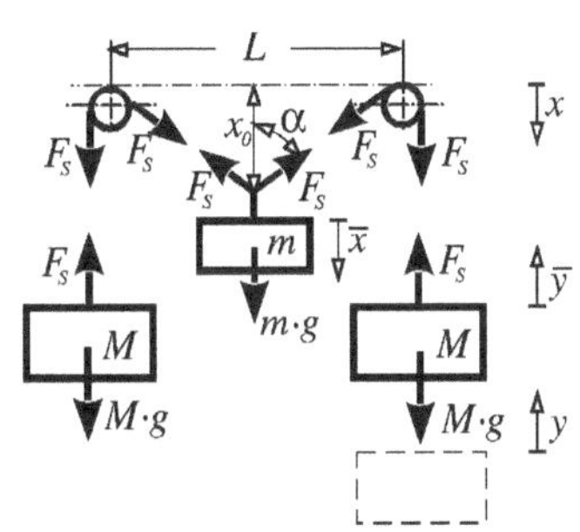

b) Das System ist konservativ, der Energieerhaltungssatz darf angewendet werden. Zustand 1 ist die Ausgangslage mit $x_1 = 0$ und $y_1 := 0$. Zustand 2 ist der gesuchte maximale Durchhang $x = x_2$.

$$T_1 + V_1 = T_2 + V_2$$

In der Ausgangslage und im unteren Umkehrpunkt gilt $T = T_1 = T_2 = 0$. Das Bezugsniveau für das Potential V ist die Ausgangslage.

$$V = -mgx + 2Mgy \rightarrow V_1 = 0 \rightarrow V_2 = 0$$

Kinematische Kopplung zwischen x und y durch die konstante Seillänge:

$$y = l^* - \frac{L}{2} \quad \text{mit} \quad l^* = \sqrt{x^2 + \frac{L^2}{4}}$$

$$V_2 = V(x_2) = 0 = -mgx_2 + 2Mg\left(\sqrt{x_2^2 + \frac{L^2}{4}} - \frac{L}{2}\right) \quad \rightarrow \quad x_2 = \frac{2Lm}{4M - \frac{m^2}{M}}$$

c) Impulssätze an den einzelnen Massen:

$M\ddot{\bar{y}} = F_s - Mg$

$m\ddot{\bar{x}} = mg - 2F_s \cos\alpha$

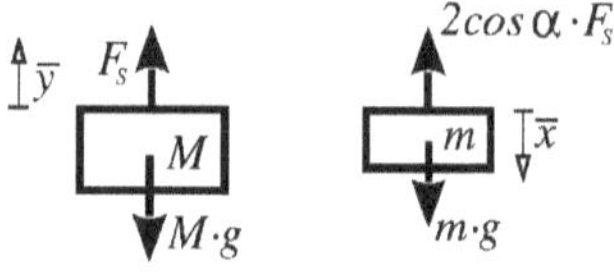

Bewegungsgleichung:

$$\begin{aligned} m\ddot{x} - mg &= -2M(\ddot{y} + g)\cos\alpha \\ &= -2M(\ddot{y} + g)\frac{x}{l*} \end{aligned}$$

Berechnung von $\ddot{y}$ in Abhängigkeit von $x, \dot{x}, \ddot{x}$:

$$\begin{aligned} y &= l^* - \frac{L}{2} = \sqrt{x^2 + \frac{L^2}{4}} - \frac{L}{2} \\ \dot{y} &= (\frac{dy}{dx})\dot{x} = y'\dot{x} = \frac{x \cdot \dot{x}}{l*} \\ \ddot{y} &= y''\dot{x}^2 + y'\ddot{x} = \frac{L^2\dot{x}^2}{4(l*)^3} + \frac{\ddot{x} \cdot x}{l*} \end{aligned}$$

Bewegungsgleichung für die Koordinate x:

$$m(\ddot{x} - g) = -2M\left[\frac{L^2\dot{x}^2 x}{4(l^*)^4} + \frac{\ddot{x}x^2}{(l^*)^2} + \frac{gx}{l^*}\right]$$

Linearisierung um GGW-Lage $x = x_0$: $\quad x = x_0 + \bar{x}$. Die Seillänge l^* wird

$$l^* = \sqrt{x_0^2 + 2x_0\bar{x} + \bar{x}^2 + \frac{L^2}{4}} \approx \sqrt{x_0^2 + \frac{L^2}{4}} = l_0 = \frac{x_0}{\cos\alpha_0} = \frac{ML}{\sqrt{4M^2 - m^2}}$$

Die Bewegungsgleichung lautet jetzt

$$m(\ddot{\bar{x}} - g) = -2M\left[\frac{L^2\dot{\bar{x}}^2(x_0 + \bar{x})}{4l_0^4} + \frac{\ddot{\bar{x}}(x_0^2 + 2\bar{x}x_0 + \bar{x}^2)}{l_0^2} + \frac{g(x_0 + \bar{x})}{l_0}\right]$$

Quadratische Terme in den 'kleinen' Abweichungen $\bar{x}$ dürfen vernachlässigt werden.

$$m(\ddot{\bar{x}} - g) = -2M\left[\frac{x_0^2}{l_0^2}\ddot{\bar{x}} + g\frac{x_0}{l_0} + \bar{x}\frac{g}{l_0}\right]$$

$$\ddot{\bar{x}}(m + \frac{m^2}{2M}) + \bar{x}\frac{2Mg}{l_0} = 0$$

Mit dem berechneten Wert für die Länge l_0 folgt die Schwingungsfrequenz

$$\nu_0^2 = \frac{4Mg}{L}\frac{\sqrt{4M^2 - m^2}}{(2mM + m^2)}$$

Sonderfall $\quad m \ll M : \qquad \nu_*^2 = \dfrac{4Mg}{Lm}$

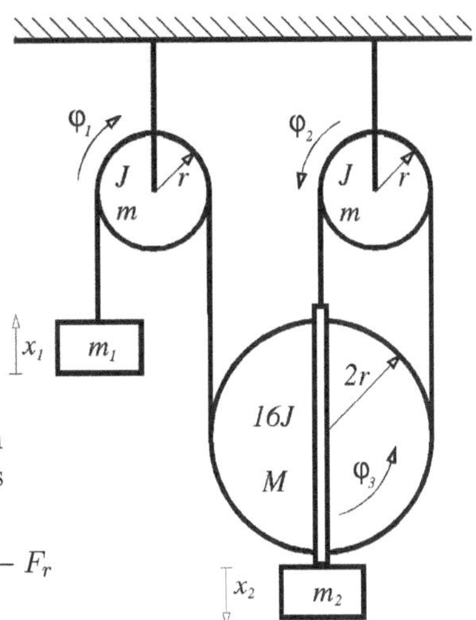

Aufgabe 12

Kinematik:

$\varphi_2 = \varphi_3$

$x_2 = r\varphi_2 = r\varphi_1/3$

$\to x_1 = r\varphi_1 = 3x_2$

Virtuelle Arbeit bei Anhebung $\delta x_1 = 3\delta x_2$:

$\delta W = (-3m_1 + m_2 + M)\delta x_2 = 0$

$\to M = 3m_1 - m_2$

Impulssatz an der großen Rolle, die drei an ihr angreifenden Seilkräfte links, mitte rechts werden mit F_l, F_m und F_r bezeichnet.

$$(M + m_2)\ddot{x}_2 = (M + m_2)g - F_l - F_m - F_r$$

Drallsatz an der linken Rolle A:

$$J\ddot{\varphi}_1 = r(F_l - (m_1\ddot{x}_1 + m_1 g)) \quad \to \quad F_l = 3m_1\ddot{x}_2 + m_1 g + 3\ddot{x}_2\frac{J}{r^2}$$

Drallsatz an der rechten Rolle B:

$$J\ddot{\varphi}_2 = r(F_m - F_r) \quad \to \quad F_m = F_r + \ddot{x}_2\frac{J}{r^2}$$

Drallsatz an der großen Rolle:

$$16J\ddot{\varphi}_2 = 2r(F_r - F_l) \quad \to \quad F_r = F_l + \ddot{x}_2 8\frac{J}{r^2} \quad \to \quad F_m = F_l + \ddot{x}_2 9\frac{J}{r^2}$$

Summe der Seilkräfte:

$$F_l + F_m + F_r = 3F_l + 17\ddot{x}_2\frac{J}{r^2} = \ddot{x}_2(9m_1 + 26\frac{J}{r^2}) + 3m_1 g$$

Eingesetzt in den Impulssatz folgt die Bewegungsgleichung für x_2.

$$\ddot{x}_2 = g\frac{M + m_2 - 3m_1}{9m_1 + M + m_2 + 26\frac{J}{r^2}}$$

d) Wird die Masse m_1 durch eine Feder mit der Steifigkeit c ersetzt, ändert sich der Drallsatz an der linken Rolle A.

$$F_l = cx_1 + 3\ddot{x}_2\frac{J}{r^2} = 3cx_2 + 3\ddot{x}_2\frac{J}{r^2}$$

Man erhält eine neue Schwingungs-DGL für die Koordinate x_2.

$$(M + m_2 + \frac{26J}{r^2})\ddot{x}_2 + 9cx_2 = (M + m_2)g$$

Die Gleichgewichtslage lautet

$$x_1 = 3x_2 = \frac{(M + m_2)g}{9c}$$

Die Kreisfrequenz kleiner Schwingungen um diese GGL folgt aus der DGL.

$$\omega^2 = \frac{9c}{(M + m_2 + \frac{26J}{r^2})}; \qquad T = \frac{2\pi}{\omega}$$

Aufgabe 13

a) Die Beschleunigung des Punktes P kann mit den Grundformeln der räumlichen Kinematik berechnet werden.

$$_K\boldsymbol{r}_{OP} = \begin{pmatrix} l\sin\varphi \\ 0 \\ -l\cos\varphi \end{pmatrix}$$

$$_K\boldsymbol{v}_{P,abs} = \frac{d_K\boldsymbol{r}_{OP}}{dt} +_K \boldsymbol{\omega}_{IK} \times_K \boldsymbol{r}_{OP} = l\begin{pmatrix} \dot\varphi\cos\varphi \\ \Omega\sin\varphi \\ \dot\varphi\sin\varphi \end{pmatrix}$$

$$_K\boldsymbol{a}_{P,abs} = \frac{d_K\boldsymbol{v}_{P,abs}}{dt} +_K \boldsymbol{\omega}_{IK} \times_K \boldsymbol{v}_{P,abs} = l\begin{pmatrix} \ddot\varphi\cos\varphi - \dot\varphi^2\sin\varphi - \Omega^2\sin\varphi \\ 2\Omega\dot\varphi\cos\varphi \\ \ddot\varphi\sin\varphi + \dot\varphi^2\cos\varphi \end{pmatrix}$$

Auf die Punktmasse wirkt die eigene Gewichtskraft und die Stangenkraft. Die Bewegungsgleichung für die Koordinate φ entspricht einem Impulssatz in der freien Bewegungsrichtung des Pendels. Dieser spezielle Impulssatz beinhaltet die Stangenkraft $\boldsymbol{F}_S$ nicht mehr, da sie immer senkrecht auf der freien Richtung steht. Die Projektion des räumlichen Impulssatzes in die freie Richtung läßt sich durch eine Multiplikation des Impulssatzes mit der 'Jacobimatrix' $[\frac{\partial\boldsymbol{r}}{\partial\varphi}]^T$ erreichen.

$$m\boldsymbol{a}_{P,abs} = m\boldsymbol{g} + \boldsymbol{F}_S$$

$$m\left[\frac{\partial\boldsymbol{r}_{OP}}{\partial\varphi}\right]^T \boldsymbol{a}_{P,abs} = \left[\frac{\partial\boldsymbol{r}_{OP}}{\partial\varphi}\right]^T (m\boldsymbol{g} + \boldsymbol{F}_S); \qquad \left[\frac{\partial\boldsymbol{r}_{OP}}{\partial\varphi}\right]^T = [l\cos\varphi, 0, l\sin\varphi]$$

Die Bewegungsgleichung lautet dann:

$$l\ddot\varphi - l\Omega^2\sin\varphi\cos\varphi = -g\sin\varphi$$

$$\ddot\varphi + \frac{g}{l}\sin\varphi = \Omega^2\sin\varphi\cos\varphi$$

c) Für eine stationäre Lösung φ_0 gilt $\ddot\varphi = 0$ für $\varphi = \varphi_0$.

$$\ddot\varphi = 0 \quad \rightarrow \quad \sin\varphi_0\left(\frac{g}{l} - \Omega^2\cos\varphi_0\right) = 0$$

$$\begin{aligned} \varphi_{0,1} &= 0 \\ \varphi_{0,2} &= \arccos\left(\frac{g}{\Omega^2 l}\right) \qquad && g \le \Omega^2 l \\ \varphi_{0,3} &= -\varphi_{0,2} && g \le \Omega^2 l \end{aligned}$$

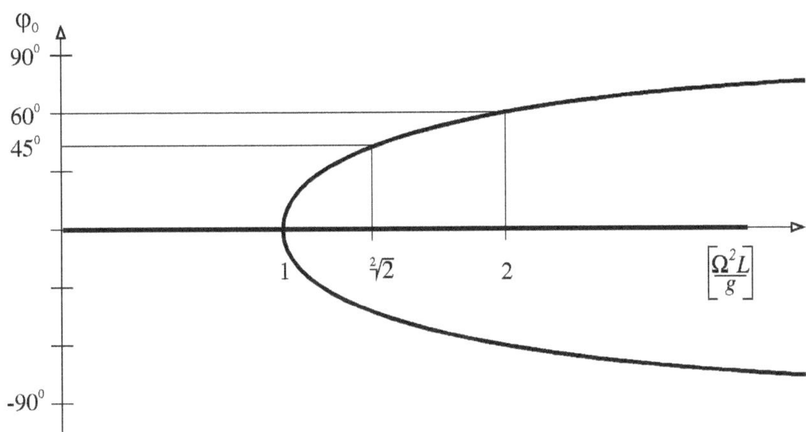

d) Um die Schwingungsfrequenz für eine Schwingung um eine Gleichgewichtslage $\varphi_{0,2}$ zu bestimmen, wird zunächst die BGL um diese Lage linearisiert. Mit der Bedingung für die stationäre Lage $\sin\varphi_0(\frac{g}{l} - \Omega^2\cos\varphi_0) = 0$ lautet die linearisierte BGL dann

$$\varphi \to \varphi_0 + \bar{\varphi}; \qquad \sin\varphi \to \sin\varphi_0 + \bar{\varphi}\cos\varphi_0; \qquad \cos\varphi \to \cos\varphi_0 - \bar{\varphi}\sin\varphi_0$$

$$\ddot{\bar{\varphi}} + \bar{\varphi}\left[\frac{g}{l}\cos\varphi_0 + \Omega^2(1 - 2\cos^2\varphi_0)\right] = 0$$

Die Frequenz ν kleiner Schwingungen um diese Lage ist damit bekannt.

$$\nu^2 = \frac{g}{l}\cos\varphi_0 + \Omega^2(1 - 2\cos^2\varphi_0) = \Omega^2 - \frac{g^2}{l^2\Omega^2}$$

Anmerkung: Diese Frequenz gilt nur für die Schwingungen um $\varphi_{0,2}$ und $\varphi_{0,3}$. Die Lösung $\varphi_{0,1} = 0$ ist für Drehzahlen $\Omega^2 > \frac{g}{l}$ instabil und damit nicht schwingungsfähig.

4.6 Lagrange'sche Gleichungen II. Art

Grundformeln: Lagrange II

T Kinetische Energie eines konservativen Systems
V Potentielle Energie des konservativen Systems
$\boldsymbol{F}$ nichtkonservative äußere Kraft auf das System
$\boldsymbol{r}$ Ortsvektor zum Angriffspunkt von $\boldsymbol{F}$
$\boldsymbol{q}$ Vektor der verallgemeinerten Koordinaten
$\boldsymbol{Q}$ generalisierte Kraft

Projektion von $\boldsymbol{F}$ in den Raum der verallgemeinerten Koordinaten:

$$\boldsymbol{Q} = \left(\frac{\partial \boldsymbol{r}}{\partial \boldsymbol{q}}\right)^T \cdot \boldsymbol{F}$$

Lagrange'sche Gleichungen II. Art:

$$\frac{d}{dt}\left(\frac{\partial T}{\partial \dot{q}_i}\right) - \frac{\partial T}{\partial q_i} + \frac{\partial V}{\partial q_i} = Q_i$$

Musteraufgabe 1

Eine homogene Kreisscheibe (Radius R, Masse m_S, Schwerpunkt S) rollt ohne zu gleiten auf einer leicht geneigten Ebene (Neigungswinkel α gegenüber der Horizontalen). Auf der Kreisscheibe ist im Abstand e vom Scheibenmittelpunkt eine punktförmige Masse M_G fest angebracht. Die Bewegung der Scheibe wird durch den Winkel φ zwischen der Vertikalen und der Geraden $\overline{SM_G}$ beschrieben.

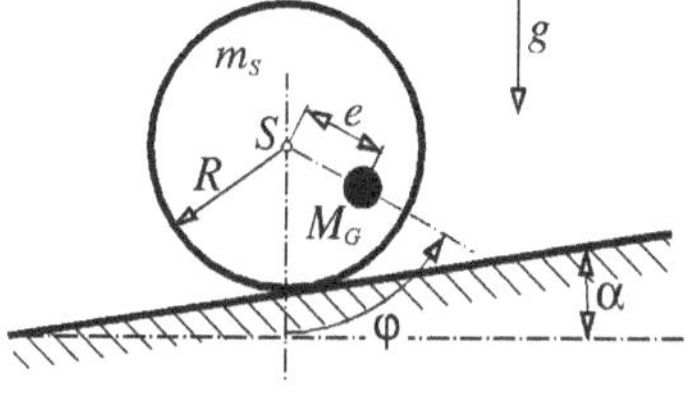

a) Wie groß ist die potentielle Energie V_{pot} des Systems ?
b) Wie groß ist die kinmetische Energie T_{kin} des Systems ?
c) Ermitteln Sie die Bewegungsgleichungen des Systems.
d) Wie lauten die Winkel φ_i, die die stabilen und die labilen Gleichgewichtslagen des Systems beschreiben ?
e) Linearisieren Sie die Bewegungsgleichung um die stabile Gleichgewichtslage $\varphi = \varphi^*$
f) Wie groß ist die Schwingungsperiode T_S für kleine Schwingungen des Systems um diese Gleichgewichtslage ?

Lösung: Für die Berechnung der Bewegungsgleichungen eignet sich die Methode der Lagrange'schen Gleichungen II. Art. Man benötigt für ein abgeschlossenes, konservatives System die Beträge von gespeicherter kinetischer und potentieller Energie in Abhängigkeit von sogenannten Minimalkoordinaten, also einem Satz unabhängiger Koordinaten, die den Zustand eines Systems eindeutig beschreiben. In diesem Beispiel ist die Angabe des Rollwinkel φ ausreichend, um die Lage der Scheibe und damit auch der Punktmasse zu bestimmen. Voraussetzung ist hier die Rollbedingung, die Scheibe darf nicht gleiten. Im Falle von Gleiten bedarf es neben dem Rollwinkel noch einer weiteren Koordinate, um die Lage des Systems zu beschreiben. Es hätte dann zwei Freiheitsgrade. In unserem Fall (1 Freiheitsgrad) langt der Rollwinkel φ. Die Beträge der Energien müssen in Abhängigkeit dieser Koordinate aufgestellt werden. Zur Beschreibung der absoluten Geschwindigkeiten einzelner Schwerpunkte dient ein Ortsvektor von einem inertialfesten (aber ansonsten beliebigen) Punkt zu dem jeweils betrachteten Schwerpunkt und dessen Ableitung.

Für das vorliegende Beispiel wird ein ebenes $x-, z-$ Koordinatensystem gewählt, dessen $x-$ Achse parallel zur Abrollebene liegt und dessen z- Achse normal zur Rollebene ist. Die Lage des Schwerpunkts S der Scheibe hängt dann von einer unbekannten Anfangslage x_0 und der Ortsveränderung durch den Rollwinkel φ ab:

$$\boldsymbol{r}_{OS} = \begin{pmatrix} x_0 + \varphi R \\ R \end{pmatrix}$$

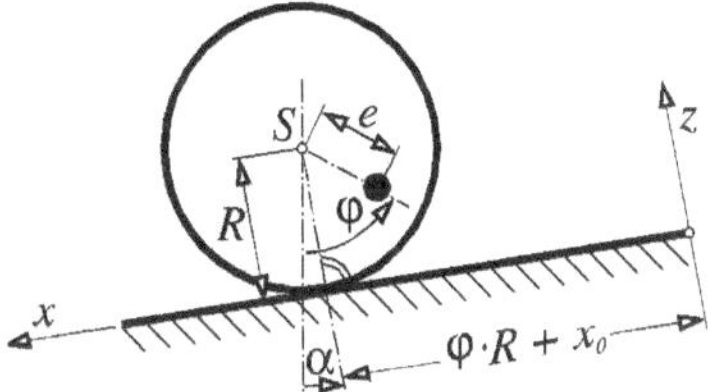

Die Geschwindigkeit des Schwerpunkts S der Scheibe folgt durch einfaches Ableiten dieses Vektors, da das gewählte Koordinatensystem inertialfest ist:

$$\boldsymbol{v}_{S,abs} = \frac{d}{dt}\boldsymbol{r}_{OS} = \begin{pmatrix} \dot{\varphi} R \\ 0 \end{pmatrix}$$

Sie ist immer parallel zur $x-$ Achse, die Scheibe darf laut Ansatz nicht abheben. Ihr Betrag folgt aus den Komponenten zu

$$|v_S|^2 = (\dot{\varphi} R)^2$$

Der Ortsvektor zur Zusatzmasse M läßt sich aufspalten in den schon bekannten Ortsvektor zum Schwerpunkt S und den Ortsvektor von S nach M:

$$\boldsymbol{r}_{OM} = \boldsymbol{r}_{OS} + \boldsymbol{r}_{SM} = \begin{pmatrix} x_0 + \varphi R \\ R \end{pmatrix} + \begin{pmatrix} -e\sin(\varphi - \alpha) \\ -e\cos(\varphi - \alpha) \end{pmatrix}$$

Für den Vektor der absoluten Geschwindigkeit von M folgt dann wiederum

$$\boldsymbol{v}_{M,abs} = \frac{d}{dt}\boldsymbol{r}_{OM} = \begin{pmatrix} \dot{\varphi} R - e\dot{\varphi}\cos(\varphi - \alpha) \\ e\dot{\varphi}\sin(\varphi - \alpha) \end{pmatrix}$$

Der Betrag dieses Vektors folgt über den Satz von Pythargoras aus seinen Komponenten.

$$\begin{aligned}|v_M|^2 &= \dot\varphi^2R^2 - 2Re\dot\varphi^2\cos(\varphi-\alpha) + e^2\dot\varphi^2\cos^2(\varphi-\alpha) + e^2\dot\varphi^2\sin^2(\varphi-\alpha)\\ &= \dot\varphi^2(R^2+e^2-2Re\cos(\varphi-\alpha))\end{aligned}$$

Die kinetische Energie der Scheibe setzt sich aus einem rotatorischen und einem translatorischen Anteil zusammen. Das Massenträgheitsmoment einer Scheibe beträgt $J = mR^2/2$.

$$T_{Scheibe} = T_{S,rot} + T_{S,trans} = \frac{1}{2}\frac{mR^2}{2}\dot\varphi^2 + \frac{m}{2}\dot\varphi^2R^2 = \frac{3m}{4}R^2\dot\varphi^2$$

Für die Punktmasse M braucht nur der translatorische Anteil berücksichtigt zu werden, der rotatorische Anteil verschwindet, da Punktmassen keine Ausdehnungen und damit keine Massenträgheiten besitzen.

$$T_{Punktmasse} = \frac{M}{2}v_M^2 = \frac{M}{2}\dot\varphi^2(R^2+e^2-2Re\cos(\varphi-\alpha))$$

Die gesamte kinetische Energie des Systems ist die Summe aus den einzelnen Anteilen.

$$T = T_{Scheibe} + T_{Punktmasse} = (\frac{3m}{4}+\frac{M}{2})\dot\varphi^2R^2 + \frac{M}{2}\dot\varphi^2(e^2-2Re\cos(\varphi-\alpha))$$

Für die potentielle Energie benötigen wir noch die Anhebung der Schwerpunkte S und M von Scheibe und Punktmasse in vertikaler Richtung (entgegen der Schwerkraft). Diese Anhebung darf sich auf ein beliebiges, aber konstantes Bezugsniveau beziehen, wir wählen aus rechentechnischen Gründen die Lage des Ursprungs des Koordinatensystems als Bezugsniveau. Das $x-, z-$ Koordinatensystem ist um den Winkel α gegenüber der Vertikalen verdreht, wir betrachten deshalb die Höhe h in vertikaler Richtung, ein Punkt mit den Koordinaten x, z in diesem System gegenüber dem Ursprung besitzt:

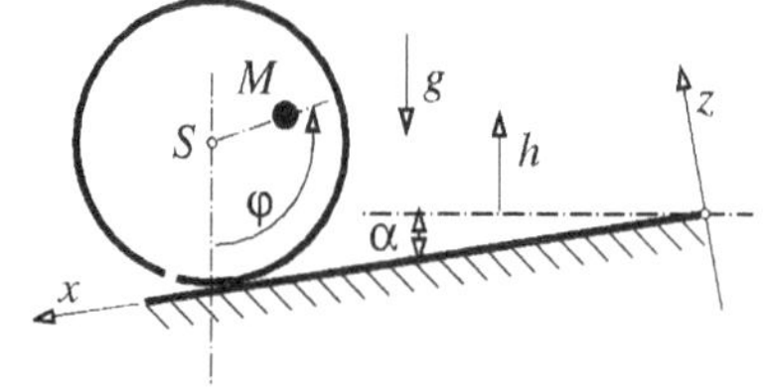

$$h = z\cos\alpha - x\sin\alpha$$

Die potentielle Energie unserer Schwerpunkte ist nun gleich der jeweiligen Masse multipliziert mit Erdbeschleunigung und dieser Höhe h:

$$V_S = mg(R\cos\alpha - (x_0+\varphi R)\sin\alpha)$$

$$V_M = Mg((R-e\cos(\varphi-\alpha))\cos\alpha - (x_0+\varphi R - e\sin(\varphi-\alpha))\sin\alpha)$$

Die einzelnen Terme können geordnet und zusammengefaßt werden, die Produkte der trigonometrischen Terme lassen sich mit dem Additionstheorem

$$\sin x\sin y - \cos x\cos y = -\cos(x+y)$$

geschickt zusammenfassen. Unser Nullniveau ist die Höhe des Koordinatenursprungs, es darf beliebig gewählt werden. Eine Addition beliebiger Konstanten zur potentiellen Energie ist ohne Belang für die Auswertung gemäß Lagrange II, da nur ihre partielle Ableitung nach den verallgemeinerten Koordinaten eingeht und konstante Terme somit herausfallen. Es ist deshalb zulässig, alle Konstanten in dem Ausdruck für die potentielle Energie zu streichen, es entspricht nur einer Senkung des Bezugsniveaus um die Summe dieser Konstanten. Nach Abzug aller Konstanten erhält man für die potentielle Energie des Gesamtsystems den Ausdruck

$$V = V_S + V_M = -(m+M)g\varphi R\sin\alpha - Mge\cos\varphi$$

Für die Auswertung von potentieller und kinetischer Energie gemäß den Lagrange'schen Gleichungen II. Art fallen eine Reihe partieller Ableitungen an. Partiell bedeutet unter anderem, daß nur nach der jeweiligen Koordinate bzw. ihrer Ableitung abgeleitet wird, andere zeitvariante Größen sind für diese eine Ableitung als konstant anzusehen. So muß in der partiellen Ableitung von T nach $\dot{\varphi}$ alles außer eben $\dot{\varphi}$ wie konstante Größen behandelt werden, es folgt

$$\frac{\partial T}{\partial\dot{\varphi}} = \dot{\varphi}R^2(\frac{3}{2}m + M) + \dot{\varphi}M(e^2 - 2Re\cos(\varphi-\alpha))$$

Dieser Ausdruck muß nun absolut nach der Zeit differenziert werden. Im Gegensatz zur vorhergehenden partiellen Ableitung nach $\dot{\varphi}$ sind nun alle zeitvarianten Größen zu beachten, also auch der trigonometrische Term $\cos(\varphi-\alpha)$, hier ist die Kettenregel anzuwenden und zunächst die Kosinus- Funktion abzuleiten und dann das Argument nachzudifferenzieren.

$$\frac{d}{dt}\left(\frac{\partial T}{\partial\dot{\varphi}}\right) = \ddot{\varphi}R^2(\frac{3}{2}m + M) + \ddot{\varphi}M(e^2 - 2Re\cos(\varphi-\alpha)) + \dot{\varphi}^2 M2Re\sin(\varphi-\alpha)$$

Für die partielle Differentiation der kinetischen Energie T nach der Koordinate φ kommt nur der Kosinus-Term in Frage.

$$\frac{\partial T}{\partial\varphi} = \dot{\varphi}^2 MRe\sin(\varphi-\alpha)$$

Die potentielle Energie V muß ebenfalls nach φ partiell differenziert werden.

$$\frac{\partial V}{\partial\varphi} = -(m+M)gR\sin\alpha + Mge\sin\varphi$$

Die Bewegungsgleichung für die Koordinate φ lautet insgesamt:

$$\begin{aligned}\ddot{\varphi}R^2(\tfrac{3}{2}m + M) + \ddot{\varphi}M(e^2 - 2Re\cos(\varphi-\alpha)) + \dot{\varphi}^2 MRe\sin(\varphi-\alpha)\\ -(m+M)gR\sin\alpha + Mge\sin\varphi = 0\end{aligned}$$

Für eine mögliche Gleichgewichtslage $\varphi = \varphi^*$ muß die Beschleunigung $\ddot{\varphi}$ identisch Null sein, wenn $\varphi = \varphi^*$ und auch $\dot{\varphi} = 0$ gilt. Aus der Bewegungsgleichung folgt, daß damit

$$-(m+M)gR\sin\alpha + Mge\sin\varphi^* = 0$$

gelten muß. Als mögliche Kandidaten φ^* existieren die Lagen

$$\varphi^*_{1,i} = \arcsin(\frac{(m+M)R\sin\alpha}{Me}) + 2k\pi; \quad k \in \mathbb{N}$$

$$\varphi^*_{2,i} = \pi - \varphi^*_{1,i}$$

Der Term $2k\pi$ bedeutet eine volle Umdrehung der Scheibe, natürlich gelten für alle um eine volle Umdrehung der Scheibe verschobenen Lagen die gleichen Bedingungen. Wir betrachten nun nur die beiden prinzipiell verschiedenen Lagen φ^*_1 und φ^*_2, d.h. $k = 0$. Das Argument der Arkussinus- Funktion muß zunächst kleiner oder gleich Eins sein (Definitionsmenge des Arkussinus), d.h. $Me \geq (M+m)R\sin\alpha$. Wäre das nicht der Fall, gäbe es keine Gleichgewichtslage, die Scheibe würde mitsamt Punktmasse den Hang hinunterrollen. Die Lösung φ^*_1 ist damit auch kleiner als $\pi/2$, sie ist die stabile Gleichgewichtslage. Die Lösung $\varphi^*_2 = \pi - \varphi^*_1$ entspricht der an einer horizontalen Gerade gespiegelten Lage φ^*_1, es ist eine labile Gleichgewichtslage, die aufgrund der kleinsten Störung in die Richtung der Störung instabil wird.

Um die stabile Lage $\varphi^* = \varphi^*_1$ können nun Schwingungen entstehen, z.B. der Einschwingvorgang oder aufgrund einer kleinen Anregung. Die Bewegungsgleichung kann zur Analyse dieser kleinen Schwingungen um die Lage φ^* linearisiert werden. Sie wird dazu in eine Taylor-Reihe übergeführt, von der nur der konstante erste Term und der Term erster Ordnung berücksichtigt wird. Allgemein gilt für eine Linearisierung einer Funktion $f(\zeta)$ um die Lage $\zeta = \zeta_0$ die Beziehung

$$f(\zeta) = f(\zeta_0 + \Delta\zeta) \approx f(\zeta_0) + \left.\frac{\partial f}{\partial \zeta}\right|_{(\zeta=\zeta_0)} \Delta\zeta$$

In Analogie zu diesem Sachverhalt zählen wir die kleine Auslenkung $\bar{\varphi}$ aus der Gleichgewichtslage $\varphi = \varphi^*$ als neue Koordinate und substituieren φ durch

$$\varphi = \varphi^* + \bar{\varphi}; \qquad \dot{\varphi} = \dot{\bar{\varphi}}; \qquad \ddot{\varphi} = \ddot{\bar{\varphi}}$$

Die Linearisierungen der trigonometrischen Funktionen $\sin\varphi$ und $\cos\varphi$ um die Lage $\varphi = \varphi^*$ lauten dann

$$\sin\varphi \approx \sin\varphi^* + \bar{\varphi}\cos\varphi^*$$

$$\cos\varphi \approx \cos\varphi^* - \bar{\varphi}\sin\varphi^*$$

Diese Linearisierungen und Substitutionen setzen wir in die Bewegungsgleichung ein, es entsteht eine Bewegungsgleichung für die neue Koordinate $\bar{\varphi}$:

$$\begin{aligned} \ddot{\bar{\varphi}}R^2(\tfrac{3}{2}m + M) + \ddot{\bar{\varphi}}M(e^2 - 2Re(\cos(\varphi^* - \alpha) - \bar{\varphi}\sin(\varphi^* - \alpha)) \\ + \dot{\bar{\varphi}}^2 MRe(\sin(\varphi^* - \alpha) + \bar{\varphi}\cos(\varphi^* - \alpha)) \\ -(m+M)gR\sin\alpha + Mge(\sin\varphi^* + \bar{\varphi}\cos\varphi^*) = 0 \end{aligned}$$

Als weitere Vereinbarung für die Linearisierung galt ja, daß nur kleine Abweichungen $\bar{\varphi}$ aus der Gleichgewichtslage φ^* auftreten sollen. Quadratische Formen von $\bar{\varphi}$ und auch von $\dot{\bar{\varphi}}$ sowie Mischprodukte zweier 'kleinen' Größen sind deshalb vergleichsweise noch viel kleiner; wir dürfen sie vernachlässigen. Die linearisierte Bewegungsgleichung lautet jetzt

$$\ddot{\bar{\varphi}}\left[R^2(\tfrac{3}{2}m+M)+M(e^2-2Re(\cos(\varphi^*-\alpha))\right]+\bar{\varphi}[Mge\cos\varphi^*]$$
$$=(m+M)gR\sin\alpha-Mge\sin\varphi^*$$

Die rechte Seite verdient nähere Betrachtung: Der Winkel φ^* entstand ja aus der Gleichgewichtsbedingung

$$-(m+M)gR\sin\alpha+Mge\sin\varphi^*=0 \quad ,$$

sie verschwindet also, übrig bleibt eine 'normale' Bewegungsgleichung für einen ungedämpften Einmassen- Schwinger.

$$\ddot{\bar{\varphi}}\left[R^2(\frac{3}{2}m+M)+M(e^2-2Re(\cos(\varphi^*-\alpha))\right]+\bar{\varphi}[Mge\cos\varphi^*]=0$$

Die Schwingungszeit für dieses System um die Gleichgewichtslage folgt sofort aus der entsprechenden Grundformel.

$$T=\frac{2\pi}{\nu_0} \quad \text{mit} \quad \nu_0^2=\frac{Mge\cos\varphi^*}{R^2(\frac{3}{2}m+M)+M(e^2-2Re(\cos(\varphi^*-\alpha))}$$

Musteraufgabe 2

Eine homogene Stange (Masse m, Länge L, Schwerpunkt S) ist über eine masselose Federeinheit an den Aufhängepunkt A so gekoppelt, daß seine Lage vollständig durch den Winkel φ gegenüber der Vertikalen und der Auslenkung s der Federeinheit beschrieben ist. Die Federeinheit besitzt die Steifigkeit c und ist für $s=s_0$ entspannt. Zur Beschreibung der Bewegungen dient ferner ein $x-,y-$ Koordinatensystem mit Ursprung in A und vertikaler y- Achse.

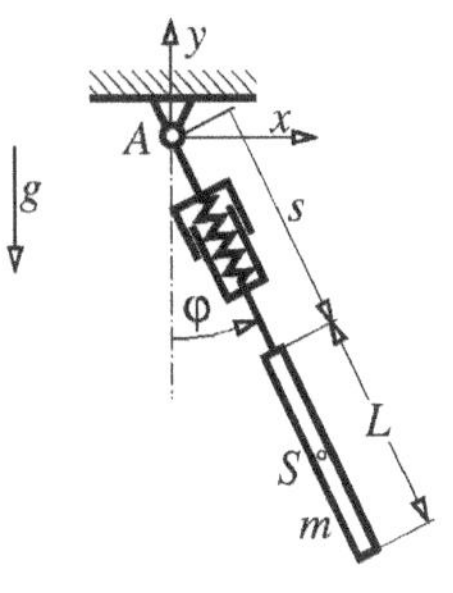

a) Wie groß ist die potentielle Energie V_{pot} des Systems ?
b) Wie groß ist die kinetische Energie T des Systems ?
c) Wie lauten die Bewegungsgleichungen des Systems ?

Lösung: Die Lage der Stange wird durch zwei unabhängige Koordinaten s,φ beschrieben, es liegt ein System mit zwei Freiheitsgraden vor. Die Methode der Langrange'schen Gleichungen II. Art ist auch hier eine direkte und schnelle Möglichkeit, die Bewegungsgleichungen des Systems zu erhalten. Wir benötigen für die potentielle Energie wieder die Anhebung aller Schwerpunkte im Schwerefeld und für die kinetische Energie die Schwerpunktsgeschwindigkeiten. Zweckmäßig ist das Aufstellen der Ortsvektoren (von beliebigen inertialfesten Ursprüngen) im Inertialsystem, eine anschließende Differentiation nach der Zeit liefert dann den Vektor der absoluten Geschwindigkeit. Diese Differentiation kann mit Hilfe der 'Coriolis'- Formel (siehe Grundformeln Relativkinematik) in jedem beliebigen Koordinatensystem durchgeführt werden.

In diesem Beispiel tritt nur ein massenbehafteter Körper, die Stange, auf. Wir stellen den Ortsvektor zu ihrem Schwerpunkt auf und erhalten den Betrag der Schwerpunktsgeschwindigkeit aus den Komponenten des Vektors der absoluten Geschwindigkeit:

$$_I\boldsymbol{r}_{AS} = (s+\frac{L}{2})\begin{pmatrix} \sin\varphi \\ -\cos\varphi \end{pmatrix}$$

$$_I\boldsymbol{v}_{S,abs} = \frac{d}{dt}{_I\boldsymbol{r}_{AS}} = \dot{s}\begin{pmatrix} \sin\varphi \\ -\cos\varphi \end{pmatrix} + (s+\frac{L}{2})\begin{pmatrix} \dot{\varphi}\cos\varphi \\ \dot{\varphi}\sin\varphi \end{pmatrix}$$

$$\begin{aligned} |v_S|^2 &= v_{S,x}^2 + v_{S,y}^2 \\ &= (\dot{s}\sin\varphi + (s+\frac{L}{2})\dot{\varphi}\cos\varphi)^2 + (-s\cos\varphi + (s+\frac{L}{2})\dot{\varphi}\sin\varphi)^2 \\ &= \dot{s}^2 + (s+\frac{L}{2})^2\dot{\varphi}^2 \end{aligned}$$

Wesentlich einfacher ist die Rechnung in einem mitbewegten Koordinatensystem K mit Ursprung in A, dessen $_Kx-$ Achse immer auf der Stange liegt und dessen $_Kz-$ Achse senkrecht zur Zeichenebene ist. Dieses System dreht gegenüber dem I-System mit $\boldsymbol{\omega} = \dot{\varphi}$ um die $z-$ Achse, der Ortsvektor von A nach S lautet

$$_K\boldsymbol{r}_{AS} = \begin{pmatrix} s+\frac{L}{2} \\ 0 \\ 0 \end{pmatrix}$$

$$_K\boldsymbol{v}_{S,abs} = \frac{d}{dt}{_K\boldsymbol{r}_{AS}} + \boldsymbol{\omega}_{IK} \times {_K\boldsymbol{r}_{AS}} = \begin{pmatrix} \dot{s} \\ 0 \\ 0 \end{pmatrix} + \begin{pmatrix} 0 \\ \dot{\varphi}(s+\frac{L}{2}) \\ 0 \end{pmatrix} = \begin{pmatrix} \dot{s} \\ \dot{\varphi}(s+\frac{L}{2}) \\ 0 \end{pmatrix}$$

Der Betrag des Absolutgeschwindigkeitsvektors ist unabhängig von dem Koordinatensystem, in dem seine Komponenten angegeben sind.

Die y- Komponente des Ortsvektors entspricht der Anhebung der Masse im Schwerefeld, unser Nullniveau liegt damit im Koordinatenursprung. Für die potentielle Energie des Systems muß ferner die in der linearen Feder gespeicherte Energie, wir müssen dazu die Auslenkung aus der entspannten Lage s_0 betrachten.

$$V = \frac{c}{2}(s-s_0)^2 - mg(s+\frac{L}{2})\cos\varphi$$

Für die kinetische Energie spielt weiterhin die Rotation der Stange eine Rolle, wir brauchen dazu das Massenträgheitsmoment der Stange um den Schwerpunkt (z.B. aus der Tabelle im Kapitel 'Drallsatz').

$$\begin{aligned} T &= T_{Rot} + T_{Trans} \\ &= \frac{1}{2} \cdot \frac{mL^2}{12}\dot{\varphi}^2 + \frac{m}{2}(\dot{s}^2 + (s + \frac{L}{2})^2\dot{\varphi}^2) \\ &= \frac{m}{2}\left[\frac{L^2\dot{\varphi}^2}{3} + \dot{s}^2 + \dot{\varphi}^2(s^2 + sL)\right] \end{aligned}$$

Mit Hilfe der Lagrange'schen Gleichungen II. Art können wir aus kinetischer und potentieller Energie nun die Bewegungsgleichungen des Systems erhalten. Bei zwei verallgemeinerten Koordinaten s und φ erhalten wir zwei Bewegungsgleichungen jeweils für eine dieser Koordinaten, bei den partiellen Ableitungen der Energieterme nach den verallgemeinerten Koordinaten bzw. ihren Geschwindigkeiten müssen wir auch darauf achten, daß wir partiell ableiten, d.h. einzig nach der jeweiligen Koordinate oder ihrer Geschwindigkeit, andere Variablen sind jeweils wie Konstante zu behandeln. Im Gegensatz dazu muß bei der totalen Ableitung nach der Zeit die Kettenregel beachtet werden, d.h. es müssen alle zeitvarianten Größen (in der Regel die Koordinaten und ihre Ableitungen) berücksichtigt werden. Im einzelnen ergibt sich somit für die Koordinate s:

$$\frac{\partial T}{\partial \dot{s}} = m\dot{s}; \qquad \frac{d}{dt}\left(\frac{\partial T}{\partial \dot{s}}\right) = m\ddot{s}$$

$$\frac{\partial T}{\partial s} = \frac{m}{2}\dot{\varphi}^2(2s + L)$$

$$\frac{\partial V}{\partial s} = c(s - s_0) - mg\cos\varphi$$

Zusammengestellt erhält man die Bewegungsgleichung für die Koordinate s, die rechte Seite ist Null da keine nichtkonservativen Kräfte auf das System wirken.

$$m\ddot{s} - \frac{m}{2}\dot{\varphi}^2(s2 + L) + c(s - s_0) - mg\cos\varphi = 0$$

Die Vorgehensweise für die Koordinate φ ist identisch:

$$\frac{\partial T}{\partial \dot{\varphi}} = m\dot{\varphi}(\frac{L^2}{3} + s^2 + sL)$$

$$\frac{d}{dt}\left(\frac{\partial T}{\partial \dot{\varphi}}\right) = m\ddot{\varphi}(\frac{L^2}{3} + s^2 + sL) + m\dot{\varphi}(2s\dot{s} + L\dot{s})$$

$$\frac{\partial T}{\partial \varphi} = 0$$

$$\frac{\partial V}{\partial \varphi} = mg(s + \frac{L}{2})\sin\varphi$$

Die Bewegungsgleichung für den Pendelwinkel φ lautet damit

$$m\ddot{\varphi}(\frac{L^2}{3} + s^2 + sL) + m\dot{\varphi}\dot{s}(2s + L) + mg(s + \frac{L}{2})\sin\varphi = 0$$

Aufgabe 1:

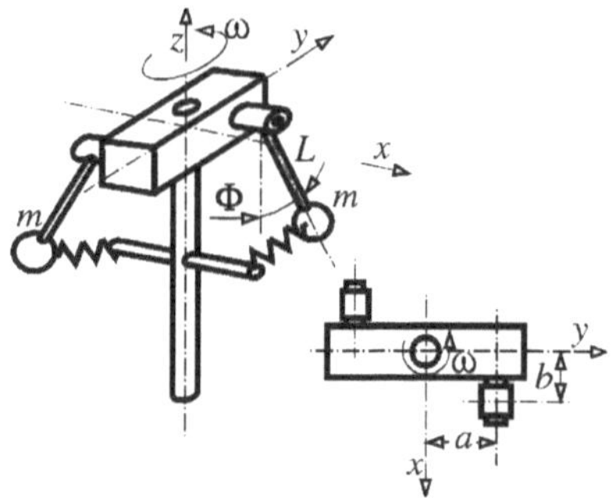

Die beiden Pendel eines Zentrifugalreglers können um Achsen parallel zur x-Achse schwingen. Sie können als Punktpendel der Masse m und Länge L aufgefaßt werden. Zusammen mit der Federfesselung (Federkonstante c) ergibt sich bei ruhendem Regler ($\omega = 0$) eine Eigenfrequenz des Pendels von 40 Hz. Die Ruhelage für $\omega = 0$ sei $\Phi = \Phi_0 = 0$. Der Pendelwinkel Φ kann als klein betrachtet werden ($\Phi << 1$). Es sei $a = 2b = 0,2L$.

a) Welche Gleichgewichtslage $\Phi_0(\omega)$ ergibt sich für $\omega \neq 0$?
b) Wie groß ist Φ_0 in Winkelgrad bei einer Drehzahl von 20 $\frac{U}{s}$?
c) Welches ist die Eigenfrequenz ν_P des Pendels bei $\omega \neq 0$?
d) Mit wieviel Hz schwingt das Pendel bei einer Drehzahl von 20 $\frac{U}{s}$?
e) Das Pendel sei zunächst bei $\Phi = 0$ arretiert. Nach Erreichen von $\omega = 2\pi 20 rad/s$ vollführt es nach der Freigabe eine Schwingung $\Phi = \Phi(t)$. Wie lautet $\Phi(t)$, wenn die Dämpfung vernachlässigt werden kann?
f) Welches Moment muß maximal von der Achsmuffe des Pendels senkrecht zur x-Achse aufgenommen werden:
   α) im Gleichgewichtsfall $\Phi = \Phi_0$ nach b) ?
   β) bei der Schwingung nach e) ?
   Um welchen Faktor ist M_β größer als M_α ?

Aufgabe 2:

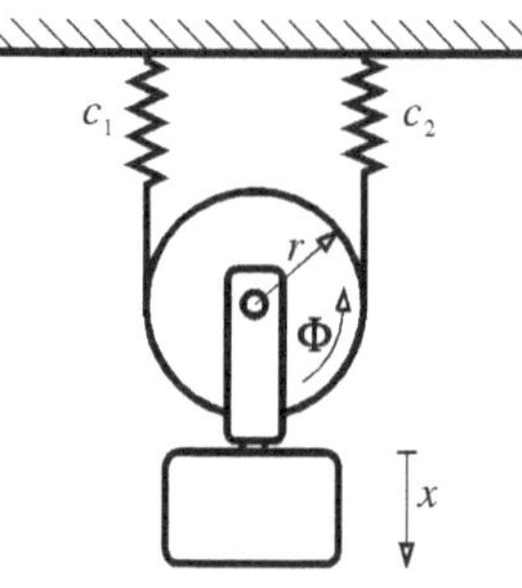

In einer Seilschlaufe hängt eine Rolle, die über einen Bügel eine Masse trägt. Die vertikalen Enden des Seils sind über Federn mit Federkonstanten c_1 bzw. c_2 befestigt. Die Gesamtmasse von Rolle, Bügel und Masse sei m, das Trägheitsmoment der Rolle bezüglich der Achse sei J. Seil und Federn können als masselos betrachtet werden. Zwischen Rolle und Seil soll kein Gleiten stattfinden. Die Rolle sei reibungslos im Bügel gelagert.

a) Wie lauten die Bewegungsgleichungen des Systems?
b) Um welchen Betrag x_0 senken sich Rolle und Masse im Gleichgewichtsfall gegenüber der Lage bei ungespannten Federn?
c) Um welchen Winkel Φ_0 dreht sich die Rolle im gegenüber der Lage bei ungespannten Federn?
d) Für den Fall $c_1 = c_2$ berechne man die Frequenzen ω_Φ und ω_x, mit denen Rolle bzw. Masse schwingen können.
e) Welche Frequenz tritt im Fall $c_1 = \infty$ auf (d.h. wenn das linke Seilende ohne Feder befestigt wird)?
f) Wie groß sind die Anfangsbeschleunigungen $\ddot{x}_0$ und $\ddot{\Phi}_0$, wenn Rolle und Masse stoßfrei aus der Lage losgelassen werden, bei der beide Federn entspannt sind?
g) Wie groß sind $\ddot{x}_0$ und $\ddot{\Phi}_0$ im Fall $c_1 = \infty$?

Aufgabe 3:

Ein homogener, schlanker Balken (Masse M, Länge a) ist am rechten Ende B gelenkig gelagert. Am linken Ende wird er durch ein Seil S gehalten, das als masselos, unelastisch und biegeweich betrachtet wird. Das Seil ist über eine um die Achse A reibungslos drehbare Rolle (homogene Kreisscheibe, Masse m, Radius r) geführt und an einer Schraubenfeder (Federkonstante c) befestigt. Der Balken ist in horizontaler Lage im Gleichgewicht.

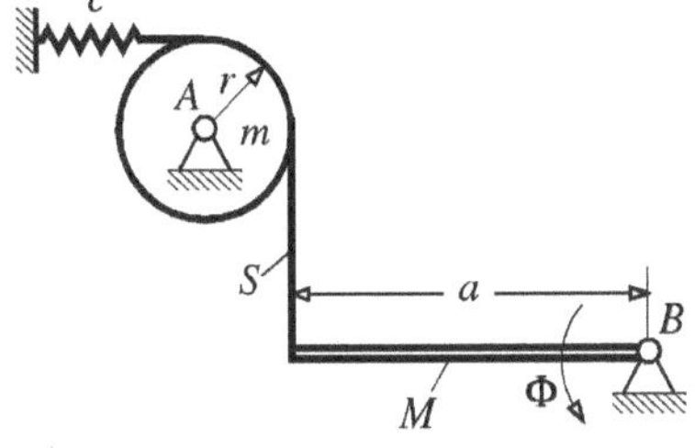

a) Wie groß sind die Beträge der in A und B auftretenden Reaktionskräfte F_A und F_B im Gleichgewichtsfall?
b) Wie groß sind das Trägheitsmoment J_B des Balkens bezüglich B und das Trägheitsmoment J_A der Rolle bezüglich A?
c) Welche Bewegungsgleichung gilt für kleine Drehschwingungen (Winkel $\Phi << 1$) des Balkens um B?
d) Man berechne die Funktion $\Phi(t)$ für den Fall, daß der Balken zur Zeit $t = 0$ stoßfrei aus der Lage $\Phi = \Phi_0 << 1$ losgelassen wird.
e) Wie groß ist die Schwingungszeit T_S?
f) Man berechne die Lagerreaktion F_B sowie die Seilkräfte F_{SV} und F_{SH} in den vertikalen und horizontalen Teilen des Seiles während der Bewegung nach d).

Aufgabe 4:

Eine in der skizzierten Weise federnd aufgehängte, homogene Kreisscheibe (Masse M, Radius r) rollt auf einer Geraden ohne zu gleiten. Am Umfang der Scheibe befindet sich eine als Punktmasse anzusehende Unwucht (Masse m). Für $x = 0$ ist die Feder (Federkonstante c) entspannt und die Unwucht befindet sich senkrecht unter dem Scheibenschwerpunkt. Vertikal wirkt die Erdbeschleungung g. Man berechne für dieses System:

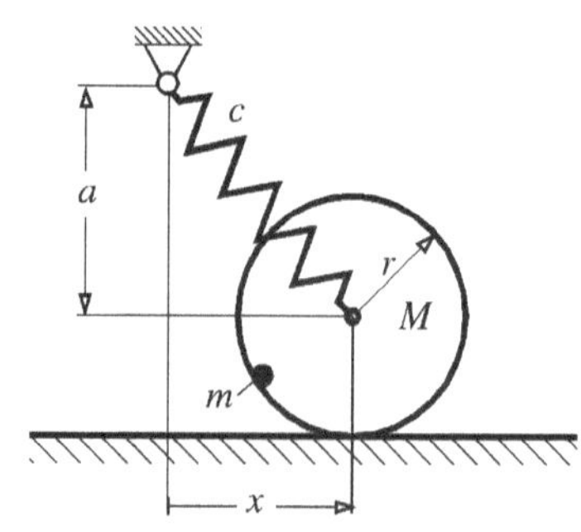

a) die kinetische Energie T,
b) die potentielle Energie V und
c) die Bewegungsgleichung mit Hilfe der Lagrangeschen Gleichung 2.Art.

Zusatzfrage: Wie lautet die Bewegungsgleichung für kleine Auslenkungen x? $(\frac{x}{r} \ll 1, \frac{x}{a} \ll 1)$

Aufgabe 5:

Ein dünner, homogener Stab (Masse M, Länge a) ist in der Mitte reibungsfrei um die horizontale Achse A drehbar gelagert. Auf dem Stab kann eine Punktmasse m reibungsfrei gleiten; sie ist durch Federn (resultierende Federkonstante c) so gefesselt, daß sie bei horizontal liegendem Stab ($\varphi = \frac{\pi}{2}$) in der Mitte des Stabes ($r = 0$)
im Gleichgewicht ist. Berechnen sie unter Verwendung der verallgemeinerten Koordinaten r, φ:

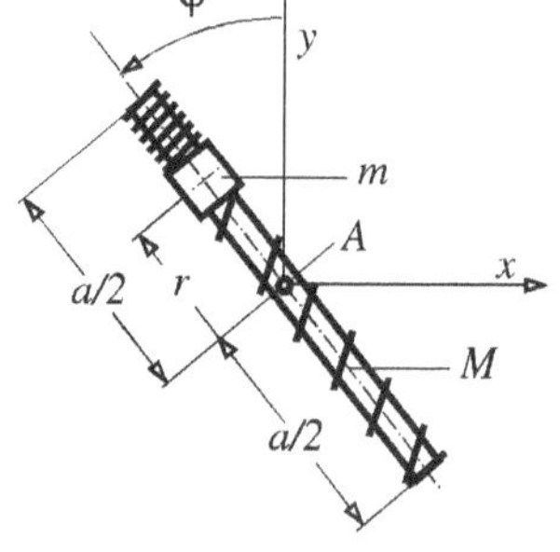

a) die kinetische Energie T des Systems;
b) die potentielle Energie V des Systems;
c) die Bewegungsgleichungen.
d) Der Stab wird mit $\dot{\varphi} = \omega = \text{const}$ gedreht. Wie lautet die Bewegungsgleichung für die Punktmasse m?

Aufgabe 6:

Ein Körperpendel mit der Masse m und dem Trägheitsmoment J_A ist um eine horizontale Achse durch A frei drehbar gelagert. Sein Schwerpunkt S hat den Abstand s von A. Zwischen einem Punkt B auf der Verbindungslinie $A - S$ im Abstand b von A und einem vertikal über A liegenden Fixpunkt C ist eine Schraubenfeder gespannt, die die Federkonstante c und die ungespannte Länge $l_0 = b$ hat.

a) Wie groß ist die kinetische Energie T?
b) Wie groß ist die potentielle Energie V?
c) Wie lautet die Bewegungsgleichung?
d) Welche Gleichgewichtslagen hat das Pendel?
e) Man linearisiere die Bewegungsgleichung für $\theta << 1$.
f) Wie groß ist die Eigenkreisfrequenz ν_0 und die Zeit T_0 für kleine Schwingungen des Pendels um die Gleichgewichtslage $\theta_0 = 0$?
g) Wie groß muß a gemacht werden, wenn man für $\theta << 1$ ein astatisches Pendel ($T_0 \to \infty$) erhalten will?
h) Für welche Werte der Federkonstanten c ist die Gleichgewichtslage $\theta_0 = 0$ stabil ($\nu_0^2 > 0$)?

Aufgabe 7:

Eine Kreisscheibe (Radius R, Masse m, Trägheitsmoment J_A) mit exzentrischer Schwerpunktslage (Abstand $\overline{AS} = s$) ist im Mittelpunkt A mit horizontaler Achse frei drehbar gelagert. Am Umfang der Scheibe ist ein Seil befestigt, dessen freies Ende eine Masse M an einer Feder (Federkonstante c) trägt. Die Seilmasse kann vernachlässigt werden.

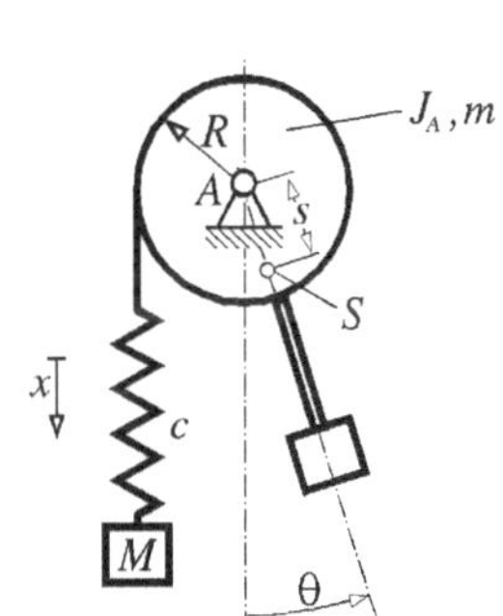

a) Wie groß sind die Gleichgewichtswerte x_0 und ϑ_0 der Lagekoordinaten, wenn durch $x = 0$ und $\vartheta = 0$ die Lage von M bei entspannter Feder sowie diejenige Lage der Scheibe beschrieben wird, bei der die Linie $\overline{AS}$ vertikal ist ?

b) Das System wird aus der Nullage ($x = 0, \vartheta = 0$) ohne Stoß freigegeben. Wie groß sind die Beschleunigungen $\ddot{x}$ und $\ddot{\vartheta}$ unmittelbar nach dem Freilassen?
c) Die bei $\vartheta = 0$ festgehaltene Scheibe wird bei ruhender Masse M ohne Stoß freigegeben. Wie groß sind die Beschleunigungen $\ddot{x}$ und $\ddot{\vartheta}$ unmittelbar nach dem Freilassen?
d) Wie groß ist die kinetische Energie T des Systems bei beliebigen Bewegungen?
e) Wie groß ist die potentielle Energie V des Systems?
f) Man berechne die Bewegungsgleichungen.
g) Welche Schwingungszeit T_S hat das System bei festgehaltener Scheibe?
h) Man berechne die Bewegungsgleichung für den Sonderfall $c \to \infty$.

Aufgabe 8:

Ein um die horizontale Achse durch A drehbar gelagerter und durch eine Drehfeder gefesselter Stab (Masse m_1, Trägheitsmoment J_A, Schwerpunktsabstand s_1, Drehfederkonstante c_α) trägt am freien Ende einen zweiten Stab (Masse m_2, Trägheitsmoment J_{S2}, Schwerpunktsabstand s_2), der um eine ebenfalls horizontale Achse durch B pendeln kann. Für $\alpha = \alpha_0$ ist die Drehfeder entspannt. Unter Verwendung der verallgemeinerten Koordinaten α und β (siehe Skizze) berechne man:

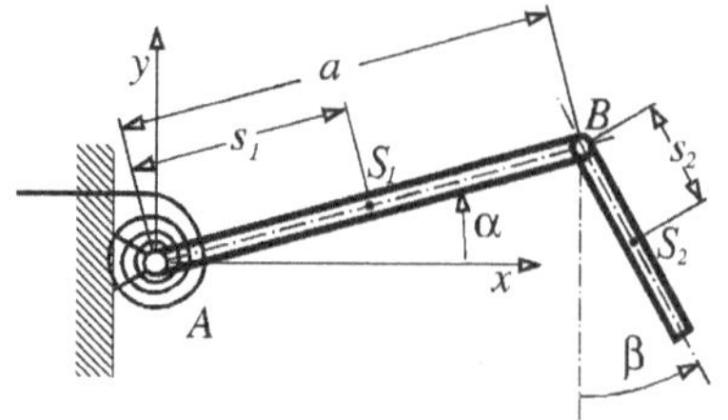

a) die Koordinaten x_{S_2} und y_{S_2} für den Schwerpunkt S_2 des zweiten Stabes;
b) die Geschwindigkeit v_{S_2} von S_2;
c) die Lagrangesche Funktion $L(\alpha, \beta, \dot{\alpha}, \dot{\beta})$ des Gesamtsystems.

Aufgabe 9:

In einem inertialfest angebrachten Hohlrad (Innenradius R) rollt eine Scheibe (Masse M, Radius r). Auf die Scheibe ist eine masselose Stange der Länge l nicht drehbar angeschweißt, an deren Ende die Punktmasse m befestigt ist. Die Winkel α und β werden gegenüber der Vertikalen gemessen. Für $\alpha = 0$ ist auch $\beta = 0$. Die $y-$Achse des raumfesten $x-, y-$ Koordinatensystems ist vertikal ausgerichtet.
Es gelte: $R = l = 2r$.

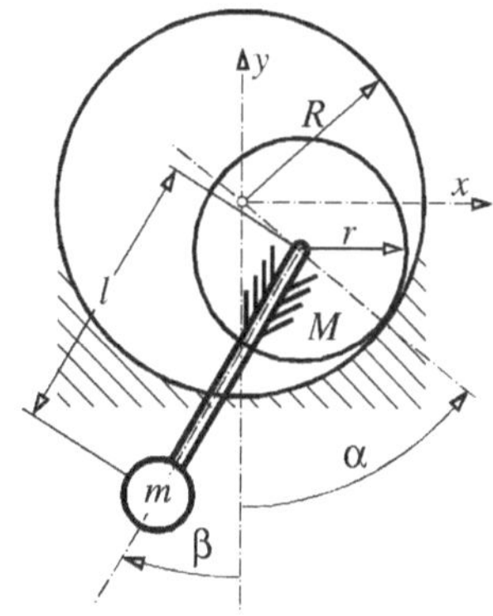

a) Wie groß ist die absolute Winkelgeschwindigkeit ω der Scheibe ?
b) Welcher kinematische Zusammenhang gilt zwischen $\dot{\alpha}$ und $\dot{\beta}$?
c) Wie groß ist der Betrag v_m der Absolutgeschwindigkeit der Punktmasse m ?
d) Wie lauten potentielle Energie V und kinetische Energie T des Systems ?
e) Man gebe die Bewegungsgleichung für die Koordinate α an.
f) Wie lautet die Linearisierung der BGL um $\alpha = 0$?
g) Wie groß ist die Schwingungsperiode T_S für kleine Schwingungen um diese Gleichgewichtslage ?

Aufgabe 10

Ein beliebtes Kinderspielzeug ist die 'Fliegende Möwe'. Sie besteht aus zwei identischen Flügeln (schlanke, homogene Balken, jeweils Länge l und Masse m_F), welche um die Längsachse der Möwe drehbar am Zentralkörper (Masse m_K, Schwerpunkt S_K) aufgehängt sind. Die Breite b des Zentralkörpers sei vernachlässigbar klein. Die Möwe ist an zwei masselosen, sehr langen Fäden jeweils im Abstand a vom Zentralkörper so aufgehängt, daß sich die Aufhängepunkte immer auf der $x-$Achse des raumfesten $x-, y-, z-$ Koordinatensystems bewegen. Zur Beschreibung des Systems dient neben der Auslenkung z_K des Zentralkörpers auch der Winkel φ der Flügel gegenüber einer Waagerechten.

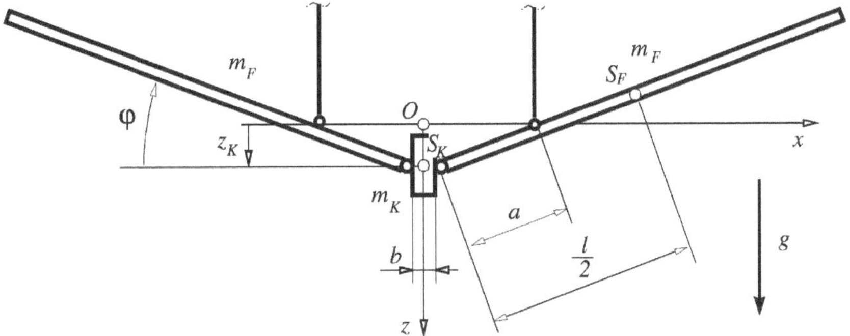

a) Wie lautet die kinematische Abhängigkeit zwischen φ und z_K ?
b) Wie groß ist die kinetische Energie des Gesamtsystems ?
c) Wie groß ist die potentielle Energie des Gesamtsystems ?
d) Wie lautet die Bewegungsgleichung für die Koordinate φ ?

Aufgabe 11

Eine Punktmasse m rutscht reibungsfrei auf einer spiralförmigen Führung mit dem Radius R und der Steigung h. Die Bahn der Punktmasse wird durch

$$x = R\cos(\varphi)\ ;\ y = R\sin(\varphi)\ ;\ z = h\frac{\varphi}{2\pi}$$

in Abhängigkeit des Winkels φ beschrieben. Es herrscht die Ortsbeschleunigung g in negative z-Richtung.

m, R, h, g

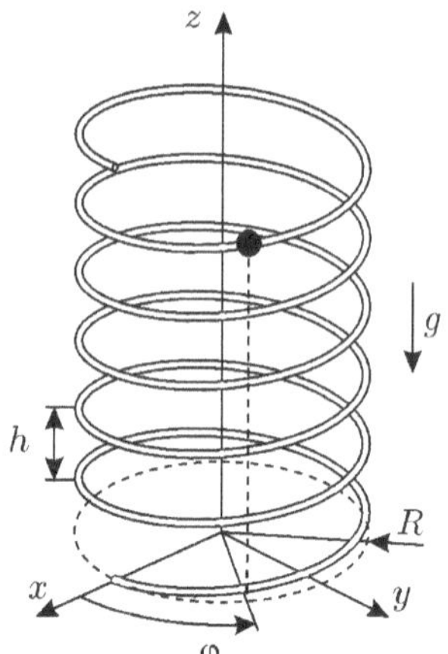

a) Bestimmen Sie die Bewegungsgleichung in Abhängigkeit des Winkels φ.

b) Lösen Sie die Bewegungsgleichung. Hierfür startet die Masse bei $\varphi_0 = 6\pi$ aus anfänglicher Ruhe mit $\varphi(t=0) = \varphi_0$, $\dot{\varphi}(t=0) = 0$.

c) Bestimmen Sie die Kraft $F_{z,\mathrm{F}}$, die die Führung in z-Richtung auf die Punktmasse aufbringen muss, um zu der beschriebenen Bewegung zu führen.

Lösungen zu Kap. 4.6 Lagrange II

Aufgabe 1

Herleitung der Bewegungsgleichung für den Pendelwinkel φ mit den Lagrange'schen Gleichungen II. Art (1).

$$V = -mgL\cos\varphi + \frac{1}{2}cL^2\sin^2\varphi \quad (2)$$

$$T = \frac{1}{2}m\mathbf{v}_S^T\mathbf{v_S} \quad \text{Pendelmasse} \quad (3)$$

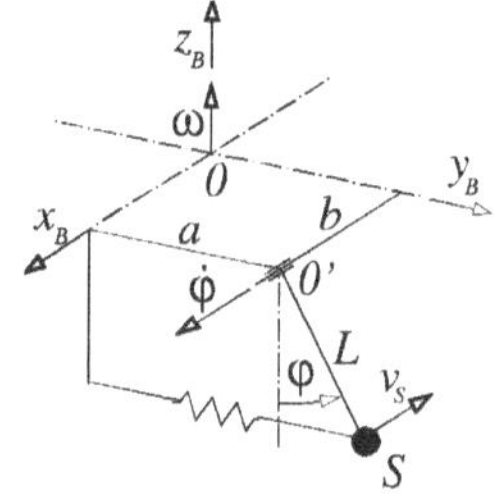

Kinematik:

$$\boldsymbol{v}_S = \frac{d}{dt}(\boldsymbol{r}_{OO'} + \boldsymbol{r}_{O'S}) + {}_K\boldsymbol{\omega}_{IK} \times (\boldsymbol{r}_{OS} + \boldsymbol{r}_{O'S})$$

$${}_K\boldsymbol{r}_{OO'} = \begin{pmatrix} b \\ a \\ 0 \end{pmatrix}; \quad \boldsymbol{r}_{O'S} = \begin{pmatrix} 0 \\ L\sin\varphi \\ -L\cos\varphi \end{pmatrix}; \quad \boldsymbol{\omega}_{IK} = \begin{pmatrix} 0 \\ 0 \\ \omega \end{pmatrix}$$

$$\Rightarrow \mathbf{v}_S = \begin{pmatrix} -\omega(a + L\sin\varphi) \\ \omega b + L\dot{\varphi}\cos\varphi \\ L\dot{\varphi}\sin\varphi \end{pmatrix} \quad (4)$$

Einsetzen von (4) in (3), (2):

$$L^* = \frac{1}{2}m[\omega^2(a + L\sin\varphi)^2 + \omega^2 b^2 + 2\omega b L\dot{\varphi}\cos\varphi + L^2\dot{\varphi}^2] + mgL\cos\varphi - \frac{1}{2}cL^2\sin^2\varphi$$

$$\frac{d}{dt}\left(\frac{\partial L^*}{\partial\dot{\varphi}}\right) = m[L^2\ddot{\varphi} - Lb\omega\dot{\varphi}\sin\varphi] \quad (5)$$

$$\frac{\partial L^*}{\partial\varphi} = m[\omega^2 L\cos\varphi(a + L\sin\varphi) - Lb\omega\dot{\varphi}\sin\varphi] - mgL\sin\varphi - cL^2\sin\varphi\cos\varphi \quad (6)$$

Einsetzen von (5), (6) in (1):

$$\ddot{\varphi} - \omega^2(\frac{a}{L} + \sin\varphi)\cos\varphi + \frac{g}{L}\sin\varphi + \frac{c}{m}\sin\varphi\cos\varphi = 0$$

Lineare Näherung mit $\varphi << 1$:

$$\Rightarrow \sin\varphi \approx \varphi \quad ; \qquad \cos\varphi \approx 1 \qquad \Rightarrow \ddot{\varphi} + \underbrace{(\frac{c}{m} + \frac{g}{L} - \omega^2)}_{:=\nu_0^2}\varphi = \frac{a}{L}\omega^2$$

Für den ruhenden Regler ($\omega = 0$) gilt:

$$\nu_0^2 = \frac{c}{m} + \frac{g}{L} = \nu^2 \qquad \nu^2 = 2\pi \cdot 40\frac{rad}{s}$$

a) Gleichgewichtslage: $\ddot{\varphi} = \dot{\varphi} = 0$

$$\varphi_0 = \frac{a}{L}\frac{\omega^2}{\nu^2 - \omega^2}$$

b) $\nu = 2\pi \cdot 40\frac{rad}{s}$; $\omega = 2\pi \cdot 20\frac{rad}{s}$ $\Rightarrow \varphi_0 = 0,066 rad = 3,82°$

c) $\nu_p = \nu_0 = \sqrt{\nu^2 - \omega^2}$

d) $f_p = \frac{\nu_p}{2\pi}$

$$\nu = 2\pi \cdot 40\frac{rad}{s} \quad ; \qquad \omega = 2\pi \cdot 20\frac{rad}{s} \qquad \Rightarrow f_p = 34,6 Hz$$

e) Ansatz für die homogene Lösung: $\varphi_h(t) = A\sin\nu_p t + B\cos\nu_p t$
Ansatz für die Partikuläre Lösung:

$$\varphi_p(t) = \psi \qquad \psi = \frac{a}{L}\frac{\omega^2}{\nu_p^2} = \varphi_0 \quad \text{(s.o.)}$$

Allgemeine Lösung: $\varphi(t) = \varphi_h(t) + \varphi_p(t)$

$$\varphi(t) = A\sin\nu_p t + B\cos\nu_p t + \varphi_0$$

Spezielle Lösung für $\varphi(0) = 0$; $\dot{\varphi}(0) = 0$:

$$\left.\begin{array}{llll} \varphi(0) = 0 & \Rightarrow & B = -\varphi_0 & \\ \dot{\varphi}(0) = 0 & \Rightarrow & -A\nu_p = 0 & \Rightarrow \quad A = 0 \end{array}\right\} \quad \varphi(t) = \varphi_0(1 - \cos\nu_p t)$$

f) Impulssatz für freigeschnittene Masse:

$$m\boldsymbol{a} = \boldsymbol{F}_{ST}$$

Das Zwangsmoment auf die Pendelmuffe ergibt sich aus der x-Komponente von $\boldsymbol{F}_{ST}$.

$$M = -F_{ST,x}L$$

Berechnung der absoluten Beschleunigung $\boldsymbol{a}$ von m:

$$\begin{aligned}
\boldsymbol{a} &= \frac{d}{dt}\boldsymbol{v}_S + \boldsymbol{\omega} \times \boldsymbol{v}_S \\
&= \begin{pmatrix} -2L\omega\dot{\varphi}\cos\varphi - \omega^2 b \\ L\ddot{\varphi}\cos\varphi - L\dot{\varphi}^2\sin\varphi - \omega^2(a + L\sin\varphi) \\ L\ddot{\varphi}\sin\varphi + L\dot{\varphi}^2\cos\varphi \end{pmatrix} \\
\rightarrow F_{ST,x} &= -m(2L\omega\dot{\varphi}\cos\varphi + \omega^2 b)
\end{aligned}$$

α) Stationäre Bewegung $\dot{\varphi} = \ddot{\varphi} = 0$:

$$F_{ST,x} = -m\omega^2 b \quad \rightarrow M_\alpha = mLb\omega^2$$

β) Schwingendes Pendel

$$M_\beta = Lm(2L\omega\dot{\varphi}\cos\varphi + \omega^2 b)$$

$$\text{mit} \quad \varphi(t) = \varphi_0(1 - \cos(\nu_p t); \quad \dot{\varphi}(t) = \varphi_0\nu_p\sin(\nu_p t)$$

Maximum von M_β für $\cos\varphi = 1$ und $\sin(\nu_p t) = 1$

$$M_{\beta,max} = mL\omega^2(b + 2a\frac{\omega}{\nu_p})$$

$$\frac{M_\beta}{M_\alpha} = 1 + 2\frac{a}{b}\sqrt{\frac{\omega^2}{\nu^2 - \omega^2}} \qquad \text{mit} \quad \frac{a}{b} = 2 \quad \Rightarrow \quad \frac{M_\beta}{M_\alpha} = 3,31$$

Aufgabe 2

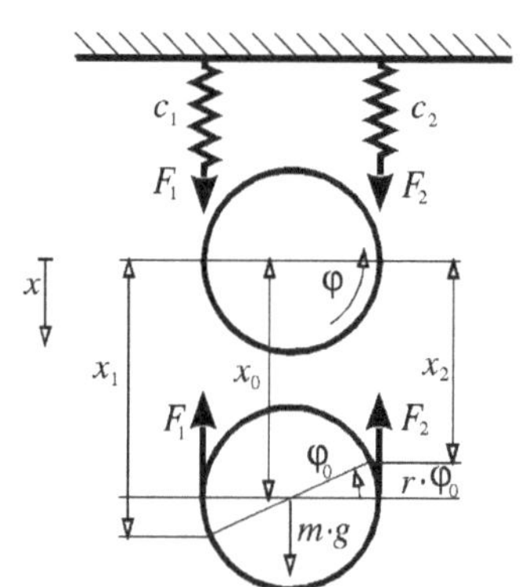

Kinematische Abhängigkeiten:

$$x_1 = x + r\varphi$$

$$x_2 = x - r\varphi$$

Potentielle Energie:

$$V = -mgx + \frac{c_1 x_1^2}{2} + \frac{c_2 x_2^2}{2}$$

Kinetische Energie:

$$T = \frac{m}{2}\dot{x}^2 + \frac{J}{2}\dot{\varphi}^2$$

Die Bewegungsgleichungen lauten dann:

$$m\ddot{x} + (c_1 + c_2)x + r(c_1 - c_2)\varphi = mg \qquad (1)$$
$$\theta\ddot{\varphi} + r(c_1 - c_2)x + r^2(c_1 + c_2)\varphi = 0 \qquad (2)$$

b) und c): Für die Ruhelage x_0, φ_0 gilt $\ddot{x} = \ddot{\varphi} = 0$. Aus den BGL kann man dann direkt x_0 und φ_0 isolieren.

$$x_0 = \frac{mg}{4c_1c_2}(c_1 + c_2); \qquad \varphi_0 = \frac{mg}{4rc_1c_2}(c_2 - c_1)$$

d) Vereinfachung $c_1 = c_2 = c$:

$$\text{aus (1):} \quad \ddot{x} + \frac{2c}{m}x = g \quad ; \qquad \omega_x^2 = \frac{2c}{m}$$

$$\text{aus (2):} \quad \ddot{\varphi} + \frac{2r^2c}{\theta}\varphi = 0 \quad ; \qquad \omega_\varphi^2 = \frac{2r^2c}{\theta}$$

e) Für $c_1 = \infty$ gilt die Rollbedingung $x = -r\varphi$. Gleichung $(1) \cdot r$ minus Gleichung (2) berechnen, Rollbedingung verwenden.

$$rm\ddot{x} - \theta\ddot{\varphi} + 2rc_2x - 2r^2c_2\varphi = mrg; \quad \ddot{\varphi} + \frac{4c_2}{m + \frac{\theta}{r^2}}\varphi = 0; \quad \Rightarrow \omega^2 = \frac{4c_2}{m + \frac{\theta}{r^2}}$$

f) Stoßfreies Loslassen bei $x = 0$ und $\varphi = 0$:

$$\text{mit (1):} \quad \ddot{x} = g; \quad \text{mit (2):} \quad \ddot{\varphi} = 0$$

g) Stoßfreies Loslassen bei $x = 0$, $\varphi = 0$ und $c_1 = \infty$

$$\text{mit (3):} \qquad \ddot{x} = \frac{mgr^2}{mr^2 + \theta} \quad (4) \quad \text{(4) in Rollbed.:} \quad \ddot{\varphi} = -\frac{mgr}{mr^2 + \theta}$$

Aufgabe 3

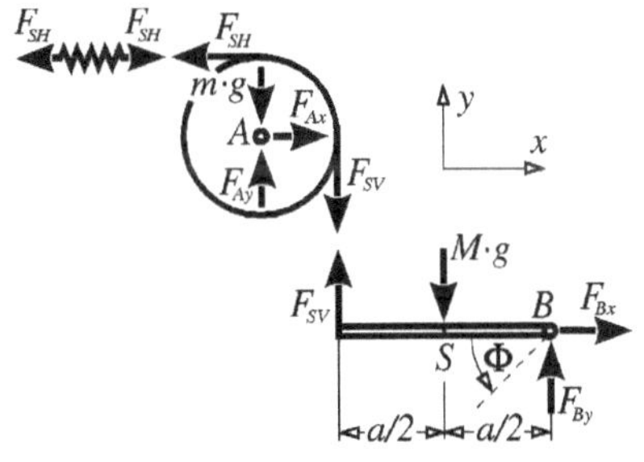

a) Lagerreaktionen aus GGB:

$$F_{B_x} = 0 \quad ; \qquad F_{S_V} = F_{S_H} = \frac{Mg}{2}$$

$$F_{A_y} = g(m + \frac{M}{2}) \quad ; \qquad F_{A_x} = \frac{1}{2}Mg$$

$$|\mathbf{F}_B| = \frac{1}{2}Mg$$

$$|\mathbf{F}_A| = g\sqrt{(m + \frac{M}{2})^2 + \frac{1}{4}M^2}$$

b) Trägheitsmomente:

$$J_O = \int_K \mathbf{r}_{OP}^2 dm \quad ; \qquad J_A = \frac{1}{2}mr^2 \quad ; \qquad J_B = \frac{1}{3}Ma^2$$

c) Bewegungsgleichung nach Lagrange II:

$$\frac{d}{dt}\left(\frac{\partial T}{\partial \dot{q}_i}\right) - \frac{\partial T}{\partial q_i} + \frac{\partial V}{\partial q_i} = 0$$

Anzahl der Freiheitsgrade: 1

$$q = \phi \quad ; \qquad \varphi r = \phi a \qquad \text{für}\phi \ll 1 \quad ; \qquad \varphi = \frac{a}{r}\phi$$

Kinetische Energie:

$$T = T_R + T_B = \frac{1}{2}J_A\dot{\varphi}^2 + \frac{1}{2}J_B\dot{\phi}^2 = \dot{\phi}^2 a^2[\frac{1}{4}m + \frac{1}{6}M]$$

Potentielle Energie $V = V_{Feder} + V_{Balken} = V_C + V_B$.

$$V_C = \frac{1}{2}c(\triangle l)^2 = \frac{1}{2}cx^2 = \frac{1}{2}c(x_0 + a\phi)^2 = \frac{1}{2}c(\frac{Mg}{2c} + a\phi)^2$$

$$V_B = Mgy_S = -\frac{Mg}{2}a\phi; \quad V = \frac{1}{2}c(\frac{Mg}{2c} + a\phi)^2 - \frac{Mg}{2}a\phi$$

$$\frac{d}{dt}\left(\frac{\partial T}{\partial \dot{q}_i}\right) = \frac{d}{dt}\left(\frac{\partial T}{\partial \dot{\phi}}\right) = \ddot{\phi}a^2[\frac{1}{2}m + \frac{1}{3}M]$$

$$\frac{\partial T}{\partial \phi} = 0 \quad ; \qquad \frac{\partial V}{\partial \phi} = ac(\frac{Mg}{2c} + a\phi) - \frac{Mg \cdot a}{2}$$

$$\Rightarrow \ddot{\phi}a^2[\frac{1}{2}m + \frac{1}{3}M] + ac(\frac{Mg}{2c} + a\phi) - \frac{Mg \cdot a}{2} = 0$$

$$\ddot{\phi} + \frac{c}{\frac{1}{2}m + \frac{1}{3}M}\phi = 0; \qquad \nu_0^2 = \frac{c}{\frac{1}{2}m + \frac{1}{3}M}$$

d) Anfangsbedingungen: $\phi(0) = \phi_0(\ll 1)$; $\dot{\phi}(0) = 0$ (Stoßfrei).
Ansatz: $\phi(t) = A\cos\nu_0 t + B\sin\nu_0 t$

$$\left.\begin{array}{ll} \phi(0) = \phi_0 & \Rightarrow A = \phi_0 \\ \dot{\phi}(0) = 0 & \Rightarrow B = 0 \end{array}\right\} \qquad \phi(t) = \phi_0\cos\nu_0 t$$

e) Schwingungszeit T_S:

$$T_S = \frac{2\pi}{\nu_0} = 2\pi\sqrt{\frac{\frac{1}{2}m + \frac{1}{3}M}{c}}$$

f) Drallsatz am Balken:

$$J_B\ddot{\phi} = \frac{a}{2}Mg - aF_{S_V} \qquad \ddot{\phi}(t) = -\frac{c\phi_0}{\frac{1}{2}m + \frac{1}{3}M} \cdot \cos\nu_0 t$$

$$\rightarrow F_{S_V} = \frac{1}{2}Mg + \frac{ac\phi_0}{\frac{3}{2}\frac{m}{M} + 1} \cdot \cos\nu_0 t$$

Impulssatz am Balken:

$$M\ddot{y}_S = Mg - F_{S_V} - F_B \quad ; \qquad \ddot{y}_S = \frac{a}{2}\ddot{\phi} \quad (\phi \ll 1)$$

$$F_B = \frac{1}{2}Mg + \frac{ac\phi_0}{3\frac{m}{M}+2} \cdot \cos\nu_0 t$$

Drallsatz Rolle:

$$J_A\ddot{\varphi} = (F_{S_V} - F_{S_H})r \quad \rightarrow \quad F_{S_H} = \frac{1}{2}Mg + ac\phi_0 \cos\nu_0 t$$

Aufgabe 4

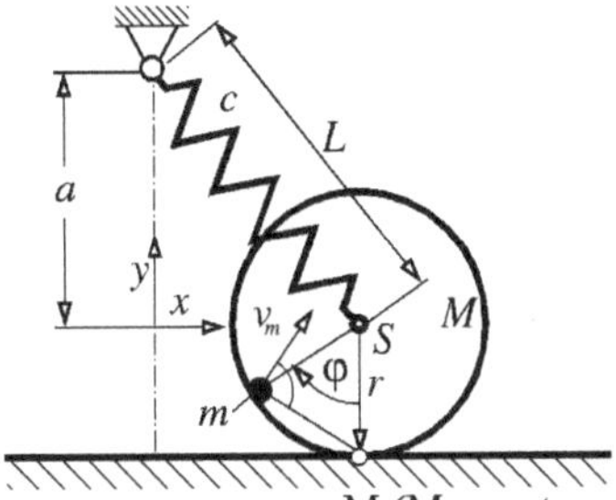

Rollbedingung: $\varphi = \frac{x}{r}$; Trägheitsmoment der Rolle ohne Unwuchtmasse:

$$J_S = \frac{1}{2}Mr^2$$

Kinetische Energie:

$$T = \frac{1}{2}M\dot{x}^2 + \frac{1}{2}mv_m^2 + \frac{1}{2}J_S\omega^2$$

a) Geschwindigkeit v_m bestimmen.

$$v_m^2 = \dot{x}_m^2 + \dot{y}_m^2$$

$$x_m = x - r\sin\varphi \quad ; \qquad \dot{x}_m = \dot{x} - r\dot{\varphi}\cos\varphi$$

$$y_m = -r\cos\varphi \quad ; \qquad \dot{y}_m = r\dot{\varphi}\sin\varphi$$

$$\Rightarrow v_m^2 = \dot{x}^2 - 2\dot{x}\dot{\varphi}r\cos\varphi + r^2\dot{\varphi}^2$$

Bessere Methode: Momentanpol M der Rolle benutzen.

$$v_m^2 = (\dot{\varphi}\cdot s)^2 \quad ; \qquad s = 2r\sin\frac{\varphi}{2} \quad \Rightarrow \quad v_m^2 = \dot{\varphi}^2 \cdot 4r^2\sin^2\frac{\varphi}{2}$$

Rollbedingung $\dot{x} = r\dot{\varphi}$ verwenden.

$$\begin{aligned} v_m^2 &= 2\dot{x}^2(1-\cos\frac{x}{r}) \qquad \text{mit} \quad (1-\cos\frac{x}{r}) = (2\sin^2\frac{x}{2r}) \\ &= 4\dot{x}^2\sin^2\frac{x}{2r} \end{aligned}$$

Gleichung für kinetische Energie:

$$T = [\frac{3}{4}M + m(1-\cos\frac{x}{r})]\dot{x}^2$$

$$T = [\frac{3}{4}M + 2m\sin^2(\frac{x}{2r})]\dot{x}^2$$

b) Potentielle Energie:

$$V = \frac{1}{2}c(\Delta L)^2 + mgy_m \qquad y_m \quad \text{aus} \quad \text{a) I.}$$

$$\Delta L = (L-a)^2 = (\sqrt{a^2+x^2}-a)^2 = a^2(\sqrt{1+(\frac{x}{a})^2}-1)^2$$

$$V = \frac{1}{2}ca^2(\sqrt{1+(\frac{x}{a})^2}-1)^2 - mgr \cdot \cos\frac{x}{r}$$

c) Lagrange'sche Gleichungen II. Art.

$$\frac{d}{dt}(\frac{\partial L^*}{\partial \dot{x}}) - \frac{\partial L^*}{\partial x} = 0 \quad ; \qquad L^* = T - V$$

$$L^* = [\frac{3}{4}M + 2m\sin^2(\frac{x}{2r})]\dot{x}^2 - \frac{1}{2}ca^2(\sqrt{1+(\frac{x}{a})^2}-1)^2 + mgr \cdot \cos\frac{x}{r}$$

$$\frac{\partial L^*}{\partial \dot{x}} = [\frac{3}{2}M + 4m\sin^2(\frac{x}{2r})]\dot{x}$$

$$\frac{d}{dt}(\frac{\partial L^*}{\partial \dot{x}}) = [\frac{3}{2}M + 4m\sin^2(\frac{x}{2r})]\ddot{x} + \frac{8m}{2r}\dot{x}\sin(\frac{x}{2r})\cos(\frac{x}{2r})$$

$$\frac{\partial L^*}{\partial x} = \frac{4m}{2r}\dot{x}^2\sin(\frac{x}{2r})\cos(\frac{x}{2r}) - cx + \frac{cx}{\sqrt{1+(\frac{x}{a})^2}} - mg\sin(\frac{x}{r})$$

Bewegungsgleichung:

$$0 = [\frac{3}{2}M + 4m\sin^2(\frac{x}{2r})]\ddot{x} + 2m\frac{\dot{x}^2}{r}\sin(\frac{x}{2r})\cos(\frac{x}{2r}) + cx(1 - \frac{1}{\sqrt{1+(\frac{x}{a})^2}} + mg\sin(\frac{x}{r})$$

Zusatzfrage: kleine Auslenkungen. Es gelten dann die Näherungen

$$\frac{x}{r} \ll 1; \quad \frac{x}{a} \ll 1; \quad \sin^2(\frac{x}{2r}) \approx (\frac{x}{2r})^2; \quad \cos(\frac{x}{r}) \approx 1$$

Einsetzen der Näherungen in die Bewegungsgleichung.

$$\ddot{x} + \frac{2mg}{3Mr}x = 0$$

Aufgabe 5

a) Kinetische Energie $T = T_{Punktmasse} + T_{Stab} = T_P + T_{ST}$

$$T_P = \frac{1}{2}m\boldsymbol{v}_M^T\boldsymbol{v}_M; \quad \boldsymbol{v}_M = \frac{d}{dt}\boldsymbol{r}_M = \begin{pmatrix} -\dot{r}\sin\varphi - r\dot{\varphi}\cos\varphi \\ \dot{r}\cos\varphi - r\dot{\varphi}\sin\varphi \end{pmatrix}$$

$$T = \frac{1}{2}m\dot{r}^2 + \frac{1}{2}(\frac{1}{12}Ma^2 + mr^2)\dot{\varphi}^2$$

b) Potentielle Energie $V = V_{Punktmasse} + V_{Feder} = V_P + V_F$

$$V_P = mgr\cos\varphi; \qquad V_F = \frac{c}{2}r^2; \qquad V = mgr\cos\varphi + \frac{c}{2}r^2$$

c) Lagrange'sche Gleichungen II. Art für die Koordinate r

$$\frac{d}{dt}(\frac{\partial T}{\partial \dot{r}}) = m\ddot{r} \quad ; \quad \frac{\partial T}{\partial r} = mr\dot{\varphi}^2 \quad ; \quad \frac{\partial V}{\partial r} = mg\cos\varphi + cr$$

$$m\ddot{r} - mr\dot{\varphi}^2 + mg\cos\varphi + cr = 0$$

Lagrange'sche Gleichungen II. Art für die Koordinate φ

$$\frac{d}{dt}(\frac{\partial T}{\partial \dot{\varphi}}) = (mr^2 + \frac{1}{12}Ma^2)\ddot{\varphi} + 2mr\dot{r}\dot{\varphi}; \quad \frac{\partial T}{\partial \varphi} = 0; \quad \frac{\partial V}{\partial \varphi} = -mgr\sin\varphi$$

$$0 = (mr^2 + \frac{1}{12}Ma^2)\ddot{\varphi} + 2mr\dot{r}\dot{\varphi} - mgr\sin\varphi$$

d) Zwangsdrehung $\dot{\varphi} = const. \quad \Rightarrow \varphi(t) = \varphi_0 + \omega t$. Die Koordinate φ ist kein Freiheitsgrad mehr, die BGL entfällt. Bewegungsgleichung für die Koordinate r:

$$m\ddot{r} + (c - m\omega^2)r = -mg\cos(\omega t + \varphi_0)$$

Aufgabe 6

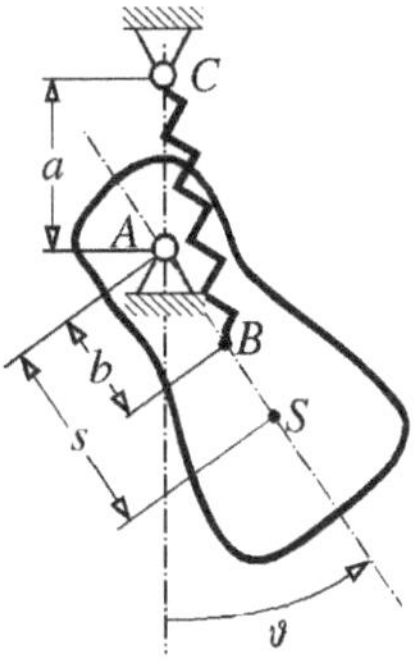

a) Die kinetische Energie des Körpers entspricht der Rotationsenergie

$$T = \frac{1}{2}J_A\dot{\vartheta}^2.$$

b) Potentielle Energie des Systems:

$$V = V_K + V_F$$

$$V_K = -mgs\cos\vartheta$$

$$V_F = \frac{1}{2}c\Delta l^2$$

$$\Delta l = l - l_0$$

Cosinus-Satz: $l^2 = a^2 + b^2 - 2ab\cos(\pi - \vartheta)$

$$\cos(\pi - \vartheta) = -\cos\vartheta$$

$$\Rightarrow l^2 = a^2 + b^2 + 2ab\cos\vartheta$$

$$V_F = \frac{1}{2}c(a^2 + 2b^2 + 2ab\cos\vartheta - 2b\sqrt{a^2 + b^2 + 2ab\cos\vartheta})$$

$$V = -mgs\cos\vartheta + \frac{1}{2}c(a^2 + 2b^2 + 2ab\cos\vartheta - 2b\sqrt{a^2 + b^2 + 2ab\cos\vartheta})$$

c) Lagrange II:

$$\frac{d}{dt}(\frac{\partial L^*}{\partial \dot{q}_i}) - \frac{\partial L^*}{\partial q_i} = 0 \quad ; \quad L^* = T - V$$

$$L^* = \frac{1}{2}J_A\dot{\vartheta}^2 + mgs\cos\vartheta - \frac{1}{2}c(a^2 + 2b^2 + 2ab\cos\vartheta - 2b\sqrt{a^2 + b^2 + 2ab\cos\vartheta})$$

$$\frac{\partial L^*}{\partial \vartheta} = -mgs\sin\vartheta - \frac{1}{2}c(-2ab\sin\vartheta + \frac{2ab^2\sin\vartheta}{\sqrt{a^2+b^2+2ab\cos\vartheta}})$$

$$\frac{d}{dt}(\frac{\partial L^*}{\partial \dot\vartheta}) = J_A\ddot\vartheta$$

$$\rightarrow J_A\ddot\vartheta + \sin\vartheta(mgs + \frac{ab^2c}{\sqrt{a^2+b^2+2ab\cos\vartheta}} - abc) = 0$$

d) Gleichgewichtslage: $\ddot\vartheta = 0$

I.) $\sin\vartheta = 0 \quad \Rightarrow \vartheta = k\pi \quad (k = 1, 2, 3...)$

II.)

$$mgs + \frac{ab^2c}{\sqrt{a^2+b^2+2ab\cos\vartheta}} - abc = 0$$

$$\vartheta = \arccos[\frac{1}{2ab}(\frac{b^2}{(1-\frac{mgs}{abc})^2} - a^2 - b^2)]$$

e) $\vartheta \ll 1 \quad \Rightarrow \sin\vartheta = \vartheta \quad ; \qquad \cos\vartheta \approx 1 \quad \rightarrow \sqrt{a^2+b^2+2ab\cos\vartheta} = a + b$

$$\rightarrow J_A\ddot\vartheta + \vartheta(mgs - \frac{a^2bc}{a+b}) = 0$$

f) aus e):

$$\ddot\vartheta + \vartheta\frac{1}{J_A}(mgs - \frac{a^2bc}{a+b}) = 0$$

$$\rightarrow \omega_0 = \sqrt{\frac{mgs - \frac{a^2bc}{a+b}}{J_A}} \qquad \Rightarrow T_0 = 2\pi\sqrt{\frac{J_A}{mgs - \frac{a^2bc}{a+b}}}$$

g) $T_0 \rightarrow \infty \quad$ für$(mgs - \frac{a^2bc}{a+b}) \rightarrow 0 \qquad$ (aus e)):

$$mgs = \frac{a^2bc}{a+b} \qquad \Rightarrow a = \frac{mgs \pm \sqrt{m^2g^2s^2 + 4b^2c\cdot mgs}}{2bc}$$

h) Bedingung: $\omega_0^2 > 0$

mit f): $\rightarrow \frac{mgs - \frac{a^2bc}{a+b}}{J_A} > 0 \qquad \rightarrow \qquad mgs > \frac{a^2bc}{a+b} \qquad \rightarrow \qquad c < \frac{mgs(a+b)}{a^2b}$

Aufgabe 7

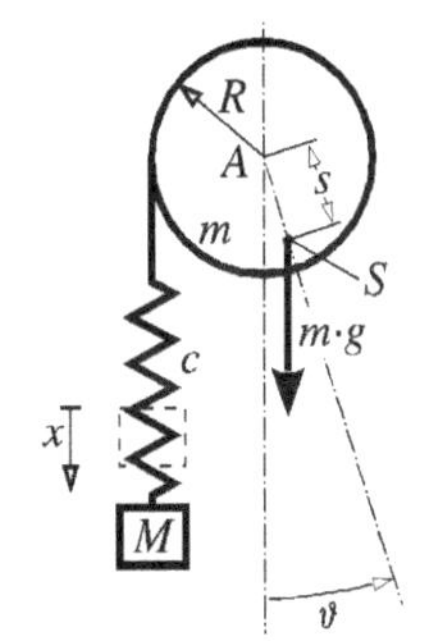

a) Momentengleichgewicht an der Rolle:

$$MgR - mgs\sin\vartheta_0 = 0$$

$$\vartheta_0 = \arcsin\frac{MR}{ms}$$

Auslenkung der Feder in der Ruhelage:

$$x_{0_F} = \frac{Mg}{c}$$

Aus der Verdrehung der Rolle folgt die Abwicklung des Seils:

$$x_{0_\vartheta} = R\vartheta_0$$

$$x_0 = x_{0_F} + x_{0_\vartheta} = \frac{Mg}{c} + R\vartheta_0$$

b) Impulssatz für $x = 0, \quad \vartheta = 0$, stoßfreies Loslassen:

$$M\ddot{x} = Mg \quad \Rightarrow \ddot{x} = g$$

Drallsatz für $x = 0, \quad \vartheta = 0$, stoßfreies Loslassen:

$$J_A\ddot{\vartheta} = 0 \quad \Rightarrow \ddot{\vartheta} = 0$$

c) M in Ruhelage $\Rightarrow \ddot{x} = 0$. Drallsatz für $\vartheta = 0, \quad x = \frac{Mg}{c}$:

$$J_A\ddot{\vartheta} = c(\frac{Mg}{c})R \quad \Rightarrow \ddot{\vartheta} = \frac{MgR}{J_A}$$

d) Kinetische Energie:

$$T = T_M + T_S; \qquad T_M = \frac{1}{2}M\dot{x}^2; \qquad T_S = \frac{1}{2}J_A\dot{\vartheta}^2$$

$$T = \frac{1}{2}M\dot{x}^2 + \frac{1}{2}J_A\dot{\vartheta}^2$$

e) Potentielle Energie:

$$V = V_M + V_S + V_F$$

$$V_M = -Mgx; \qquad V_S = -mgs\cdot\cos\vartheta; \qquad V_F = \frac{1}{2}c(x - R\vartheta)^2$$

$$V = -Mgx - mgs\cos\vartheta + \frac{1}{2}c(x - R\vartheta)^2$$

f) Lösung mit Lagrange II:

$$\frac{d}{dt}(\frac{\partial L^*}{\partial\dot{q}}) - \frac{\partial L^*}{\partial q} = 0$$

$L^* = T - V$ Lagrange'sche Funktion

$$L^* = \frac{1}{2}M\dot{x}^2 + \frac{1}{2}J\dot{\vartheta}^2 + mgs\cos\vartheta + Mgx - \frac{1}{2}c(x - R\vartheta)^2$$

$$\frac{\partial L^*}{\partial x} = Mg - c(x - R\vartheta) \quad ; \qquad \frac{d}{dt}(\frac{\partial L^*}{\partial \dot{x}}) = M\ddot{x}$$

$$\Rightarrow M\ddot{x} + cx - cR\vartheta = Mg$$

$$\frac{\partial L}{\partial \vartheta} = -mg\sin\vartheta + c(x - R\vartheta)R \quad ; \qquad \frac{d}{dt}(\frac{\partial L^*}{\partial \dot{\vartheta}}) = J_A\ddot{\vartheta}$$

$$\Rightarrow J_A\ddot{\vartheta} + mgs\sin\vartheta - cRx + cR^2\vartheta = 0$$

g) Bei festgehaltener Scheibe gilt $\vartheta = const.$; $\quad \ddot{\vartheta} = 0$

$$\ddot{x} + \frac{c}{M}x = g + \frac{cR\vartheta}{M} \qquad \Rightarrow T_S = 2\pi\sqrt{\frac{M}{c}}$$

h) Für $c \to \infty$ hat das System nur noch einen Freiheitsgrad. Es gilt die Rollbedingung: $x = R\vartheta$. Die BGL für x wird mit R multipliziert und zur BGL für ϑ addiert.

$$\to (J_A + MR^2)\ddot{\vartheta} + mgs\sin\vartheta = MgR$$

Aufgabe 8

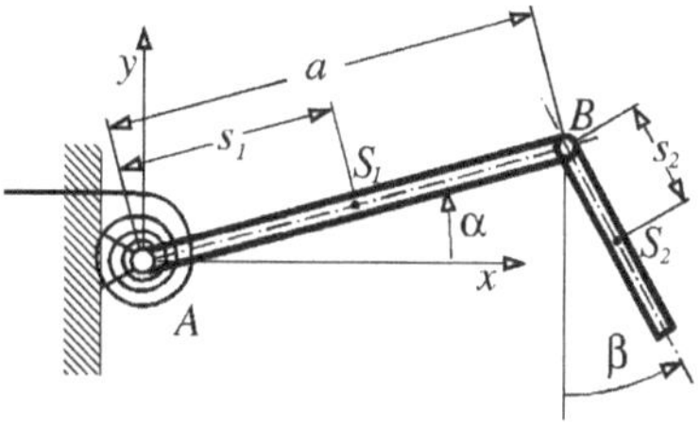

a) Koordinaten der Schwerpunkte.

$$\begin{pmatrix} x_{S_1} \\ y_{S_1} \end{pmatrix} = s_1 \begin{pmatrix} \cos\alpha \\ \sin\alpha \end{pmatrix}$$

$$\begin{pmatrix} x_B \\ y_B \end{pmatrix} = a \begin{pmatrix} \cos\alpha \\ \sin\alpha \end{pmatrix}$$

$$\begin{pmatrix} x_{S_2} \\ y_{S_2} \end{pmatrix} = a \begin{pmatrix} \cos\alpha \\ \sin\alpha \end{pmatrix} + s_2 \begin{pmatrix} \sin\beta \\ -\cos\beta \end{pmatrix}$$

$$\Rightarrow x_{S_2} = a\cos\alpha + s_2\sin\beta \quad ; \qquad y_{S_2} = a\sin\alpha - s_2\cos\beta$$

b) Quadrat der Schwerpunktsgeschwindigkeit $v_{S_2}^2 = \dot{x}_{S_2}^2 + \dot{y}_{S_2}^2$ mit

$$\left.\begin{aligned} \dot{x}_{S_2} &= -a\dot{\alpha}\sin\alpha + s_2\dot{\beta}\cos\beta \\ \dot{y}_{S_2} &= a\dot{\alpha}\cos\alpha + s_2\dot{\beta}\sin\beta \end{aligned}\right\} \qquad v_{S_2} = \sqrt{a^2\dot{\alpha}^2 + s_2^2\dot{\beta}^2 - 2as_2\sin(\alpha - \beta)\dot{\alpha}\dot{\beta}}$$

c) Kinetische Energie des Systems:

$$\begin{aligned} T &= T_{S_1} + T_{S_2} \\ T_{S_1} &= \frac{1}{2}J_A\dot{\alpha}^2 \quad \text{(Rotation um A)} \\ T_{S_2} &= \frac{1}{2}J_{S_2}\dot{\beta} + \frac{1}{2}m_2 v_{S_2}^2 \quad \text{Rotation und Translation} \end{aligned}$$

Potentielle Energie des Systems:

$$V = V_{S_1} + V_{S_2} + V_F; \qquad V_{S_i} = m_i g y_{S_i}; \qquad V_F = \frac{1}{2}c_\alpha(\alpha - \alpha_0)^2$$

$$T = \frac{1}{2}J_A\dot{\alpha}^2 + \frac{1}{2}J_{S_2}\dot{\beta}^2 + \frac{1}{2}m_2(a^2\dot{\alpha}^2 + s_2^2\dot{\beta}^2 - 2as_2\sin(\alpha-\beta)\dot{\alpha}\dot{\beta})$$

$$V = \frac{1}{2}c_\alpha(\alpha-\alpha_0)^2 + m_1 g s_1 \sin\alpha + m_2 g(a\sin\alpha - s_2\cos\beta)$$

$$\begin{aligned} L^* \;=\; & \frac{1}{2}[J_A + m_2a^2]\dot{\alpha}^2 + \frac{1}{2}[J_{S_2} + m_2s_2^2]\dot{\beta}^2 - m_2as_2\dot{\alpha}\dot{\beta}\sin(\alpha-\beta) \\ & -\frac{1}{2}c_\alpha(\alpha-\alpha_0)^2 - m_1gs_1\sin\alpha - m_2g[a\sin\alpha - s_2\cos\beta] \end{aligned}$$

Zusatz: Bewegungsgleichungen über Lagrange'sche Gleichung 2. Art.

$$\frac{d}{dt}(\frac{\partial L^*}{\partial \dot{q}_i}) - \frac{\partial L^*}{\partial q_i} = 0$$

$$\frac{\partial L^*}{\partial \alpha} = -m_2s_2\dot{\alpha}\dot{\beta}\cos(\alpha-\beta) - c_\alpha(\alpha-\alpha_0) - m_1gs_1\cos\alpha - m_2ga\cos\alpha$$

$$\frac{d}{dt}(\frac{\partial L^*}{\partial \dot{\alpha}}) = [J_A + m_2a^2]\ddot{\alpha} - m_2as_2\ddot{\beta}\sin(\alpha-\beta) - m_2as_2\dot{\beta}\cos(\alpha-\beta)(\dot{\alpha}-\dot{\beta})$$

Bewegungsgleichung für die Koordinate α:

$$\begin{aligned} & [J_A + m_2a^2]\ddot{\alpha} - m_2as_2\ddot{\beta}\sin(\alpha-\beta) + m_2as_2\dot{\beta}^2\cos(\alpha-\beta) \\ & \qquad +c_\alpha(\alpha-\alpha_0) + [m_1s_1 + m_2a]g\cos\alpha = 0 \end{aligned}$$

Koordinate β:

$$\frac{\partial L^*}{\partial \beta} = -m_2as_2\dot{\alpha}\dot{\beta}\cos(\alpha-\beta)(-1) - m_2gs_2\sin\beta$$

$$\frac{d}{dt}(\frac{\partial L^*}{\partial \dot{\beta}}) = [J_{S_2} + m_2s_2^2]\ddot{\beta} - m_2as_2\ddot{\alpha}\sin(\alpha-\beta) - m_2as_2\dot{\alpha}\cos(\alpha-\beta)(\dot{\alpha}-\dot{\beta})$$

Bewegungsgleichung für den Winkel β:

$$[J_{S_2} + m_2s_2^2]\ddot{\beta} - m_2as_2\ddot{\alpha}\sin(\alpha-\beta) - m_2as_2\dot{\alpha}^2\cos(\alpha-\beta) + m_2gs_2\sin\beta = 0$$

Aufgabe 9

a) Die Stange ist scheibenfest, β beschreibt damit auch die Drehung der Scheibe.

$$\omega = -\dot{\beta}$$

b) Betrachtet wird der Momentanpol MP der Scheibe (Berührpunkt mit dem Hohlrad). Die Geschwindigkeit des Mittelpunktes M um MP ist

$$v_M = \omega r = -\dot{\beta} r$$

Die Geschwindigkeit von M auf dem Kreis mit $(R-r)$ ist

$$v_M = -\dot{\alpha}(R-r) \quad \Rightarrow \quad \dot{\beta}r = \dot{\alpha}(R-r)$$

Mit $R = l = 2r$ folgt: $\quad \dot{\alpha} = \dot{\beta} \quad$ und auch $\quad \alpha = \beta$

c) Ortsvektoren zum Mittelpunkt M und zur Punktmasse (Stangenlänge $\quad l = 2r$)

$$r_{OM} = \begin{pmatrix} r\sin\alpha \\ -rcos\alpha \end{pmatrix} \quad ; \quad r_{Om} = \begin{pmatrix} -r\sin\alpha \\ -3r\cos\alpha \end{pmatrix}$$

$$v_m = |\frac{d}{dt}r_{Om}| = r\dot{\alpha}\sqrt{(\sin\alpha)^2 + (3\cos\alpha)^2} = r\dot{\alpha}\sqrt{1+8\sin^2\alpha}$$

d) Potentielle Energien: Die Anhebungen entsprechen den y-Koordinaten der Mittelpunkte M und m

$$V = -(M+3m)rg\cos\alpha$$

Kinetische Energie:

$$T = T_{ROT} + T_{TRANS,M} + T_{TRANS,m}$$

$$T_{ROT} = \frac{1}{2}\frac{M}{2}r^2\dot{\alpha}^2 \quad ; \quad T_{TRANS,M} = \frac{M}{2}r^2\dot{\alpha}^2 \quad ; \quad T_{TRANS,m} = \frac{m}{2}v_m^2$$

$$T = \frac{3}{4}Mr^2\dot{\alpha}^2 + \frac{m}{2}v_m^2 = \frac{3}{4}Mr^2\dot{\alpha}^2 + \frac{m}{2}\dot{\alpha}^2r^2(1+8\sin^2\alpha)$$

e) Anwendung der Lagrange'schen Gleichungen II. Art

$$\frac{\partial T}{\partial\dot{\alpha}} = 2r^2\dot{\alpha}(\frac{3}{4}M + \frac{m}{2}(1+8\sin^2\alpha))$$

$$\frac{\partial}{\partial t}(\frac{\partial T}{\partial\dot{\alpha}}) = \ddot{\alpha}r^2(\frac{3}{2}M + m(1+8\sin^2\alpha)) + 16\dot{\alpha}^2r^2m\sin\alpha\cos\alpha$$

$$\frac{\partial T}{\partial\alpha} = 8\dot{\alpha}^2r^2m\sin\alpha\cos\alpha$$

$$\frac{\partial V}{\partial\alpha} = (M+3m)rg\sin\alpha$$

Bewegungsgleichung:

$$\ddot{\alpha}r^2(\frac{3}{2}M + m(1+8\sin^2\alpha)) + 8\dot{\alpha}^2r^2m\sin\alpha\cos\alpha + (M+3m)rg\sin\alpha = 0$$

f) Linearisierung um 0: $\quad \sin\alpha \to \alpha \quad ; \quad \cos\alpha \to 1$. Quadratische Terme in den 'kleinen' Abweichungen α dürfen vernachlässigt werden.

$$\ddot{\alpha}r^2(\frac{3}{2}M + m) + (M+3m)rg\alpha = 0$$

$$\ddot{\alpha} + \nu_0^2\alpha = 0 \qquad \text{mit} \qquad \nu_0^2 = \frac{(M+3m)g}{(\frac{3}{2}M+m)r}$$

$$T_S = \frac{2\pi}{\nu_0} = 2\pi\sqrt{\frac{(\frac{3}{2}M+m)r}{(M+3m)g}}$$

Aufgabe 10

a) Die Aufhängepunkte bleiben immer auf der $x-$ Achse des inertialfesten KOS.

$$z_K = a\sin\varphi$$

b) Die kinetische Energie der Flügel setzt sich aus einem translatorischen und einem rotatorischen Anteil zusammen. Zur Berechnung des translatorischen Anteils wird die Geschwindigkeit der Flügelschwerpunkte S_F bestimmt.

$$\boldsymbol{r}_{OS_F} = \begin{pmatrix} \frac{l}{2}\cos\varphi \\ 0 \\ (a-\frac{l}{2})\sin\varphi \end{pmatrix}; \qquad \boldsymbol{v}_{S_{F,abs}} = \begin{pmatrix} -\frac{l}{2}\dot\varphi\sin\varphi \\ 0 \\ (a-\frac{l}{2})\dot\varphi\cos\varphi \end{pmatrix}$$

$$v_{S_F}^2 = \dot\varphi^2[\frac{l^2}{4} + a(a-l)\cos^2\varphi]$$

Das Massenträgheitsmoment eines Flügels um den Schwerpunkt beträgt $J^{S_F} = \frac{1}{12}m_F L^2$. Die gesamte kinetische Energie beider Flügel ist dann

$$T_{Flügel} = \frac{m_F l^2}{12}\dot\varphi^2 + m_F\dot\varphi^2[\frac{l^2}{4} + a(a-l)\cos^2\varphi].$$

Die kinetische Energie des Zentralkörpers beträgt

$$T_{ZK} = \frac{m_K}{2}\dot z_K^2 = \frac{m_K}{2}a^2\dot\varphi^2\cos^2\varphi.$$

Die gesamte kinetische Energie lautet dann

$$T_{ges} = \dot\varphi^2\left[\frac{m_F l^2}{3} + \cos^2\varphi(\frac{m_K a^2}{2} + m_F(a^2 - al))\right]$$

Die potentielle Energie setzt sich aus dem Lagepotential der beiden Flügel und des Zentralkörpers zusammen.

$$V_K = -m_K g z_K = -m_K g a\sin\varphi; \qquad V_F = 2m_F g(\frac{l}{2} - a)\sin\varphi$$

$$V_{ges} = g\sin\varphi[2m_F(\frac{l}{2} - a) - m_K a]$$

Aus Gründen der Übersicht führen wir die Abkürzungen C_1 bis C_3 ein.

$$C_1 = \frac{m_F l^2}{3} \qquad C_2 = \frac{m_K a^2}{2} + m_F(a^2 - al)$$
$$C_3 = 2m_F(\frac{l}{2} - a) - m_K a$$

$$T_{ges} = \dot\varphi^2(C_1 + C_2\cos^2\varphi); \qquad V_{ges} = C_3 g\sin\varphi$$

Mit Hilfe der Lagrange'schen Gleichungen II. Art kann man dann die BGL für die Koordinate φ aufstellen.

$$\frac{\partial T_{ges}}{\partial\dot\varphi} = 2\dot\varphi(C_1 + C_2\cos^2\varphi)$$

$$\frac{\mathrm{d}}{\mathrm{d}t}\left(\frac{\partial T_{ges}}{\partial \dot{\varphi}}\right) = 2\ddot{\varphi}(C_1 + C_2\cos^2\varphi) + 2\dot{\varphi}C_2 2\cos\varphi(-\sin\varphi)\dot{\varphi}$$

$$\frac{\partial T_{ges}}{\partial \varphi} = \dot{\varphi}^2 C_2 2\cos\varphi(-\sin\varphi); \qquad \frac{\partial V_{ges}}{\partial \varphi} = C_3 g\cos\varphi$$

$$\text{BGL:} \quad 2(C_1 + C_2\cos^2\varphi)\ddot{\varphi} - 2C_2\dot{\varphi}^2\cos\varphi\sin\varphi + C_3 g\cos\varphi = 0$$

Aufgabe 11

a) Der Ort $\mathbf{r}$ der Punktmasse ist durch die generalisierte Koordinate φ bereits parametrisiert. Hieraus wird die absolute Geschwindigkeit durch zeitliches Ableiten bestimmt:

$$\mathbf{r} = \begin{pmatrix} x \\ y \\ z \end{pmatrix} = \begin{pmatrix} R\cos(\varphi) \\ R\sin(\varphi) \\ \frac{h}{2\pi}\varphi \end{pmatrix} \quad \rightarrow \quad \mathbf{v} = \frac{\mathrm{d}\mathbf{r}}{\mathrm{d}t} = \begin{pmatrix} -R\sin(\varphi) \\ R\cos(\varphi) \\ \frac{h}{2\pi} \end{pmatrix}\dot{\varphi}$$

Die kinetische Energie lautet hiermit:

$$T = \frac{1}{2}m\mathbf{v}^T\mathbf{v} = \frac{1}{2}m\left(R^2 + \left(\frac{h}{2\pi}\right)^2\right)\dot{\varphi}^2$$

Die potentielle Energie bestimmt sich zu:

$$V = m\,g\,z = \frac{m\,g\,h}{2\pi}\varphi$$

Mit Hilfe der LAGRANGE'schen Gleichungen II. Art kann man dann die BGL für die Koordinate φ aufstellen.

$$\frac{\mathrm{d}}{\mathrm{d}t}\left(\frac{\partial T_{ges}}{\partial \dot{\varphi}}\right) = m\left(R^2 + \left(\frac{h}{2\pi}\right)^2\right)\ddot{\varphi} \quad ; \quad \frac{\partial T}{\partial \varphi} = 0 \quad ; \quad \frac{\partial V}{\partial \varphi} = \frac{m\,g\,h}{2\pi}$$

$$\text{BGL:} \quad m\left(R^2 + \left(\frac{h}{2\pi}\right)^2\right)\ddot{\varphi} = -\frac{m\,g\,h}{2\pi}$$

b) Die Lösung der BGL erfolgt durch Umstellen und zweimaliges Integrieren unter Beachtung der Anfangsbedingungen:

$$\ddot{\varphi} = -\frac{2\pi\,g\,h}{4\pi^2R^2 + h^2} \quad \rightarrow \quad \varphi = 6\pi - \frac{\pi\,g\,h}{4\pi^2R^2 + h^2}t^2$$

c) Zur Bestimmung der Kraft $F_{z,\mathrm{F}}$ in z-Richtung wird die Beschleunigung $\ddot{z}$ benötigt:

$$z = \frac{h}{2\pi}\varphi \quad \rightarrow \quad \ddot{z} = \frac{h}{2\pi}\ddot{\varphi} = -\frac{h^2}{4\pi^2 R^2 + h^2}\,g$$

Der Impulssatz in z-Richtung liefert:

$$M\,\ddot{z} = \sum F_z = F_{z,\mathrm{F}} - m\,g \quad \rightarrow \quad F_{z,\mathrm{F}} = m\,g\left(1 - \frac{h^2}{4\pi^2 R^2 + h^2}\right)$$

A Vektorrechnung

Kräfte, Momente und weitere Größen treten in der Mechanik als Vektoren im Anschauungsraum auf, d.h. zu ihrer Beschreibung ist neben einem Betrag die Angabe von Richtung, Richtungssinn und ev. auch des Angriffspunktes erforderlich.

A.1 Eigenschaften von Vektoren

Freie, linienflüchtige und gebundene Vektoren

Als **freier** Vektor $\boldsymbol{a}$ wird die Menge aller gerichteten Strecken bezeichnet, die mit $\boldsymbol{a}$ gleiche Längen, Richtungen und Orientierungen im dreidimensionalen Anschauungsraum $\mathbb{R}^3$ besitzen. Alle Elemente dieser Menge können somit durch Parallelverschiebung eines beliebigen anderen Elementes erzeugt werden.
Ein Vektor ist **linienflüchtig,** wenn er nur längs der durch ihn selbst definierten Wirkungslinie verschoben werden darf, er heißt **gebunden,** wenn sein Angriffspunkt fest im Raum definiert ist und er nicht mehr verschoben werden darf.

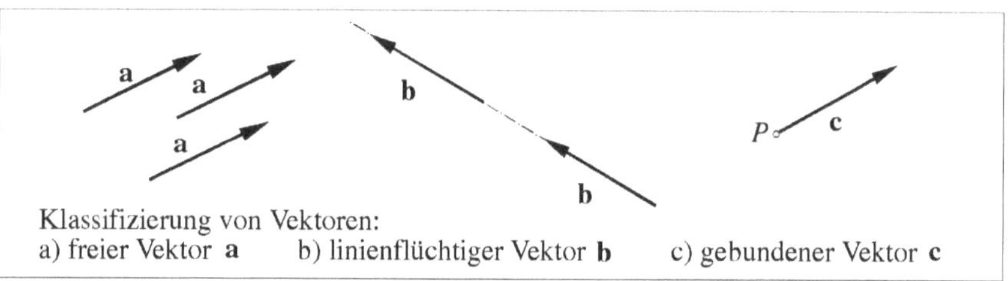

Klassifizierung von Vektoren:
a) freier Vektor **a** b) linienflüchtiger Vektor **b** c) gebundener Vektor **c**

Addition und Subtraktion

Die Addition zweier Vektoren $\boldsymbol{a}$ und $\boldsymbol{b}$ geschieht durch Parallelverschiebung von $\boldsymbol{b}$ in den Endpunkt von $\boldsymbol{a}$, das Ergebnis $\boldsymbol{c}$ ist dann der Vektor vom Anfangspunkt von $\boldsymbol{a}$ zum Endpunkt von $\boldsymbol{b}$. Eine Differenz $\boldsymbol{d} = \boldsymbol{a} - \boldsymbol{b}$ wird durch Anhängen des entgegengesetzten Vektors von $\boldsymbol{b}$, $-\boldsymbol{b}$, an $\boldsymbol{a}$ erzeugt.

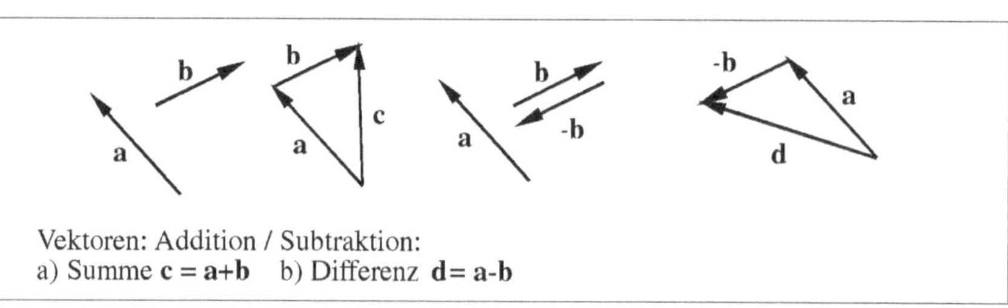

Vektoren: Addition / Subtraktion:
a) Summe **c = a+b** b) Differenz **d= a-b**

Betrag eines Vektors

Der Betrag $|\boldsymbol{a}|$ eines Vektors $\boldsymbol{a}$ ist die Länge a der durch $\boldsymbol{a}$ repräsentierten Strecke im Raum in den gewählten Maßeinheiten. Ein Vektor der Länge 1 heißt **Einheitsvektor,** ein Vektor der Länge 0 heißt **Nullvektor** .
Es gilt: $a = |\boldsymbol{a}| = \sqrt{\boldsymbol{a}^T \cdot \boldsymbol{a}}$

Kollineare und komplanare Vektoren

Kollineare Vektoren sind zueinander parallel, eine Gruppe komplanarer Vektoren besitzt eine gemeinsame Senkrechte, d.h. komplanare Vektoren lassen sich auf eine gemeinsame Ebene parallelverschieben.

Linear abhängige und unabhängige Vektoren

Die Vektoren $\boldsymbol{a}_1, \boldsymbol{a}_2, \boldsymbol{a}_3$ heißen linear abhängig, wenn es reelle Zahlen $\alpha_1, \alpha_2, \alpha_3$ gibt so daß $\alpha_1 \cdot \boldsymbol{a}_1 + \alpha_2 \cdot \boldsymbol{a}_2 + \alpha_3 \cdot \boldsymbol{a}_3 = \boldsymbol{0}$ und $\alpha_1^2 + \alpha_2^2 + \alpha_3^2 > 0$ gilt, d.h. wenn mindestens ein Vektor $\boldsymbol{a}_i$ durch eine Linearkombination der beiden anderen Vektoren $\boldsymbol{a}_j, \boldsymbol{a}_k$ dargestellt werden kann. Andernfalls heißen sie linear unabhängig.
3 linear abhängige Vektoren $\boldsymbol{a}_1, \boldsymbol{a}_2, \boldsymbol{a}_3$ sind immer komplanar.

Multiplikation eines Vektors mit einem Skalar

Das Ergebnis der Multiplikation eines Vektors $\boldsymbol{a}$ mit einem Skalar (reelle Zahl) λ ist ein Vektor $\boldsymbol{b}$, der mit $\boldsymbol{a}$ Richtung und Orientierung gemeinsam hat und den Betrag $|\boldsymbol{b}| = \lambda \cdot |\boldsymbol{a}|$ besitzt.

Es gilt:	$\boldsymbol{a} \cdot \lambda$	$=$	$\lambda \cdot \boldsymbol{a}$	Kommutativität
	$\lambda \cdot (\boldsymbol{a} + \boldsymbol{b})$	$=$	$\lambda \cdot \boldsymbol{a} + \lambda \cdot \boldsymbol{b}$	Distributivität

Skalarprodukt

Das **Skalarprodukt** $\boldsymbol{a}^T \cdot \boldsymbol{b}$ (auch inneres Produkt genannt) zweier Vektoren ist eine reelle Zahl λ mit $\lambda := |\boldsymbol{a}| \cdot |\boldsymbol{b}| \cdot \cos\varphi$ (φ ist der von $\boldsymbol{a}$ und $\boldsymbol{b}$ eingeschlossene Winkel).

Es gilt:	$\boldsymbol{a}^T \cdot \boldsymbol{b}$	$=$	$\boldsymbol{b}^T \cdot \boldsymbol{a}$	Kommutativität
	$\boldsymbol{a}^T \cdot (\boldsymbol{b} + \boldsymbol{c})$	$=$	$\boldsymbol{a}^T \cdot \boldsymbol{b} + \boldsymbol{a}^T \cdot \boldsymbol{c}$	Distributät
aber:	$(\boldsymbol{a}^T \cdot \boldsymbol{b}) \cdot \boldsymbol{c}$	$\neq$	$\boldsymbol{a} \cdot (\boldsymbol{b}^T \cdot \boldsymbol{c})$	(im allgemeinen !)

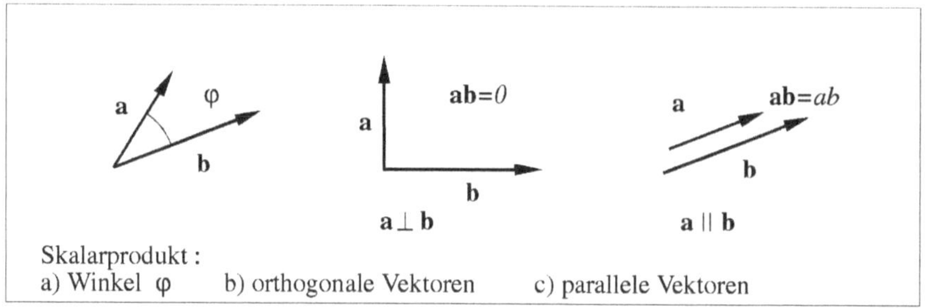

Skalarprodukt :
a) Winkel φ b) orthogonale Vektoren c) parallele Vektoren

Vektorprodukt / Kreuzprodukt

Das Ergebnis des Kreuz- oder Vektorproduktes $\boldsymbol{a} \times \boldsymbol{b}$ ist ein Vektor $\boldsymbol{c}$, der senkrecht auf $\boldsymbol{a}$ und $\boldsymbol{b}$ steht, den Betrag $|\boldsymbol{c}| = |\boldsymbol{a}| \cdot |\boldsymbol{b}| \cdot \sin\varphi$ besitzt und so orientiert ist, daß $(\boldsymbol{a}, \boldsymbol{b}, \boldsymbol{c})$ ein Rechtssystem bildet. (Rechte-Hand-Regel: $\boldsymbol{a} \triangleq$ Daumen; $\boldsymbol{b} \triangleq$ Zeigefinger; $\boldsymbol{c} \triangleq$ Mittelfinger) Dabei ist φ der von $\boldsymbol{a}$ und $\boldsymbol{b}$ eingeschlossene Winkel. Der Betrag $c = a \cdot b \cdot \sin\varphi$ entspricht dem Flächeninhalt des von $\boldsymbol{a}$ und $\boldsymbol{b}$ aufgespannten Parallelogrammes. Es gilt:

$$\begin{aligned} \boldsymbol{a} \times \boldsymbol{b} &= -\boldsymbol{b} \times \boldsymbol{a} && \text{Antikommutativität} \\ \boldsymbol{a} \times (\boldsymbol{b} \times \boldsymbol{c}) &= (\boldsymbol{a} \cdot \boldsymbol{c}) \cdot \boldsymbol{b} - (\boldsymbol{a} \cdot \boldsymbol{b}) \cdot \boldsymbol{c} && \text{Doppeltes Kreuzprodukt} \\ (\boldsymbol{a} \times \boldsymbol{b}) \cdot (\boldsymbol{a} \times \boldsymbol{b}) &= a^2 \cdot b^2 - (\boldsymbol{a} \cdot \boldsymbol{b})^2 && \text{(Lagrange)} \\ (\boldsymbol{a} \times \boldsymbol{b}) \cdot (\boldsymbol{c} \times \boldsymbol{d}) &= (\boldsymbol{a} \cdot \boldsymbol{c}) \cdot (\boldsymbol{b} \cdot \boldsymbol{d}) - (\boldsymbol{a} \cdot \boldsymbol{d}) \cdot (\boldsymbol{b} \cdot \boldsymbol{c}) && \text{(Laplace)} \end{aligned}$$

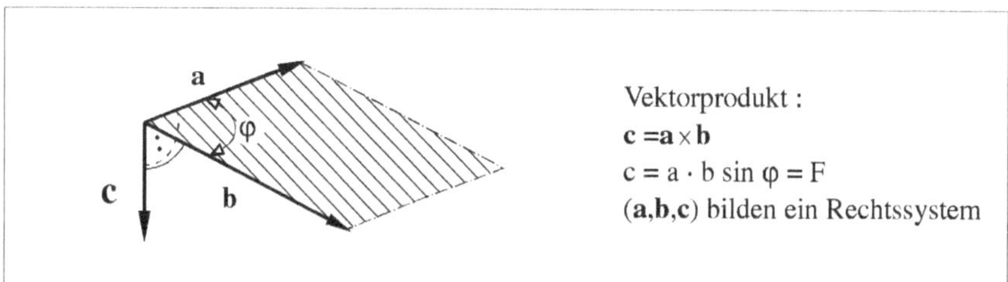

Vektorprodukt :
c =a × b
c = a · b sin φ = F
(a,b,c) bilden ein Rechtssystem

Spatprodukt

Das Spatprodukt $\boldsymbol{a} \cdot (\boldsymbol{b} \times \boldsymbol{c})$ dreier Vektoren $\boldsymbol{a}, \boldsymbol{b}, \boldsymbol{c}$ ist ein Skalar λ, dessen Wert dem Volumeninhalt des von $\boldsymbol{a}, \boldsymbol{b}, \boldsymbol{c}$ aufgespannten Spates (Parallelepiped) entspricht. Liegen drei Vektoren $\boldsymbol{d}, \boldsymbol{e}, \boldsymbol{f}$ in einer Ebene, gilt immer: $\boldsymbol{d} \cdot (\boldsymbol{e} \times \boldsymbol{f}) = 0$.

Es gilt:	$\boldsymbol{a} \cdot (\boldsymbol{b} \times \boldsymbol{c})$	$= \boldsymbol{b} \cdot (\boldsymbol{c} \times \boldsymbol{a}) = \boldsymbol{c} \cdot (\boldsymbol{a} \times \boldsymbol{b})$	Zyklische Vertauschung
hingegen:	$\boldsymbol{a} \cdot (\boldsymbol{b} \times \boldsymbol{c})$	$= -\boldsymbol{a} \cdot (\boldsymbol{c} \times \boldsymbol{b}) = -\boldsymbol{b} \cdot (\boldsymbol{a} \times \boldsymbol{c})$	Paarweise Vertauschung

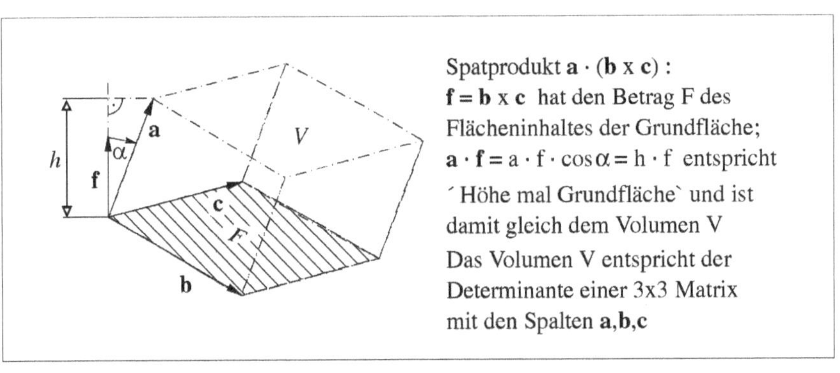

Spatprodukt **a** · (**b** x **c**) :
f = **b** x **c** hat den Betrag F des Flächeninhaltes der Grundfläche;
a · **f** = a · f · cos α = h · f entspricht ´Höhe mal Grundfläche` und ist damit gleich dem Volumen V
Das Volumen V entspricht der Determinante einer 3x3 Matrix mit den Spalten **a**,**b**,**c**

A.2 Vektoren in Koordinatendarstellung

Komponenten eines Vektors

Drei Einheitsvektoren $\boldsymbol{e}_x, \boldsymbol{e}_y, \boldsymbol{e}_z$ bilden eine orthonormale Basis, wenn $\boldsymbol{e}_x \cdot \boldsymbol{e}_y = 0$ und $\boldsymbol{e}_z = \boldsymbol{e}_x \times \boldsymbol{e}_y$ gilt. ($\boldsymbol{e}_x, \boldsymbol{e}_y, \boldsymbol{e}_z$) ist dann ein Rechtsystem. Ein Vektor $\boldsymbol{a}$ kann nun bezüglich eines solchen 'Koordinatensystems' durch Verschieben in den Ursprung O und Angabe der Achsenabschnitte a_x, a_y, a_z dargestellt werden.

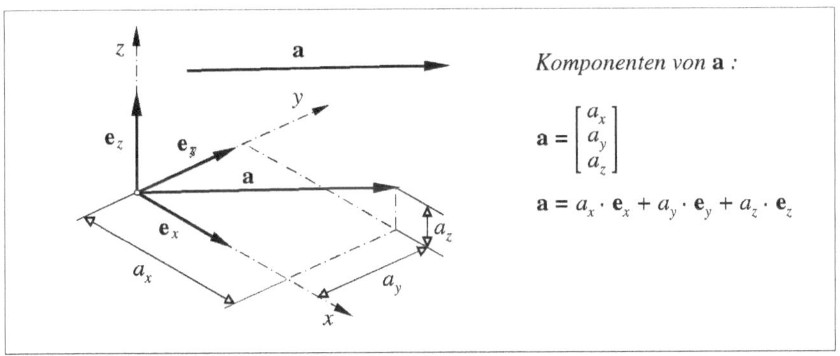

Komponenten von **a** *:*

$$\mathbf{a} = \begin{bmatrix} a_x \\ a_y \\ a_z \end{bmatrix}$$

$$\mathbf{a} = a_x \cdot \mathbf{e}_x + a_y \cdot \mathbf{e}_y + a_z \cdot \mathbf{e}_z$$

Rechenregeln

Hinsichtlich der Eigenschaften von Vektoren ergeben sich folgende Rechenregeln:

Betrag:

$$|\boldsymbol{a}| = \sqrt{\boldsymbol{a} \cdot \boldsymbol{a}} = \sqrt{a_x^2 + a_y^2 + a_z^2}$$

Addition:

$$\boldsymbol{a} + \boldsymbol{b} = \begin{bmatrix} a_x \\ a_y \\ a_z \end{bmatrix} + \begin{bmatrix} b_x \\ b_y \\ b_z \end{bmatrix} = \begin{bmatrix} a_x + b_x \\ a_y + b_y \\ a_z + b_z \end{bmatrix}$$

Subtraktion:

$$\boldsymbol{a} - \boldsymbol{b} = \begin{bmatrix} a_x \\ a_y \\ a_z \end{bmatrix} - \begin{bmatrix} b_x \\ b_y \\ b_z \end{bmatrix} = \begin{bmatrix} a_x - b_x \\ a_y - b_y \\ a_z - b_z \end{bmatrix}$$

Multiplikation mit Skalar λ:

$$\lambda \cdot \boldsymbol{a} = \boldsymbol{a} \cdot \lambda = \lambda \cdot \begin{bmatrix} a_x \\ a_y \\ a_z \end{bmatrix} = \begin{bmatrix} \lambda \cdot a_x \\ \lambda \cdot a_y \\ \lambda \cdot a_z \end{bmatrix}$$

Skalarprodukt:

$$\boldsymbol{a} \cdot \boldsymbol{b} = \begin{bmatrix} a_x \\ a_y \\ a_z \end{bmatrix} \cdot \begin{bmatrix} b_x \\ b_y \\ b_z \end{bmatrix} = a_x \cdot b_x + a_y \cdot b_y + a_z \cdot b_z$$

Vektorprodukt:

$$\boldsymbol{a} \times \boldsymbol{b} = \begin{bmatrix} a_x \\ a_y \\ a_z \end{bmatrix} \times \begin{bmatrix} b_x \\ b_y \\ b_z \end{bmatrix} = \begin{bmatrix} a_y \cdot b_z - a_z \cdot b_y \\ a_z \cdot b_x - a_x \cdot b_z \\ a_x \cdot b_y - a_y \cdot b_x \end{bmatrix}$$

Spatprodukt:

$$\begin{aligned} \boldsymbol{a} \cdot (\boldsymbol{b} \times \boldsymbol{c}) = \begin{vmatrix} a_x & a_y & a_z \\ b_x & b_y & b_z \\ c_x & c_y & c_z \end{vmatrix} &= a_x(b_y c_z - c_y b_z) - a_y(b_x c_z - b_z c_x) \\ &+ a_z(b_x c_y - b_y c_x) \end{aligned}$$

Schlange-Operator

Für einen Vektor $\boldsymbol{r} \in \mathbb{R}^3$ ist die Matrix $\tilde{\boldsymbol{r}} \in \mathbb{R}^{3,3}$ (sprich 'r Schlange') so definiert, daß das Ergebnis $\tilde{\boldsymbol{r}}\boldsymbol{a}$ dem Kreuzprodukt $\boldsymbol{r} \times \boldsymbol{a}$ entspricht.

$$\tilde{\boldsymbol{r}}\boldsymbol{a} = \begin{pmatrix} r_y a_z - r_z a_y \\ r_z a_x - r_x a_z \\ r_x a_y - r_y a_x \end{pmatrix} = \boldsymbol{r} \times \boldsymbol{a} \qquad \text{mit} \qquad \tilde{\boldsymbol{r}} := \begin{pmatrix} 0 & -r_z & r_y \\ r_z & 0 & -r_x \\ -r_y & r_x & 0 \end{pmatrix}$$

Insbesondere gilt entsprechend dem Vektorprodukt die Regel

$$\tilde{\boldsymbol{r}}\boldsymbol{a} = -\tilde{\boldsymbol{a}}\boldsymbol{r} \quad \text{und} \quad \tilde{\boldsymbol{r}} = -\tilde{\boldsymbol{r}}^T .$$

B Matrixrechnung

Definition

Eine zweidimensionale Anordnung von $m \times n$ Zahlen a_{ij} in einem Rechteckschema nennt man eine Matrix $\mathbf{A}$. Sie wird auch als (m, n)-Matrix bezeichnet, sprich 'm mal n - Matrix $\mathbf{A}$'. Die Zahlen a_{ij} heißen Elemente, der Index i bezieht sich auf die Zeile und j auf die Spalte, in der a_{ij} innerhalb von $\mathbf{A}$ steht. Im Gegensatz zu einem Skalar werden i.a. Matrizen und Vektoren **fett** gesetzt.

$$\mathbf{A} = \begin{bmatrix} a_{11} & \cdots & a_{1n} \\ \vdots & \vdots & \vdots \\ a_{m1} & \cdots & a_{mn} \end{bmatrix}$$

Die Spalten der Matrix lassen sich zu den Spaltenvektoren $\mathbf{a}_j$ zusammenfassen; ebenso läßt sich eine Zeile als Zeilenvektor $\mathbf{a}^i$ angeben:

$$\mathbf{A} = [\mathbf{a}_1, \cdots, \mathbf{a_n}] = \begin{bmatrix} \mathbf{a}^1 \\ \vdots \\ \mathbf{a}^m \end{bmatrix} \quad \text{mit} \quad \mathbf{a}_j = \begin{bmatrix} a_{1j} \\ \vdots \\ a_{mj} \end{bmatrix} \quad \text{und} \quad \mathbf{a}^i = [a_{i1}, \cdots, a_{in}]$$

Spezielle Matrizen

Transponierte einer Matrix

Durch Vertauschen von Zeilen und Spalten (die erste Zeile wird die erste Spalte, die erste Spalte wird zur ersten Zeile usw.) einer Matrix $\mathbf{A}$ entsteht die transponierte Matrix $\mathbf{A}^T$ (gesprochen 'A transponiert'), sie hat dann n Zeilen und m Spalten. Beispiel:

$$\mathbf{A} = \begin{bmatrix} 12 & 4a & 17 \\ 0 & 3b & \sin\alpha \end{bmatrix}; \qquad \mathbf{A}^T = \begin{bmatrix} 12 & 0 \\ 4a & 3b \\ 17 & \sin\alpha \end{bmatrix}$$

Quadratische Matrix

Eine Matrix ist quadratisch, wenn $m = n$ gilt (Zeilenzahl = Spaltenzahl).

Diagonalmatrix

Hier gilt $m = n$ und $a_{ij} = 0$ für $i \neq j$, d.h. eine Diagonalmatrix ist quadratisch und nur auf der Hauptdiagonalen besetzt.

Obere Dreiecksmatrix

Die Matrix $\mathbf{A}$ ist eine obere Dreiecksmatrix, wenn sie quadratisch ist und nur die Elemente der Hauptdiagonalen sowie rechts oberhalb dieser Diagonalen besetzt sind: $a_{ij} = 0$ für $i > j$.

Untere Dreiecksmatrix

Die Matrix $\mathbf{A}$ ist eine untere Dreiecksmatrix, wenn sie quadratisch ist und nur die Elemente der Hauptdiagonalen sowie links unterhalb dieser Diagonalen besetzt sind: $a_{ij} = 0$ für $i < j$.

Nullmatrix

Eine Matrix heißt $m \times n$- Nullmatrix, wenn alle $m \times n$ Elemente a_{ij} gleich Null sind.

Einheitsmatrix

Eine Matrix heißt $n \times n$- Einheitsmatrix $\mathbf{E}_n$, wenn sie quadratisch ist und nur die n Hauptdiagonalelemente mit 1 besetzt sind.

Symmetrische Matrix

Eine Matrix $\mathbf{A}$ ist symmetrisch, wenn $\mathbf{A} = \mathbf{A}^T$ gilt.

Antimetrische Matrix

Eine Matrix $\mathbf{A}$ ist antimetrisch, wenn $\mathbf{A} = -\mathbf{A}^T$ gilt.

Reguläre Matrix

Eine Matrix $\mathbf{A}$ ist regulär, wenn sie quadratisch ist und ihre Determinante $det\,\mathbf{A}$ von Null verschieden ist.

Singuläre Matrix

Eine Matrix $\mathbf{A}$ ist singulär, wenn sie quadratisch ist und ihre Determinante $det\,\mathbf{A}$ identisch Null ist.

Orthogonale Matrix

Eine Matrix $\mathbf{A}$ ist orthogonal, wenn sie quadratisch ist und ihre Spalten und Zeilen untereinander Skalarprodukte bilden, die Null oder Eins werden, so daß das Produkt $\mathbf{A}\mathbf{A}^T = \mathbf{E}_n$ zur Einheitsmatrix wird.

Kehrmatrix oder inverse Matrix

Die Kehrmatrix oder inverse Matrix $\mathbf{A}^{-1}$ zu einer gegebenen Matrix $\mathbf{A}$ ist diejenige Matrix, die das Produkt $\mathbf{A}\mathbf{A}^{-1} = \mathbf{E}_n$ zur Einheitsmatrix werden läßt. Daraus folgt u.a., daß die transponierten Matrizen von orthogonalen Matrizen immer auch die inversen Matrizen sind (Anwendung: Transformationsmatrizen im kartesischen Anschauungsraum sind immer orthogonal, die transponierten Matrizen sind automatisch die inversen Transformationen (Rücktransformationen)). Für quadratische 2×2 Matrizen gilt insbesondere

$$\mathbf{A} = \begin{pmatrix} a_{11} & a_{12} \\ a_{21} & a_{22} \end{pmatrix} \quad ; \quad \mathbf{A}^{-1} = \begin{pmatrix} a_{22} & -a_{12} \\ -a_{21} & a_{11} \end{pmatrix} \cdot \frac{1}{det\,\boldsymbol{A}}$$

Rechenoperationen

Spur

Spur einer Matrix, kurz $sp\,\mathbf{A}$, ist die Summe der Hauptdiagonalelemente einer quadratischen Matrix $\mathbf{A}$, $sp\,\mathbf{A} = \sum_i a_{ii}$.

Rang

Der Rang einer Matrix $\mathbf{A}$ ist die Anzahl von linear unabhängigen Zeilen oder Spalten der Matrix. Eine Zeile ist dann linear abhängig, wenn sie durch Linearkombination von anderen Zeilen der Matrix gebildet werden kann, ebenso sind Spalten nur dann linear unabhängig, wenn keine von ihnen durch eine Linearkombination der anderen Spalten gebildet werden kann. Der Rang einer Matrix $\mathbf{A}$ ist ebenso die maximale Dimension einer beliebigen quadratischen Untermatrix von $\mathbf{A}$, deren Determinante von Null verschieden ist.

Determinante

Die Determinante einer Matrix $\mathbf{A}$ ist eine skalare Kenngröße dieser Matrix.

$$det\,\mathbf{A} = det \begin{pmatrix} a_{11} & \cdots & a_{1n} \\ \vdots & & \vdots \\ a_{n1} & \cdots & a_{nn} \end{pmatrix} = \begin{vmatrix} a_{11} & \cdots & a_{1n} \\ \vdots & & \vdots \\ a_{n1} & \cdots & a_{nn} \end{vmatrix}$$

$$det\,\mathbf{A} = \sum_{\pi} (-1)^{j(\pi)} a_{1i,1} a_{2i,2} \cdots a_{ni,n}$$

Die Summe ist dabei über alle möglichen Permutationen π der Zahlen $1, 2, \cdots, n$ zu erstrecken. Für Matrizen der Dimensionen 2 und 3 führt diese Definition zu

$$\begin{vmatrix} a_{11} & a_{12} \\ a_{21} & a_{22} \end{vmatrix} = a_{11}a_{22} - a_{12}a_{21}$$

$$\begin{vmatrix} a_{11} & a_{12} & a_{13} \\ a_{21} & a_{22} & a_{23} \\ a_{31} & a_{32} & a_{33} \end{vmatrix} = a_{11}(a_{22}a_{33} - a_{23}a_{32}) - a_{12}(a_{21}a_{33} - a_{23}a_{31}) + a_{13}(a_{21}a_{32} - a_{22}a_{31})$$

Eigenschaften von Determinaten.
Sei $\mathbf{A}$ eine quadratische $n \times n$ Matrix. Dann gilt:

1. $det\,\mathbf{A} = det\,\mathbf{A}^T$

2. $det\,\lambda\mathbf{A} = \lambda^n det\,\mathbf{A}$

3. $det\,(\mathbf{a}_1, \lambda\mathbf{a}_2, \mathbf{a}_3, \cdots) = \lambda det\,(\mathbf{a}_1, \mathbf{a}_2, \mathbf{a}_3, \cdots) = \lambda det\,\mathbf{A}$
(Multiplikation einer Spalte mit einem Skalar, gilt analog für Zeilen)

4. $det\,(\mathbf{a}_1, \mathbf{a}_3, \mathbf{a}_2, \mathbf{a}_4, \cdots) = -det\,(\mathbf{a}_1, \mathbf{a}_2, \mathbf{a}_3, \mathbf{a}_4 \cdots)$
(Vertauschen zweier Spalten, gilt analog für Zeilen)

5. $det\,(\mathbf{AB}) = det\,(\mathbf{A}) det\,(\mathbf{B}) = det\,(\mathbf{BA})$

6. det (Dreiecksmatrix) = Produkt der Hauptdiagonalelemente

Addition

Voraussetzung zur Addition zweier Matrizen $\mathbf{A}$ und $\mathbf{B}$ ist, daß sowohl die Zeilenanzahl und auch die Spaltenanzahl von beiden Matrizen identisch sind. Das Ergebnis von $\mathbf{A} + \mathbf{B} = \mathbf{C}$ ist eine Matrix $\mathbf{C}$ mit den Elementen $c_{ij} = a_{ij} + b_{ij}$.

Multiplikation

Das Ergebnis der Multiplikation einer Matrix $\mathbf{A}$ mit einem Skalar λ ist eine Matrix $\mathbf{C}$ mit:

$$\mathbf{A} \cdot \lambda = \lambda\mathbf{A} = \mathbf{C} \qquad \text{mit} \qquad c_{ij} = \lambda a_{ij}$$

Voraussetzung zur Multiplikation $\mathbf{A} \cdot \mathbf{B}$ einer $m_A \times n_A$ Matrix $\mathbf{A}$ mit einer $m_B \times n_B$ Matrix $\mathbf{B}$ ist, daß die Zeilenanzahl von $\mathbf{B}$ mit der Spaltenanzahl von $\mathbf{A}$ identisch ist: $n_A = m_B$. Das Ergebnis von $\mathbf{A} \cdot \mathbf{B} = \mathbf{C}$ ist eine $m_A \times n_B$ Matrix $\mathbf{C}$:

$$\mathbf{A} \cdot \mathbf{B} = \mathbf{C} \qquad \text{mit} \quad c_{ij} = \sum_{k=1}^{k=n_A} a_{ik} b_{kj}$$

Bei quadratischen Matrizen ist des weiteren die Reihenfolge der Multiplikation ist dabei signifikant $\mathbf{AB} \neq \mathbf{BA}$!

Rechenregeln

1. $\mathbf{AB} \neq \mathbf{BA}$ (von Sonderfällen abgesehen)
2. $\mathbf{ABC} = (\mathbf{AB})\mathbf{C} = \mathbf{A}(\mathbf{BC})$
3. $(\mathbf{AB})^T = \mathbf{B}^T\mathbf{A}^T$
4. $(\mathbf{ABCD})^T = \mathbf{D}^T\mathbf{C}^T\mathbf{B}^T\mathbf{A}^T$ etc.
5. $(\mathbf{AB})^{-1} = \mathbf{B}^{-1}\mathbf{A}^{-1}$
6. $\mathbf{A}(\mathbf{B}+\mathbf{C}) = \mathbf{AB}+\mathbf{AC}$
7. $(\mathbf{A}+\mathbf{B})\mathbf{C} = \mathbf{AC}+\mathbf{BC}$

C Tabellen

C.1 Griechisches Alphabet

A	α	alpha	N	ν	ny
B	β	beta	Ξ	ξ	xi
Γ	γ	gamma	O	o	omikron
Δ	δ	delta	Π	π, ϖ	pi
E	ϵ, ε	epsilon	P	ρ, ϱ	rho
Z	ζ	zeta	Σ	σ, ς	sigma
H	η	eta	T	τ	tau
Θ	θ, ϑ	theta	Υ	υ	ypsilon
I	ι	iota	Φ	ϕ, φ	phi
K	κ	kappa	X	χ	chi
Λ	λ	lambda	Ψ	ψ	psi
M	μ	my	Ω	ω	omega

C.2 Materialdaten

	$\varrho[kg/m^3]$	$E[GPa]$	$\nu[-]$	$\sigma_{max}[N/mm^2]$
Baustahl	7700	211	0.29	$300 - 900$ (R_m)
Vergütungsstahl	$7300 - 7800$	216	0.29	$600 - 1200$ (R_m)
Gußeisen	7200	$90 - 180$	0.27	$100 - 400$ (R_m)
Al-Legierungen	$2700 - 2900$	$60 - 80$	0.3	$100 - 500$ (R_m)
Kupfer	8960	110	0.44	$200 - 370$ (R_m)
Polyamid	1100	$1.4 - 2.0$		$55 - 85$
Glas	$2200 - 2600$	$50 - 100$	0.25	
Elastomere	900	$0.001 - 0.015$	0.5	

C.3 Konstanten

Gravitationskonstante	$\gamma = 6.672 \cdot 10^{11} m^{3/kgs^2}$
Erderadius	$r_E = 6378.2km$
Erdmasse	$m_E = 5.97 \cdot 10^{24} kg$
Norm-Erdbeschleunigung	$g = 9.80665 m/s^2$

C.4 Umrechnung von Größen

Zoll (engl. inch)	$1inch = 25.4mm$
Pferdestärke	$1PS = 735.5W$

Teubner